U0317722

本书 PPT 案例展示

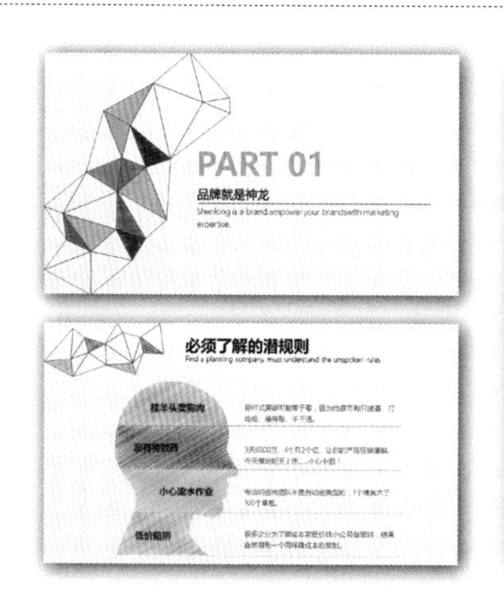
PART 01
品牌就是神龙
必须了解的潜规则

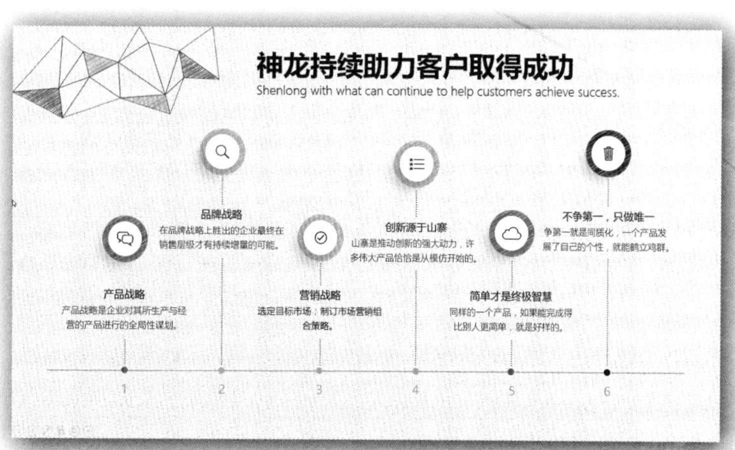
神龙持续助力客户取得成功
Shenlong with what can continue to help customers achieve success.
品牌战略
在品牌战略上胜出的企业最终在
销售层级才有持续增量的可能。
创新源于山寨
山寨是推动创新的强大动力，许
多伟大产品恰恰是从模仿开始的。
不争第一，只做唯一
争第一就是同质化，一个产品发
展了自己的个性，就能鹤立鸡群。
产品战略
产品战略是企业对其所生产与经
营的产品进行的全局性谋划。
营销战略
选定目标市场；制订市场营销组
合策略。
简单才是终极智慧
同样的一个产品，如果能完成得
比别人更简单，就是好样的。
1
2
3
4
5
6

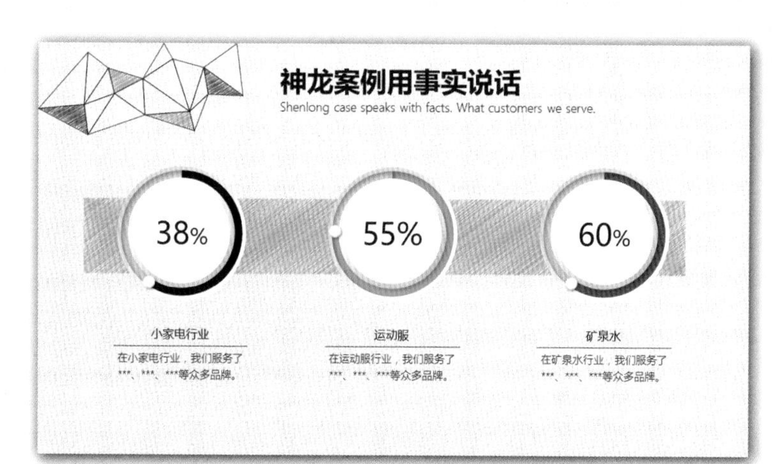
神龙案例用事实说话
Shenlong case speaks with facts. What customers we serve.
38%
55%
60%
小家电行业
在小家电行业，我们服务了
、、***等众多品牌。
运动服
在运动服行业，我们服务了
、、***等众多品牌。
矿泉水
在矿泉水行业，我们服务了
、、***等众多品牌。

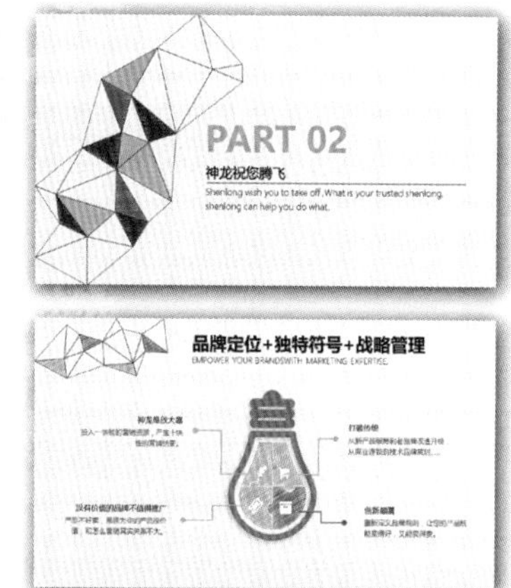
PART 02
神龙祝您腾飞
品牌定位+独特符号+战略管理

PART 03
如何选择策划公司
品牌就是神龙
独特视角
See the world in your view.

为什么要选择神龙
Why did you choose shenlong,What is your trusted shenlong.
我们全是老厨子
神龙合伙人平均从业时间超过15年，
我们是很辣的老姜，毋庸置疑。
操盘的全是合伙人
神龙的合伙人，不是"名片上的头
衔"，而是真正的创业股东。
工匠作坊
项目质量的保障，是神龙工匠精
神的根基。
专业品质
非流水线式服务、非标准化对
待，而是量身打造。

本书 PPT 案例展示

CONTENTS
Shenlong Medicine Co . Ltd .
01
上半年的销售数据
The sales data
02
市场情况分析
The market situation analysis
03
存在的问题与不足
Problems and disadvantages
04
下半年工作规划
Work plans

当
今现状
Development
NOW
Development

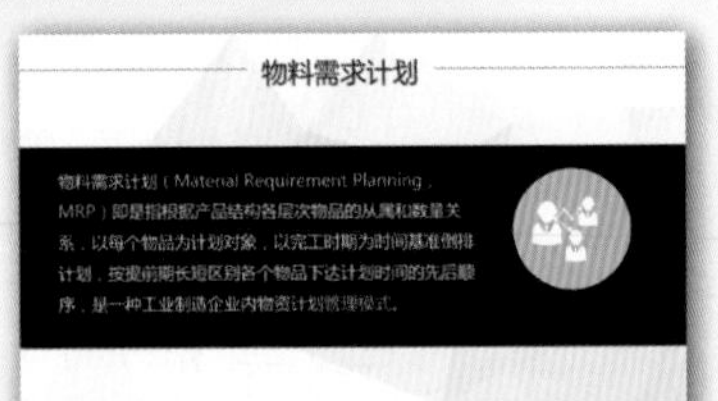

物料需求计划

2016
SHEN LONG
Office software experts

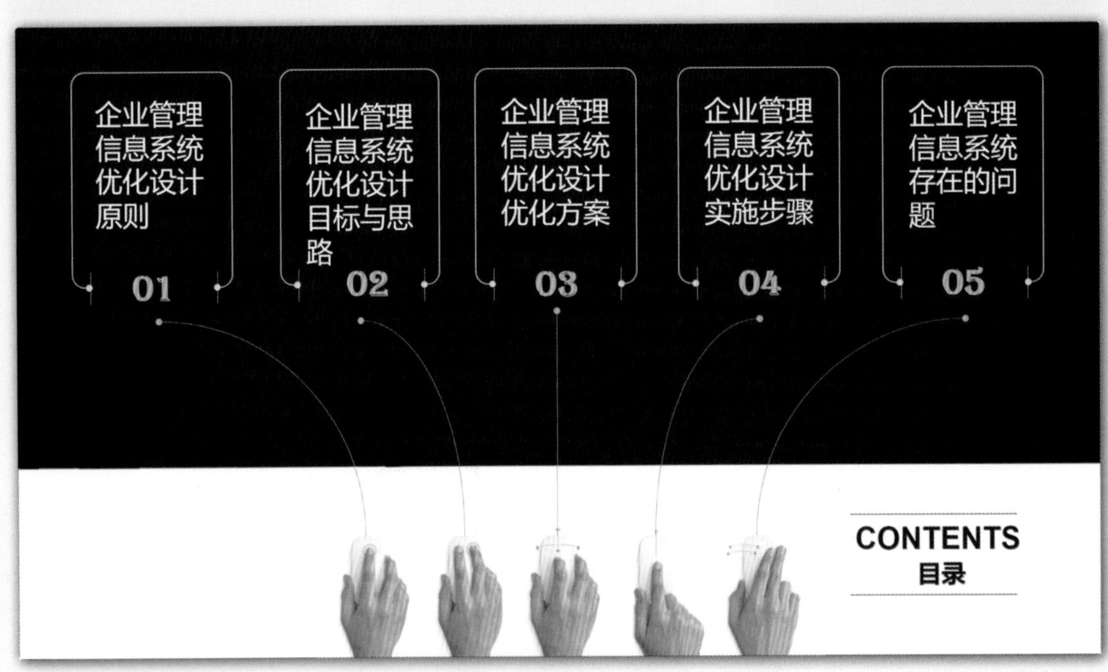

企业管理信息系统优化设计原则
01
企业管理信息系统优化设计目标与思路
02
企业管理信息系统优化设计优化方案
03
企业管理信息系统优化设计实施步骤
04
企业管理信息系统存在的问题
05
CONTENTS
目录

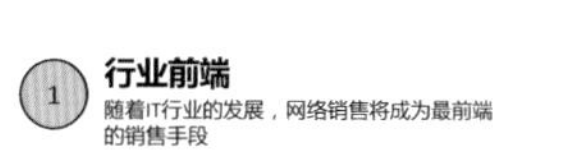

2 新兴市场
不论什么职业，特别是销售，你有足够好的方式，这将是一个新的市场

3 专业水准
关于市场销售的前景是远大的，重点是是如何把它做到专业水准

4 城市需求
在市场销售的前景中，各个城市的销售需求是发展的重中之重的考虑

确认对手
一个企业的策略如果是根据竞争对手策略来制定的话，这个企业是没有持续性的，每个企业策略该具有企业自身的特色。

引导对手
分析的最低层次，通过竞争分析制定策略后能够引导对手的市场行为。

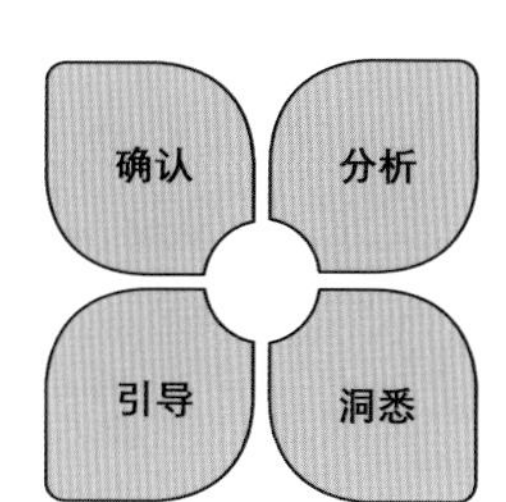

分析对手
分析竞争对手的目的是为了解对手，这样可以做到知己知彼，方可对于对手的弱点来计划我们的策略。

洞悉对手
洞悉对手的市场策略，可以有助于我们抓住对手的漏洞而完善我们自己。

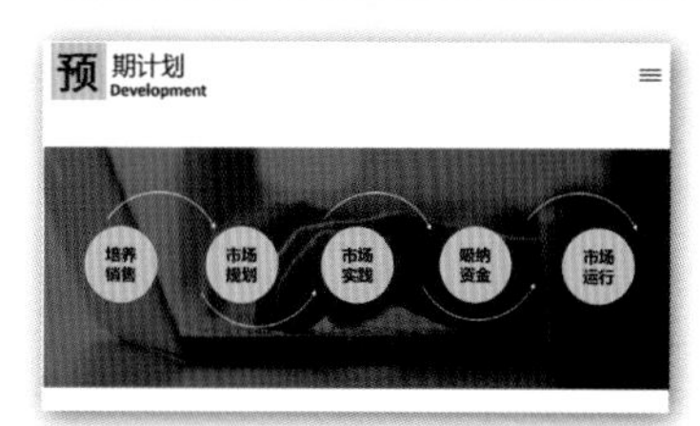

市场价值
之概念

市场价值，指生产部门所耗费的社会必要劳动时间形成的商品的社会价值。市场价值是指一项资产在交易市场上的价格，它是自愿买方和自愿卖方在各自理性行事且未受任何强迫的情况下竞价后产生的双方都能接受的价格。

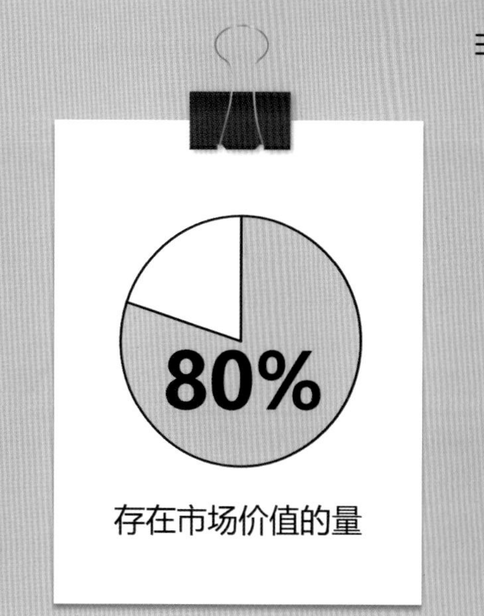

本书 PPT 案例展示

新员工入职之
销售技能培训
Part1
Part2
Part3
Contents
目录
正确的心态
必备的知识
实战技巧
自我定位
公司经营、产品与服务的传递者
将好产品推荐给客户的专家
公司形象代表
市场信息客户意见的收集者
正确的心态
正确的销售观
正确的客户观
自我定位
正确的销售观
销售
社会80%的人在从事销售工作
销售是极具挑战和竞争性的职业
客户拓展技巧
亲友开拓法
宣传广告法
交叉合作法
连环开拓法
正确的客户观
客户的误区
正确的客户观
交流沟通技巧
学会倾听善于赞扬
注视对方表情变化
把握时机促成交易
必备的知识
销售人员应掌握的知识
礼仪和形象对销售的重要性
实战技巧
价格谈判技巧
分解价格，集中卖点
先谈价值，再谈价格
成本核算，公开利润
价格谈判技巧
价格陷阱
价值核算，对比分析
礼仪和形象的重要性
第一印象
专业水平
修养水平
实战技巧
客户拓展技巧
陌生拜访技巧
交流沟通技巧
价格谈判技巧
销售人员应掌握的知识
通用知识
专业知识
管理知识
陌生拜访技巧
做好准备
提前预约
自我介绍简洁
学会提问激发客户兴趣
感谢观看！Thanks

本书 PPT 案例展示

目录
01 企业战略概述
02 战略管理概述
03 战略过程

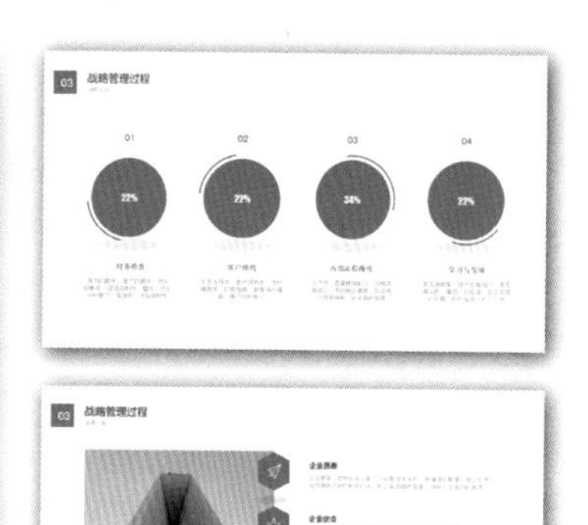

战略管理过程

战略管理过程

01
企业战略概述
全局性
风险性
竞争性
长远性
纲领性
客观性
01
02
03
04
05
06

企业战略概述

企业战略概述

02
企业战略概述
适应环境原则
全程管理原则
反馈修正原则
全员参与原则
整体最优原则

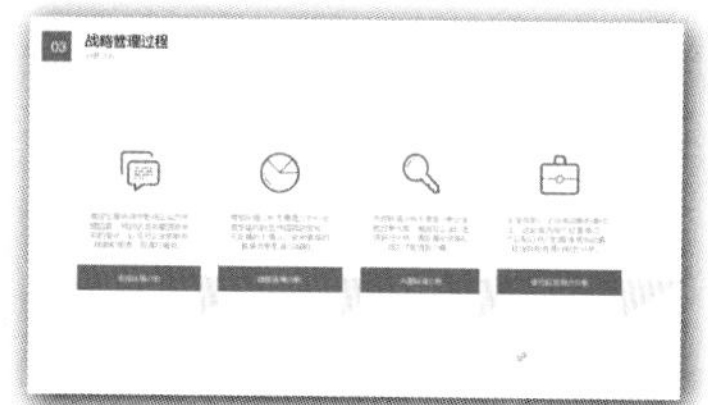

战略管理过程

企业战略概述
战略的概念

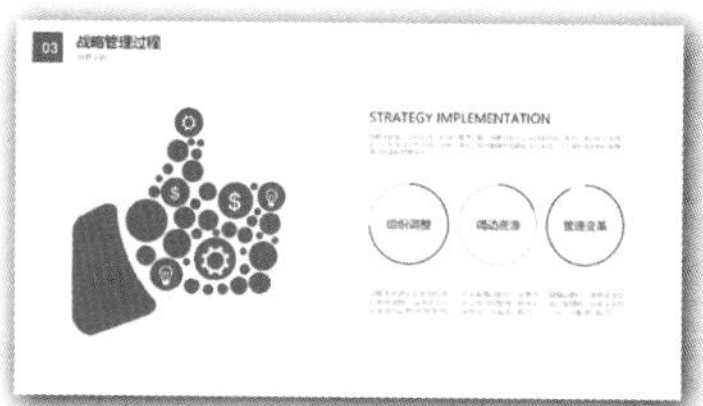

战略管理过程
STRATEGY IMPLEMENTATION

Part 01
企业战略概述

赠送 PPT 案例展示

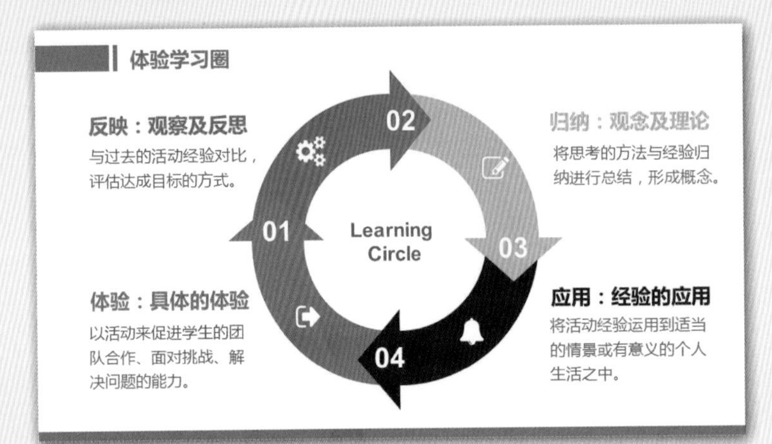

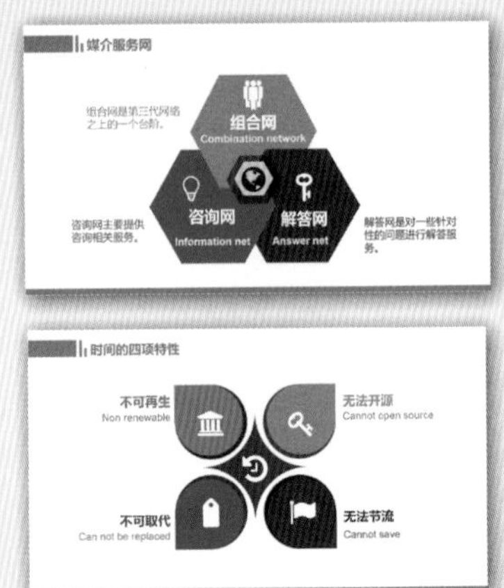

交流沟通技巧

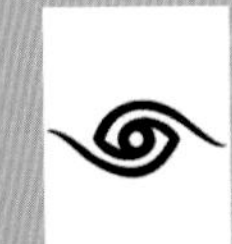

注视对方
Stare at Each Other

关系的强度会随着两人分享信息的多寡，以及两人的互动形态而改变。我们通常把和我们有关系的人分成：认识的人、朋友以及亲密朋友。两人之间沟通技巧主要有学会倾听、注视对方以及把握时机。

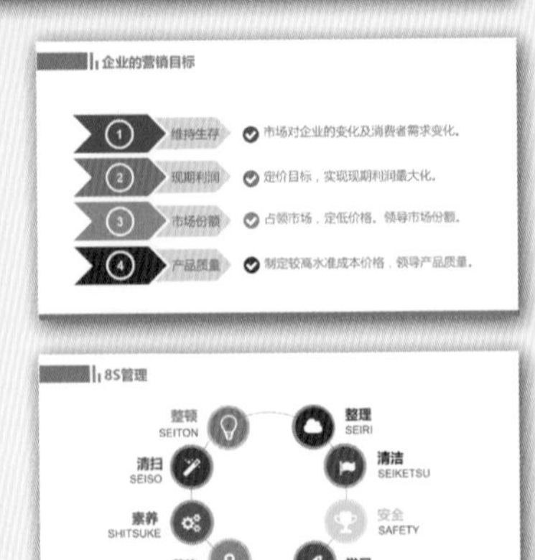

赠送 PPT 案例展示

面试的基本程序
The interview
面试开始阶段
面试中
结束面试阶段
面试中
01
02
03
04
05
面试前
面试前的准备阶段
面试中
正式面试阶段
面试后
面试评估阶段

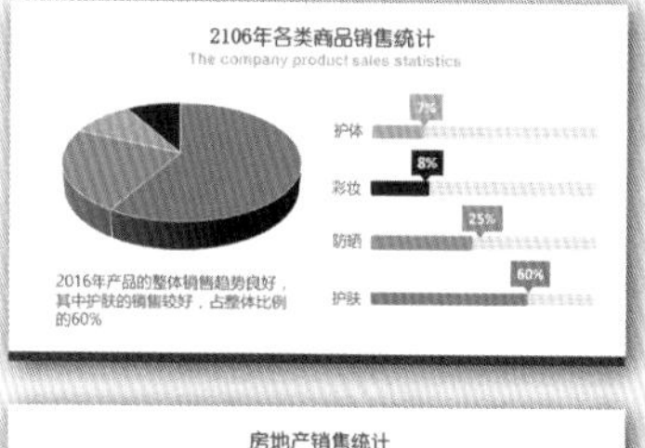
2106年各类商品销售统计
The company product sales statistics
7%
8%
25%
60%

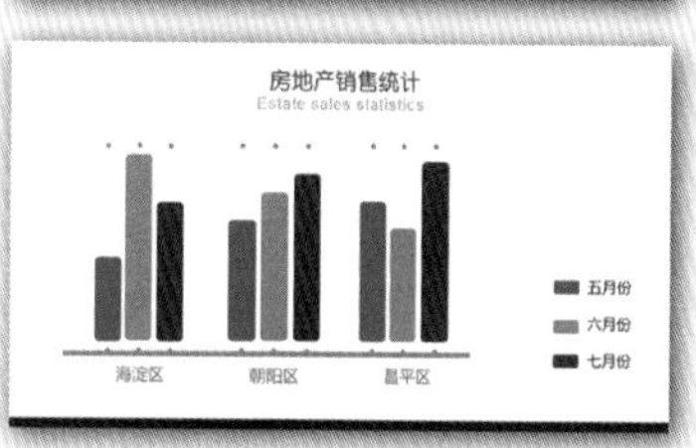
房地产销售统计
Estate sales statistics
海淀区
朝阳区
昌平区
五月份
六月份
七月份

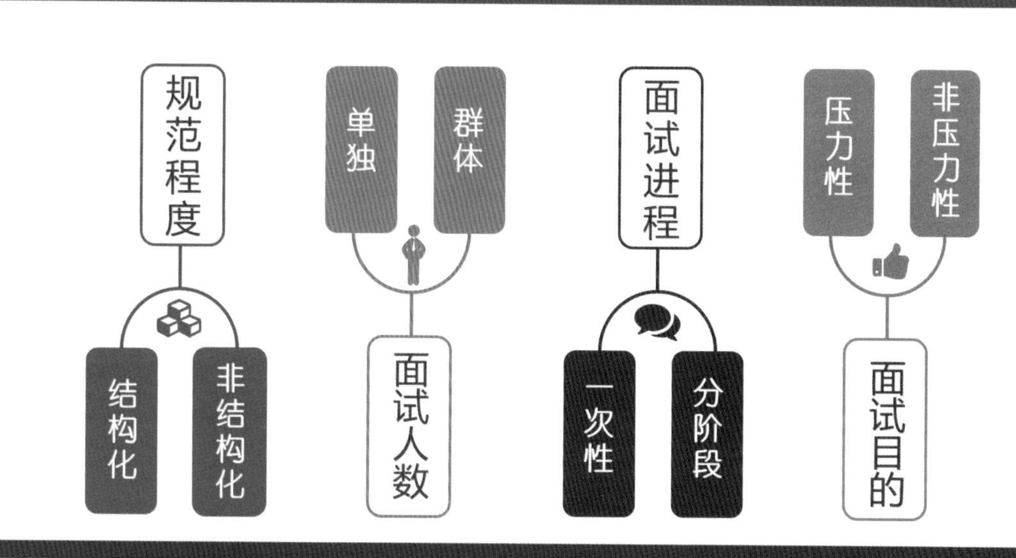
面试基本方法 The interview
规范程度
结构化
非结构化
单独
群体
面试人数
面试进程
一次性
分阶段
压力性
非压力性
面试目的

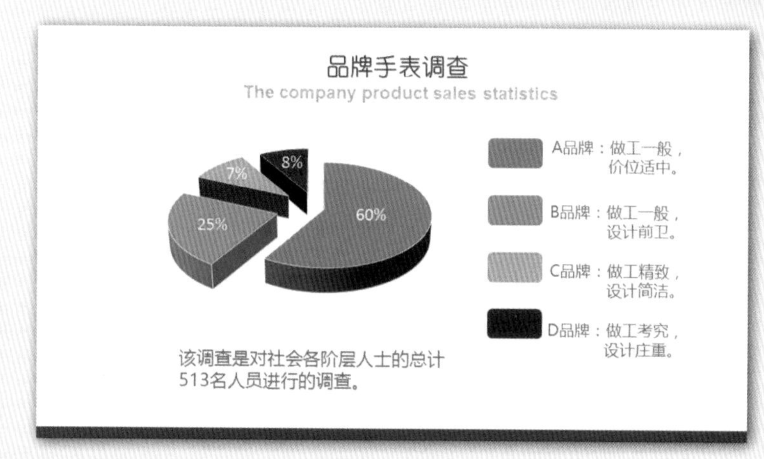
品牌手表调查
The company product sales statistics
8%
7%
25%
60%
A品牌：做工一般，价位适中。
B品牌：做工一般，设计前卫。
C品牌：做工精致，设计简洁。
D品牌：做工考究，设计庄重。
该调查是对社会各阶层人士的总计513名人员进行的调查。

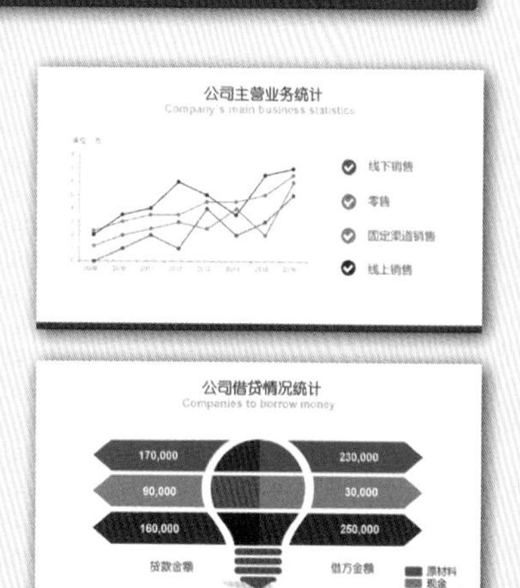
公司主营业务统计
线下销售
零售
固定渠道销售
线上销售
公司借贷情况统计
170,000
230,000
90,000
30,000
160,000
250,000
贷款金额
借方金额

赠送 PPT 案例展示

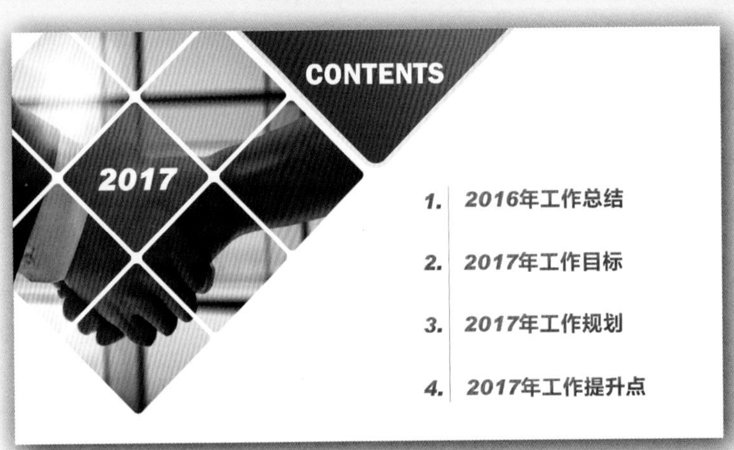
CONTENTS
2017
1. 2016年工作总结
2. 2017年工作目标
3. 2017年工作规划
4. 2017年工作提升点

PART 02
2017年工作目标

2017年工作目标

BUINESS
ANNUAL REPORT
2017
神龙软件开发有限公司

PART 03
2017年工作规划

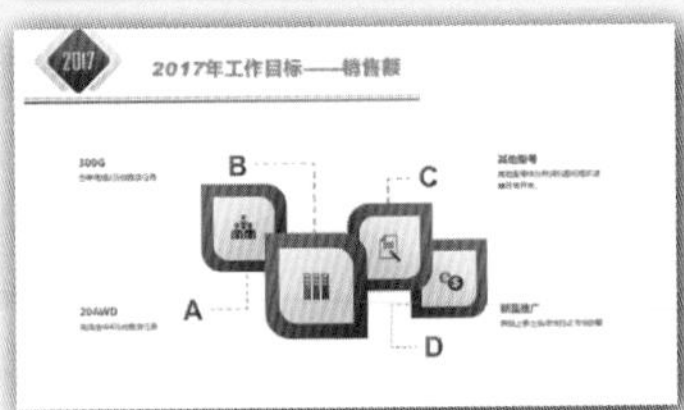
2017年工作目标——销售额
B
C
A
D

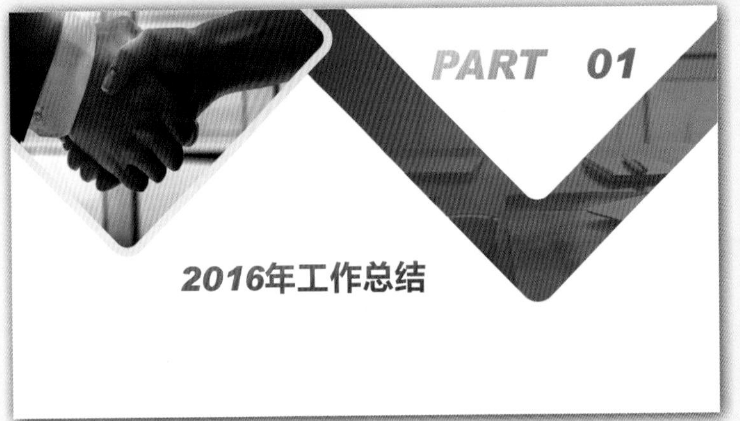
PART 01
2016年工作总结

2016年工作总结
01
02

2016年工作总结——人员培养
01
02
03
04

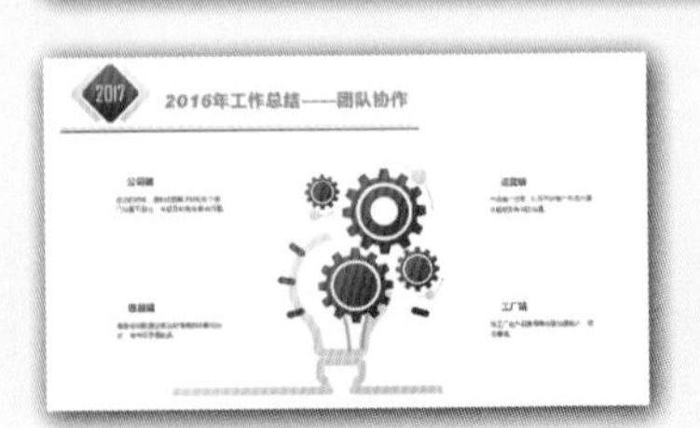
2016年工作总结——团队协作

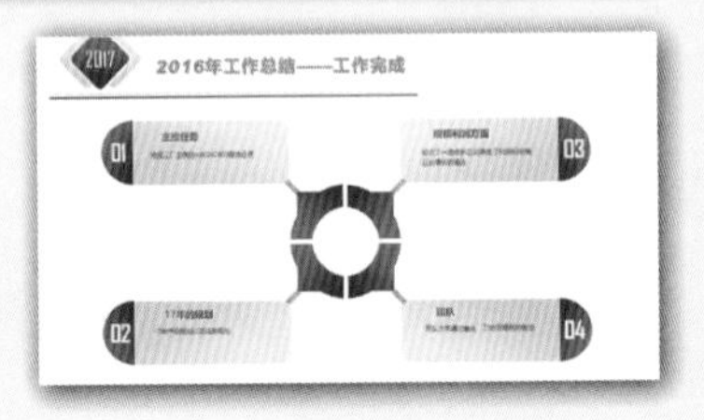
2016年工作总结——工作完成
01
03
02
04

2016年工作总结——价值观认同

新手学五笔打字+Office 2016电脑办公从入门到精通

移动学习版

神龙工作室　编著

人民邮电出版社
北京

图书在版编目（CIP）数据

新手学五笔打字+Office 2016电脑办公从入门到精通：移动学习版 / 神龙工作室编著. -- 北京 : 人民邮电出版社，2018.12
ISBN 978-7-115-49377-4

Ⅰ. ①新… Ⅱ. ①神… Ⅲ. ①五笔字型输入法②办公自动化—应用软件 Ⅳ. ①TP391.14;TP317.1

中国版本图书馆CIP数据核字(2018)第212991号

内容提要

本书是指导初学者学习五笔打字和Office办公软件的入门书籍。书中详细地介绍了五笔打字的相关知识，并对初学者在使用Office 2016进行电脑办公时经常遇到的问题进行了专家级的指导。全书分3篇，共14章。第1篇介绍五笔打字前的准备工作、五笔字型的基础知识、五笔字型的输入方法；第2篇介绍Word、Excel和PowerPoint三大办公软件的基础知识和高级应用；第3篇介绍Windows 10操作系统快速入门、个性化设置Windows 10操作系统、网络上的生活服务、网上娱乐与社交、程序的安装与管理等内容。

本书附赠内容丰富、实用的教学资源，读者可以从网盘下载。教学资源中提供长达8小时的与本书内容同步的视频讲解，以及包含8000个常用汉字的五笔编码电子字典、8小时Word/Excel/PPT办公技巧与经典案例视频讲解、928套Word/Excel/PPT 2016办公模板、财务/人力资源/文秘/行政/生产等岗位工作手册、Office应用技巧1280招电子书、300页Excel函数与公式使用详解电子书、常用办公设备和办公软件的使用方法视频讲解、电脑常见问题解答电子书等内容。

本书既适合电脑初学者阅读，又可以作为大中专类院校或者企业的培训教材，同时对有一定经验的Office使用者也有很高的参考价值。

◆ 编　　著　神龙工作室
　责任编辑　马雪伶
　责任印制　马振武
◆ 人民邮电出版社出版发行　　北京市丰台区成寿寺路11号
　邮编　100164　　电子邮件　315@ptpress.com.cn
　网址　http://www.ptpress.com.cn
　固安县铭成印刷有限公司印刷
◆ 开本：787×1092　1/16
　印张：18　　彩插：4
　字数：460千字　　2018年12月第1版
　印数：1－2 400册　　2018年12月河北第1次印刷

定价：49.80元

读者服务热线：(010)81055410　印装质量热线：(010)81055316
反盗版热线：(010)81055315
广告经营许可证：京东工商广登字20170147号

打字是使用电脑的一项基本操作，在很多时候我们都会用到打字这一基本功能，如编写电子邮件、做会议记录以及制作企业策划方案等。Office作为一款常用的办公软件，它具有操作简单和极易上手等特点，在职场办公中发挥着不可替代的作用，然而要想真正熟练运用它来解决日常办公中遇到的各种问题却并非易事。为了满足广大读者的需要，我们针对不同学习对象的掌握能力，总结多位打字高手、Office办公软件应用高手、网络办公专家的职场经验，精心编写了本书。

写作特色

■ 实例为主，易于上手：全面突破传统的按部就班讲解知识的模式，模拟真实的工作环境，以实例为主，将读者在学习过程中遇到的各种问题以及解决方法充分地融入实际案例中，以便读者能够轻松上手，解决各种疑难问题。

■ 学思结合，强化巩固：通过“高手过招”栏目提供精心设计的妙招思考，帮读者更巧妙地应用Office。

■ 提示技巧，贴心周到：对读者在学习过程中可能遇到的疑难问题，都以提示技巧的形式进行了说明，使读者能够更快、更熟练地运用各种操作技巧。

■ 双栏排版，超大容量：采用双栏排版的格式，信息量大。在270多页的篇幅中容纳了传统版式400多页的内容。这样，我们就能在有限的篇幅中为读者提供更多的知识和实战案例。

■ 一步一图，图文并茂：在介绍具体操作步骤的过程中，每一个操作步骤均配有对应的插图，读者在学习过程中能够直观、清晰地看到操作的过程及其效果，易于理解和掌握。

■ 扫码学习，方便高效：本书的配套教学视频与书中内容紧密结合，并提供电脑端、手机端两种学习方式——读者既可选择在电脑上观看教学视频；也可以通过扫描书中二维码，在手机上观看视频，随时随地学习。

教学资源特点

■ 超大容量：本书所配的视频教学播放时间长达16小时，涵盖书中绝大部分知识点，并做了一定的扩展延伸，克服了目前市场上现有光盘内容含量少、播放时间短的缺点。

■ 内容丰富：教学资源中不仅包含8小时与本书内容同步的视频讲解、本书实例的原始文件和最终效果，同时赠送以下4部分内容。

（1）8000个常用汉字的五笔编码查询字典，有助于读者提高打字能力。

（2）8小时Word/Excel/PPT办公技巧与经典案例视频讲解，帮助读者拓展解决实际问题的思路。

（3）928套Word/Excel/PPT 2016实用模板，包含1280招Office 2016实用技巧的电子书，财务/人力资源/文秘/行政/生产等岗位工作手册，300页Excel函数与公式使用详解电子书，帮助读者全面提高工作效率。

（4）视频讲解打印机、扫描仪等办公设备及解压缩软件、看图软件等办公软件的使用方法、300多个电脑常见问题解答电子书，有助于读者提高电脑综合应用能力。

■ 解说详尽：在演示各个打字实例和Office案例的过程中，对每一个操作步骤都做了详细的解说，使读者能够身临其境，提高学习效率。

■ 实用至上：以解决问题为出发点，通过视频中一些经典的打字和办公软件应用实例，全面涵盖了读者在学习和使用五笔输入法和Office办公软件进行日常办公中所遇到的问题及解决方案。

教学资源使用说明

① 关注“职场研究社”，回复“49377”，获取本书配套教学资源下载方式。

② 教学资源下载并解压后，双击文件夹中的“新手学五笔打字+Office 2016电脑办公从入门到精通.exe”文件，即可进入教学资源主界面，如下图所示。

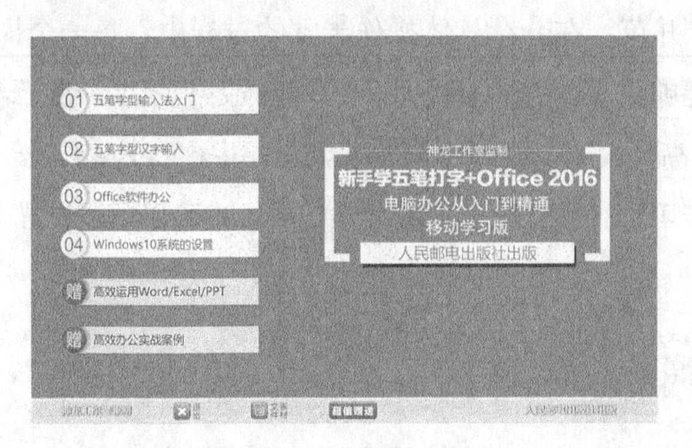

③ 在教学资源主界面中单击相应的按钮即可开始学习。

本书由神龙工作室策划编写，参与资料收集和整理工作的有孙冬梅、唐杰、李贞龙、张学等。由于时间仓促，书中难免有疏漏和不妥之处，恳请广大读者不吝批评指正。

本书责任编辑的联系邮箱：maxueling@ptpress.com.cn。

编者

第 1 篇 五 笔 打 字

第1章 打字前的准备工作

教学资源路径：
五笔字型输入法入门

高手过招

第2章 五笔字型的基础知识

教学资源路径：
五笔字型输入法入门

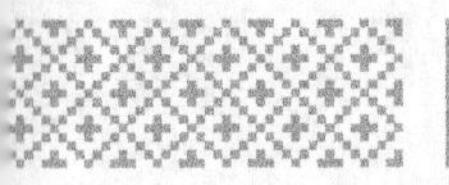

高手过招

第3章 五笔字型的输入方法

教学资源路径：
五笔字型汉字输入

第 2 篇 Office 办公应用

第4章 Office 2016简介

第5章 文档编辑大师——Word 2016

教学资源路径：
Office办公软件\文档编辑大师——Word 2016

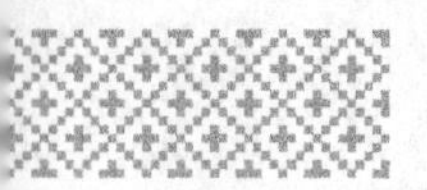

第8章 演示文稿制作大家——PowerPoint 2016

教学资源路径：
Office办公软件\演示文稿制作大家——PPT 2016

第9章 图片与表格的处理技巧

教学资源路径：
Office办公软件\图片与表格的处理技巧

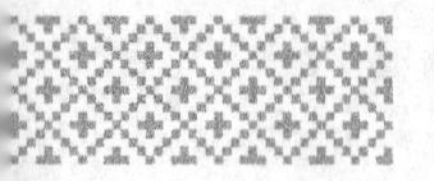

高手过招

第 3 篇 全 能 办 公

第10章 Windows 10操作系统快速入门

第11章 个性化设置Windows 10操作系统

教学资源路径：
Windows 10系统的设置

第12章 网络上的生活服务

第13章 网上娱乐与社交

第14章 程序的安装与管理

第1篇

五笔打字

本篇从键盘的基础知识讲起，主要介绍五笔字型的基础知识及学习五笔打字所必需的专业知识。

第1章

打字前的准备工作

学习五笔打字前，用户应该首先了解键盘相关的基础知识、正确的坐姿、基本的指法、键位的练习以及五笔字型输入法的安装方法。

关于本章的知识，本书配套教学资源中有相关的多媒体教学视频，视频路径为【五笔字型输入法入门】。

1.1 正确使用键盘

要进行打字，首先要熟悉打字用到的工具——键盘，掌握打字过程中的指法和打字要用到的输入法等基础知识。

1.1.1 认识键盘

键盘是在计算机上输入数据的重要途径之一，是用户进行打字和应用电脑的基础，本小节将向用户介绍键盘的基本操作及正确的指法分区。

随着电脑技术的发展，键盘也经历了从83键、84键、101键到102键的变化，后来又出现了更加符合人体工学的107键，下面就以107键盘为例来介绍一下键盘的布局。107键键盘主要由功能键区、编辑键区、主键盘区、数字键区、指示灯区等部分组成（见第5页的插图）。

1. 功能键区

功能键区位于键盘的最上方，包括【Esc】键、【F1】键至【F12】键以及右侧的3个键，这些功能键的作用主要根据具体的操作系统或者应用程序而定。

2. 编辑键区

编辑键区位于键盘的中间部位，也称为光标控制区，由13个键组成，主要用于控制或移动光标，这些键简要介绍如下。

○ 插入/改写键【Insert】

该键的功能是在编辑文本时更改插入/改写的状态，该键的系统默认状态是“插入”状态，在“插入”状态下，输入的字符插入到光标处，同时光标右侧的字符依次向后移一个字符位置，按下【Insert】键即可改成“改写”状态，在“改写”状态下输入文字时，在光标处输入的文字将向后移动并覆盖原来的文字。

○ 屏幕打印键【Print Screen】

在Windows系统中，按下此键可以将屏幕中所显示的全部内容以图片的形式保存到剪贴板中。如果按【Alt】+【Print Screen】组合键，则截取当前窗口的图像。

○ 删除键【Delete】

在文字编辑状态下，按下此键即可将光标后面的字符删除；在窗口状态下按下此键，可将选中的文件删除。

○ 前翻页键【Page Up】

单击此键可将光标快速前移一页,所在的列不变。

○ 后翻页键【Page Down】

单击此键可将光标快速后移一页，所在的列不变。

○ 起始键【Home】

该键的功能是快速移动光标至当前编辑行的行首。

○ 终点键【End】

该键的功能是快速移动光标至当前编辑行的行尾。

○ 屏幕滚动键【Scroll Lock】

按下此键可实现屏幕的滚动，再按下此键即可让屏幕停止滚动。

○ 暂停/中断键【Pause Break】

该键单独使用时是暂停键【Pause】，其功能是暂停系统操作或屏幕显示输出，按下此键将暂停系统当前正在进行的操作。当和【Ctrl】键配合使用时，则是中断键【Break】，其功能是强制终止当前程序的运行。

○ 光标键【↑】【↓】【←】【→】

光标键就是位于编辑区下方的4个带箭头的键【↑】【↓】【←】【→】，箭头所指方向就是光标所要移动的方向。

3. 主键盘区

主键盘区位于键盘的左侧，由26个英文字母键、10个阿拉伯数字键、一些特殊符号键和一些控制键组成。该区是用户操作电脑过程中使用频率非常高的键盘区域。

在学习打字之前需要熟悉主键盘区各个键的功能，除了英文字母键和数字键外，下面重点介绍一下各个控制键的功能。控制键位于字母键的两侧，为了方便用户的操作，在空格键的左右两侧各有一个【Shift】键、【Ctrl】键和⊞键，相同的键的功能是相同的。

○【Caps Lock】键

【Caps Lock】键也称为大小写字母锁定键。系统启动后默认的是小写字母状态，这时键盘右上方的【Caps Lock】指示灯是不亮的，按字母键输入的都是小写字母。按下【Caps Lock】键，对应的指示灯亮了，这时再按下字母键输入的就是大写字母了。

○【Tab】键

【Tab】键又称为跳格键或者制表位键。按下此键，可以使光标向右移动一个制表位。

○【Space】键

【Space】键又称为空格键，它是键盘上最长的一个键。按下该键可以输入一个空白的字符，光标向右移动一格。

○【Ctrl】键和【Alt】键

【Ctrl】键在打字键区的最后一行，左右各有一个。【Alt】键又称为变换键，在主键盘下方靠近空格键处，左右各有一个。【Ctrl】键和【Alt】键必须和其他的键配合使用才能实现各种功能，这些功能是在操作系统或其他应用软件中设定的。例如按【Ctrl】+【C】组合键可以实现复制，按【Ctrl】+【V】组合键可以实现粘贴。

○【Enter】键

【Enter】键是主键盘区使用频率非常高的一个键，它又称为回车键或换行键，它在运行程序时起到确认的作用，在编辑文字时起到换行的作用。

○【Shift】键

该键又称为上档键或换档键，在键盘的左右两端各有一个。按下【Shift】键不放再按其他的符号键，则会显示该符号键上方的符号，或者是字母A到Z的大小写转换。它还可以与别的控制键组合成快捷键。该键不能单独使用。

○【Windows】键

该键也称为Windows徽标键，在【Ctrl】键和【Alt】键之间，主键盘左右各一个，因为键面的标志符号是Windows操作系统的徽标而得名。此键通常和其他键配合使用，单独使用时的功能是打开【开始】菜单。

4. 数字键区

数字键区也称为小键盘或数字/光标移动键盘，主要用于数字符号的快速输入。在数字键区，各个数字符号键分布紧凑、合理，适合单手操作，在录入内容为纯数字符号时，使用数字键区比使用主键盘区更加方便，更有利于提高输入的速度。

其中【Num Lock】键是数字锁定键，按下该键，键盘上的【Num Lock】灯亮，此时可以按小键盘上的数字键输入数字；再按一次【Num Lock】键，该指示灯灭，数字键则可以作为光标移动键使用。

5. 指示灯区

键盘的右上角就是指示灯区，从左到右分别为【Num Lock】指示灯、【Caps Lock】指示灯、【Scroll Lock】指示灯。

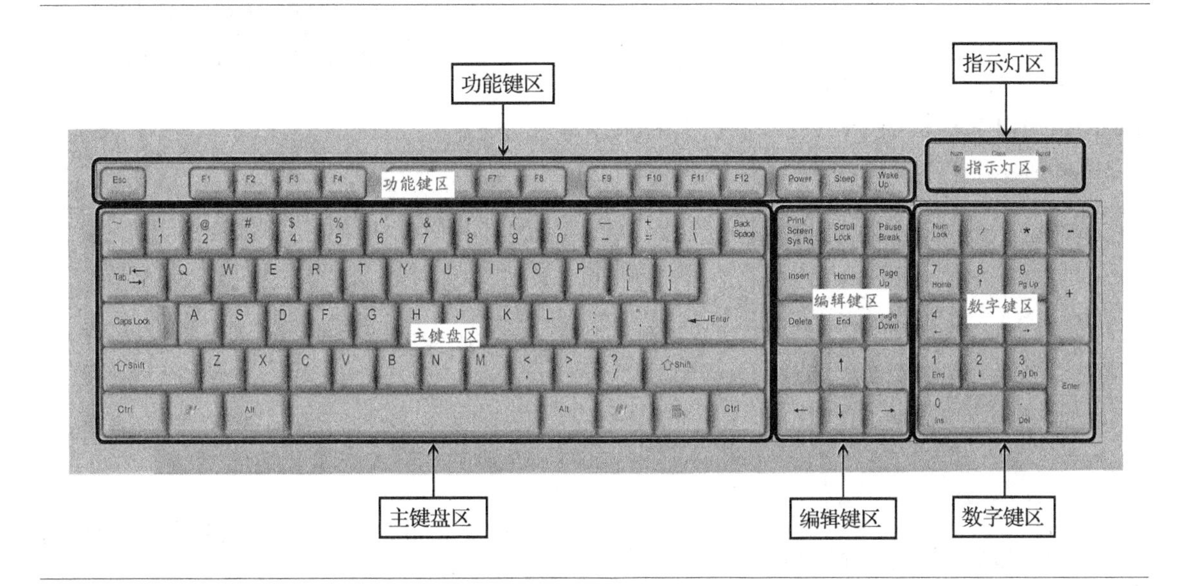

1.1.2 正确的坐姿

正确的坐姿不仅能提高用户的打字速度，同时也有利于身体健康。

正确的打字姿势应该是：身体躯干挺直且微前倾，全身自然放松；桌面的高度以肘部与台面相平的高度为宜；上臂和双肘靠近身体，前臂和手腕略向上倾，使之与键盘保持相同的斜度；手指微曲，轻轻悬放在与各个手指相关的基键上；双脚踏地，踏地时双脚可稍呈前后参差状；除了手指悬放在基准键上，身体的其他任何部位不能搁放在桌子上，如图所示。

1.1.3 指法规则

熟练地使用键盘不仅需要熟悉键盘的分布，掌握正确的打字姿势，还要记住手指的键位分工和指法规则，这样才能快速提高打字的速度。

1. 键盘指法分工

键盘指法分工也就是在练习打字时的指法规则，即各个手指在使用键盘时应该摆放的正确位置和它们所管辖的键位。每个手指都有它们各自管辖的区域，不能超越自己管辖的区域。在键盘的第三排中的8个字符键【A】【S】【D】【F】【J】【K】【L】【;】被称为是基准键或者导位键。

手指基准键位的摆放位置如下所示。

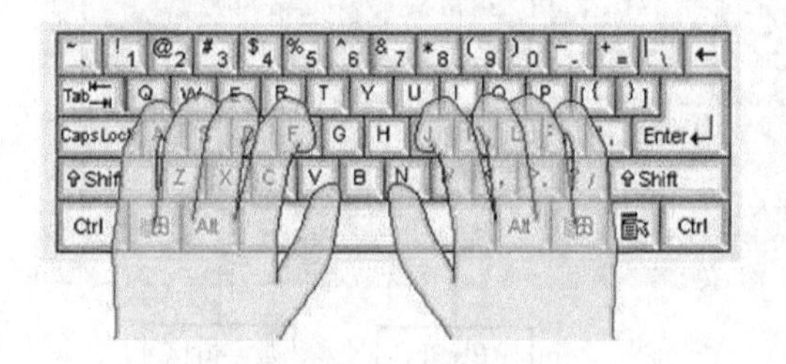

基准键和空格键是10个手指不击键时停留的位置，通常将左手小指、无名指、中指、食指分别置于【A】【S】【D】【F】键上，左手拇指轻置于空格键上，将右手食指、中指、无名指、小指分别置于【J】【K】【L】【;】键上，右手拇指轻置于空格键上。多数情况下手指从基准键出发分工打击各自键位。

各个手指的分工如图所示。

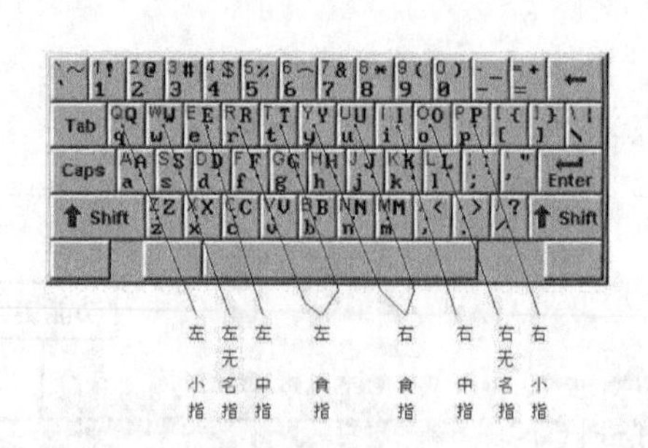

2. 正确的击键方法

用户在使用键盘时不仅要掌握正确的指法规则，还要掌握正确的击键方法，这样才能提高打字的速度。

正确的击键方法如下。

（1）用指尖部分击键，但不要用手指甲击键。

（2）击键时伸出手指要果断、迅速。击过之后要习惯性地将手指放回原来的位置上，使得击其他键时平均移动的距离缩短，从而提高击键的速度。

（3）击键时的力度要适当，过重则声音太响，不仅会缩短键盘的使用寿命，而且用户易于疲劳；太轻则不能有效地击键，会使差错增多。击键时，手指不宜抬得过高，否则击键时间与恢复时间太长，影响输入的速度。初学者要熟记键盘和各个手指分管的键位，各个手指一定要各负其责，千万不要为了方便而“相互帮忙”，刚练习时养成的错误指法以后再纠正就非常困难了。为了更好地掌握击键方法，请按照五字歌练习。

手腕要平直，手臂贴身体。

手指稍弯曲，指尖键中央。

输入才击键，按后往回放。

拇指按空格，千万不能忘。

眼不看键盘，忘记想一想。

速度要平均，力量不可大。

1.2 各键位的指法练习

只记住了手指的键位分工、正确的打字姿势以及击键的规则，并不代表就能熟练地使用键盘。要想“弹指如飞”，还必须进行大量的指法练习。

1.2.1 打开记事本

记事本是一款小巧方便的纯文本编辑器。虽然小，但是利用它可以书写便条和备忘录，编辑系统文件以及网页源代码等。

单击【开始】按钮，鼠标指针指向【所有程序】➢【记事本】菜单项，即可打开【记事本】窗口。用户可以在该窗口中进行打字练习。

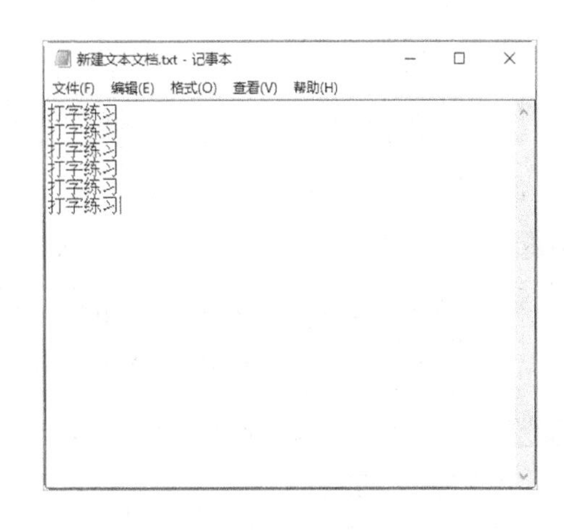

1.2.2 标准键位的指法练习

打开记事本，将输入法切换到英文状态下，下面开始各种键位的指法练习。

1. 基准键位练习

1 按照前面讲的键位分布，依次将左右手指放在相应的基准键上，练习输入基准键位上的字母或符号。

aaaa ssss dddd ffff jjjj kkkk llll ;;;; llll kkkk jjjj ffff

kkkk ssss dddd ;;;; kkkk ssss ffff aaaa ;;;; jjjj kkkk

2 手指在相邻和不相邻的基准键位上敲击，进一步加深对基准键位的印象。

sdlk jakf kjas ;kjs sdja jfks a;ls jdls s;df askd k;ls

jkdl sla; dakl ;kdf dlk; sakj kdsl sadf kjd; jksl sal;

3 手指在相邻和不相邻的基准键位上敲击，进一步加深对基准键位的印象。

sdjk ld;s jksa kjla sl;a ;lks klsa slka f;ls s;dl klsa

kld; ;lsa dsal skla ;lka flks sl;d a;ls skla; fkls l;ak

2. 左手上、下排键位练习

1 输入下面的字母和数字，在练习的过程中依然要按照指法分工，切记在敲击完键位后手指要立即返回基准键位。

1111 qqqq aaaa zzzz xxxx sssss wwww 2222 3333 eeee

vvvv ffff rrrr 4444 5555 tttt gggg bbbb 1qsx 2wsx 3edc

2 尽量不看键盘，输入下面的字母和数字，练习“盲打”。

1234 3213 qere asdf zcvc sadf vfre asdf w32a sdfa sdfe

sdds adas dsaw 13sa dsad wwe2 1221 sdaf qwws 3edc

3. 右手上、下排键位练习

1 输入下面的字母、符号和数字，熟悉每个手指所管辖的范围。

6666 yyyy hhhh nnnn mmmm jjjj uuuu 7777 llll kkkk

oooo pppp 0000 9999 //// 8888 iiii kkkk ,,,, ... ;;;; jjij

2 尽量不要看键盘，输入下面的字母、符号和数字，练习“盲打”。

pujm kimo komy ;poi iojn mi8o komh klmh nm98 n97i

90ki mkum komu 09ij mumk iujn m08j jiun koum 9ujh

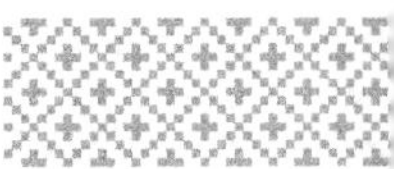

4. 大小写指法练习

进行大小写字母的转换练习需要利用【Caps Lock】键和【Shift】键，两键可以综合使用以提高效率，具体的操作步骤如下。

1 按【Caps Lock】键切换到大写输入状态，即可在记事本中输入大写字母，再次按【Caps Lock】键退出大写状态。

ASDF	IEND	FDOE	FSDO	EOGF	FOWD	FKRO	FKOW
OQNF	FRAR	FRIA	OGNA	YUEN	DIAD	FEWI	WOJI

2 在小写输入状态下，按住【Shift】键不放，同时按字母键即可输入大写字母，松开【Shift】键后输入的即为小写字母。

Asfd	IdNr	FesE	dsaO	Osfd	Fdsf	Fvfs	fKOe	OaMa	Odsf
Osad	Ffdr	FRIA	sdfg	gUgN	DddD	rEWr	rOrr	AraI	rOrS

5. 数字键位练习

下面进行数字键位的练习。首先应该确认键盘右上方的【Num Lock】指示灯已经打开，若该指示灯没有打开，则需按一下【Num Lock】键，然后才能输入以下的数字和符号。

123456789	9874561235	897+79816	45.03++*/-	651+-5820	4586
+12.5656	06456.1503	481611+16	+9710	4515616161	9*/79*2

6. 符号键位练习

在中文状态下输入的符号与在英文状态下输入的符号有所不同。中文状态下输入的符号与英文状态下输入的符号的对比如下所示。

键位符号（快捷键）	英文状态	中文状态
.	.	。
\	\	、
:（【Shift】+【;】）	:	：
;	;	；
?（【Shift】+【/】）	?	？
!（【Shift】+【1】）	!	！
@（【Shift】+【2】）	@	@
#（【Shift】+【3】）	#	#
$（【Shift】+【4】）	$	¥
%（【Shift】+【5】）	%	%
^（【Shift】+【6】）	^	……
&（【Shift】+【7】）	&	&
*（【Shift】+【8】）	*	*

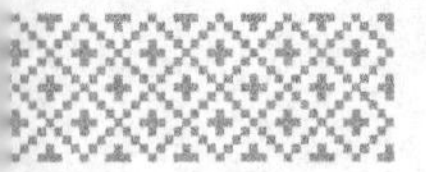

续表

键位符号	英文状态	中文状态
(（【Shift】+【9】）	(	（
)（【Shift】+【0】）	)	）
_（【Shift】+【-】）	_	——
+（【Shift】+【=】）	+	+
|（【Shift】+【\】）	|	|
{（【Shift】+【[】）	{	{
}（【Shift】+【]】）	}	}

1.2.3 使用金山打字通练习

如果在练习指法的过程中只使用记事本会非常枯燥，而且也不能准确了解自己打字的速度，而使用专门的打字练习软件既可以让用户准确掌握自己的打字速度，又可以让用户对打字练习充满兴趣，一举两得。

1. 安装金山打字通

金山打字通是一款常用的打字练习软件，下面就以金山打字通2016为例来介绍如何进行指法练习。在各大网站都有金山打字通软件的下载，用户可以根据自己的需要进行下载和安装，具体的安装步骤如下。

1 双击安装文件typeeasy.exe，随即弹出【欢迎使用“金山打字通 2016”安装向导】对话框，单击 下一步(N) > 按钮。

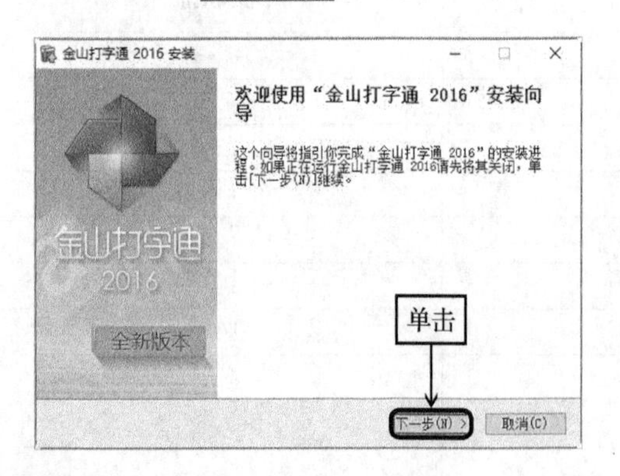

2 弹出【许可证协议】对话框，用户在安装软件之前需要阅读授权协议，了解之后单击 我接受(I) 按钮。

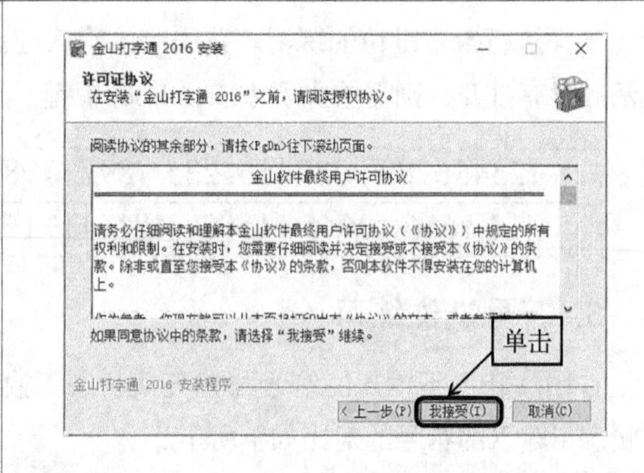

3 弹出【WPS Office】对话框，由于用户已经安装了Office 2016软件，因此撤选【WPS Office，让你的打字学习更有意义（推荐安装）】复选框，单击 下一步(N) > 按钮。

4 弹出【选择安装位置】对话框，此时【目标文件夹】文本框中显示了系统默认的安装路径，即安装在C盘。C盘为系统盘，软件应尽量避免安装在C盘，所以这里单击 浏览(B)... 按钮来选择路径。

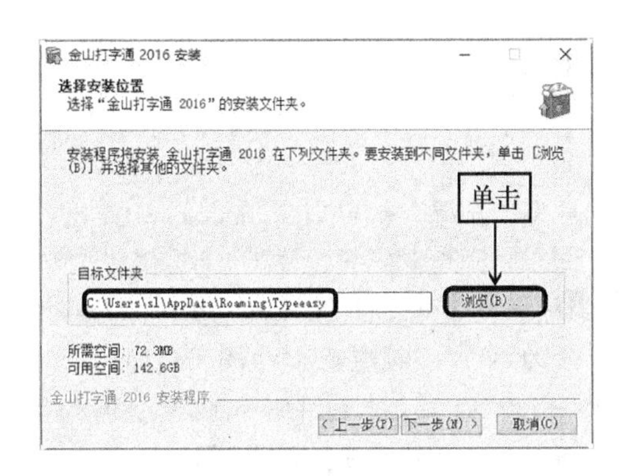

5 弹出【浏览文件夹】对话框，在列表框中选择安装此软件的文件夹位置，然后单击 确定 按钮。

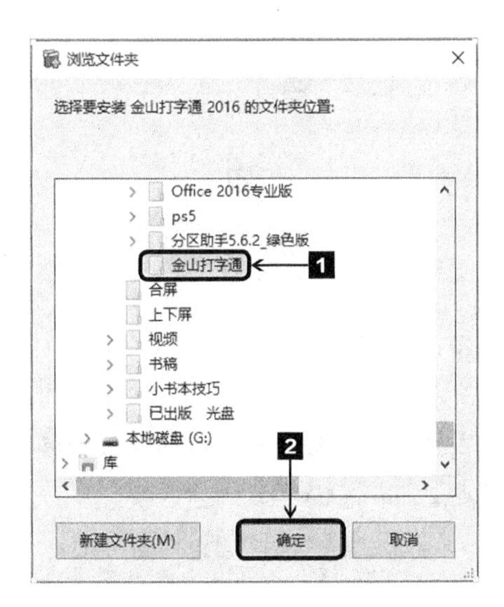

6 返回【选择安装位置】对话框中，即可在【目标文件夹】文本框中看到选择好的安装位置，单击 下一步(N) > 按钮。

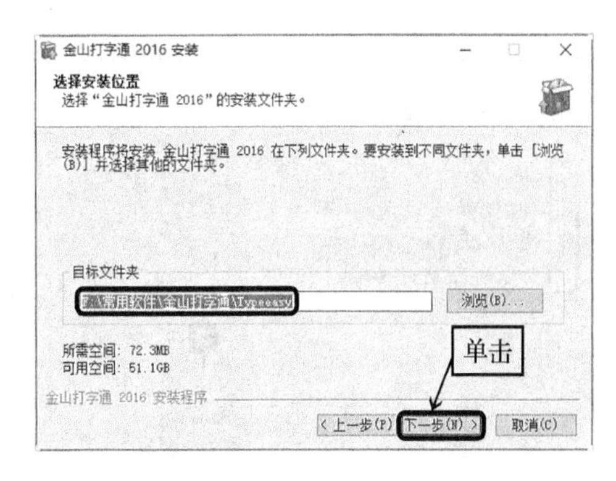

7 弹出【选择"开始菜单"文件夹】对话框，保持默认设置不变，单击 安装(I) 按钮。

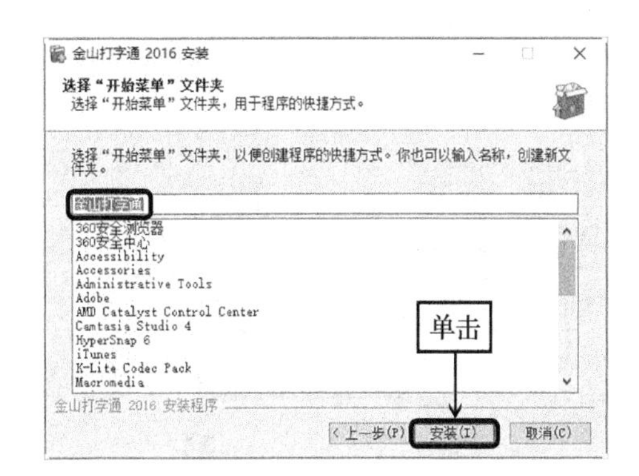

8 弹出【安装 金山打字通 2016】对话框，在该对话框中显示安装进程。

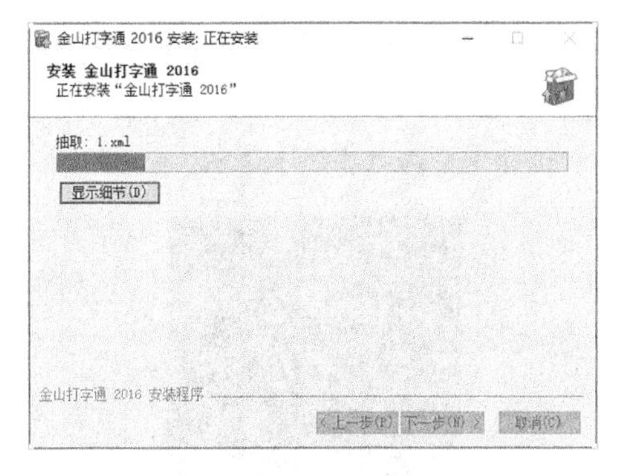

9 安装完毕，弹出【软件精选】对话框，在对话框中显示了多种软件，用户可以根据需要选择软件，这里全部撤选，单击 下一步(N) > 按钮。

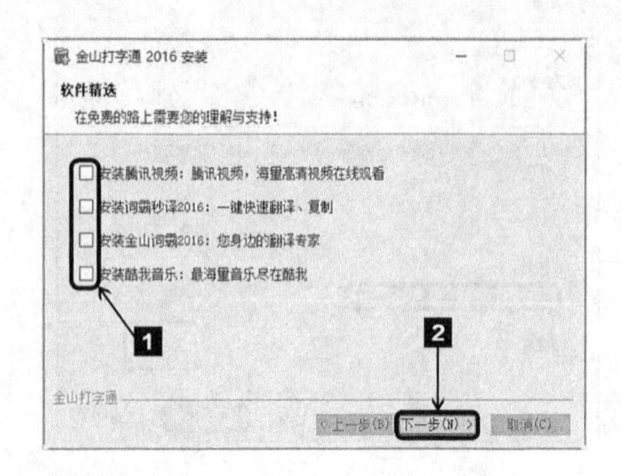

10 弹出【正在完成“金山打字通 2016”安装向导】对话框，撤选【查看 金山打字通 2016 新特性】和【创建爱淘宝桌面图标】复选框，单击 完成(F) 按钮，即可完成金山打字通的安装。

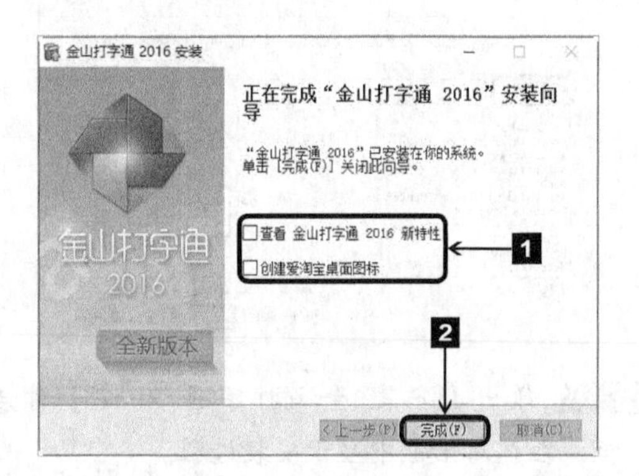

2. 启动金山打字通

1 单击【开始】按钮，在弹出的下拉列表中选择【金山打字通】选项。

2 打开【金山打字通 2016】程序界面，选择【新手入门】选项。

3 弹出【登录】对话框，可以看到用户登录分为两步：创建昵称和绑定QQ。在【创建一个昵称】文本框中输入昵称，例如输入“神龙”，然后单击 下一步(N) > 按钮。

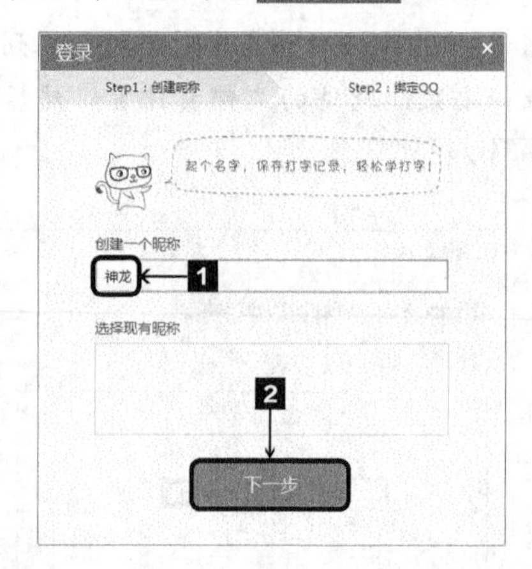

4 进入【Step2:绑定QQ】操作界面，在该界面中可以看到，只有绑定QQ后才可以保存打字记录、漫游打字成绩和查看全球排名，单击 绑定 按钮。

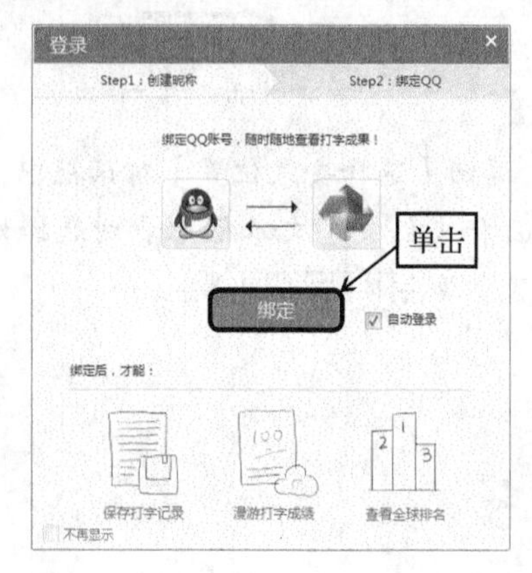

5 弹出【QQ登录】对话框，用户可以快速登录，也可以使用账号密码登录，这里介绍使用账号密码登录。切换到【账号密码登录】选项卡，在【支持QQ号/邮箱/手机号】文本框中输入QQ号，在【密码】文本框中输入QQ密码，单击 授权并登录 按钮，即可绑定QQ号，并自动关闭该对话框。

6 返回【金山打字通 2016】界面中。用户可以根据自己的实际情况选择【新手入门】【英文打字】【拼音打字】和【五笔打字】等选项进行练习。

7 选择【英文打字】选项，弹出一个提示对话框，提示用户“进入练习前，先选择一种练习模式吧！”，用户可以根据自己的实际情况选择【自由模式】或【关卡模式】，这里选择【自由模式】选项，单击 确定 按钮。

8 在界面中选择【英文打字】选项，弹出【英文打字】界面，该界面包括【单词练习】【语句练习】和【文章练习】3项，用户可以自由选择。

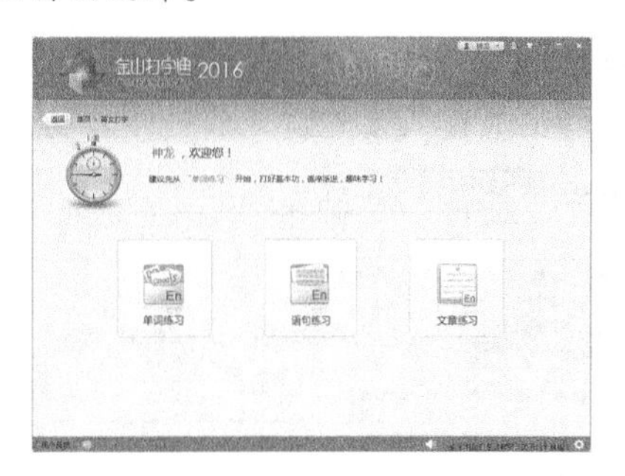

9 选择【单词练习】选项，弹出练习界面，将输入法切换到英文状态即可进行打字练习。

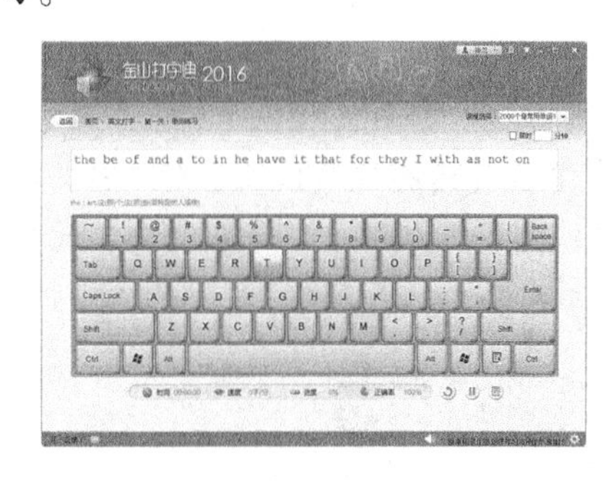

1.3 使用五笔字型输入法

要学习五笔打字，首先要在电脑上安装五笔字型输入法，下面以搜狗五笔输入法为例介绍五笔字型输入法的安装与使用。

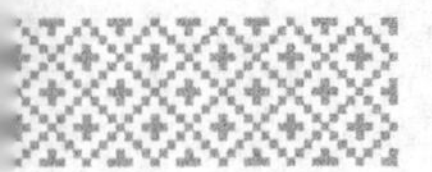

各个版本的五笔字型输入法的安装方法大致相同，下面就以搜狗五笔输入法为例进行介绍。

1. 五笔输入法的安装

1 双击搜狗五笔安装程序，弹出安装向导，单击下一步(N) >按钮。

2 弹出【许可证协议】对话框，用户在安装搜狗五笔输入法之前，阅读授权协议，然后单击我接受(I)按钮。

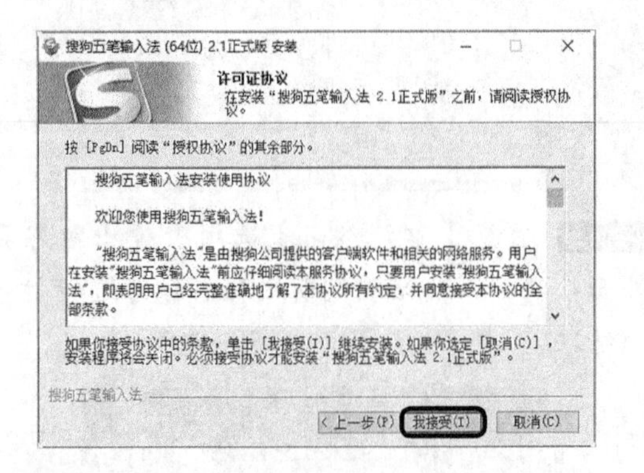

3 弹出【选择安装位置】对话框，在【目标文件夹】文本框中显示系统默认的安装位置，单击浏览(B)...按钮。

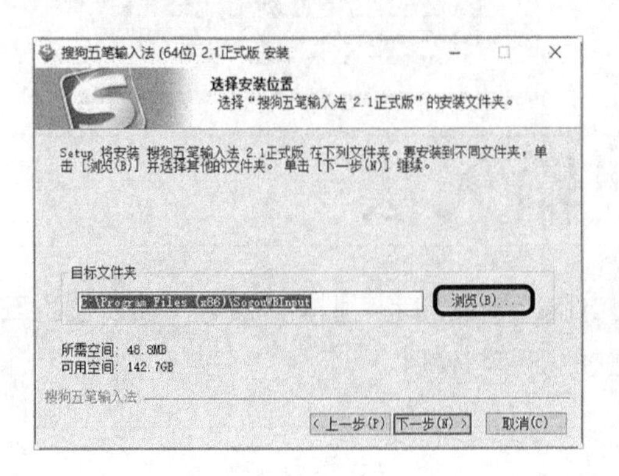

4 弹出【浏览文件夹】对话框，在列表框中选择合适的安装位置，例如这里选择【搜狗五笔】文件夹，然后单击确定按钮。

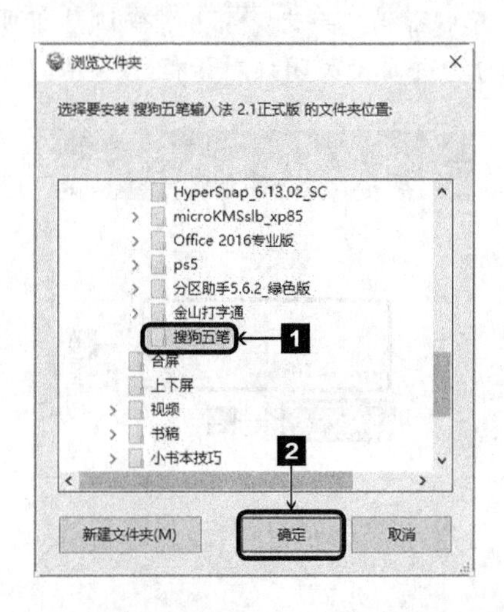

5 返回【选择安装位置】对话框，即可在【目标文件夹】文本框中看到用户选择的安装位置，单击下一步(N) >按钮。

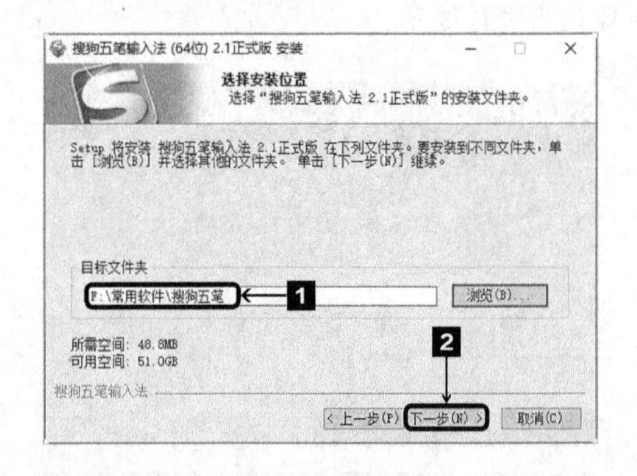

6 弹出【选择"开始菜单"文件夹】对话框，保持默认设置不变，单击安装(I)按钮。

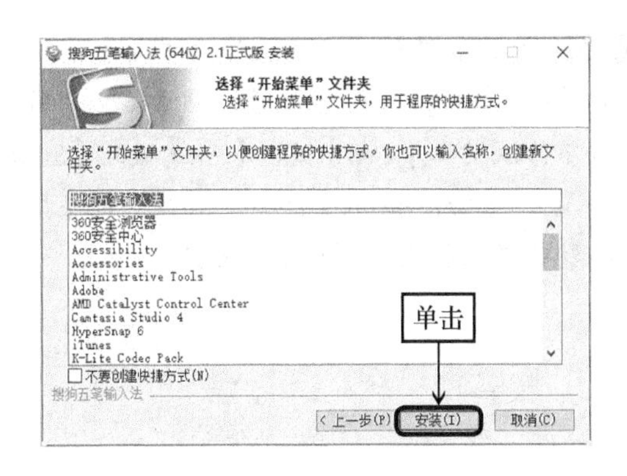

7 弹出【正在安装】对话框，显示软件安装进程。

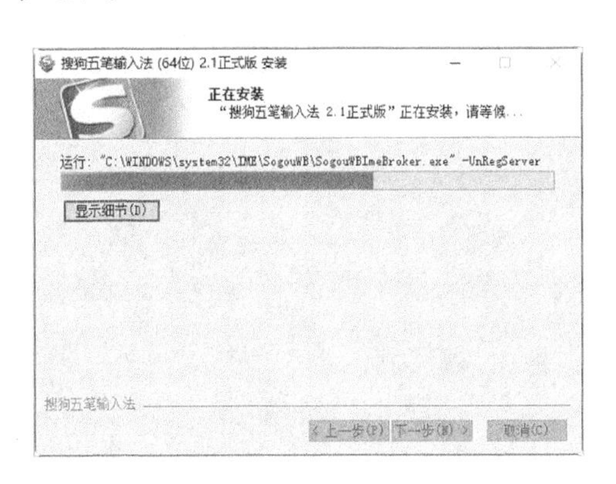

8 弹出【正在完成“搜狗五笔输入法 2.1 正式版”安装向导】对话框，显示该软件已安装在你的系统，单击 完成(F) 按钮即可。

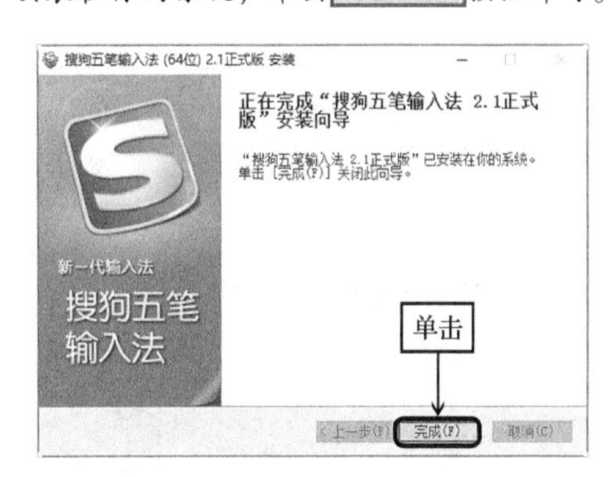

2. 切换成五笔输入法

单击任务栏右下角的输入法按钮，在弹出的菜单中选择搜狗五笔输入法菜单项，此时搜狗五笔输入法菜单项前面打勾，表明正在使用的输入法是搜狗五笔输入法。

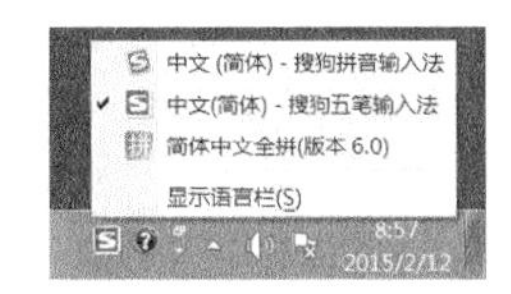

高手过招

快速找回任务栏中丢失的语言栏

1 打开【所有控制面板项】对话框，在对话框中选择【轻松使用设置中心】选项。

2 在弹出的【轻松使用设置中心】对话框中选择【浏览所有设置】列表框中的【使键盘更易于使用】选项。

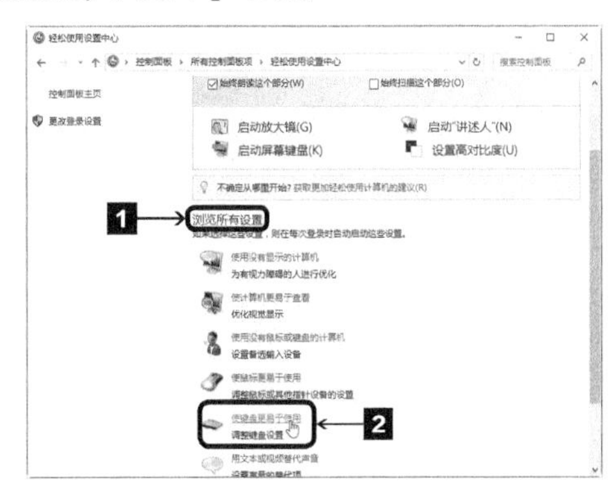

3 在弹出的【使键盘更易于使用】对话框中选中【启用粘滞键】复选框，单击 应用(P) 按钮，即可启用粘滞键。

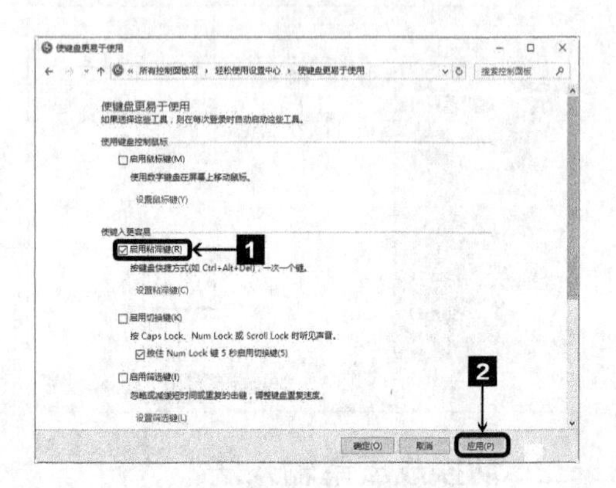

4 启用粘滞键后，当快捷方式要求使用诸如【Ctrl】+【P】组合键时，粘滞键允许用户按下修改键（【Ctrl】键、【Alt】键或【Shift】键）或【Windows】键之后，它能保持这些键的活动状态直到按下其他键。

第2章

五笔字型的基础知识

要学习五笔打字，首先要掌握基础知识，包括汉字的基本结构、五笔字根的分类、五笔字根的拆分等。本章主要介绍五笔打字的基础知识。

关于本章的知识，本书配套教学资源中有相关的多媒体教学视频，视频路径为【五笔字型输入法入门】。

2.1 汉字的结构

汉字从结构上可分为3个层次。单字是最高层次，字根是中间层次，笔画是最低层次。要学习五笔打字，首先要学习汉字的结构。

2.1.1 汉字结构的3个层次

从汉字的结构来划分可分为笔画、字根和单字3个层次。

在日常生活中人们常说“日月—明”“三日—晶”等，可见，一个汉字可以由几部分拼合而成，如“晶”是由3个“日”字拼合而成的。这些用来拼合汉字的基本部分被称为“字根”。这些“字根”是构成汉字的最基本的单位。任何一个字根都是由笔画构成的，任何一个字根都可以由若干个笔画交叉连接而成。因此，笔画、字根、单字是汉字结构的3个层次，由笔画组合产生字根，由字根组合产生汉字，这种结构可以表示成：基本笔画→字根→汉字。

2.1.2 汉字的5种笔画

笔画是书写汉字时一次写成的一个连续不断的线段，它是构成汉字的最小单位。

一般来说汉字的笔画有：点、横、竖、撇、捺、提、钩和折8种。五笔字型编码将汉字的笔画分为横、竖、撇、捺、折（一、丨、丿、丶、乙）5种笔画。

可能有的读者会问，前面不是说有8种笔画吗，为什么在五笔字型方案中只有5种呢？点、提、钩这3种笔画没有了吗？其实它们并没有丢掉。从它们的书写方式可以发现“点”与“捺”的运笔方向基本一致，因此“点”被归为“捺”类；同理，“提”被归为“横”类；除左钩用竖来代替外，其他带转折的笔画都被归为“折”类。为了便于记忆和应用，根据它们使用频率的高低，依次用1、2、3、4、5作为编号。

笔画名称	代号	笔画走向	笔画及其变形
横	1	左→右	一、㇀
竖	2	上→下	丨、亅
撇	3	右上→左下	丿
捺	4	左上→右下	㇏、丶
折	5	带转折	乙、㇠、𠃊、㇆、巛

2.1.3 汉字的3种字型

在五笔字型中根据构成汉字时各个字根之间的位置关系，可以把汉字分为3种类型。

在汉字中，字根的摆放位置不同，组成的汉字也不相同，如“九”和“日”可以构成“旭”和“旮”。在五笔字型中把汉字分为3种类型：左右型、上下型以及混合型，分别赋予它们代码1、2、3。

1. 左右型

字根之间可以有间隔，但是整体呈左右或者左中右排列，例如：江、抢和储等。

2. 上下型

字根之间也可以有间隔，但整体呈上下排列，例如：芹、草、分等。

3. 混合型

汉字主要由单字、内外、包围等结构组成，例如：匪、未、回、同等。

3种字型的说明和举例如下表所示。

字型	代号	图示	特征	字例
左右型	1		字根之间有间距，但总体左右排列	明、树、抢、部
上下型	2		字根之间虽有间距，但总体上下排列	苗、意、范、想
杂合型	3		字根之间可以有间距，但不分上下左右，或者浑然一体	回、凶、过、匀、臣、本、太、东

2.2 五笔字型的字根

五笔字型常用的有86版、98版和标准版3种，由于86版输入法具有代表性，使用者也是相对较多的，因此本节将以86版五笔字型为例进行介绍。

本节的操作视频请从网盘下载

五笔字型的字根

2.2.1 什么是字根

字根是构成汉字的基本单位，汉字中由若干个笔画交叉连接而成的相对不变的结构叫作字根。

字根的个数很多，但并不是所有的字根都可以作为五笔字型的基本字根，只有那些组字能力特强，而且被大量重复使用的字根会被挑选出来作为基本字根。在五笔字型中，这样的基本字根共有130个，绝大多数汉字都可以由这些基本字根组成。为了叙述方便，以下简称五笔字型的基本字根为“字根”。

字根是挑选出来的，在五笔字型方案中，字根的选取标准主要基于以下两点。

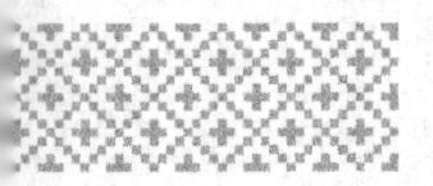

1. 组字能力强、使用频率高的偏旁部首

如：目、日、是、口、田、王、土、大、木、工、山、人等。某些偏旁部首本身即是一个汉字。

2. 组字能力不强，但组成的字在日常汉语文字中出现的次数很多

如："白"组成的"的"字可以说是全部汉字中使用频率最高的。

2.2.2 字根的键位分布及区位号

五笔基本字根有130个，再加上一些基本字根的变型，共有200个左右。要想掌握五笔字型的字根分布，就必须先弄清楚字根的区、位以及区位号。

什么是区、位呢？这就需要和前面所讲的汉字的5种笔画结合起来。字根的5区是指将键盘的除Z键外的25个字母键按照5种基本笔画分为横、竖、撇、捺、折5个区，依次用代码1、2、3、4、5表示区号，其中以横起笔的在1区，从字母G到A；以竖起笔的在2区，从字母H到L，再加上M；以撇起笔的在3区，从字母T到Q；以捺起笔的在4区，从字母Y到P；以折起笔的在5区，从字母N到X。

区位号就是每个字母键对应位置的号码，以区号在前，位号在后构成两位数的区位号。例如第一区的F键对应的位号是2，所以F键的区位号就是12。区位号的顺序有一定的规律，都是从键盘的中间开始向外扩展进行编号的。

2.2.3 字根在键盘上的分布规律

与区位号一样，字根在键盘上的分布也是有规律的，记住字根的键盘分布规律是练习五笔输入法的基础，是熟练打字的必经阶段。86版五笔字型字根的键盘分布如下图所示。

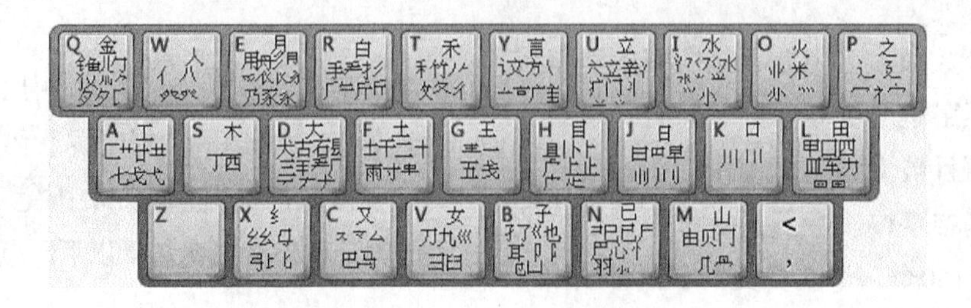

2.3 快速记忆五笔字根

五笔打字需要记忆字根，这是初学者的一个难点。为了方便快捷地记忆字根，王永民教授为每一区的字根编写了一首助记词。

本节的操作视频请从网盘下载

快速记忆五笔字根

2.3.1 86版五笔字根助记词

五笔字根助记词是帮助用户来记忆五笔字根的，有一定的规律可循，只要用户用心记忆，记住字根也是十分容易的事情。

86版五笔字根助记词如下表所示。

一 区	二 区	三 区	四 区	五 区
王旁青头戋（兼）五一	目具上止卜虎皮	禾竹一撇双人立 反文条头共三一	言文方广在四一 高头一捺谁人去	已半巳满不出己 左框折尸心和羽
土士二干十寸雨	日早两竖与虫依	白手看头三二斤	立辛两点六门疒	子耳了也框向上
大犬三羊古石厂	口与川，字根稀	月彡（衫）乃用家衣底	水旁兴头小倒立	女刀九臼山朝西
木丁西	田甲方框四车力	人和八，三四里	火业头，四点米	又巴马，丢矢矣
工戈草头右框七	山由贝，下框几	金勺缺点无尾鱼 犬旁留叉儿一点夕 氏无七（妻）	之宝盖， 摘礻（示）衤（衣）	慈母无心弓和匕， 幼无力

2.3.2 86版五笔字根助记词

一区键位详解

键位	字根口诀	理解与分析
11G	王旁青头戋（兼）五一	“王旁”指偏旁部首“王”，即王字旁；“青头”指“青”字上半部分“龶”；“兼”指“戋”（同音）；“五一”指字根“五”和“一”
12F	土士二干十寸雨	分别指“土、士、二、干、十、寸、雨”这7个字根，以及“革”字的下半部分“丰”
13D	大犬三羊古石厂	“大、犬、三、石、古、厂”为D键位上的6个字根；“古”可以看成“石”的变形；“羊”是指“⺶”；“𠂇、ナ、ア”可由“厂”联想到；“着”可由“羊”联想到，“镸”即字根“镸”
14S	木丁西	“木”的末笔是捺，捺的代号是4；“丁”在“甲乙丙丁……”中排在第4位；“西”字的下部是个“四”。它们都与4有关，以横起笔，所以分布在14位的S键上
15A	工戈草头右框七	“工戈”指字根“工”和“戈”及“戈”的变形“弋”；“草头”为偏旁部首“艹”及与它类似的“廾、廿、廾”，即“共头革头升字底”；“右框”指开口向右的方框“匚”；“七”可看成“戈”的变形字根

二区键位详解

键位	字根口诀	理解与分析
31 H	目具上止卜虎皮 还有H走字底	“目”指字根“目”，“具”指“具”的上半部分“且”，“上止卜”指“上、止、卜”及变形“丨、⺊”，“虎皮”指“虎”的上部“虍”和“皮”的上部“广”，“还有H走字底”指“走”字的底部“龰”
22 J	日早两竖与虫依 归左刘右乔字底	“日”指字根“日、曰”以及它们的变形“⺜”；“早”即字根“早”，是一个独立字根，不要再拆成“日、十”；“两竖”的变形字根“刂、刂、川”可通过“归左刘右乔字底”来记忆；“与虫依”指字根“虫”
23 K	口与川，字根稀	“字根稀”指该键上字根少，只有字根“口”和“川”，及“川”的变形“罒”
24 L	田甲方框四车力 血下罒上曾中间 舞字四竖也需记	“田甲”指字根“田”和“甲”；“方框”为字根“囗”，与K键上的“口”不同；“四”指字根“四”；“车力”指字根“车”和“力”；“血下罒上曾中间”指“皿、罒、四”；“舞字四竖也需记”指字根“罒”
25 M	山由宝贝骨头下框几	“山由”指字根“山、由”，“宝贝”指字根“贝”，“骨头”即指“骨”的上部分“冎”，“下框几”为字根“冂”以及“几”

三区键位详解

键位	字根口诀	理解与分析
31 T	禾竹一撇双人立 反文条头共三一 矢字取头去大底	“禾竹”为字根“禾”“竹、⺮”，一撇即“丿”，“双人立”指“彳”，“反文”即“攵”，“条头”指“条”的上半部分“夂”，“共三一”指这些字根在代码为31的T键上，“矢字取头去大底”指字根“𠂉”
32 R	白手看头三二斤 矢字去人取爪皮	“白手”指字根“白”和“手、扌”，“看头”指“看”字的上半部分“⺷”，“三二”是指这些字根位于代码为32的R键上，“斤”是“斤”和“⺁”字根，“矢字去人取爪皮”指字根“𠂉”和“厂”
33 E	月彡乃用家衣底 采字取头去木底	“月”为字根“月”，还有“⺝”字根；“衫”指字根“彡”；“乃用”指字根“乃、用”；“家衣底”指“家、衣”的下半部分“豕、𧘇”及变形“豕、⺦、⻀”等；“采字取头去木底”指字根“爫”
34 W	人八登祭头都在W	“人八”指字根“人、亻”和“八”；由于“祭、登”字的上半部分“𥫗、癶”与“八”的形态差不多，所以也在W键上
35 Q	金勹缺点无尾鱼 犬旁留乂儿一点夕 氏无七（妻）	“金”即字根“金、钅”；“勹缺点”指“勹”字去掉一点为“𠂊”；“无尾鱼”即字根“鱼”；“犬旁”指“犭”，要注意并不是偏旁“犭”；“留乂”指字根“乂”；“儿”指字根“儿、⺌”；“一点夕”指字根“夕”和变形“⺈、⺼”；“氏无七”指“氏”字去掉中间的“七”而剩下的字根“𠂆”

四区键位详解

键位	字根口诀	理解与分析
41 Y	言文方广在四一 高头一捺谁人去	“言文方广”指“言、文、方、广”4个字根；“高头”即“高”字头“亠、⾼”；“一捺”指基本笔画“㇏”以及“丶”字根；“谁人去”指去掉“谁”字左侧的“讠”和“亻”，剩下的字根“主”，它们都“在四一”（41）

续表

键位	字根口诀	理解与分析
	立辛两点六门疒	“立辛”指字根“立”和“辛”，“两点”指“冫”以及它的变形字根“丬、丷、丷”，“六”指字根“六”和“亠”，门即字根“门”，“疒”指“病”的偏旁“疒”
	水旁兴头小倒立	“水旁”指字根“氵”和“氺、氺、氺”，“兴头”指“兴”字的上半部分“⺌、⺍”字根，“小倒立”指字根“小、⺌”以及它们的变形字根“光”字的上半部分“⺌”
	火业头，四点米	“火”指字根“火”，“业头”指“业”字的上半部分“⺌”字根，以及其变形字根“⺌”，“四点”指字根“灬”，“米”是指一个单独的字根“米”
	之宝盖建道底，摘礻（示）衤（衣）	“之”指“之”字根，“宝盖”指偏旁“冖”和“宀”字根，“建道底”指偏旁“廴”和“辶”字根，“摘礻衤”指将“礻”和“衤”的末笔画摘掉后的字根“礻”

五区键位详解

键位	字根口诀	理解与分析
	已半巳满不出己 左框折尸心和羽	“已半巳满不出己”指字根“已、巳、己”，“左框”指开口向左的方框“コ”，“折”指字根“乙”，“尸”指字根“尸”和它的变形字根“眉”字的上部“⺆”，“心和羽”指字根“心”和“羽”以及“心”的变形字根“忄”和“⺗”
	子耳了也框向上	“子耳了也”指字根“子、孑、耳、了、也”以及“耳”的变形字根“阝、卩、㔾”，“框向上”指开口向上的方框“凵”，另外在B键上还有一个字根“巜”
	女刀九臼山朝西	“女刀九臼”指“女、刀、九、臼”4个字根；“山朝西”指形似开口向西的山字即“彐”，另外在V键上还有一个字根“巛”
	又巴马，丢矢矣	“又巴马”指字根“又、巴、马”和“又”的变形字根“ス、マ”，以及“马”去掉一横的字根“⻢”；“丢矢矣”指“矣”字去掉下半部分的“矢”字剩下的字根“厶”
	慈母无心弓和匕，幼无力	“慈母无心”指去掉“母”字中间部分笔画剩下的字根“㇄”，以及变形字根“⺀”；“弓和匕”指字根“弓”和“匕”，以及变形字根“⺊”；“幼无力”指去掉“幼”字右侧的“力”剩下的字根“幺”及“纟、幺”

2.4 五笔字根的结构关系

那么多的汉字看起来很复杂，其实它们都是按照一定的结构关系组成的。在五笔字型中，根据组成汉字的字根间的位置关系，汉字可分为单、散、连、交4种类型。

本节的操作视频请从网盘下载

五笔字根的结构关系

1. 单字根结构汉字

单字根结构汉字是指汉字只由一个字根组成，即字根本身就是一个汉字。它们既是组成汉字的字根，也是汉字。其中包括5种基本笔画：“一、丨、丿、丶、乙”，25个键名字根和字根中的汉字，比如“言、虫、寸、米、夕”等。也可以说，“单”就是字根中单个汉字和基本笔画，这些字根和其他的字根没有关系，所以称为“单”。

虫 米 寸 又 日

文 夕 言 马 上

2. 散字根结构汉字

散字根结构汉字是指构成汉字的字根不止一个，且汉字之间有一定的距离。比如“李”字，是由“木”和“子”两个字根组成的，字根间还有一些距离，像“明、汗、的、草、梦”等都是这种结构。

李 众 的 分 节

明 汗 如 字 草

3. 连字根结构汉字

连字根结构是指一个字根和一个单笔画或点相连接但不重叠，比如“下”由基本字根“卜”和笔画“一”相连组成，“主”由基本字根“王”和“丶”相连组成，“勺、正、大、天”等都是连字结构。需要注意的是：一些字根虽然连着，但在五笔中却认为不相连，例如“足、充、首、左、页”等。单笔画与字根间有明显距离的也不认为是相连，比如“个、少、么、旦”等。

天 太 自 正 头

下 义 勺 尺 且

4. 交字根结构汉字

交字根结构是指组成汉字的两个或多个字根之间有交叉重叠的部分。比如，“本”，就是由字根“木”和“一”相交构成的，再比如“中”是由字根“口”和“丨”组成的，像“申、果、必、东”等都是这种结构，具有此种结构的汉字一般都属于杂合型。

本 果 必 里 夷

中 申 东 乐 书

2.5 五笔字型的拆分原则

五笔字型的拆分原则可以概括为“书写顺序、取大优先、兼顾直观、能散不连、能连不交”。

本节的操作视频请从网盘下载

五笔字型的拆分原则

2.5.1 书写顺序

在拆分汉字时首先要按照汉字的书写顺序来拆分，然后对里面的一些复杂字根按照它们的自然界限拆分，对界限不是很明显的就要按照后面的拆分原则拆分。

书写汉字的顺序是“从左到右、从上到下、先横后竖、先撇后捺、从里到外、先中间后两边、先进门后关门”等。拆分出的字根应为键面上存在的字根。例如“哲”字正确的拆分应该是“扌”“斤”“口”，而不是“扌”“口”“斤”。

2.5.2 取大优先

“取大优先”也称为“优先取大”，是指按照书写顺序拆分汉字时，应保证拆分出最大可能的字根，也就是说拆分出的字根应该最少。“取大优先”是在汉字拆分时，经常用到的基本原则。

例如“则”字可以拆分成“冂”“人”“刂”，也可拆分成“贝”“刂”。由“取大优先”的原则可知，拆分成“贝”“刂”是正确的，因为“冂”“人”两个字根可以合成一个字根“贝”。

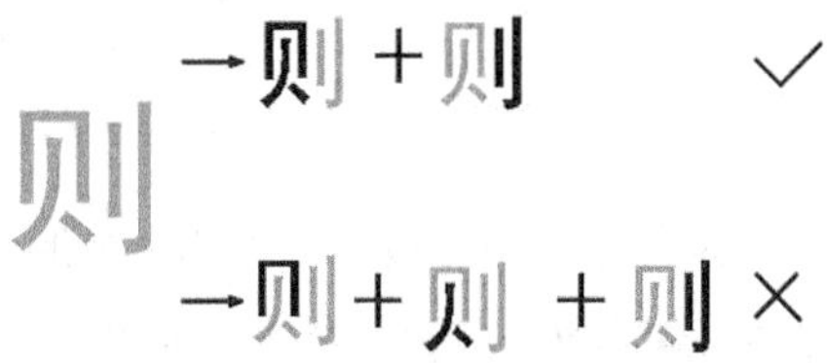

2.5.3 兼顾直观

“兼顾直观”是指在拆分汉字时，为了照顾汉字字根的完整性以及字的直观性，有时不得不暂且牺牲一下“书写顺序”和“取大优先”的原则，而成为个别例外的情况。

例如，“因”字按照“书写顺序”应拆成“冂”“口”“一”，但这样便破坏了汉字构造的直观性，使得字根“口”不再直观易辨，因此，应把“因”字拆成“囗”和“大”。

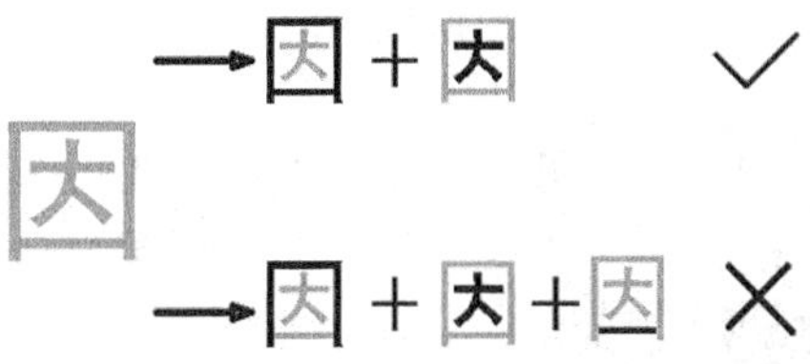

2.5.4 能散不连

“能散不连”指如果一个字可以按几个字根“散”的结构来拆分，就不要按“连”的结构来拆分。

例如“午”字能拆成“𠂉”“十”散的结构，就不要拆成“丿”“干”连的结构。

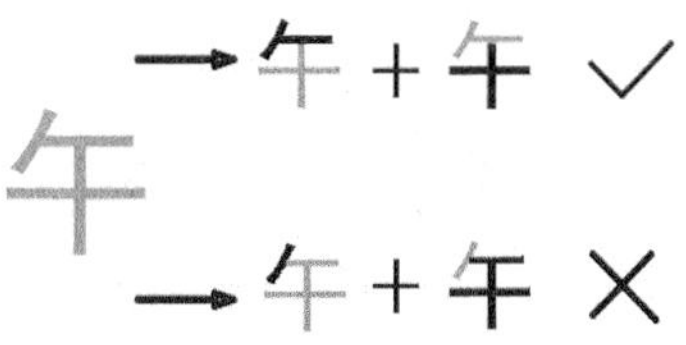

2.5.5 能连不交

“能连不交”指如果一个字可以按几个字根“连”的结构来拆分，就不要按“交”的结构来拆分。

例如“矢”字既可以拆分成“𠂉”“大”两个字根，又可以拆分成“𠂉”“人”两个字根。但拆分成“𠂉”“大”时字根是相连的关系，拆分成“𠂉”“人”时字根是相交的关系，根据“能连不交”的原则，拆成“𠂉”“大”是正确的。

矢 → 矢+矢 ✓

→ 矢+矢 ✗

2.5.6 “末”与“未”的拆分

“末”与“未”按照上面的拆分原则来拆分是相同的，为了区别这两个字拆分的不同，在五笔字型输入法中对此作了特殊的规定。

“末”与“未”两个字按照上面的拆分原则都可以拆分成“二”和“小”，或者拆分成“一”和“木”。但是五笔字型规定“末”字拆分成“一”和“木”，而将“未”字拆分成“二”和“小”，以区别这两个字。

末 → 末 + 末

未 → 未 + 未

2.6 汉字拆分实例

汉字拆分是学习五笔打字必须要掌握的一门技术，下面就按照汉字拆分的原则给出一些汉字拆分的实例。

想	想 + 想 + 想	敌	敌 + 敌 + 敌
两	两 + 两 + 两 + 两	牙	牙 + 牙 + 牙

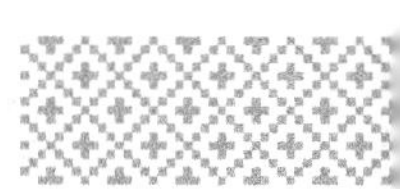

续表

鬼	鬼+鬼+鬼	风	风+风
天	天+天	闾	闾+闾+闾
憨	憨+憨+憨+憨	尚	尚+尚+尚
窃	窃+窃+窃+窃	离	离+离+离+离
生	生+生	单	单+单+单
弑	弑+弑+弑+弑	垂	垂+垂+垂+垂
赤	赤+赤	翅	翅+翅+翅

2.7 末笔交叉识别码

在五笔拆分汉字时，常常会遇到不足4码的汉字，为了弥补这一不足，五笔字型的创造者发明了末笔交叉识别码。

2.7.1 初识末笔交叉识别码

末笔交叉识别码一般是针对那些编码不足4码的汉字而设计的，最后补充一码为末笔字型交叉识别码。

例如“旮”字按照拆分原则，它可以拆分成“九、日”，编码是VJ，但是“旭”字也可以拆分成“九、日”，编码也是VJ。这时就需要用末笔交叉识别码来区别。

末笔交叉识别码由该汉字的末笔笔画和字型结构信息共同构成，即末笔字型交叉识别码=末笔识别码+字型识别码。汉字的笔画有5种，字型结构有3种，所以末笔字型交叉识别码有15种，每个区前3个区位号作为识别码使用。

末笔代码 字型代码	横(1)	竖(2)	撇(3)	捺(4)	折(5)
左右型 1	G(11)	H(21)	T(31)	Y(41)	N(51)
上下型 2	F(12)	J(22)	R(32)	U(42)	B(52)
杂合型 3	D(13)	K(23)	E(33)	I(43)	V(53)

末笔交叉识别码的确定分两个步骤，第一步确定末笔笔画识别码，第二步确定字形结构代码，这样就得到了末笔交叉识别码。

现在可以分别准确地输入“旮”和“旭”了。

“旮”的最末笔是“一”，代码是1，是上下结构，代码是2，因此末笔字型交叉识别码是F（12），因此“旮”的编码就是VJF。“旭”的最末笔是“一”，代码是1，杂合结构，代码是3，所以末笔字型交叉识别码是D，因此“旭”的编码是VJD。

旮→旮+旮+一　VJF

旭→旭+旭+一　VJD

2.7.2 末笔的特殊约定

在使用末笔交叉识别码输入汉字时，需要注意以下一些对汉字末笔的约定。

1. 末字根为“力”“刀”“九”“七”时

当汉字的末笔字根为“力”“刀”“九”“七”时一律规定末笔画为折。例如“仇”“叨”等字的末笔识别码为N。

2. “廴”“辶”作底的字

以“廴”“辶”作底的字不以该部分为末笔，而以去掉该部分的末笔作为整个字的末笔结构识别码。例如“迄”的末笔为“乙”，识别码为V；“延”的末笔为“一”，识别码为D。

3. 包围结构

所有包围结构型汉字的末笔规定取被包围结构部分的末笔。例如“因”字取“大”字的末笔“、”。

4. “我”“戋”“成”等字

“我”“戋”“成”等字的末笔取“丿”。这些约定不符合我们平时的书写习惯，因此要强行记住。遇到这些字的时候一定注意不要被书写习惯束缚住了。

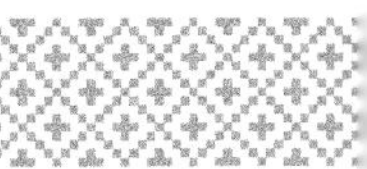

2.7.3 使用金山打字通练习字根的输入

在本章指法练习的基础上再利用金山打字通来练习字根的输入，可以帮助用户记住每个字根所在的键位。

使用金山打字通2016进行字根练习的步骤和指法训练的步骤相似，只要在界面中单击按钮，在打开的窗口中切换到【字根练习】选项卡即可进行字根练习。需要注意的是，在练习前要将输入法切换到英文状态下。

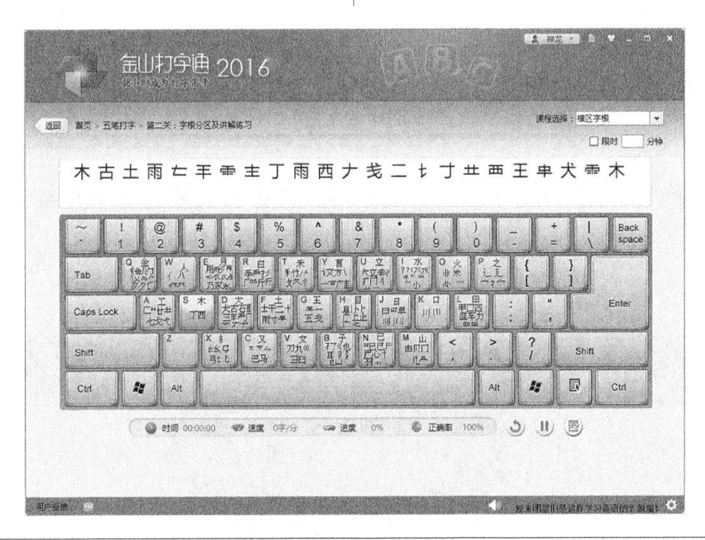

高手过招

教你输入他国文字和特殊符号

1 在搜狗五笔输入法中单击【菜单】按钮，在弹出的快捷菜单中选择【软键盘】➢【2 希腊字母】选项。

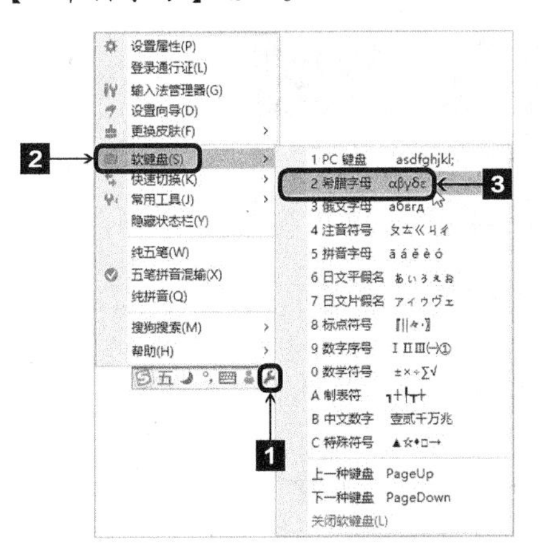

2 弹出软键盘。

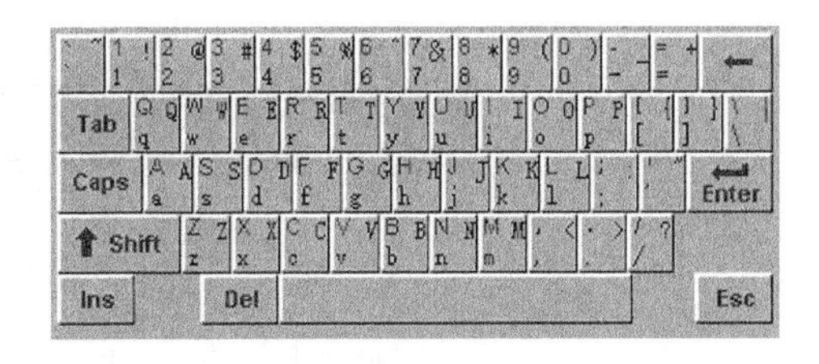

3 用鼠标单击要输入的软键盘上的字母即可将字母输入到文档中。

4 在快捷菜单中选择【6 日文平假名】菜单项，在弹出的软键盘中单击需要的平假名即可将日文平假名输入到文档中。

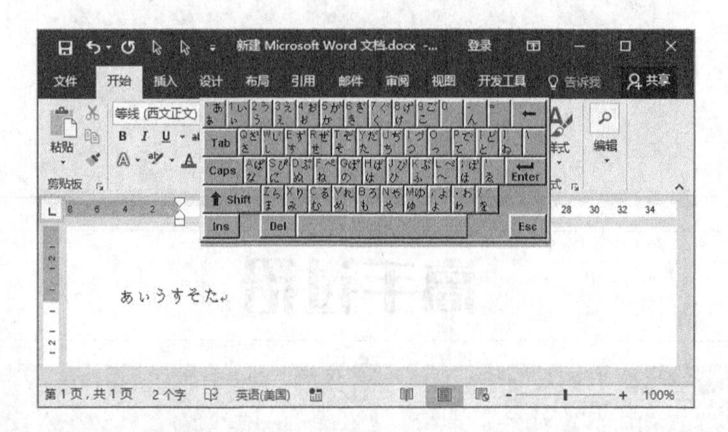

5 在软键盘快捷菜单中选择【C 特殊符号】菜单项，在弹出的软键盘中单击需要的特殊符号即可将特殊符号输入到文档中。

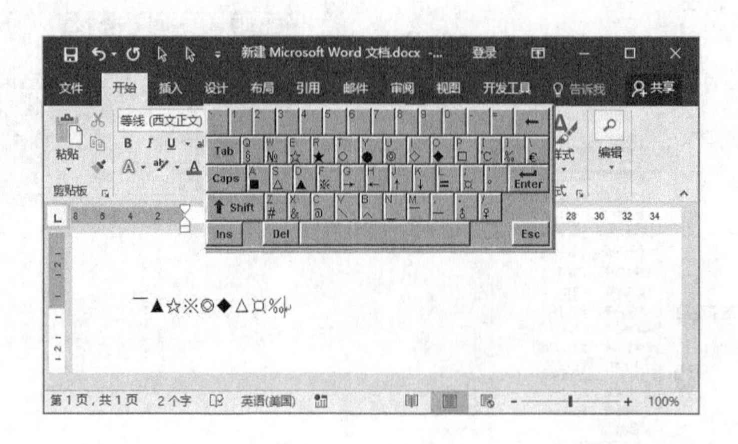

第3章

五笔字型的输入方法

要真正学会五笔字型输入法，除了要掌握前面所讲的五笔字型的基础知识外，还要学习五笔字型输入法的汉字输入方法，下面就介绍五笔字型的单字、简码、词组的输入方法及输入顺序。

关于本章的知识，本书配套教学资源中有相关的多媒体教学视频，视频路径为【五笔字型汉字输入】。

3.1 五笔字型的单字输入

下面介绍键名汉字、成字字根、单笔画、普通汉字和偏旁部首的输入方法。

本节的操作视频请从网盘下载

五笔字型的单字输入

3.1.1 输入5种单笔画

“五笔”顾名思义是由5种笔画组成的，即横（一）、竖（丨）、撇（丿）、捺（丶）、折（乙）5种基本笔画，也称单笔画。

在输入5种单笔画汉字时，第一、二笔画是相同的，在五笔字型中特别规定了其输入的方法为：先按两次该单笔画所在的键位，再按两次L键。

单笔画	一	丨	丿	丶	乙
编码	GGLL	HHLL	TTLL	YYLL	NNLL

3.1.2 输入键名汉字

键名汉字是指在键盘左上角、使用频率比较高的汉字（X键上的纟除外）。

每个键名汉字对应的键位如下图所示。

五笔字型中规定键名汉字共有25个，即“王、土、大、木、工、目、日、口、田、山、禾、白、月、人、金、言、立、水、火、之、已、子、女、又、纟”。这些键名汉字的输入很简单，将键名对应的键连续按4次即可，例如“金”字，只需要按下【Q】键4次即可。

3.1.3 输入成字字根汉字

在五笔字型字根键盘的每个字母键上，除了一个键名汉字外，还有一些其他类型的字根，这些字根本身就是一个汉字，这样的字根称为成字字根，下面就介绍一下成字字根的输入方法。

成字字根的输入方法：先按一下该成字字根所在的键（称为“报户口”），再按该成字字根的首笔、次笔以及末笔画，若不足4码则补空格键，即编码为：报户口+首笔画+次笔画+末笔画。例如“早”字的键名为J，首笔是“竖”——H，次笔是“折”—— N，末笔是“竖”—— H，所以其编码为JHNH。当成字字根仅为两笔时，编码则只有3码。

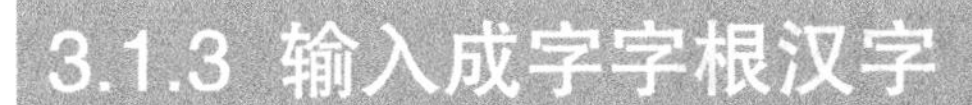

需要注意的是首、次、末笔画指的是单笔画，而不是字根。例如把“贝”字拆分成“冂”“人”是错误的，正确的拆分应该是“贝”“丨”“乙”“丶”，编码为MHNY。

3.1.4 输入合体字字根汉字

除了键名汉字和成字字根外，其余汉字都是由几个字根组成的，这种由几个字根组成的汉字称为合体字，根据合体字的字根数量，输入的方法有以下两种。

1. 4个及4个字根以上的汉字

这种汉字的输入方法：根据书写顺序将汉字拆分成字根，取汉字的第一、第二、第三和末笔字根，并敲击这4个字根所对应的键位即可。例如“跬”字，它可以拆分成“口、止、土、土”，刚好有4个字根，因此其编码为KHFF。

2. 不足4个字根的汉字

拆分不足4个字根的汉字时，需要用到末笔字型交叉识别码。不足4个字根的汉字输入方法：该汉字拆分字根的编码，加上末笔字型交叉识别码，即不足4码的汉字的编码为字根编码+末笔交叉识别码。例如“江”字可以拆成“氵、工”，编码为I、A，末笔字型交叉识别码为G，因此“江”字的编码为IAG。

3.1.5 输入偏旁部首

在字根的键盘图中可以看出有部分字根就是汉语字典中的偏旁，它们的输入方法与成字字根的输入方法一样，也是键名码+首笔画+次笔画+末笔画。

例如输入“亻”，它在【W】键上，第一笔为丿，第二笔为丨，所以输入“WTH”，再加上一个空格，“亻”就出来了。在五笔中没有把“礻”当作独立字根，而是把它拆成两个字根“礻、丶”，编码为PY。例如“社”字应拆为“礻、丶、土”，编码是PYFG，“神、视、礼、祝、祸”等字都是如此拆分。还有许多偏旁本身就是一个汉字，其拆分的方法和它们单独用做汉字时的拆法相同。例如“骨”的编码是ME，“酉”的编码是SG。

3.2 五笔字型的简码输入

五笔字型设计了简码输入，它将常用汉字只取其前面的一个、两个或三个字根。简码汉字分三级：一级简码、二级简码和三级简码。

本节的操作视频请从网盘下载

五笔字型的简码输入

3.2.1 输入一级简码

在五笔字型中，挑出了在汉语中使用频率最高的25个汉字，根据每个字母键上的字根形态特征，把它们分布在键盘的25个字根字母键上，这就是一级简码。

输入一级简码很简单，按一下简码所在的键，再按一下空格键即可。下图是一级简码的键盘分布，把这25个一级简码背下来可以大大提高录入的速度。从11到55区，一级简码分别是“一地在要工、上是中国同、和的有人我、主产不为这、民了发以经”。

3.2.2 输入二级简码

二级简码的输入方法是取这个字的第一、第二笔字根的代码，然后再按下空格键即可。

例如“或”字，如果按照非简码方式输入，它的编码为AKGD，现在按简码方式输入只要按下AK，再按一下空格键即可。例如“枯”字的全码是SDG，其中G为识别码。其实只要键入SD就可以输入这个字了，不用再判断它的识别码。二级简码大约有625个，但是在输入单字时，二级简码出现的频率都为60%，使用频率还是很高的。要输入某个字，可以先按其所在行的字母键，再按其所在列的字母键即可。如果该列交叉点为空，则表示该键位上没有对应的二级简码。

	11——15	21——25	31——35	41——45	51——55
	GFDSA	HJKLM	TREWQ	YUIOP	NBVCX
11G	五于天末开	下理事画现	玫珠表珍列	玉平不来琮	与屯妻到互
12F	二寺城霜载	直进吉协南	才垢圾夫无	坟增示赤过	志地雪支坶
13D	三夺大厅左	丰百右历面	帮原胡春克	太磁砂灰达	成顾肆友龙
14S	本村枯林械	相查可楞机	格析极检构	术样档杰棕	杨李要权楷
15A	七革基苛式	牙划或功贡	攻匠莱共区	芳燕东蒌芝	世节切芭药

续表

	11——15	21——25	31——35	41——45	51——55
	GFDSA	HJKLM	TREWQ	YUIOP	NBVCX
21H	睛睦睚盯虎	止旧占卤贞	睡睥肯具餐	眩瞳步眯瞎	卢 眼皮此
22J	量时晨果虹	早昌蝇曙遇	昨蝗明蛤晚	景暗晃显晕	电最归紧昆
23K	呈叶顺呆呀	中虽吕另员	呼听吸只史	嘛啼吵噗喧	叫啊哪吧哟
24L	车轩因困轼	四辊加男轴	力斩胃办罗	罚较 辚边	思囝轨轻累
25M	同财央朵曲	由则迥崭册	几贩骨内风	凡赠峭嵝迪	岂邮 凤嶷
31T	生行知条长	处得各务向	笔物秀答称	入科秒秋管	秘季委么第
32R	后持拓打找	年提扣押抽	手折扔失换	扩拉朱搂近	所报扫反批
33E	且肝须采肛	胆肿肋肌	用遥朋脸胸	及胶膛脒爱	甩服妥肥脂
34W	全会估休代	个介保佃仙	作伯仍从你	信 们 偿 伙	亿他分公化
35Q	钱针然钉氏	外旬名甸负	儿铁角欠多	久匀乐炙锭	包凶争色锴
41Y	主计庆订度	让刘训为高	放诉衣认义	方说就变这	记离良充率
42U	闰半关亲并	站间部曾商	产瓣前闪交	六立冰普帝	决闻妆冯北
43I	汪法尖洒江	小浊澡渐没	少泊肖兴光	注洋水淡学	沁池当汉涨
44O	业灶类灯煤	粘烛炽烟灿	烽煌粗粉炮	米料炒炎迷	断籽娄烃糨
45P	定守害宁宽	寂审宫军宙	客宾家空宛	社实宵灾之	官字安 它
51N	怀导居怵民	收慢避惭届	必怕 愉懈	心习悄屡忱	忆敢恨怪尼
52B	卫际承阿陈	耻阳职阵出	降孤阴队隐	防联孙耿辽	也子限取陛
53V	姨寻姑杂毁	叟旭如舅妯	九姝奶臾婚	妨嫌录灵巡	刀好妇妈姆
54C	骊对参骠戏	骒台劝观	矣牟能难允	驻骈 驼	马 邓 艰 双
55X	线结顷缃红	引旨强细纲	张绵级给约	纺弱纱继综	纪弛绿经比

3.2.3 输入三级简码

三级简码由一个汉字的前3个字根组成，只要一个汉字的前3个字根的编码在整个编码体系中是唯一的，一般都可作为三级简码来输入。

在汉字中，三级简码的汉字有4000多个。与输入一级简码、二级简码时一样，三级简码的输入也是敲完3个字根代码后再敲一下空格键。虽然加上空格后也要敲4下，但因为不需要用到识别码，而且空格键比其他键更容易击中，所以这样在无形之中就提高了输入的速度。

3.2.4 五笔字型词组的输入

五笔字型输入法中增强了词汇的输入功能，并给出了开放式的结构，以利于用户根据自己的专业要求自行组织词库，可以说，五笔字型最有效的还是词汇输入。

1. 双字词

双字词在汉语词汇中占有相当大的比重。双字词的编码规则是分别取每个字的前两个字根构成词汇简码。例如“机器”，取“木、几、口、口”，输入编码SMKK即可；“计算”，取“言、十、竹、目”，输入编码YFTH即可。

2. 三字词

三字词的编码是取前两个汉字的第1个字根和第3个汉字的前两个字根。例如“计算机”，取“言、竹、木、几”，输入编码YTSM即可；“工艺品”，取“工、艹、口、口”，输入编码AAKK即可。

3. 四字词

四字词的编码是分别取每个汉字的第1个字根作为编码，共4码。例如“操作系统”，取“扌、亻、丿、纟”，输入编码RWTX即可；“巧夺天工”，取“工、大、一、工”，输入编码ADGA即可。

4. 多字词

多字词是指构成词的单个汉字数量超过4个，多字词的编码按“一、二、三、末”的规则，即分别取第1#、第2#、第3#及最末一个汉字的第1个字根构成编码。例如 “全国人民代表大会”，取“人、口、人、人”，输入编码WLWW即可。

3.3 五笔字型的输入顺序

在五笔中，一个汉字可能有多种编码方案，此时要注意五笔字型的输入顺序。

选择正确的输入顺序，可以有效地提高打字速度。例如“经”字有4种不同的编码方案。在输入时可以采用它的一级简码即X加空格，一共按两下键即可。在录入不成词的单字时要尽量采用简码，但是在词中就要按词的规则来录入。例如输入“经济”一词，如果采用单字录入，最简单的方法是“X、空格、IYJ、空格”，总共按6次键。如果按词录入，编码是XCIY，只需按4次键。录入多字词或者成语时，这样做效率会更高。

在编写文章时，根据经验可以按照下面的优先级顺序取码：有词先按词输入，组不成词的看是不是一级简码，如果是则按一级简码输入；如果是键名汉字或者是成字字根，就按其各自的输入方法录入；如果是二级简码就按二级简码输入；能不打末笔交叉识别码就不要打。

Office 办公应用

本篇主要介绍 Office 2016 办公软件的安装与卸载以及 Word 2016、Excel 2016、PowerPoint 2016 的应用。

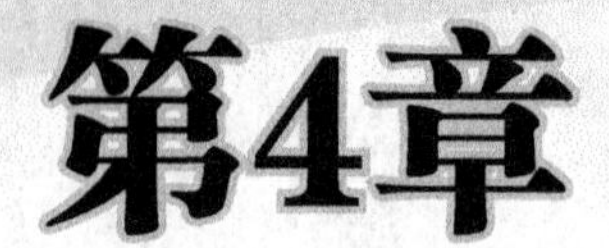

Office 2016 简介

Office 2016 是微软公司推出的新一代办公软件，它是 Office 2013 的升级版本，不仅具有以前版本的所有功能，而且新增了许多更加强大的功能。接下来让我们一起了解 Office 2016 中文版！

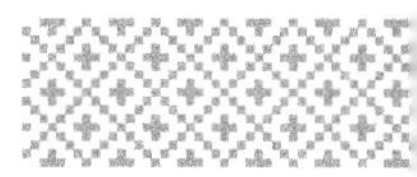

4.1 启动与退出 Office 2016

Office 2016安装完成以后，用户就可以对Office 2016进行启动与退出操作了。Office 2016中各组件的启动与退出方法基本相同，本书以启动与退出Word 2016为例进行详细介绍。

4.1.1 启动Office 2016

Office 2016安装完成以后，就可以打开Office 2016中的任意组件了。下面以启动与退出 Word 2016 为例进行介绍。

单击【开始】按钮，在弹出的【开始】菜单栏中选择【所有应用】➤【Word 2016】菜单项，随即打开了一个Word 文档“文档1”，此时就启动了Word 2016程序。

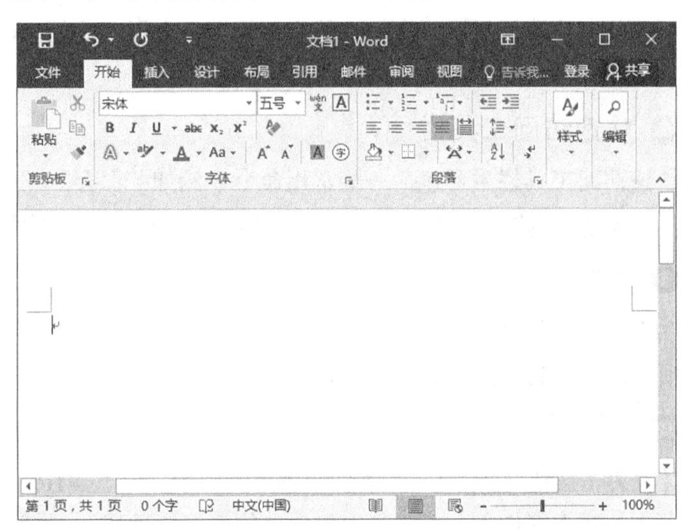

4.1.2 退出Office 2016

文档编辑完成后，直接单击窗口右上角的【关闭】按钮，即可退出 Office 组件。

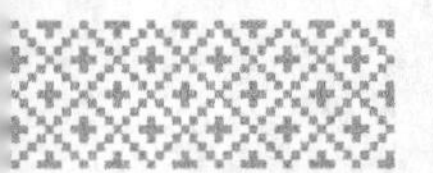

4.2 Office 2016的工作界面

Office 2016的操作界面与Office 2013相比有很大的改变，并增添了很多新的功能，使整个工作界面更加人性化，用户操作起来更加方便。

4.2.1 认识Word 2016的工作界面

Word 2016的操作界面主要由标题栏、快速访问工具栏、功能区、【文件】按钮 文件 、文档编辑区、滚动条、状态栏、视图切换区以及比例缩放区等部分组成。下面对主要部分进行简要介绍。

○ 标题栏

标题栏主要用于显示正在编辑的文档的文件名以及所使用的软件名，另外还包括标准的“最小化”“最大化”和“关闭”按钮。

○ 快速访问工具栏

快速访问工具栏主要包括一些常用命令，例如“保存”“撤销”和“恢复”按钮。在快速访问工具栏的最右端是一个下拉按钮，单击此按钮，在弹出的下拉列表中可以添加其他常用命令。

○ 功能区

功能区主要包括“开始”“插入”“设计”“布局”“引用”“邮件”“审阅”和“视图”等选项卡，以及工作时需要用到的部分命令。

○ 【文件】按钮

【文件】按钮 文件 是一个类似于菜单的按钮，位于Office 2016窗口的左上角。单击【文件】按钮可以打开【文件】面板，其中包含“信息”“新建”“打开”“保存”“打印”“共享”和“导出”等常用命令。

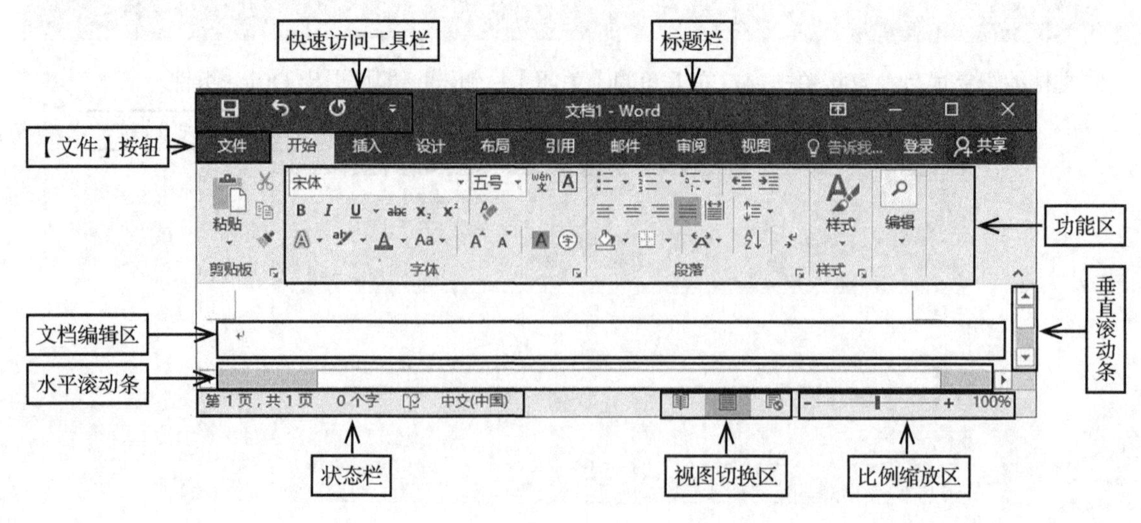

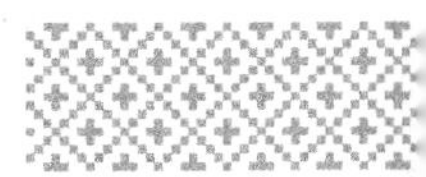

4.2.2 认识 Excel 2016 的工作界面

Excel 2016的工作界面与Word 2016相似，除了包括标题栏、快速访问工具栏、功能区、【文件】按钮 文件 、滚动条、状态栏、视图切换区以及比例缩放区以外，还包括名称框、编辑栏、工作表区、工作表列表区等部分。

名称框和编辑栏

在左侧的名称框中，用户可以为一个或一组单元格定义一个名称，也可以从名称框中直接选取定义过的名称，以选中相应的单元格。选中单元格后可以在右侧的编辑栏中输入单元格的内容，如公式、文本或数据等。

工作表区

工作表区是由多个单元格行和单元格列组成的网状编辑区域。用户可以在此区域内进行数据处理。

工作表列表区

工作表列表区包括一个工作簿常用的工作表标签，如 Sheet1、Sheet2、Sheet3 等。单击左侧的工作表切换按钮 或直接单击右侧的工作表标签，可以实现工作表间的切换。

视图切换区

视图切换区可用于更改正在编辑的工作表的显示模式，以便符合用户的要求。

比例缩放区

比例缩放区可用于更改正在编辑的工作表的显示比例设置。

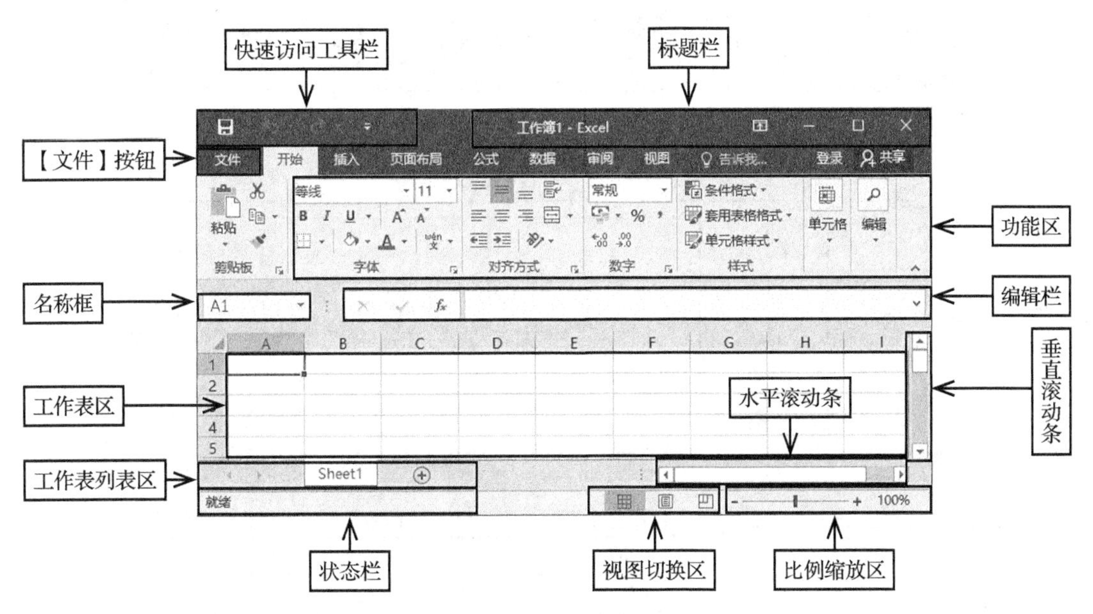

4.2.3 认识 PowerPoint 2016 的工作界面

PowerPoint 2016的工作界面与Word 2016相似。PowerPoint 2016的功能区包括“开始”“插入”“设计”“切换”“动画”“幻灯片放映”“审阅”以及“视图”等选项卡，其中“开始”“插入”“审阅”“视图”等选项卡的功能和Word、Excel的相似，而“切换”“动画”和“幻灯片放映”选项卡是PowerPoint的特有菜单项目。

○ 编辑区

工作界面中最大的区域为幻灯片编辑区，在此可以对幻灯片的内容进行编辑。

○ 视图区

编辑区左侧的区域为视图区，默认视图方式为“普通视图”，从“普通视图”可切换到“大纲视图”，需从视图选项卡中选择该视图。“普通视图”模式将以单张幻灯片的缩略图为基本单元排列，当前正在编辑的幻灯片以着重色标出。在此视图中可以轻松实现幻灯片的整张复制和粘贴、插入新的幻灯片、删除幻灯片，以及幻灯片样式更改等操作。“大纲视图”模式将以每张幻灯片所包含的内容为列表的方式进行展示，单击列表中的内容项可以对幻灯片的内容进行快速编辑。

○ 备注栏和批注栏

编辑区下方为备注栏和批注栏，在备注栏中可以为当前幻灯片添加备注和说明，在批注栏中可以为当前幻灯片添加批注。备注和批注在幻灯片放映时不显示。

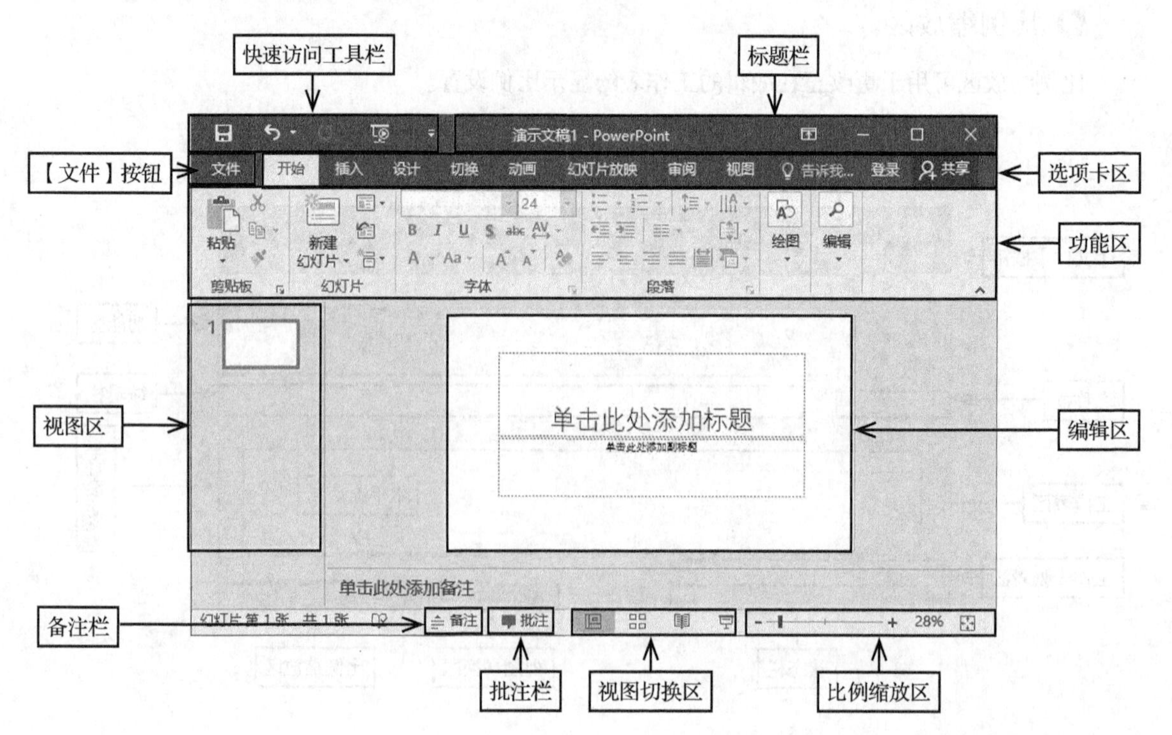

第5章

文档编辑大师——Word 2016

Word 2016 是 Office 2016 中的一个重要组成部分，是由 Microsoft 公司推出的一款优秀的文字处理与排版软件。用户可以通过适当的操作实现多种文档编辑需要。

关于本章的知识，本书配套教学资源中有相关的多媒体教学视频，视频路径为【Office办公软件\文档编辑大师——Word 2016】。

5.1 文档的基本操作

Word 2016是一款经典、实用的文档编辑与处理软件。Word 的基本操作主要包括新建文档、保存文档、打印和保护文档等。

5.1.1 新建Word文档

用户可以使用Word 2016方便快捷地新建多种类型的文档，如空白文档、基于模板的文档等。

1. 新建空白文档

如果 Word 2016 没有启动，可通过下面介绍的方法新建空白文档。

使用【开始】程序

1 单击【开始】按钮，从弹出的下拉列表中选择【所有程序】➢【Word 2016】，启动Word 2016。

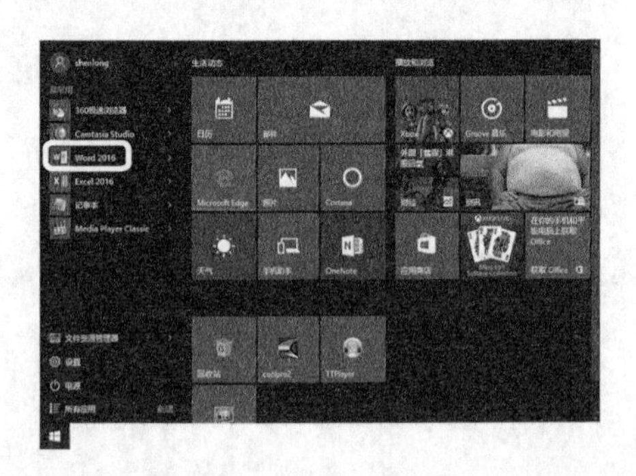

2 在Word开始界面，单击【空白文档】选项，即可创建一个名为“文档1”的空白文档。

如果Word 2016已经启动，可通过以下两种方法新建空白文档。

使用组合键

在Word 2016中，按【Ctrl】+【N】组合键即可创建一个新的空白文档。

使用【新建】按钮

1 单击【自定义快速访问工具栏】按钮，从弹出的下拉列表中选择【新建】选项。

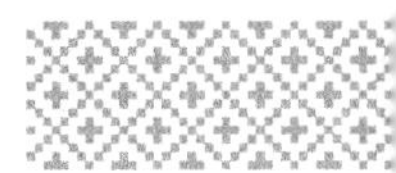

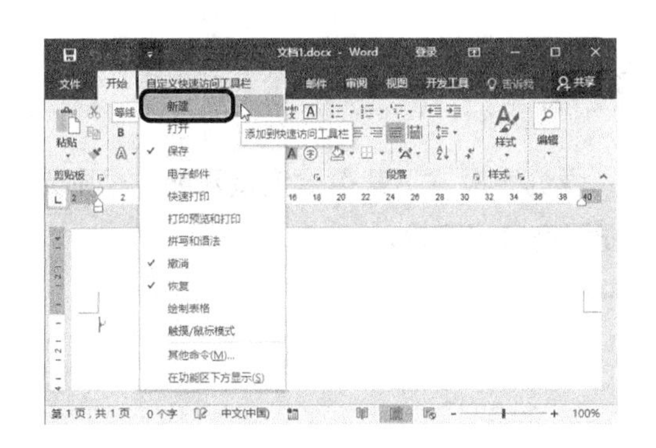

2 此时【新建】按钮就被添加到了【快速访问工具栏】中，单击该按钮即可新建一个空白文档。

2. 新建联机模板

除了Office 2016软件自带的模板之外，微软公司还提供了很多精美的专业联机模板。

1 单击 文件 按钮，从弹出的界面中选择【新建】选项，系统会打开【新建】界面，在搜索框中输入想要搜索的模板类型，例如“简历”，单击【开始搜索】按钮。

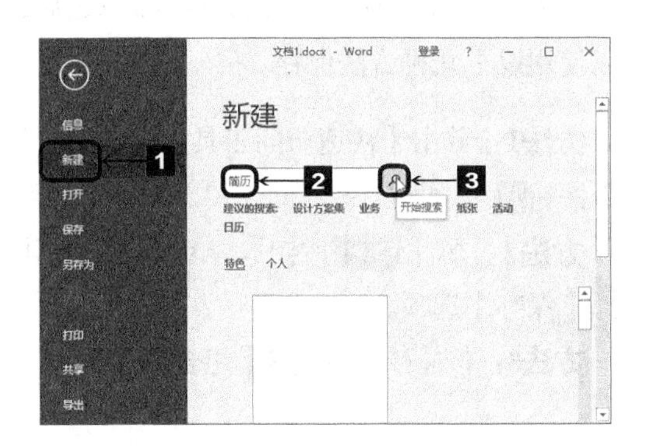

2 在下方会显示搜索结果，从中选择一种合适的简历选项。

3 在弹出的【简历】预览界面中单击【创建】按钮。

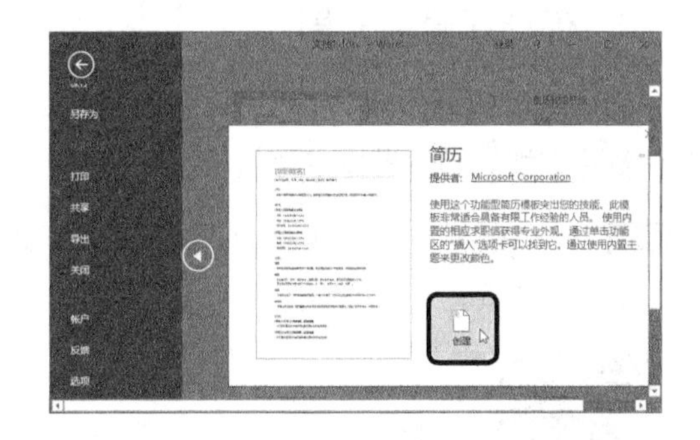

4 进入下载界面，显示“正在下载您的模板”。

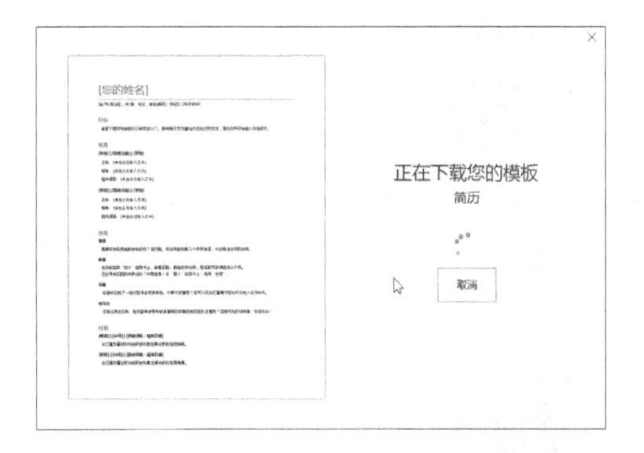

5 下载完毕，模板如图所示。

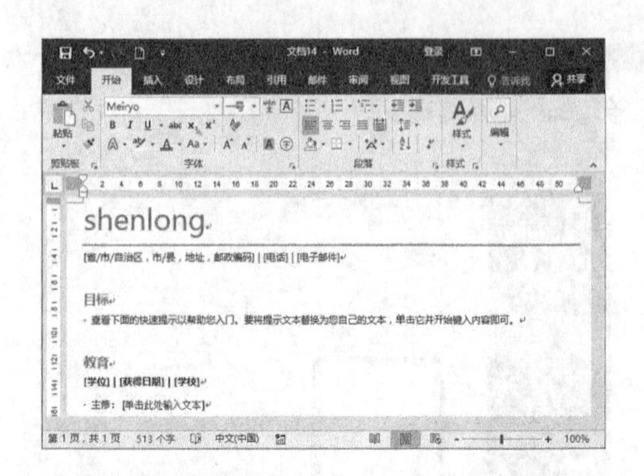

注意

联机模板的下载需要连接网络，否则无法显示信息和下载。

5.1.2 保存文档

在编辑文档的过程，可能会出现断电、死机或系统自动关闭等情况。为了避免不必要的损失，用户应该及时保存文档。

1. 保存新建的文档

新建文档以后，用户可以将其保存起来。保存新建文档的具体操作步骤如下。

1 单击 文件 按钮，从弹出的界面中选择【保存】选项。

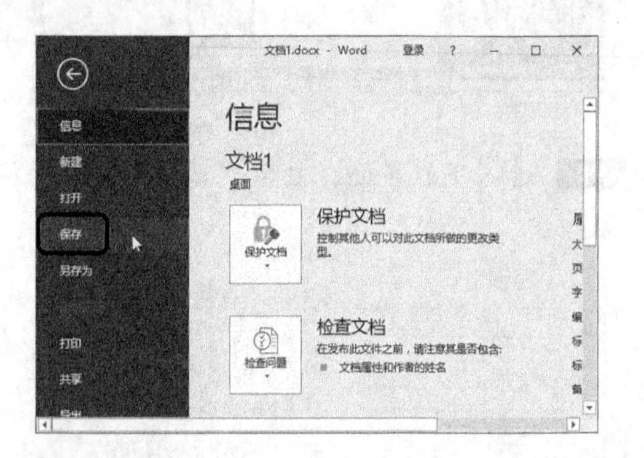

2 第一次保存文档时系统会打开【另存为】界面，在此界面中单击【浏览】选项 浏览。

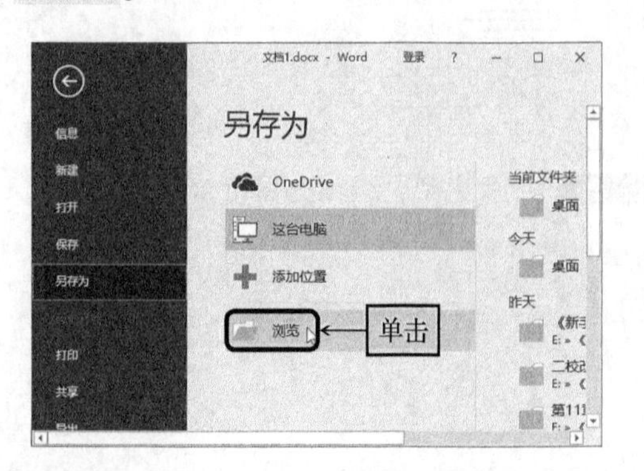

3 弹出【另存为】对话框，在左侧的列表框中选择保存位置，在【文件名】文本框中输入文件名，在【保存类型】下拉列表中选择【Word 文档】选项，单击 保存(S) 按钮，即可保存新建的Word文档。

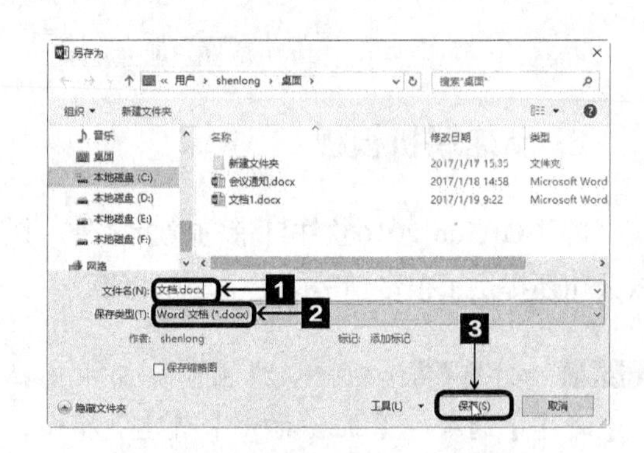

2. 保存已有的文档

用户对已经保存过的文档进行编辑之后，可以使用以下几种方法保存。

方法1：单击【快速访问工具栏】中的【保存】按钮。

方法2：单击 文件 按钮，从弹出的界面中选择【保存】选项。

方法3：按【Ctrl】+【S】组合键。

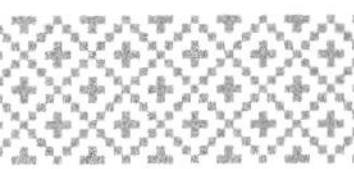

3. 将文档另存为

用户对已有文档进行编辑后，可以将其另存为同类型文档或者其他类型的文档。

1 单击 文件 按钮，从弹出的界面中单击【另存为】选项。

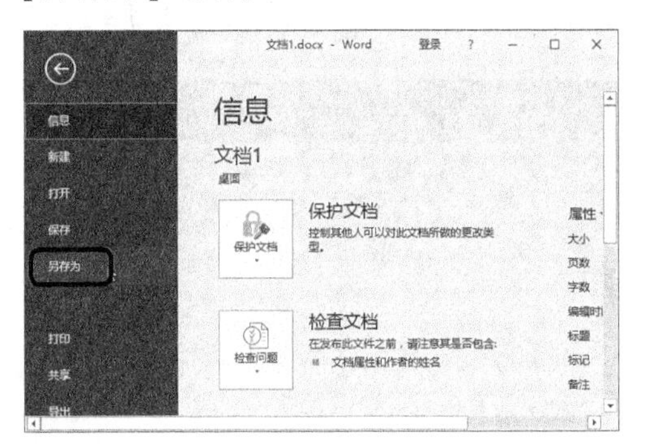

2 弹出【另存为】界面，在此界面中单击【浏览】选项 浏览 。

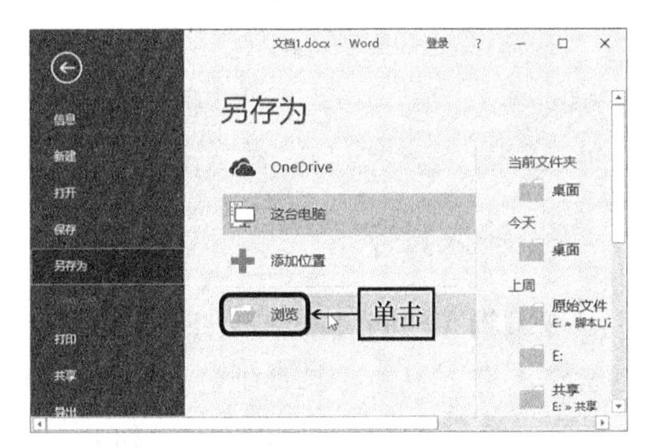

3 弹出【另存为】对话框，在左侧的列表框中选择保存位置，在【文件名】文本框中输入文件名，在【保存类型】下拉列表中选择【Word 文档】选项，单击 保存(S) 按钮即可。

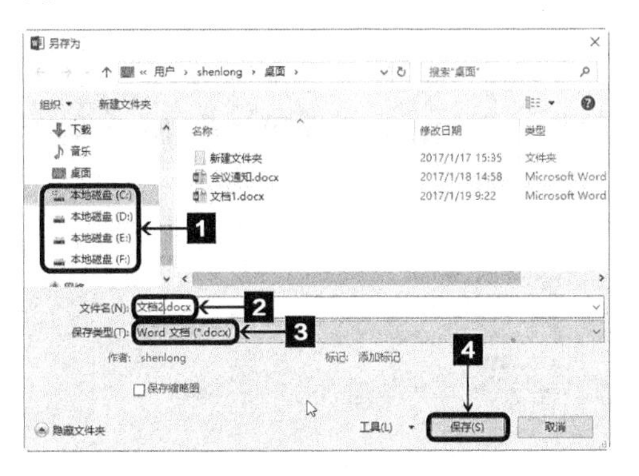

4. 设置自动保存

使用Word的自动保存功能，可以在断电或死机的情况下最大限度地减少损失。设置自动保存的具体操作步骤如下。

1 在Word文档窗口中，单击 文件 按钮，从弹出的界面中单击【选项】选项。

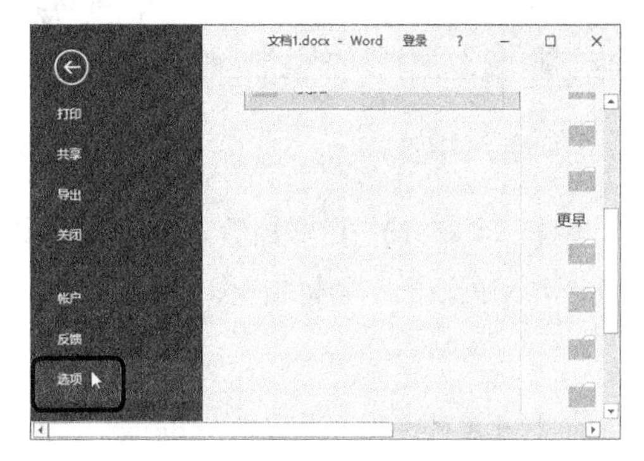

2 弹出【Word 选项】对话框，切换到【保存】选项卡，在【保存文档】组合框中的【将文档保存为此格式】下拉列表中选择文件的保存类型，这里选择【Word 文档（*.docx）】选项，然后选中【保存自动恢复信息时间间隔】复选框，并在其右侧的微调框中设置文档自动保存的时间间隔，这里将时间间隔值设置为“8分钟”。设置完毕，单击 确定 按钮即可。

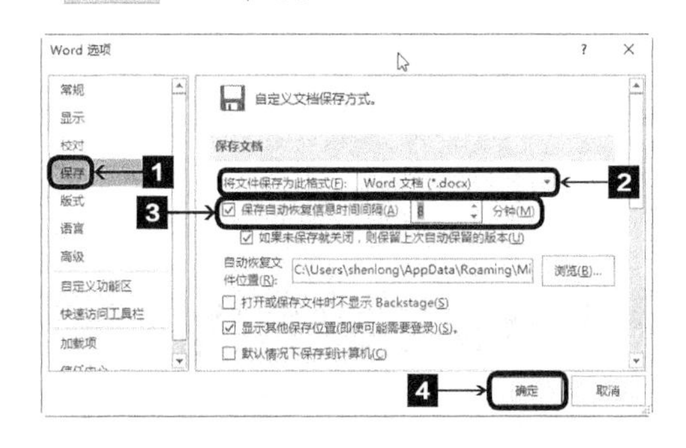

注意

建议设置的时间间隔不要太短，如果设置的时间太短，Word 频繁地执行保存操作，容易死机，影响工作。

5.1.3 录入文本

编辑文本是 Word 文字处理软件最主要的功能之一，接下来介绍如何在 Word 文档中录入中文、英文、数字以及日期等对象。

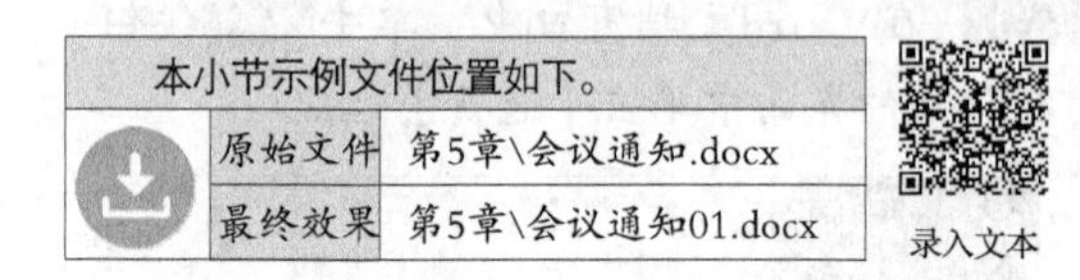

本小节示例文件位置如下。	
原始文件	第5章\会议通知.docx
最终效果	第5章\会议通知01.docx

录入文本

1. 输入中文

新建一个Word空白文档后，用户就可以在文档中输入中文了。具体的操作步骤如下。

1 打开原始文件“会议通知.docx”，然后切换到任意一种汉字输入法。

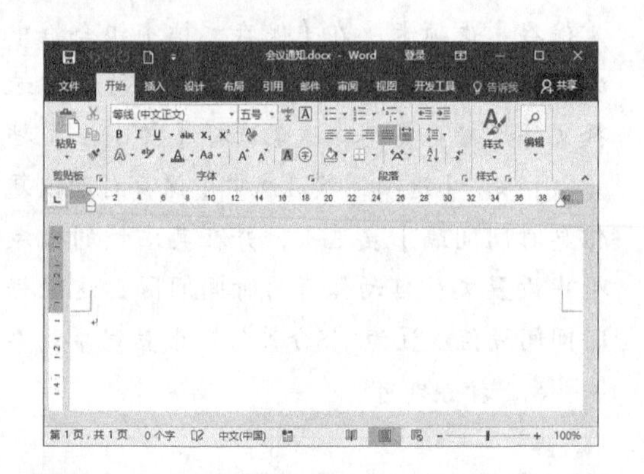

2 在文档编辑区单击，在光标闪烁处输入文本内容，例如“会议通知”，然后按下【Enter】键，光标自动移至下一行行首。

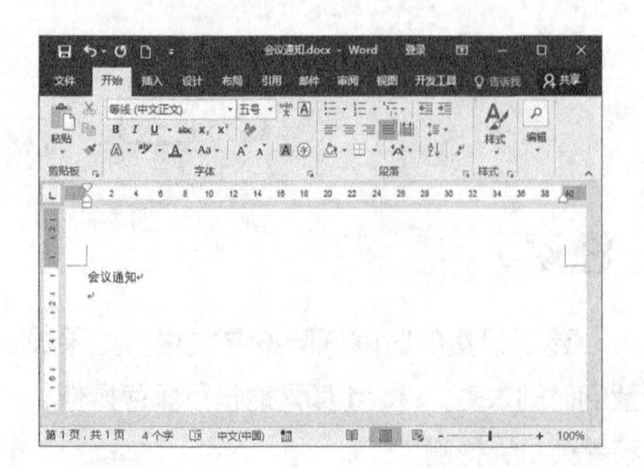

3 输入会议通知的主要内容即可。

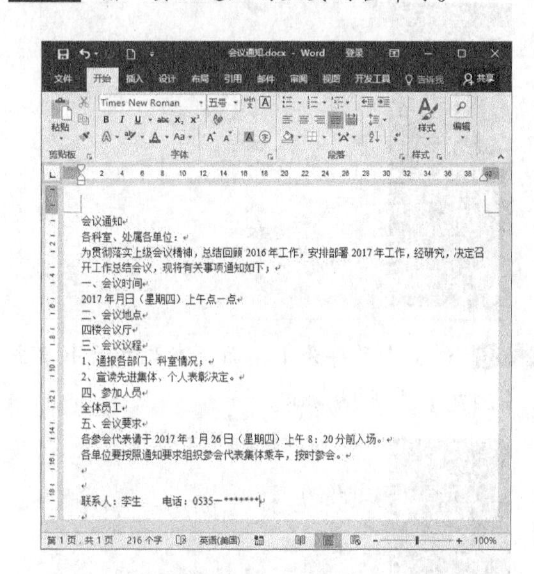

2. 输入数字

在编辑文档的过程中，如果用户需要用到数字内容，只需按键盘上的数字键直接输入即可。输入数字的具体操作步骤如下。

1 分别将光标定位在文本“年”和“月”之间，按键盘上的数字键“1”，再将光标定位在“月”和“日”之间，按数字键“2”“6”，即可分别输入数字“1”和“26”。

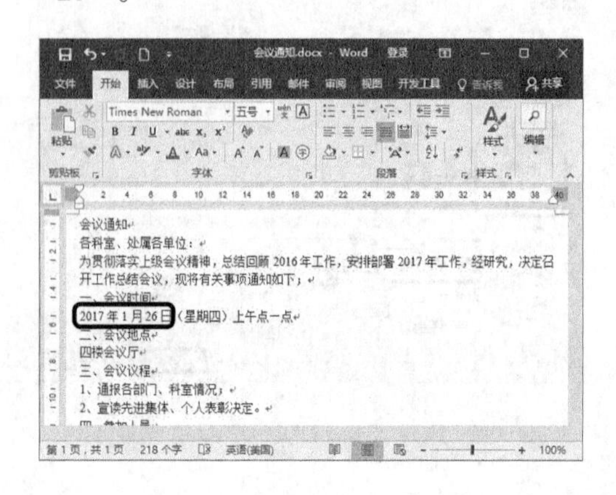

2 使用同样的方法输入其他数字即可。

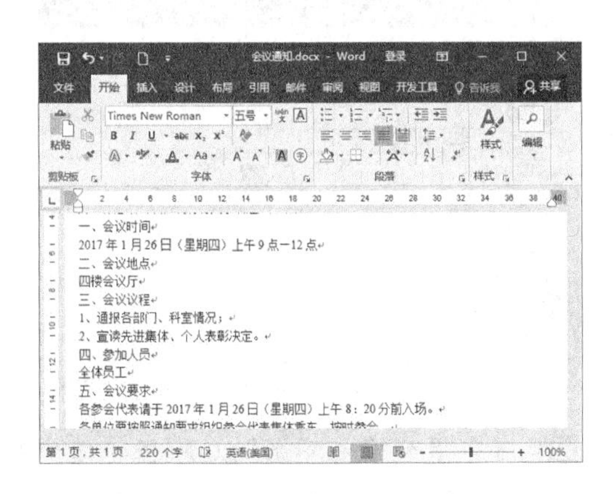

3. 输入日期和时间

用户在编辑文档时往往需要输入日期或时间，如果用户要使用当前的日期或时间，则可使用Word自带的插入日期和时间功能。输入日期和时间的具体操作步骤如下。

1 将光标定位在文档的最后一行行首，然后切换到【插入】选项卡，在【文本】组中单击 日期和时间 按钮。

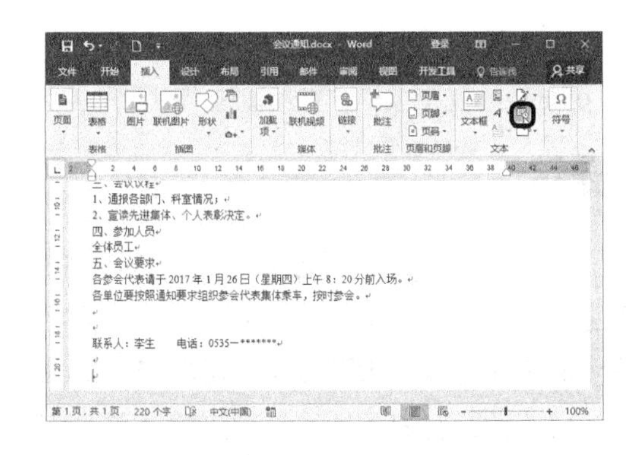

2 弹出【日期和时间】对话框，在【可用格式】列表框中选择一种日期格式，例如【二〇一七年二月四日】选项，单击 确定 按钮。

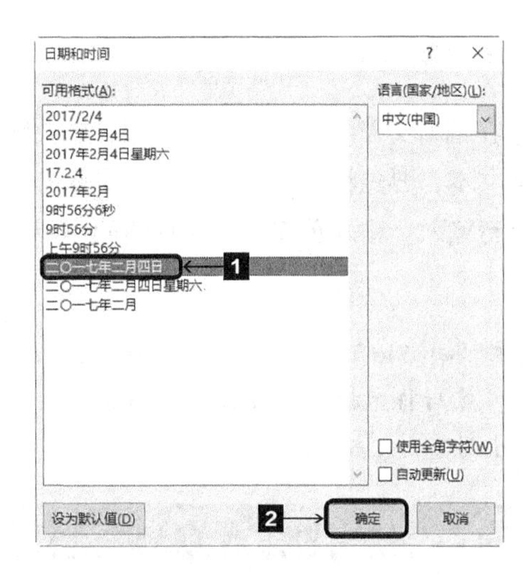

3 当前日期已插入到Word文档中。

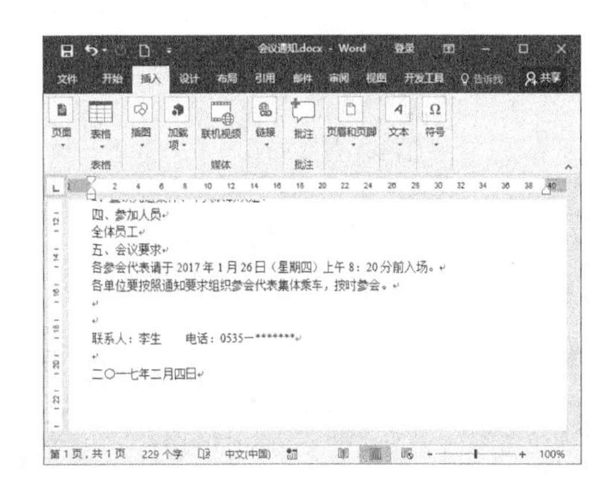

4 用户还可以使用快捷键输入当前日期和时间。按【Alt】+【Shift】+【D】组合键，即可输入当前的系统日期；按【Alt】+【Shift】+【T】组合键，即可输入当前的系统时间。

提示

文档录入完成后，如果不希望其中的日期和时间随系统的改变而改变，那么选中相应的日期和时间，按【Ctrl】+【Shift】+【F9】组合键切断域的链接即可。

4. 输入英文

在编辑文档的过程中，用户如果想要输入英文文本，要先将输入法切换到英文状态，然后进行输入。输入英文文本的具体操作步骤如下。

1 按【Shift】键将输入法切换到英文状态下，然后将光标定位在文本“四楼”前，输入小写英文文本“top”。

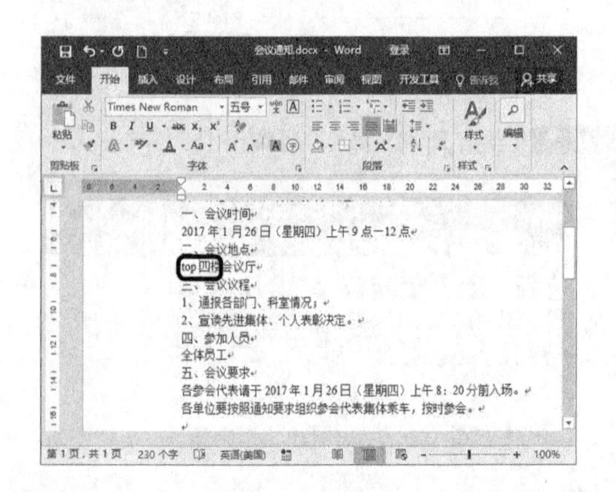

2 如果要更改英文的大小写，先选择英文文本“top”，然后切换到【开始】选项卡，在【字体】组中单击【更改大小写】按钮 Aa ，从弹出的下拉列表中选择【全部大写】选项。

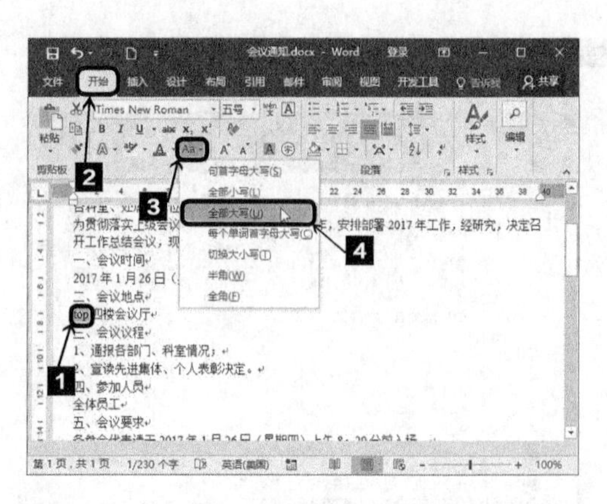

3 可以看到文档中的“TOP”保持选中状态，按【Shift】+【F3】组合键，“TOP”变成了“top”，再次按【Shift】+【F3】组合键，“top”变成了“Top”。

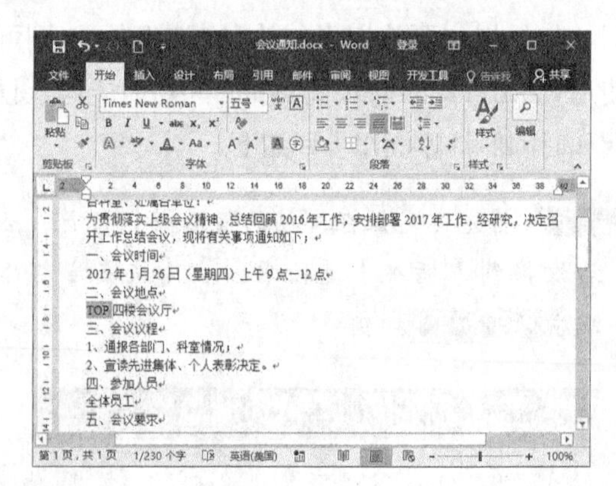

提示

用户可以在录入时控制英文的大小写，按【Caps Lock】键（大写锁定键），然后按字母键即可输入大写字母，再次按【Caps Lock】键即可关闭大写。英文输入法中按【Shift】+字母键也可以输入大写字母。

5.1.4 编辑文本

文本的编辑操作一般包括选择、复制、粘贴、剪切、删除以及查找和替换文本等内容，接下来分别进行介绍。

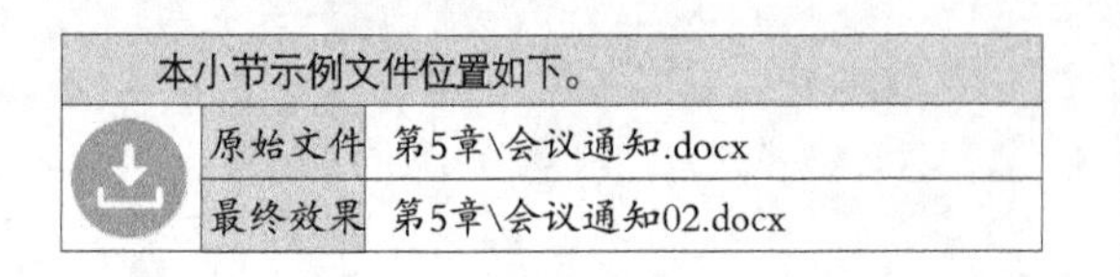

本小节示例文件位置如下。	
原始文件	第5章\会议通知.docx
最终效果	第5章\会议通知02.docx

1. 复制文本

复制文本时，软件会将选中的文本“复制”一份，并放到指定位置，而所“被复制”

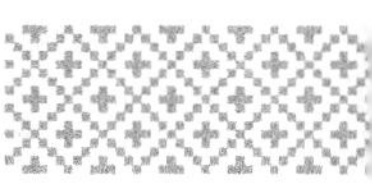

的内容仍按原样保留在原位置。

○ 左键拖动

将鼠标指针放在选中的文本上，按【Ctrl】键，同时按住鼠标左键不放将其拖动到目标位置，在此过程中鼠标指针右下方出现一个“+”号。

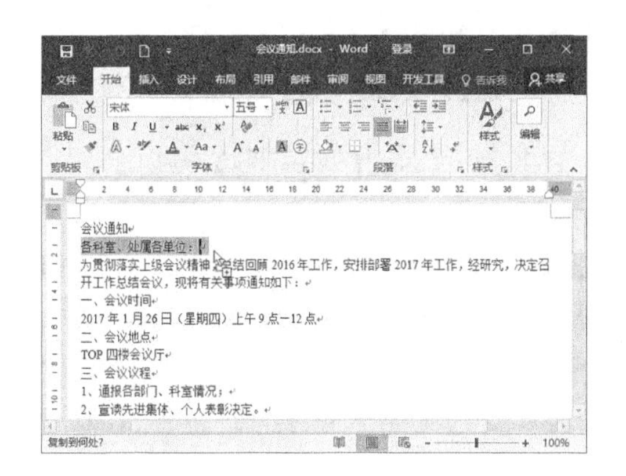

○ 使用【Shift】+【F2】组合键

选中文本，按【Shift】+【F2】组合键，状态栏中将出现“复制到何处？”字样，单击放置复制对象的目标位置，然后按【Enter】键即可。

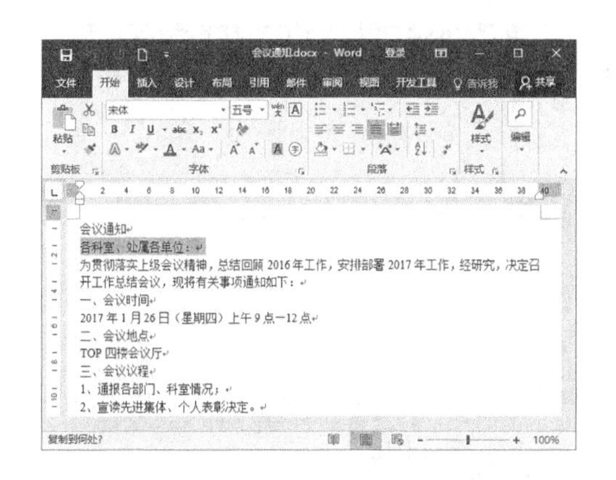

2. 剪切文本

“剪切”是指把用户选中的信息放入到剪切板中，单击“粘贴”后又会出现一份相同的信息，原来的信息会被系统自动删除。

常用的剪切文本方法有以下两种。

○ 使用鼠标右键菜单

打开本实例的原始文件，选中要剪切的文本，然后单击鼠标右键，在弹出的快捷菜单中选择【剪切】菜单项即可。

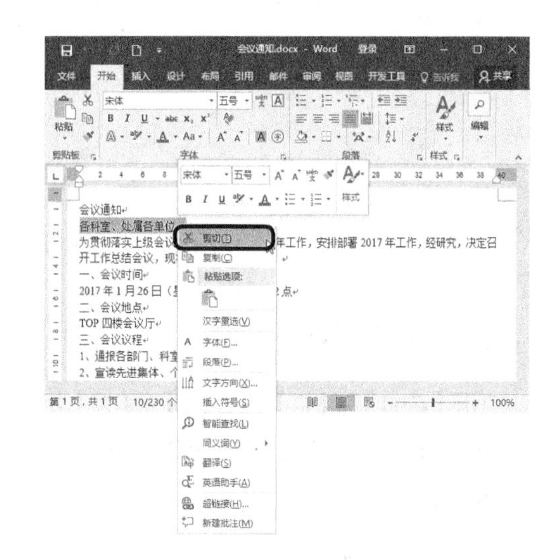

○ 使用快捷键

使用【Ctrl】+【X】组合键，也可以快速地剪切文本。

3. 粘贴文本

复制/剪切文本以后，接下来就可以进行粘贴了。用户常用的粘贴文本方法有以下两种。

○ 使用鼠标右键菜单

复制/剪切文本以后，用户只需在目标位置单击鼠标右键，在弹出的快捷菜单中选择【粘贴选项】菜单项中任意的一个选项即可。

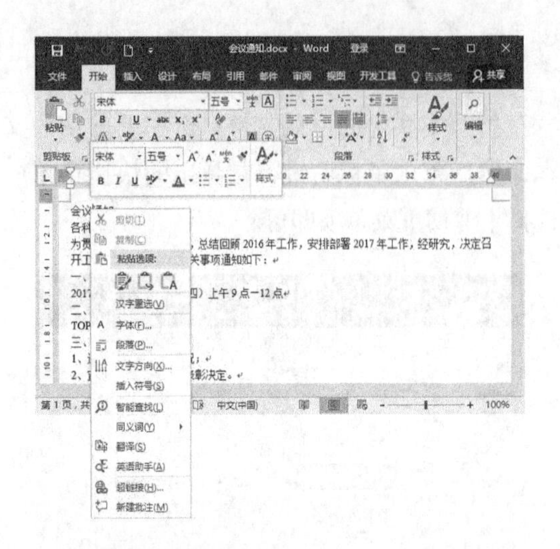

○ 使用快捷键

使用【Ctrl】+【C】/【Ctrl】+【X】组合键和【Ctrl】+【V】组合键则可以快速地复制/剪切和粘贴文本。

4. 查找和替换文本

在编辑文档的过程中，用户有时要查找并替换某些字词。使用 Word 2016 的查找和替换功能，可以节约大量的时间。查找和替换文本的具体操作步骤如下。

1 打开本实例的原始文件，按【Ctrl】+【F】组合键，弹出【导航】窗格，然后在查找文本框中输入“联系人”，随即自动在导航窗格中查找到了该文本中的“联系人”，并在 Word 文档中以黄色底纹显示。

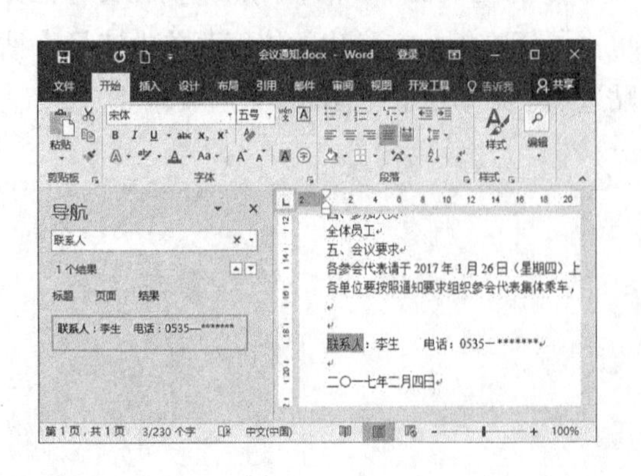

2 如果用户要替换相关的文本，可以按【Ctrl】+【H】组合键，弹出【查找和替换】对话框，自动切换到【替换】选项卡，然后在【替换为】文本框中输入“人事部”，单击 全部替换(A) 按钮。

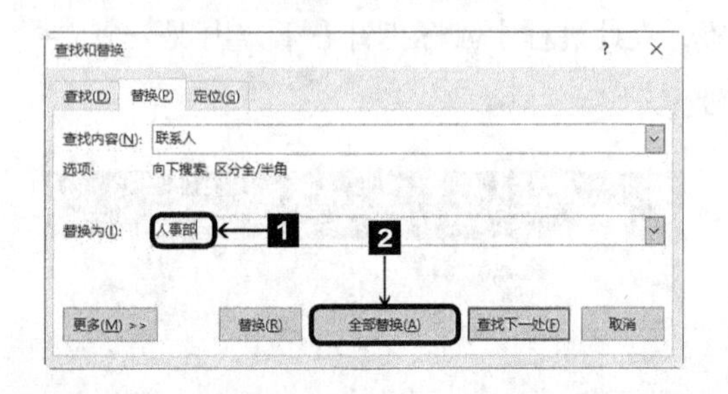

3 弹出提示对话框，提示用户“完成1处替换”，单击 确定 按钮，然后单击 关闭 按钮。

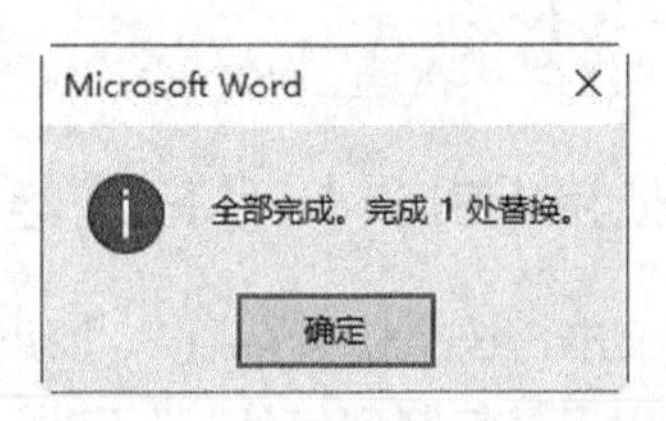

4 返回 Word 文档中，替换效果如下图所示。

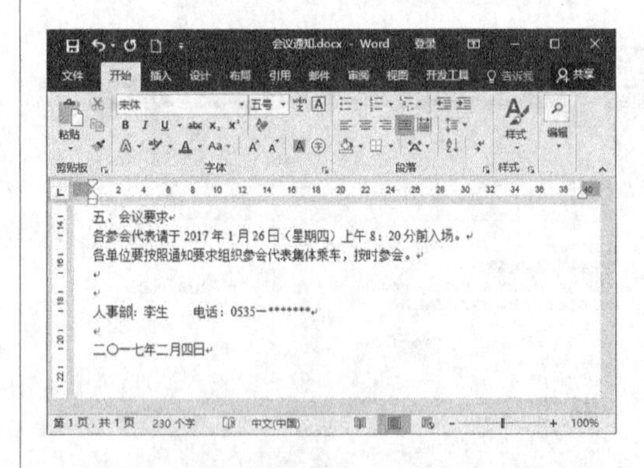

5. 改写文本

首先选中要替换的文本，然后输入需要的文本，此时新输入的文本会自动替换选中的文本。

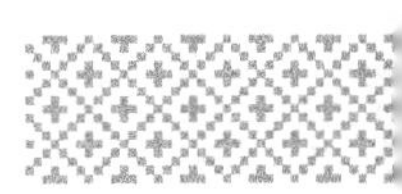

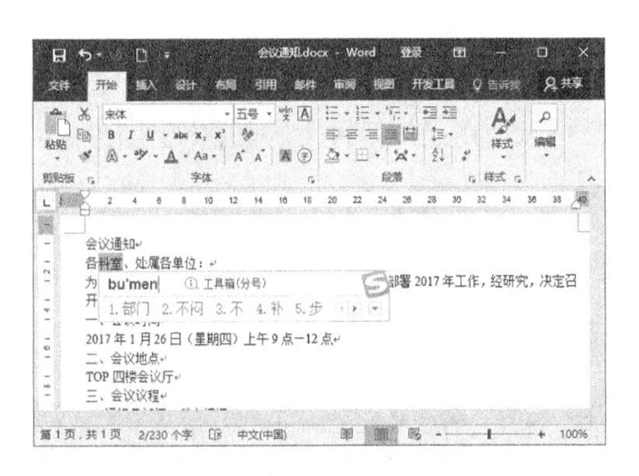

【Insert】键主要用来在输入模式和改写模式之间切换。默认情况下，Word文档处于插入模式，用户可以正常输入内容；按【Insert】键之后再输入内容，Word文档变为“改写”模式，新输入的字符会覆盖它右侧的字符。

6. 删除文本

从文档中删除不需要的文本，用户可以使用快捷键删除文本，如下表所示。

快捷键	功能
Backspace	向左删除一个字符
Delete	向右删除一个字符
Ctrl+Backspace	向左删除一个字词
Ctrl+Delete	向右删除一个字词
Ctrl+Z	撤销上一个操作
Ctrl+Y	恢复上一个操作

5.1.5 文档视图

Word 2016 提供了多种视图模式供用户选择，包括“页面视图”“阅读视图”“Web版式视图”“大纲视图”和“草稿”5种视图模式。

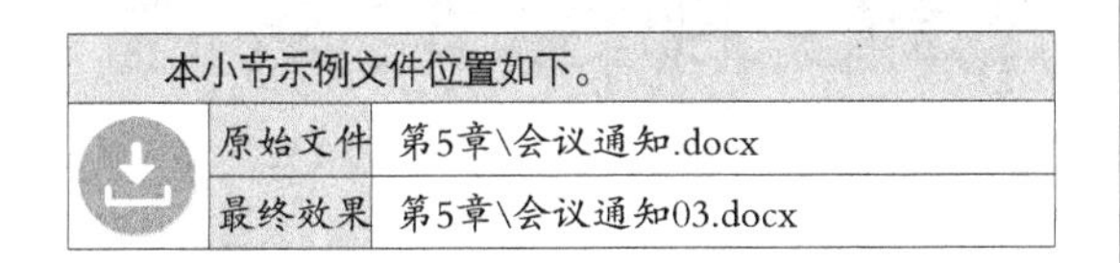

本小节示例文件位置如下。

原始文件	第5章\会议通知.docx
最终效果	第5章\会议通知03.docx

1. 页面视图

“页面视图”可以显示 Word 文档的打印结果外观，主要包括页眉、页脚、图形对象、分栏设置、页面边距等元素，是最接近打印结果的视图模式。

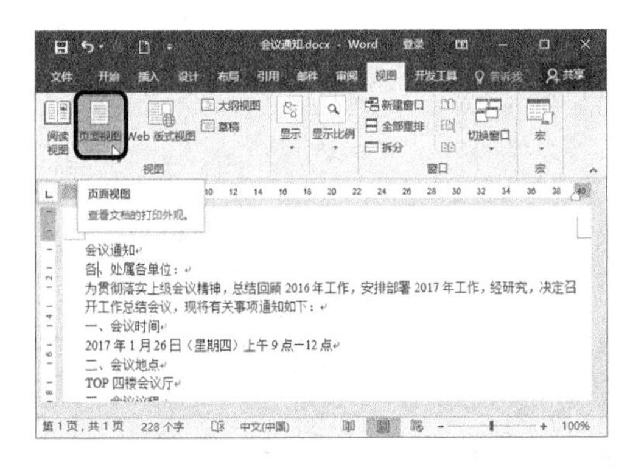

2. Web 版式视图

“Web 版式视图”以网页的形式显示Word文档，适用于发送电子邮件和创建网页。

切换到【视图】选项卡，在【视图】组中单击【Web 版式视图】按钮或单击视图功能区中的【Web 版式视图】按钮，将文档的显示方式切换到“Web 版式视图”模式，效果如图所示。

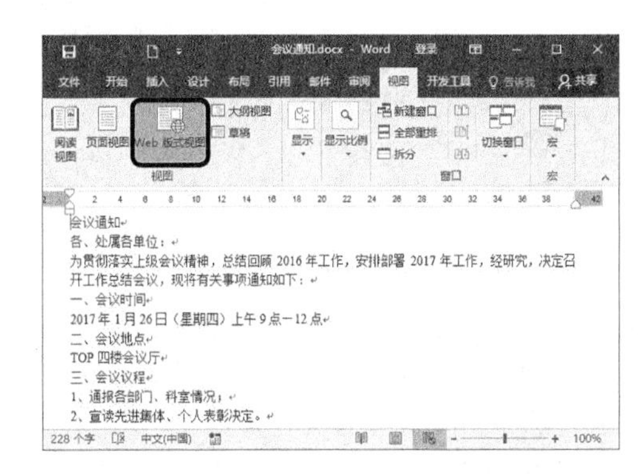

3. 大纲视图

“大纲视图”主要用于 Word 文档结构的设置和浏览，使用“大纲视图”可以迅速了解文档的结构和内容的梗概。

切换到【视图】选项卡，在【视图】组中单击【大纲视图】按钮 大纲视图，效果如图所示。

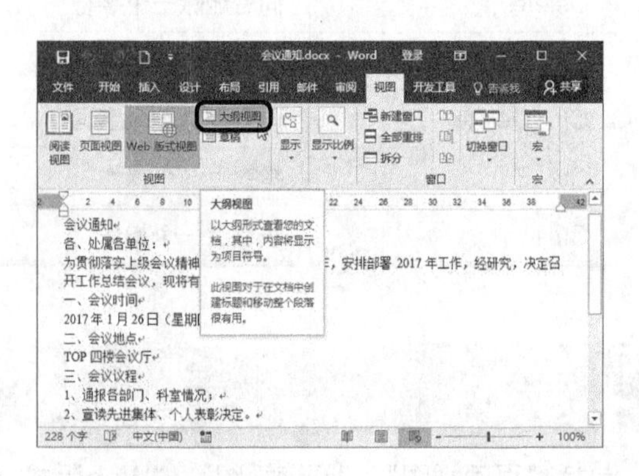

4. 草稿视图

草稿视图取消了页面边距、分栏、页眉页脚和图片等元素，仅显示标题和正文，是最节省计算机系统硬件资源的视图方式。

切换到【视图】选项卡，在【视图】组中单击【草稿】按钮 草稿，将文档的视图方式切换到草稿视图下，效果如图所示。

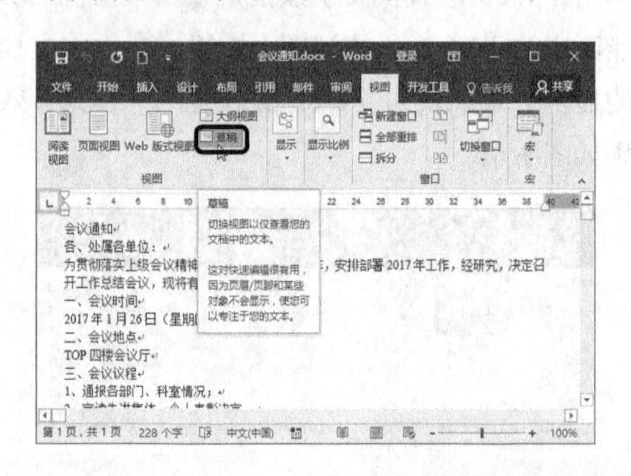

5. 调整视图比例

可以使用以下两种方法调整视图比例。

拖动滑块

用户可以根据需要，直接左右拖动【显示比例】滑块，调整文档的缩放比例。

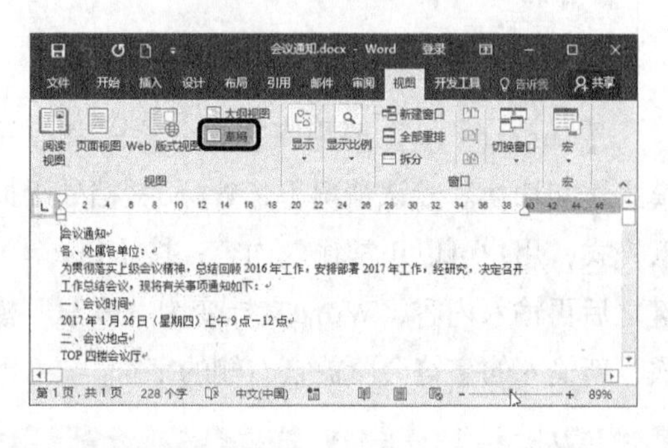

使用按钮

单击【缩小】按钮 - 或【放大】按钮 + 调整文档的缩放比例。

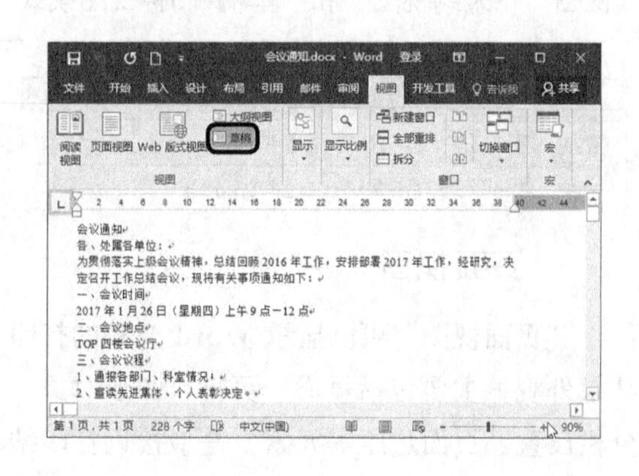

5.1.6 打印文档

文档编辑完成后，用户可以进行简单的页面设置，然后进行预览，如果用户对预览效果比较满意，就可以进行打印了。

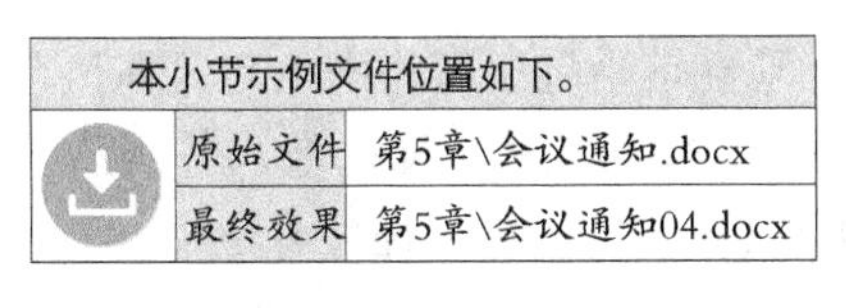

本小节示例文件位置如下。	
原始文件	第5章\会议通知.docx
最终效果	第5章\会议通知04.docx

打印文档

1. 页面设置

页面设置是指文档打印前对页面元素的设置，日常工作中主要涉及页边距和纸张大小的设置。页面设置的具体操作步骤如下。

1 打开本实例的原始文件，切换到【布局】选项卡，单击【页面设置】组右侧的【对话框启动器】按钮。

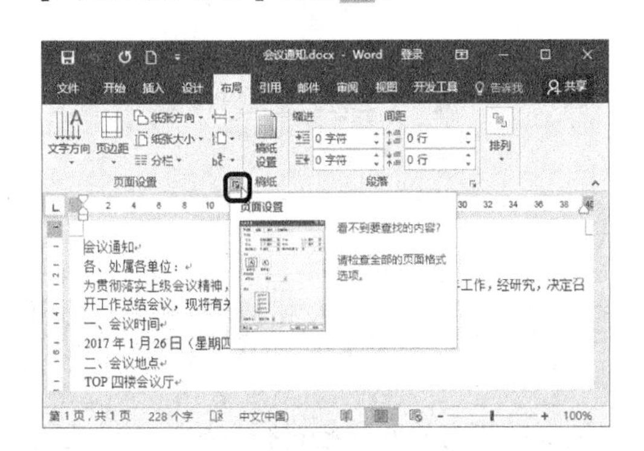

2 弹出【页面设置】对话框，自动切换到【页边距】选项卡，在【页边距】组合框中的【上】【下】【左】【右】微调框中调整页边距大小，在【纸张方向】组合框中选择【纵向】选项。

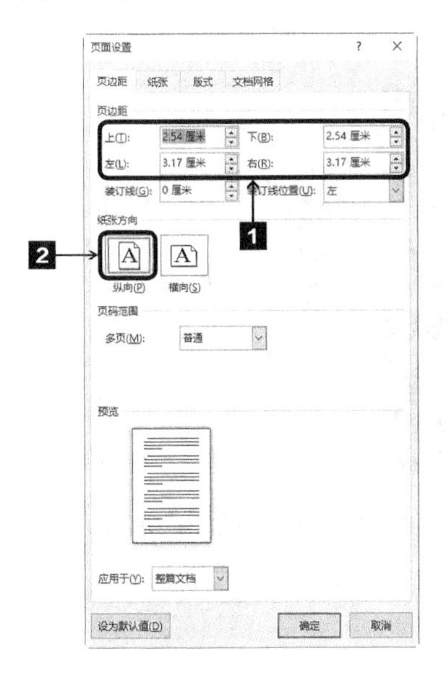

3 切换到【纸张】选项卡，在【纸张大小】下拉列表中选择【A4】选项，然后单击 确定 按钮即可。

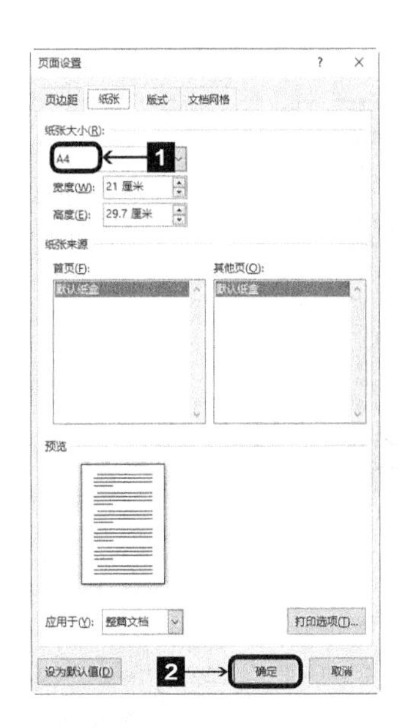

2. 预览后打印

页面设置完成后，可以通过预览来浏览打印效果，预览及打印的具体操作步骤如下。

1 单击【自定义快速访问工具栏】按钮后，从弹出的下拉列表中选择【打印预览和打印】选项。

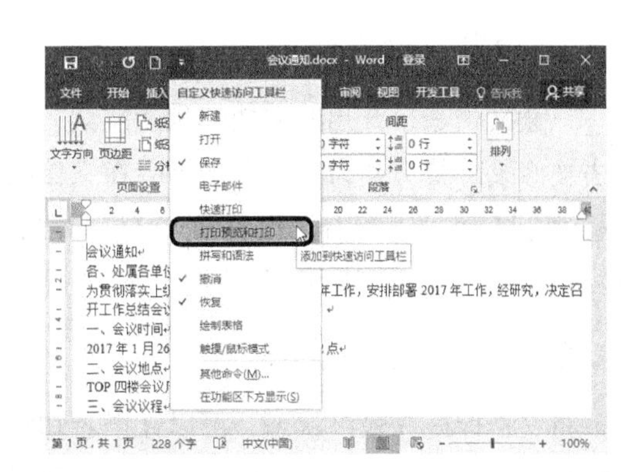

2 【打印预览和打印】按钮就添加在了【快速访问工具栏】中，单击【打印预览和打印】按钮，弹出【打印】界面，右侧显示了预览效果。

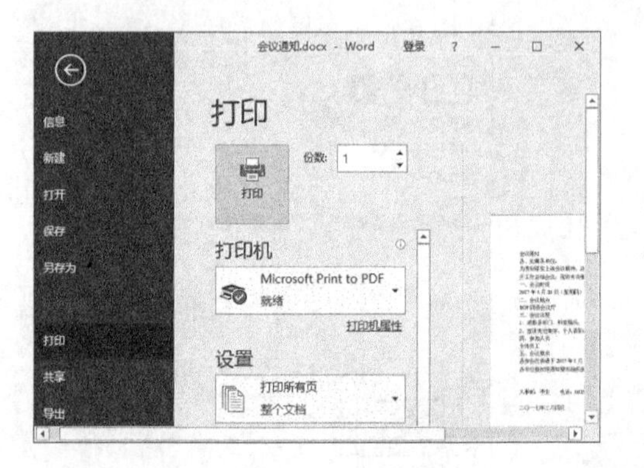

3 用户可以根据打印需要单击相应选项并进行设置。如果用户对预览效果比较满意，就可以单击【打印】按钮进行打印了。

5.1.7 保护文档

用户可以通过设置只读文档、加密文档和启动强制保护等方法对文档进行保护，以防止无操作权限的人员随意打开或修改文档。

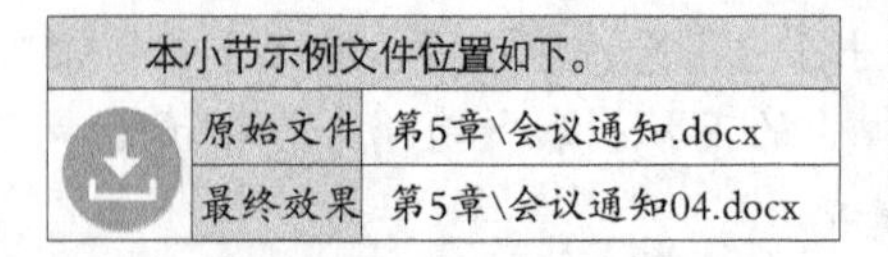

本小节示例文件位置如下。	
原始文件	第5章\会议通知.docx
最终效果	第5章\会议通知04.docx

保护文档

1. 设置只读文档

只读文档是指开启的文档“只能阅读”，无法被修改。若文档为只读文档，会在文档的标题栏上显示[只读]字样。设置只读文档的方法主要有两种，我们以其中一种为例。

标记为最终状态

将文档标记为最终状态，可以让读者知晓文档是最终版本，是只读文档。标记为最终状态的具体操作步骤如下。

1 打开本实例的原始文件，单击 文件 按钮，从弹出的界面中选择【信息】选项，然后单击【保护文档】按钮，从弹出的下拉列表中选择【标记为最终状态】选项。

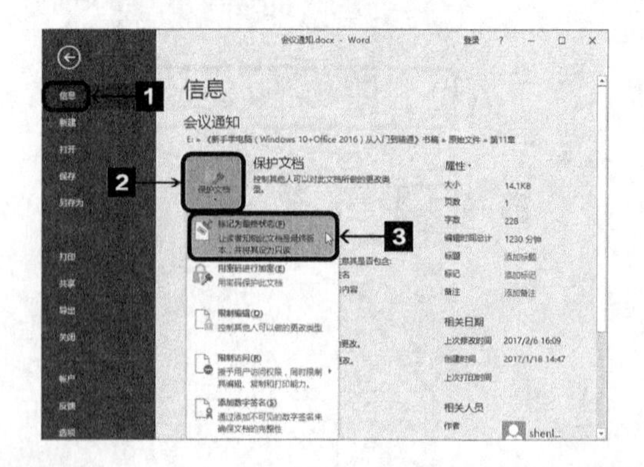

2 弹出提示对话框，提示用户“此文档将先被标记为终稿，然后保存”，单击 确定 按钮。

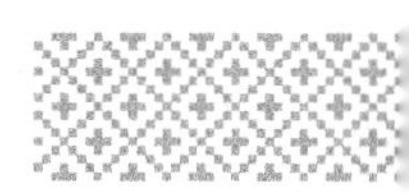

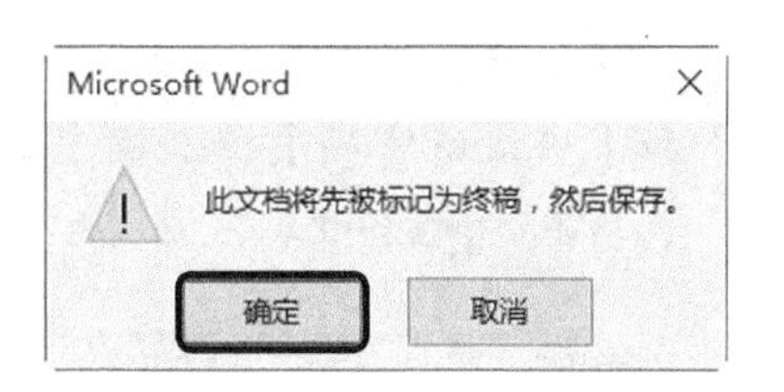

3 弹出提示对话框，提示用户“此文档已被标记为最终状态”，单击 确定 按钮即可。

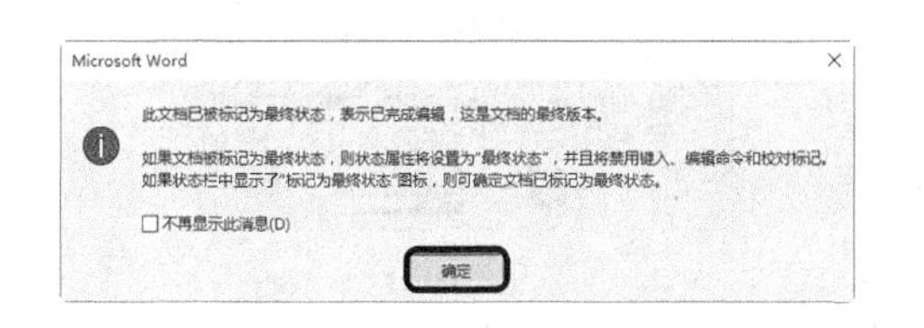

4 再次启动文档，弹出提示对话框，并提示用户“作者已将此文档标记为最终版本以防止编辑。”。此时文档的标题栏上显示“只读”，如果要编辑文档，单击 仍然编辑 按钮即可。

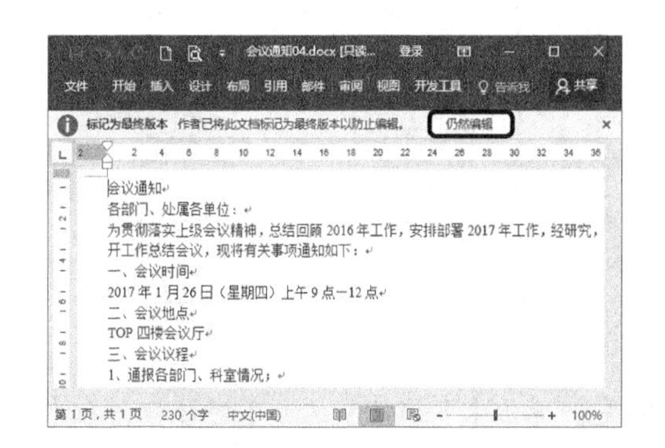

2. 设置文档加密

在日常办公中，为了保证文档安全，用户经常会为文档设置加密。设置加密文档的具体操作步骤如下。

1 打开本实例的原始文件，单击 文件 按钮，从弹出的界面中选择【信息】选项，然后单击【保护文档】按钮，从弹出的下拉列表中选择【用密码进行加密】选项。

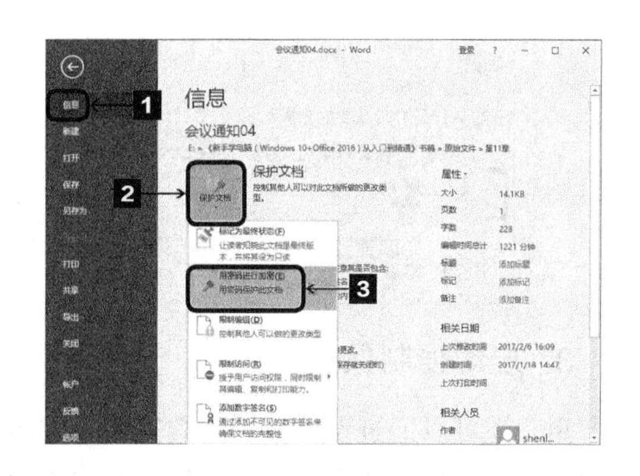

2 弹出【加密文档】对话框，在【密码】文本框中输入“123”，然后单击 确定 按钮。

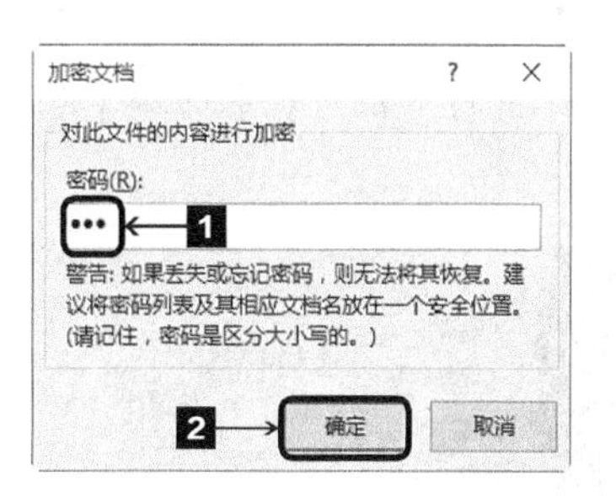

3 弹出【确认密码】对话框，在【重新输入密码】文本框中输入“123”，然后单击 确定 按钮。

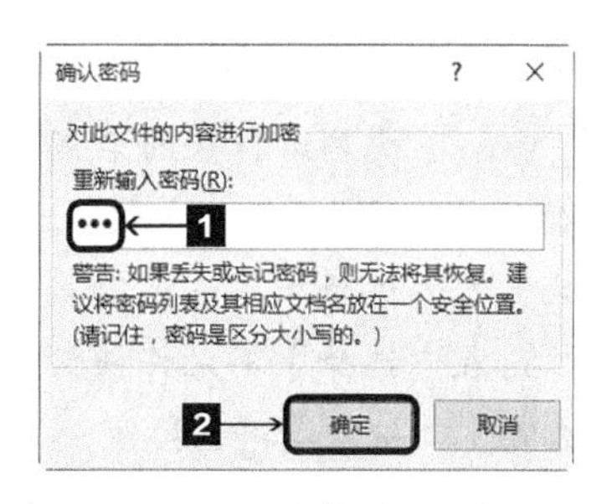

4 保存后再次启动该文档时会弹出【密码】对话框，在【请键入打开文件所需的密码】文本框中输入“123”，然后单击 确定 按钮即可打开 Word 文档。

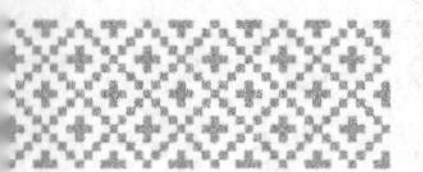

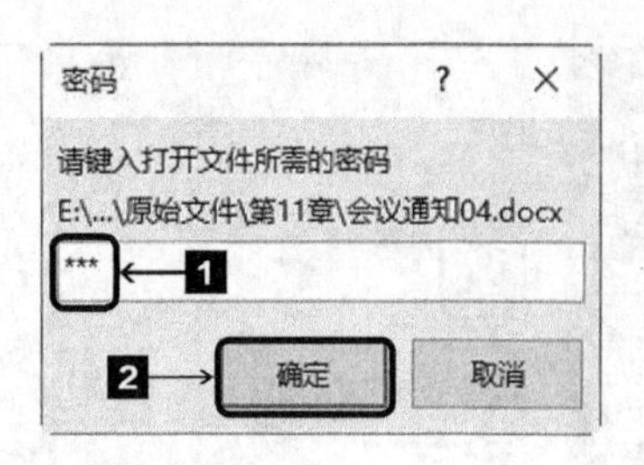

3. 启动强制保护

用户还可以通过设置文档的编辑权限，启动文档的强制保护功能来保护文档的内容不被修改，具体的操作步骤如下。

1 单击 文件 按钮，从弹出的界面中选择【信息】选项，然后单击【保护文档】按钮，从弹出的下拉列表中选择【限制编辑】选项。

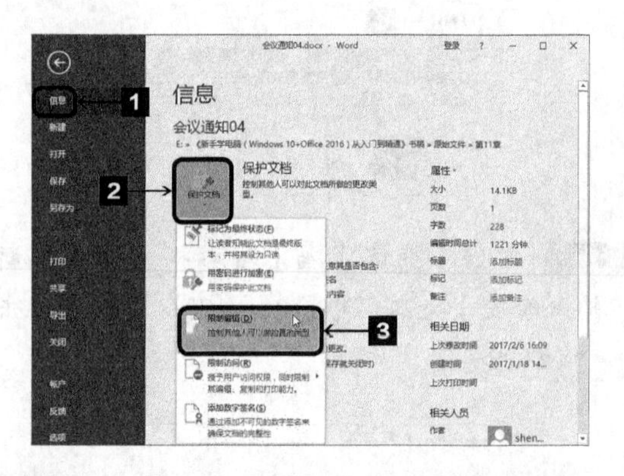

2 在 Word 文档编辑区的右侧出现一个【限制编辑】窗格，选中【仅允许在文档中进行此类型的编辑】复选框，然后在其下方的下拉列表中选择【不允许任何更改（只读）】选项，单击 是，启动强制保护 按钮。

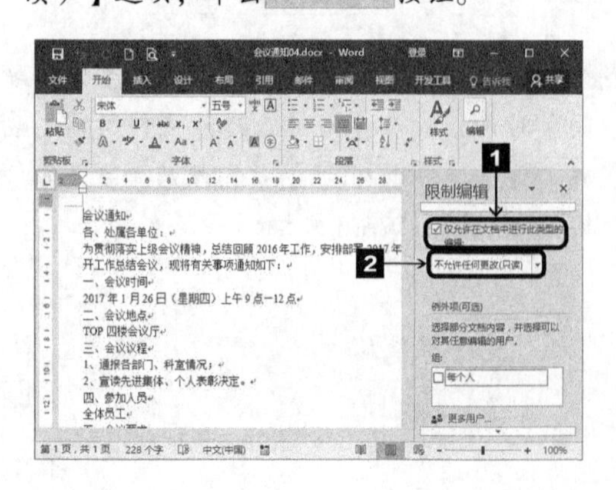

3 弹出【启动强制保护】对话框，在【新密码】和【确认新密码】文本框中都输入"123"，单击 确定 按钮。

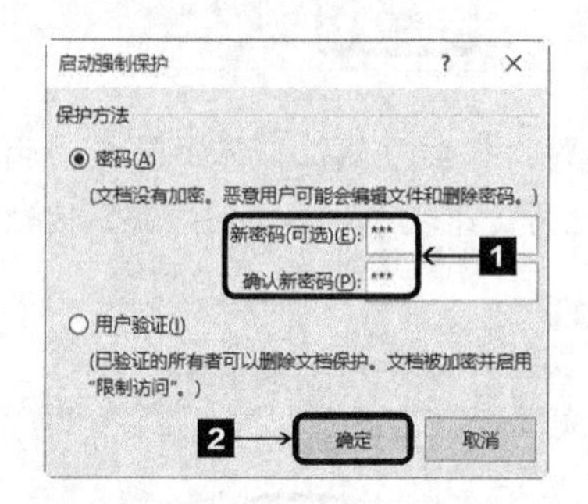

4 返回 Word 文档中，此时，文档处于保护状态。如果用户要取消强制保护，单击 停止保护 按钮。

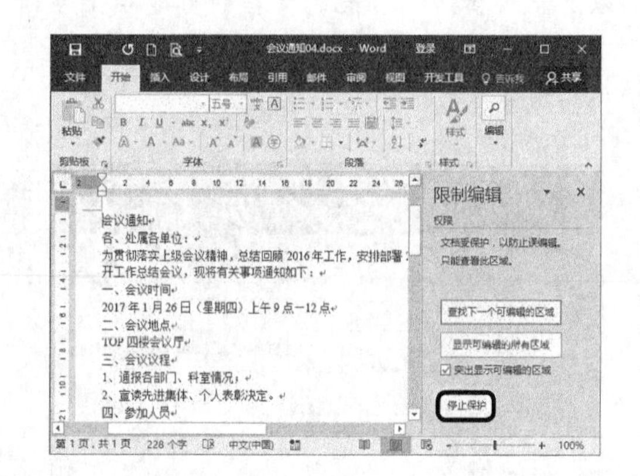

5 弹出【取消保护文档】对话框，在【密码】文本框中输入"123"，然后单击 确定 按钮即可。

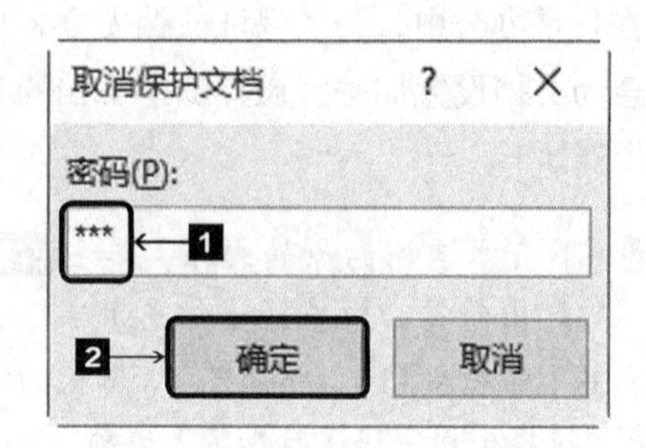

5.2 文本的基本操作

文本处理是 Word 文字处理软件最重要的功能之一，用户可以根据实际需要设置文本格式和美化文本页面。

5.2.1 设置字体格式

为了使文档更丰富多彩，Word 2016 提供了多种字体格式供用户进行设置。对字体格式进行设置主要包括设置字体、字号、加粗、倾斜和字体效果等。

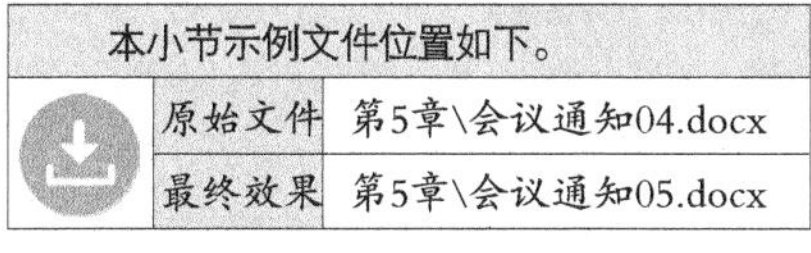

本小节示例文件位置如下。	
原始文件	第5章\会议通知04.docx
最终效果	第5章\会议通知05.docx

设置字体格式

1. 设置字体和字号

要使文档中的文字更利于阅读，就需要对文档中文本的字体及字号进行设置，以区分各种不同的文本。

使用【字体】组

使用【字体】组进行字体和字号设置的具体操作步骤如下。

1 打开本实例的原始文件，选中文档标题“会议通知”，切换到【开始】选项卡，在【字体】组中的【字体】下拉列表中选择合适的字体，例如选择【华文中宋】选项。

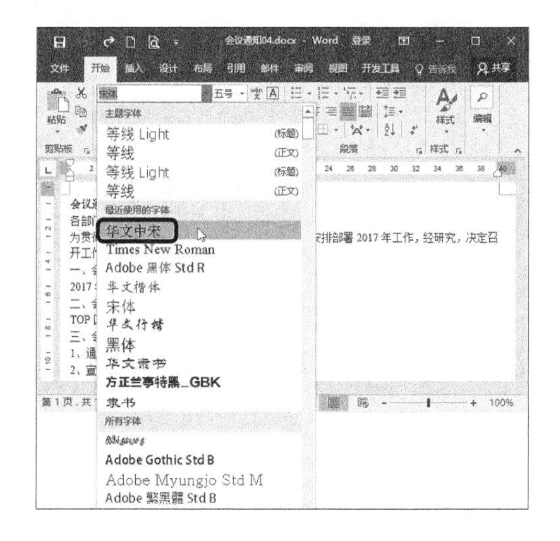

2 在【字体】组中的【字号】下拉列表中选择合适的字号，例如选择【小一】选项。

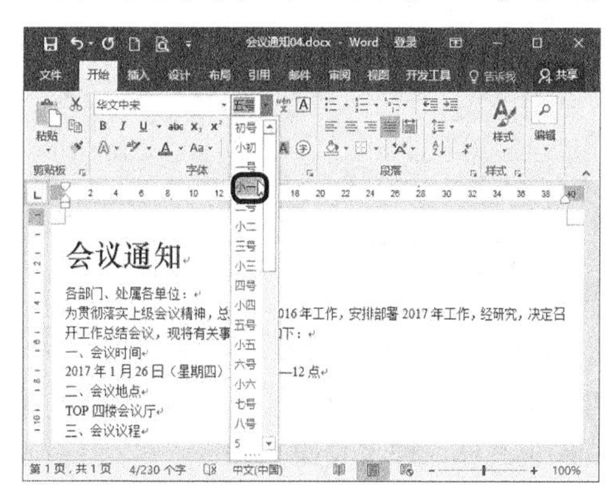

技巧

在【西文字体】下拉列表中选择一种西文字体，即可为段落中的西文字体应用不同于中文的字体。

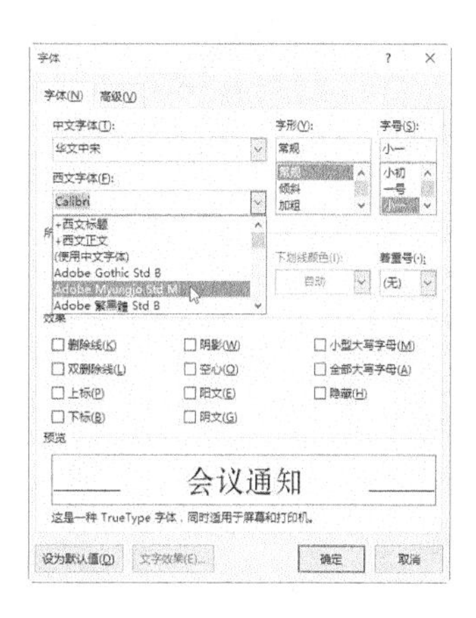

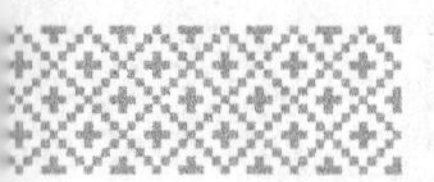

2. 设置加粗效果

设置加粗效果，可以让选择的文本更加突出。

打开本实例的原始文件，选中文档标题“会议通知”，切换到【开始】选项卡，单击【字体】组中的【加粗】按钮B。

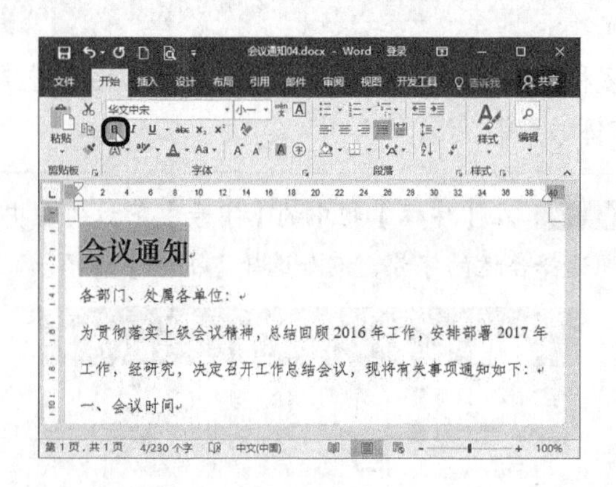

3. 设置字符间距

通过设置Word 2016文档中的字符间距，可以使文档的页面布局更符合实际需要。设置字符间距的具体操作步骤如下。

1 选中文档标题“会议通知”，切换到【开始】选项卡，单击【字体】组右下角的【对话框启动器】按钮。

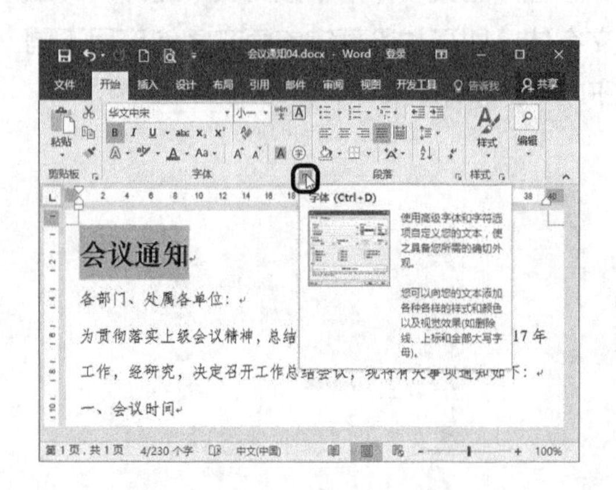

2 弹出【字体】对话框，切换到【高级】选项卡，在【字符间距】组合框中的【间距】下拉列表中选择【加宽】选项，在【磅值】微调框中将磅值调整为“4磅”，单击 确定 按钮。

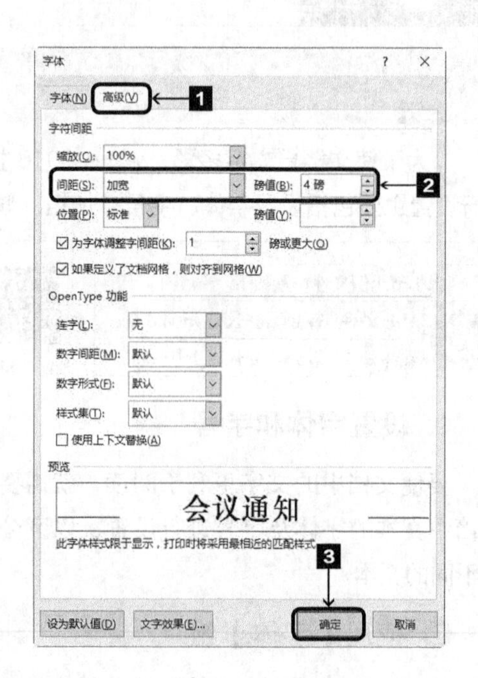

3 返回Word文档，设置效果如图所示。

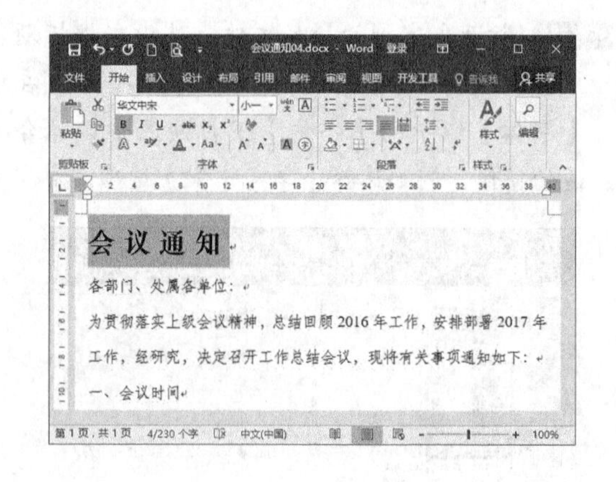

5.2.2 设置段落格式

设置了字体格式之后，用户还可以为文本设置段落格式。Word 2016 提供了多种设置段落格式的方法，主要包括对齐方式、段落缩进和间距等。

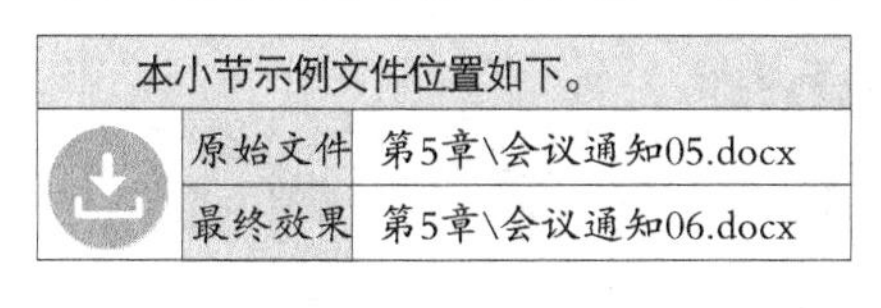

本小节示例文件位置如下。	
原始文件	第5章\会议通知05.docx
最终效果	第5章\会议通知06.docx

设置段落格式

1. 设置对齐方式

段落和文字的对齐方式可以通过段落组进行设置，也可以通过对话框进行设置。

○ 使用【段落】组

使用【段落】组中的各种对齐方式按钮，可以快速地设置段落和文字的对齐方式，具体的操作步骤如下。

打开本实例的原始文件，选中标题，“会议通知”，切换到【开始】选项卡，在【段落】组中单击【居中】按钮，设置效果如图所示。

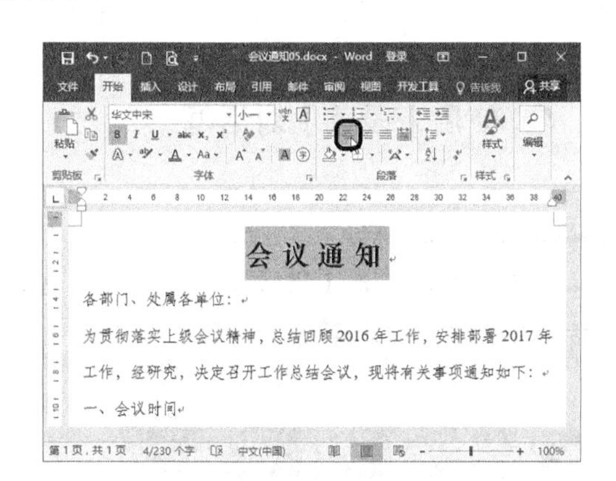

○ 使用【段落】对话框

1 选中文档中的段落或文字，切换到【开始】选项卡，单击【段落】组右下角的【对话框启动器】按钮。

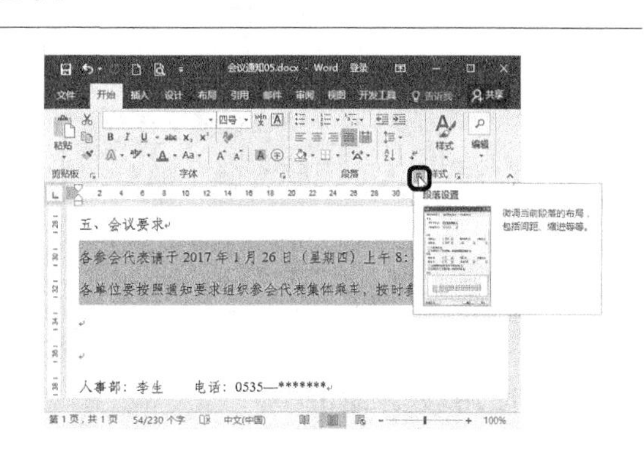

2 弹出【段落】对话框，切换到【缩进和间距】选项卡，在【常规】组合框中的【对齐方式】下拉列表中选择【分散对齐】选项，单击 确定 按钮。

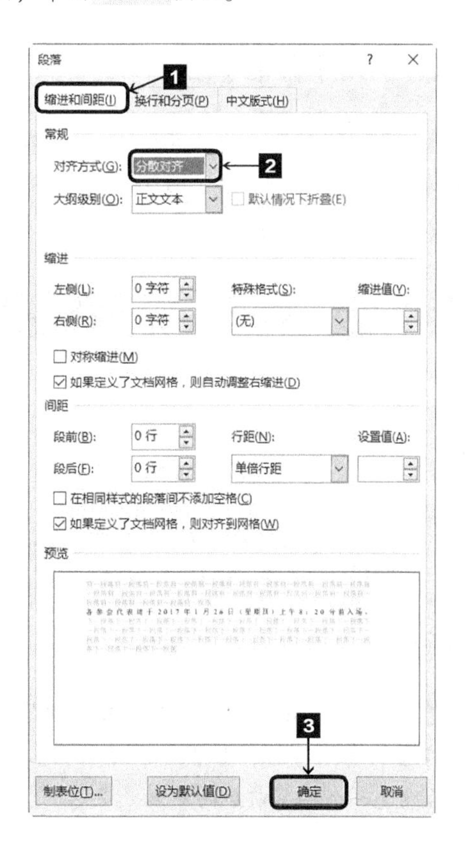

3 返回Word文档，设置效果如图所示。

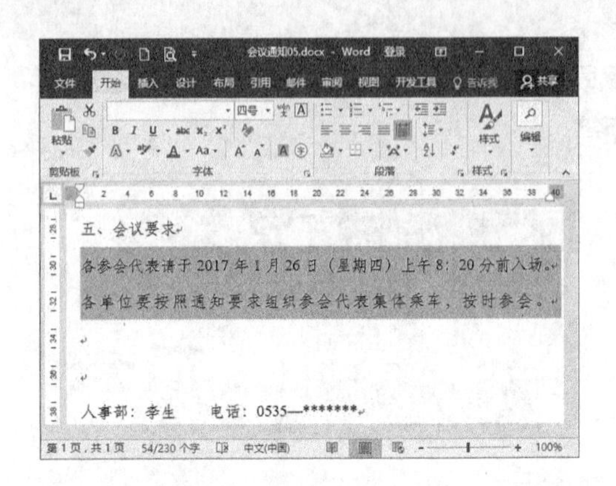

2. 使用段落缩进

通过设置段落缩进，可以调整文档正文内容与页边距之间的距离。用户可以使用【段落】组、【段落】对话框或标尺设置段落缩进。

使用【段落】组

1 选中除标题以外的其他文本段落，切换到【开始】选项卡，在【段落】组中单击【增加缩进量】按钮。

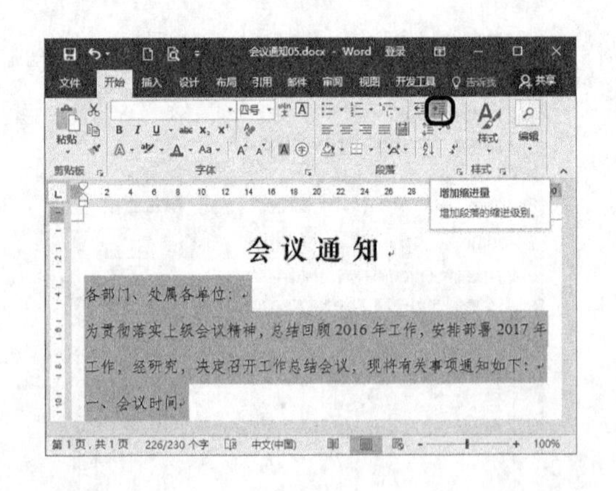

2 弹出Word文档，选中的文本段落向右侧缩进了一个字符，如下图所示，可以看到向后缩进一个字符前后的对比效果。

缩进前效果。

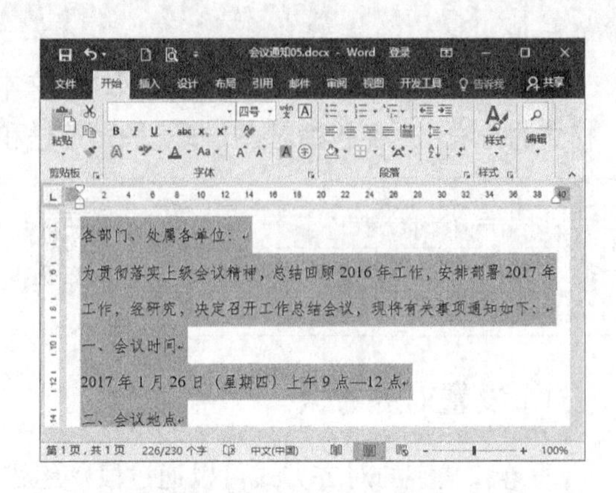

缩进后效果。

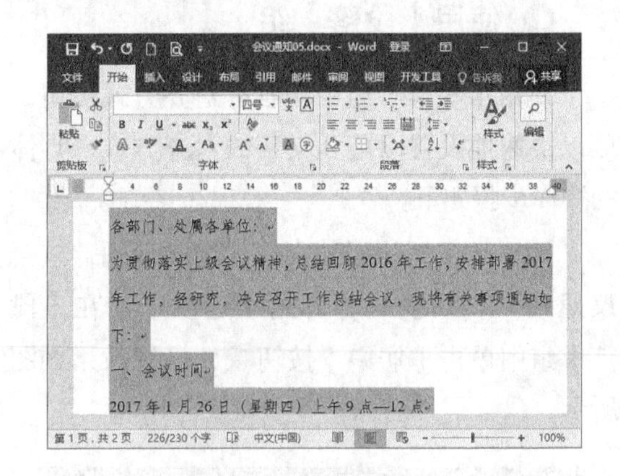

使用【段落】对话框

1 选中文档中的文本段落，切换到【开始】选项卡，单击【段落】组右下角的【对话框启动器】按钮。

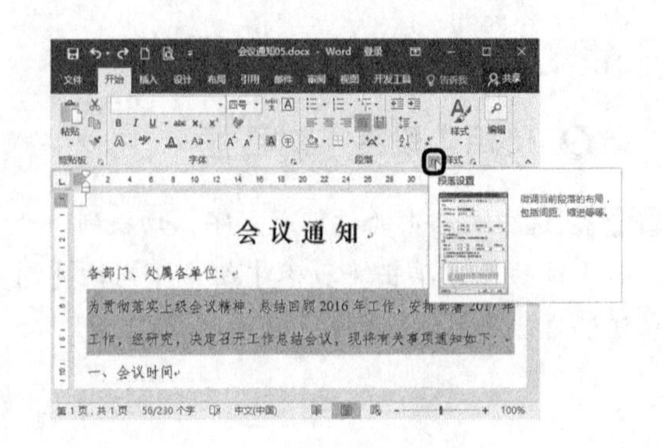

2 弹出【段落】对话框，切换到【缩进和间距】选项卡，在【缩进】组合框中的【特殊格式】下拉列表中选择【悬挂缩进】选项，在【缩进值】微调框中默认为“2字符”，其他设置保持不变，单击 确定 按钮。

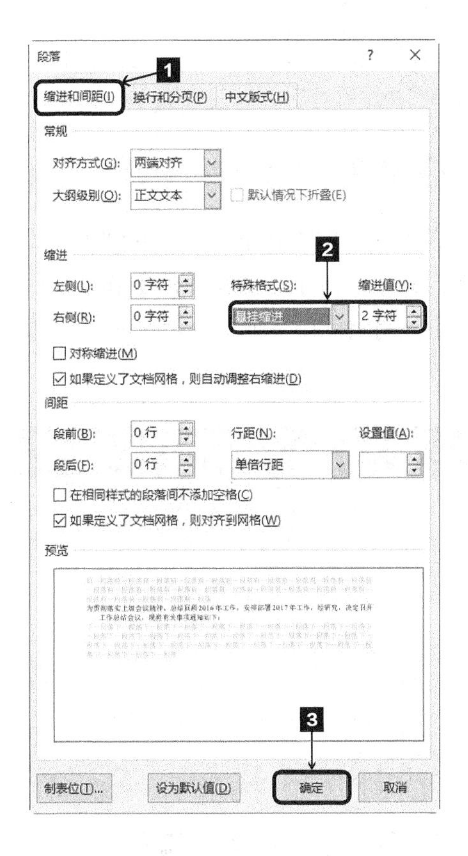

3 返回Word文档，设置效果如图所示。

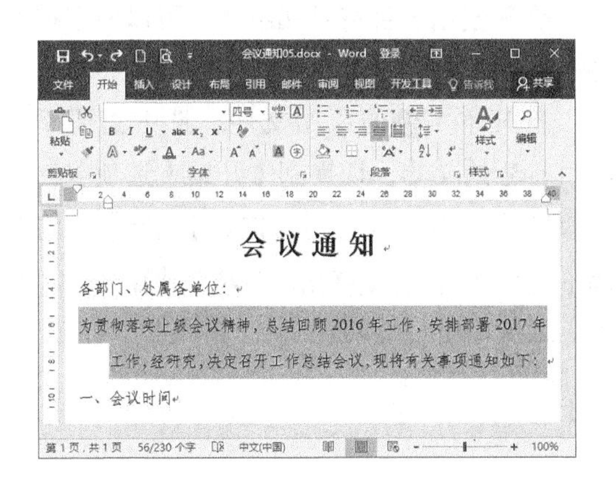

3. 设置间距

间距是指行与行之间，段落与行之间，段落与段落之间的距离。在 Word 2016中，用户可以通过如下方法设置行间距和段落间距。

○ 使用【段落】组

使用【段落】组设置行和段落间距的具体操作步骤如下。

1 打开本实例的原始文件，选中全篇文档，切换到【开始】选项卡，在【段落】组中单击【行和段落间距】按钮，从弹出的下拉列表中选择【1.15】选项，随即行距变成了1.15倍的行距。

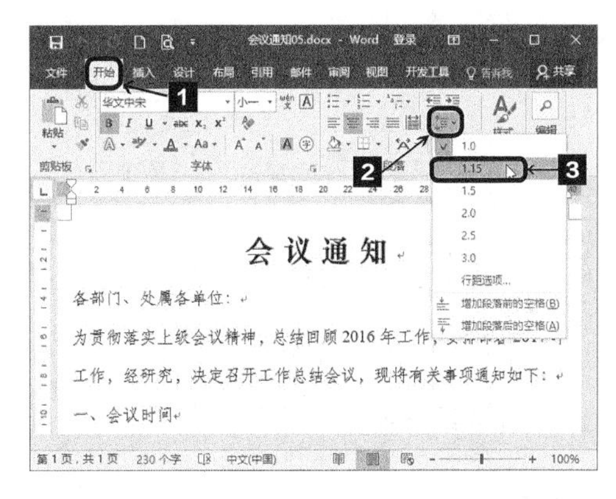

2 选中标题行，在【段落】组中单击【行和段落间距】按钮，从弹出的下拉列表中选择【增加段落后的空格】选项，随即标题所在的段落下方增加了一块空白间距。

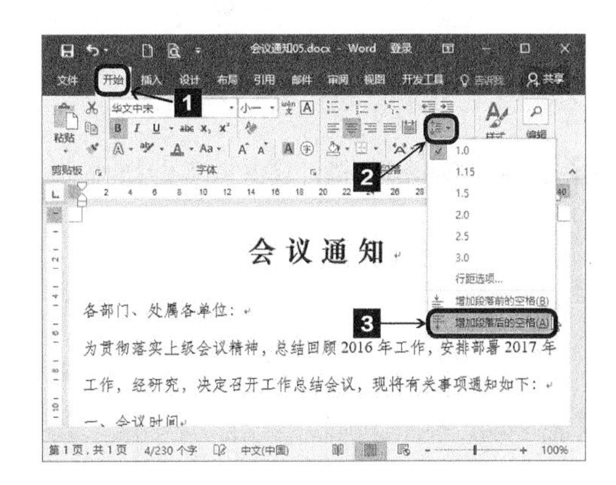

使用【段落】对话框

1 打开本实例的原始文件，选中文档的标题行，切换到【开始】选项卡，单击【段落】组右下角的【对话框启动器】按钮，弹出【段落】对话框，自动切换到【缩进和间距】选项卡，在【间距】组合框中【段前】微调框调整为“1行”，将【段后】微调框中将间距值调整为“12磅”，在【行距】下拉列表中选择【最小值】选项，在【设置值】微调框中输入“12磅”，单击 确定 按钮。

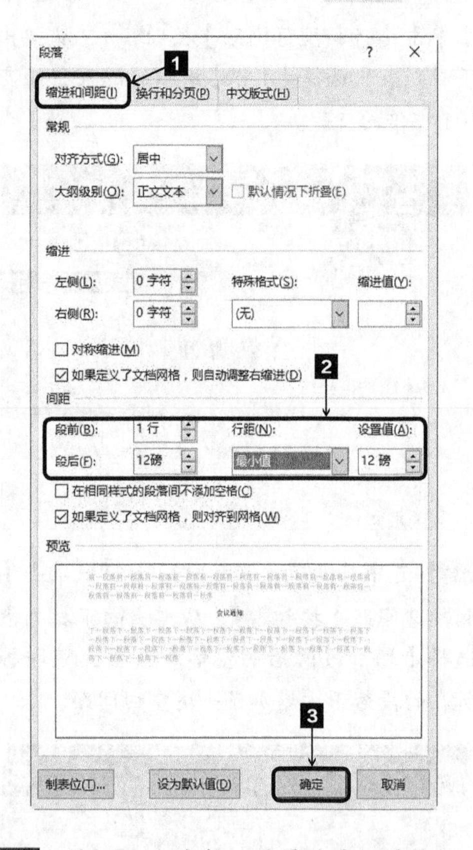

2 返回Word文档，设置效果如图所示。

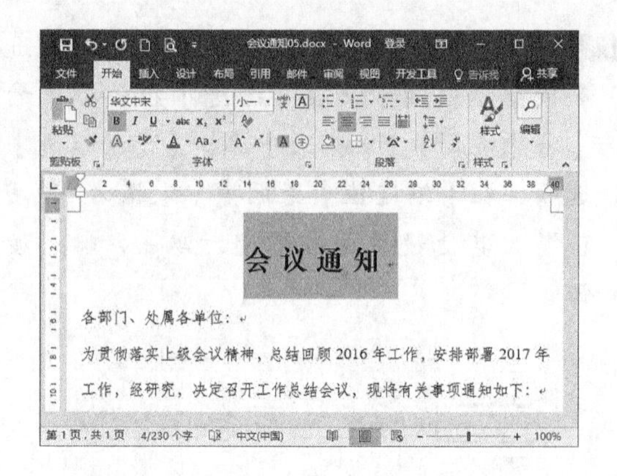

使用【页面布局】选项卡

选中文档中的各条目，切换到【布局】选项卡，在【段落】组的【段前】和【段后】微调框中同时将间距值调整为“0.5行”，效果如图所示。

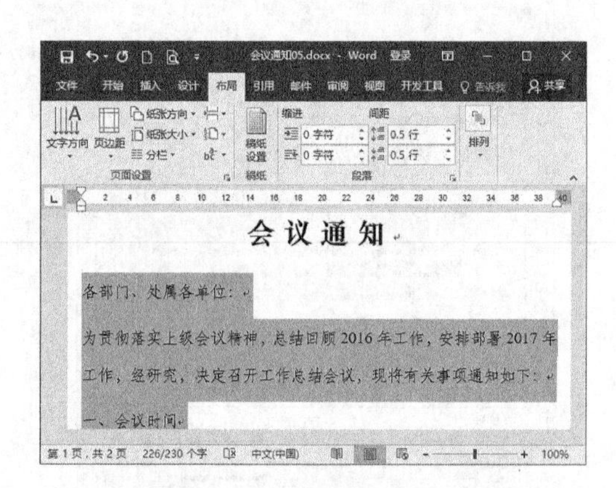

4. 添加项目符号和编号

合理使用项目符号和编号，可以使文档的层次结构更清晰、更有条理。

打开本实例的原始文件，选中需要添加项目符号的文本，切换到【开始】选项卡，在【段落】组中单击【项目符号】按钮右侧的下三角按钮，从弹出的下拉列表中选择【菱形】选项，随即在文本前插入了菱形。

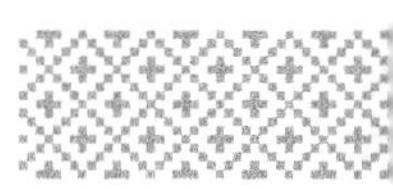

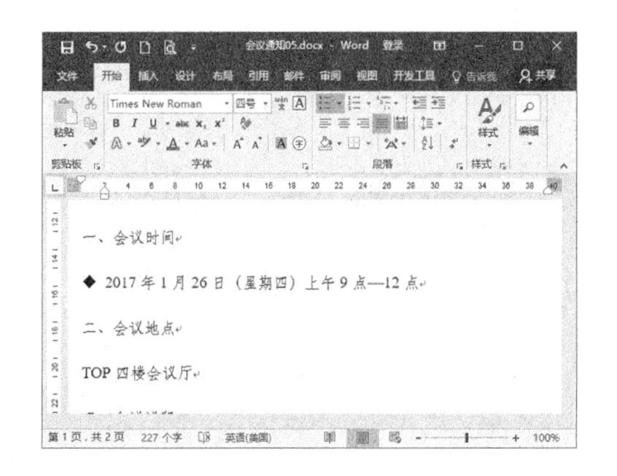

选中需要添加编号的文本，在【段落】组中单击【编号】按钮右侧的下三角按钮，从弹出的下拉列表中选择一种合适的编号，即可在文档中插入编号。

5.2.3 添加边框和底纹

通过在Word 2016文档中插入段落边框和底纹，可以使相关段落的内容更加醒目，从而增强Word文档的可读性。

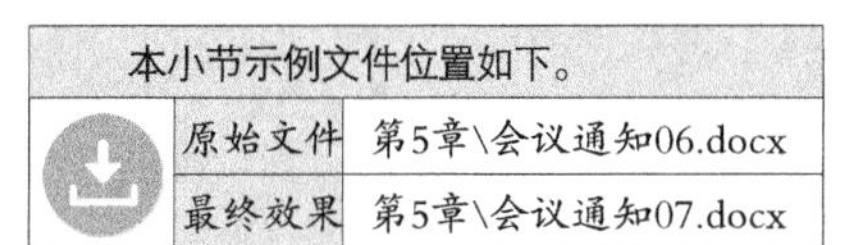

本小节示例文件位置如下。	
原始文件	第5章\会议通知06.docx
最终效果	第5章\会议通知07.docx

添加边框和底纹

1. 添加边框

在默认情况下，段落边框的格式为黑色单直线。用户可以通过设置段落边框的格式，使其更加美观。为文档添加边框的具体操作步骤如下。

1 打开本实例的原始文件，选中要添加边框的文本，切换到【开始】选项卡，在【段落】组中单击【边框】按钮右侧的下三角按钮，从弹出的下拉列表中选择【外侧框线】选项。

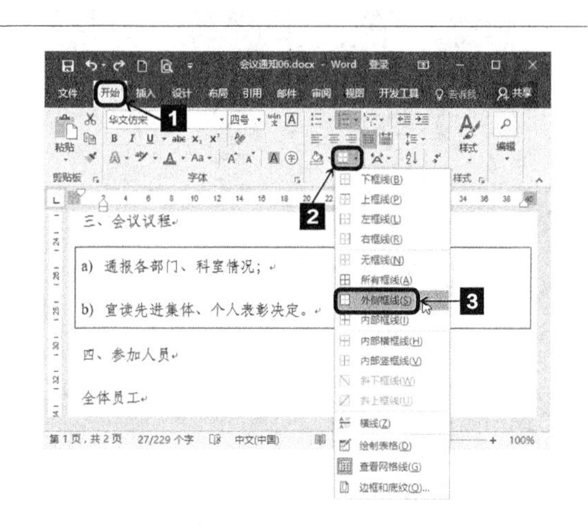

2 返回Word文档，设置效果如图所示。

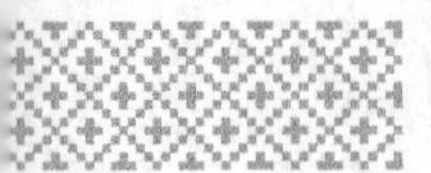

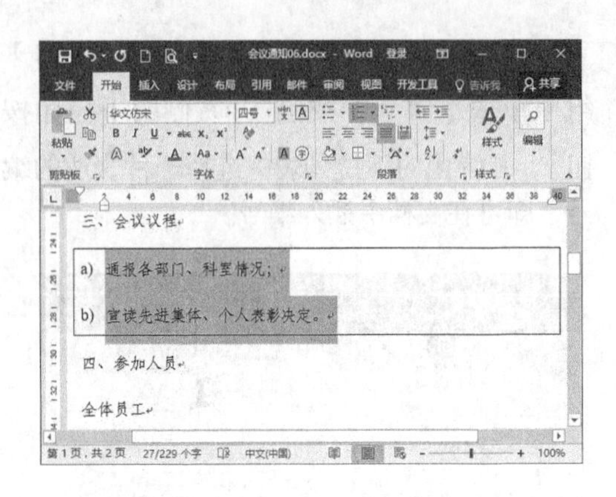

2. 添加底纹

为文档添加底纹的具体操作步骤如下。

1 选中要添加底纹的文本，切换到【设计】选项卡，在【页面背景】组中单击【页面边框】按钮。

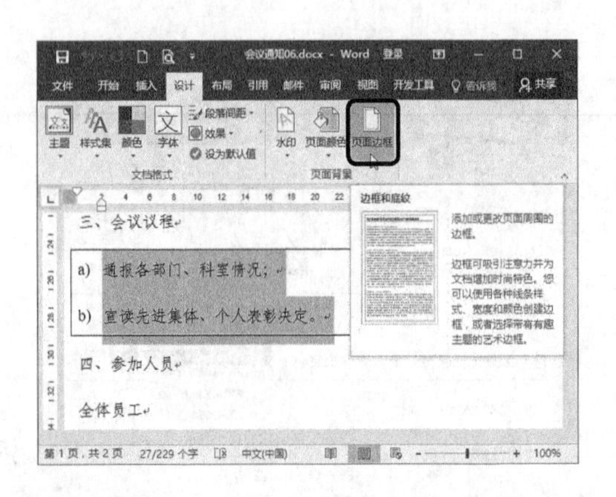

2 弹出【边框和底纹】对话框，切换到【底纹】选项卡，在【填充】下拉列表中选择【橙色，个性色2，淡色80%】选项。

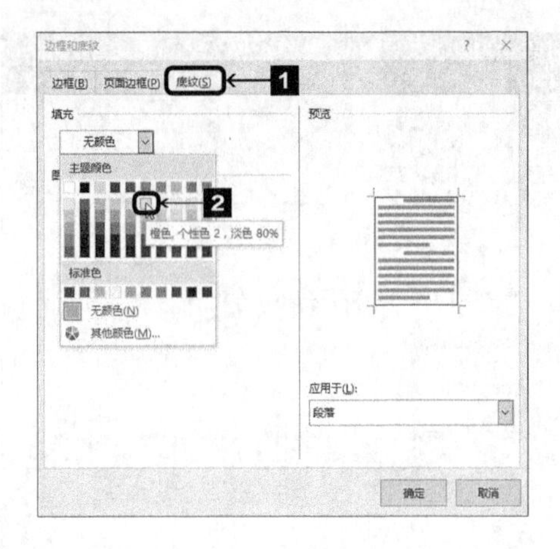

3 在【图案】中的【样式】下拉列表中选择【5%】选项，单击 确定 按钮。

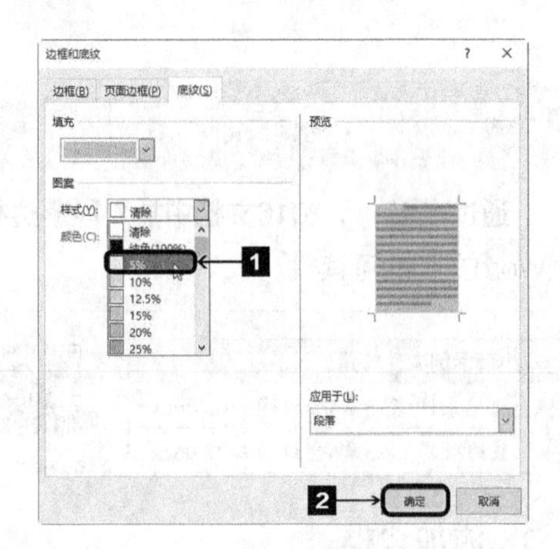

4 返回Word文档，设置效果如图所示。

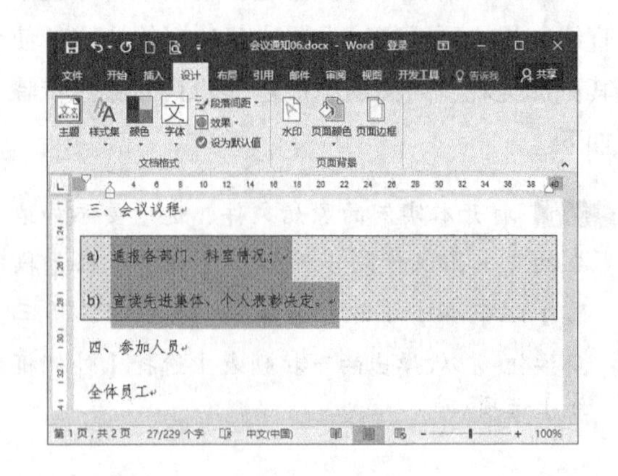

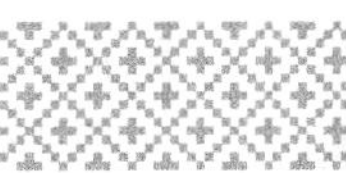

5.2.4 设置页面背景

为了使Word文档看起来更加美观，用户可以添加各种漂亮的页面背景，包括水印、页面颜色以及其他填充效果。

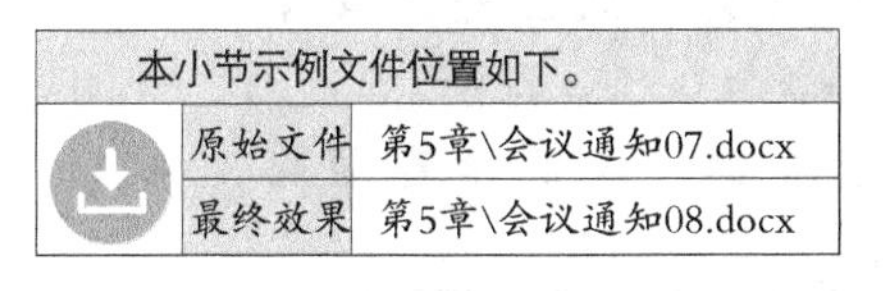

本小节示例文件位置如下。

原始文件	第5章\会议通知07.docx
最终效果	第5章\会议通知08.docx

设置页面背景

1. 添加水印

Word 文档中的水印是指作为文档背景图案的文字或图像。Word 2016 提供了多种水印模板和自定义水印功能。为 Word 文档添加水印的具体操作步骤如下。

1 打开本实例的原始文件，切换到【设计】选项卡，在【页面背景】组中单击【水印】按钮。

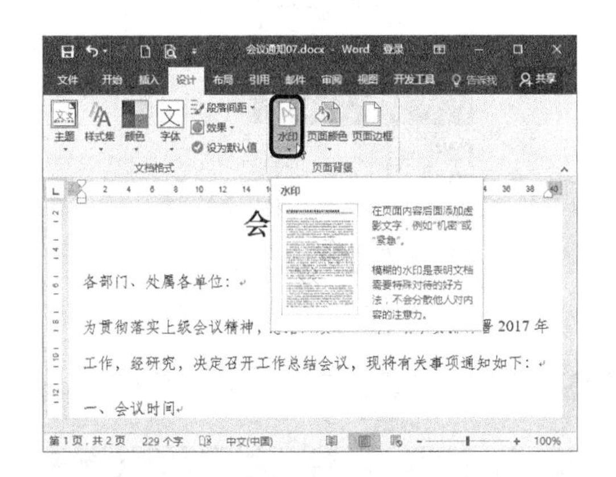

2 从弹出的下拉列表中选择【自定义水印】选项。

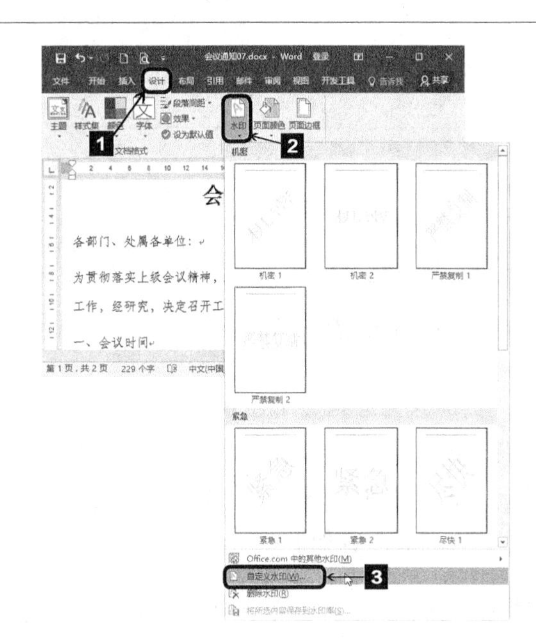

3 弹出【水印】对话框，选中【文字水印】单选钮，在【文字】下拉列表中选择【禁止复制】选项，在【字体】下拉列表中选择【方正楷体简体】选项，在【字号】下拉列表中选择【80】选项，其他选项保持默认，单击 确定 按钮。

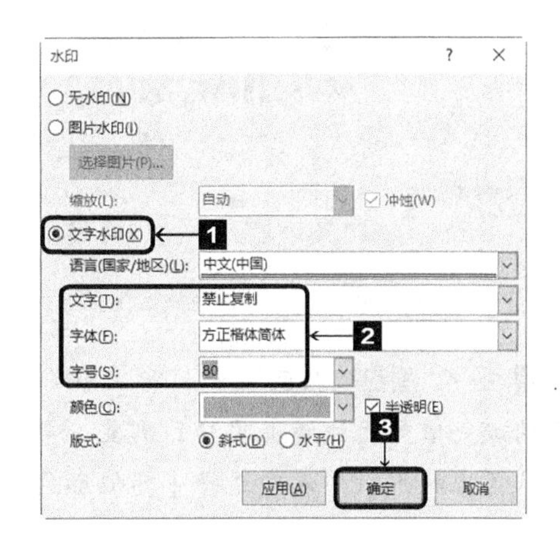

4 返回Word 文档，设置效果如图所示。

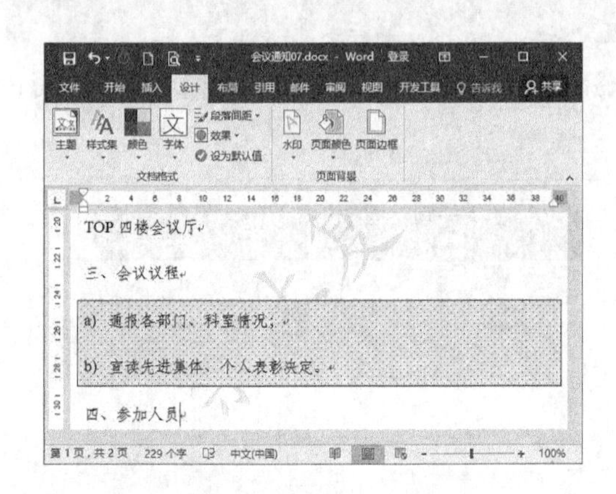

2. 设置页面颜色

页面颜色是指显示在Word文档最底层的颜色或图案，用于丰富Word文档的页面显示效果，页面颜色在打印时不会显示。设置页面颜色的具体操作步骤如下。

1 切换到【设计】选项卡，在【页面背景】组中单击【页面颜色】按钮，从弹出的下拉列表中选择【灰色，个性色3，淡色80%】选项即可。

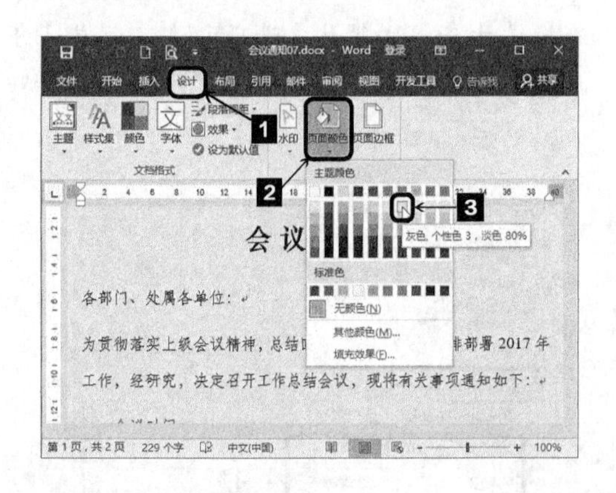

2 如果“主题颜色”和“标准色”中显示的颜色依然无法满足用户的需要，那么可以从弹出的下拉列表中选择【其他颜色】选项。

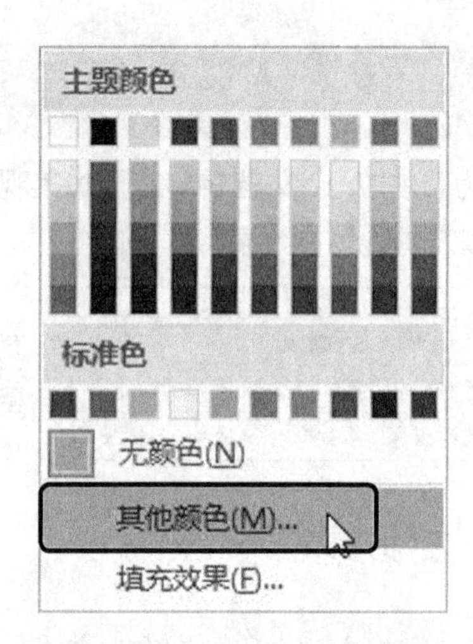

3 弹出【颜色】对话框，切换到【自定义】选项卡，在【颜色】面板上选择合适的颜色，也可以在下方的微调框中调整颜色的RGB值，单击 确定 按钮。

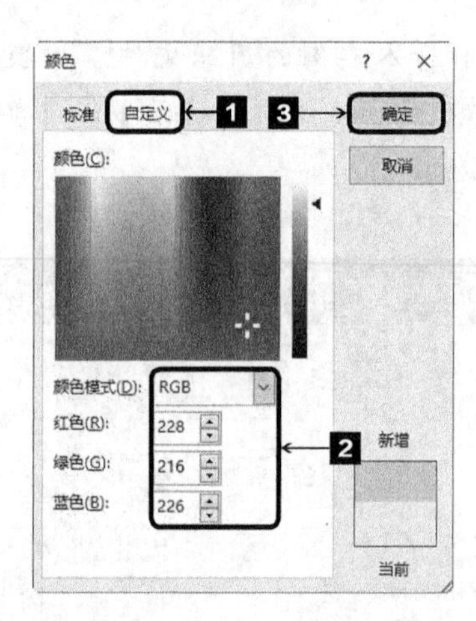

4 返回Word文档，设置效果如图所示。

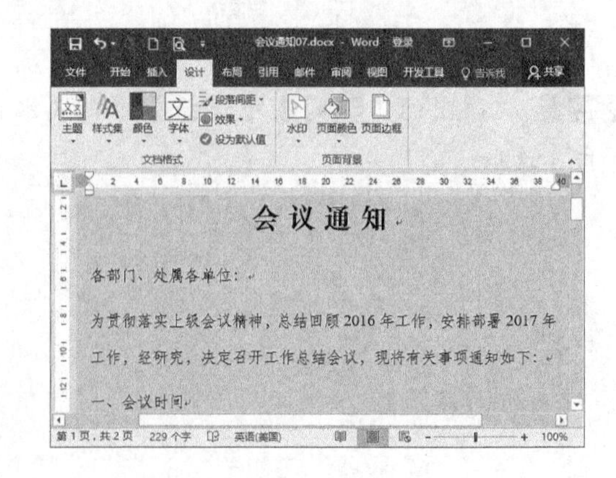

3. 设置其他填充效果

在 Word 2016 文档窗口中，如果使用填充颜色功能设置Word文档的页面背景，可以使Word文档更富有层次感。

添加渐变效果

1 切换到【设计】选项卡，在【页面背景】组中单击【页面颜色】按钮，从弹出的下拉列表中选择【填充效果】选项。

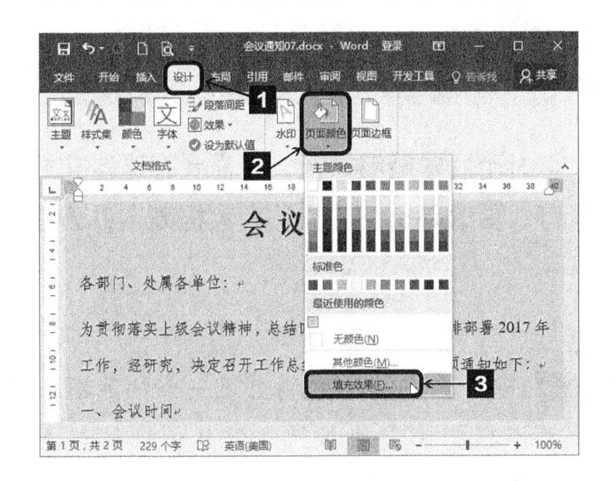

2 弹出【填充效果】对话框，切换到【渐变】选项卡，在【颜色】组合框中选中【双色】单选钮，在右侧的【颜色】下拉列表中选择两种颜色，然后选中【底纹样式】组合框中的【斜上】单选钮，单击 确定 按钮。

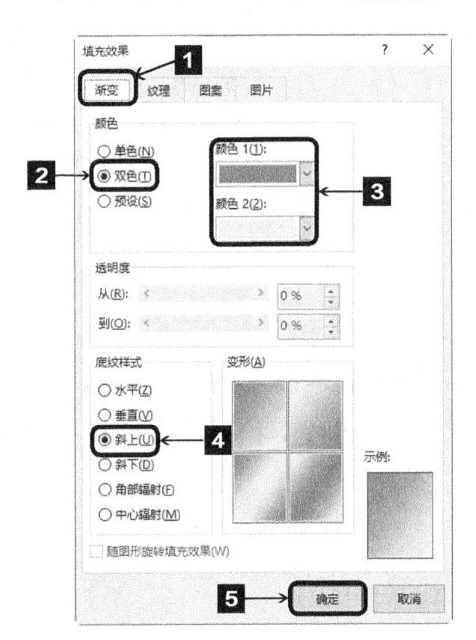

3 返回 Word 文档，设置效果如图所示。

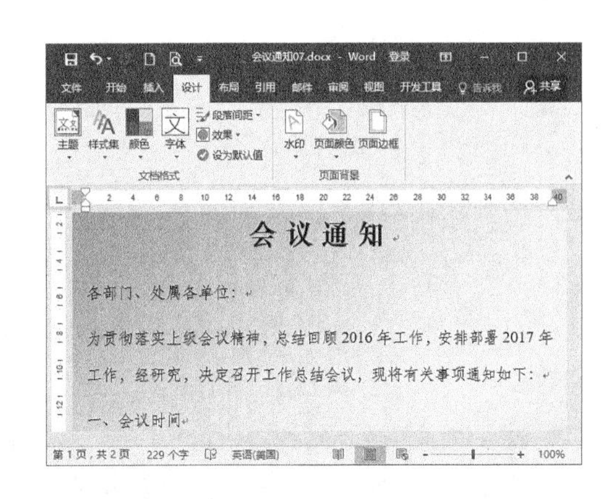

添加纹理效果

为Word文档添加纹理效果的具体操作步骤如下。

1 切换到【设计】选项卡，在【页面背景】组中单击【页面颜色】按钮，从弹出的下拉列表中选择【填充效果】选项。在【填充效果】对话框中，切换到【纹理】选项卡，在【纹理】列表框中选择【蓝色面巾纸】选项，单击 确定 按钮。

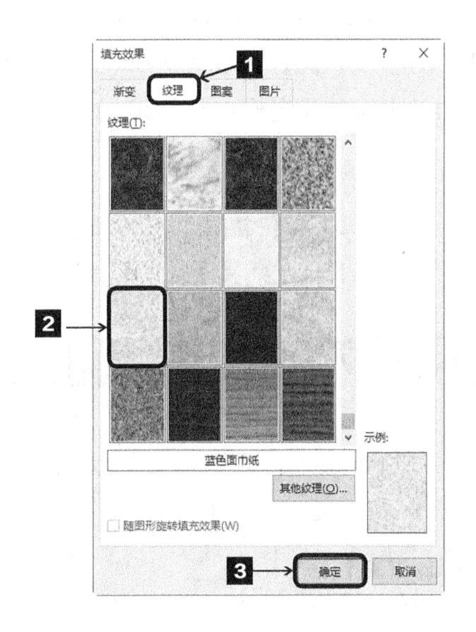

2 返回Word文档，设置效果如图所示。

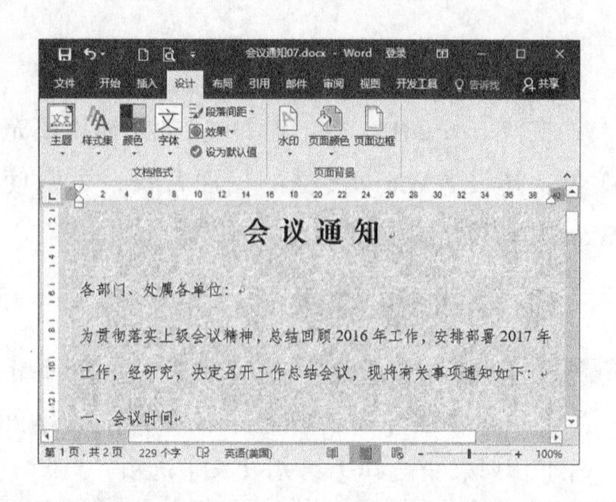

5.2.5 审阅文档

在日常工作中，某些文件需要领导审阅或经过大家讨论后才能够执行，就需要在这些文件上进行一些批示、修改。Word 2016提供了批注、修订、更改等审阅工具，大大提高了办公效率。

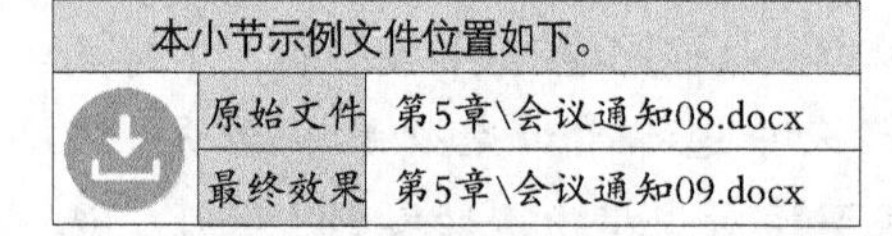

本小节示例文件位置如下。	
原始文件	第5章\会议通知08.docx
最终效果	第5章\会议通知09.docx

添加边框和底纹

1. 添加批注

为了帮助阅读者更好地理解文档内容以及跟踪文档的修改状况，可以为Word文档添加批注。添加批注的具体操作步骤如下。

1 打开本实例的原始文件，选中要插入批注的文本，切换到【审阅】选项卡，在【批注】组中单击【新建批注】按钮。

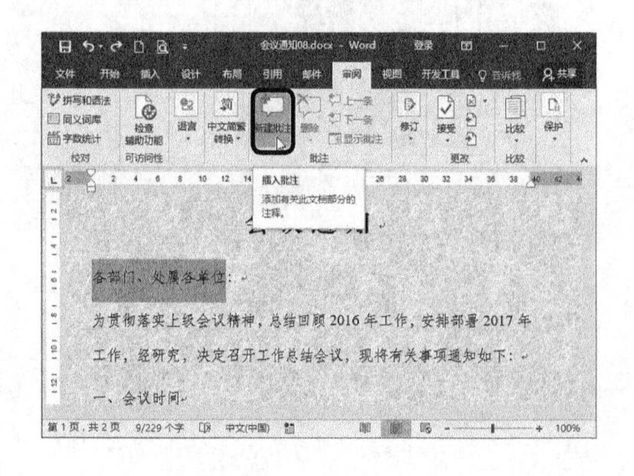

2 随即在文档的右侧出现一个批注框，用户可以根据需要输入批注信息。批注信息的前面会自动加上用户名以及批注时间。

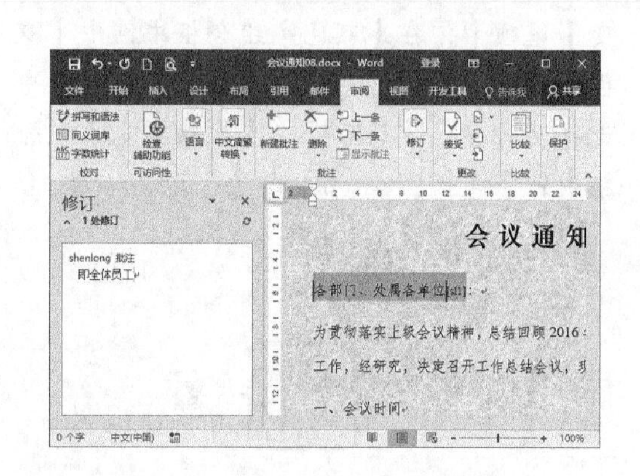

3 如果要删除批注，可先选中批注框，在【批注】组中单击【删除】按钮的下方按钮，从弹出的下拉列表中选择【删除】选项。

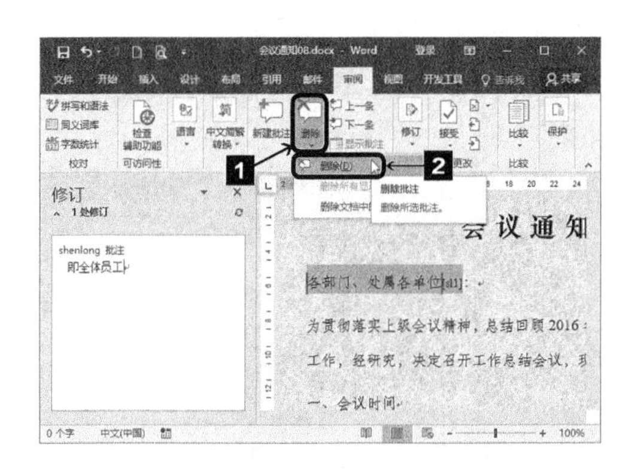

Word 2016批注的【回复】按钮，可使用户在相关文字旁边讨论和轻松地跟踪批注。

2. 修订文档

Word 2016提供了文档修订功能，在打开修订功能的情况下，Word将会自动跟踪用户对文档的所有更改，包括插入、删除和格式更改，并将更改的内容做出标记。

更改用户名

在文档的审阅和修改过程中，可以更改用户名，具体的操作步骤如下。

1 在Word文档中，切换到【审阅】选项卡，单击【修订】组右下角的【对话框启动器按钮】。

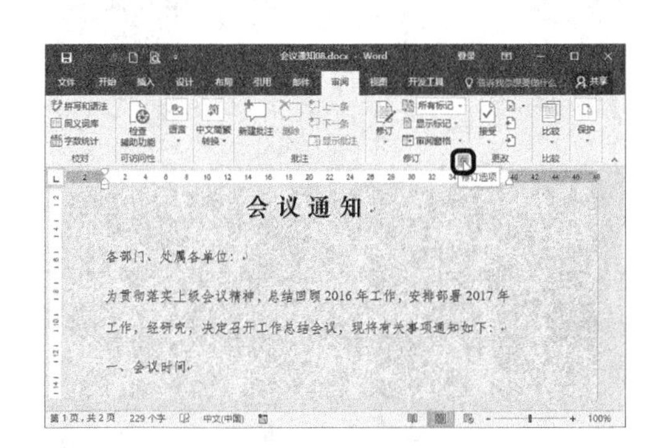

2 弹出【修订选项】对话框，单击 更改用户名(N)... 按钮。

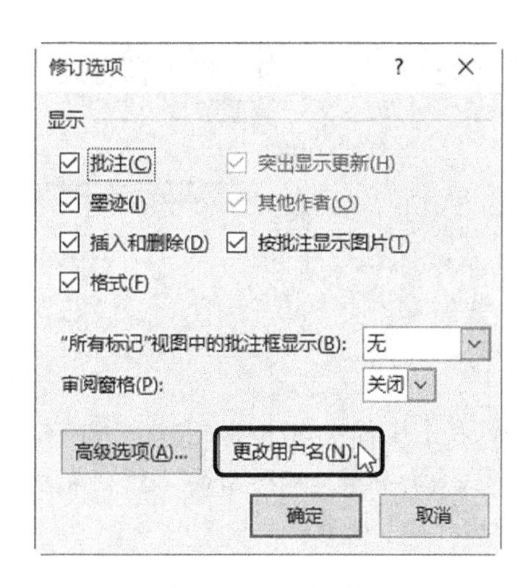

3 弹出【Word选项】对话框，自动切换到【常规】选项卡，在【对Microsoft Office进行个性化设置】组合框中的【用户名】文本框中输入“shenlong”，在【缩写】文本框中输入“sl”，单击 确定 按钮。

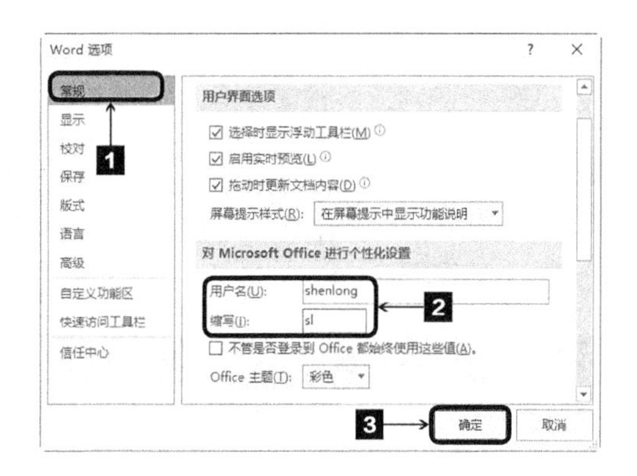

4 返回【修订选项】对话框，再次单击 确定 按钮即可。

修订文档

1 切换到【审阅】选项卡中，单击【修订】组中的 显示标记 按钮，从弹出的下拉列表中选择【批注框】➤【在批注框中显示修订】选项。

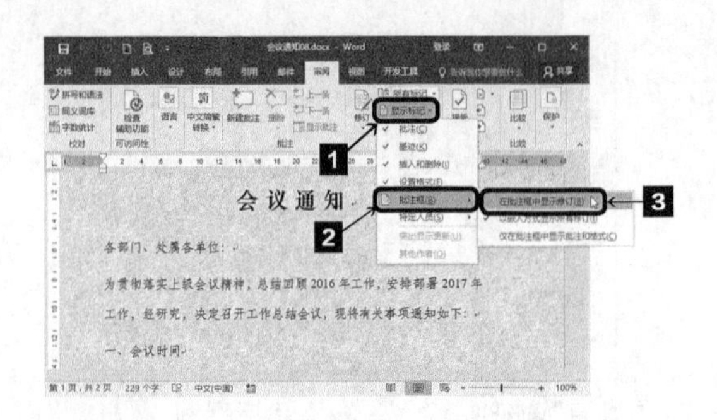

2 在【修订】组中单击 简单标记 按钮右侧的下三角按钮，从弹出的下拉列表中选择【所有标记】选项。

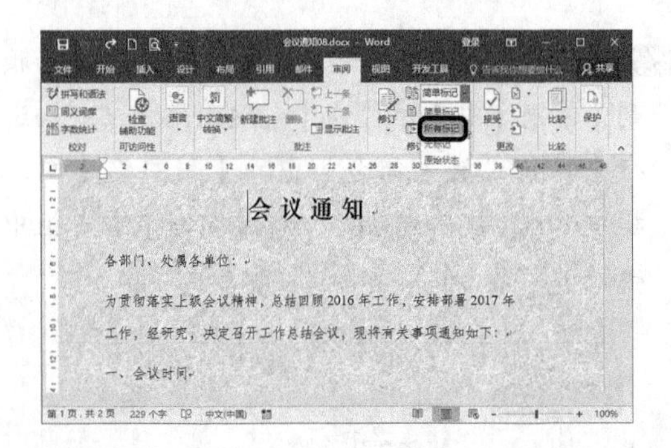

3 在Word文档中，切换到【审阅】选项卡，在【修订】组中单击【修订】按钮的上半部分，随即进入修订状态。

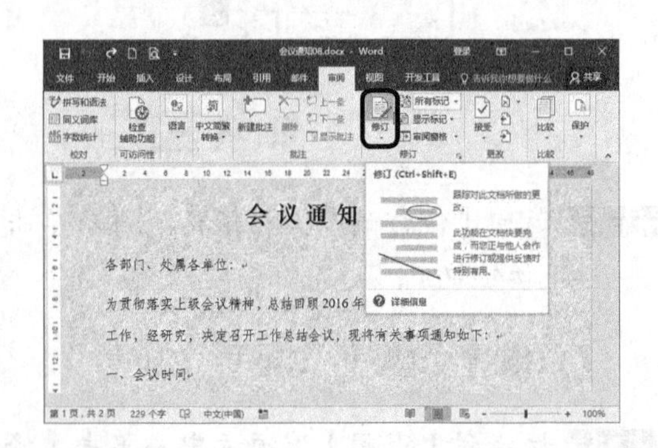

4 此时，将文档中的文字“9”改为“8”，此时自动显示修改的作者、修改时间以及删除的内容。

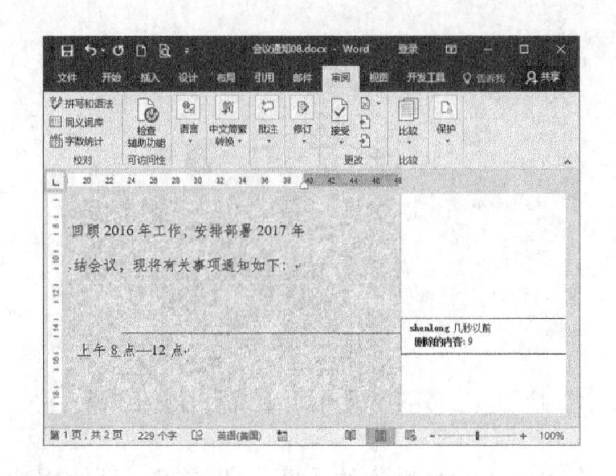

5 直接删除文档中的文本“（星期四）”，效果如图所示。

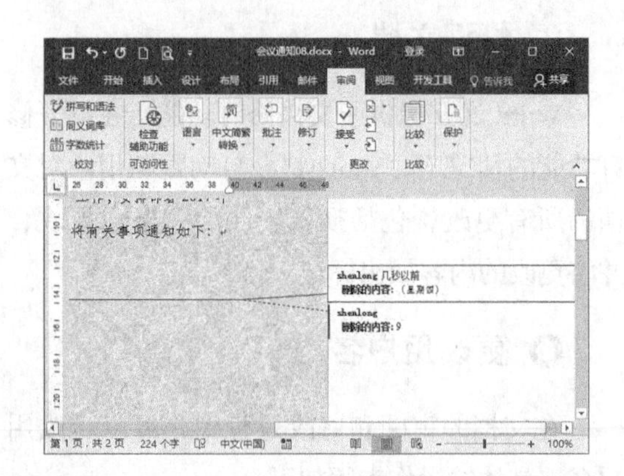

6 将文档的标题“会议通知”的字号调整为“小初”，随即在右侧弹出一个批注框，并显示格式修改的详细信息。

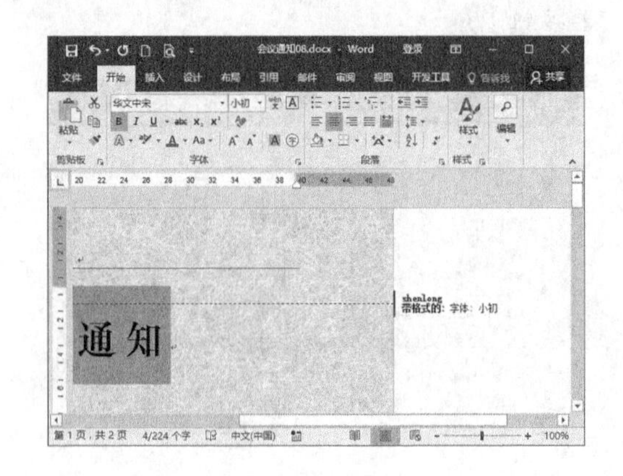

7 当所有的修订完成以后，用户可以通过“导航窗格”功能通篇浏览所有的审阅摘要。切换到【审阅】选项卡，在【修订】组中单击 审阅窗格 按钮，从弹出的下拉列表中选择【垂直审阅窗格】选项。

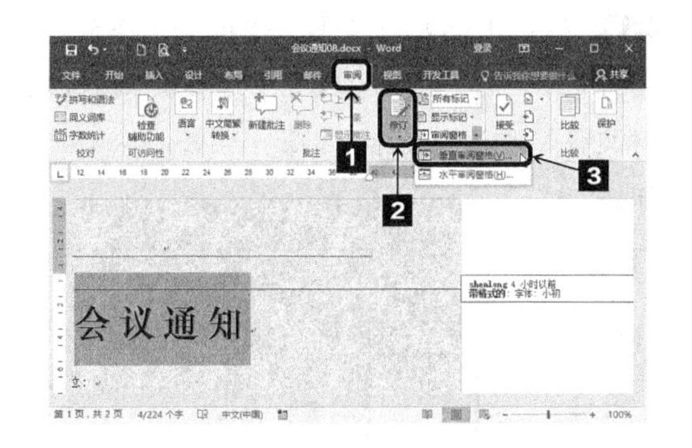

8 文档的左侧出现一个导航窗格，并显示审阅记录。

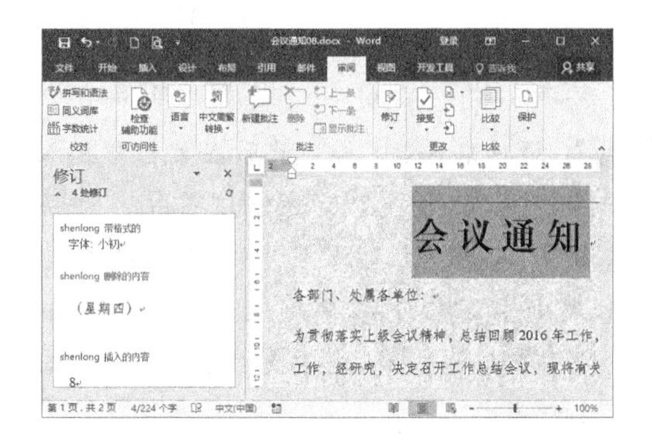

3. 更改文档

文档的修订工作完成以后，用户可以跟踪修订内容，并选择接受或拒绝。更改文档的具体操作步骤如下。

1 在Word文档中，切换到【审阅】选项卡，在【更改】组中单击【上一处修订】按钮或【下一处修订】按钮，可以定位到当前修订的上一条或下一条。

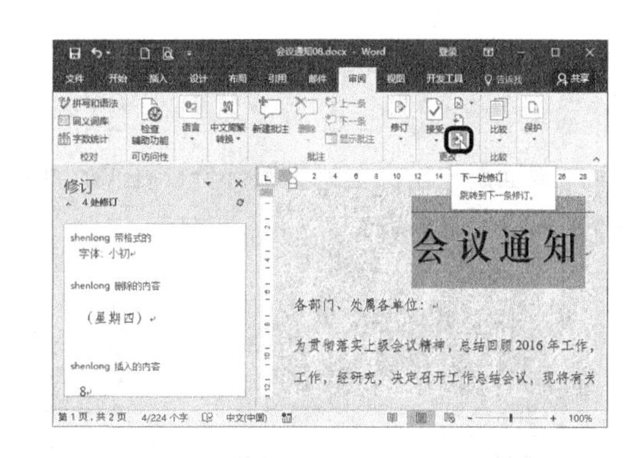

2 在【更改】组中单击【接受】按钮的下半部分按钮 接受，从弹出的下拉列表中选择【接受所有修订】选项。

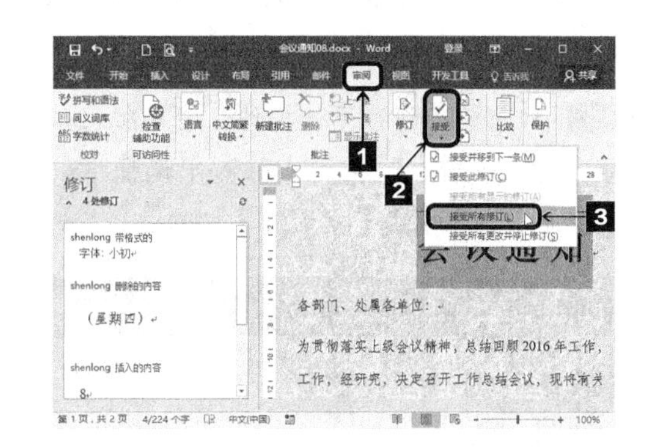

3 审阅完毕，单击【修订】组中的【修订】按钮，退出修订状态。

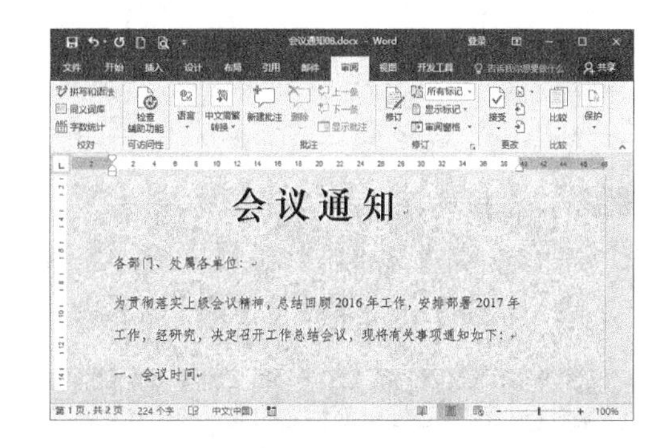

5.2.6 设计封面

封面是一份文档的重要部分，在 Word 2016文档中，通过插入图片和文本框，用户可以快速地为文档设计封面。

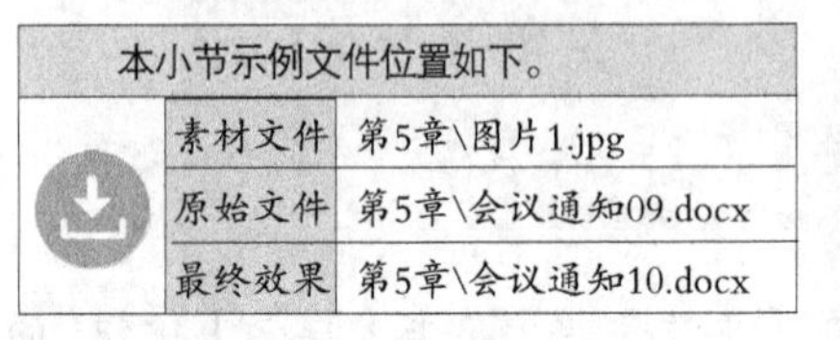

本小节示例文件位置如下。	
素材文件	第5章\图片1.jpg
原始文件	第5章\会议通知09.docx
最终效果	第5章\会议通知10.docx

设计封面

1. 插入并编辑图片

在Word文档中插入并编辑图片的具体操作步骤如下。

1 打开本实例的原始文件，将光标定位在标题行文本前，切换到【插入】选项卡，在【页面】组中单击【空白页】按钮。

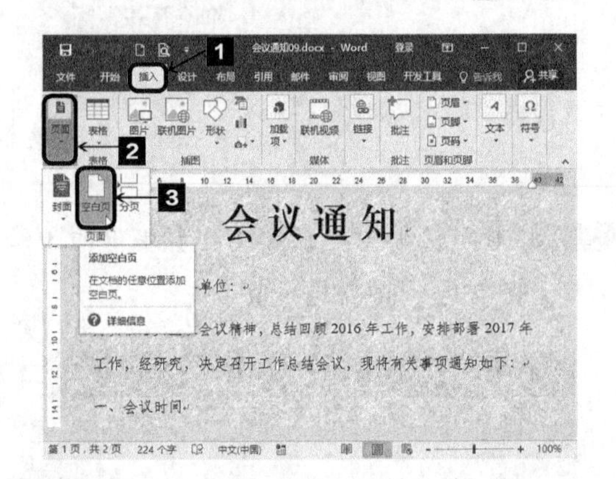

2 在文档的开头插入了一个空白页，将光标定位在空白页中，切换到【插入】选项卡，在【插图】组中单击【图片】按钮。

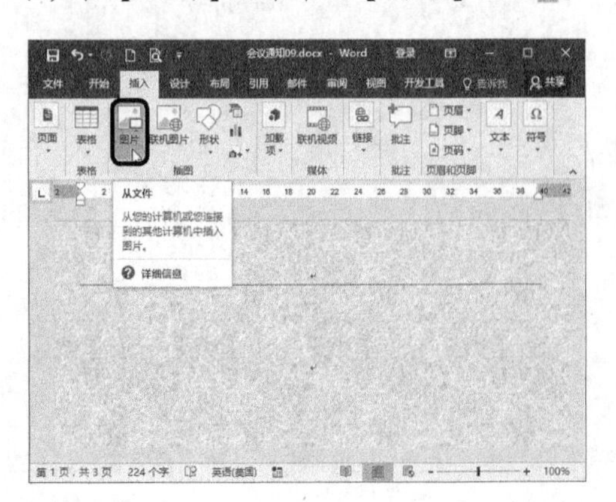

3 弹出【插入图片】对话框，选择要插入图片的保存位置，然后从中选择要插入的素材文件“图片1.jpg”选项，单击 插入(S) 按钮。

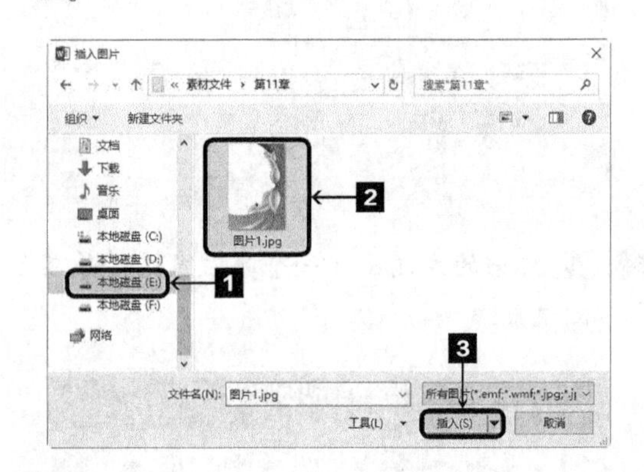

4 返回Word文档，此时在文档中插入了一个封面底图，然后选中该图片，切换到【图片工具】栏中的【格式】选项卡，在【大小】组的【形状高度】文本框中输入“29.7厘米”，在【形状宽度】文本框中输入“21厘米”。

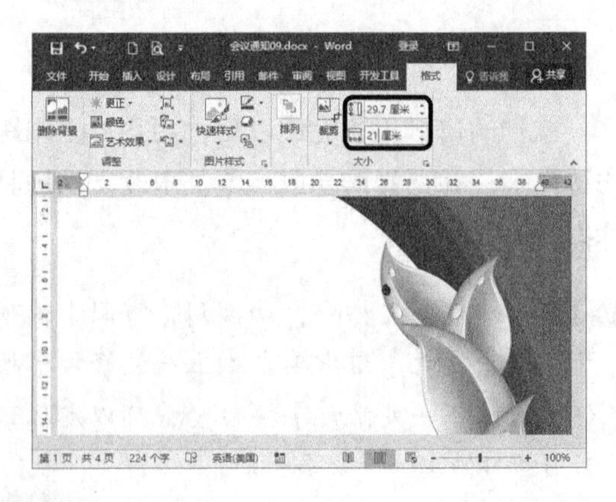

5 选中该图片，然后单击鼠标右键，在弹出的快捷菜单中选择【大小和位置】菜单项。

6 弹出【布局】对话框，切换到【文字环绕】选项卡，在【环绕方式】组合框中选择【衬于文字下方】选项。

7 切换到【位置】选项卡，在【水平】组合框中选中【对齐方式】单选钮，然后在右侧的下拉列表中选择【居中】选项，在【相对于】下拉列表中选择【页面】选项；在【垂直】组合框中选中【对齐方式】单选钮，然后在右侧的下拉列表中选择【居中】选项，在【相对于】下拉列表中选择【页面】选项，单击 确定 按钮。

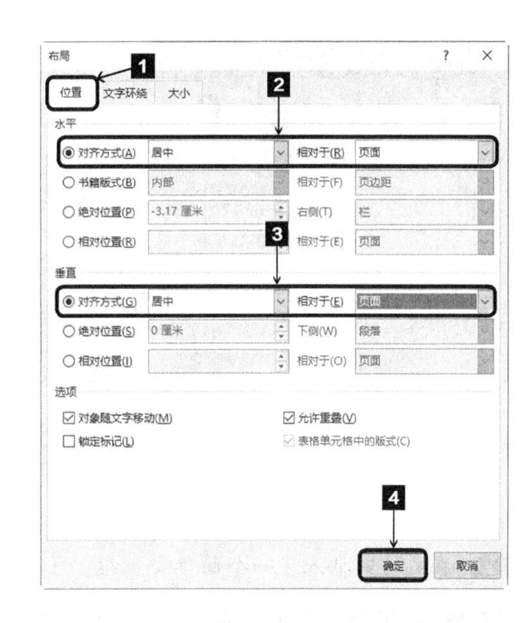

8 返回Word文档，然后使用鼠标左键将图片拖曳到合适的位置，设置效果如图所示。

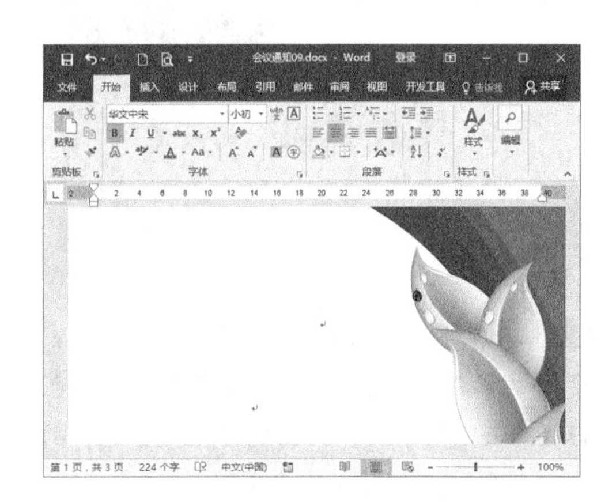

2. 插入并编辑文本框

在编辑Word文档时经常会用到文本框，插入并编辑文本框的具体操作步骤如下。

1 切换到【插入】选项卡，单击【文本】组中的【文本框】按钮，从弹出的【内置】列表框中选择【简单文本框】选项。

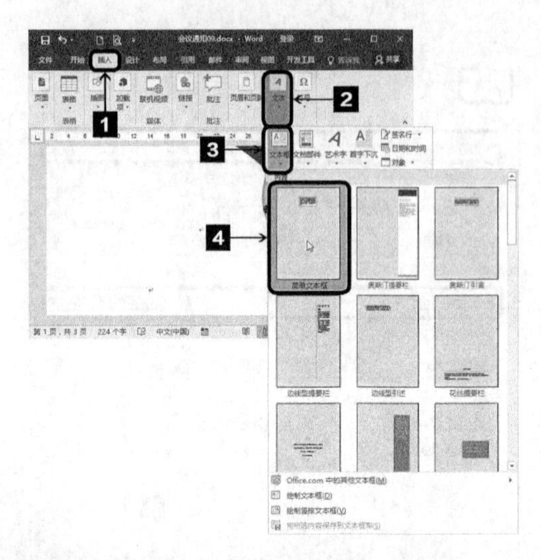

2 在文档中插入了一个简单文本框。

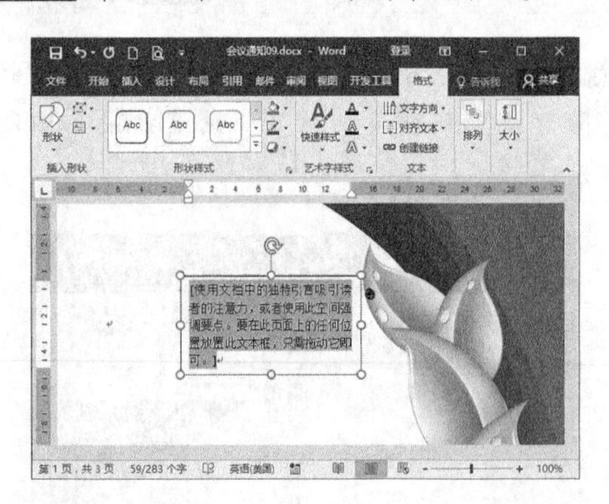

3 在文本框中输入文本“会议通知”，然后将鼠标指针移动到文本的边线上，此时鼠标指针变成形状，按住鼠标左键不放，将其拖动到合适的位置，释放左键。

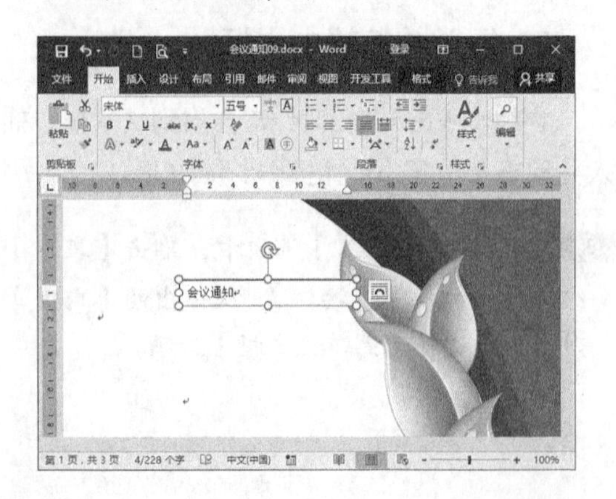

4 选中文本“会议通知”，切换到【开始】选项卡，在【字体】组中的【字体】下拉列表中选择【华文中宋】选项，在【字号】下拉列表中选择【初号】，然后单击【加粗】按钮B。

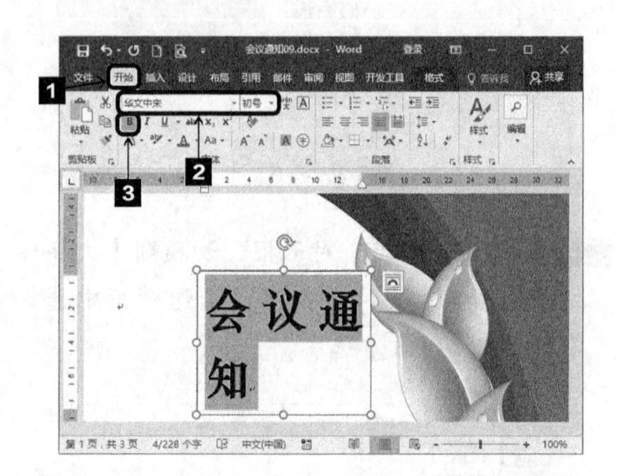

5 选中该文本框，然后将鼠标指针移动到文本框的右下角，此时鼠标指针变成形状，按住鼠标左键不放，拖动鼠标将其调整为合适的大小，释放鼠标。

6 选中该文本框，切换到【绘图工具】栏中的【格式】选项卡，在【形状样式】组中单击【形状填充】按钮右侧的下三角按钮，从弹出的下拉列表中选择【无填充颜色】选项。

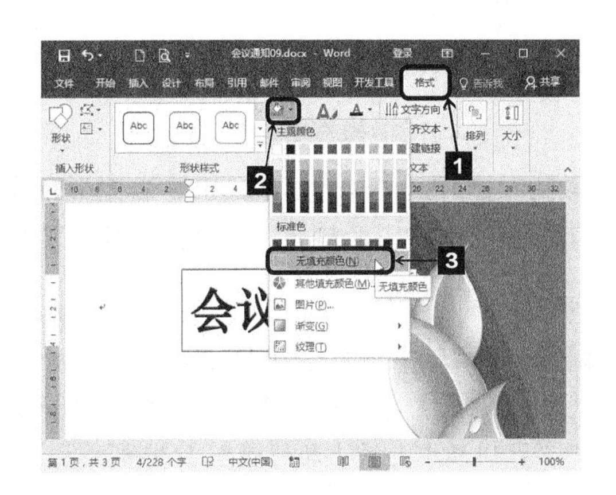

7 在【形状样式】组中单击【形状轮廓】按钮 右侧的下三角按钮，从弹出的下拉列表中选择【无轮廓】选项。

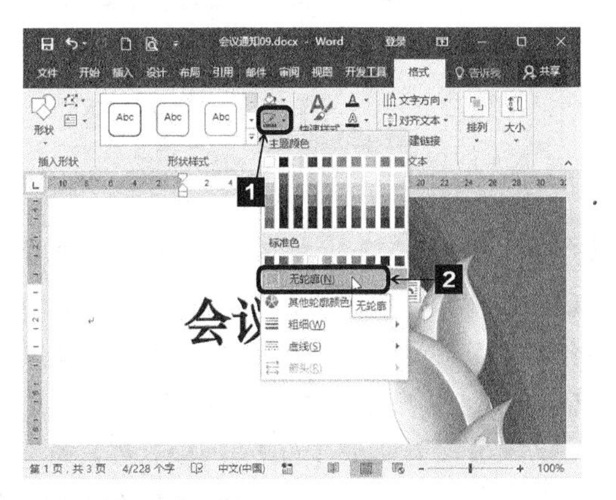

8 在【艺术字样式】组中单击【文本填充】按钮 右侧的下三角按钮，从弹出的下拉列表中选择【蓝色，个性色5，深色25%】选项。

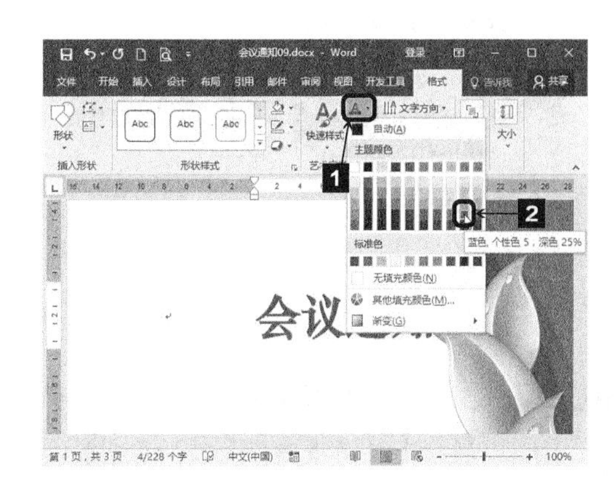

9 返回Word中即可看到设置效果。

5.3 Word综合应用案例

对于Word的应用，很多人都只是将其作为一种文字编辑工具，其实Word的功能很强大，使用Word中的表格应用和图文混排可以制作出很多漂亮的表单，如淘宝专题等。

5.3.1 页面设置

Word文档默认使用的页面背景颜色一般为白色，而白色页面会显得比较单调，此处我们要做的是淘宝衣服的海报，应该考虑背景颜色与海报整体的搭配效果，综合考虑更改一下页面的背景颜色。

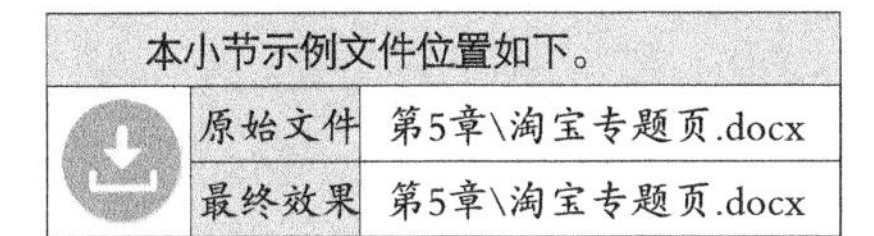

本小节示例文件位置如下。

原始文件	第5章\淘宝专题页.docx
最终效果	第5章\淘宝专题页.docx

页面设置

1. 设置纸张大小

在制作海报之前，我们首先要根据海报来确定页面纸张的大小，设置纸张大小的具体操作步骤如下。

1 打开本实例的原始文件，新建一个空白Word文档，并将其重命名为“淘宝专题页.docx”，切换到【布局】选项卡，在【页面设置】组中单击纸张方向按钮，在弹出的下拉列表中选择【横向】选项。

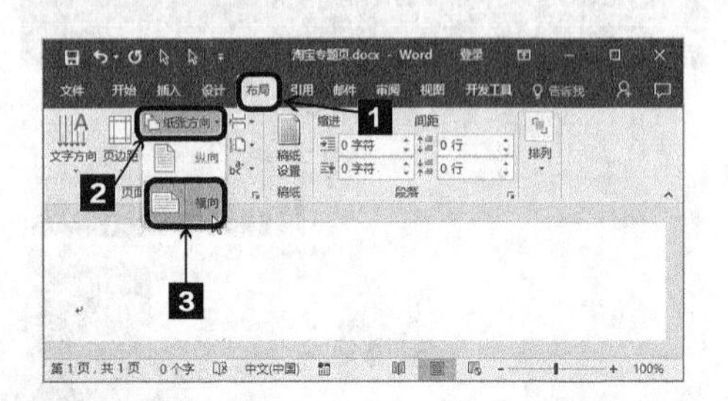

2 在【布局】选项卡中，单击【页面设置】组右侧的【对话框启动器】按钮。

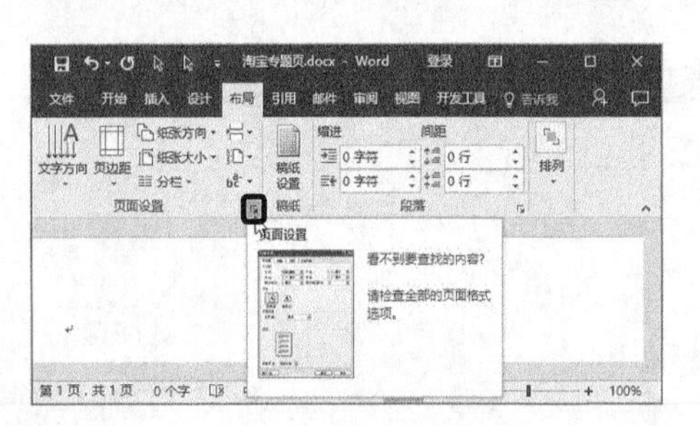

3 弹出【页面设置】对话框，切换到【纸张】选项卡，在【宽度】和【高度】微调框中分别输入【29.7厘米】和【15.48厘米】，然后单击确定按钮即可。

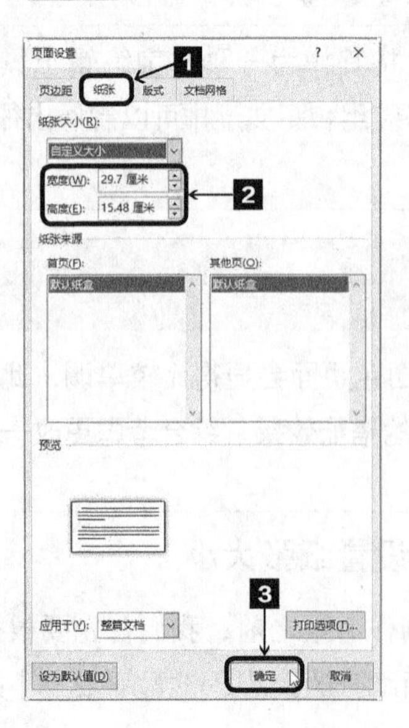

2. 设置背景颜色

我们要制作一份淘宝主题的海报，主题上的人物及图片是比较青春靓丽的，背景颜色我们可以选择淡一点的颜色，具体的操作步骤如下。

1 切换到【设计】选项卡，在【页面背景】组中单击【页面颜色】按钮，在弹出的下拉列表中选择【其他颜色】选项。

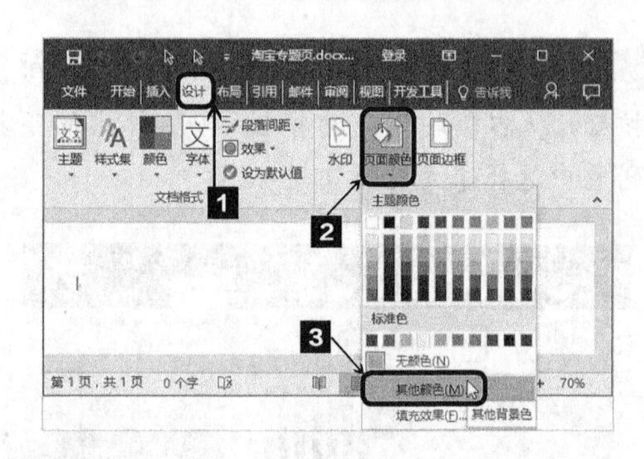

2 弹出【颜色】对话框，切换到【自定义】选项卡，在【颜色模式】下拉列表中选择【RGB】选项，然后通过调整【红色】【绿色】【蓝色】微调框中的数值来选择合适的颜色，此处【红色】【绿色】和【蓝色】微调框中的数值分别设置为【253】【238】和【237】。

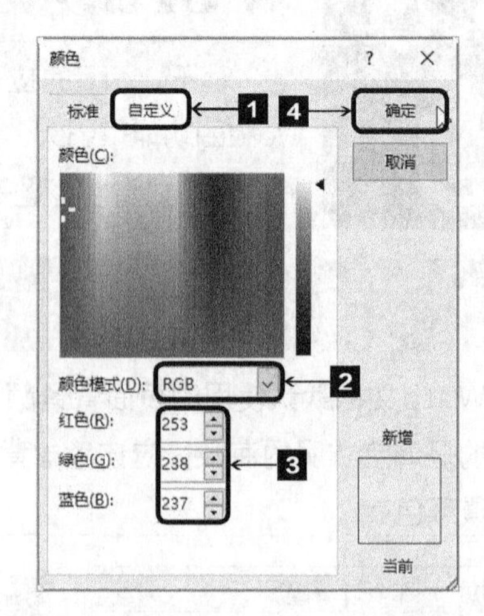

3 设置完毕，用户可以在右下角的小框中预览设定颜色的效果。若对颜色效果满意，单击【确定】按钮，返回Word文档，即可看到文档的页面背景效果。

5.3.2 图片设置

只有文字的海报既单调又没有吸引力，图文结合的海报，更能吸引购买者的购买欲望，所以一张好看的图片至关重要。

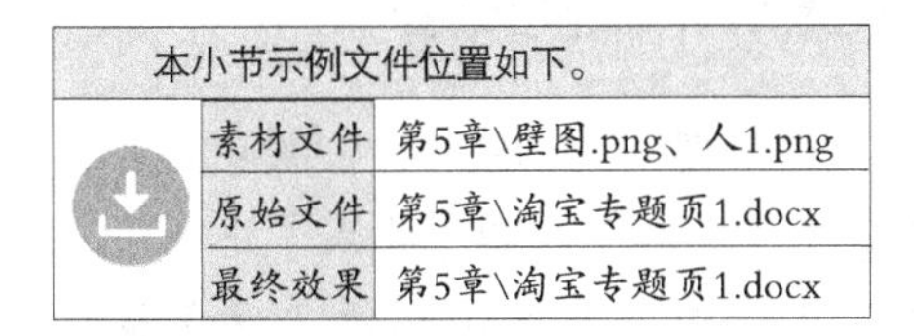

本小节示例文件位置如下。	
素材文件	第5章\壁图.png、人1.png
原始文件	第5章\淘宝专题页1.docx
最终效果	第5章\淘宝专题页1.docx

图片设置

1. 插入图片

图片可以给人视觉上的冲击，在页面中插入的图片要具有很强烈的艺术表现，给人一种远视效果强烈的表现。这里我们可以插入一张壁图与人物的图片，插入图片具体的操作步骤如下。

1 打开本实例的原始文件，切换到【插入】选项卡，在【插图】组中单击【图片】按钮。

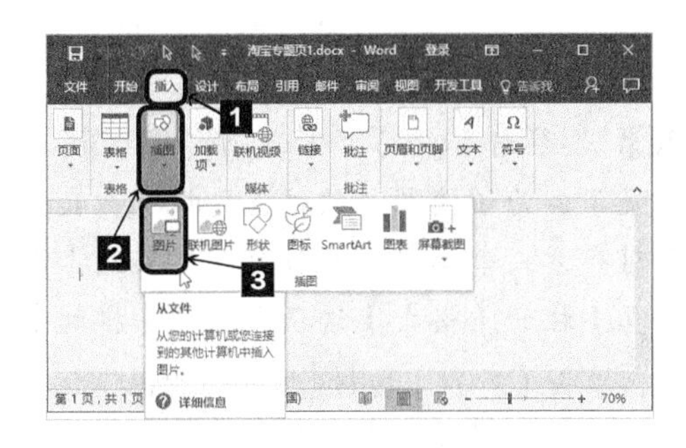

2 弹出【插入图片】对话框，单击左侧选择图片所在的文件夹，在右侧选中素材图片“壁图.png”，然后单击【插入(S)】按钮。

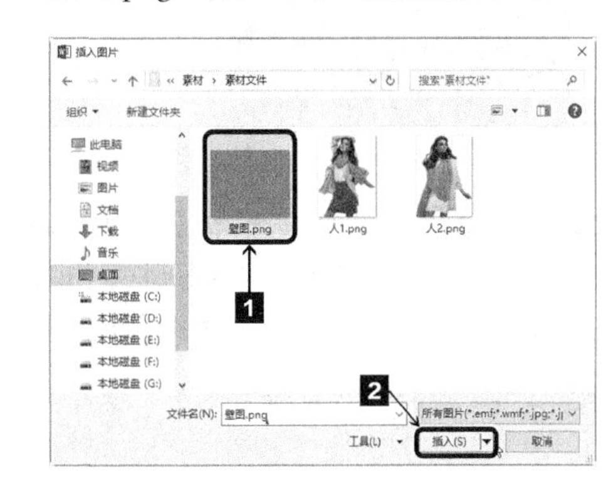

3 返回文档中即可看到素材图片已经插入到Word中。

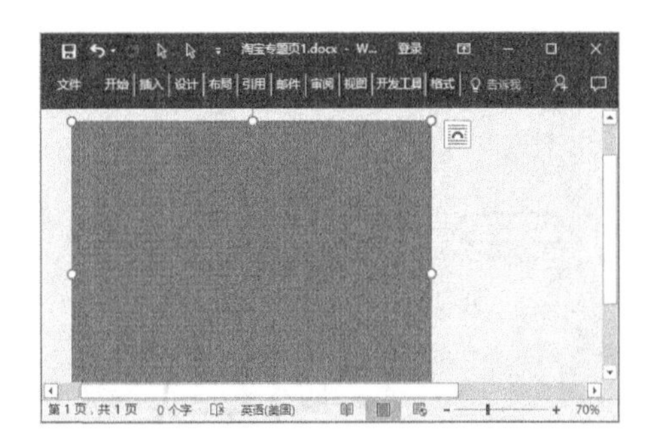

2. 调整图片大小

插入的图片为了适应整个文档，我们可以对插入的图片进行适当的调整，调整图片大小具体的操作步骤如下。

1 选中图片，切换到【图片工具】栏的【格式】选项卡，在【大小】组中的【形状宽度】微调框中输入【17.36厘米】，即可看到图片的宽度调整为17.36厘米，高度也会等比例增大，这是因为系统默认图片是锁定纵横比的。

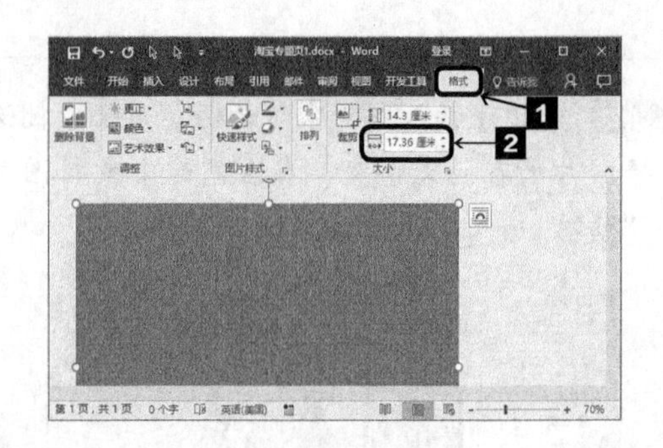

2 单击【大小】组右侧的【对话框启动器】按钮，弹出【布局】对话框，在【缩放】组合框中撤选【锁定纵横比】单选钮，然后单击 确定 按钮。

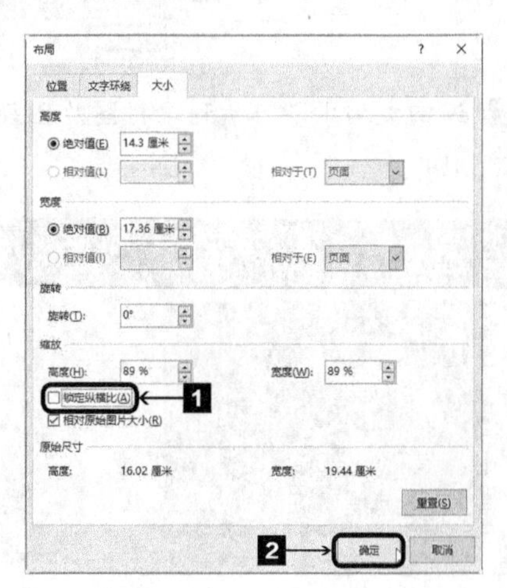

3 返回文档中，就可以在【形状高度】微调框中输入【14.58厘米】。

3. 移动图片

由于在Word中默认插入的图片是嵌入式的，嵌入式图片的特点：将对象置于文档的内文字中的插入点处。对象与文字处于同一层。图片好比一个单个的特大字符,被放置在两个字符之间。为了美观和方便排版，我们需要先调整图片的环绕方式，此处我们将其环绕方式设置为衬于文字下方即可。设置图片环绕方式和调整图片位置的具体操作步骤如下。

1 首先设置图片的环绕方式。选中图片，切换到【图片工具】栏的【格式】选项卡，在【排列】组中，单击【环绕文字】按钮，在弹出的下拉列表中选择【衬于文字下方】选项。

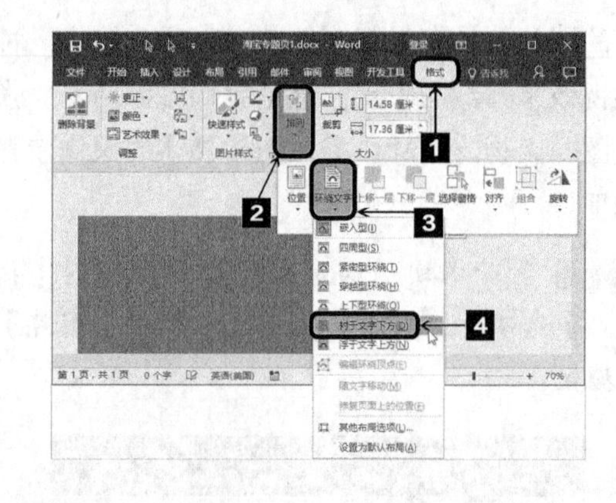

2 设置好环绕方式后就可以设置图片的位置了，为了使图片的位置更精确，我们使用对齐方式来调整图片位置。切换到【图片工具】栏的【格式】选项卡，在【排列】组中，单击【对齐】按钮，在弹出的下拉列表中选择【对齐页面】选项，使【对齐页面】选项前面出现一个对勾。

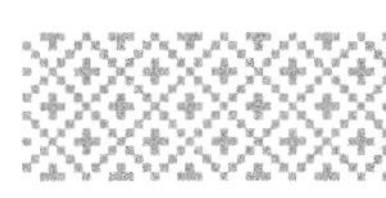

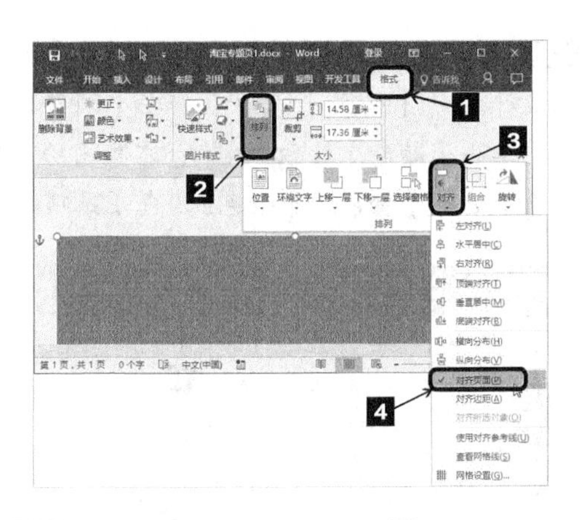

3 再次单击【对齐】按钮，在弹出的下拉列表中选择【左对齐】选项。

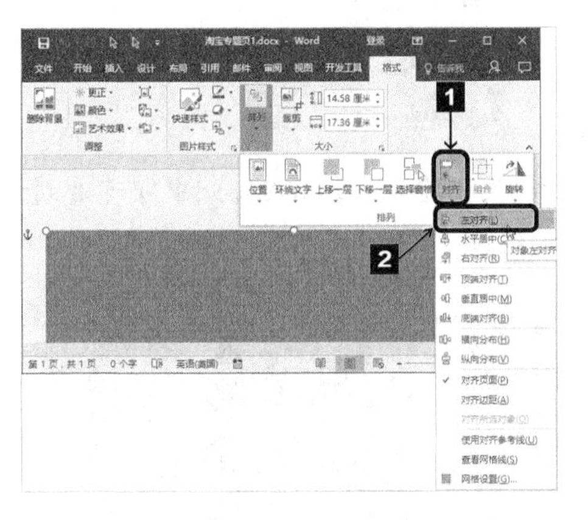

4 再次单击【对齐】按钮，在弹出的下拉列表中选择【垂直居中】选项。

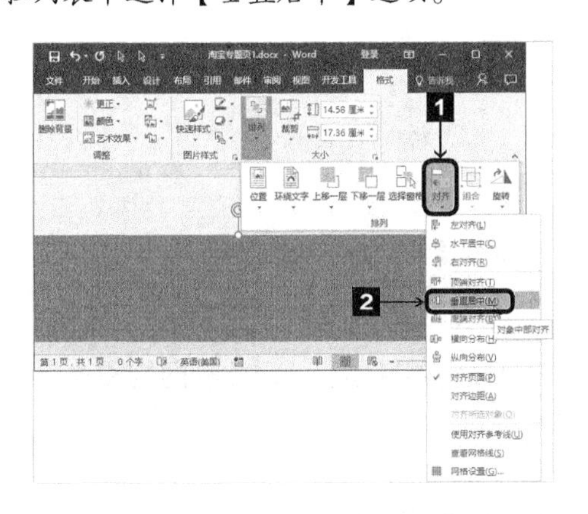

4. 图片设置

海报中图片的位置都是具有一定的艺术效果，每张图片都有其固定的位置，根据已定图片来确定另外的图片，可以达成想要的效果，具体的操作步骤如下。

1 通过上述的方法插入素材图片“人1.png”，将其【高度】更改为【14.58厘米】，并设置其环绕方式为“衬于文字下方”。

2 选中插入的两张图片，单击【对齐】按钮，在弹出的下拉列表中选择【对齐所选对象】选项，使【对齐所选对象】选项前面出现一个对勾。

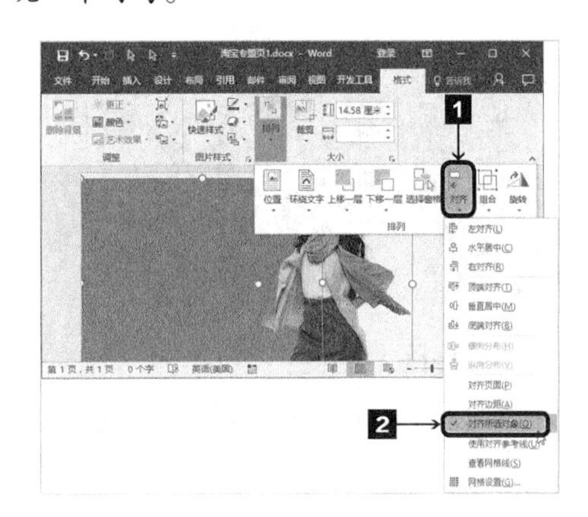

3 再次单击【对齐】按钮，在弹出的下拉列表中选择【顶端对齐】选项，并通过上下键将图片移动到合适的位置。

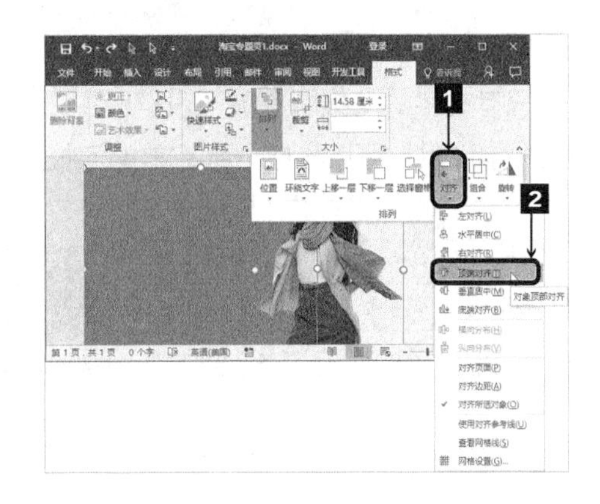

4 这里我们可以看到，两张图片有重合的部分，我们可以通过【置于底层】选项来设置图片，选中图片，单击鼠标右键，在弹出的快捷菜单中选择【置于底层】➤【置于底层】选项。

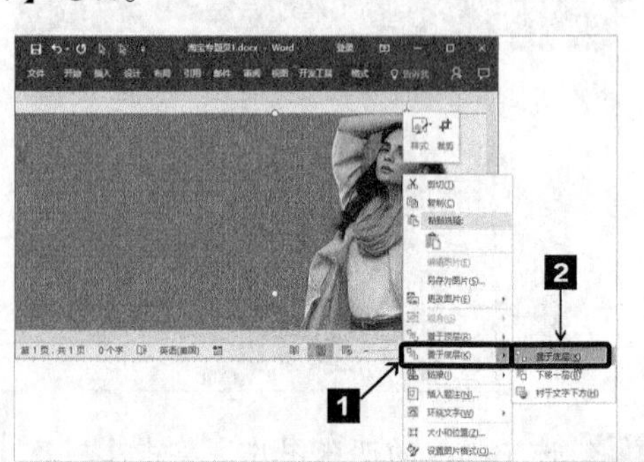

5 按照上述的方法插入辅助的图片，调整其大小，设置底层并拖曳至合适的位置，最终效果如图所示。

5. 调整图片颜色

上述步骤中可以看出，插入的人物图片都很亮眼，这样会给人一种不分主次的感觉，我们可以通过设置图片的颜色来调整主次结构，具体的操作步骤如下。

1 选中需要调整的图片，切换到【图片工具】栏的【格式】选项卡，在【调整】组中，单击【颜色】按钮，在弹出的下拉列表中选择【橙色，个性色2 浅色】选项。

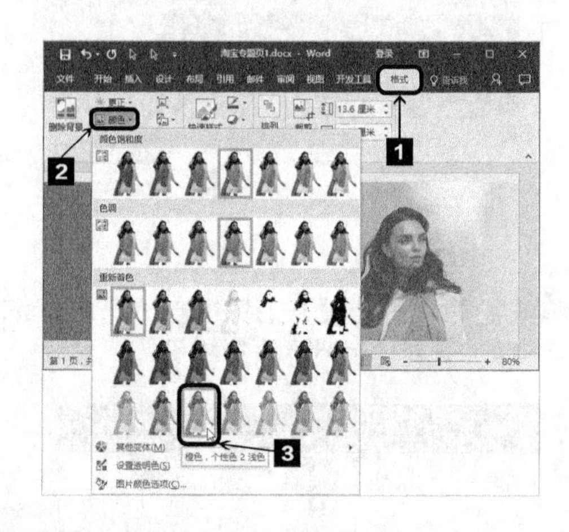

2 设置完毕，返回Word中即可看到设置的最终效果。

5.3.3 设置海报文本

只有文字的海报既单调又没有吸引力，只有图片的海报会误导顾客，因此靓丽的图片与详细的文字说明，可以构成一张完美的海报宣传。

本小节示例文件位置如下。		
	原始文件	第5章\淘宝专题页2.docx
	最终效果	第5章\淘宝专题页2.docx

设置海报文本

1. 绘制横排文本框

1 打开本实例的原始文件，切换到【插入】选项卡，在【文本】组中单击【文本框】按钮，在弹出的下拉列表中心选择【绘制文本框】选项。

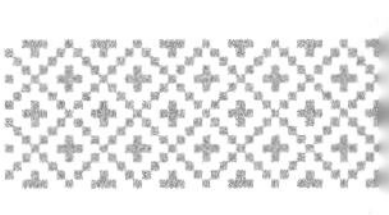

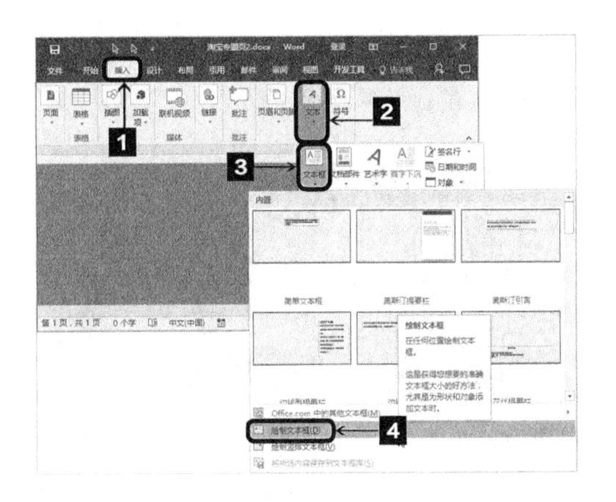

2 将鼠标指针移动到需要插入文本的位置，此时鼠标指针呈十形状。

3 按住鼠标左键不放，拖动鼠标，可以绘制一个横排文本框，绘制完毕，释放鼠标左键即可。

2. 设置文本框

绘制的横排文本框默认底纹填充颜色为白色，边框颜色为黑色。为了使文本框与宣传单整体更加契合，这里我们需要将文本框设置为无填充、无轮廓，具体操作步骤如下。

1 选中绘制的文本框，切换到【绘图工具】栏的【格式】选项卡，在【形状样式】组中单击【形状填充】按钮右侧的下三角按钮，在弹出的下拉列表中选择【无填充颜色】。

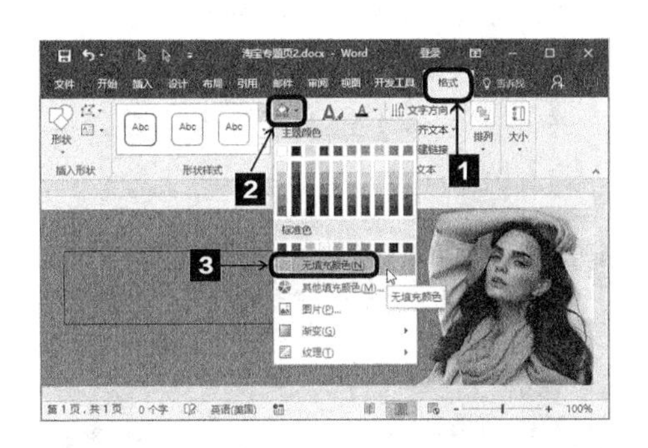

2 在【形状样式】组中单击【形状轮廓】按钮右侧的下三角按钮，在弹出的下拉列表中选择【无轮廓】选项。

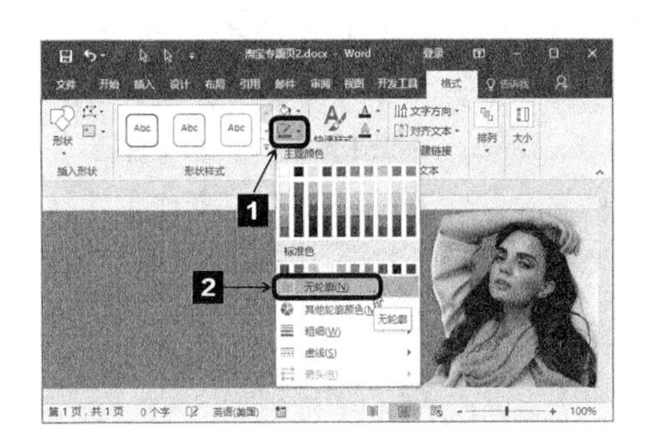

3 返回Word文档，即可看到绘制的文本框已经设置为无填充、无轮廓。

3. 输入文字

设置好文本框格式后，接下来就可以在文本框中输入内容，并设置文本框中内容的字体和段落格式，具体操作步骤如下。

1 在文本框中输入内容“EARLY SPRING”，选中文字，切换到【开始】选项卡，单击【字体】组右下角的【对话框启动器】按钮。

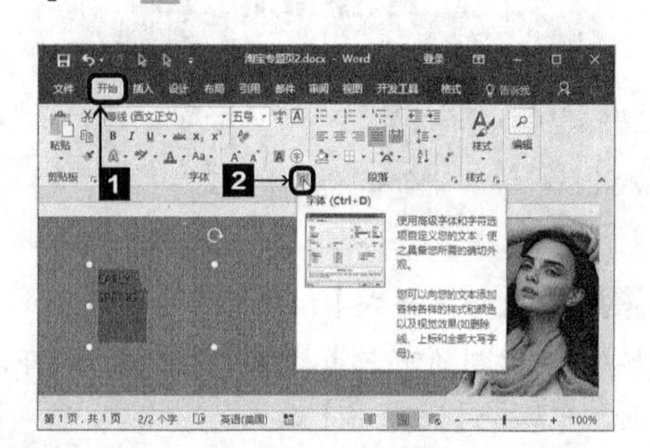

2 弹出【字体】对话框，切换到【字体】选项卡，在【西文字体】组合框中选择【Charlemagne Std】字体，在【字号】组合框中输入【72.5】，在【字体颜色】下拉列表中选择【白色，背景1】选项，单击确定按钮。

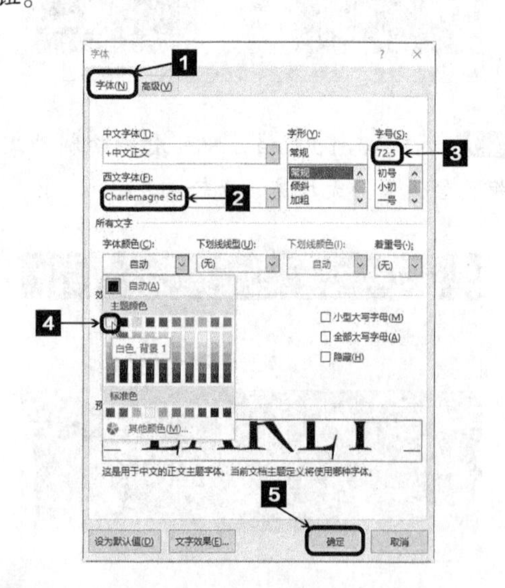

3 返回Word文档，调整文本框的大小，我们可以看到两行文字的行间距过大，为避免这种情况，我们将其分为两个文本框分别输入，然后通过上下键将两个文本框调整到合适的位置，效果如图所示。

4 因为是淘宝网上购物的海报宣传，衣物的特点、是否有运费以及什么时间新品抢购，这些都要显示出来，我们通过几个横排文本框来呈现，效果如图所示。

上述文本框中的各个字体字号分别为：【collision】的字体为【Kunstler Script】，字号为【58】号；【复古与现代的】的字体为【方正小标宋简体】，字号为【29】号；【碰撞】的字体为【方正小标宋简体】，字号为【88】号；【免运费】的字体为【方正准圆简体】，字号为【18】号；【12月22日新品开抢】的字体为【方正准圆简体】，字号为【14】号。除了【collision】的字体颜色需要单独设置，其余字体颜色均为【白色】。

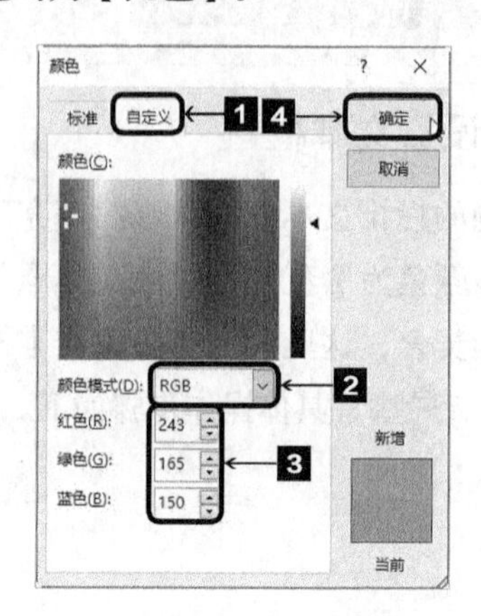

4. 绘制竖排文本框

海报的主题我们通过绘制一个竖排文本框来输入文本，因为图片上的人物是竖向的，所以我们插入一个竖向的文本框，具体操作步骤如下。

1 打开本实例的原始文件，切换到【插入】选项卡，在【文本】组中单击【文本框】按钮，在弹出的下拉列表中心选择【绘制竖排文本框】选项。

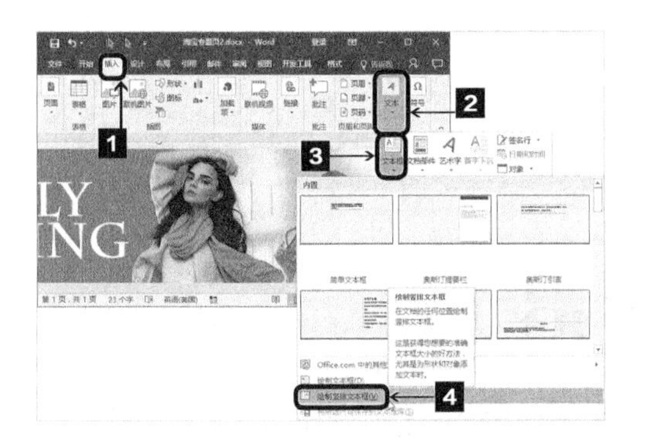

2 将鼠标指针移动到需要插入文本的位置，此时鼠标指针呈十形状，按住鼠标左键不放，拖动鼠标，可以绘制一个横排文本框，绘制完毕，释放鼠标左键即可。

3 将文本框设置为无填充、无轮廓，并输入相应文字，效果如图所示。

4 因为底图是粉色的，我们将字体颜色进行设置，切换到【开始】选项卡，在【字体】组中单击【字体颜色】按钮右侧的下拉按钮，在弹出的下拉列表中选择【其他颜色】选项。

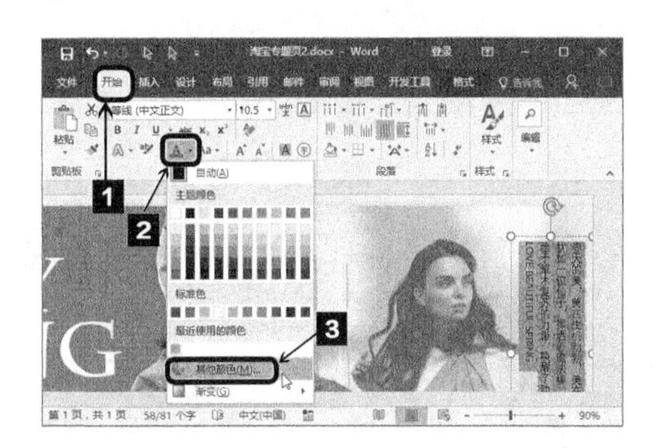

5 弹出【颜色】对话框，切换到【自定义】选项卡，在【颜色模式】下拉列表中选择【RGB】选项，然后通过调整【红色】【绿色】【蓝色】微调框中的数值来选择合适的颜色，此处【红色】【绿色】和【蓝色】微调框中的数值分别设置为【252】【149】和【81】，单击确定按钮。

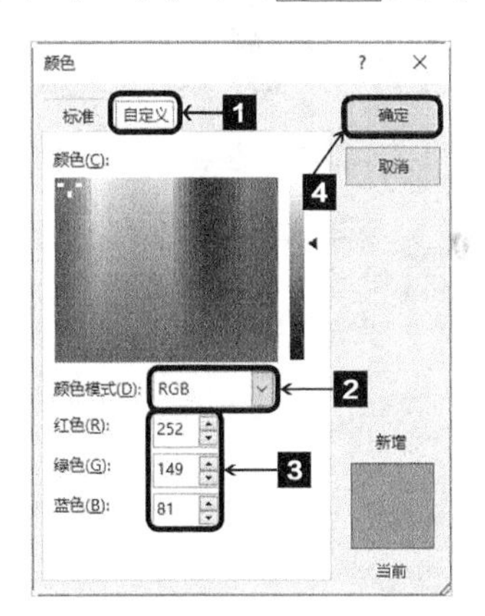

6 返回Word文档即可看到字体是Word默认的，为了突出显示这部分内容，我们对字体与字号进行相应的设置。中文部分的【字体】为【微软雅黑】，【字号】为【9号】；英文部分的【字体】为【Lithos Pro Regular】，【字号】为【16号】，效果如图所示。

至此一份完整的海报制作完毕，最终效果如图所示。

高手过招

简繁体轻松转换

1 打开本实例的原始文件，选中要转换的正文文本，切换到【审阅】选项卡，单击【中文简繁转换】组的简转繁按钮，即可把文本字体转换为繁体。

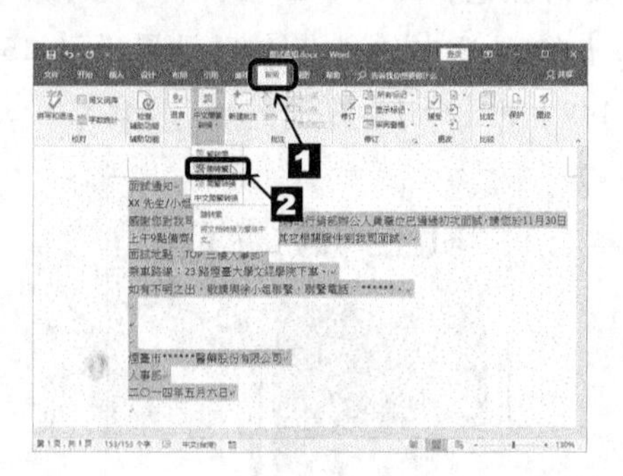

2 单击【中文简繁转换】组的繁转简按钮，即可把文本字体转换为简体。

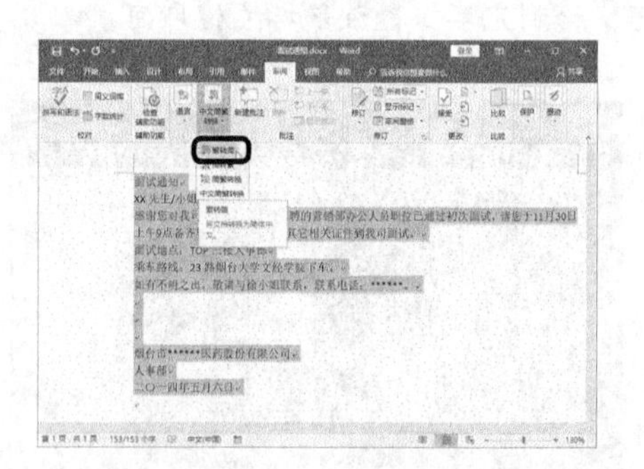

第6章

电子表格专家——Excel 2016

传统的纸笔记录，计算器计算的数据处理方式既复杂又易错。不用愁，电子表格专家——Excel 2016 帮您轻松且快速地处理繁琐的大量数据。

关于本章的知识，本书配套教学资源中有相关的多媒体教学视频，视频路径为【Office办公软件\电子表格专家——Excel 2016】。

6.1 工作簿的基本操作

Excel 2016是一款强大的数据处理工具，被广泛地应用于日常办公中。本节我们就开启学习Excel的旅程吧。

6.1.1 新建工作簿

工作簿是指用来存储并处理数据的文件，工作簿就是我们创建或使用的一个个Excel文件，一个工作簿可以包含一个或多个工作表。工作簿和工作表是两个容易混淆的概念。

1. 新建空白工作簿

如果 Excel 2016没有启动，可通过下面介绍的方法新建空白工作簿。

使用【开始】程序

1 单击【开始】按钮，从弹出的下拉列表中选择【所有程序】➤【Excel 2016】，启动Excel 2016。

2 在Excel开始界面，单击【空白工作簿】选项，即可创建一个名为“工作簿1”的空白工作簿。

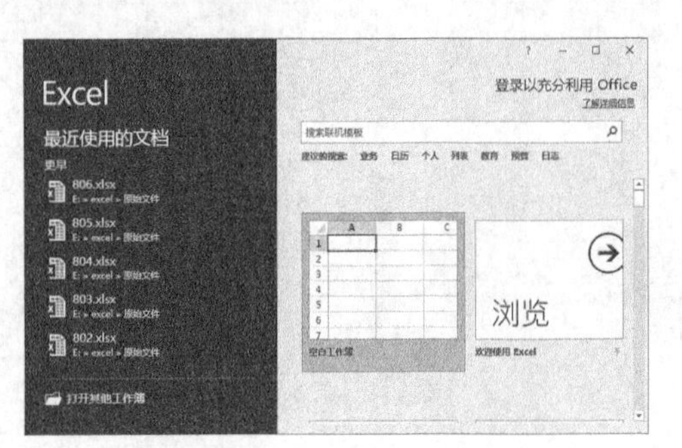

如果Excel 2016已经启动，可通过以下3种方法新建空白文档。

使用 文件 按钮

在Excel 2016主界面中单击 文件 按钮，从弹出的界面中选择【新建】选项，系统会打开【新建】界面，在列表框中选择【空白工作簿】选项。

使用组合键

在Excel 2016中，按【Ctrl】+【N】组合键即可创建一个新的空白工作簿。

使用【新建】按钮

1 单击【自定义快速访问工具栏】按钮，从弹出的下拉列表中选择【新建】选项。

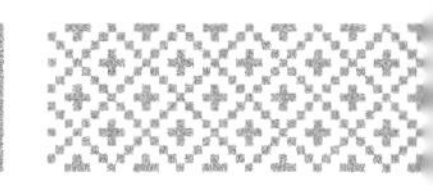

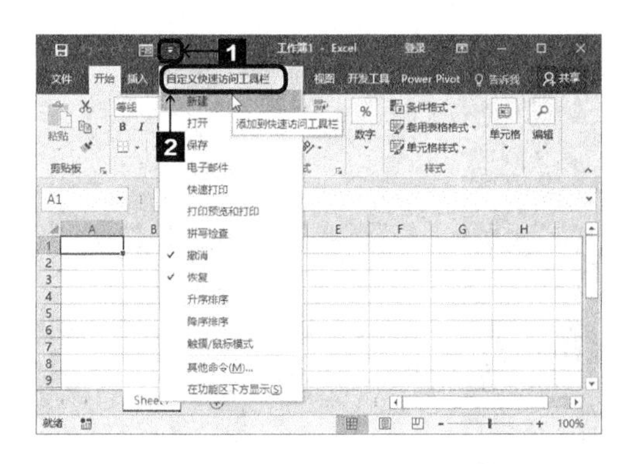

2 【新建】按钮添加到【快速访问工具栏】中，单击该按钮即可新建一个空白工作簿。

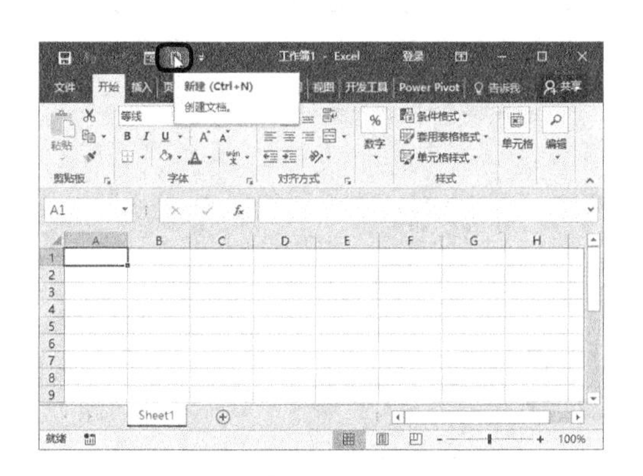

○ 创建基于模板的工作簿

Excel 2016 为用户提供了多种类型的模板样式，可满足用户大多数设置和设计工作的要求。打开Excel 2016时，即可看到预算、日历、清单和发票等模板。

用户可以根据需要选择模板样式并创建基于所选模板的工作簿。创建基于模板的工作簿的具体操作步骤如下。

1 单击文件按钮，从弹出的界面中选择【新建】选项，系统会打开【新建】界面，然后在列表框中选择模板，例如选择【家庭预算（每月）】选项。

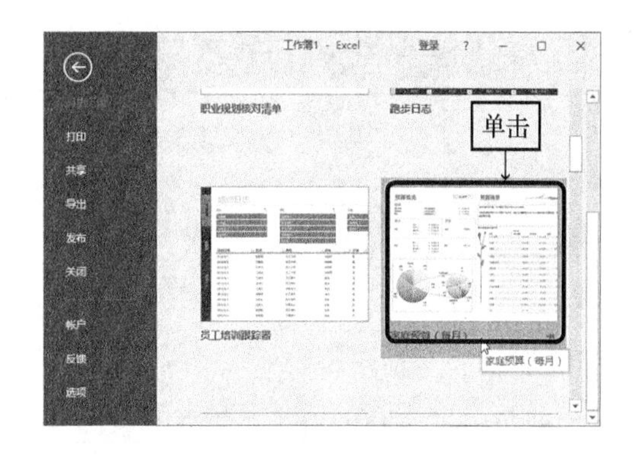

2 系统会弹出界面介绍此模板，单击【创建】按钮。

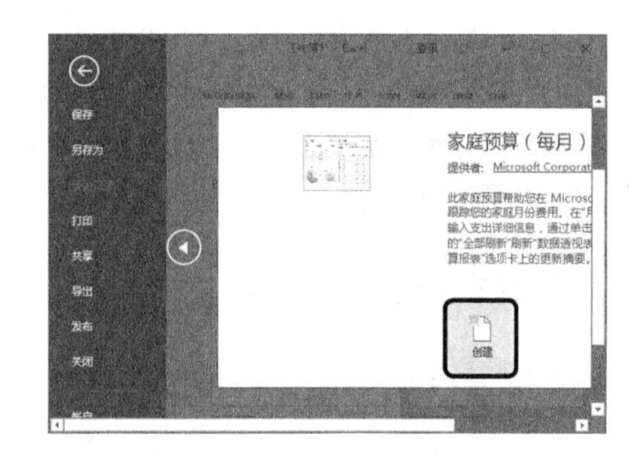

3 如果此时网络连接通畅，可以看到所选择的模板正在下载。

4 下载完毕即可看到模板效果。

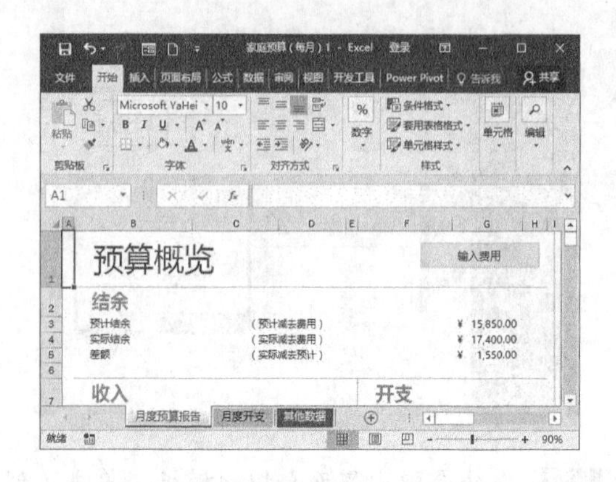

2. 保存工作簿

创建或编辑工作簿后，用户可以将其保存起来，以供日后查阅。保存工作簿可以分为保存新建的工作簿、保存已有的工作簿和自动保存工作簿3种情况。

保存新建的工作簿

保存新建的工作簿的具体操作步骤如下。

1 新建一个空白工作簿后，单击 文件 按钮，从弹出的界面中选择【保存】选项。

2 第一次保存工作簿时系统会打开【另存为】界面，在此界面中单击【浏览】选项 浏览 。

3 弹出【另存为】对话框，在左侧的【保存位置】列表框中选择保存位置，在【文件名】文本框中输入文件名，设置完毕，单击 确定 按钮即可。

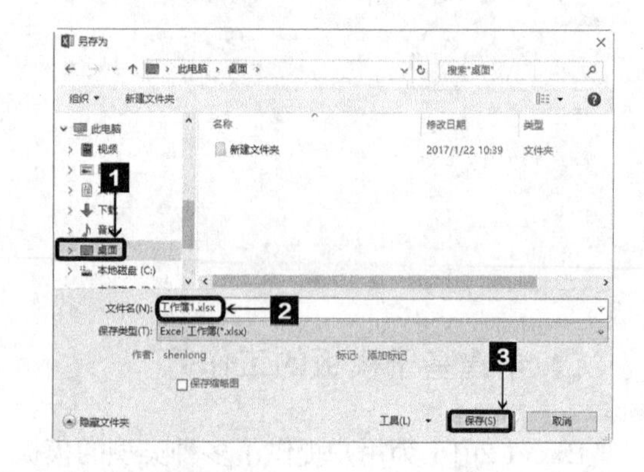

保存已有的工作簿

如果用户对已有的工作簿进行了标记操作，也需要进行保存。对于已存在的工作簿，用户既可以将其保存在原来的位置，也可以将其保存在其他位置。

1 如果用户想将工作簿保存在原来的位置，方法很简单，直接单击快速访问工具栏中的【保存】按钮日即可。

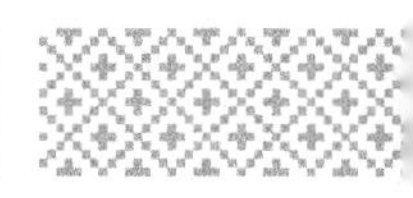

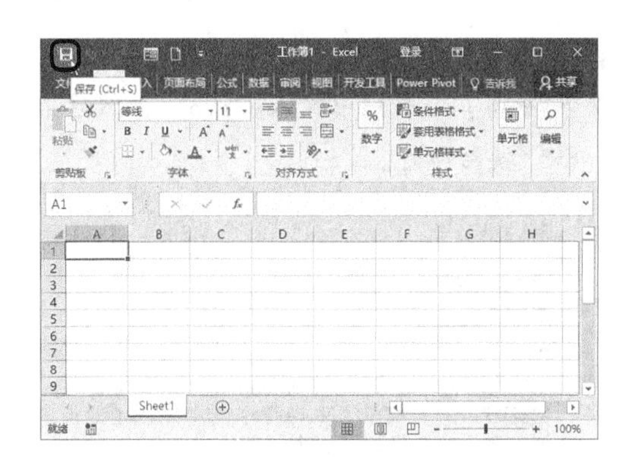

2 如果想将其保存在其他位置，单击文件按钮，从弹出的界面中选择【另存为】选项，弹出【另存为】界面，在此界面中单击【浏览】选项 浏览 。

3 弹出【另存为】对话框，从中设置工作簿的保存位置和保存名称，设置完毕，单击 保存(S) 按钮即可。

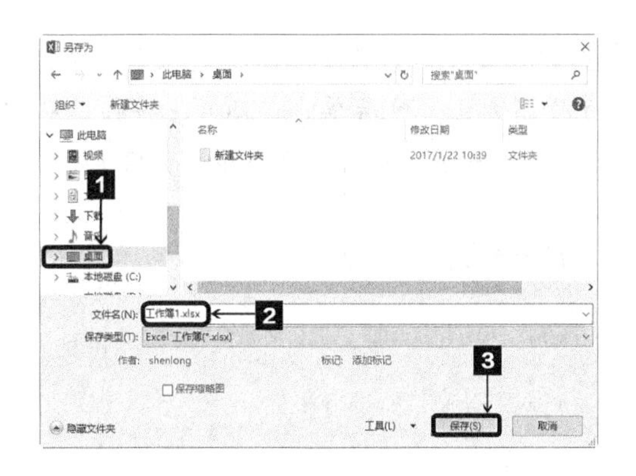

自动保存

使用Excel 2016提供的自动保存功能，可以在断电或死机的情况下最大限度地减少损失。设置自动保存的具体操作步骤如下。

1 单击文件按钮，从弹出的界面中单击【选项】选项。

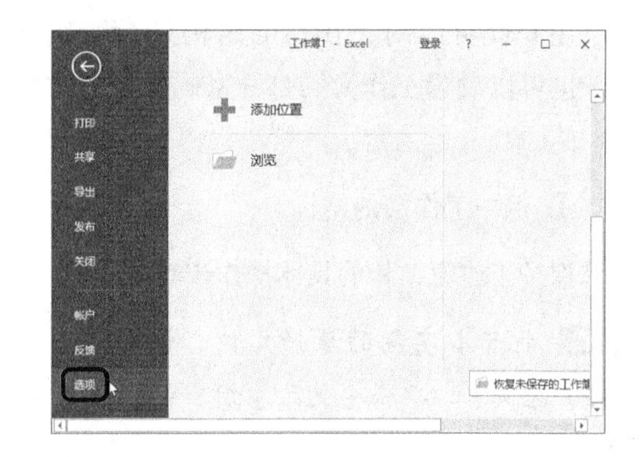

2 弹出【Excel选项】对话框，切换到【保存】选项卡，在【保存工作簿】组合框中的【将文件保存为此格式】下拉列表中选择【Excel工作簿（*.xlsx）】选项，然后选中【保存自动恢复信息时间间隔】复选框，并在其右侧的微调框中设置为“8分钟”。设置完毕，单击 确定 按钮即可，以后系统就会每隔8分钟自动将该工作簿保存一次。

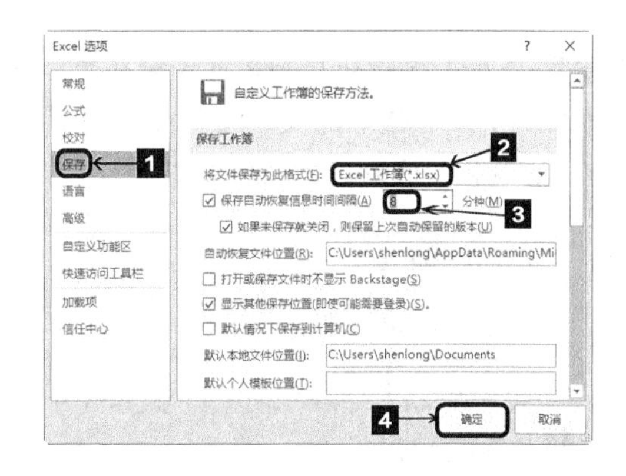

3. 保护和共享工作簿

在日常办公中，为了保护公司机密，用户可以为相关的工作簿设置保护；为了实现数据共享，还可以设置共享工作簿。本小节设置的密码均为“123”。

○ 保护工作簿

用户既可以对工作簿的结构进行密码保护，也可以设置工作簿的打开密码以及修改密码。

① 保护工作簿的结构。

保护工作簿结构的具体操作步骤如下。

1 打开本实例的原始文件，切换到【审阅】选项卡，单击【更改】组中的 保护工作簿 按钮。

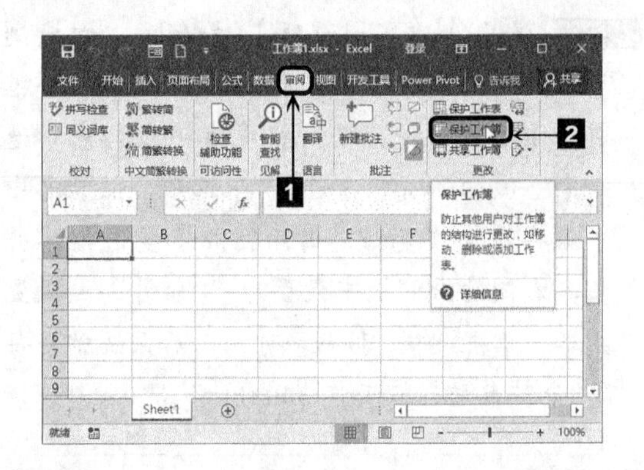

2 弹出【保护结构和窗口】对话框，在【密码】文本框中输入“123”，选中【结构】复选框，单击 确定 按钮。

3 弹出【确认密码】对话框，在【重新输入密码】文本框中输入“123”，然后单击 确定 按钮即可。

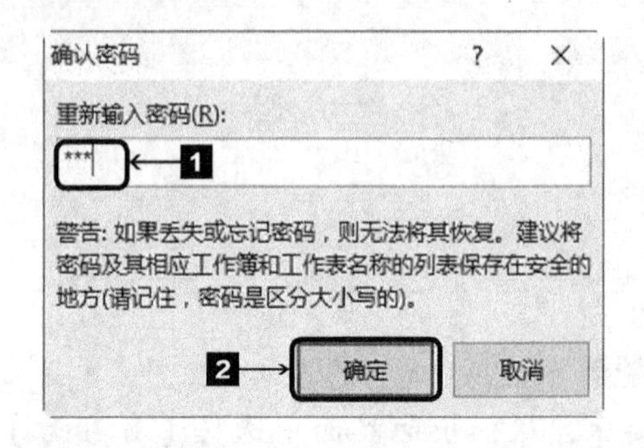

② 设置工作簿的打开密码以及修改密码。

为工作簿设置打开密码以及修改密码的具体操作步骤如下。

1 单击 文件 按钮，从弹出的界面中选择【另存为】选项，弹出【另存为】界面，在此界面中选择【浏览】选项 浏览 。

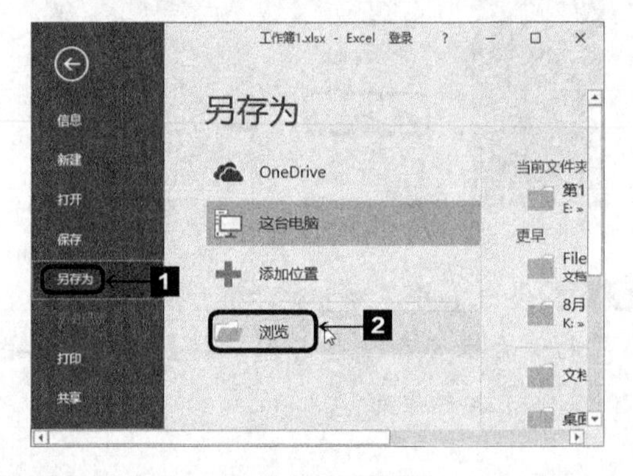

2 弹出【另存为】对话框，从中选择合适的保存位置，然后单击 工具(L) 按钮，从弹出的下拉列表中选择【常规选项】选项。

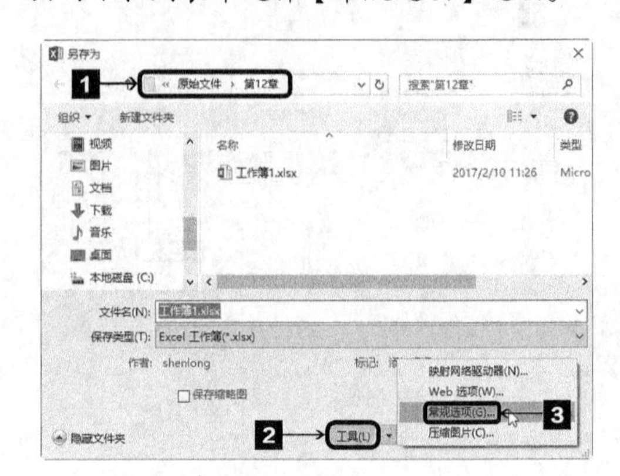

3 弹出【常规选项】对话框，在【文件共享】组合框中的【打开权限密码】和【修改权限密码】文本框中均输入“123”，然后选中【建议只读】复选框，单击 确定 按钮。

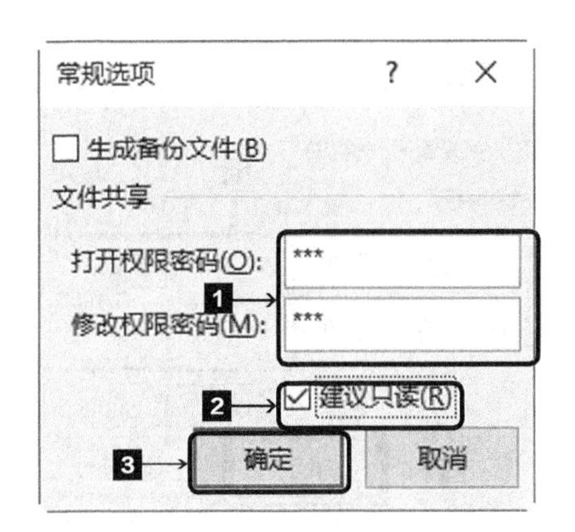

4 弹出【确认密码】对话框，在【重新输入密码】文本框中输入“123”，单击 确定 按钮。

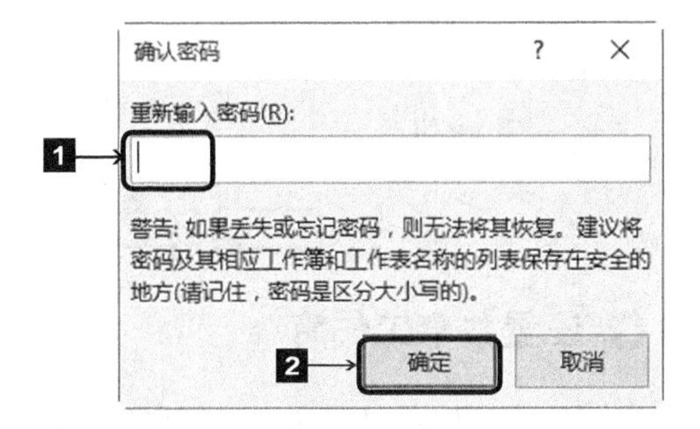

5 弹出【确认密码】对话框，在【重新输入修改权限密码】文本框中输入“123”，单击 确定 按钮。

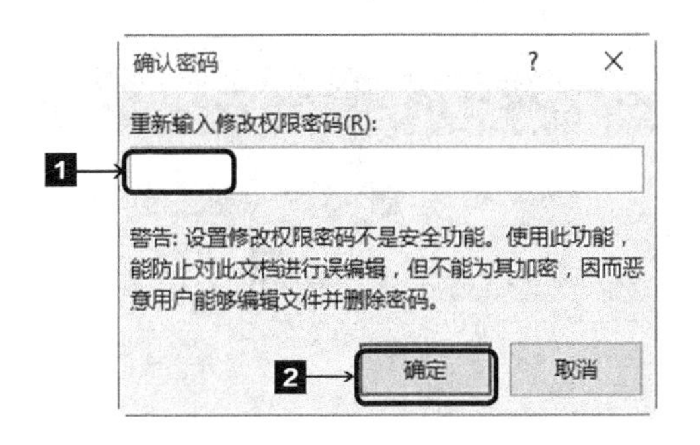

6 返回【另存为】对话框，然后单击 保存(S) 按钮，此时弹出【确认另存为】提示对话框，再单击 是(Y) 按钮。

7 当用户再次打开该工作簿时，系统便会自动弹出【密码】对话框，要求用户输入打开文件所需的密码，这里在【密码】文本框中输入“123”，单击 确定 按钮。

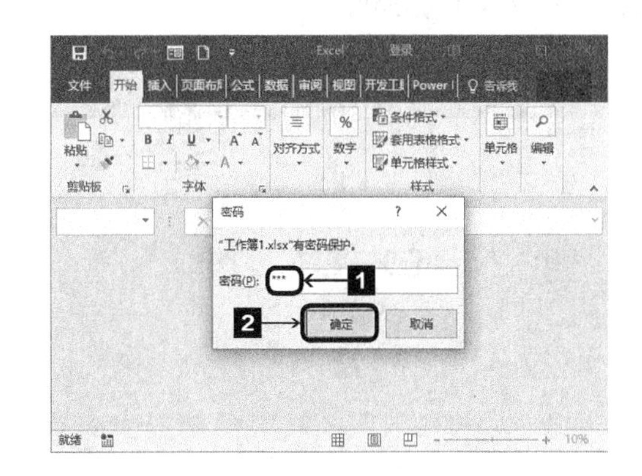

8 弹出【密码】对话框，要求用户输入修改密码，这里在【密码】文本框中输入“123”，单击 确定 按钮。

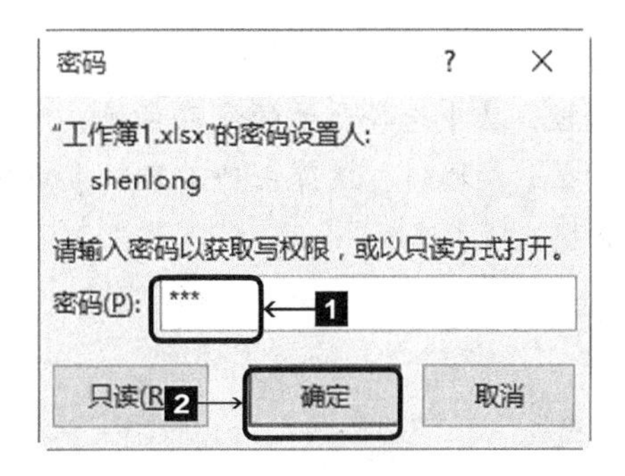

9 弹出【Microsoft Excel】提示对话框，提示用户“是否以只读方式打开”，此时单击 否(N) 按钮即可打开并编辑该工作簿。

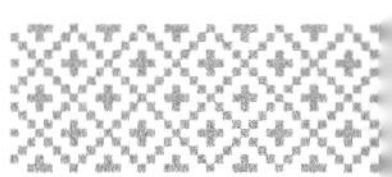

撤销保存工作簿

如果用户不需要对工作簿进行保护，可以将其撤销。

① 保护工作簿的结构。

切换到【审阅】选项卡，单击【更改】组中的 保护工作簿 按钮，弹出【撤销工作簿保护】对话框，在【密码】文本框中输入“123”，然后单击 确定 按钮即可。

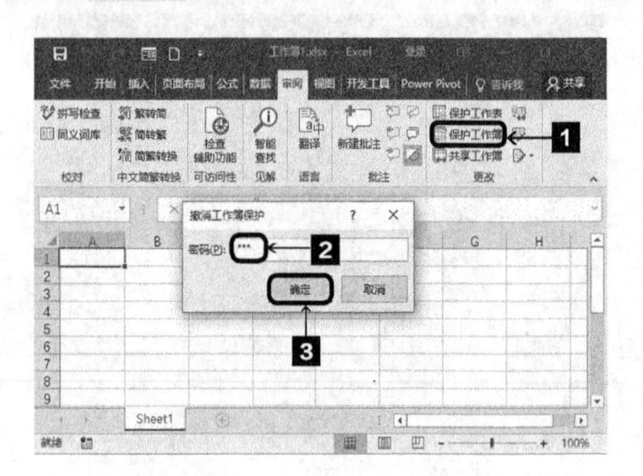

② 撤销对整个工作簿的保护。

撤销对整个工作簿的保护的具体操作步骤如下。

1 按照前面介绍的方法打开【另存为】对话框，从中选择合适的保存位置，然后单击 工具(L) 按钮，从弹出的下拉列表中选择【常规选项】选项。

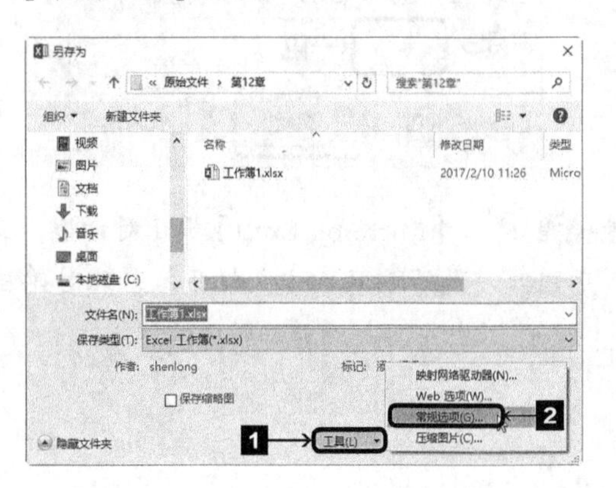

2 弹出【常规选项】对话框，将【打开权限密码】和【修改权限密码】文本框中的密码删除，然后撤选【建议只读】复选框。单击 确定 按钮。

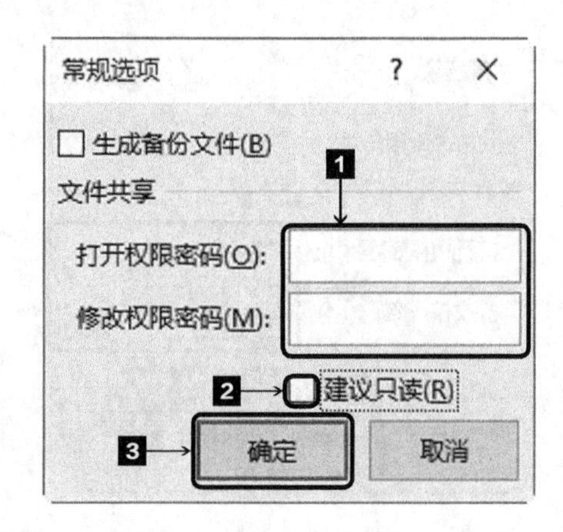

3 返回【另存为】对话框，然后单击 保存(S) 按钮，此时弹出【确认另存为】提示对话框，再单击 是(Y) 按钮。

设置共享工作簿

当工作簿的信息量较大时，可以通过共享工作簿实现多个用户对信息的同步录入。

1 切换到【审阅】选项卡，单击【更改】组中的 共享工作簿 按钮。

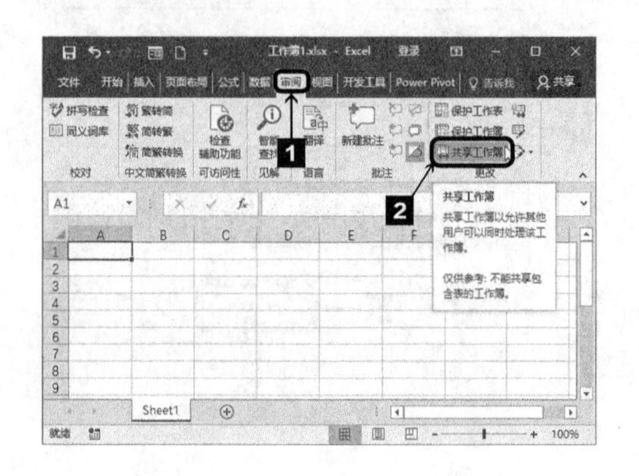

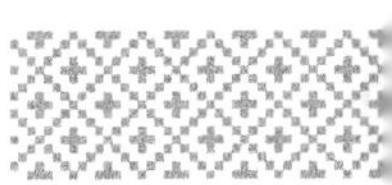

2 弹出【共享工作簿】对话框，切换到【编辑】选项卡，选中【允许多用户同时编辑，同时允许工作簿合并】复选框，单击 确定 按钮。

3 弹出【Microsoft Excel】提示对话框，提示用户“是否继续？”，单击 确定 按钮，即可共享当前工作簿。

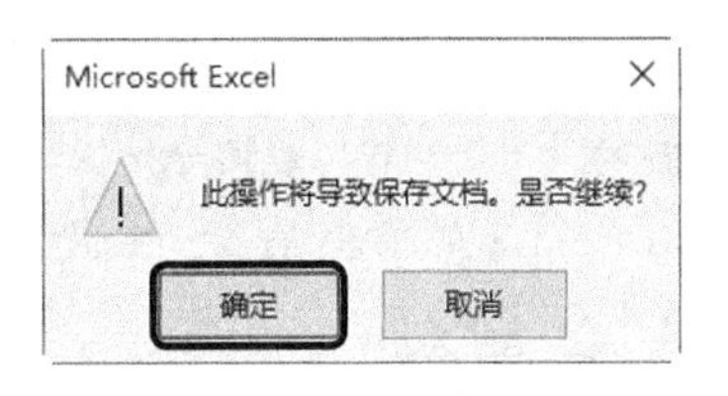

4 工作簿共享后在标题栏中会显示“[共享]”字样。

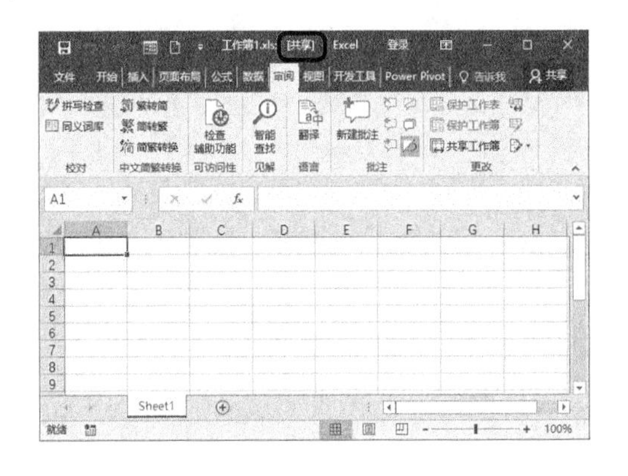

5 取消共享的方法也很简单，按照前面介绍的方法打开【共享工作簿】对话框，切换到【编辑】选项卡，撤选【允许多用户同时编辑，同时允许工作簿合并】复选框。设置完毕后，单击 确定 按钮。

6 弹出【Microsoft Excel】提示对话框，提示用户“是否取消工作簿的共享？”，单击 是(Y) 按钮即可。

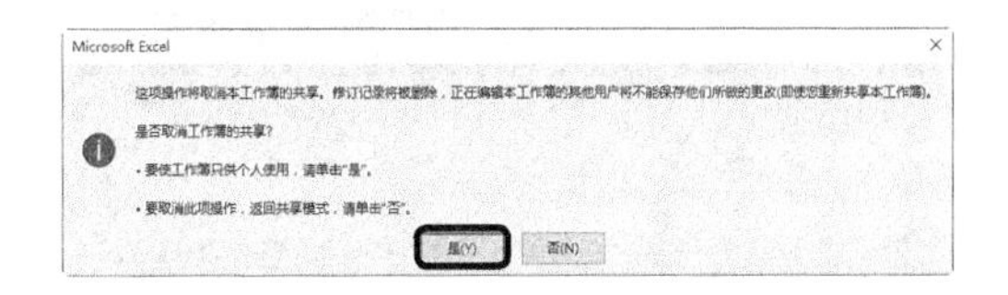

提示

共享工作簿以后，要将其保存在其他用户可以访问到的网络位置上，例如保存在共享网络文件夹中，此时才可实现多用户的同步共享。

6.1.2 工作表的基本操作

工作表是 Excel 完成工作的基本单位，用户可以对其进行插入或删除、隐藏或显示、移动或复制、重命名、设置工作表标签颜色以及保护工作表等基本操作。

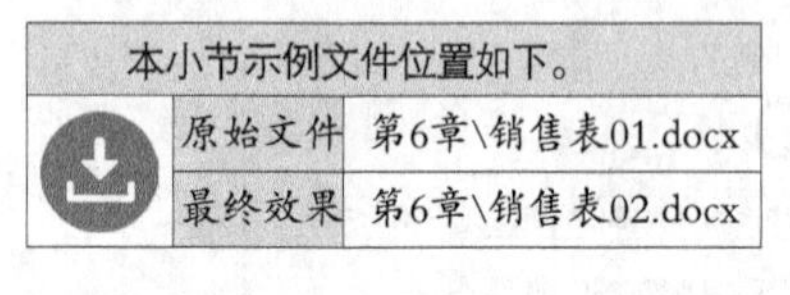

本小节示例文件位置如下。	
原始文件	第6章\销售表01.docx
最终效果	第6章\销售表02.docx

工作表的基本操作

1. 插入和删除工作表

工作表是工作簿的组成部分，默认每个新工作簿中包含1个工作表，命名为“Sheet1”，用户可以根据工作需要插入或删除工作表。

插入工作表

在工作簿中插入工作表的具体操作步骤如下。

1 打开本实例的原始文件，在工作表标签“销售日报表”上单击鼠标右键，然后从弹出的快捷菜单中选择【插入】菜单项。

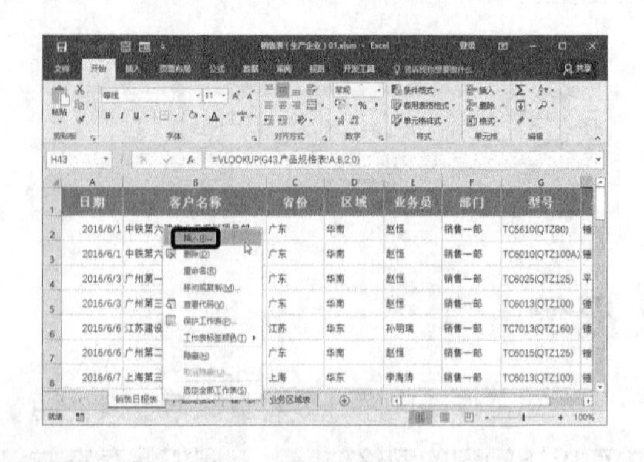

2 弹出【插入】对话框，切换到【常用】选项卡，然后选择【工作表】选项，单击 确定 按钮。

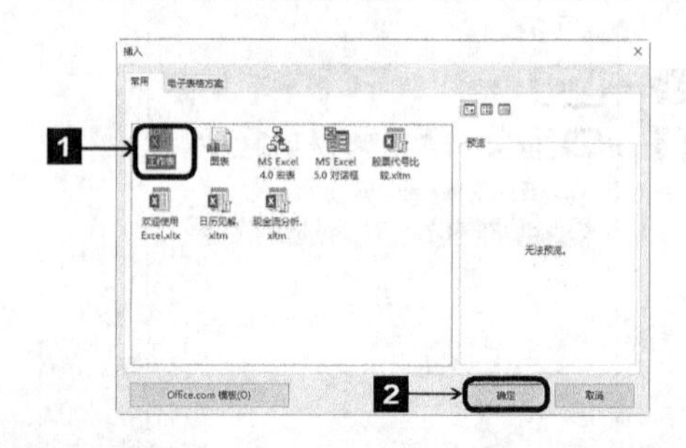

3 即可在工作表“销售日报表”的左侧插入一个新的工作表“Sheet1”。

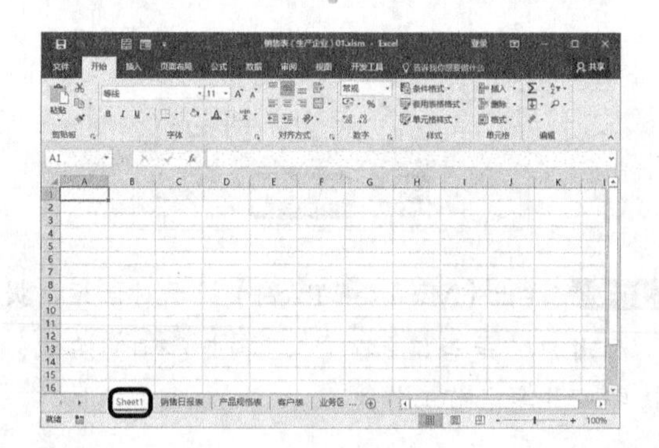

4 除此之外，用户还可以单击工作表列表区右侧的【新工作表】按钮⊕，即可在工作表“Sheet1”的右侧插入一个新的工作表“Sheet2”。

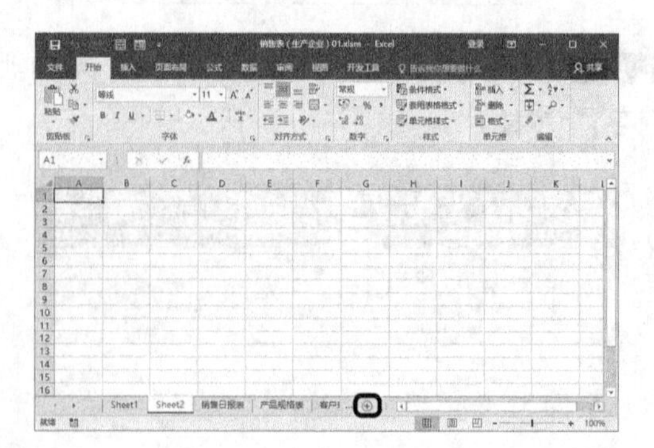

删除工作表

删除工作表的操作也很简单，选中要删除的工作表标签，然后单击鼠标右键，从弹出的快捷菜单中单击【删除】菜单项即可。

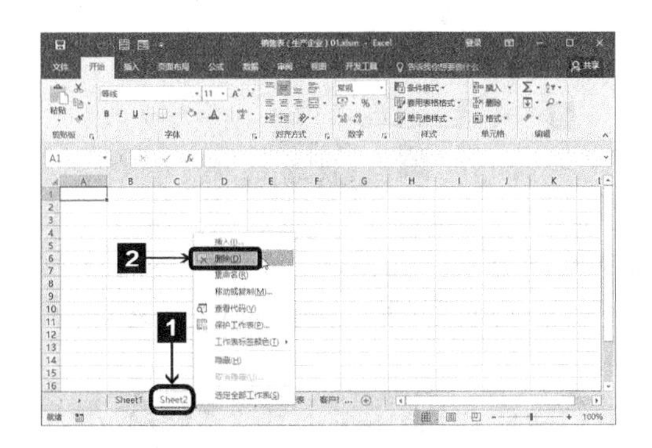

2. 隐藏和显示工作表

为了防止他人查看工作表中的内容，用户可以将工作表隐藏起来，当需要的时候再显示出来。

隐藏工作表

隐藏工作表的具体操作步骤如下。

1 选中要隐藏的工作表“Sheet1”，然后单击鼠标右键，从弹出的快捷菜单中选择【隐藏】菜单项。

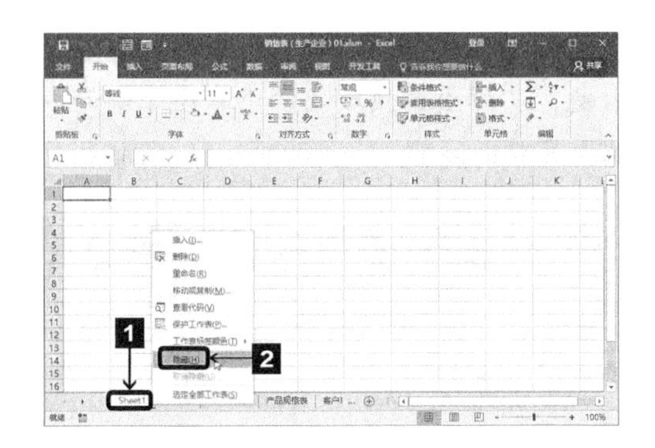

2 工作表“Sheet1”就被隐藏起来。

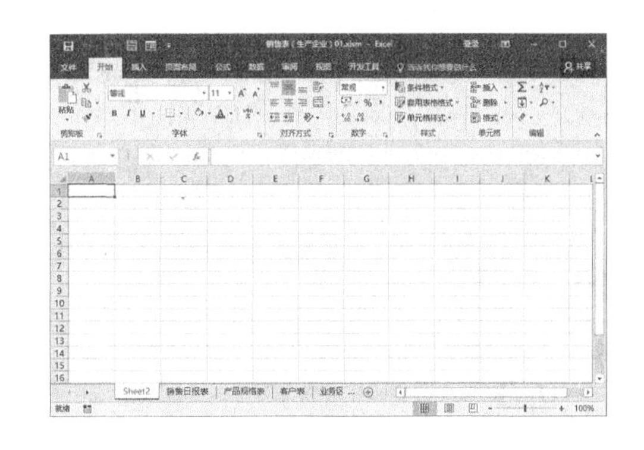

显示工作表

当用户想要查看隐藏的工作表时，首先需要将它显示出来，具体的操作步骤如下。

1 在任意工作表上单击鼠标右键，在弹出的快捷菜单中单击【取消隐藏】菜单项。

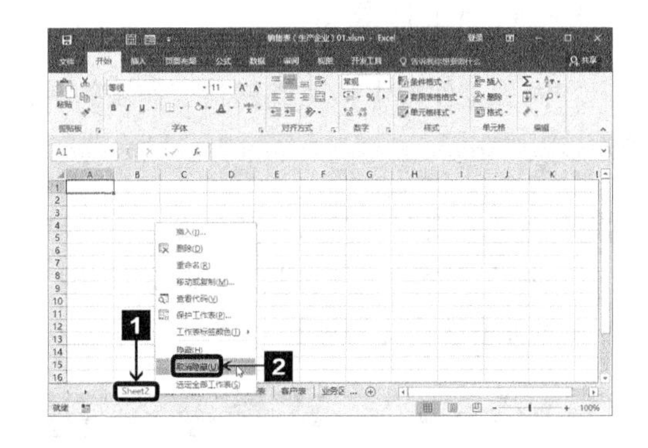

2 弹出【取消隐藏】对话框，选择要显示的工作表“Sheet1”。选择完毕，单击 确定 按钮。

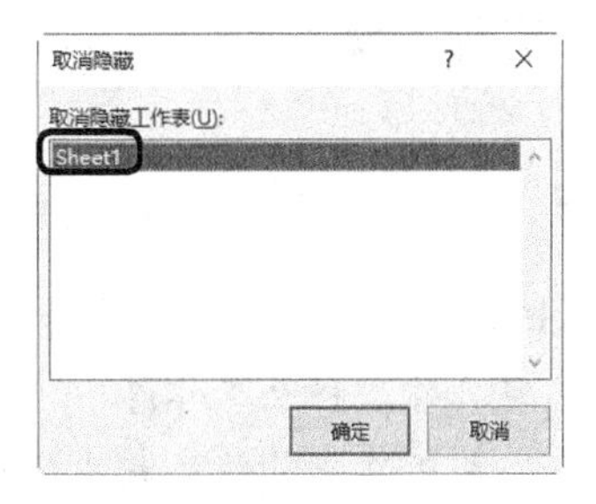

3 即可将隐藏的工作表“Sheet1”显示出来。

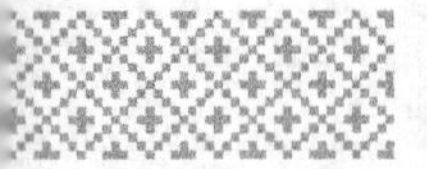

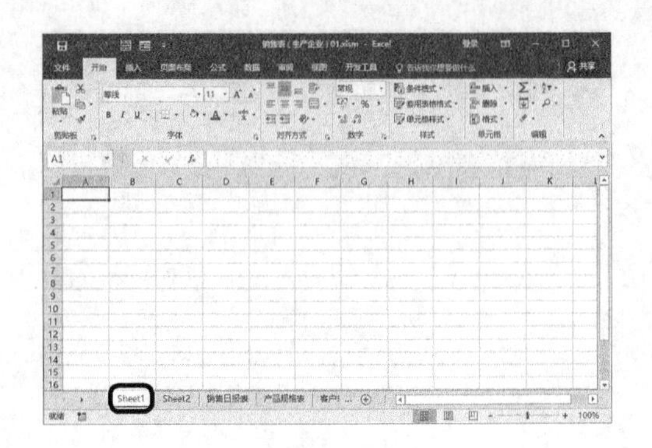

3. 移动或复制工作表

移动或复制工作表是日常办公中常用的操作。用户既可以在同一工作簿中移动或复制工作表，也可以在不同工作簿中移动或复制工作表。

同一工作表

在同一工作簿中移动或复制工作表的具体操作步骤如下。

1 打开本实例的原始文件，在工作表标签"Sheet1"上单击鼠标右键，从弹出的快捷菜单中单击【移动或复制】菜单项。

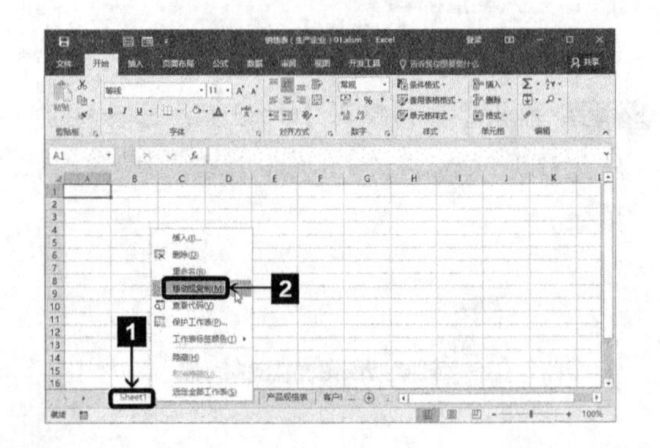

2 弹出【移动或复制工作表】对话框，在【将选定工作表移至工作簿】下拉列表中默认选中当前工作簿"销售表（生产企业）01"选项，在【下列选定工作表之前】列表框中选择"销售日报表"选项，然后选中【建立副本】复选框，单击 确定 按钮。

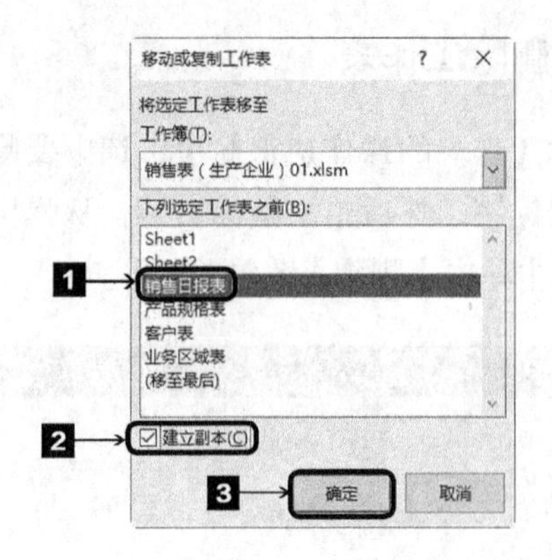

3 工作表"Sheet1"的副本"Sheet1(2)"就被复制到工作表"销售日报表"之前。

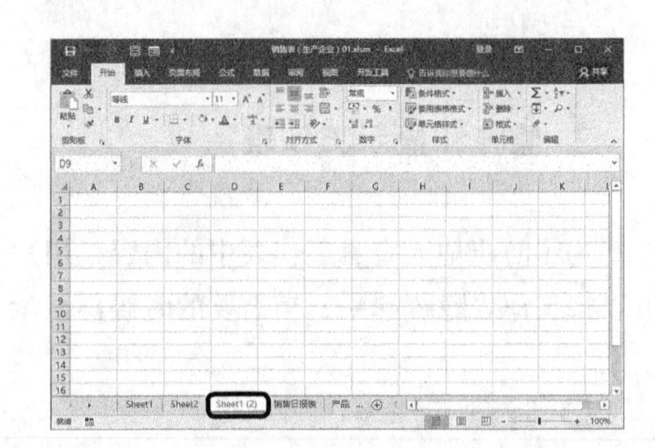

不同工作簿

在不同工作簿中移动或复制工作表的具体操作步骤如下。

1 在工作表标签"Sheet1(2)"上单击鼠标右键，从弹出的快捷菜单中单击【移动或复制】菜单项。

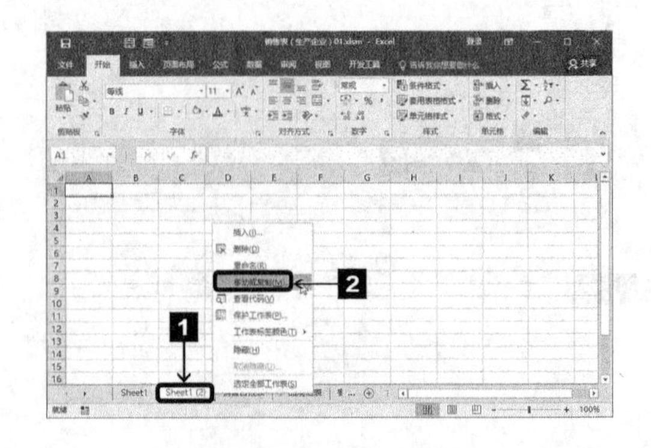

2 弹出【移动或复制工作表】对话框，在【将选定动作表移至工作簿】下拉列表中选择【（新工作簿）】选项，单击 确定 按钮。

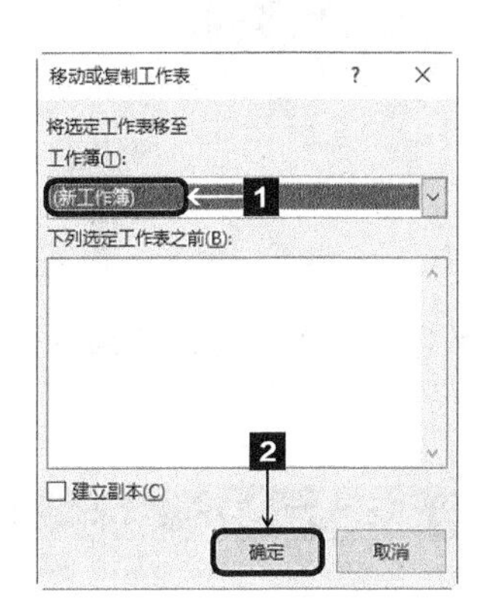

3 工作簿“销售表”中的工作表“Sheet1(2)”就被移动到了一个新工作簿“工作簿1”中。

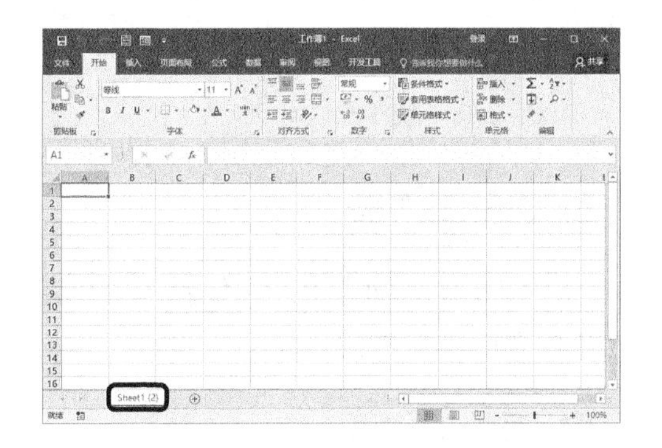

4. 重命名工作表

默认情况下，工作簿中的工作表名称为Sheet1、Sheet2等。在日常办公中，用户还可以根据实际需要为工作表重新命名。具体操作步骤如下。

1 在工作表标签“Sheet1”上单击鼠标右键，从弹出的快捷菜单中单击【重命名】菜单项。

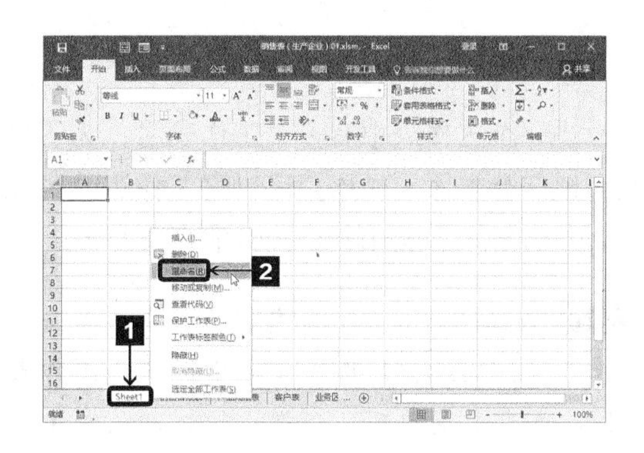

2 工作表标签“Sheet1”呈灰色底纹显示，工作表名称处于可编辑状态。

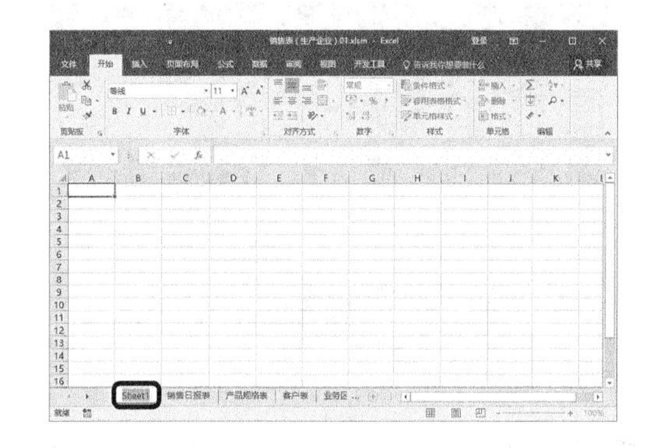

3 输入合适的工作名称，这里输入“客户名称”，然后按下【Enter】键。

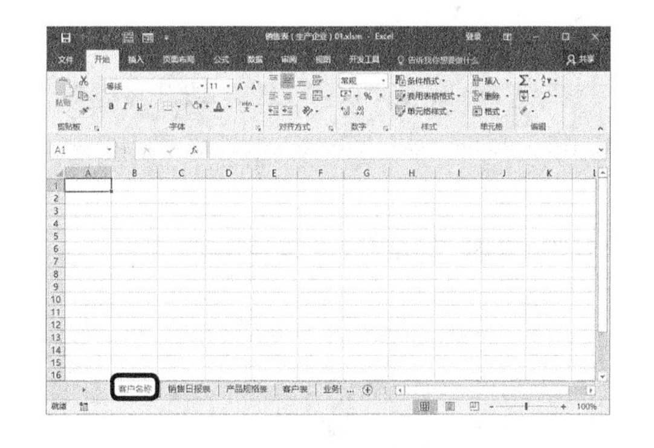

4 用户还可以在工作表标签上双击鼠标左键，快速地为工作表重命名。

5. 设置工作表标签颜色

当一个工作表中有多个工作表时，为了更明显地区分工作表，用户可以将工作表设置成不同的颜色，具体的操作步骤如下。

1 在工作表标签“销售日报表”上单击鼠标右键，从弹出的快捷菜单中选择【工作表标签颜色】菜单项。在弹出的级联菜单中列出了各种颜色，选择一种合适的颜色即可，例如选择【浅蓝】选项。

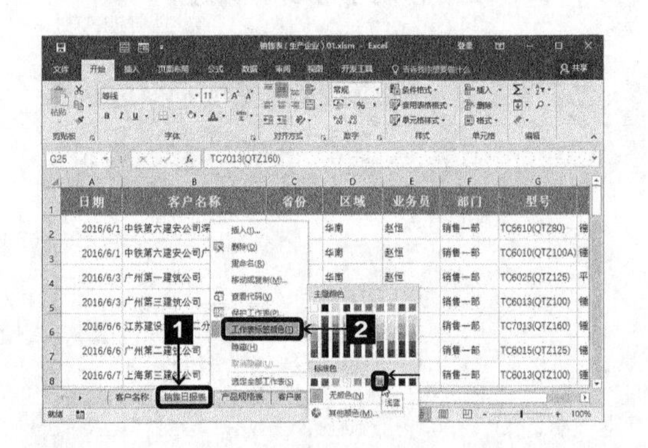

2 如果用户对【工作表标签颜色】级联菜单中的颜色不满意，还可以进行自定义操作。从【工作表标签颜色】级联菜单中单击【其他颜色】菜单项。

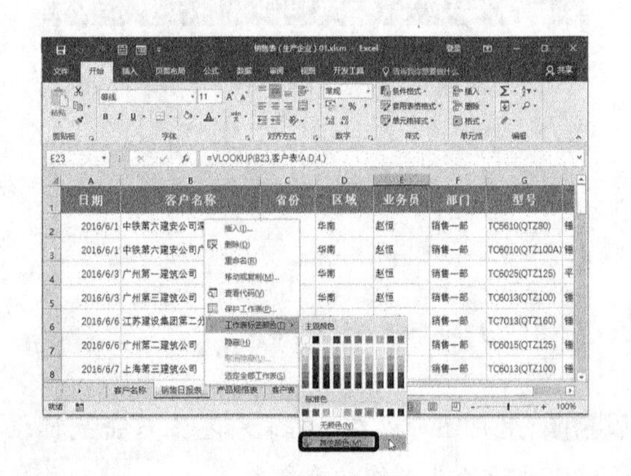

3 弹出【颜色】对话框，切换到【自定义】选项卡，从颜色面板中选择自己喜欢的颜色，设置完毕，单击 确定 按钮即可。

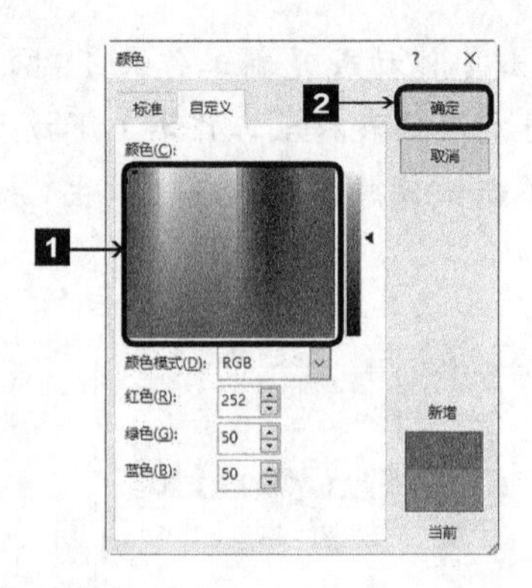

4 为工作表设置标签颜色的最终效果如下图所示。

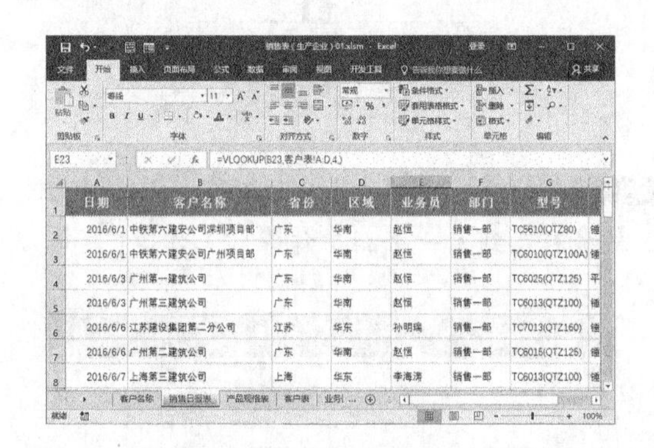

6. 保护工作表

为了防止他人随意更改工作表，用户也可以对工作表设置保护。

○ 保护工作表

保护工作表的具体操作步骤如下。

1 在工作表“销售表”中，切换到【审阅】选项卡，单击【更改】组中的 保护工作表 按钮。

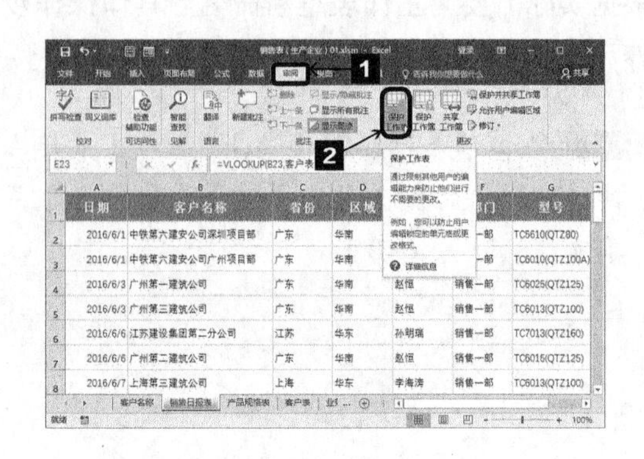

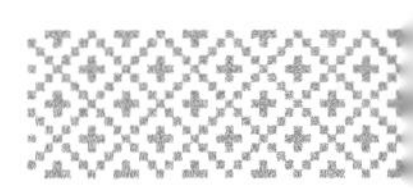

2 弹出【保护工作表】对话框，选中【保护工作表及锁定的单元格内容】复选框，在【取消工作表保护时使用的密码】文本框中输入“123”，然后在【允许此工作表的所有用户进行】列表框中选中【选定锁定单元格】和【选定未锁定的单元格】复选框，单击 确定 按钮。

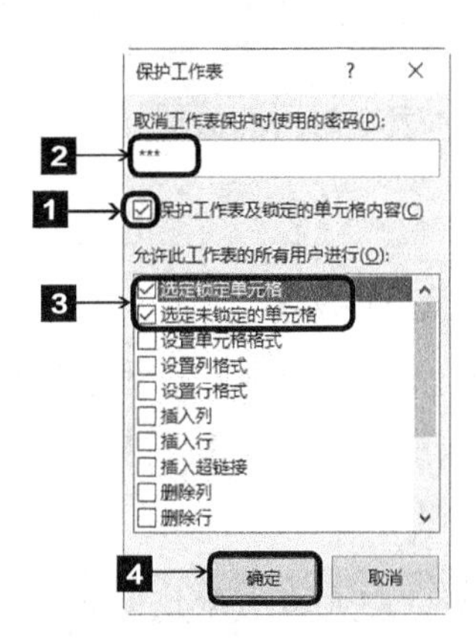

3 弹出【确认密码】对话框，在【重新输入密码】文本框中输入“123”，输入完毕，单击 确定 按钮即可。

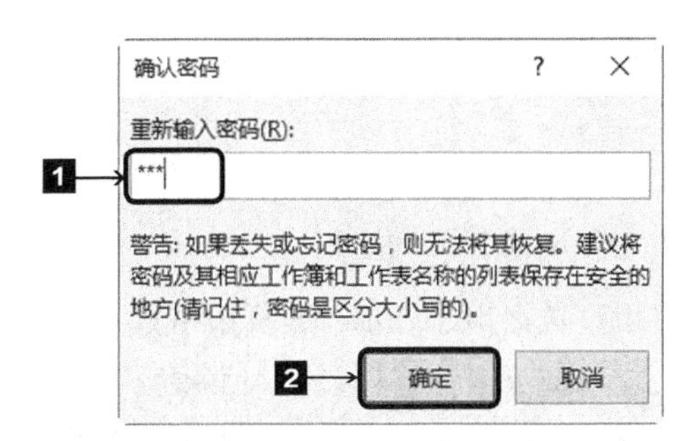

4 如果要修改某个单元格中的内容，则会弹出【Microsoft Excel】提示对话框，提示用户如果想要修改数据，则需要取消工作表的保护，单击 确定 按钮即可。

撤销工作表的保护

撤销工作表的保护的具体操作步骤如下。

1 在工作表“销售表”中，切换到【审阅】选项卡，单击【更改】组中的 撤消工作表保护 按钮。

2 弹出【撤销工作表保护】对话框，在【密码】文本框中输入“123”，输入完毕，单击 确定 按钮。

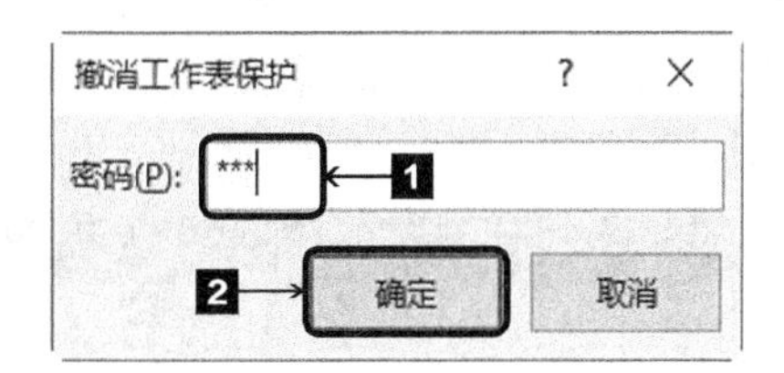

3 即可撤销对工作表的保护，此时【更改】组中的 撤消工作表保护 按钮则会变成 保护工作表 按钮。

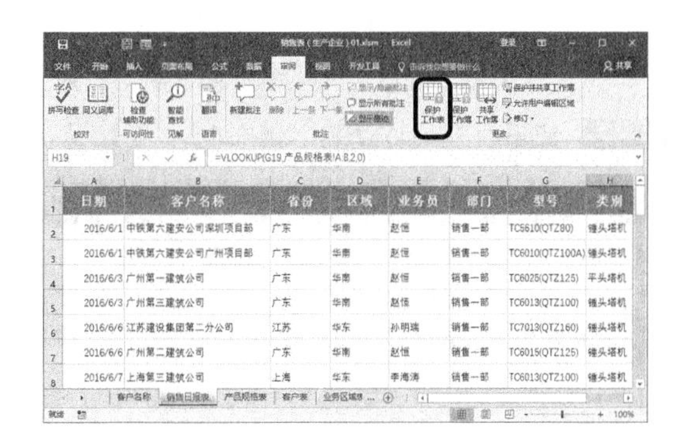

6.2 采购信息表

采购部门需要对每次的采购工作进行记录，以便统计采购的数量金额，而且还可以对比各个供货商的供货单价，从而决定下一次采购的供货对象。

6.2.1 输入数据

创建工作表后的第一步就是向工作表中输入各种数据。工作表中常用的数据类型包括文本型数据、货币型数据、日期型数据。

本小节示例文件位置如下。

原始文件	第6章\采购信息表01.docx
最终效果	第6章\采购信息表02.docx

输入数据

1. 输入文本型数据

文本型数据指字符或者数值和字符的组合。输入文本型数据的具体操作步骤如下。

1 打开本实例的原始文件，选中要输入文本的单元格D1，然后输入“数量”，输入完毕，按下【Enter】键即可。

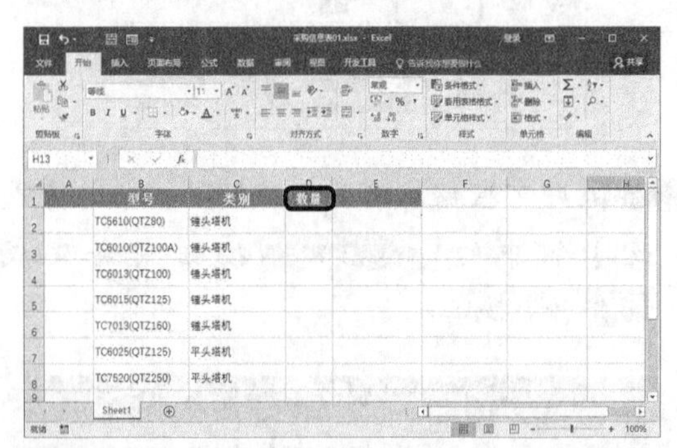

2 使用同样的方法输入其他文本型数据。

2. 输入常规数字

Excel 2016 默认状态下的单元格格式为常规，此时输入的数字没有特定格式。在“数量”栏中输入相应的数字。

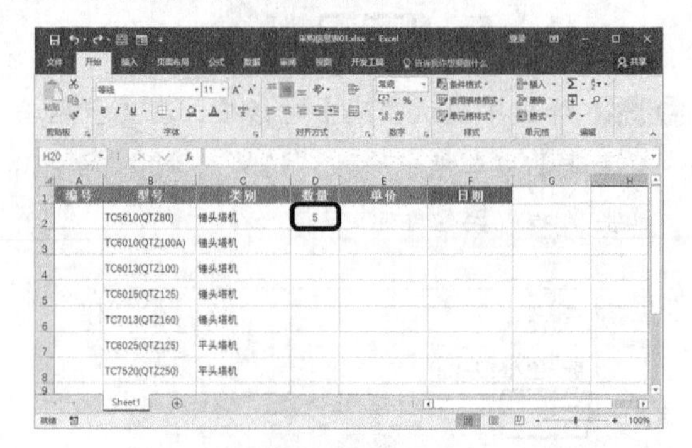

3. 输入货币型数据

货币型数据用于表示一般货币格式。如果要输入货币型数据，首先要输入常规数字，然后设置单元格格式即可。输入货币型数据的具体操作步骤如下。

1 首先在“单价”栏中输入常规数字。

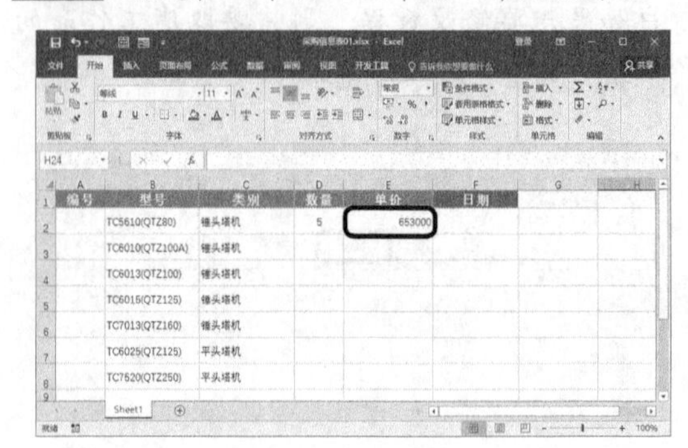

2 选中单元格区域E2，切换到【开始】选项卡，单击【数字】组中的【对话框启动器】按钮。

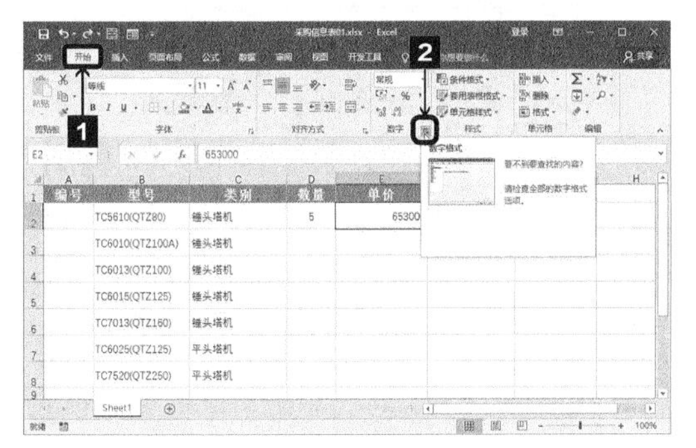

3 弹出【设置单元格格式】对话框，切换到【数字】选项卡，在【分类】列表框中选择【货币】选项，在右侧的【小数位数】微调框中输入“2”，在【货币符号（国家/地区）】下拉列表中选择【￥】选项，然后在【负数】列表框中选择一种负数形式，设置完毕，单击 确定 按钮即可。

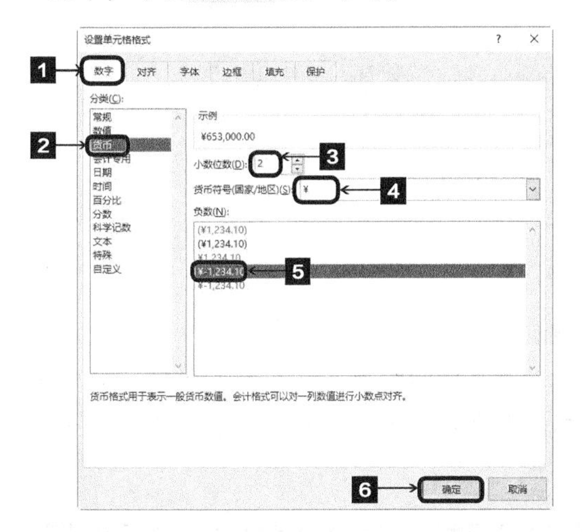

4 最终效果如下图所示。

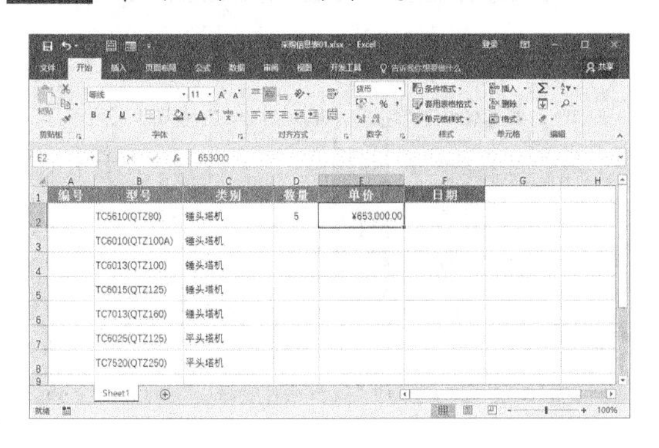

4. 输入日期型数据

日期型数据是工作表中经常使用的一种数据类型。在单元格中输入日期的具体操作步骤如下。

1 选中单元格F2，输入“2017-1-1”，中间用“-”隔开。

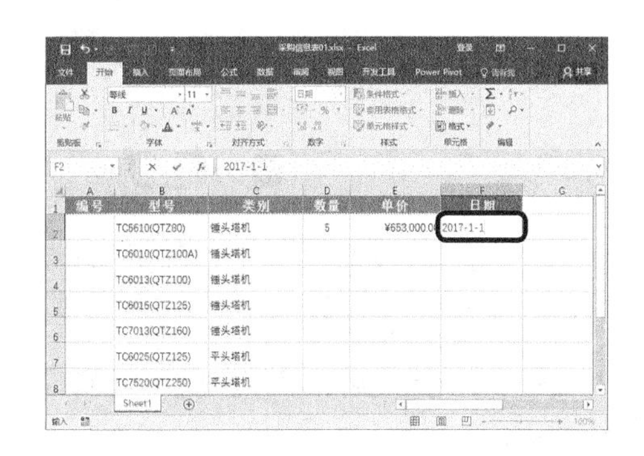

2 按下【Enter】键，日期将变成“2017/1/1”。

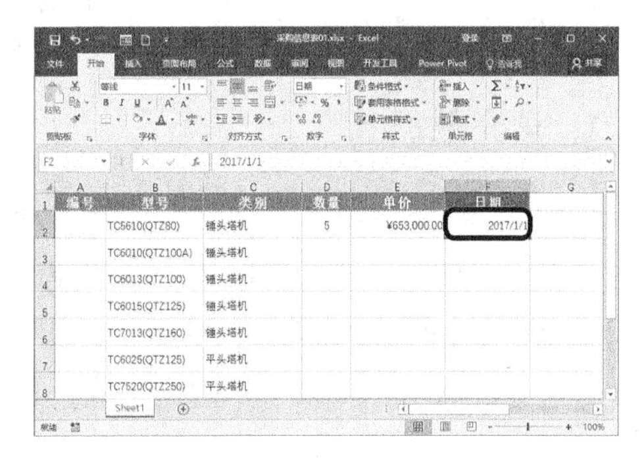

3 如果用户对日期格式不满意，可以进行自定义设置。选中单元格F2，切换到【开始】选项卡，单击【数字】组中的【对话框启动器】按钮。弹出【设置单元格格式】对话框，切换到【数字】选项卡，在【分类】列表框中选择【日期】选项，然后在右侧的【类型】列表框中选择【*2012年3月14日】选项。设置完毕，单击 确定 按钮。

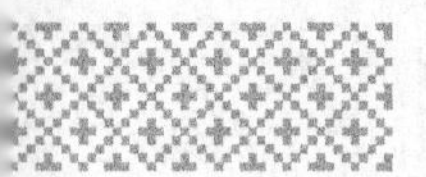

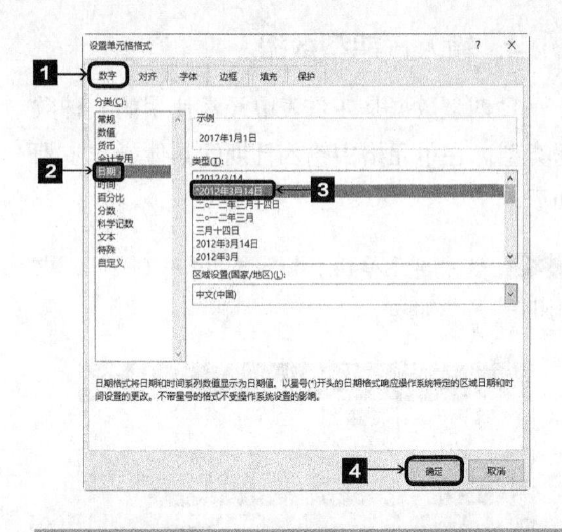

4 日期就变成了“2017年1月1日”。

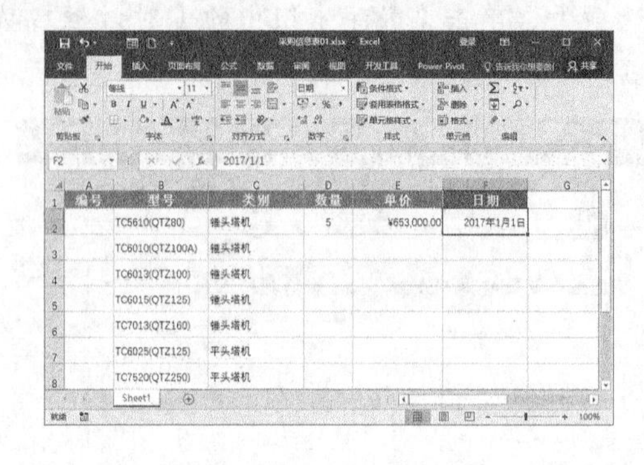

6.2.2 编辑数据

数据输入完成后，接下来就可以编辑数据了。编辑数据的操作主要包括填充、查找、替换和删除等。

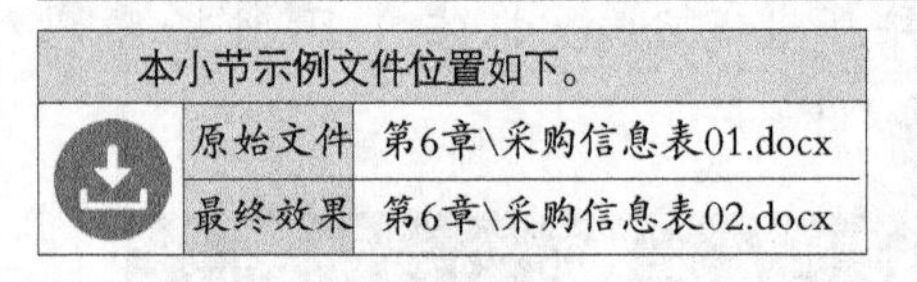
本小节示例文件位置如下。

原始文件	第6章\采购信息表01.docx
最终效果	第6章\采购信息表02.docx

编辑数据

1. 填充数据

在Excel表格中填写数据时，经常会遇到一些在内容上相同，或者在结构上有规律的数据，例如1、2、3……星期一、星期二、星期三……对这些数据用户可以采用填充功能，进行快速编辑。

相同数据的填充

如果用户要在连续的单元格中输入相同的数据，可以直接使用“填充柄”进行快速填充，具体的操作步骤如下。

1 打开本实例的原始文件，选中单元格D2，将鼠标指针移至单元格的右下角，此时会出现一个填充柄+。

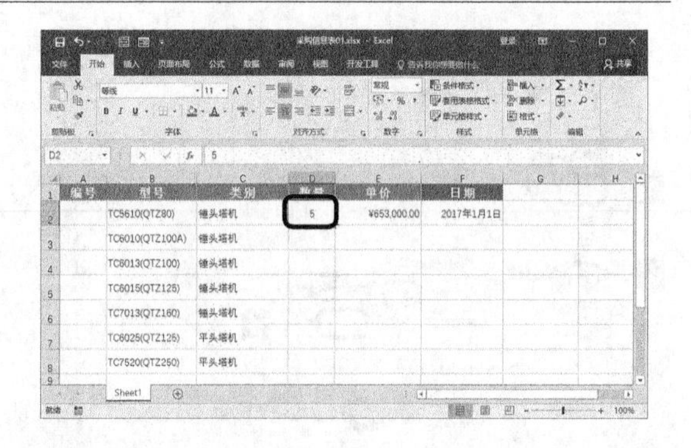

2 按住鼠标左键不放，将填充柄+向下拖曳到合适的位置，然后释放鼠标左键，此时，选中的区域均填充了与单元格D2相同的数据。

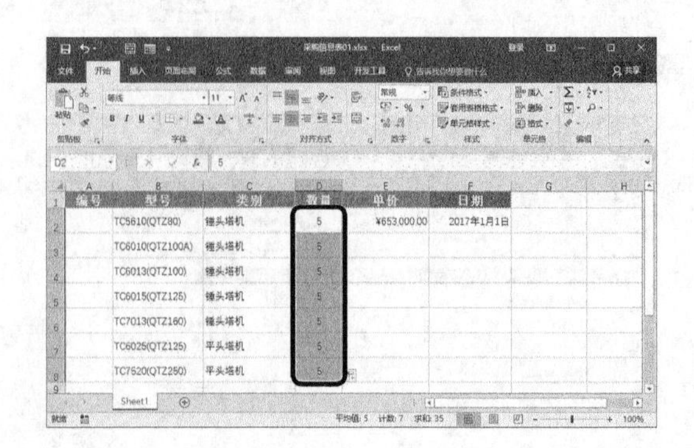

3 使用同样的方法，填充其他数据。填充的效果如图所示。

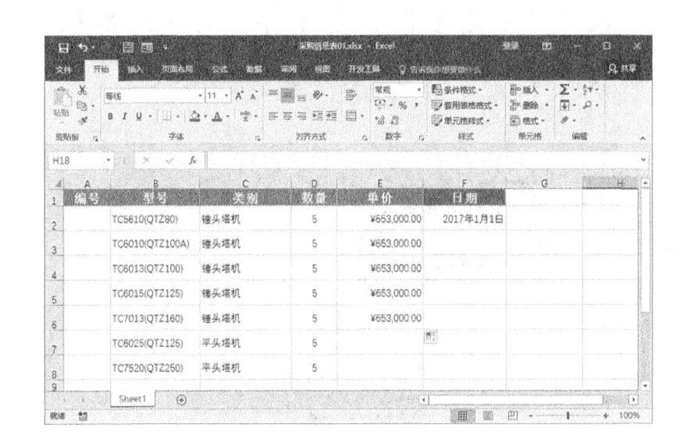

○ 不同数据的填充

如果用户要在连续的单元格中输入有规律的一行或一列数据，可以使用【填充对话框】进行快速编辑，具体的操作步骤如下。

1 选中单元格A2，输入数字“1”，切换到【开始】选项卡，单击【编辑】组中的【填充】按钮，从弹出的下拉列表中选择【序列】选项。

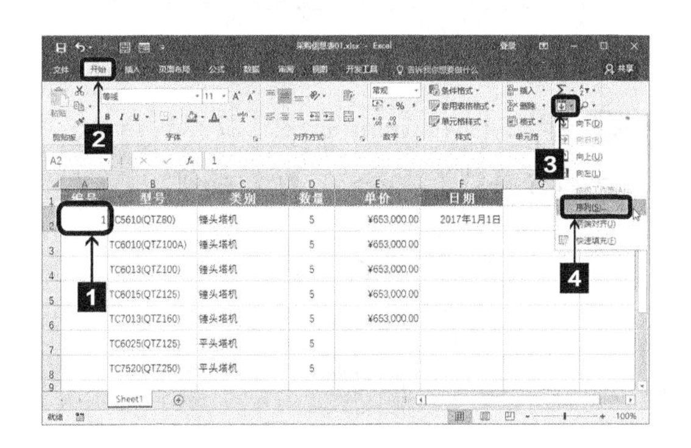

2 弹出【序列】对话框，选中【序列产生在】组中的【列】单选钮和【类型】组中的【等差序列】单选钮。在【步长值】文本框中输入“1”，在终止值文本框中输入“7”，设置完毕，单击 确定 按钮。

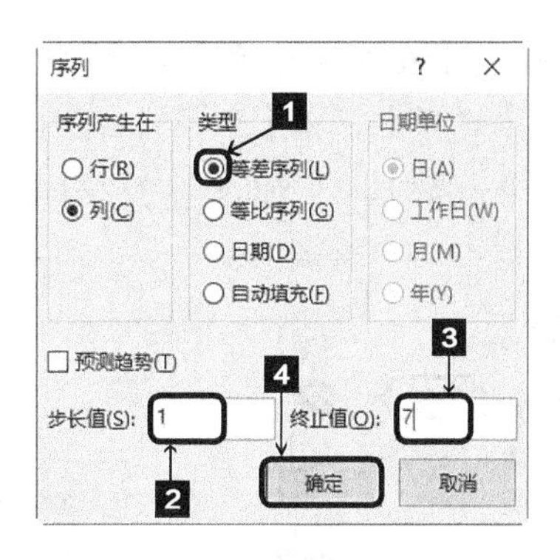

3 填充效果如图所示。

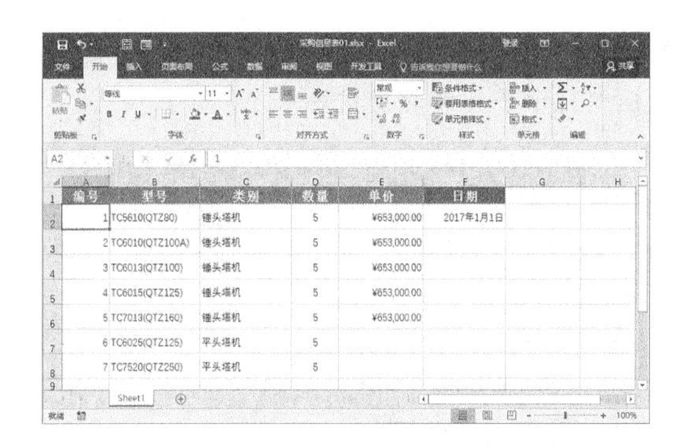

2. 查找和替换数据

使用Excel 2016 的查找功能可以找到特定的数据，使用替换功能可以使用新数据替换原数据。

○ 查找数据

查找数据的具体操作步骤如下。

1 切换到【开始】选项卡，单击【编辑】组中的【查找和选择】按钮，从弹出的下拉列表中单击【查找】选项。

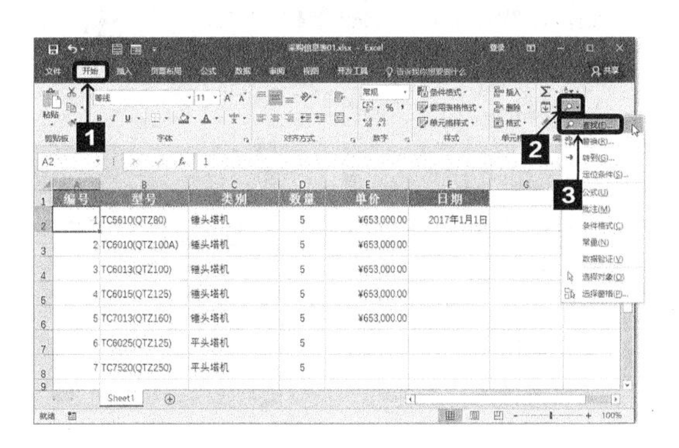

2 弹出【查找和替换】对话框，切换到【查找】选项卡，在【查找内容】文本框中输入“平头塔机”，单击 查找全部(I) 按钮。

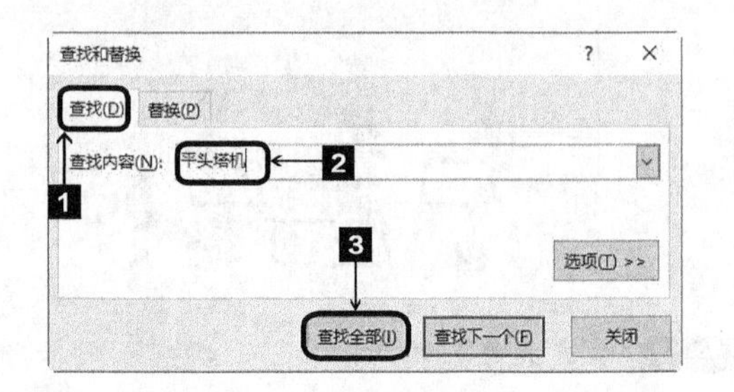

3 光标定位在要查找的内容上，并在对话框中显示了具体的查找结果。

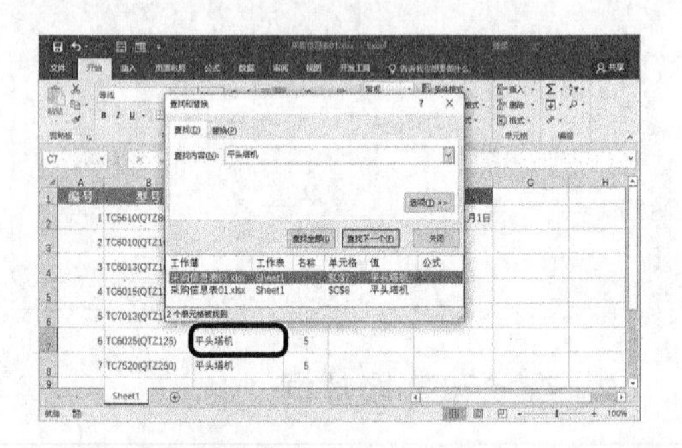

替换数据

替换数据的具体操作步骤如下

1 切换到【开始】选项卡，单击【编辑】组中的【查找和选择】按钮，从弹出的下拉列表中单击【替换】选项。

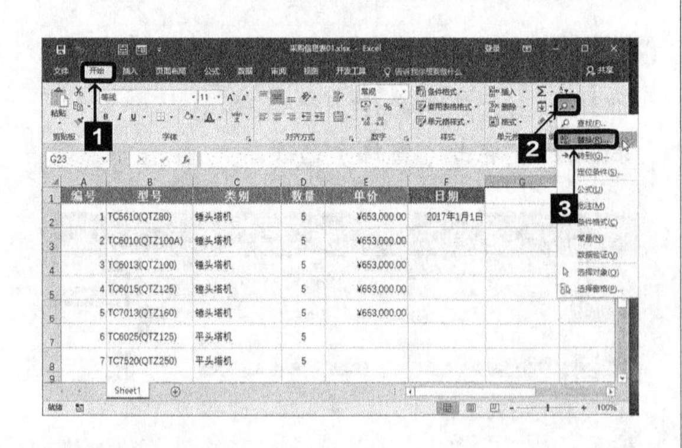

2 弹出【查找和替换】对话框，切换到【替换】选项卡，在【查找内容】文本框中输入“平头塔机”，在【替换为】文本框中输入“塔式起重机”，单击 查找全部(I) 按钮。

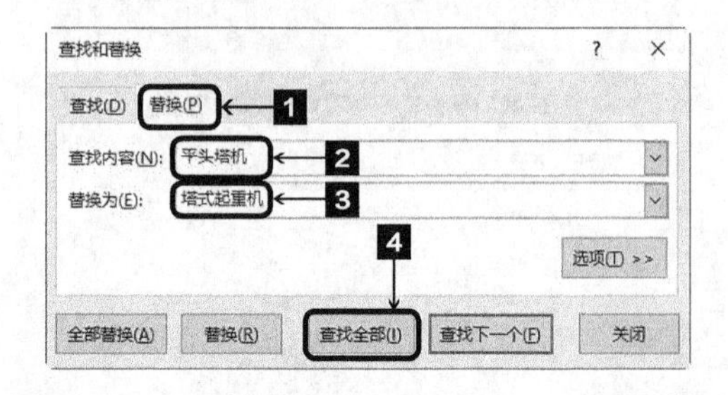

3 光标定位在要查找的内容上，并在对话框中显示出具体的查找内容，单击 全部替换(A) 按钮。

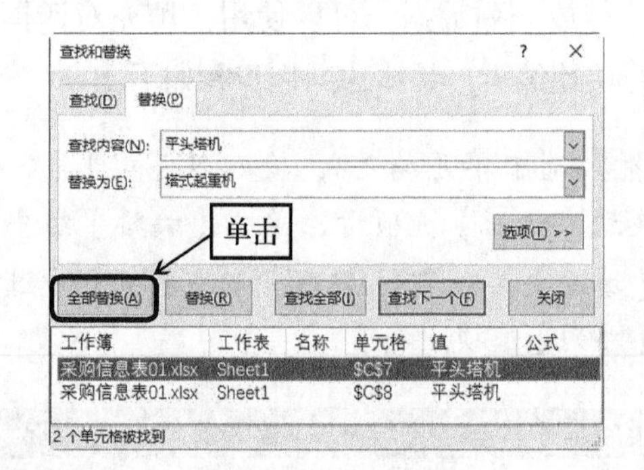

4 弹出【Microsoft Excel】提示对话框。并显示出替换结果，单击 确定 按钮。

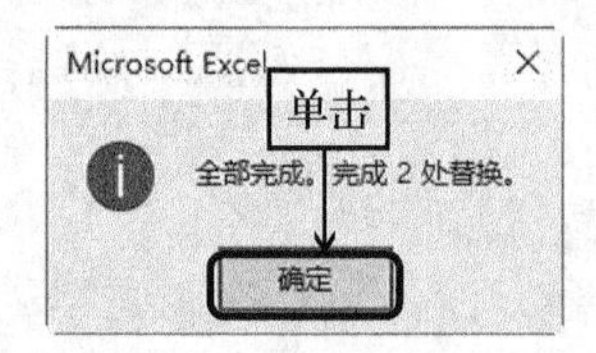

5 返回【查找和替换】对话框，单击 关闭 按钮。

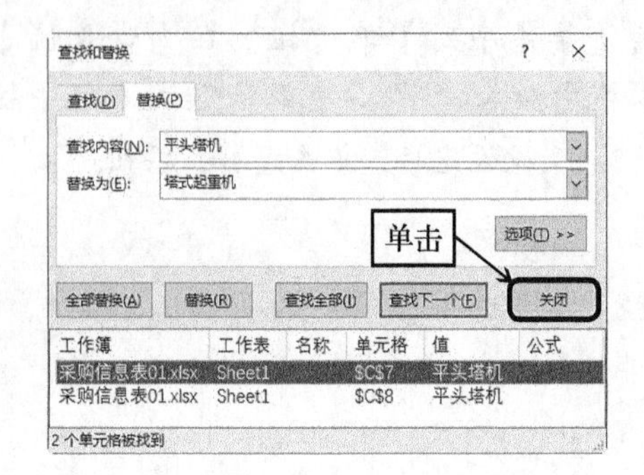

6 返回表格中，即可看到文本“平头塔机”已经被替换为“塔式起重机”了。

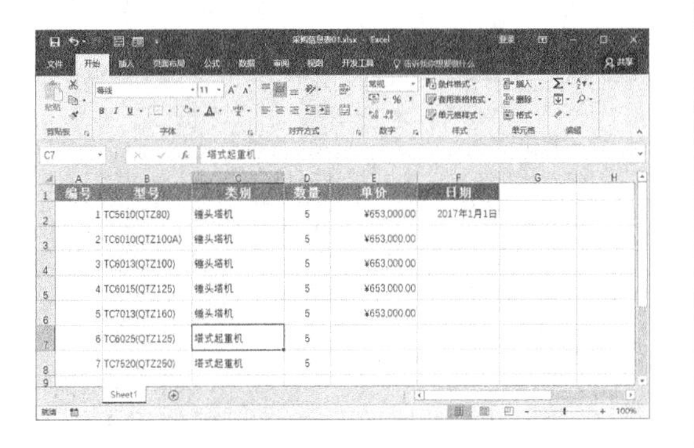

3. 删除数据

当输入的数据不正确时可以通过键盘上的删除键进行单个删除，也可以通过【清除】按钮进行批量删除。

单个删除

删除单个数据的方法很简单，选中要删除数据的单元格，然后【Backspace】键或【Delete】键即可。

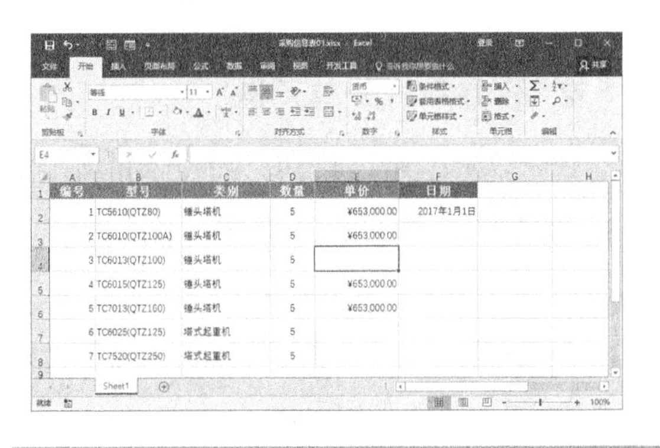

批量删除

批量删除工作表中数据的具体操作步骤如下。

1 选中要删除的单元格区域，切换到【开始】选项卡，单击【编辑】组中的【清除】按钮，从弹出的下拉列表中选择【清楚内容】选项。

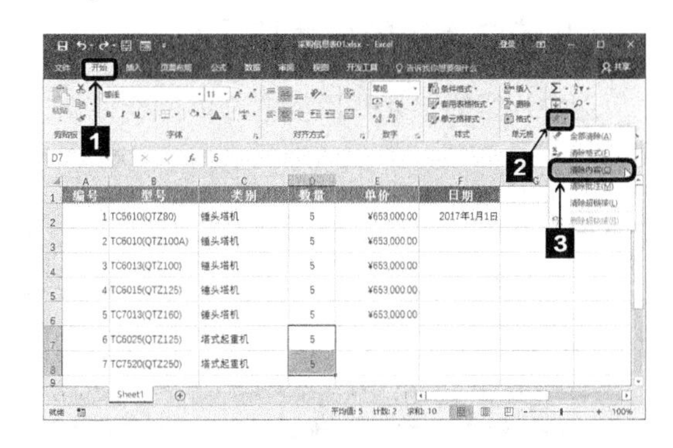

2 选中的单元格区域中的内容就被清除了。

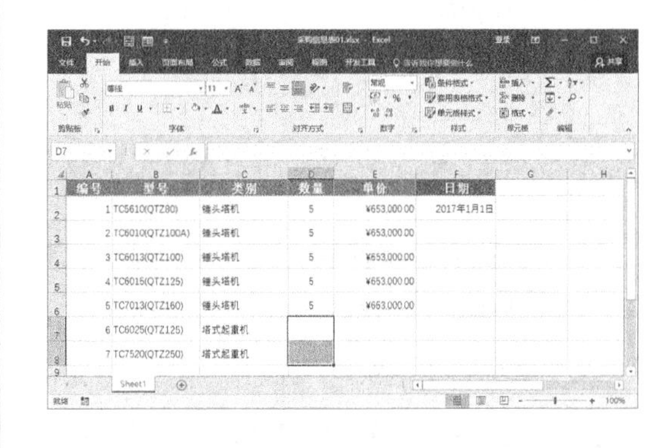

6.2.3 单元格的基本操作

单元格是表格中行与列的交叉部分，它是组成表格的最小单位。单元格的基本操作包括选中、合并和拆分等。

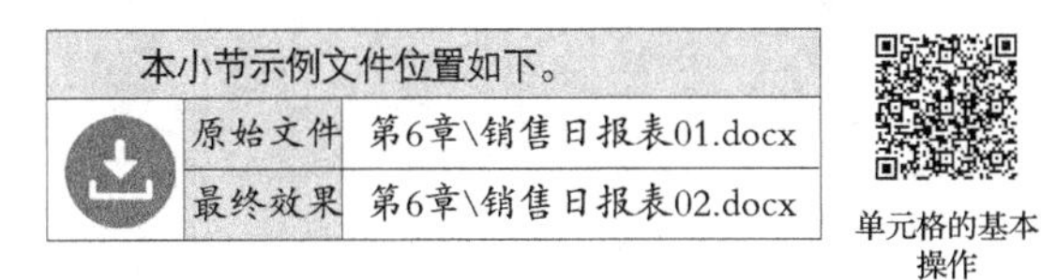

本小节示例文件位置如下。	
原始文件	第6章\销售日报表01.docx
最终效果	第6章\销售日报表02.docx

单元格的基本操作

1. 选中单元格

选中单元格的方法很简单，直接用鼠标单击要选择的单元格即可。下面主要介绍选取单元格区域、整个表格的技巧。

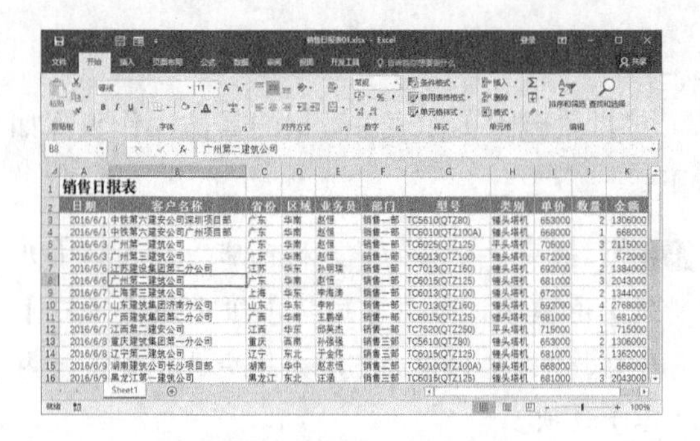

○ 选中连续的单元格区域

选中连续的单元格区域的具体操作方法如下。

选中其中一个单元格，然后按住鼠标左键不放，向任意方向拖动鼠标即可选择一块连续的单元格区域。

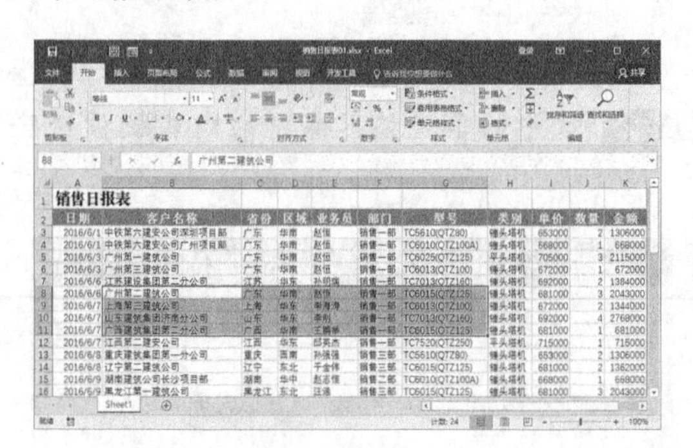

另外，选中要选择的第一个单元格，然后按【Shift】键的同时选中最后一个单元格，也可以选中连续的单元格区域。

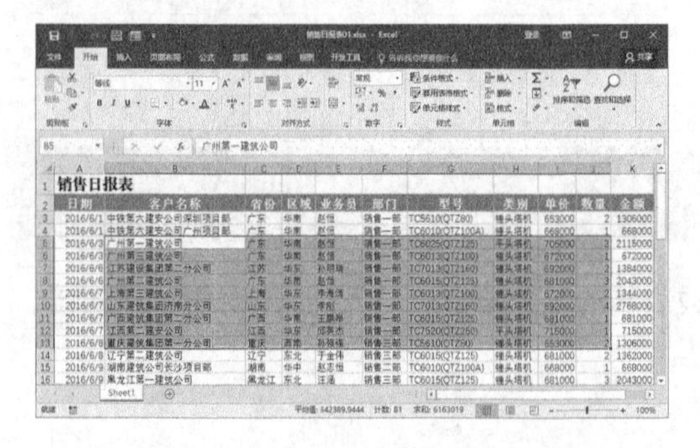

○ 选中不连续的单元格区域

选中要选择的第一个单元格，然后按【Ctrl】键的同时依次选中其他单元格即可。

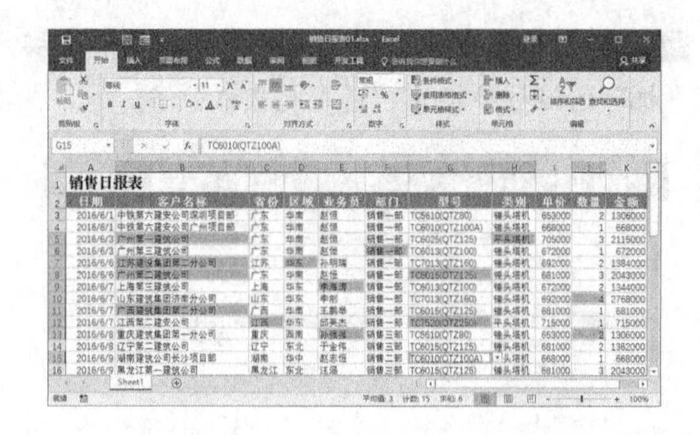

○ 选中全表

选中全表的方法很简单，可以使用【Ctrl】+【A】组合键选中全表，也可单击表格行和列左上角交叉处的【全选】按钮。

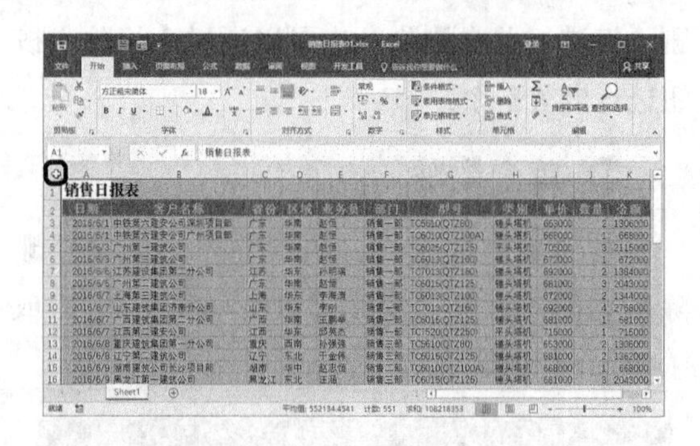

2. 合并和拆分单元格

在编辑工作表的过程中，经常会用到合并和拆分单元格。具体的操作步骤如下。

1 选中要合并的单元格A1:K1，然后切换到【开始】选项卡，单击【对齐方式】组中的【合并后居中】按钮。

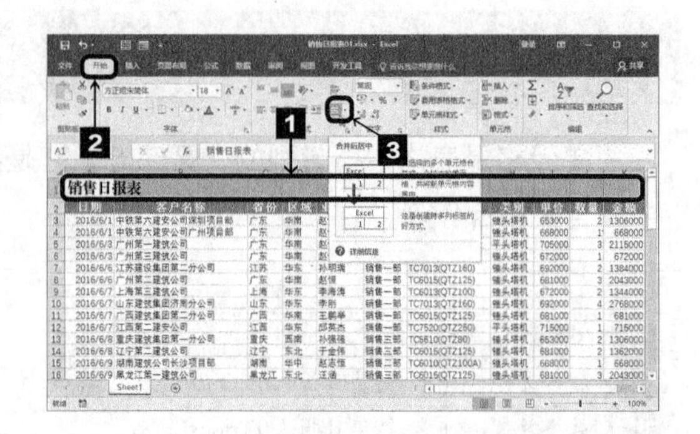

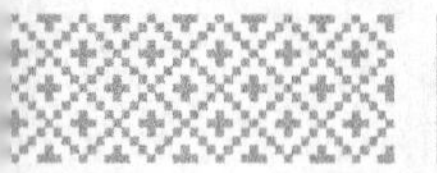

2 单元格区域A1:K1就被合并成了一个单元格。

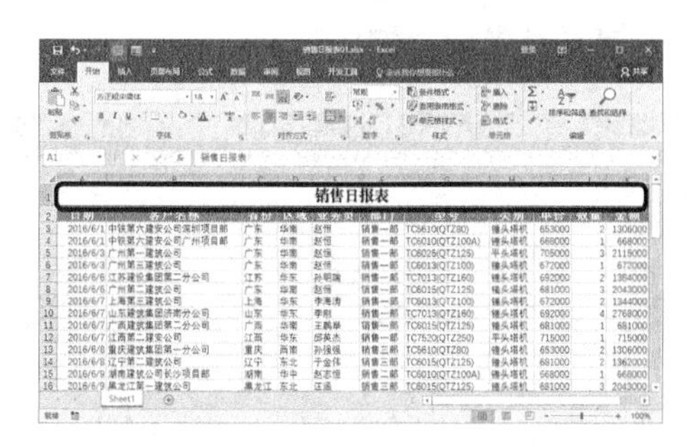

3 如果要拆分单元格，先选中要拆分的单元格，然后切换到【开始】选项卡，单击【对齐方式】组中的【合并后居中】按钮右侧的下三角按钮，从弹出的下拉列表中选择【取消单元格合并】选项。

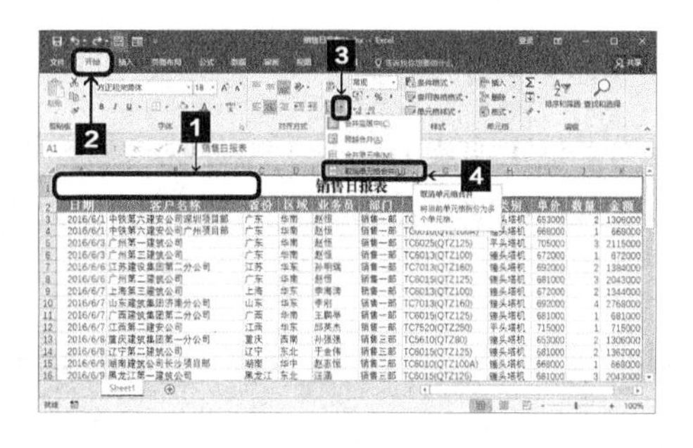

4 即可拆分选中的单元格。

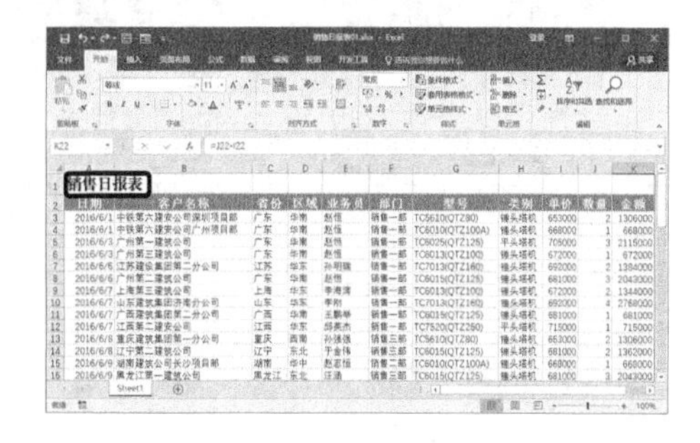

6.2.4 设置单元格格式

单元格格式的设置主要包括设置字体格式、对齐方式、边框和底纹以及背景色等。

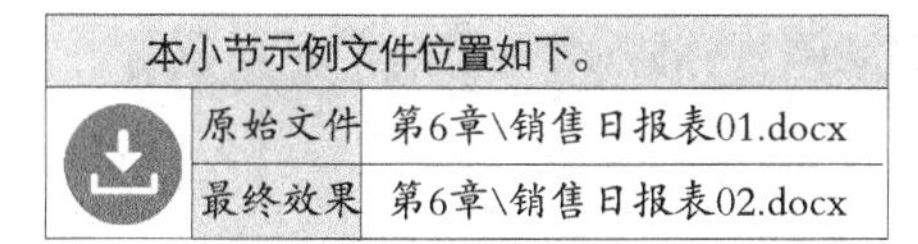

本小节示例文件位置如下。

原始文件	第6章\销售日报表01.docx
最终效果	第6章\销售日报表02.docx

设置单元格格式

1. 设置字体格式

1 打开本实例的原始文件，选中单元格A1，切换到【开始】选项卡，单击【字体】组中的【对话框启动器】按钮。

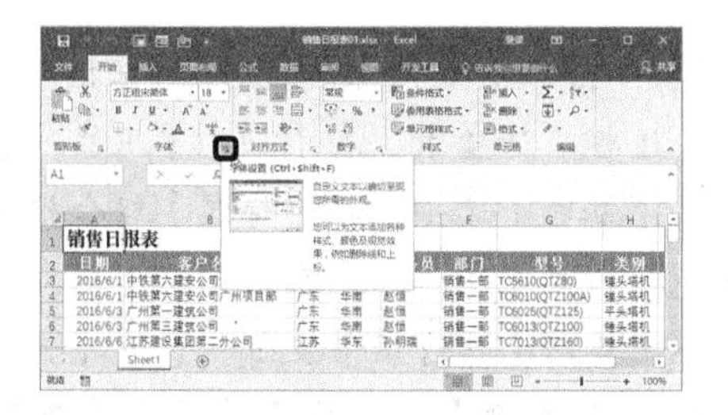

2 弹出【设置单元格格式】对话框，切换到【字体】选项卡，在【字体】列表框中选择【华文行楷】选项，在【字形】列表框中选择【加粗】选项，在【字号】列表框中选择【22】选项，单击 确定 按钮。

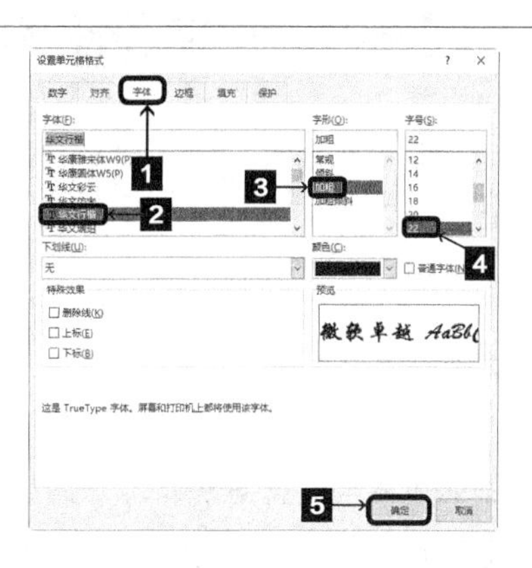

3 返回工作表中，即可看到标题文本已经变为设置的样式。

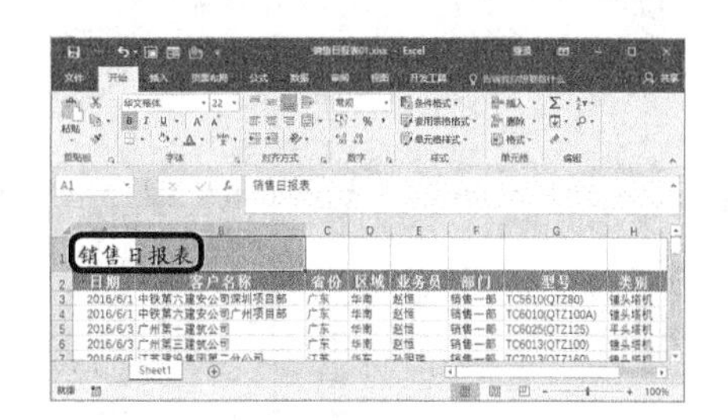

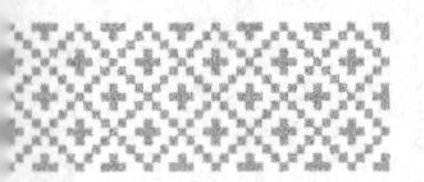

2. 调整行高和列宽

为了使工作表看起来更加美观，用户可以调整行高和列宽。调整列宽的具体操作步骤如下。

1 将鼠标指针放在要调整列宽的列标记右侧的分割线上，此时鼠标指针变成✛形状。

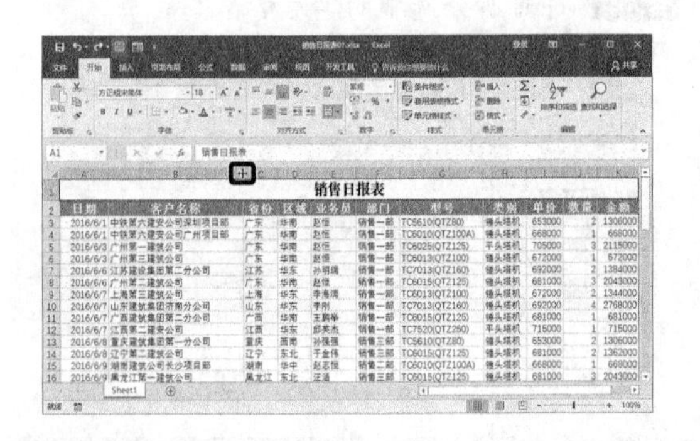

销售日报表									
日期	客户名称	省份	区域	业务员	部门	型号	类别	单价	数量	金额
2016/6/1	中铁第六建安公司深圳项目部	广东	华南	赵恒	销售一部	TC5610(QTZ80)	锤头塔机	653000	2	1306000
2016/6/1	中铁第六建安公司广州项目部	广东	华南	赵恒	销售一部	TC6010(QTZ100A)	锤头塔机	668000	1	668000
2016/6/3	广州第一建筑公司	广东	华南	赵恒	销售一部	TC6025(QTZ125)	平头塔机	705000	3	2115000
2016/6/3	广州第三建筑公司	广东	华南	赵恒	销售一部	TC6013(QTZ100)	锤头塔机	672000	1	672000
2016/6/6	江苏建设集团第二分公司	江苏	华东	孙明娟	销售一部	TC7013(QTZ160)	锤头塔机	692000	2	1384000
2016/6/6	广州第二建筑公司	广东	华南	赵恒	销售一部	TC6015(QTZ125)	锤头塔机	681000	3	2043000
2016/6/7	上海第三建筑公司	上海	华东	李海涛	销售一部	TC6013(QTZ100)	锤头塔机	672000	2	1344000
2016/6/7	山东建筑集团济南分公司	山东	华东	李刚	销售一部	TC7013(QTZ160)	锤头塔机	692000	4	2768000
2016/6/7	广西建筑集团第二分公司	广西	华南	王鹏举	销售一部	TC6015(QTZ125)	锤头塔机	681000	1	681000
2016/6/7	江西第二建安公司	江西	华东	邱英杰	销售一部	TC7520(QTZ250)	平头塔机	715000	1	715000
2016/6/8	重庆建筑集团第一分公司	重庆	西南	孙强强	销售三部	TC5610(QTZ80)	锤头塔机	653000	2	1306000
2016/6/8	辽宁第二建筑公司	辽宁	东北	于金伟	销售三部	TC6015(QTZ125)	锤头塔机	681000	2	1362000
2016/6/9	湖南建筑公司长沙项目部	湖南	华中	赵志恒	销售二部	TC6010(QTZ100A)	锤头塔机	668000	1	668000
2016/6/9	黑龙江第一建筑公司	黑龙江	东北	汪涵	销售三部	TC6015(QTZ125)	锤头塔机	681000	3	2043000

2 按住鼠标左键不放，可以拖动调整列宽，并在上方显示宽度值，拖动到合适的位置即可释放鼠标左键即可。

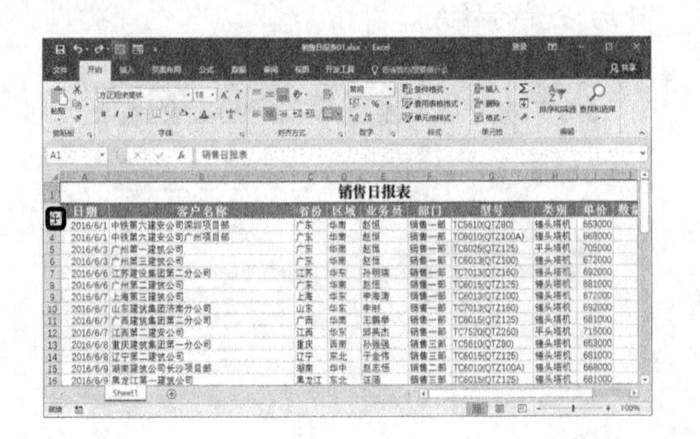

3 如果想要调整行高，只需将鼠标指针放在要调整行高的行标记下侧的分割线上，此时鼠标指针变成✛形状。

4 按住鼠标左键不放，可以拖动调整列宽，并在上方显示宽度值，拖动到合适的位置即可释放鼠标左键即可。

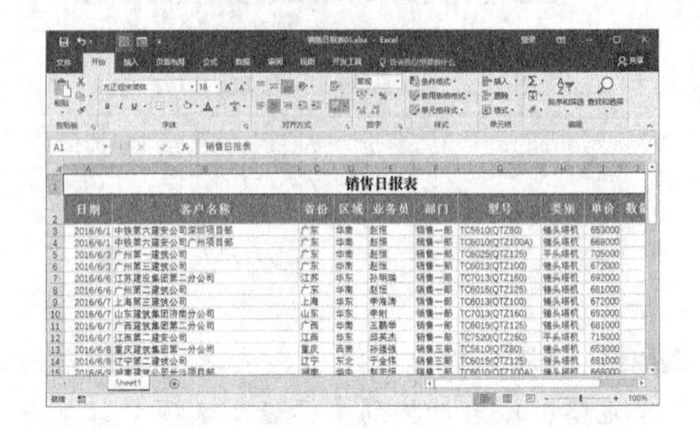

3. 添加边框和底纹

为了使工作表看起来更加明了直观，可以为表格添加边框和底纹。具体的操作步骤如下。

1 选中单元格区域A3:J16，切换到【开始】选项卡，单击【字体】组右下角的【对话框启动器】按钮。

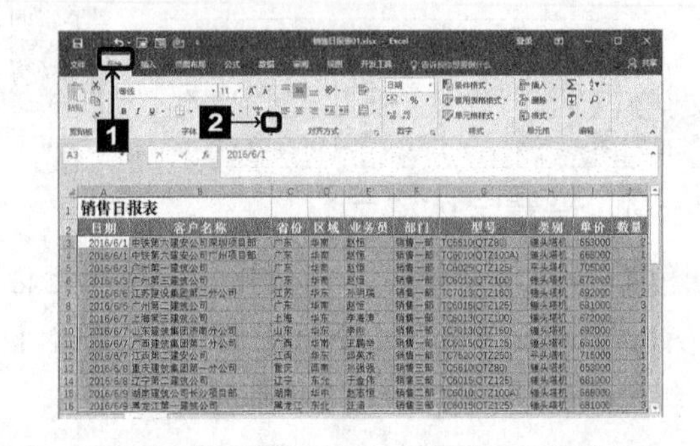

2 弹出【设置单元格格式】对话框。切换到【边框】选项卡，在【颜色】下拉列表中选择【红色】选项，在【样式】组合框中选择【较粗直线】选项，在右侧的【预置】组合框中单击【外边框】按钮，在【样式】组合框中选择【细虚线】选项，在右侧的【预置】组合框中单击【内部】按钮。单击 确定 按钮，返回工作表中。

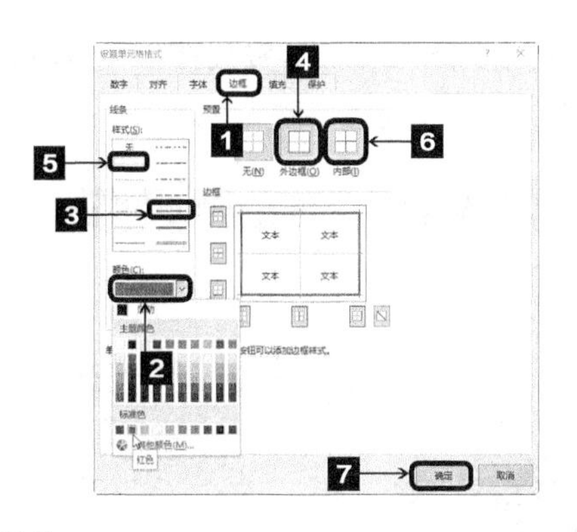

3 设置后的效果如图所示。

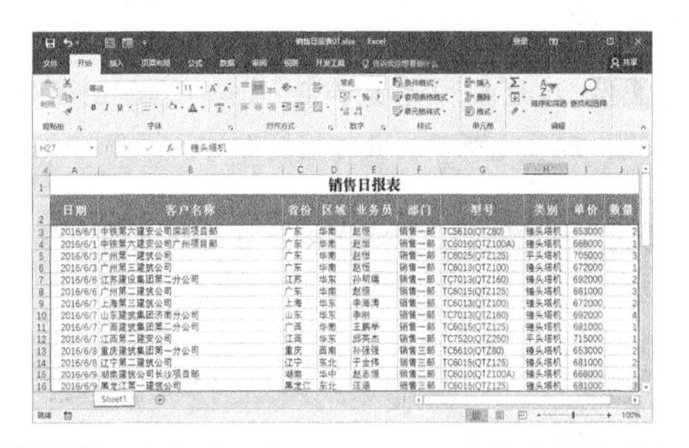

4 选中单元格区域B3:B16，使用同样的方法打开【设置单元格格式】对话框，切换到【填充】选项卡，在【背景色】组合框中选择一种合适的颜色，单击 确定 按钮。

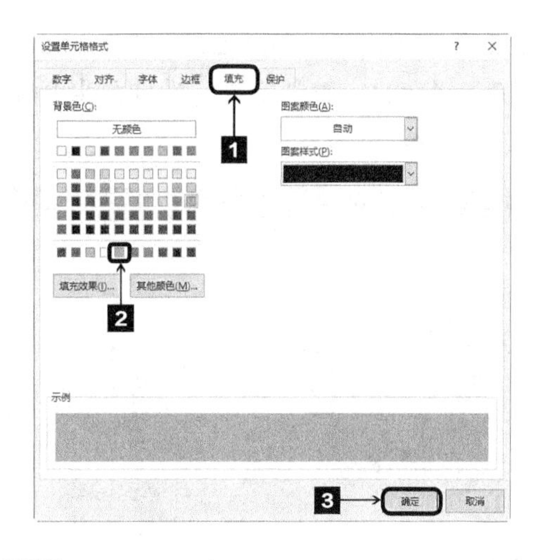

5 返回工作表中，设置效果如图所示。

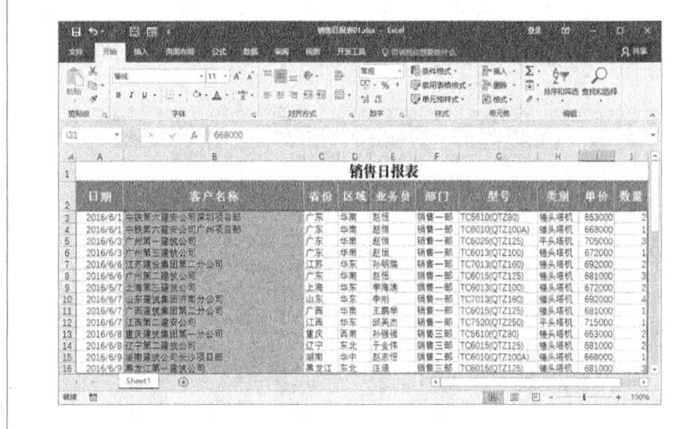

6.2.5 添加批注

为单元格添加批注是指为表格内容添加一些注释。当鼠标指针停留在带批注的单元格上时，用户可以查看其中的每条批注。

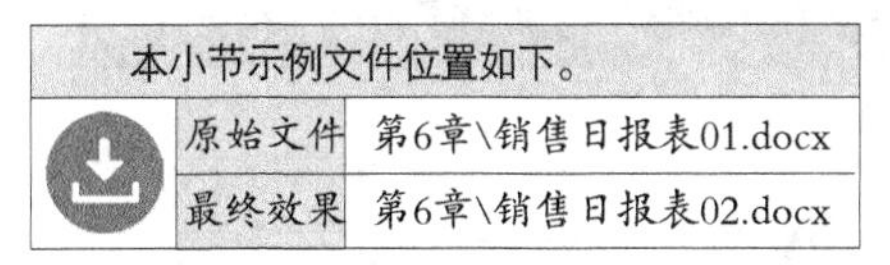

本小节示例文件位置如下。

原始文件	第6章\销售日报表01.docx
最终效果	第6章\销售日报表02.docx

添加批注

1. 插入批注

在Excel 2016 工作表中，用户可以通“审阅”选项卡为单元格插入批注。在单元格中插入批注的具体操作步骤如下。

1 选中单元格A2，切换到【审阅】选项卡，单击【批注】组中的【新建批注】按钮 。

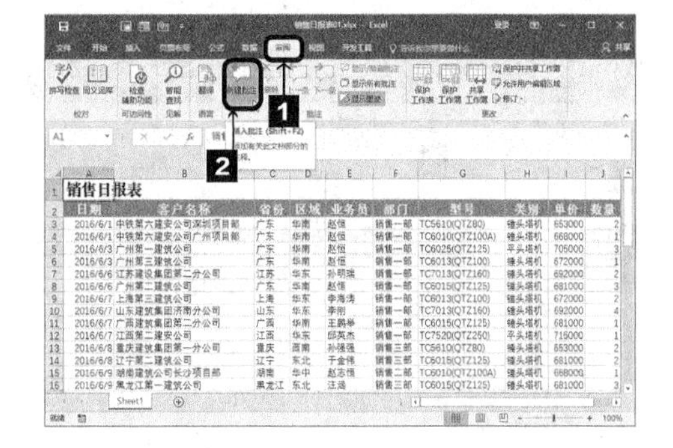

2 此在单元格A2的右上角出现一个红色小三角，并弹出一个批注框，然后在其中输入相应的文本。

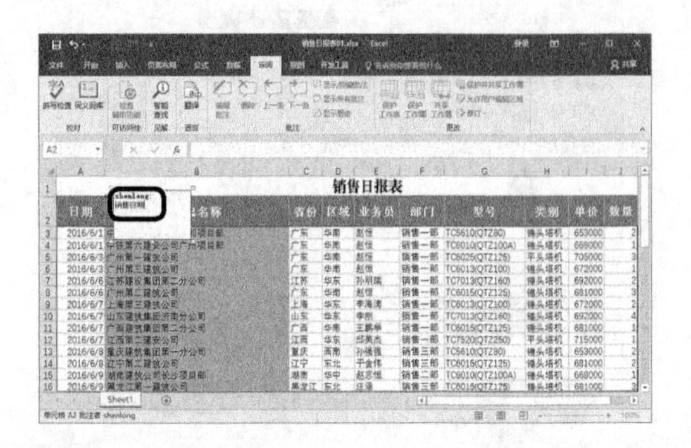

3 输入完毕，单击批注框外部的工作表区域，即可看到单元格A2中的批注框隐藏起来，只显示右上角的红色小三角。

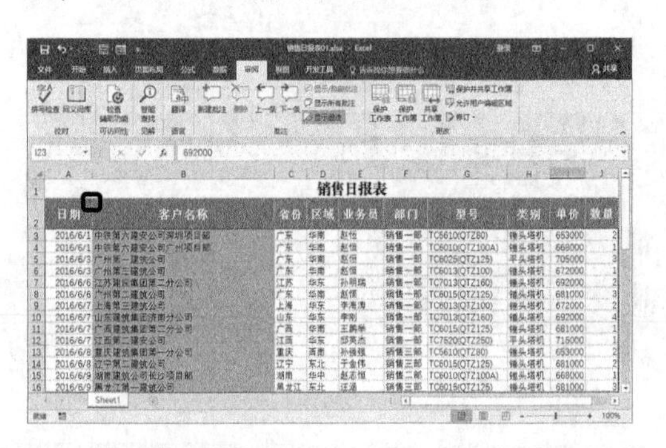

2. 编辑批注

插入批注后，用户可以根据需要，对批注的大小、位置以及字体格式进行编辑。

○ 调整批注的大小和位置

1 选中单元格A2，切换到【审阅】选项卡，单击【批注】组中的【显示/隐藏批注】按钮 显示所有批注 ，随即显示出批注框。

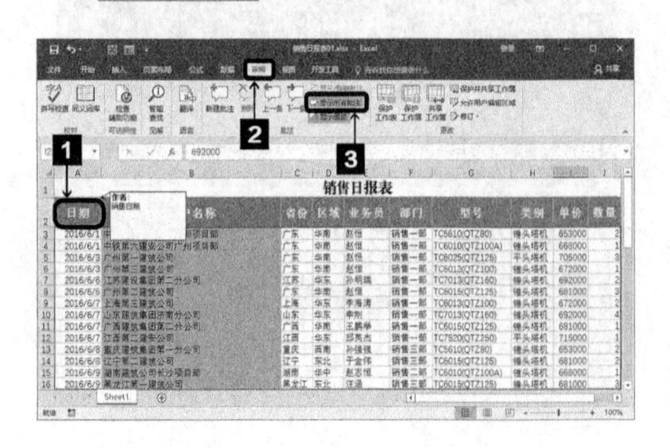

2 选中批注框，然后将鼠标指针移动到其右下角，此时鼠标指针变为⤡形状。

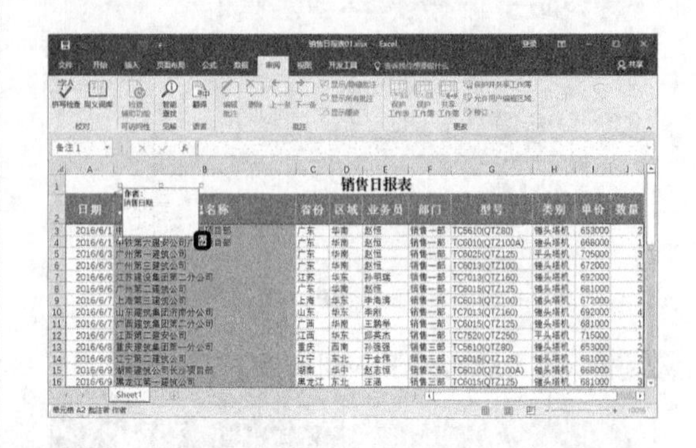

3 按住鼠标左键不放，拖动至合适的位置，调整完毕释放鼠标左键即可。

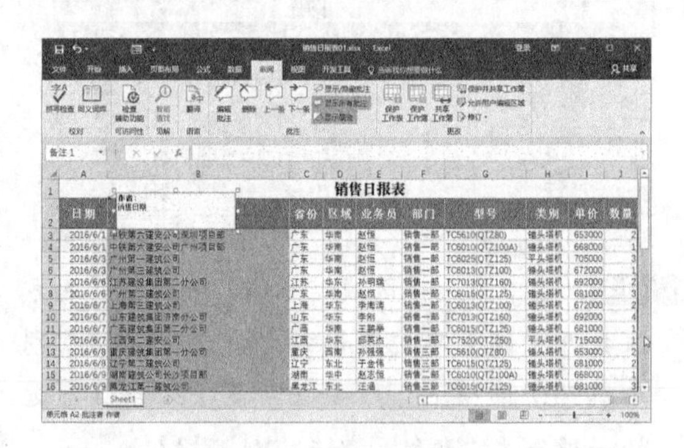

○ 设置批注的格式

1 选中批注框中的内容，然后单击鼠标右键，从弹出的快捷菜单中选择【设置批注格式】菜单项。

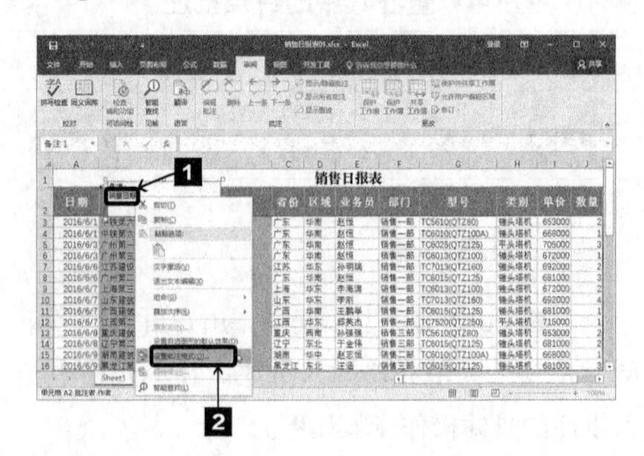

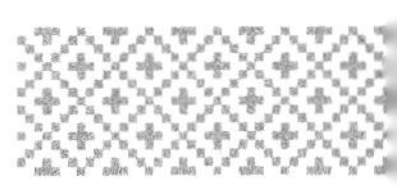

2 弹出【设置批注格式】对话框，切换到【字体】选项卡，在【字体】下拉列表中选择【楷体】选项，在【颜色】下拉列表中选择【红色】选项，设置完毕，单击 确定 按钮即可。

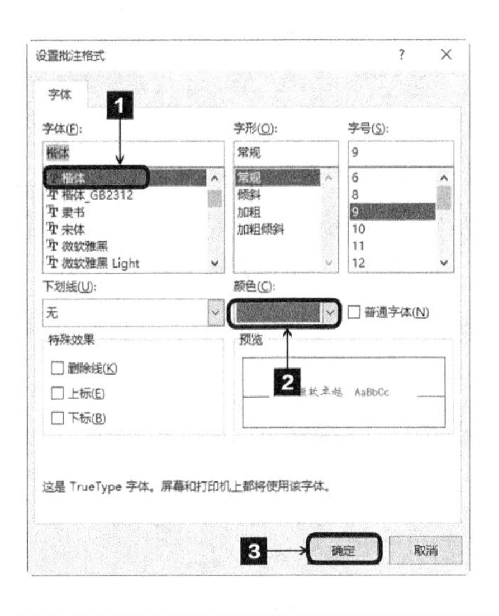

3 最终效果如下图所示。

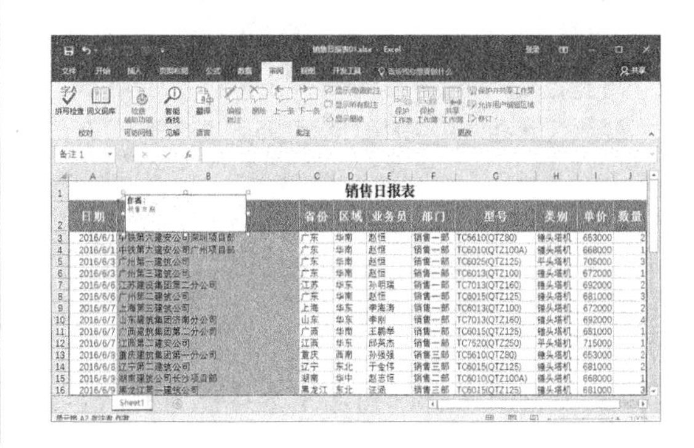

6.3 业务员销售额统计表

定期统计业务人员的销售情况，可以发掘出业绩较为突出的销售精英，考评业务员的绩效，核算业务提成金额。

6.3.1 应用样式和主题

Excel 2016为用户提供了多种表格样式和主题风格，用户可以从颜色、字体和效果等方面进行选择。

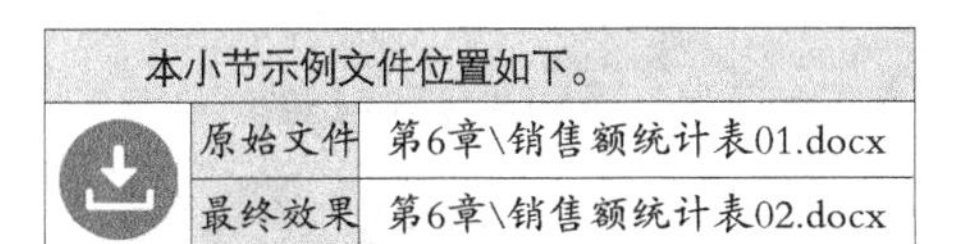

本小节示例文件位置如下。	
原始文件	第6章\销售额统计表01.docx
最终效果	第6章\销售额统计表02.docx

应用样式和主题

1. 应用单元格样式

在美化工作表的过程中，用户可以使用单元格样式快速设置单元格格式。

套用内置样式

套用单元格样式的具体操作步骤如下。

1 打开本实例的原始文件，选中单元格A1，切换到【开始】选项卡，单击【样式】组中的 单元格样式 按钮。

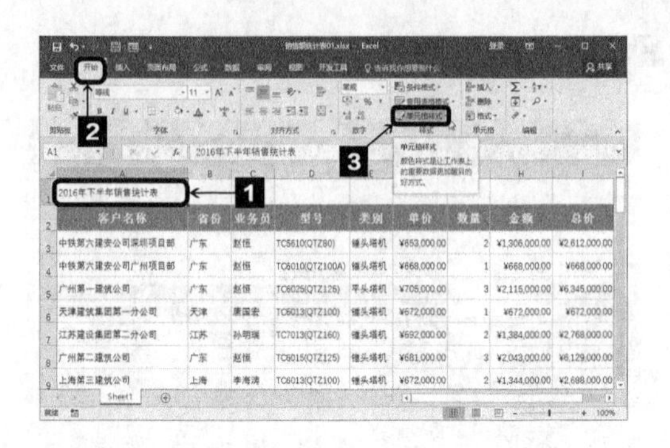

2 从弹出的下拉列表中选择一种样式，例如选择【标题1】选项。

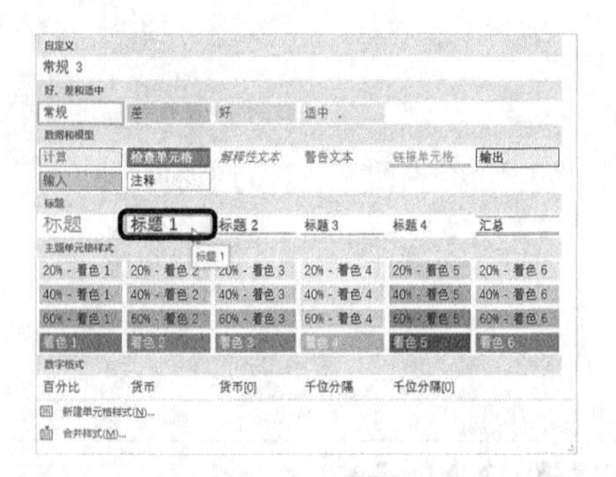

3 应用样式后的效果如图所示。

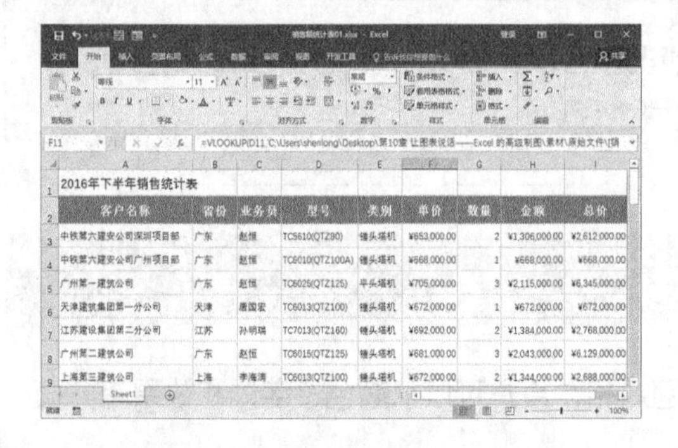

○ 自定义单元格样式

自定义单元格样式的具体操作步骤如下。

1 切换到【开始】选项卡，单击【样式】组中的【单元格样式】按钮，从弹出的下拉列表中选择【新建单元格样式】选项。

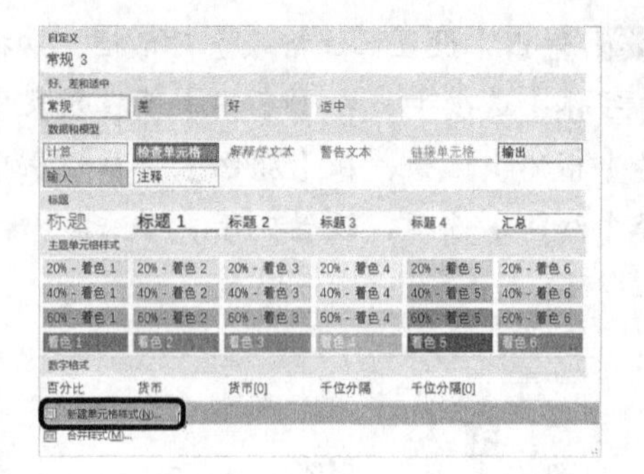

2 弹出【样式】对话框，在【样式名】文本框中自动显示“样式1”，用户可以根据需要设置样式名。单击【格式】按钮。

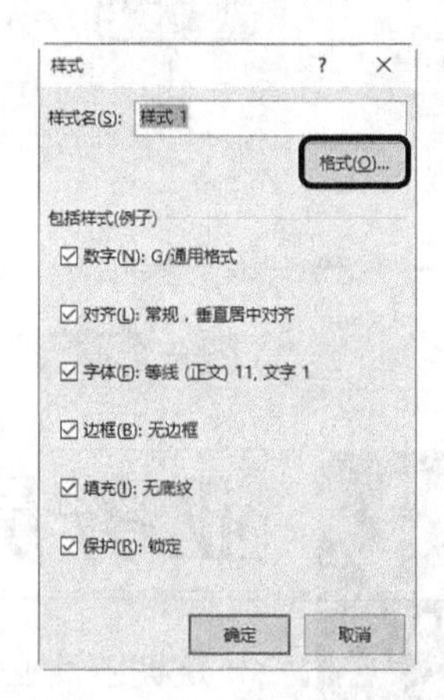

3 弹出【设置单元格格式】对话框，切换到【字体】选项卡，在【字体】列表框中选择【微软雅黑】选项，在【字形】列表框中选择【加粗】选项，在【字号】列表框中选择【18】选项，在【颜色】下拉列表中选择【自动】选项，单击 确定 按钮。

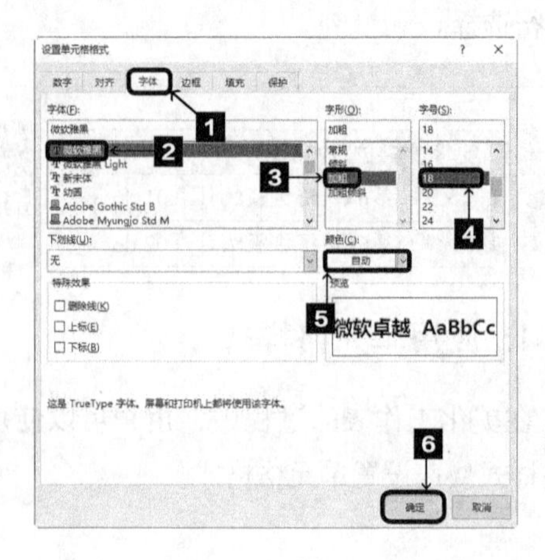

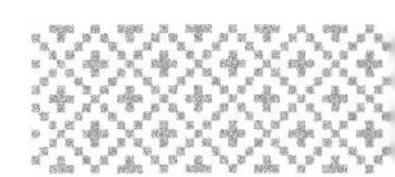

4 返回【样式】对话框，设置完毕，再次单击 确定 按钮，此时，新创建的样式“样式1”就保存在了内置样式中。

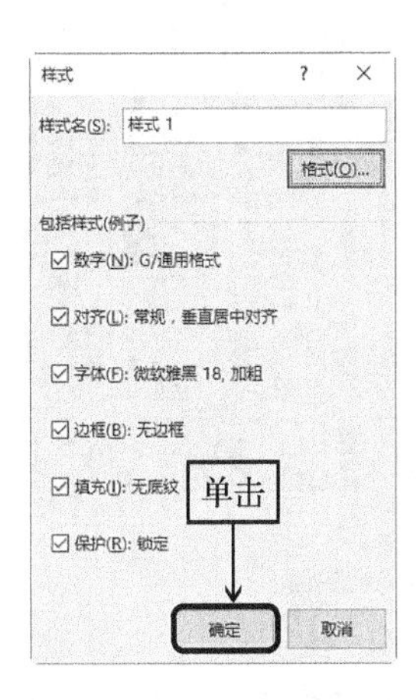

5 选中单元格A1，切换到【开始】选项卡，单击【样式】组中的 单元格样式 按钮，从弹出的下拉列表中选择【样式1】选项。

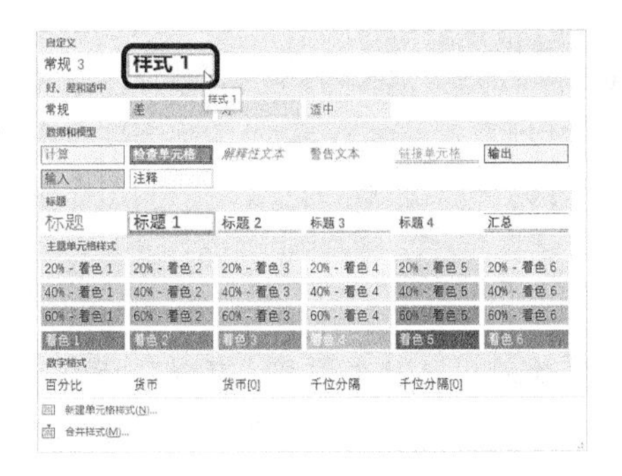

6 应用样式后的效果如图所示。

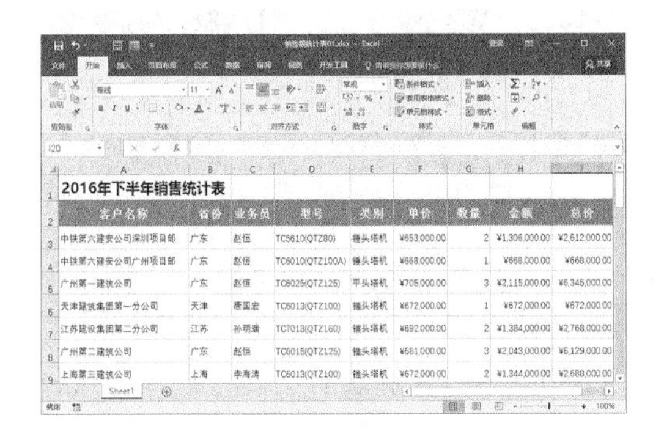

2. 套用单元格样式

通过套用表格样式可以快速设置一组单元格的格式，并将其转化为表。具体操作步骤如下。

1 选中单元格区域A3:I9，切换到【开始】选项卡，单击【样式】组中的 套用表格格式 按钮。

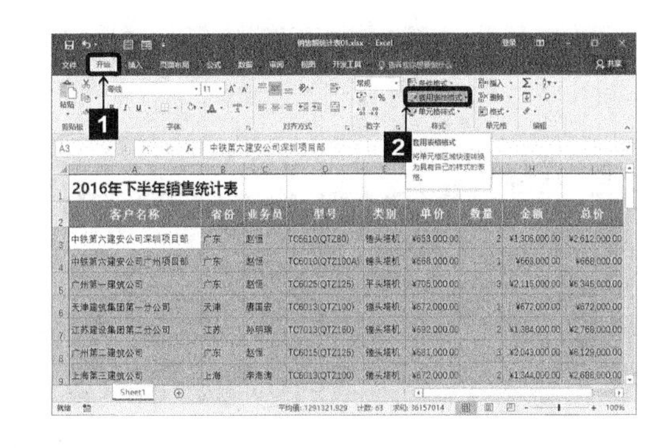

2 从弹出的下拉列表中选择【白色，表样式浅色18】选项。

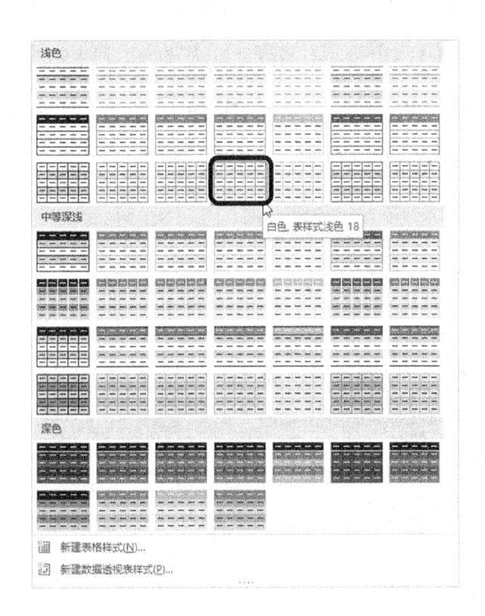

3 弹出【套用表格式】对话框，在【表数据的来源】文本框中显示公式“=$A$3:$I$9”，单击 确定 按钮即可。

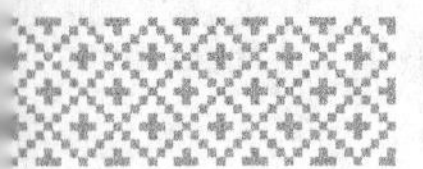

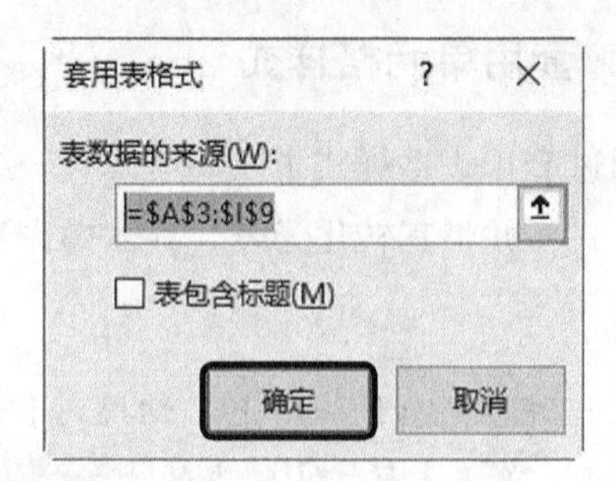

4 应用样式后的效果如图所示。

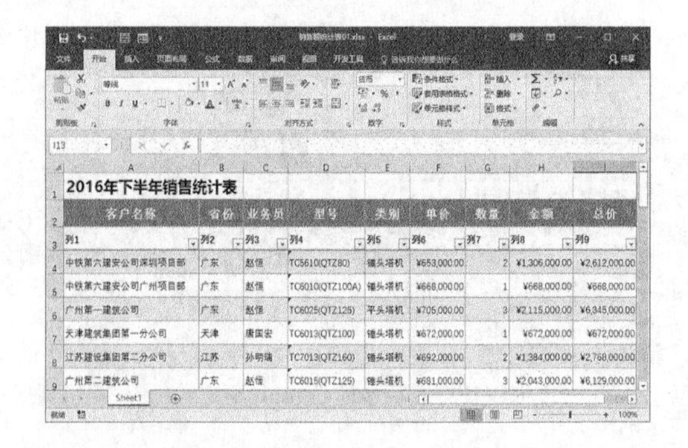

3. 设置表格主题

Excel 2016 为用户提供了多种风格主题，用户可以直接套用主题快速改变表格风格，也可以对主体颜色、字体和效果进行自定义。设置表格主题的具体操作步骤如下。

1 切换到【页面布局】选项卡，单击【主题】组中的【主题】按钮。

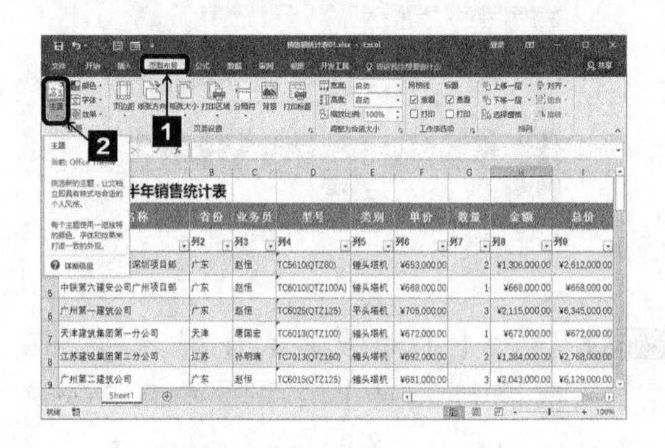

2 从弹出的下拉列表中选择一种想要的样式，这里选择【画廊】选项。

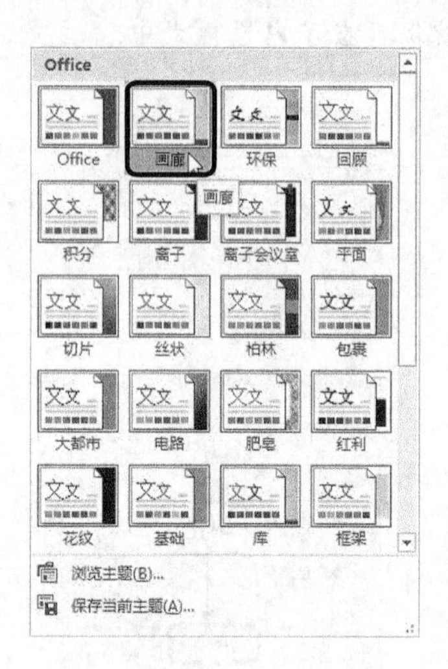

3 应用主题后的效果如图所示。

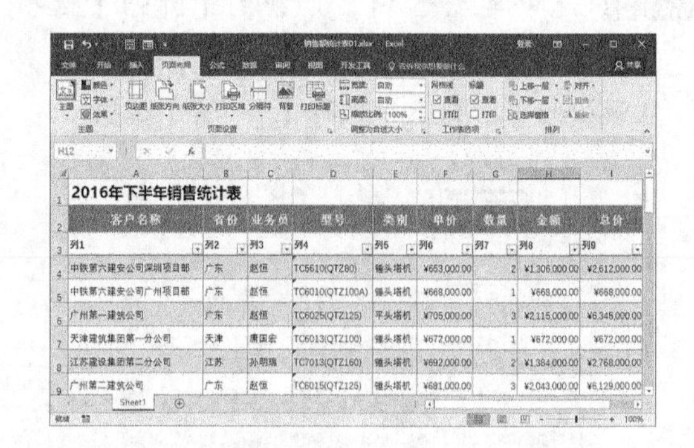

4 如果用户对主题样式不是很满意，可以进行自定义设置。例如单击【主题】组中的【主体颜色】按钮 颜色 。

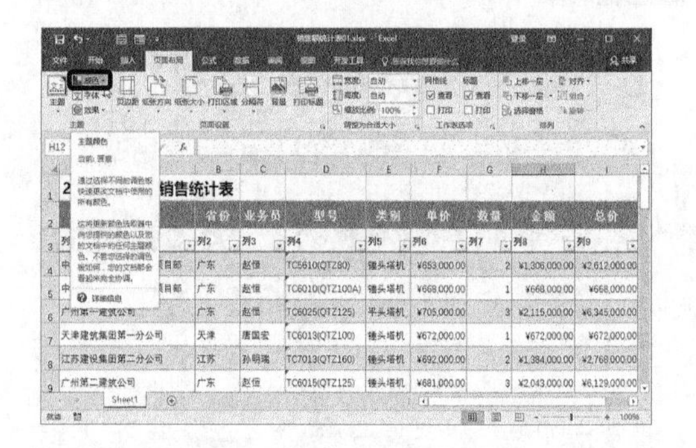

5 从弹出的下拉列表中选择【蓝色暖调】选项。

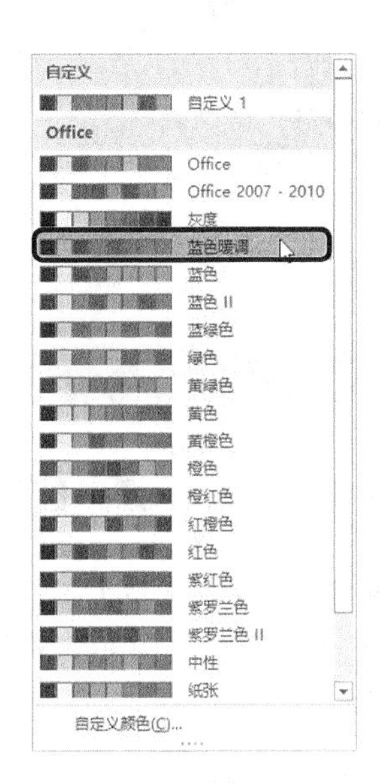

6 使用同样的方法，单击【主题】组中的【主题字体】按钮 文字体 ，从弹出的下拉列表中选择【华文楷体】选项。

7 单击【主题】组中的【主题效果】按钮 效果 ，从弹出的下拉列表中选择【细微固体】选项。

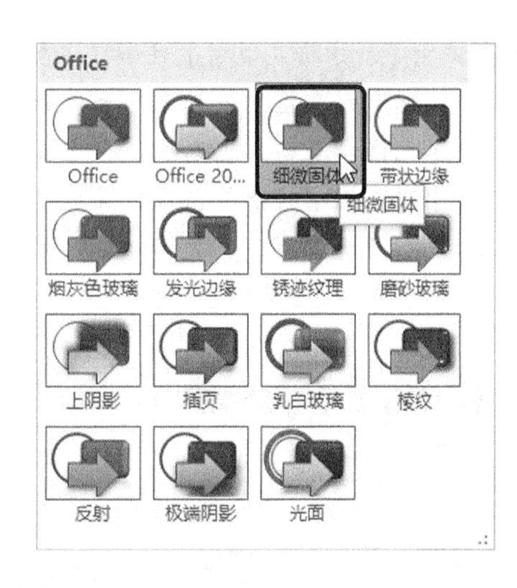

8 自定义主题后的效果如图所示。

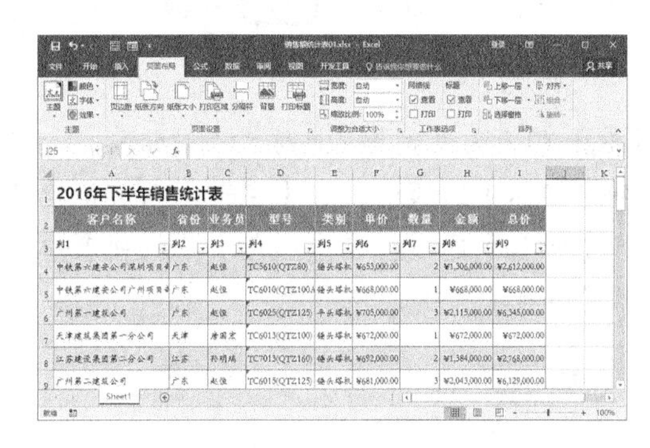

4. 突出显示单元格

在编辑数据表格的过程中，使用突出显示单元格功能可以快速显示特定区间的特定数据，从而提高工作效率。突出显示单元格的具体操作步骤如下。

1 选中单元格区域I4:I9，切换到【开始】选项卡，单击【样式】组中的 条件格式 按钮，从弹出的下拉列表中选择【突出显示单元格规则】➢【其他规则】选项。

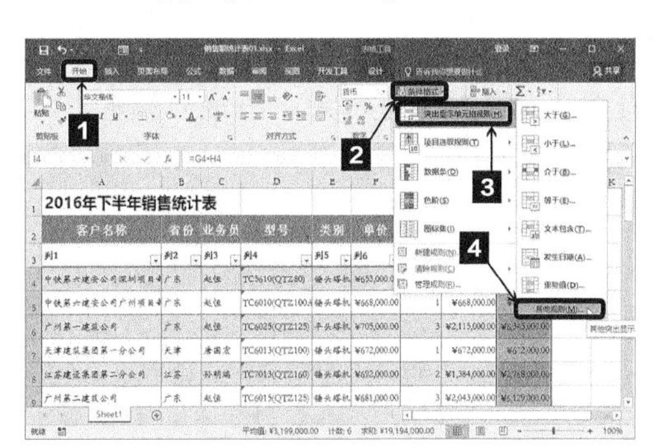

2 弹出【新建格式规则】对话框，在【选择规则类型】列表框中选择【只为包含以下内容的单元格设置格式】选项，在【编辑规则说明】组合框中将条件格式设置为“小于2000000”，设置完毕，单击 格式(F)... 按钮。

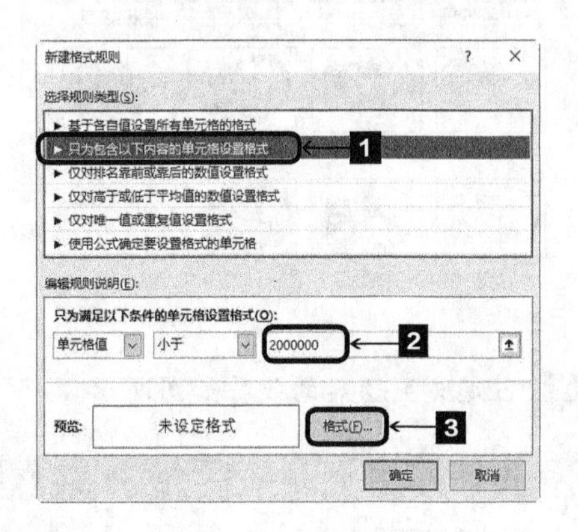

3 弹出【设置单元格格式】对话框，切换到【字体】选项卡，在【字形】列表框中选择【加粗】选项，在【颜色】下拉列表中选择【红色】选项。

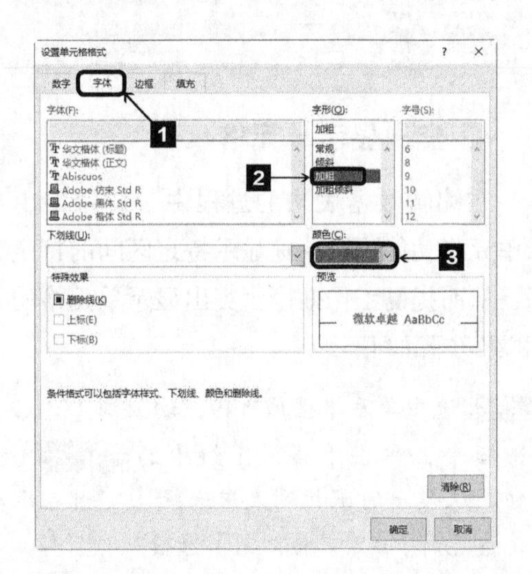

4 切换到【填充】选项卡，然后在【背景色】选项组中选择一种合适的颜色，单击 确定 按钮。

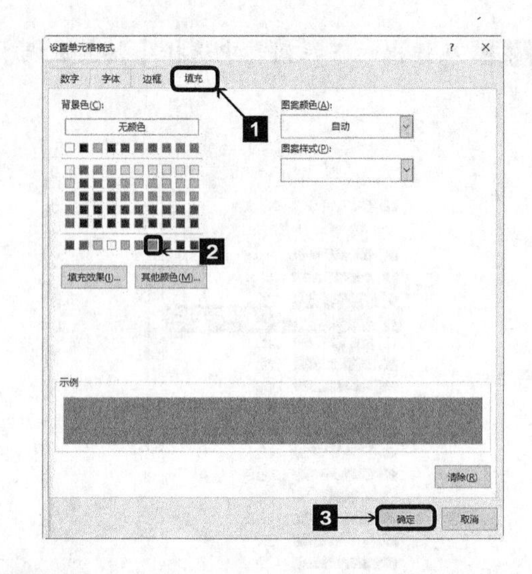

5 返回【新建格式规则】对话框，用户可以在【预览】组合框中预览设置效果，单击 确定 按钮。

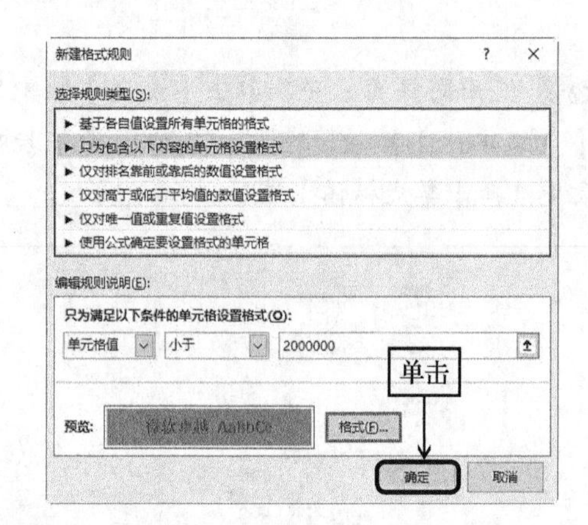

6 单元格区域I4:I9中小于2000000的数值将突出显示。

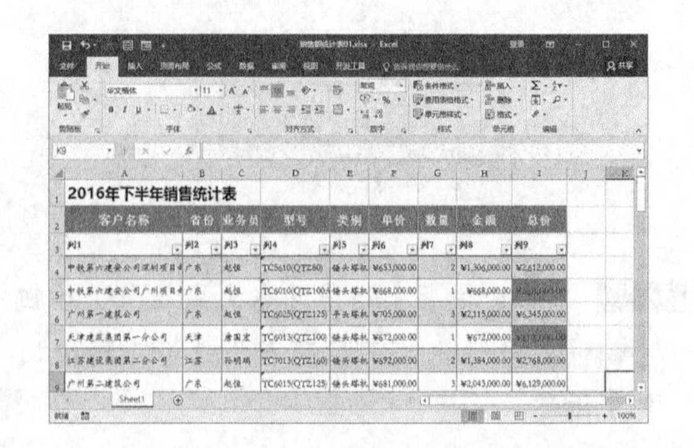

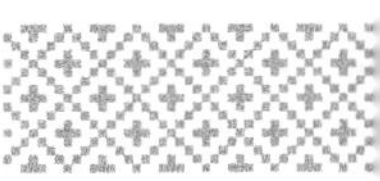

6.3.2 设置条件格式

Excel 2016 为用户提供了多种表格样式和主题风格，用户可以从颜色、字体和效果等方面进行选择。

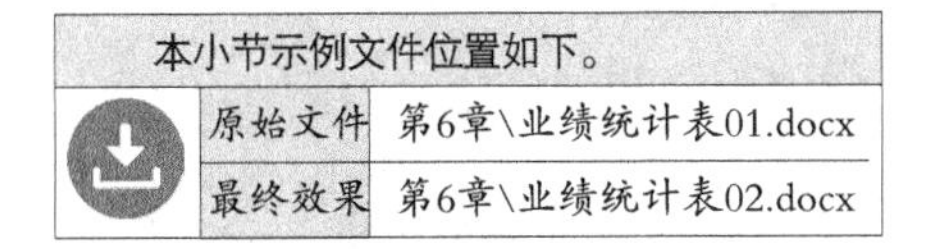

本小节示例文件位置如下。

原始文件	第6章\业绩统计表01.docx
最终效果	第6章\业绩统计表02.docx

设置条件格式

1. 添加数据条

使用数据条功能，可以快速为数组插入底纹颜色，并根据数字自动调整颜色的长度。添加数据条的具体操作步骤如下。

1 打开本实例的原始文件，选中单元格区域D4:J13，切换到【开始】选项卡，单击【样式】组中的 条件格式 按钮。

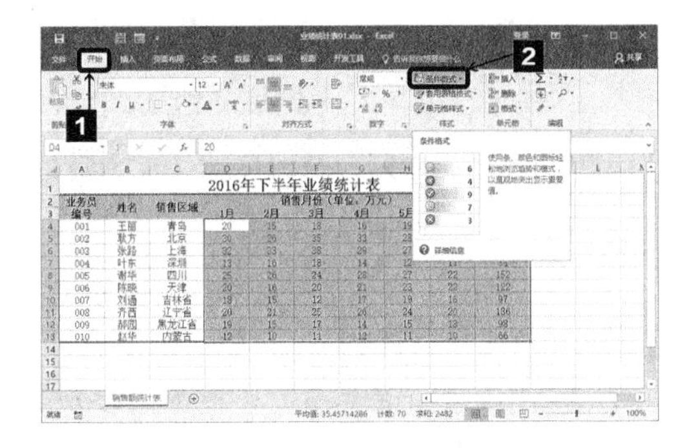

2 从弹出的下拉列表中选择【数据条】➤【渐变填充】➤【蓝色数据条】选项。

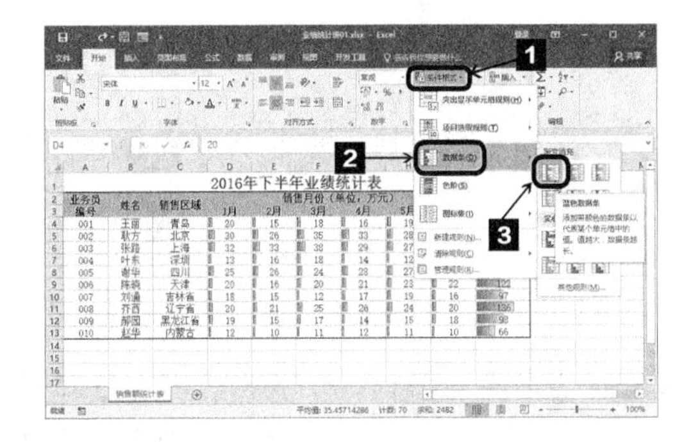

3 添加数据条颜色后的效果如图所示。

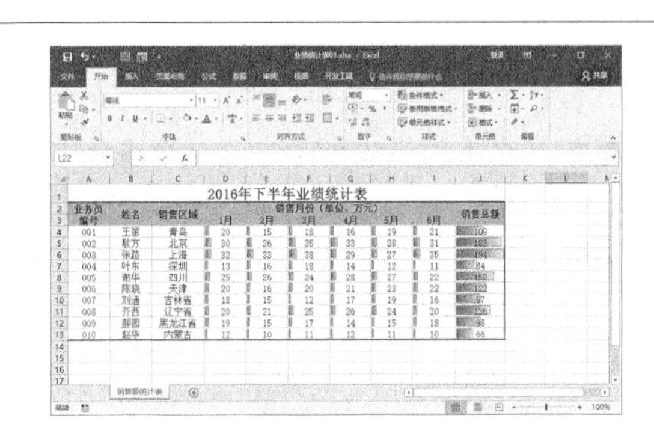

2. 添加图标

使用图表集功能，可以快速为数组插入图标，并根据数值自动调整图标的类型和方向。添加图标的具体操作步骤如下。

1 选中单元格区域D4:J13，切换到【开始】选项卡，单击【样式】组中的 条件格式 按钮，从弹出的下拉列表中选择【图标集】➤【方向】➤【三向箭头（彩色）】选项。

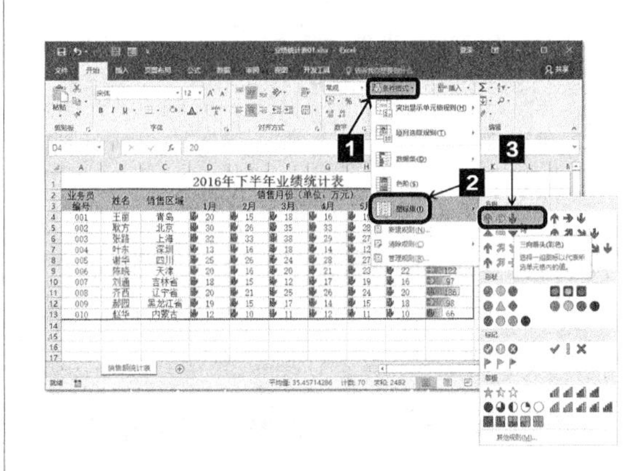

2 添加图标后的效果如图所示。

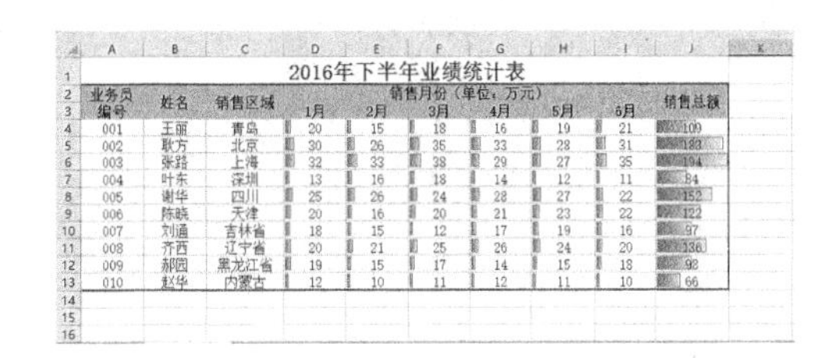

3. 添加色阶

使用色阶功能，可以快速为数组插入色阶，以颜色的亮度强弱和渐变程度来显示不同的数值，如双色渐变、三色渐变等。添加色阶的具体操作步骤如下。

1 选中单元格区域D4:J13，切换到【开始】选项卡，单击【样式】组中的条件格式按钮，从弹出的下拉列表中选择【色阶】➤【红-白-绿色阶】选项。

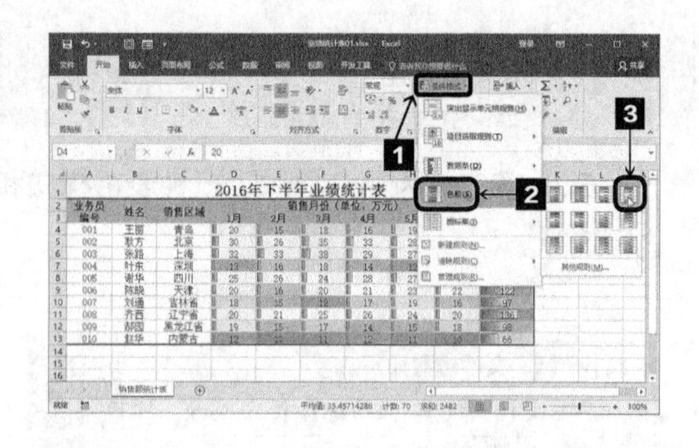

2 添加色阶后的效果如图所示。

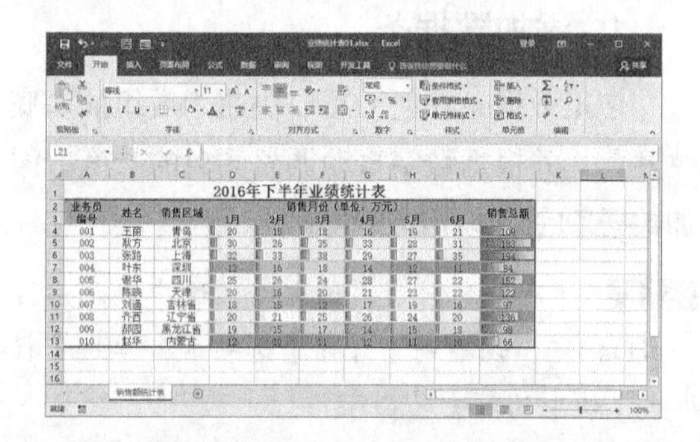

6.3.3 插入迷你图

迷你图是工作表单元格中的一个微型图表，可提供数据的直观表示，可以反映一系列数值的趋势，或者可以突出显示最大值和最小值。

本小节示例文件位置如下。		
	原始文件	第6章\业绩统计表01.docx
	最终效果	第6章\业绩统计表02.docx

插入迷你图

插入迷你图的具体操作步骤如下。

1 打开本实例的原始文件，选中J列，然后单击鼠标右键，从弹出的快捷菜单中选择【插入】菜单项。

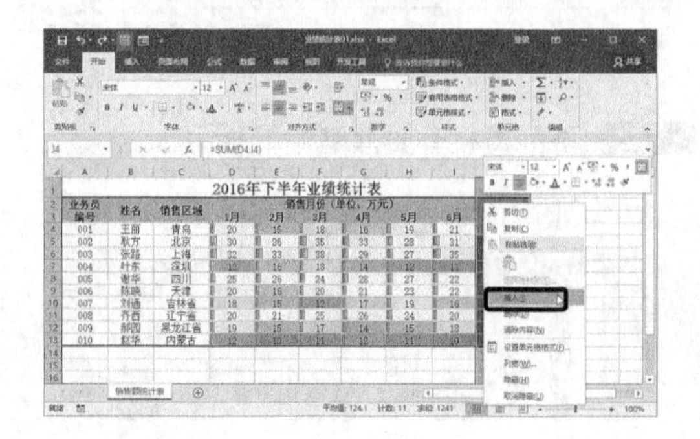

2 原来的J列就插入了新的一列，然后在单元格J2中输入“迷你图”，再将单元格J2和J3合并，效果如图所示。

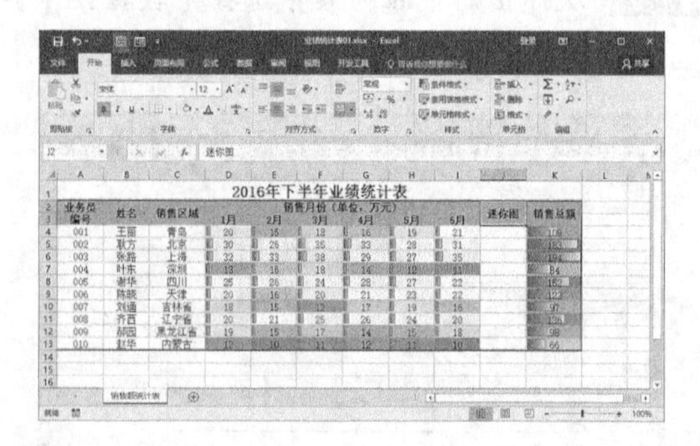

3 选中单元格J4，切换到【插入】选项卡，单击【迷你图】组中的【折线迷你图】按钮。

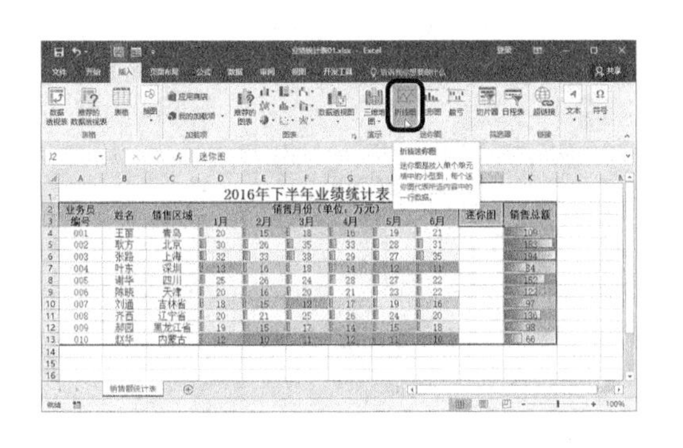

4 弹出【创建迷你图】对话框，单击【数据范围】文本框右侧的【折叠】按钮。

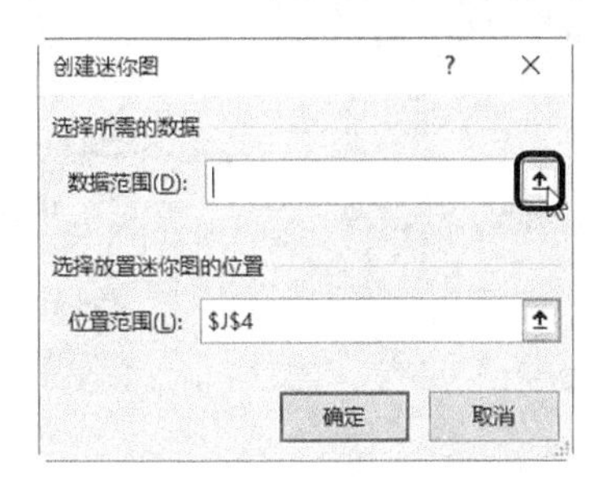

5 【创建迷你图】对话框被折叠起来了，在工作表中选中单元格区域D4:I4。

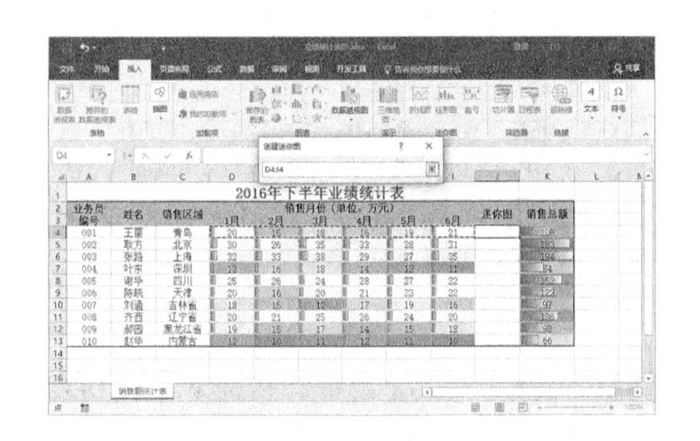

6 单击【展开】按钮，展开【创建迷你图】对话框，单击 确定 按钮。

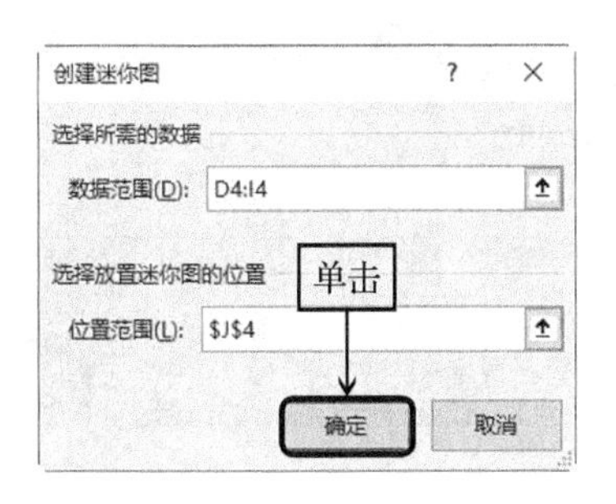

7 返回工作表，此时，单元格J4中就插入了一个折线图。

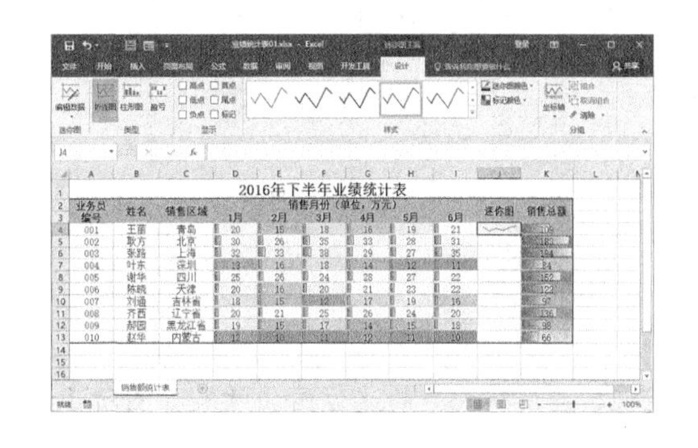

8 将鼠标指针移到单元格J4的右下角，此时鼠标指针变成+形状，按住鼠标左键向下拖动到本列的其他单元格中。

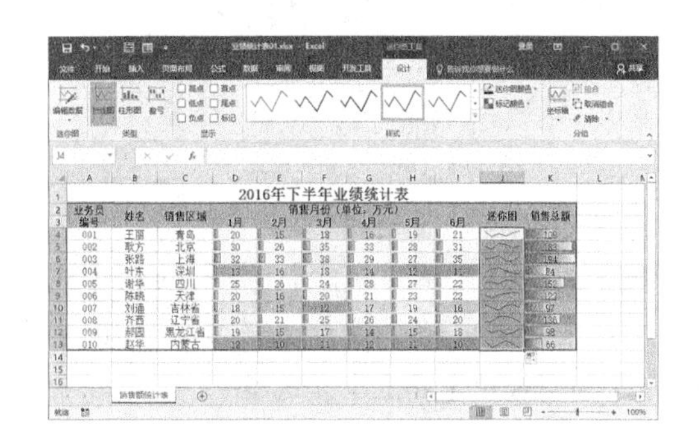

9 选中单元格区域J4:J13，切换到【迷你图工具】栏中的【设计】选项卡，单击【样式】组中的【其他】按钮。

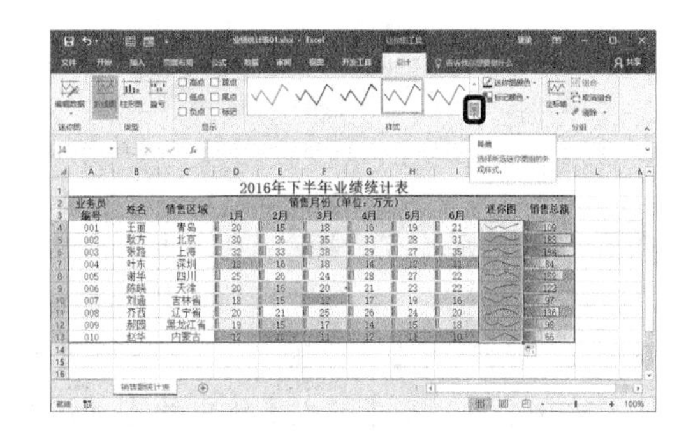

10 从弹出的下拉列表中选择【灰色，迷你图样式着色3，深色25%】选项。

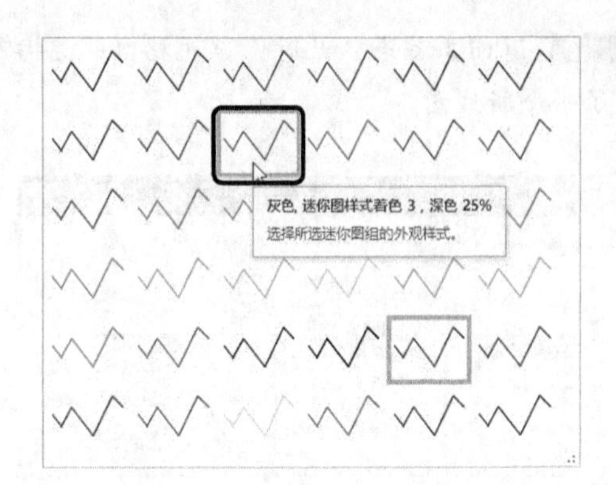

11 应用样式后的迷你图的效果如图所示。

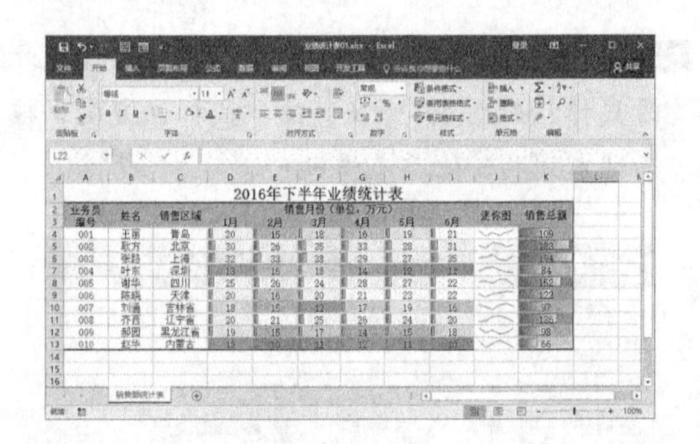

2016年下半年业绩统计表

业务员编号	姓名	销售区域	销售月份（单位：万元）1月	2月	3月	4月	5月	6月	迷你图	销售总额
001	王丽	青岛	20	15	18	16	19	21		109
002	耿方	北京	30	26	25	33	28	31		123
003	张路	上海	32	33	38	29	27	35		194
004	叶东	深圳	13	16	18	14	12	12		84
005	谢华	四川	25	26	24	28	27	22		152
006	陈晓	天津	20	16	20	21	23	22		122
007	刘通	吉林省	18	15	12	17	19	16		97
008	齐西	辽宁省	20	21	25	26	24	20		136
009	郝园	黑龙江省	19	15	17	14	15	18		98
010	赵华	内蒙古	12	10	11	12	13	10		66

12 选中单元格区域J4:J13，切换到【迷你图工具】栏中的【设计】选项卡，在【显示】组中选中【高点】复选框。

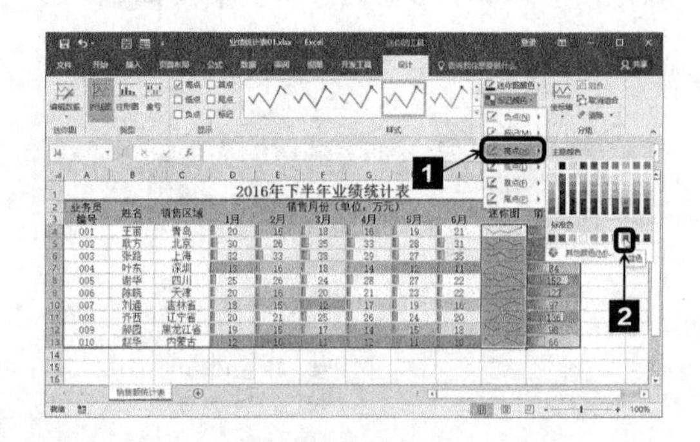

13 如果用户对高低点的颜色不太满意，可以根据需要进行设置。例如，选中单元格区域J4:J13，切换到【迷你图工具】栏中的【设计】选项卡，单击【样式】组中的【标记颜色】按钮 标记颜色 。

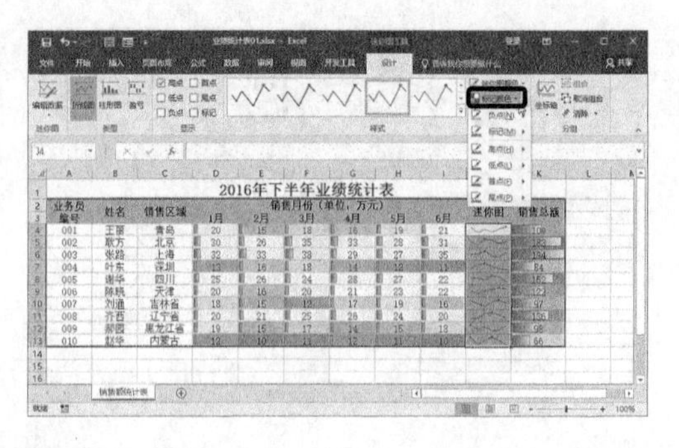

14 从弹出的下拉列表中选择【高点】➤【蓝色】选项。

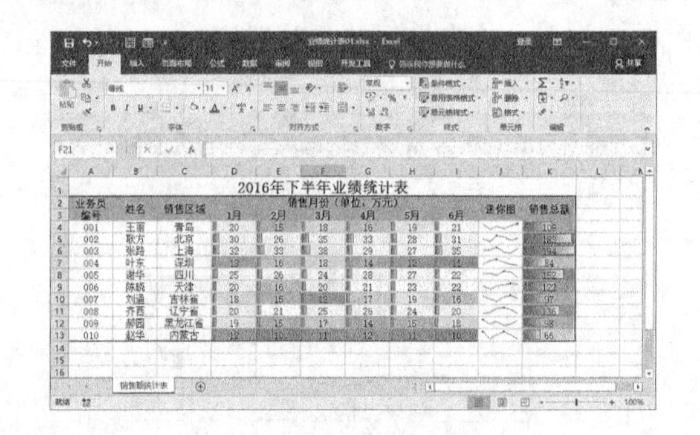

15 设置完毕，效果如图所示。

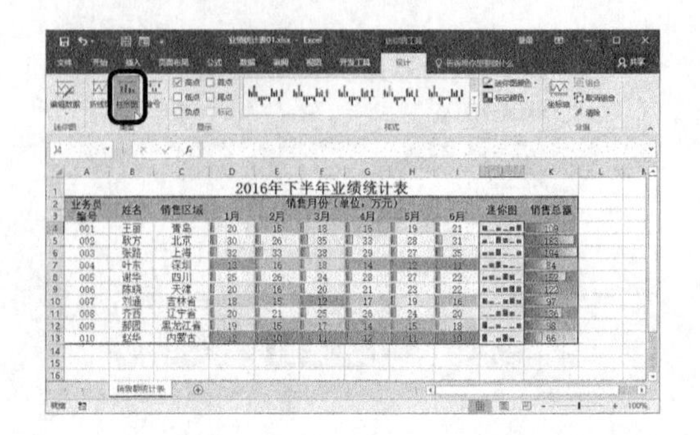

16 用户还可以更改迷你图的类型，切换到【迷你图工具】栏中的【设计】选项卡，单击【类型】组中的【柱形图】按钮，即可将迷你图类型更改为柱形图。

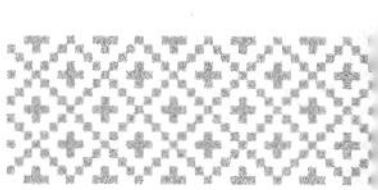

6.4 销售统计表的排序

为了方便查看表格中的数据，用户可以按照一定的顺序对工作表中的数据进行重新排序。数据排序主要包括简单排序、复杂排序和自定义排序3种，用户可以根据需要进行选择。

6.4.1 简单排序

简单排序就是设置单一条件进行排序。

本小节示例文件位置如下。

原始文件	第6章\销售业绩统计表01.docx
最终效果	第6章\销售业绩统计表02.docx

简单排序

按照“部门”的拼音首字母，对工作表中的数据进行降序排列，具体操作步骤如下。

1 打开本实例的原始文件，选中单元格区域A2:K13，切换到【数据】选项卡，单击【排序和筛选】组中的【排序】按钮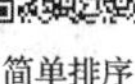。

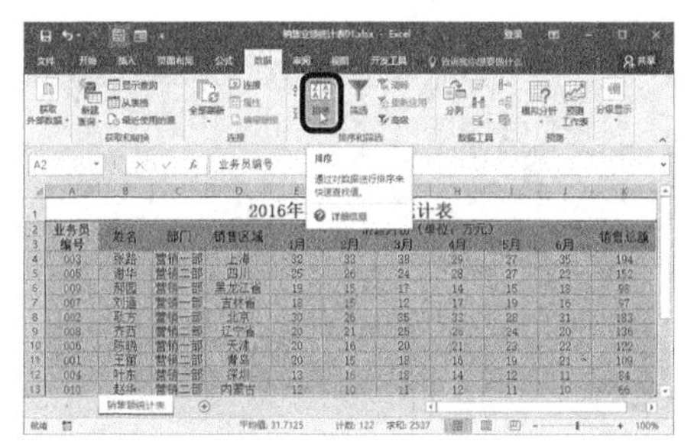

2 弹出【排序】对话框，先选中对话框右上方的【数据包含标题】复选框，然后在【主要关键字】下拉列表中选择【部门】选项，在【排序依据】下拉列表中选择【数值】选项，在【次序】下拉列表中选择【降序】选项，单击确定按钮。

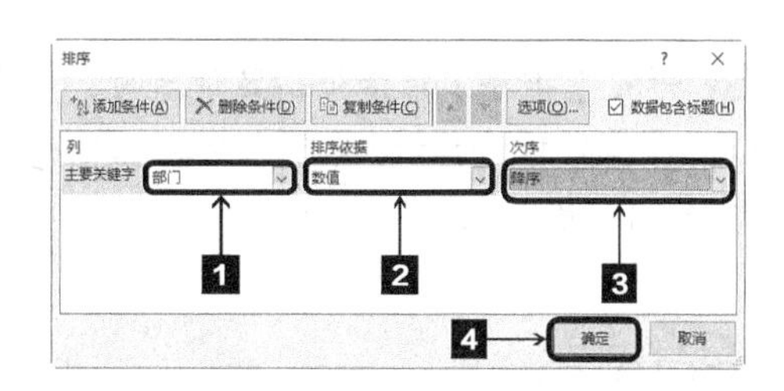

3 返回工作表中，此时表格数据根据C列中“部门”的拼音首字母进行降序排列。

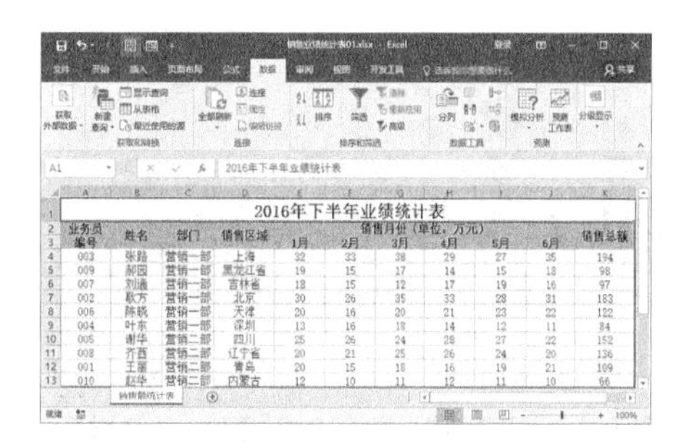

6.4.2 复杂排序

如果在排序字段里出现相同的内容，它们会保持着原始次序。如果用户还要对这些相同的内容按照一定条件进行排序，就要用到多个关键字的复杂排序了。

本小节示例文件位置如下。

原始文件	第6章\销售业绩统计表01.docx
最终效果	第6章\销售业绩统计表02.docx

复杂排序

对工作表中的数据进行复杂排序的具体操作步骤如下。

1 打开本实例的原始文件，选中单元格区域A2:K13，切换到【数据】选项卡，单击【排序和筛选】组中的【排序】按钮。

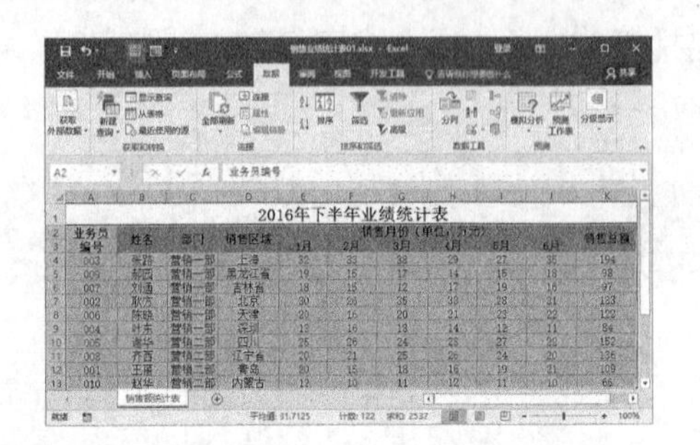

2 弹出【排序】对话框，显示出前一小节中按照“部门”的拼音首字母对数据进行了降序排列，单击【添加条件(A)】按钮。

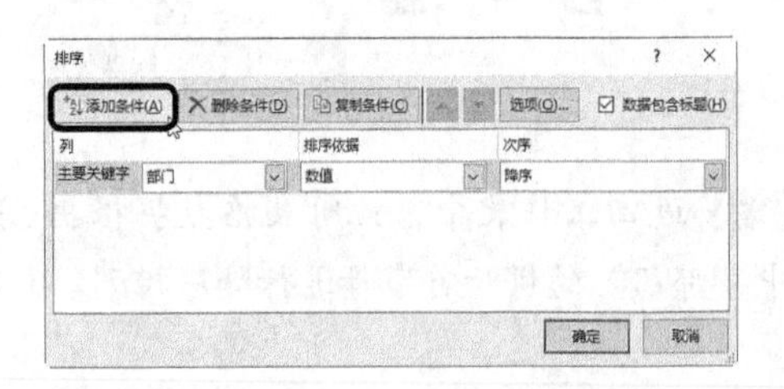

3 添加一组新的排序条件，先选中对话框右上方的【数据包含标题】复选框，然后在【次要关键字】下拉列表中选择【销售总额】选项，在【排序依据】下拉列表中选择【数值】选项，在【次序】下拉列表中选择【降序】选项，单击【确定】按钮。

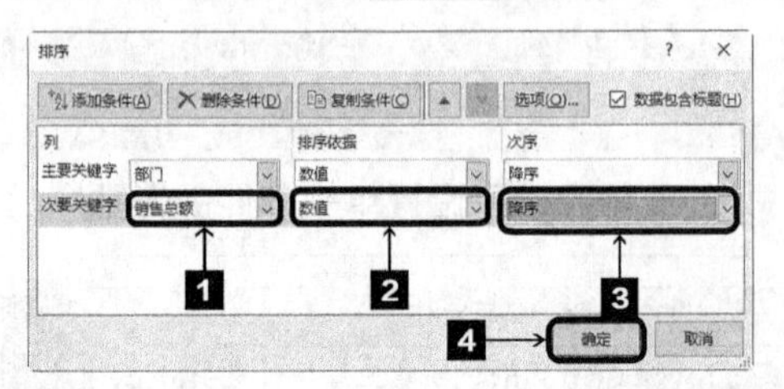

4 返回工作表中，此时表格数据在根据C列中“部门”的拼音首字母进行降序排列的基础上，按照“销售总额”的数值进行了降序排列。

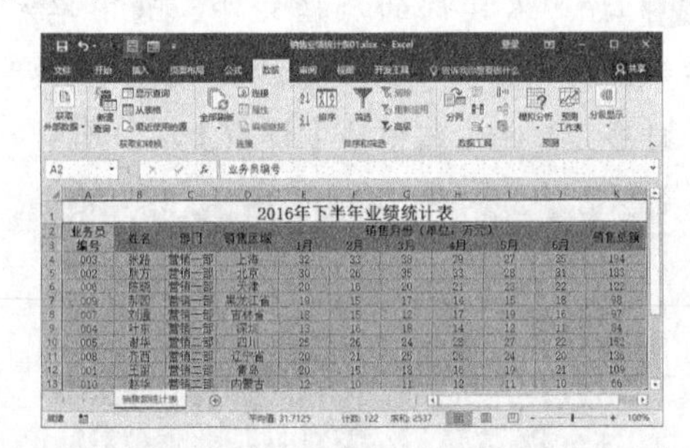

6.4.3 自定义排序

数据的排序方式除了按照数字大小和拼音字母顺序外，还会涉及一些特殊的顺序。如“部门名称”“职务”“学历”等，此时就可以使用自定义排序。

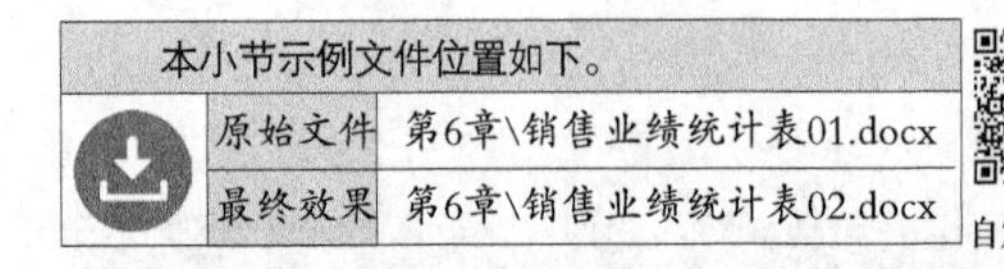

本小节示例文件位置如下。

原始文件	第6章\销售业绩统计表01.docx
最终效果	第6章\销售业绩统计表02.docx

自定义排序

对工作表中的数据进行自定义排序的具体操作步骤如下。

1 打开本实例的原始文件，选中单元格区域A2:K13，切换到【数据】选项卡，单击【排序和筛选】组中的【排序】按钮，弹出【排序】对话框，先选中对话框右上方的【数据包含标题】复选框，然后在第1个排序条件中的【次序】下拉列表中选择【自定义序列】选项。

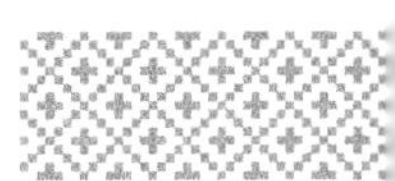

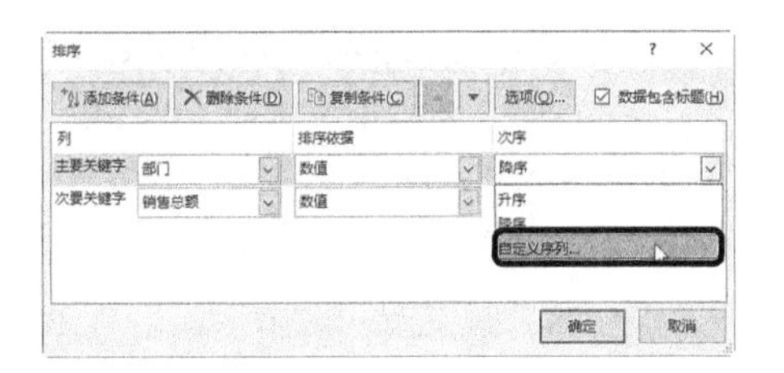

2 弹出【自定义序列】对话框，在【自定义序列】列表框中选择【新序列】选项，在【输入序列】文本框中输入“营销一部,营销二部”，中间用英文半角状态下的逗号隔开。

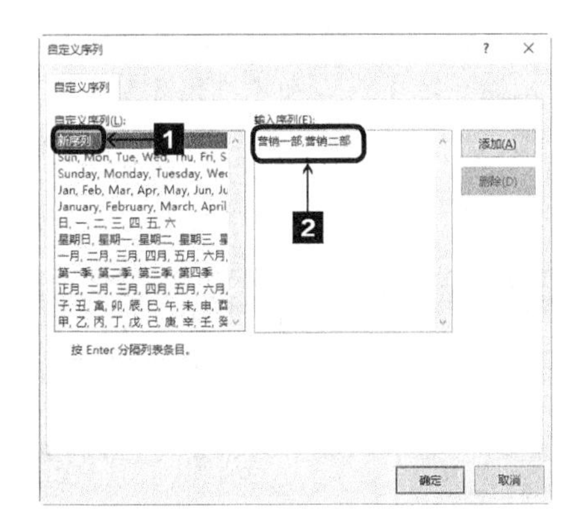

3 单击 添加(A) 按钮，此时新定义的序列“营销一部,营销二部”就添加在了【自定义序列】列表框中，单击 确定 按钮。

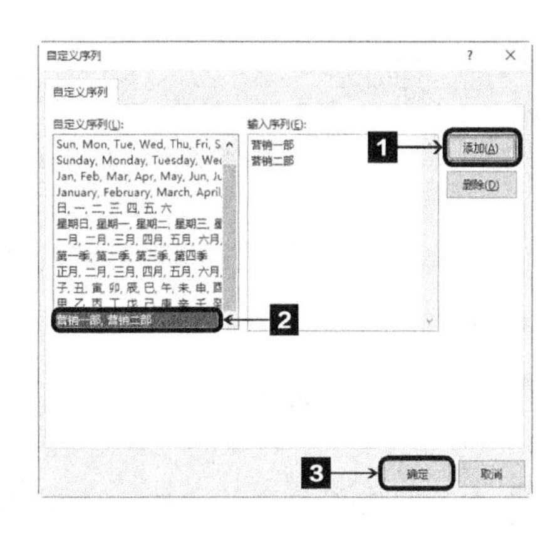

4 返回【排序】对话框，第一个排序条件中的【次序】下拉列表自动选择“营销一部,营销二部”选项，单击 确定 按钮。

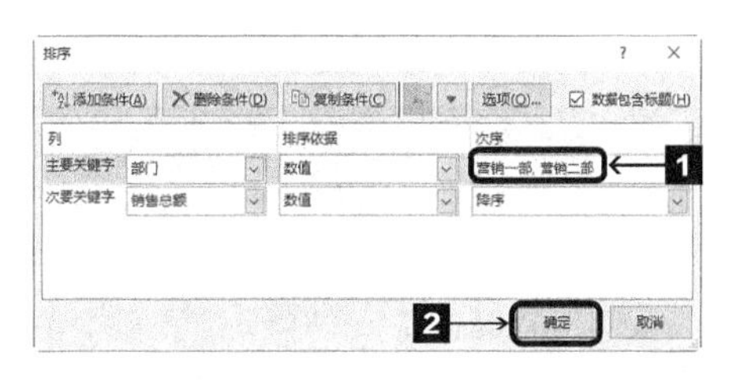

5 返回工作表中，排序效果如图所示。

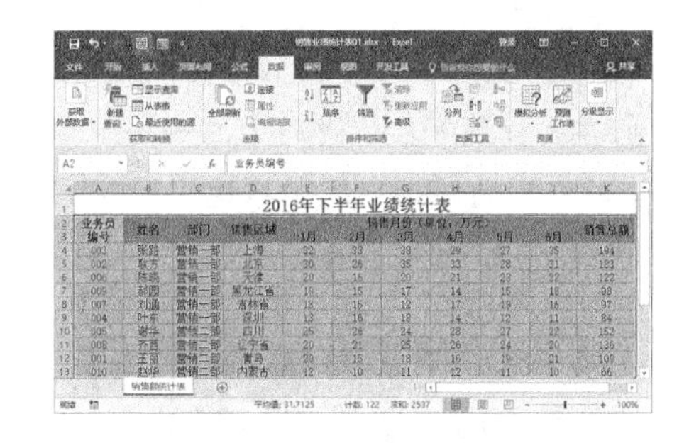

6.5 销售业绩统计表的筛选

Excel 2016中提供了3种数据的筛选操作，即“自动筛选”“自定义筛选”和“高级筛选”。

6.5.1 自动筛选

“自动筛选”一般用于简单的条件筛选，筛选时将不满足条件的数据暂时隐藏起来，只显示符合条件的数据。

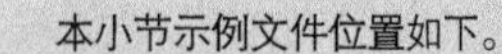

本小节示例文件位置如下。

原始文件	第6章\销售业绩统计表01.docx
最终效果	第6章\销售业绩统计表02.docx

自动筛选

对工作表中的数据进行自动筛选的具体操作步骤如下。

1. 指定数据的筛选

1 打开本实例的原始文件，选中单元格区域A2:K13，切换到【数据】选项卡，单击【排序和筛选】组中的【筛选】按钮，进入筛选状态，各标题字段的右侧出现一个下拉按钮▼。

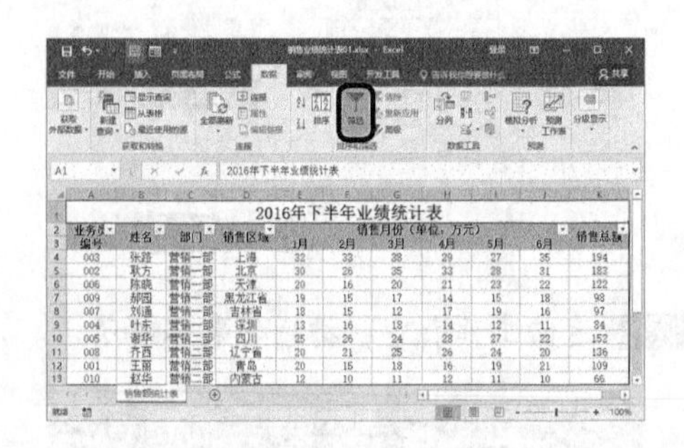

2 单击标题字段【部门】右侧的下拉按钮▼，从弹出的筛选列表中撤选【营销一部】复选框，单击 确定 按钮。

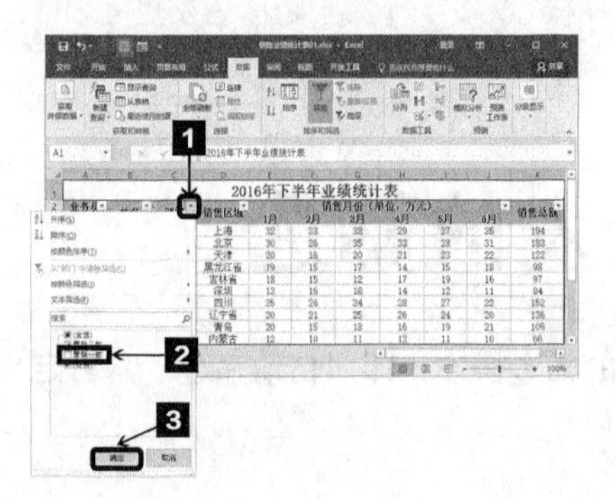

3 返回工作表中，筛选效果如图所示。

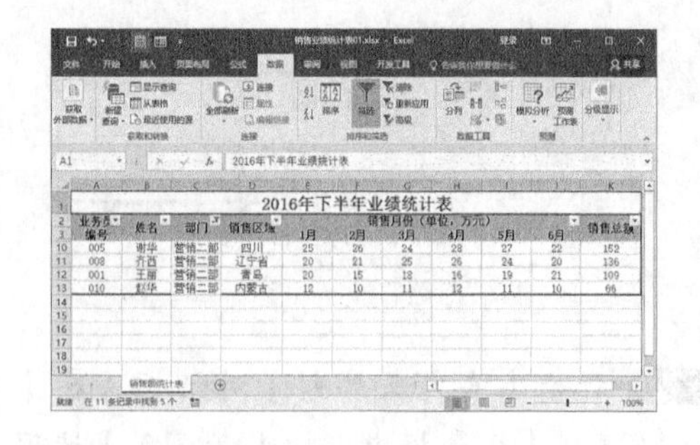

2. 指定条件的筛选

1 选中单元格区域A2:K13，切换到【数据】选项卡，单击【排序和筛选】组中的【筛选】按钮，撤销之前的筛选，再次单击【排序和筛选】组中的【筛选】按钮，重新进入筛选状态，然后单击标题字段【销售总额】右侧的下拉按钮。

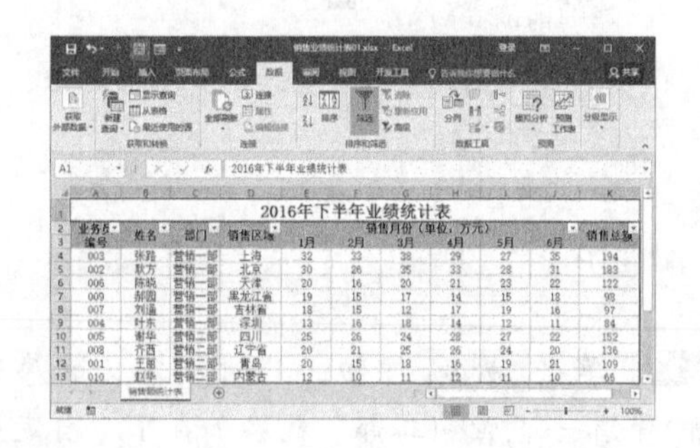

2 从弹出的下拉列表中选择【数字筛选】➤【前10项】选项。

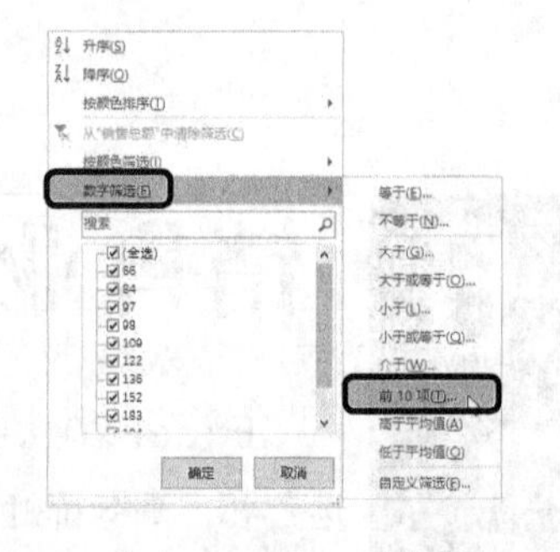

3 弹出【自动筛选前10个】对话框，然后将显示条件设置为“最大5项”，单击 确定 按钮。

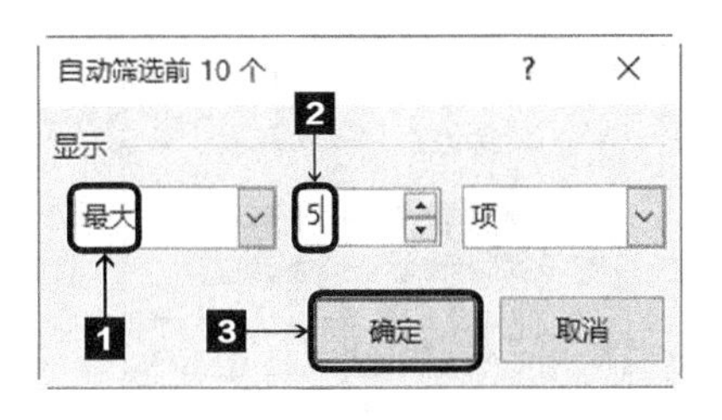

4 返回工作表中，筛选效果如图所示。

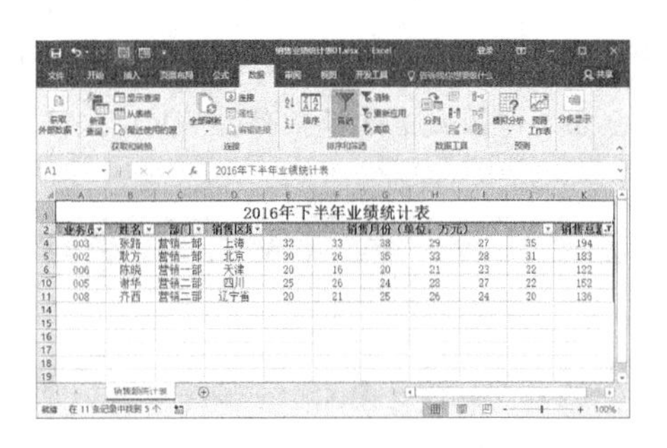

6.5.2 高级筛选

高级筛选一般用于条件比较复杂的筛选操作，其筛选的结果可显示在原数据表格中，不符合条件的记录被隐藏起来；也可以在新的位置显示筛选结果，不符合条件的记录同时保留在数据表中而不会被隐藏起来，这样更加便于数据对比。

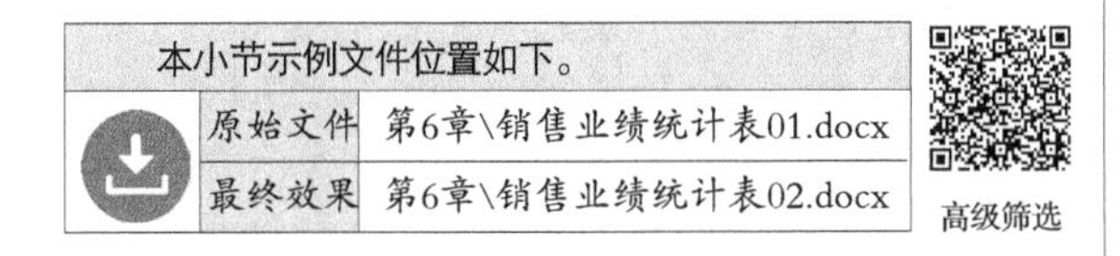

本小节示例文件位置如下。

原始文件	第6章\销售业绩统计表01.docx
最终效果	第6章\销售业绩统计表02.docx

高级筛选

对数据进行高级筛选的具体操作步骤如下。

1 打开本实例的原始文件，切换到【数据】选项卡，单击【排序和筛选】组中的【筛选】按钮撤销之前的筛选，然后在不包含数据的区域内输入一个筛选条件，例如在单元格K14中输入“销售总额”，在K15中输入“>100”。

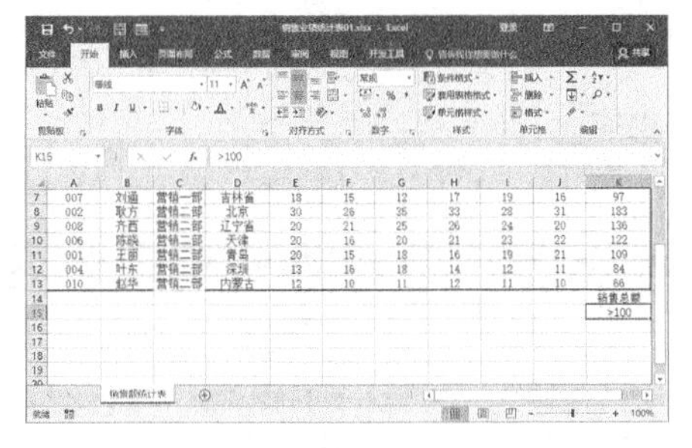

2 将光标定位在数据区域的任意一个单元格中，单击【排序和筛选】组中的【高级】按钮高级。

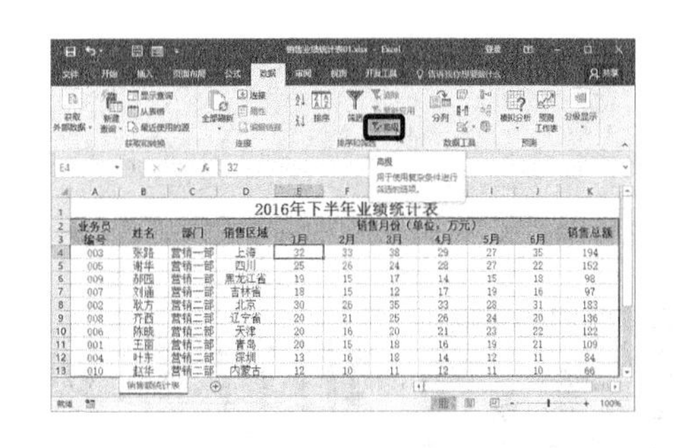

3 弹出【高级筛选】对话框，在【方式】组合框中选中【在原有区域显示筛选结果】单选钮，然后单击【条件区域】文本框右侧的【折叠】按钮。

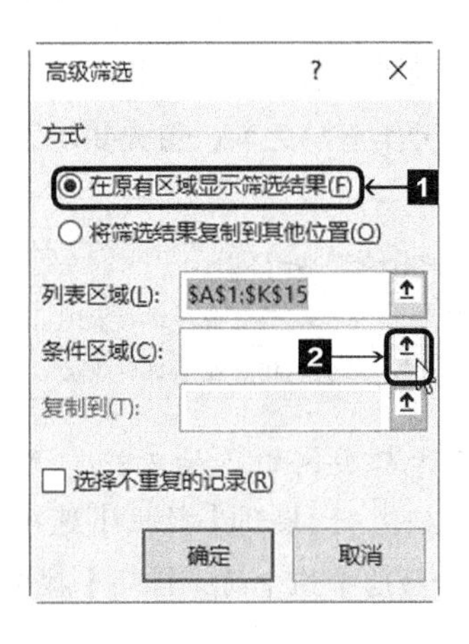

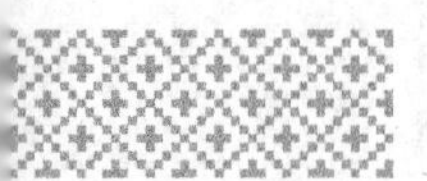

4 弹出【高级筛选-条件区域】对话框，然后在工作区域中选择条件区域K14:K15。

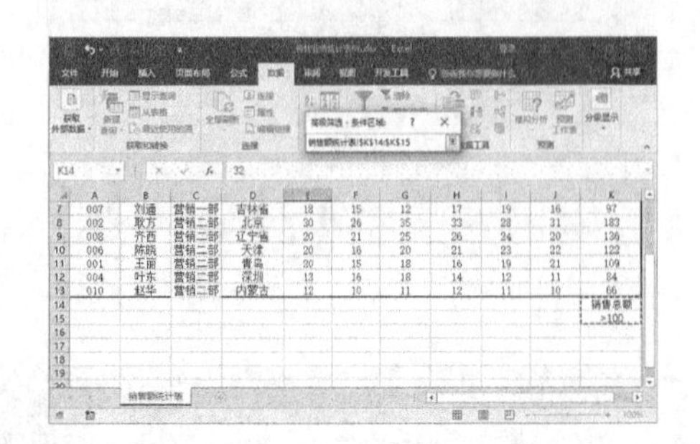

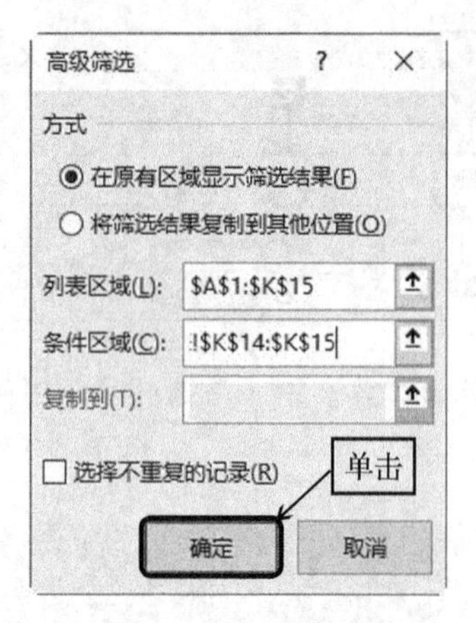

5 选择完毕，单击【展开】按钮，返回【高级筛选】对话框，此时即可在【条件区域】文本框中显示出条件区域的范围，单击 确定 按钮。

6 返回工作表中，筛选效果如图所示。

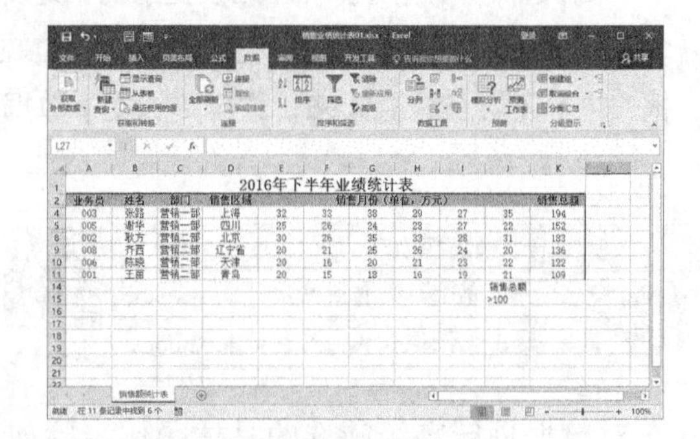

6.6 销售业绩统计表的汇总

分类汇总是按某一字段的内容进行分类，并对每一类统计出相应的结果数据。

6.6.1 创建分类汇总

创建分类汇总之前，首先要对工作表中的数据进行排序。

本小节示例文件位置如下。	
原始文件	第6章\销售业绩统计表01.docx
最终效果	第6章\销售业绩统计表02.docx

创建分类汇总

1 打开本实例的原始文件，选中单元格区域A2:K13，切换到【数据】选项卡，单击【排序和筛选】组中的【排序】按钮。

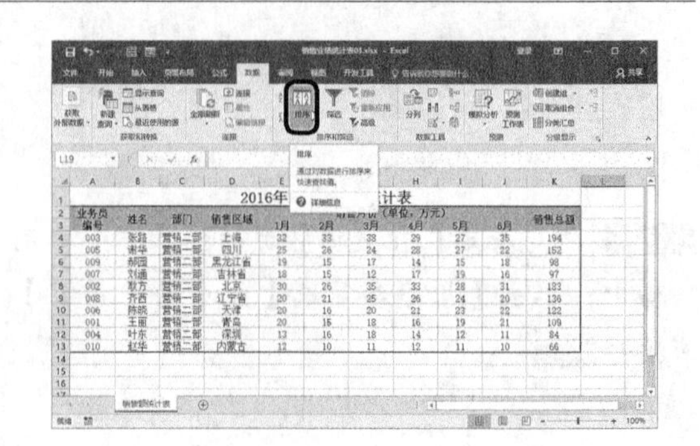

2 弹出【排序】对话框，先选中对话框右上方的【数据包含标题】复选框，然后在【主要关键字】下拉列表中选择【部门】选项，在【排序依据】下拉列表中选择【数值】选项，在【次序】下拉列表中选择【降序】选项，单击 确定 按钮。

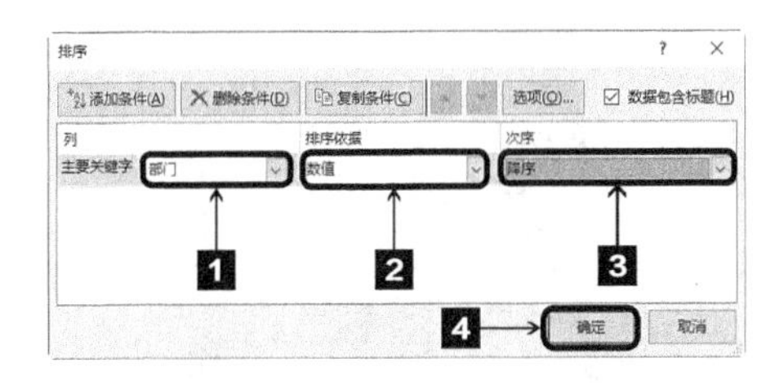

3 返回工作表中，此时表格数据即可根据C列中“部门”的数值进行降序排列。

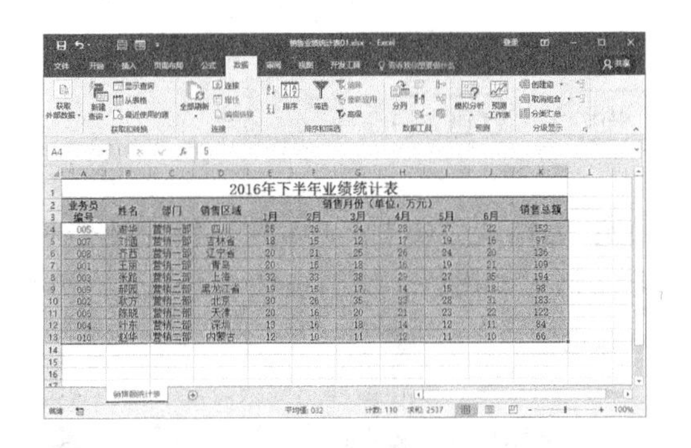

4 切换到【数据】选项卡，单击【分级显示】组中的【分类汇总】按钮 分类汇总 。

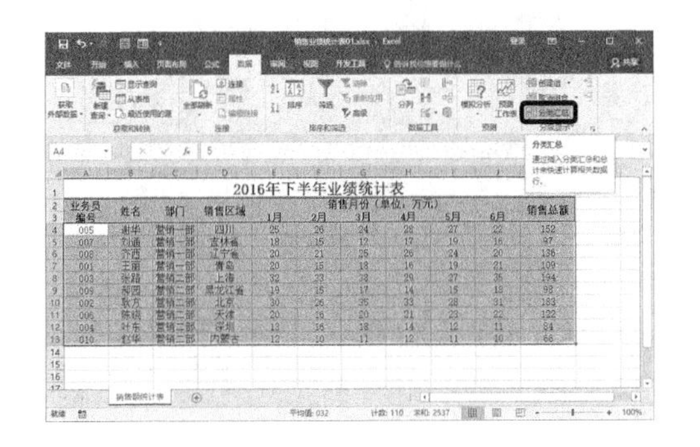

5 弹出【Microsoft Excel】提示对话框，单击 确定 按钮。

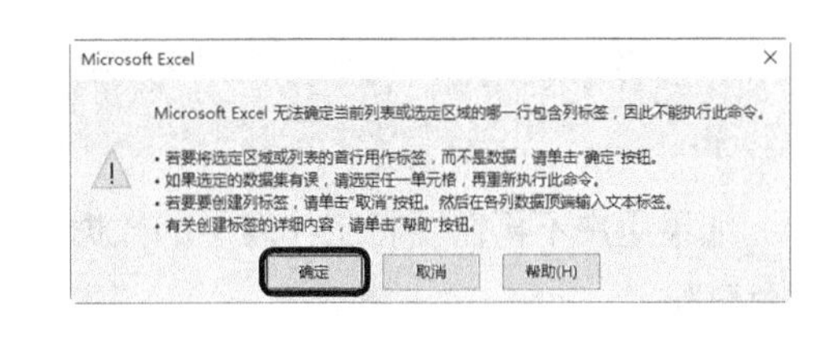

6 弹出【分类汇总】对话框，在【分类字段】下拉列表中选择【部门】选项，在【汇总方式】下拉列表中选择【求和】选项，在【选定汇总项】列表框中选中【销售总额】复选框，选中【替换当前分类汇总】和【汇总结果显示在数据下方】复选框，单击 确定 按钮。

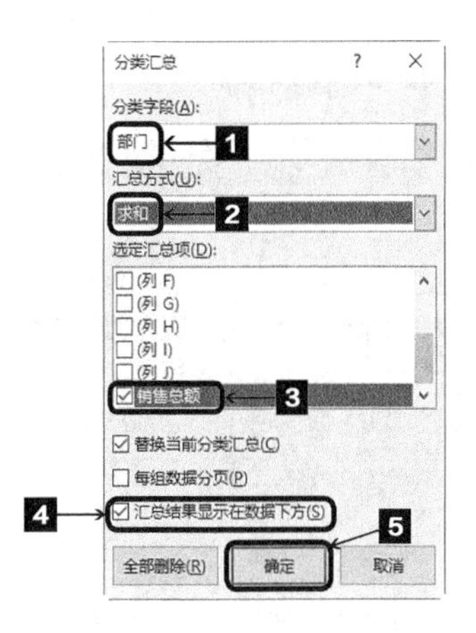

7 返回工作表中，汇总效果如图所示。

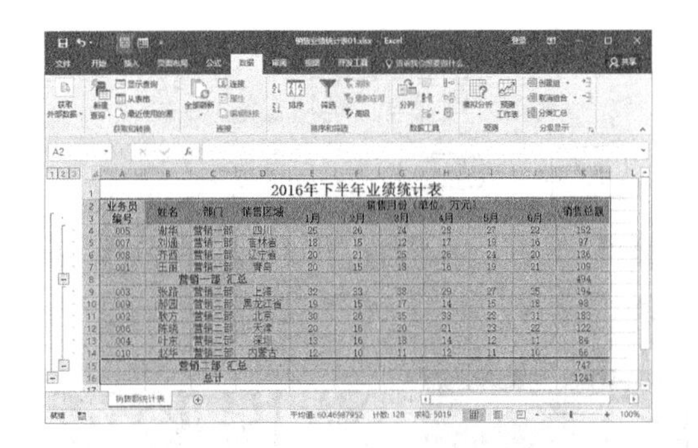

6.6.2 删除分类汇总

如果用户不再需要将工作表中的数据以分类汇总的方式显示出来，则可将刚刚创建的分类汇总删除。

本小节示例文件位置如下。

原始文件	第6章\销售业绩统计表02.docx
最终效果	第6章\销售业绩统计表03.docx

删除分类汇总

删除分类汇总的具体操作步骤如下。

1 打开本实例的原始文件，将光标定位在数据区域的任意一个单元格中，切换到【数据】选项卡，单击【分级显示】组中的【分类汇总】按钮 分类汇总 。

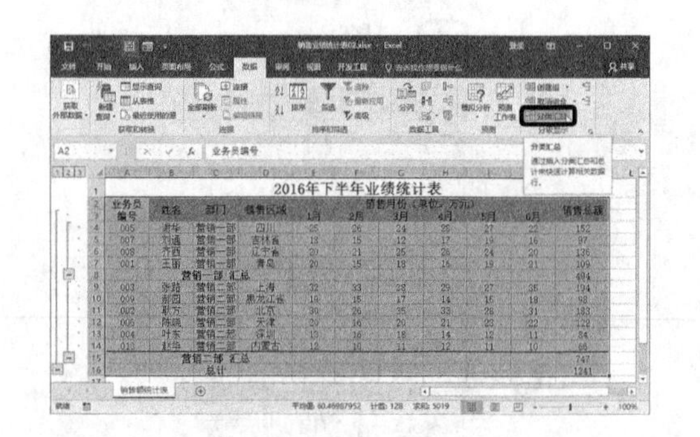

2 弹出【Microsoft Excel】提示对话框，单击 确定 按钮。

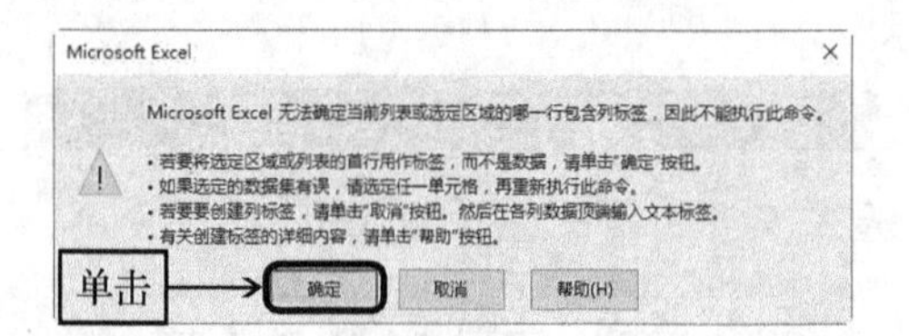

3 弹出【分类汇总】对话框，单击 全部删除(R) 按钮。

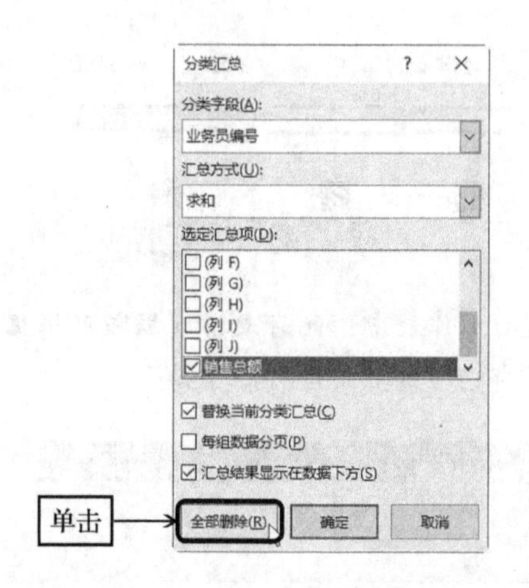

4 返回工作表中，此时即可将所创建的分类汇总全部删除，工作表恢复到分类汇总前的状态。

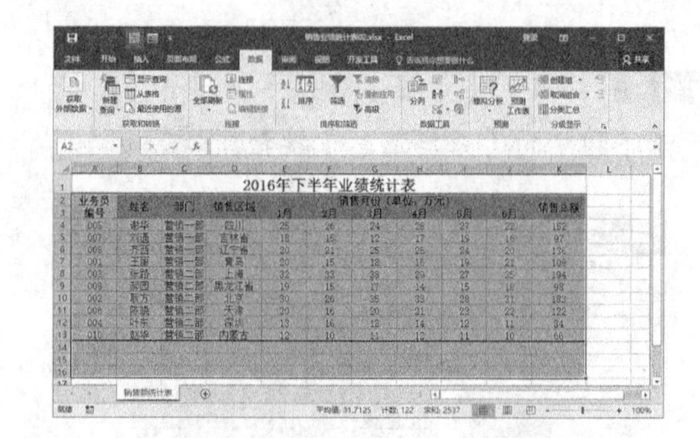

6.7 数据验证

利用Excel的数据验证功能，可以限制单元格中输入数据的类型和范围，例如本例中只允许在A列中输入“营销一部”或“营销二部”。

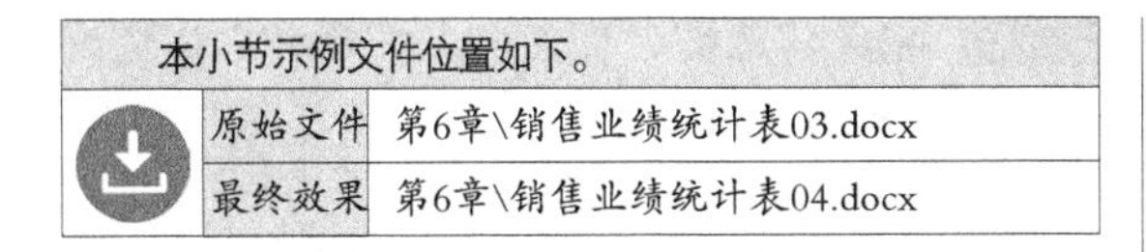
本小节示例文件位置如下。

	原始文件	第6章\销售业绩统计表03.docx
	最终效果	第6章\销售业绩统计表04.docx

在Excel表格中输入数据时，经常会遇到需要进行多重限制的情况。例如，在输入公司中各个部门及其所属员工姓名时，需要在输入部门名称后，在另一列输入员工姓名时只能选择对应于该部门的员工姓名来进行输入。使用Excel 提供的数据验证功能，可以方便地实现对数据输入进行多重限制。

1 打开本实例的原始文件，切换到工作表“Sheet1”中，选中单元格区域A2:L13，用6.4节中的方法将工作表以“部门”为主要关键字降序排序，排序后的效果如图所示。

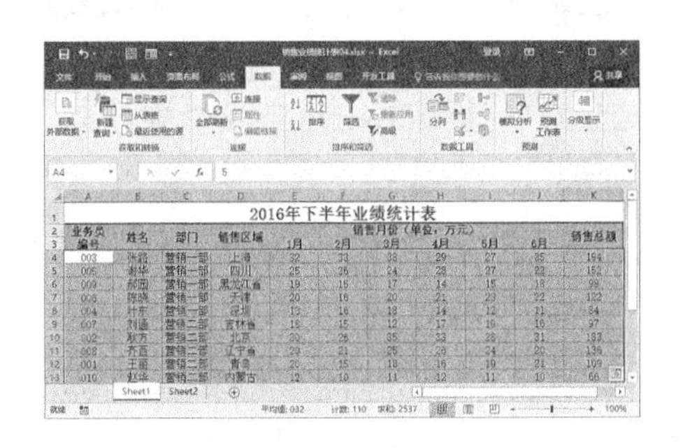

2 选中单元格C8和C9，切换到【公式】选项卡，单击【定义的名称】组中的 定义名称 按钮。

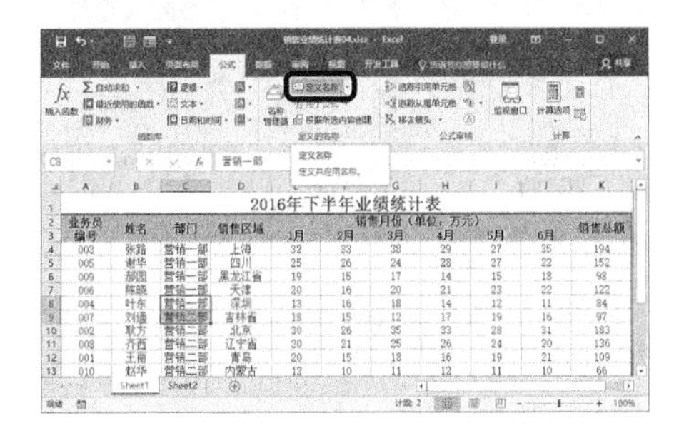

3 弹出【新建名称】对话框，在【名称】文本框中输入“部门”，单击 确定 按钮。

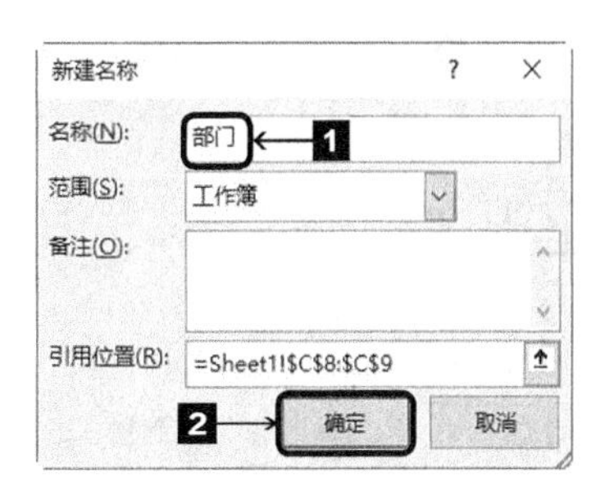

4 返回工作表中，选中单元格区域B4:B8和B9:B13，用同样的方法分别给两个区域定义名称为“营销一部”和“营销二部”。切换到工作表“Sheet2”中，选中单元格区域A2:A11，切换到【数据】选项卡，单击【数据工具】组中的数据验证按钮右侧的下三角按钮，在弹出的下拉列表中选择【数据验证】选项。

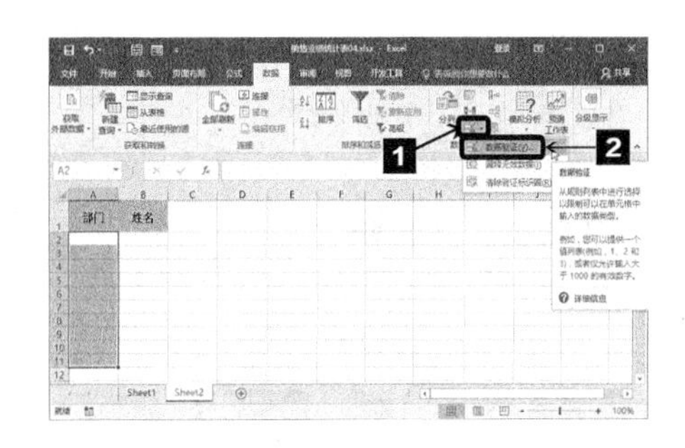

5 弹出【数据验证】对话框，切换到【设置】选项卡，在【允许】下拉列表中选择【序列】选项，在【来源】文本框中输入“=部门”，根据需要对输入信息和出错信息进行设置，完成设置后单击 确定 按钮关闭对话框。

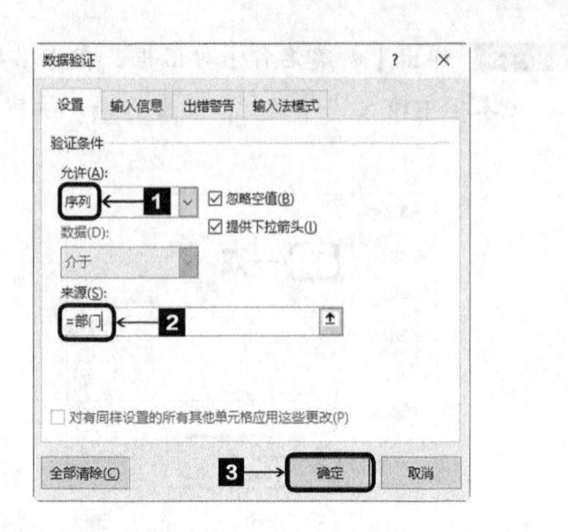

6 选中单元格B2，用相同的方法打开【数据验证】对话框，在【允许】下拉列表中选择【序列】选项，在【来源】文本框中输入“=INDIRECT(B2)”，完成设置后单击 确定 按钮。

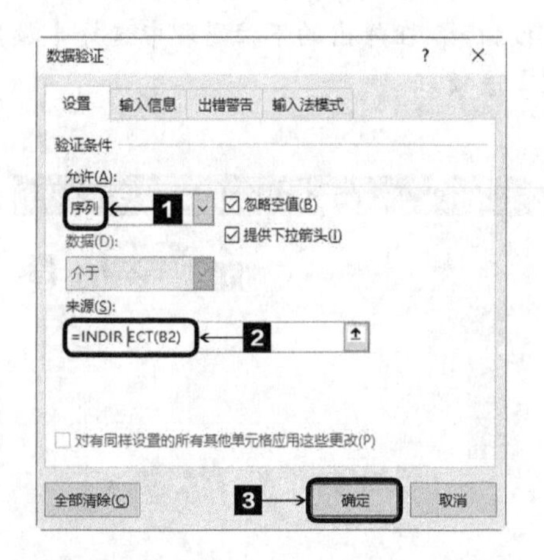

7 弹出提示对话框，提示用户“源当前包含错误。是否继续”，单击 是(Y) 按钮。

8 完成单元格的设置后，拖动填充柄将设置复制到其他单元格。

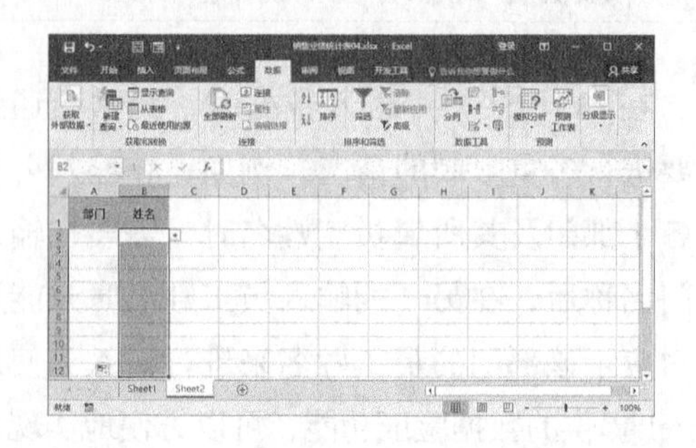

9 下面利用数据验证功能输入部门信息。选中单元格A2，单击右侧的 ▼ 按钮，在下拉列表中选择需要的部门，如选择“营销一部”。

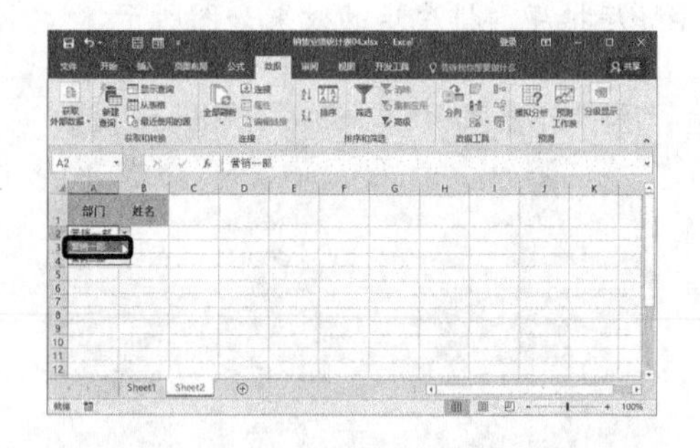

10 选中单元格B2，单击右侧的 ▼ 按钮，在下拉列表中选择需要的姓名，如选择“张路”选项。

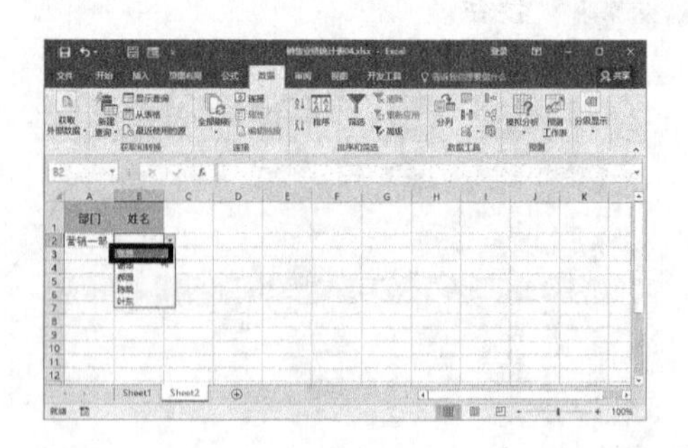

6.8 区域销售数据表

利用合并计算和单变量求解的功能，对区域的销售情况进行分析。可以对比各个部门之间的销售量。

6.8.1 合并计算

合并计算功能通常用于对多个工作表中的数据进行计算汇总，并将多个工作表中的数据合并到一个工作表中。

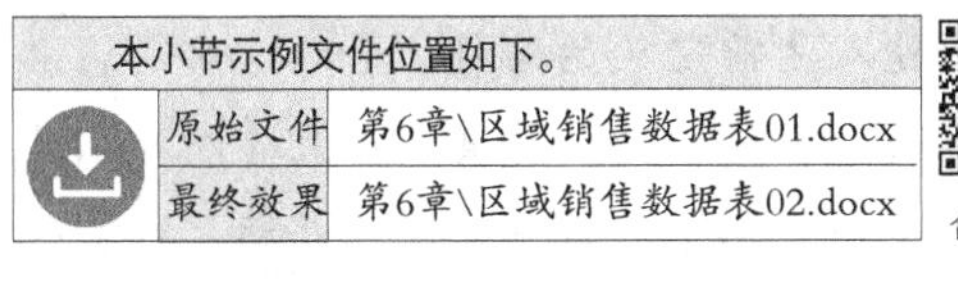

本小节示例文件位置如下。

原始文件	第6章\区域销售数据表01.docx
最终效果	第6章\区域销售数据表02.docx

合并计算

1. 按分类合并计算

本例将营销一部和营销二部两个表中的数据合并到“数据汇总”表中。对工作表中的数据按分类合并计算的具体操作步骤如下。

1 打开本实例的原始文件，切换到工作表“营销一部”中，选中单元格区域B4:H13，切换到【公式】选项卡，单击【定义的名称】组中的 定义名称 按钮右侧的下三角按钮，从弹出的下拉列表中选择【定义名称】选项。

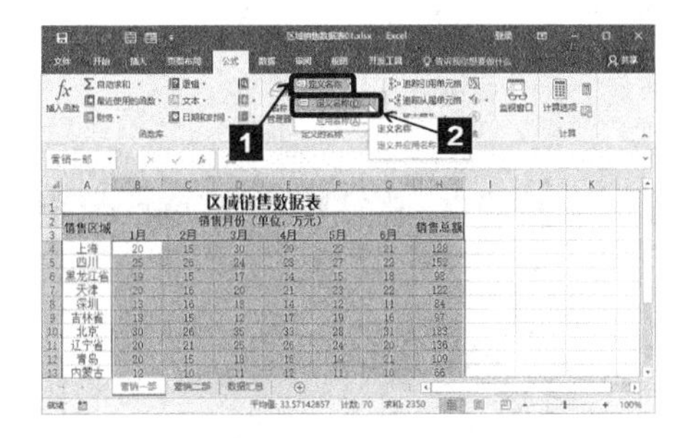

2 弹出【新建名称】对话框，在【名称】文本框中输入“营销一部”，单击 确定 按钮。

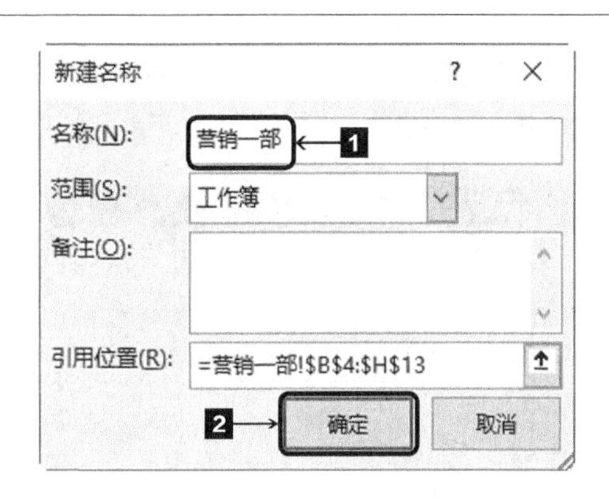

3 切换到工作表“营销二部”中，选中单元格区域B4:H13，切换到【公式】选项卡，单击【定义的名称】组中的 定义名称 按钮右侧的下三角按钮，从弹出的下拉列表中选择【定义名称】选项。

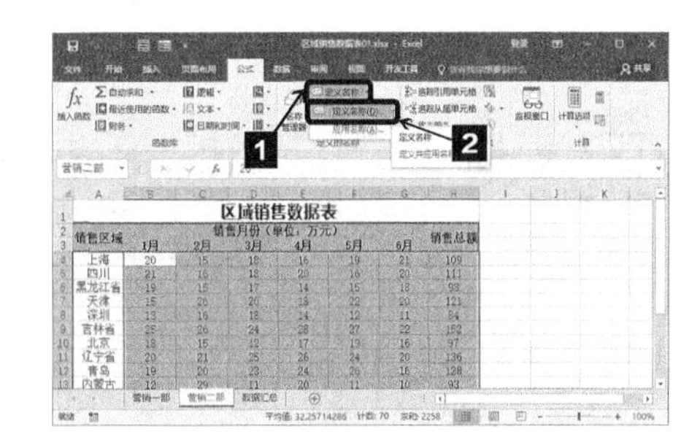

4 弹出【新建名称】对话框，在【名称】文本框中输入“营销二部”，单击 确定 按钮。

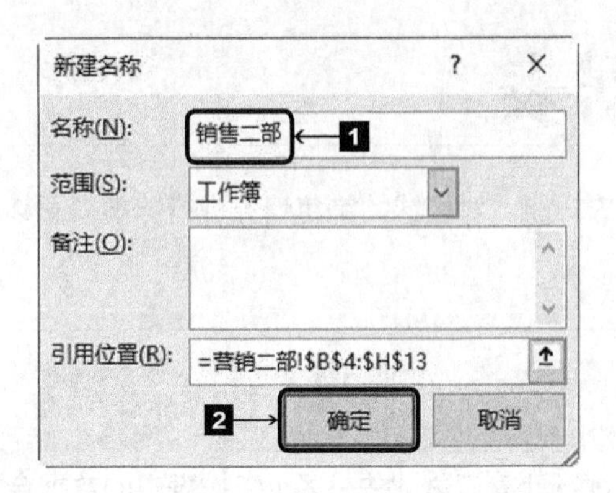

5 返回工作表中，切换到工作表“数据汇总”中，然后选中单元格B4，切换到【数据】选项卡，单击【数据工具】组中的【合并计算】按钮。

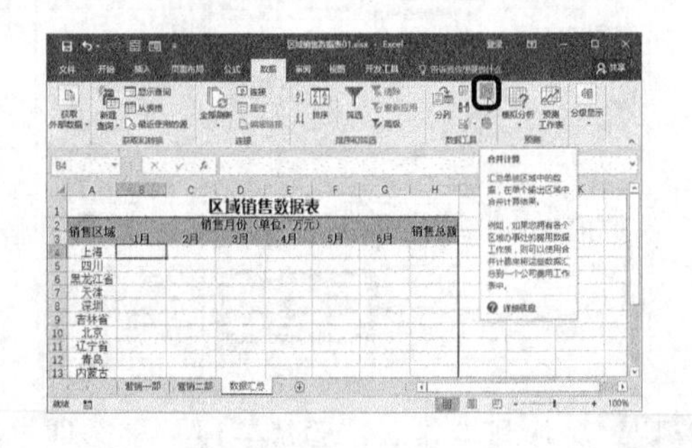

6 弹出【合并计算】对话框，在【引用位置】文本框中输入之前定义的名称“营销一部”，然后单击 添加(A) 按钮。

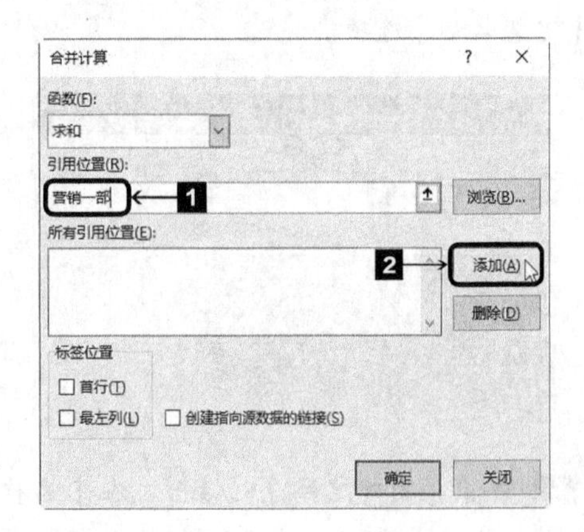

7 即可将其添加到【所有引用位置】列表框中。

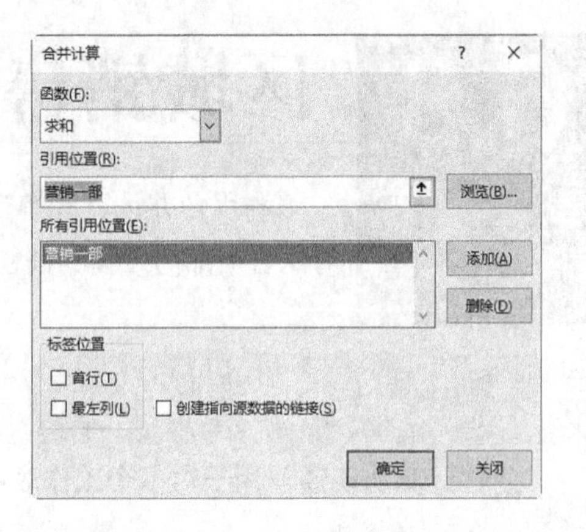

8 使用同样的方法，在【引用位置】文本框中输入之前定义的名称“营销二部”，然后单击 添加(A) 按钮。将其添加到【所有引用位置】列表框中。设置完毕，单击 确定 按钮。

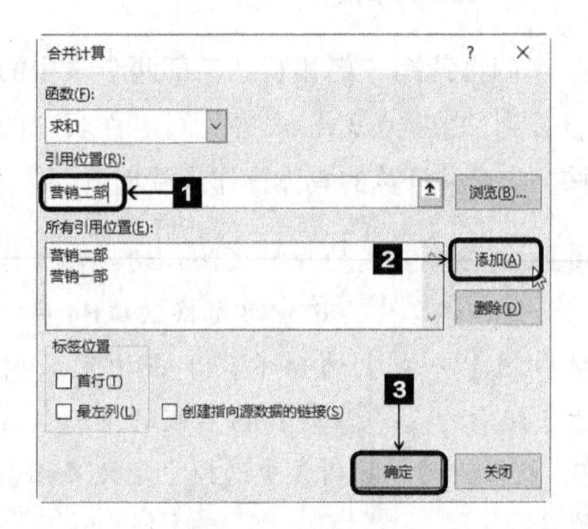

9 返回工作表中，即可看到合并计算的结果。

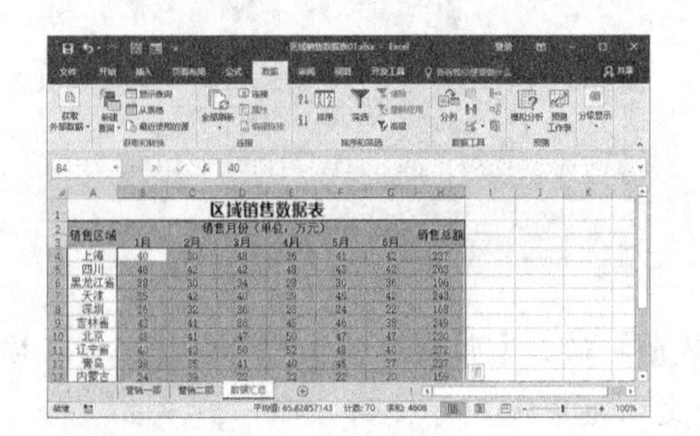

2. 按位置合并计算

对工作表中的数据按位置合并计算的具体操作步骤如下。

1 清除之前的计算结果和引用位置。切换到工作表“数据汇总”中，选中单元格区域B4:H13，切换到【开始】选项卡，单击【编辑】组中的清除按钮，从弹出的下拉列表中选择【清除内容】选项。

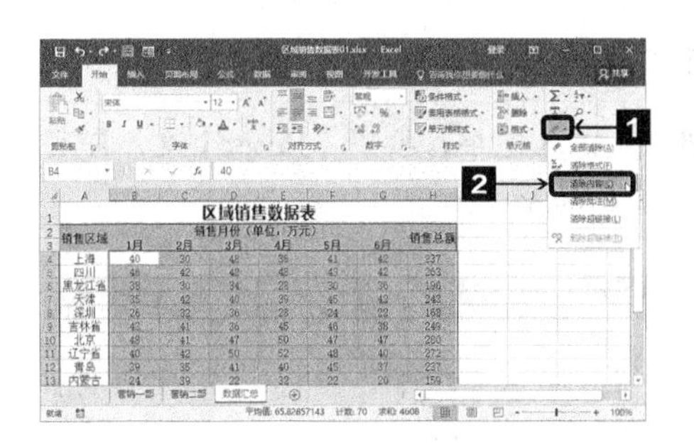

2 选中区域的内容就被清除了，然后切换到【数据】选项卡，单击【数据工具】组中的【合并计算】按钮。

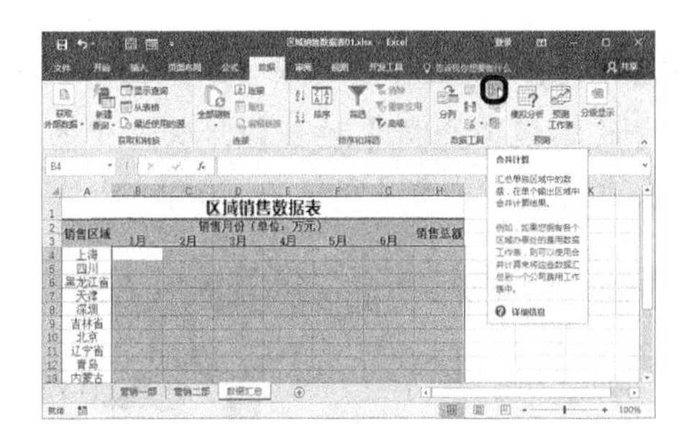

3 弹出【合并计算】对话框，单击【引用位置】右侧的【折叠】按钮。

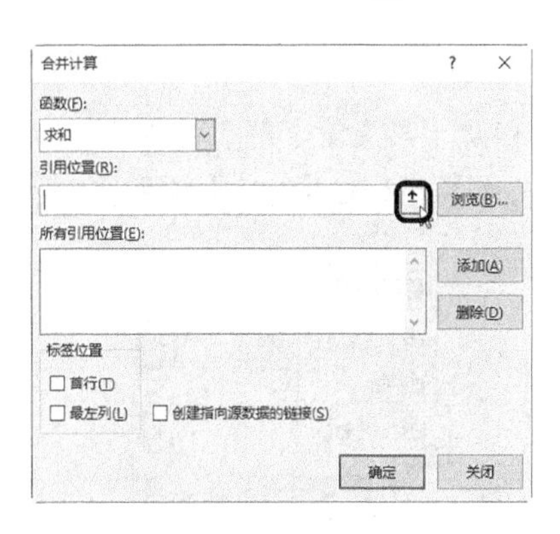

4 弹出【合并位置—引用位置：】对话框，然后在工作表“营销一部”中选中单元格区域B4:H13。

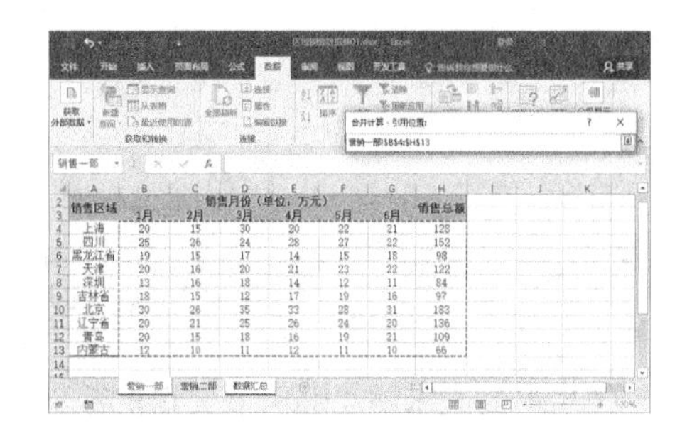

5 单击文本框右侧的【展开】按钮，返回【合并计算】对话框，然后单击 添加(A) 按钮，即可将其添加到【所有引用位置】列表框中。

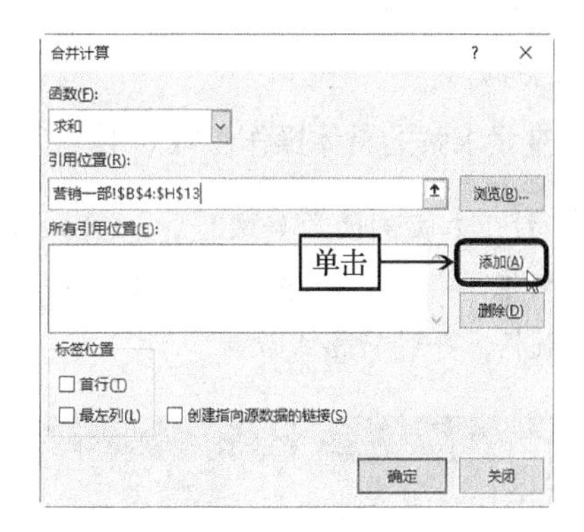

6 使用同样的方法设置引用位置“营销二部!$B$4:$H$13”，并将其添加到【所有引用位置】列表框中。设置完毕，单击 确定 按钮。

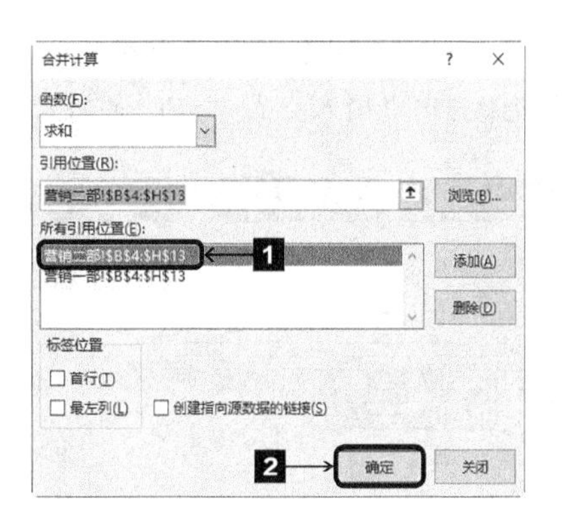

7 返回工作表中，即可看到合并后的计算结果。

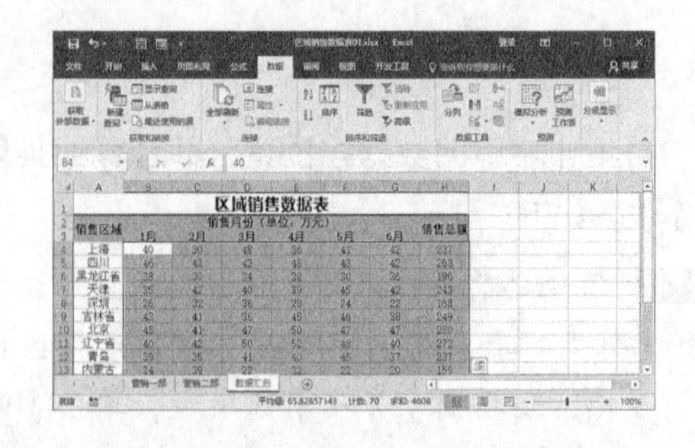

6.8.2 单变量求解

使用单变量求解能够调节变量的数值，按照给定的公式求出目标值。

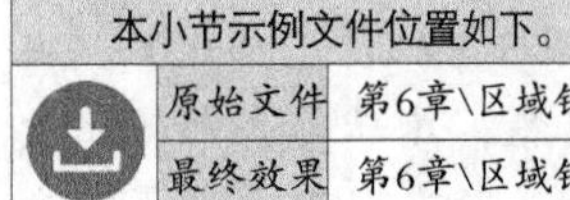

本小节示例文件位置如下。	
原始文件	第6章\区域销售数据表03.docx
最终效果	第6章\区域销售数据表04.docx

单变量求解

例如，公司规定的奖金比率是0.2%，求营销一部和营销二部总销售额达到多少才能拿到50 000元的奖金。

单变量求解的具体操作步骤如下。

1 打开本实例的原始文件，切换到工作表“数据汇总”中，在表中输入单变量求解需要的数据，并进行格式设置。

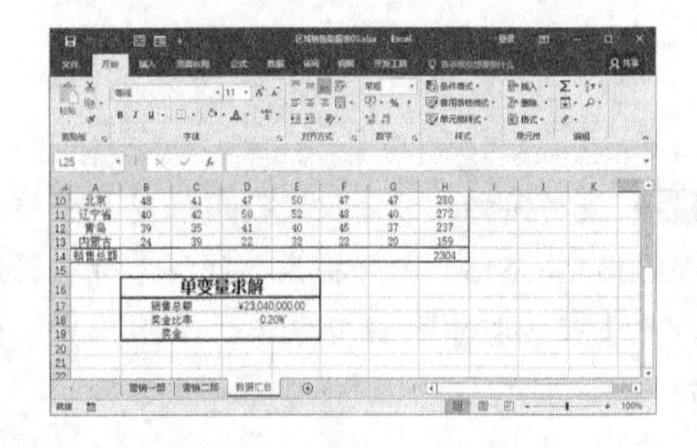

2 由于奖金=销售总额×奖金比率，所以在单元格D19中输入公式“=D18*D17”。

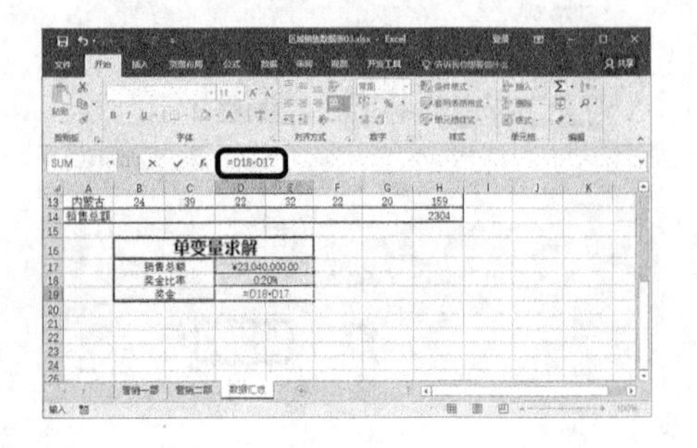

3 输入完毕，按下【Enter】键，即可求出营销部的奖金。

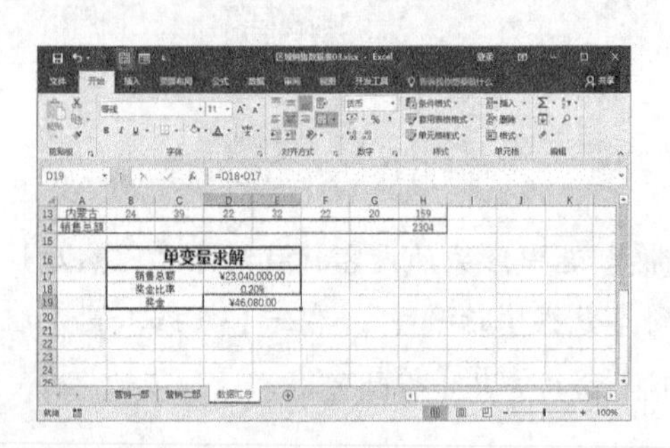

4 切换到【数据】选项卡，单击【预测】组中的【模拟分析】按钮，从弹出的下拉列表中选择【单变量求解】选项。

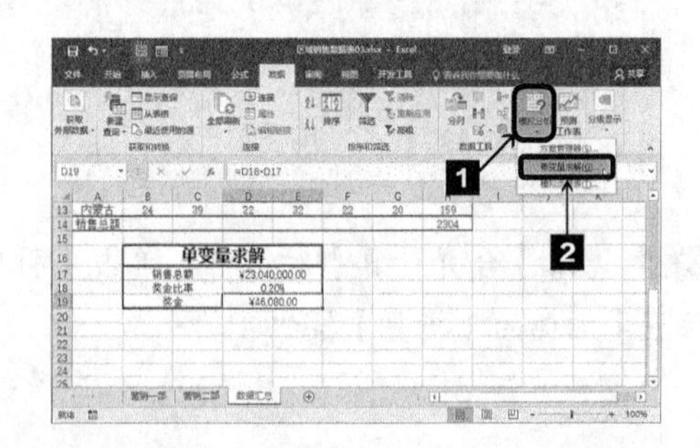

5 弹出【单变量求解】对话框，单击【目标单元格】文本框右侧的【折叠】按钮。

单变量求解 ? ×
目标单元格(E): D19
目标值(V):
可变单元格(C):
确定 取消

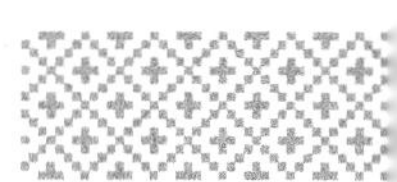

6 弹出【单变量求解—目标单元格：】对话框，然后在工作表中选中目标单元格D19。

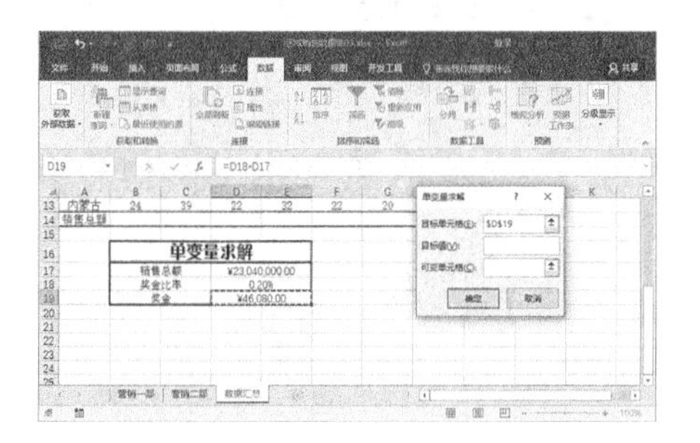

7 选择完毕，单击文本框右侧的【展开】按钮，返回【单变量求解】对话框，然后在【目标值】文本框中输入“50000”。

8 单击【可变单元格】文本框右侧的【折叠】按钮，弹出【单变量求解—可变单元格：】对话框，然后在工作表中选中可变单元格D17。

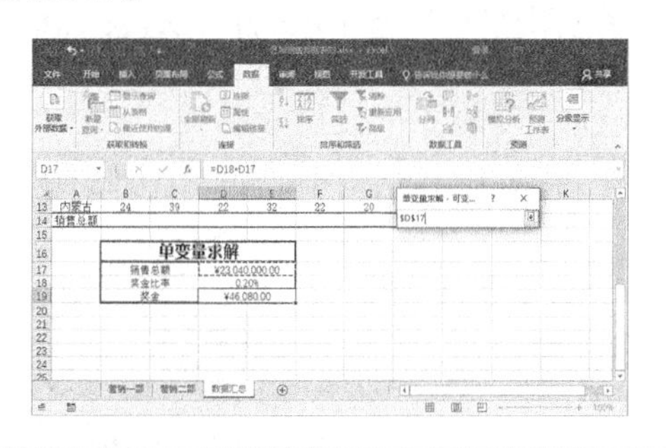

9 选择完毕，单击文本框右侧的【展开】按钮，返回【单变量求解】对话框，单击 确定 按钮。

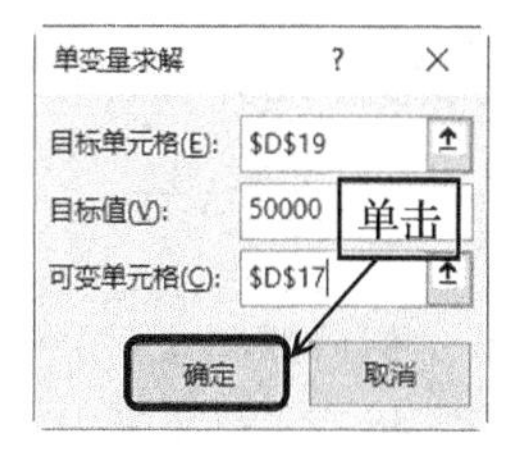

10 弹出【单变量求解状态】对话框，单击 确定 按钮。

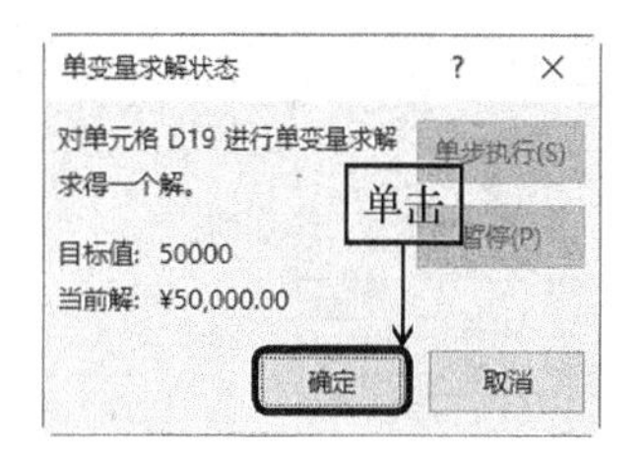

11 返回工作表中，即可看到最终求解结果。

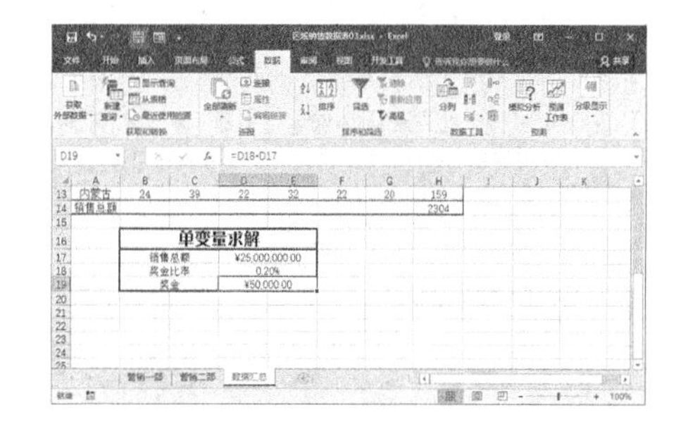

6.9 销售总额分析

用户可以利用模拟运算表，对销售奖金进行快速运算，从而计算出各个部门的奖金。

6.9.1 单变量模拟运算表

使用单变量求解能够调节变量的数值，按照给定的公式求出目标值。

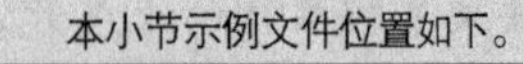

本小节示例文件位置如下。	
原始文件	第6章\区域销售数据表05.docx
最终效果	第6章\区域销售数据表06.docx

单变量模拟运算表

创建单变量模拟运算表的具体操作步骤如下。

1 打开本实例的原始文件，切换到工作表“数据汇总”中，选中单元格D22，输入公式“=INT（2304/D18）”，输入完毕按下【Enter】键即可。

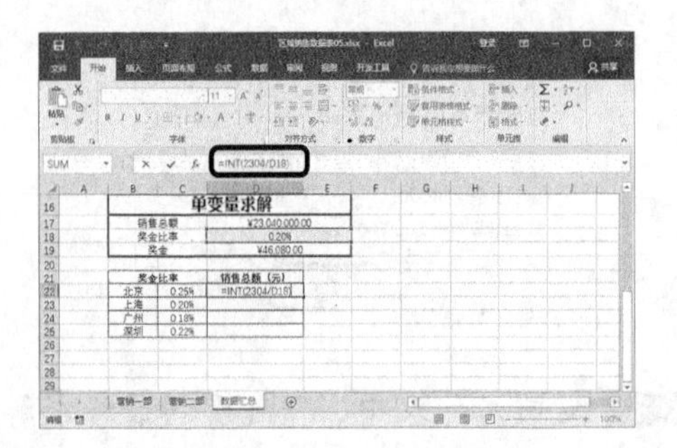

2 选中单元格区域C22:E25，切换到【数据】选项卡，单击【预测】组中的【模拟分析】按钮，从弹出的下拉列表中选择【模拟运算表】选项。

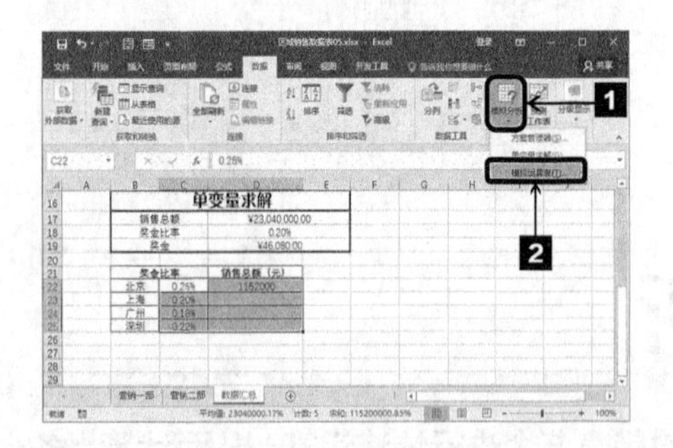

3 弹出【模拟运算表】对话框，单击【输入引用列的单元格】文本框右侧的【折叠】按钮。

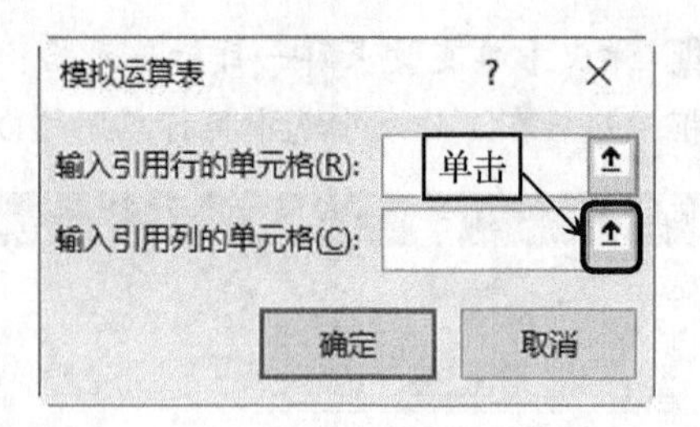

4 弹出【模拟运算表–输入引用列的单元格：】对话框，选中单元格D18。

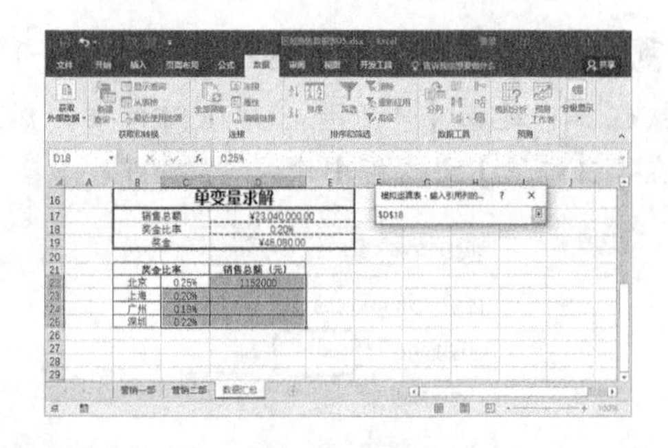

5 单击【展开】按钮，返回【模拟运算表】对话框，此时选中的单元格就添加到了【输入引用列的单元格】文本框中，单击 确定 按钮。

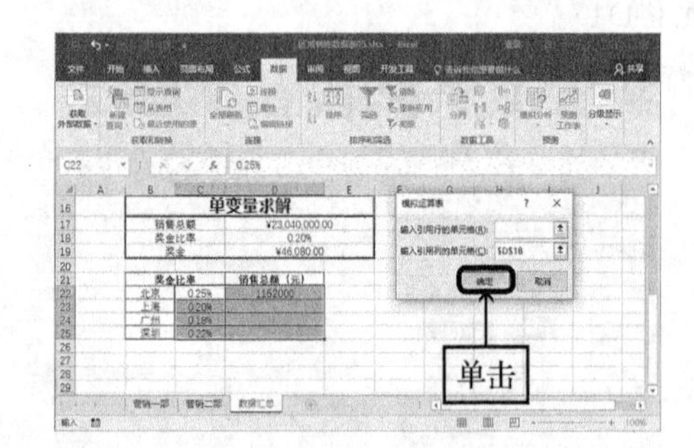

6 运算后的效果如下图所示。

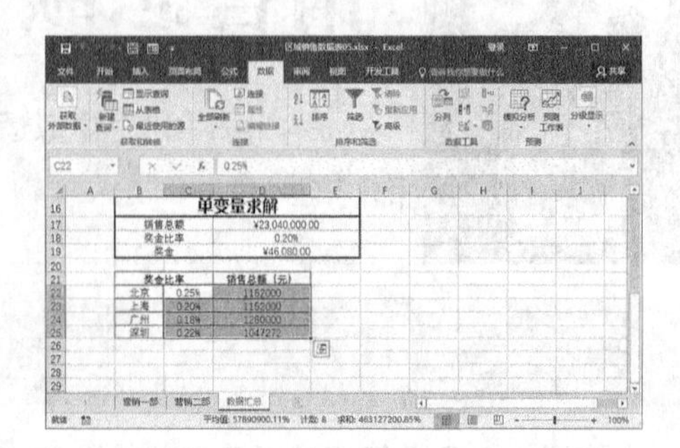

6.9.2 双变量模拟运算表

双变量模拟运算表可以查看两个变量对公式的影响。

本小节示例文件位置如下。	
原始文件	第6章\区域销售数据表05.docx
最终效果	第6章\区域销售数据表06.docx

双变量模拟运算表

例如，营销部准备了1万元现金，分成1 500元，2 660元和5 840元，每个区域奖金比率不同，求销售总额。

创建双变量模拟运算表的具体操作步骤如下。

1 打开本实例的原始文件，切换到工作表“数据汇总”中，选中单元格C29，输入公式“=D19/D18”，输入完毕按【Enter】键即可。

2 选中单元格区域C29:F33，切换到【数据】选项卡，单击【预测】组中的【模拟分析】按钮，从弹出的下拉列表中选择【模拟分析表】选项。

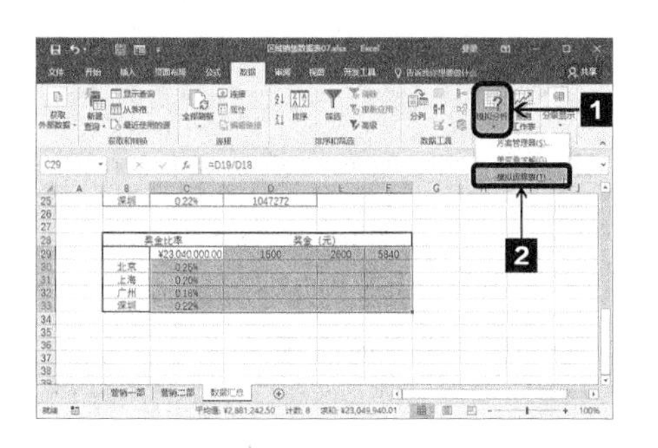

3 弹出【模拟运算表】对话框，在【输入引用行的单元格】文本框中输入“$D$19”，在【输入引用列的单元格】文本框中输入“$D$18”，单击 确定 按钮。

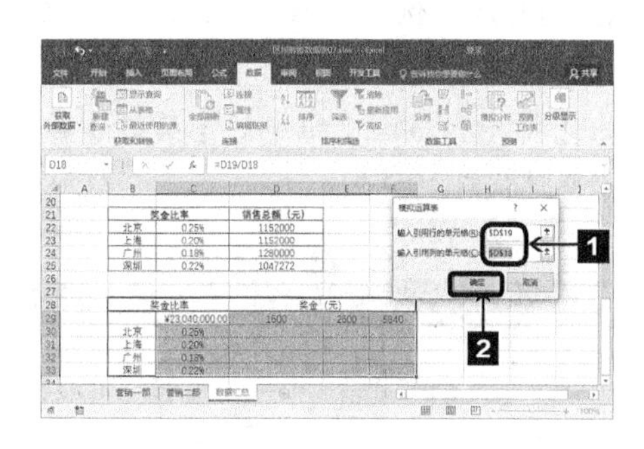

4 返回工作表即可看到创建的双变量模拟运算表，从中可以看出两个变量“奖金比率”和“奖金”对计算结果“销售总额”的影响。

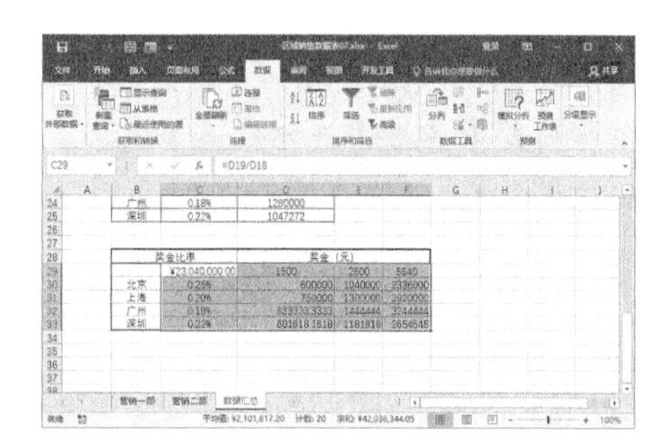

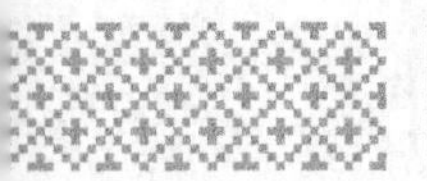

高手过招

数字筛选的高招

Excel筛选功能中的【数字筛选】能给用户带来极大的便利，此技巧主要介绍它的【高于平均值】功能有何作用，其他功能用法与此相似。

1 打开本实例的原始文件，选中数据区域中的任意单元格，切换到【数据】选项卡，单击【排序和筛选】组中的【筛选】按钮，进入筛选状态。

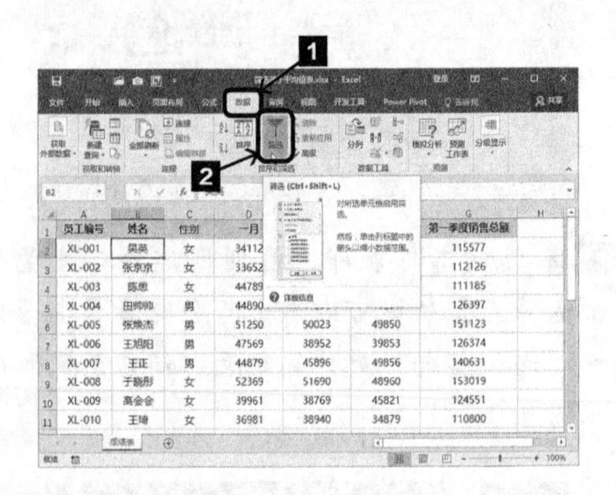

2 单击G1单元格右侧的下拉箭头，在弹出的下拉列表中选择【数字筛选】选项，在其级联菜单中选择【高于平均值】选项。

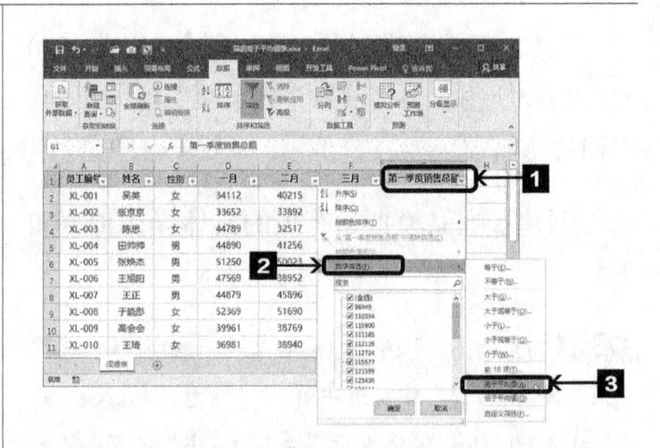

3 选择【高于平均值】选项后，即可在工作表中得到筛选的结果。

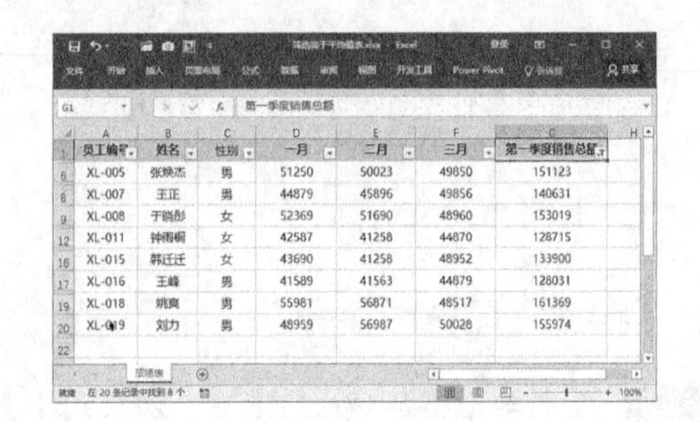

函数与公式的应用

除了可以制作一般的表格，Excel还具有强大的计算能力。熟练使用Excel的公式与函数可以提高用户的日常工作效率。

关于本章的知识，本书配套教学资源中有相关的多媒体教学视频，视频路径为【Office办公软件\函数与公式的应用】。

7.1 销售数据分析表

在每个月或半年的时间内，公司会对某些数据进行分析。接下来介绍怎样利用公式进行数据分析。

7.1.1 输入公式

用户既可以在单元格中输入公式，也可以在编辑栏中输入公式。

本小节示例文件位置如下。

原始文件	第7章\销售数据分析表01.docx
最终效果	第7章\销售数据分析表02.docx

输入公式

在工作表中输入公式的具体操作步骤如下。

1 打开本实例的原始文件，选中单元格D4，输入“=C4”。

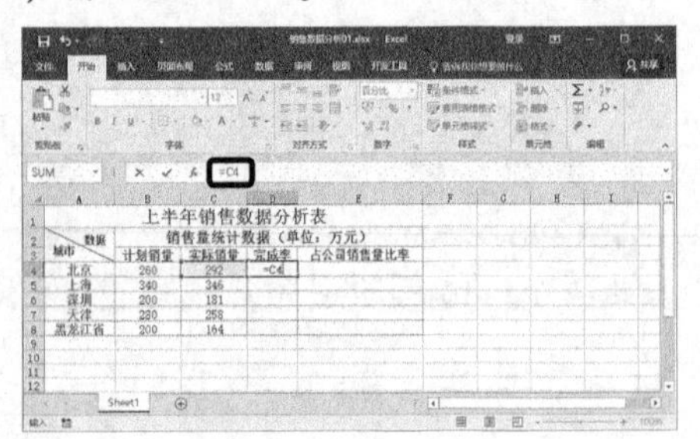

2 在单元格D4中输入“/”，然后选中单元格B4。

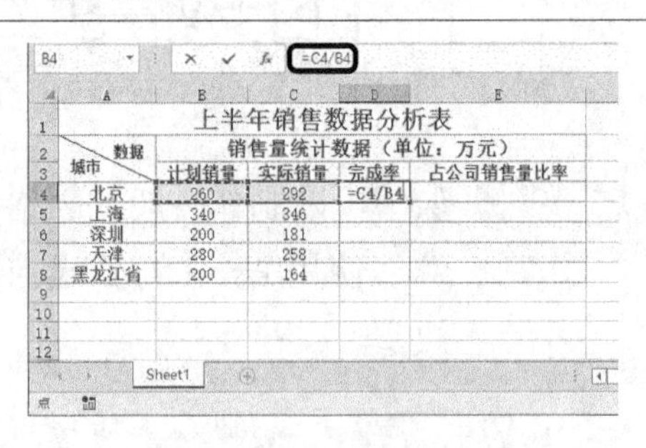

城市 \ 数据	销售量统计数据（单位：万元）			
	计划销量	实际销量	完成率	占公司销售量比率
北京	260	292	=C4/B4	
上海	340	346		
深圳	200	181		
天津	280	258		
黑龙江省	200	164		

3 输入完毕，直接按【Enter】键即可。

上半年销售数据分析表

城市 \ 数据	销售量统计数据（单位：万元）			
	计划销量	实际销量	完成率	占公司销售量比率
北京	260	292	112.31%	
上海	340	346		
深圳	200	181		
天津	280	258		
黑龙江省	200	164		

7.1.2 编辑公式

输入公式后，用户还可以对其进行编辑，主要包括修改公式、复制公式和显示公式。

本小节示例文件位置如下。

原始文件	第7章\销售数据分析表02.docx
最终效果	第7章\销售数据分析表03.docx

编辑公式

1. 修改公式

修改公式的具体操作步骤如下。

1 双击要修改公式的单元格D4，此时公式进入修改状态。

城市 \ 数据	销售量统计数据（单位：万元）			
	计划销量	实际销量	完成率	占公司销售量比率
北京	260	292	=C4/B4	
上海	340	346		
深圳	200	181		
天津	280	258		
黑龙江省	200	164		

2 修改完毕直接按【Enter】键即可。

2. 复制公式

用户既可以对公式进行单个复制，也可以进行快速填充。

1 复制公式。选中要复制公式的单元格D4，然后按【Ctrl】+【C】组合键。

2 选中公式要复制到的单元格D5，然后按【Ctrl】+【V】组合键即可。

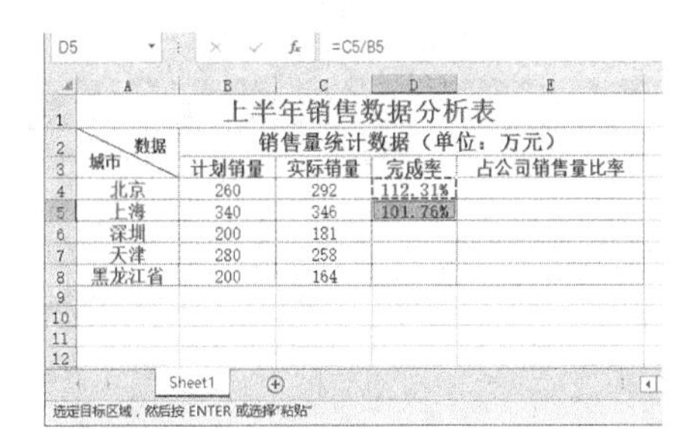

3 快速填充公式。选中要复制公式的单元格D5，然后将鼠标指针移动到单元格的右下角，此时鼠标指针变为+形状。

4 按住鼠标左键不放，向下拖动到单元格D8，释放鼠标左键，此时公式就填充到选中的单元格区域。

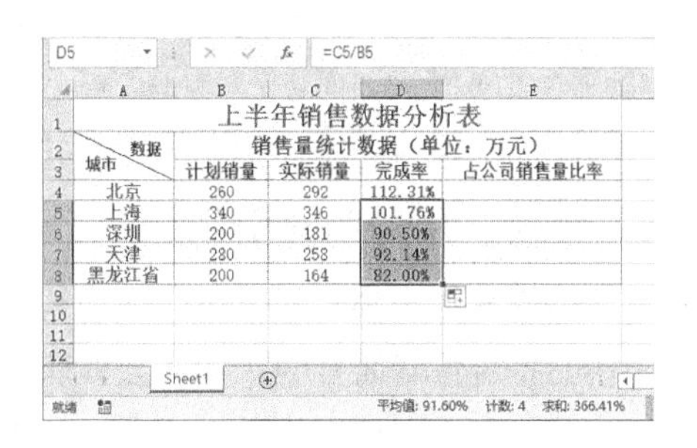

3. 显示公式

显示公式的方法主要有两种，除了直接双击要显示公式的单元格进行单个显示以外，还可以通过单击【显示公式】按钮来显示表格中所有的公式。

1 切换到【公式】选项卡，单击【公式审核】组中的【显示公式】按钮。

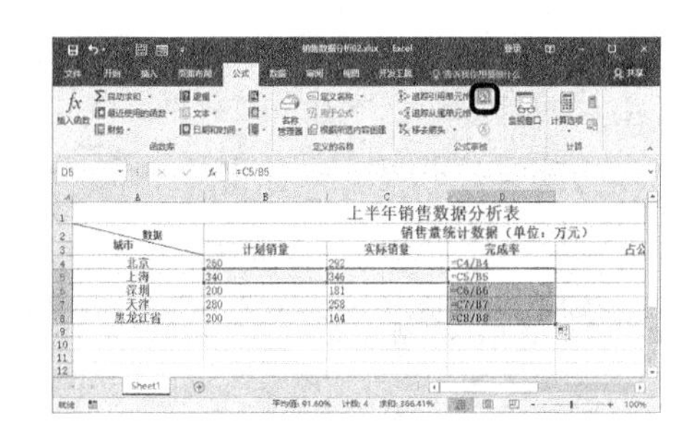

2 工作表中的所有公式显示出来。如果要取消显示，再次单击【公式审核】组中的显示公式按钮即可。

7.2 销项税额及销售排名

增值纳税人销售货物和应交税务，按照销售额和适用税率计算，并向购买方收取的增值税税额，称为销项税额。

7.2.1 单元格的引用

单元格的引用包括绝对引用、相对引用和混合引用3种。

本小节示例文件位置如下。	
原始文件	第7章\业务员销售情况01.docx
最终效果	第7章\业务员销售情况02.docx

单元格的引用

○ 相对引用和绝对引用

单元格的相对引用是基于包含公式和引用的单元格的相对位置而言的。如果公式所在单元格的位置改变，引用也将随之改变，如果多行或多列地复制公式，引用会自动调整。默认情况下，新公式使用相对引用。

单元格中的绝对引用则总是在指定位置引用单元格（例如$F$3）。如果公式所在单元格的位置改变，绝对引用的单元格也始终保持不变，如果多行或多列地复制公式，绝对引用将不作调整。使用相对引用和绝对引用计算增值税销项税额的具体操作步骤如下。

1 打开本实例的原始文件，选中单元格K7，在其中输入公式“=E7+F7+G7+H7+I7+J7”，此时相对引用了公式中的单元格E7、F7、G7、H7、I7和J7。

2 输入完毕，按【Enter】键，选中单元格K7，将鼠标指针移动到单元格的右下角，此时鼠标指针变成+形状，然后按住鼠标左键不放，向下拖动到单元格K16，释放鼠标左键，此时公式就填充到选中的单元格区域中。

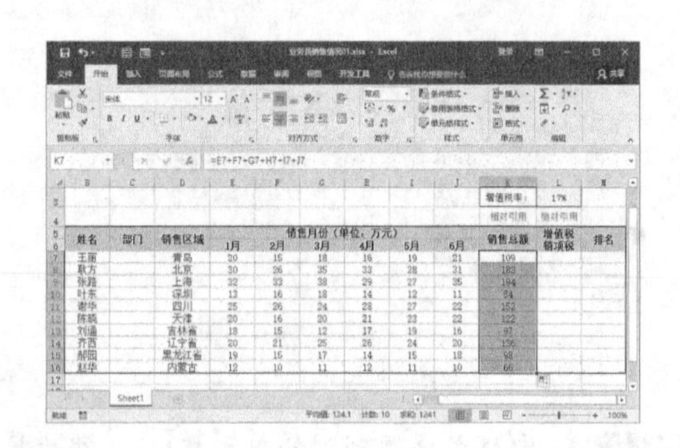

3 多行或多列地复制公式，随着公式所在单元格的位置改变，引用也随之改变。

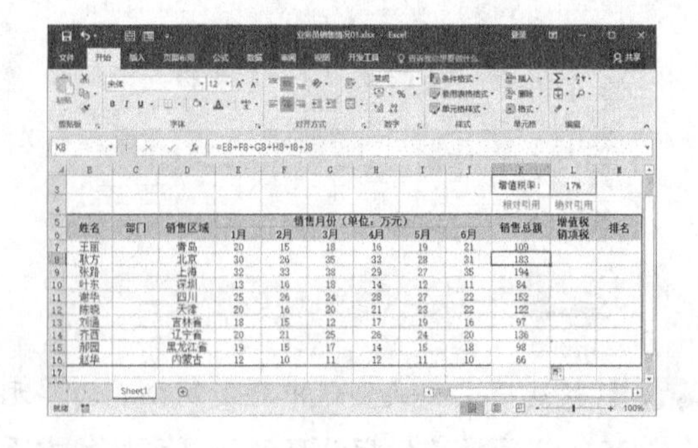

4 选中单元格L7，在其中输入公式“=K7* $L$3”，此时绝对引用了公式中的单元格L3。

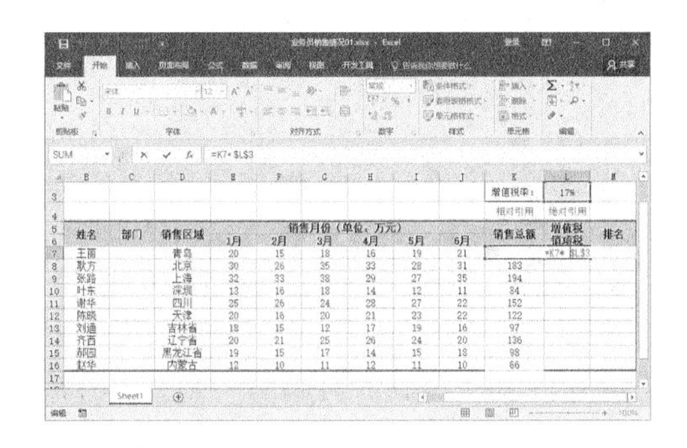

5 输入完毕按【Enter】键，选中单元格L7，将鼠标指针移动到单元格的右下角，此时鼠标指针变成+形状，然后按住鼠标左键不放，向下拖动到单元格L16，释放鼠标左键，此时公式就填充到选中的单元格区域中。

6 公式中绝对引用了单元格L3。如果多行或多列地复制公式，绝对引用将不作调整；如果公式所在单元格的位置改变，绝对引用的单元格L3始终保持不变。

7.2.2 数据验证功能的应用

在日常工作中经常会用到 Excel 的数据验证功能。使用数据验证功能可以指定单元格中数据录入的规则，限制数据输入的类型或范围，从而提高工作效率，避免非法数据的录入。

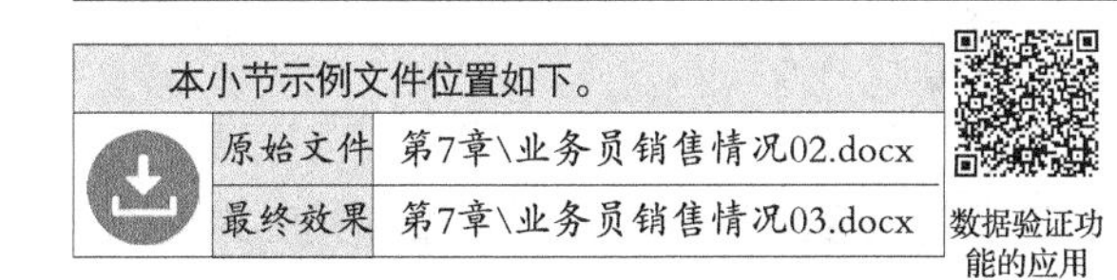

本小节示例文件位置如下。

原始文件	第7章\业务员销售情况02.docx
最终效果	第7章\业务员销售情况03.docx

数据验证功能的应用

使用数据验证的具体操作步骤如下。

1 打开本实例的原始文件，选中单元格C7，切换到【数据】选项卡，单击【数据工具】组中的【数据验证】按钮右侧的下三角按钮，从弹出的下拉列表中选择【数据验证】选项。

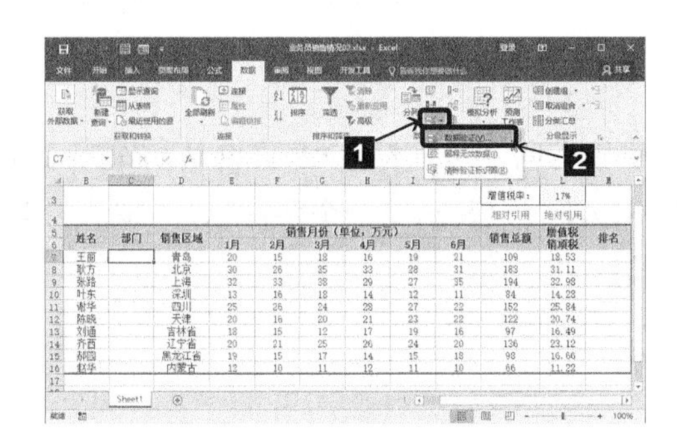

2 弹出【数据验证】对话框，在【允许】下拉列表中选择【序列】选项，然后在【来源】文本框中输入“营销一部,营销二部,营销三部”，中间用英文半角状态的逗号隔开，设置完毕，单击 确定 按钮。

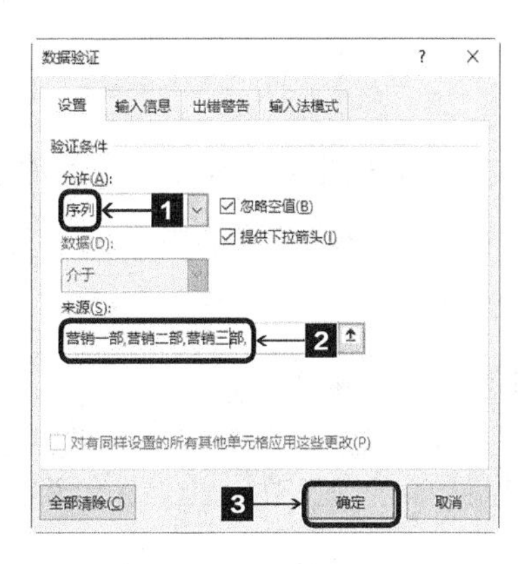

3 返回工作表。此时，单元格C7的右侧出现了一个下拉按钮，将鼠标指针移动到单元格的右下角，此时鼠标指针变成+形状。

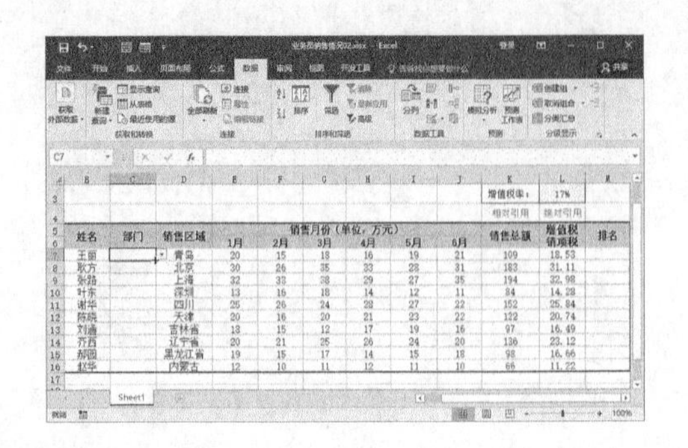

4 按住鼠标指针左键不放，向下拖动到单元格C16，释放鼠标左键，此时数据就被填充到选中的单元格区域中，每个单元格的右侧都会出现一个下拉按钮▾。单击单元格C7右侧的下拉按钮▾，在弹出的下拉列表中选择销售部门即可，例如选择【营销一部】选项。

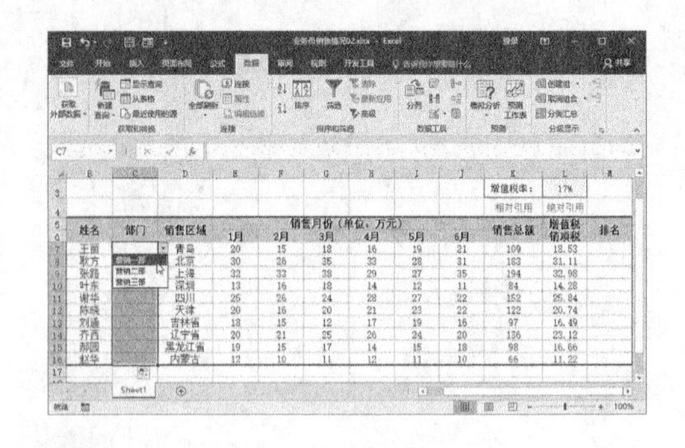

5 使用同样的方法可以在其他单元格中利用下拉列表快速输入销售部门。

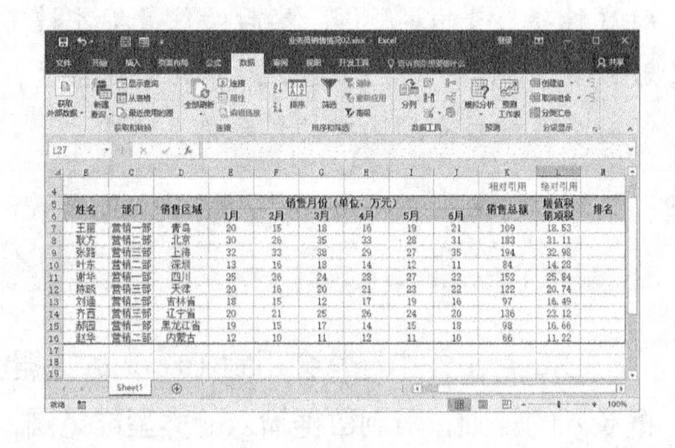

7.3 公司员工信息表

在实际财务管理中，员工的工资与很多信息相关联，比如说员工的工作年限、奖金、提成等。

7.3.1 文本函数

文本函数是指可以在公式中处理字符串的函数。常用的文本函数包括LEFT、RIGHT、MID、LEN、TEXT、LOWER、PROPER、UPPER等函数。

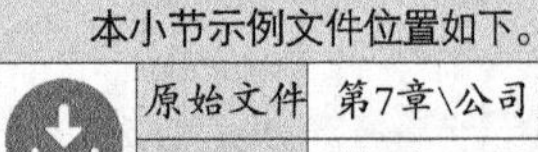

本小节示例文件位置如下。

原始文件	第7章\公司员工信息表01.docx
最终效果	第7章\公司员工信息表02.docx

文本函数

1. 提取字符函数

LEFT、RIGHT、MID等函数用于从文本中提取部分字符。LEFT函数从左向右取；RIGHT函数从右向左取；MID函数也是从左向右提取，但不一定是从第一个字符起，可以从中间开始。

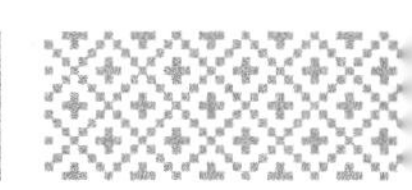

LEFT、RIGHT函数的语法格式分别为LEFT(text,num_chars)和RIGHT（text,num_chars）。

参数text指文本，是从中提取字符的长字符串，参数num_chars是想要提取的字符个数。

MID函数的语法格式为MID(text,start_num,num_chars)。参数text的属性与前面两个函数相同，参数star_num是要提取的开始字符，参数num_chars是要提取的字符个数。

LEN函数的功能是返回文本串的字符数，此函数用于双字节字符，且空格也将作为字符进行统计。LEN函数的语法格式为LEN(text)。参数text为要查找其长度的文本。如果text为“年/月/日”形式的日期，此时LEN函数首先运算“年÷月÷日”，然后返回运算结果的字符数。

TEXT函数的功能是将数值转换为按指定数字格式表示的文本，其语法格式为TEXT(value,format_text)。参数value为数值、计算结果为数字值的公式，或对包含数字值的单元格的引用；参数format_text为“设置单元格格式”对话框中“数字”选项卡上“分类”框中的文本形式的数字格式。

2. 转换大小写函数

LOWER、PROPER、UPPER函数的功能是进行大小写转换。LOWER函数的功能是将一个字符串中的所有大写字母转换为小写字母；UPPER函数的功能是将一个字符串中的所有小写字母转换为大写字母；PROPER函数的功能是将字符串的首字母及任何非字母字符之后的首字母转换成大写，将其余的字母转换成小写。

接下来结合提取字符函数和转换大小写函数编制“公司员工信息表”，并根据身份证号码计算员工的出生日期、年龄等。具体的操作步骤如下。

1 打开本实例的原始文件，选中单元格B4，切换到【公式】选项卡，单击【函数库】组中的【插入函数】按钮。

2 弹出【插入函数】对话框，在【或选择类别】下拉列表中选择【文本】选项，然后在【选择函数】列表框中选择【UPPER】选项，设置完毕，单击 确定 按钮。

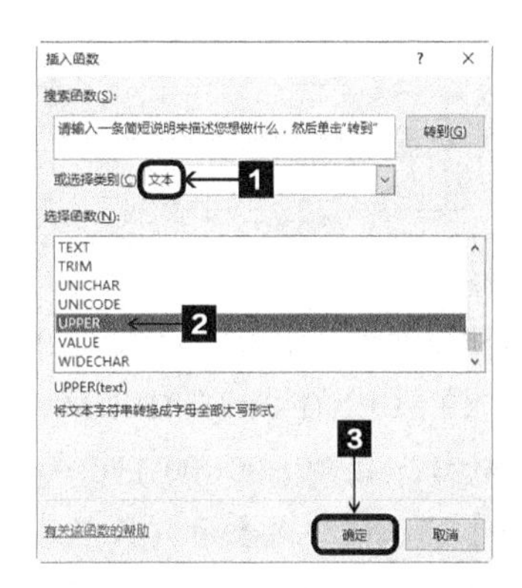

3 弹出【函数参数】对话框，在【Text】文本框中将参数引用设置为单元格“A4”，设置完毕，单击 确定 按钮。

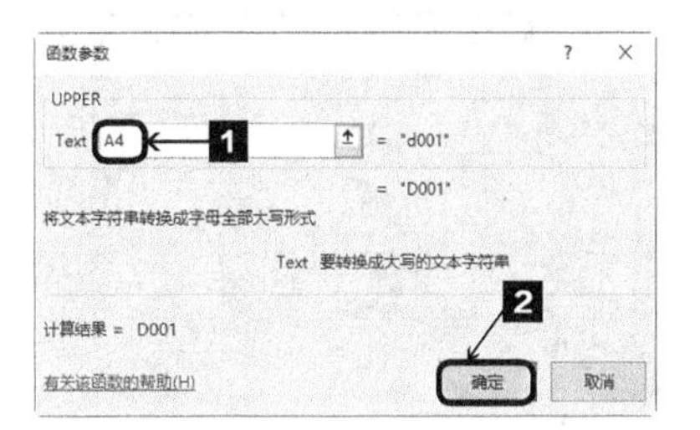

4 返回工作表，此时计算结果中的字母变成了大写。

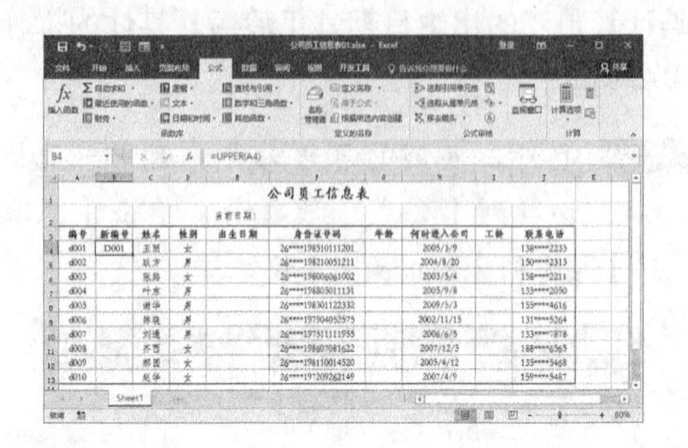

5 选中单元格B4，将鼠标指针移动到单元格的右下角，此时鼠标指针变成+形状，按住鼠标左键不放，向右拖动到单元格B13，释放鼠标左键，公式就填充到选中的单元格区域中。

6 选中单元格E4，输入函数“=IF(F4<>"", TEXT((LEN(F4)=15)*19&MID(F4,7,6+(LEN(F4)=18)*2),"#-00-00")+0,)”，然后按【Enter】键。该公式表示“从单元格F4中的15位或18位身份证号中返回出生日期”。

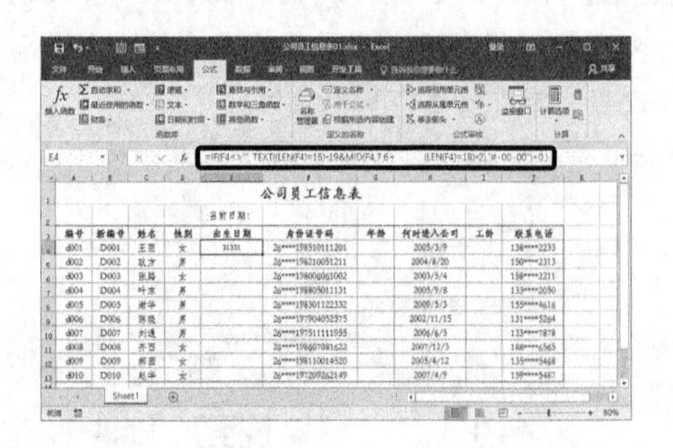

7 选中单元格E4，切换到【开始】选项卡，从【数字】组中的【数字格式】下拉列表中选择【短日期】选项。

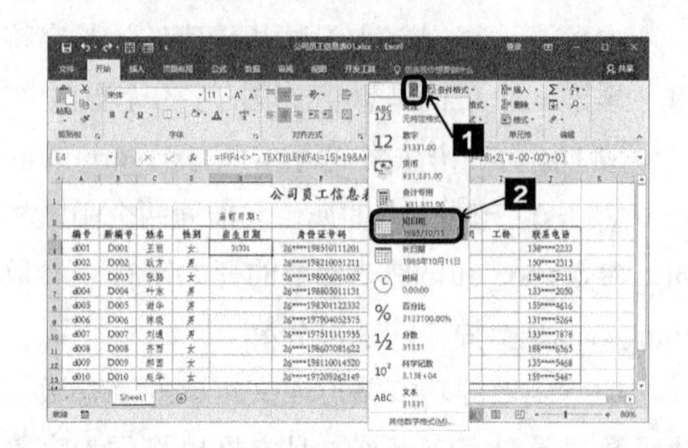

8 员工的出生日期就根据身份证号码计算出来了，然后选中单元格E4，使用快速填充功能将公式填充至单元格E13中。

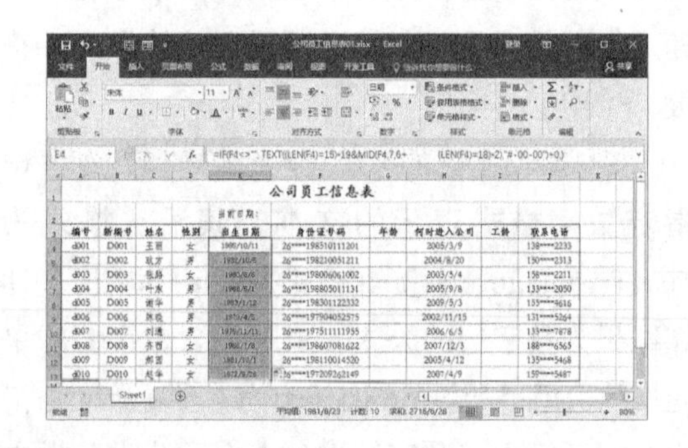

9 选中单元格G4，然后输入函数公式“=YEAR(NOW())-MID(F4,7,4)”，然后按【Enter】键。该公式表示“当前年份减去出生年份，从而得出年龄”。

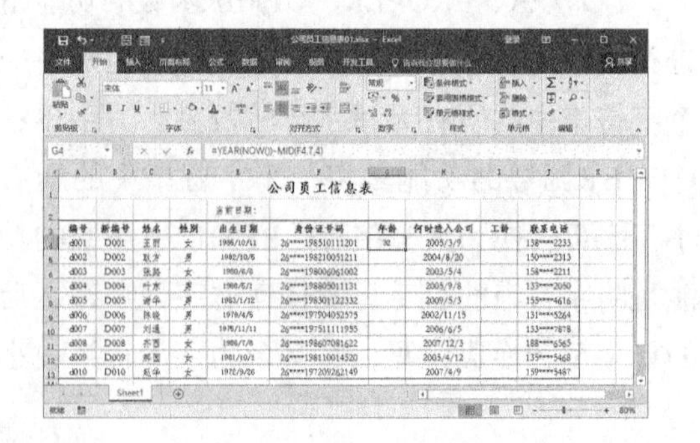

10 使用上述的方法将单元格G4的公式向下填充到单元格G13中即可。

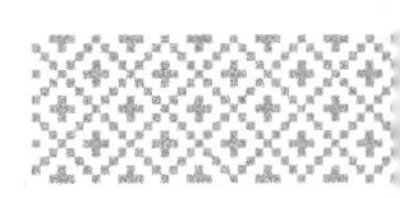

7.3.2 日期与时间函数

日期与时间函数是处理日期型或日期时间型数据的函数，常用的日期与时间函数包括DATE、DAY、DAY360、MONTH、NOW、TODAY、YEAR、HOUR、WEEKDAY等函数。

本小节示例文件位置如下。		
	原始文件	第7章\公司员工信息表02.docx
	最终效果	第7章\公司员工信息表03.docx

日期与时间函数

1. DATE函数

DATE函数的功能是返回代表特定日期的序列号，其语法格式：

DATE(year,month,day)

2. NOW函数

NOW函数的功能是返回当前的日期和时间，其语法格式：

NOW()

3. DAY函数

DAY函数的功能是返回用序列号（整数1到31）表示的某日期的天数，其语法格式：

DAY(serial_number)

参数serial_number表示要查找的日期天数。

4. DAYS360函数

DAYS360函数是重要的日期与时间函数，函数功能是按照一年360天计算的（每个月以30天计，一年共计12个月），返回值为两个日期之间相差的天数。该函数在一些会计计算中经常用到。如果财务系统基于一年12个月，每月30天，则可用此函数帮助计算支付款项。

DAYS360函数的语法格式：

DAYS360(start_date,end_date,method)

参数start_date表示计算期间天数的开始日期；end_date表示计算期间天数的终止日期；method表示逻辑值，它指定了在计算中是用欧洲办法还是用美国办法。

如果start_date在end_date之后，则DAYS360将返回一个负数。另外，应使用DATE函数来输入日期，或者将日期作为其他公式或函数的结果输入。例如，使用函数DATE(2015,12,28) 或输入日期2015年12月28日。如果日期以文本的形式输入，则会出现问题。

5. MONTH函数

MONTH函数是一种常用的日期函数，它能够返回以序列号表示的日期中的月份。MONTH函数的语法格式：

MONTH(serial_number)

参数serial_number表示一个日期值，包括要查找的月份的日期。该函数还可以指定加双引号的表示日期的文本，例如，“2015年12月28日”。如果该参数为日期以外的文本，则返回错误值“#VALUE! ”。

6. WEEKDAY函数

WEEKDAY函数的功能是返回某日期的星期数。在默认情况下，它的值为1（星期天）到7（星期六）之间的一个整数，其语法格式：

WEEKDAY(serial_number,return_type)

参数serial_number是要返回日期数的日期；return_type为确定返回值类型，如果return_type为数字1或省略，则1至7表示星期天到星期六，如果return_type为数字2，则1至7表示星期一到星期天，如果return_type为数字3，则0至6代表星期一到星期天。

接下来结合时间与日期函数在公司员工信息表中计算当前日期、星期数以及员工工龄。具体的操作步骤如下。

1 打开本实例的原始文件，选中单元格F2，然后输入函数公式“=TODAY()”，然后按【Enter】键。该公式表示“返回当前日期”。

2 选中单元格G2，输入函数公式“=WEEKDAY(F2)”，然后按【Enter】键。该公式表示“将日期转化为星期数”。

3 选中单元格G2，切换到【开始】选项卡，单击【数字】组右下角的【对话框启动器】按钮。

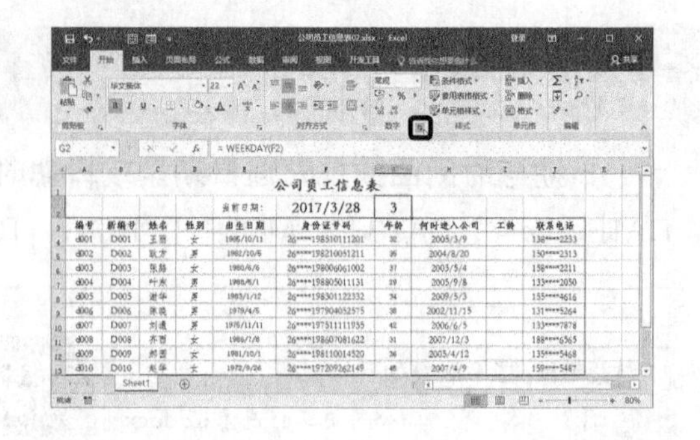

4 弹出【设置单元格格式】对话框，切换到【数字】选项卡，在【分类】列表框中选择【日期】选项，然后在【类型】列表框中选择【星期三】选项，设置完毕，单击 确定 按钮。

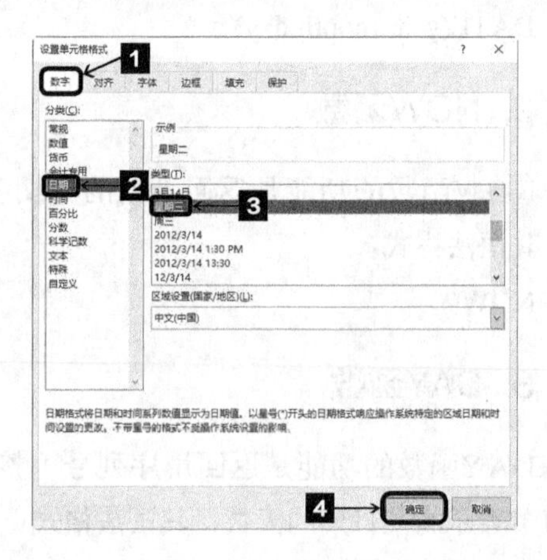

5 返回工作表，此时单元格G2中的数字就转换成了星期数。

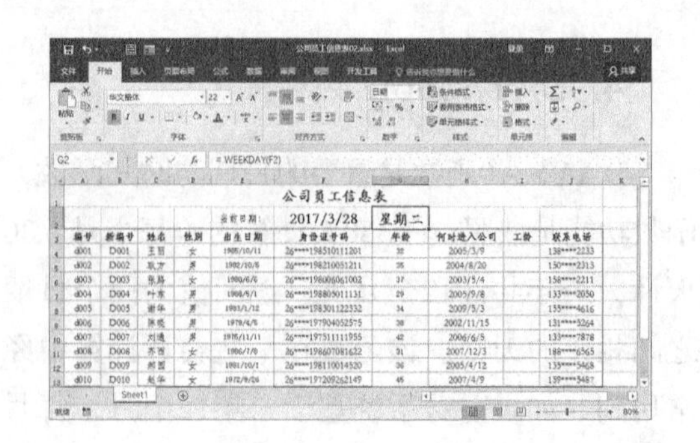

6 选中单元格I4，然后输入函数公式“=CONCATENATE(DATEDIF(H4,TODAY(),"y"),"年",DATEDIF(H4,TODAY(),"ym"),"个月和",DATEDIF(H4,TODAY(),"md"),"天")”，然后按【Enter】键。公式中CONCATENAT函数的功能是将几个文本字符串合并为一个文本字符串。

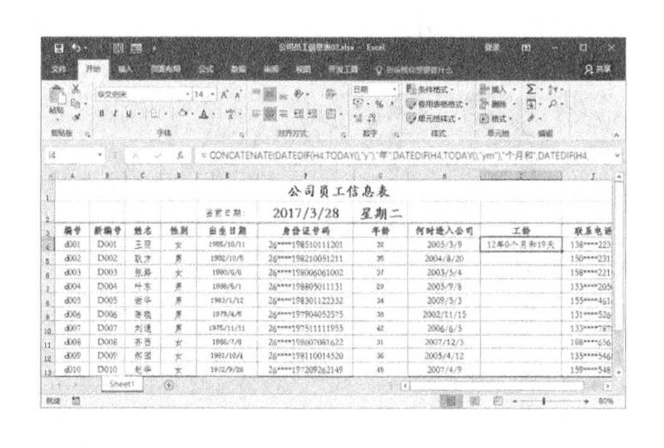

7 员工的工龄计算出来了，然后将单元格I4中的公式向下填充到单元格I13中。

7.4 业绩奖金计算表

我国很多企业设置的月奖、季度奖和年终奖都是业绩奖金的典型形式，它们都是根据员工绩效评价结果发放给员工的绩效薪酬。

7.4.1 逻辑函数

逻辑函数是一种用于进行真假值判断或复合检验的函数。逻辑函数在日常办公中应用非常广泛，常用的逻辑包括AND、IF、OR等函数。

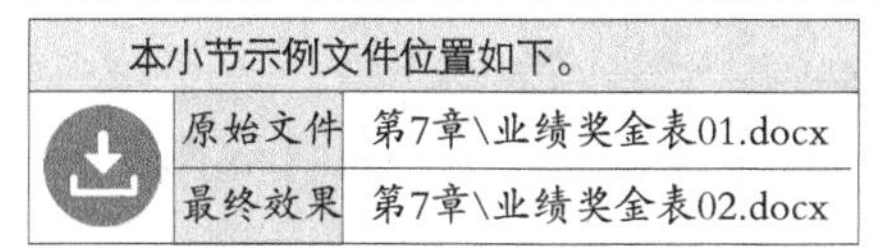

本小节示例文件位置如下。

原始文件	第7章\业绩奖金表01.docx
最终效果	第7章\业绩奖金表02.docx

逻辑函数

1. AND函数

AND函数的功能是扩大用于执行逻辑检验的其他函数的效用，其语法格式：

AND(logical1,logical2,...)

参数logical1是必需的，表示要检验的第一个条件，其计算结果可以为TRUE或FALSE；logical2为可选参数。所有参数的逻辑值均为真时，返回TRUE；只要一个参数的逻辑值为假，即返回FLASE。

2. IF函数

IF函数是一种常用的逻辑函数，其功能是执行真假值判断，并根据逻辑判断值返回结果。该函数主要用于根据逻辑表达式来判断指定条件，如果条件成立，则返回真条件下的指定内容；如果条件不成立，则返回假条件下的指定内容。

IF函数的语法格式：

IF(logical_text,value_if_true,value_if_false)

参数logical_text代表带有比较运算符的逻辑判断条件；value_if_true代表逻辑判断条件成立时返回的值；value_if_false代表逻辑判断条件不成立时返回的值。

IF函数可以嵌套7层，用value_if_false及value_if_true参数可以构造复杂的判断条件。在计算参数value_if_true和value_if_false后，IF函数返回相应语句执行后的返回值。

3. OR函数

OR函数的功能是对公式中的条件进行连接。在其参数组中，任何一个参数逻辑值为TRUE，即返回TRUE；所有参数的逻辑值为FALSE，才返回FALSE。其语法格式：

OR(logical1,logical2,...)

参数必须能计算为逻辑值，如果指定区域中不包含逻辑值，OR函数返回错误值“#VALUE!”。

例如某公司业绩奖金的发放方法是小于50 000元的部分提成比例为3%，大于等于50 000元小于100 000元的部分提成比例为6%，大于等于100 000元的部分提成比例为10%。奖金的计算=超额×提成率−累进差额。接下来介绍员工业绩奖金的计算方法。

1 打开本实例的原始文件，切换到工作表“奖金标准”中，这里可以看到业绩奖金的发放标准。

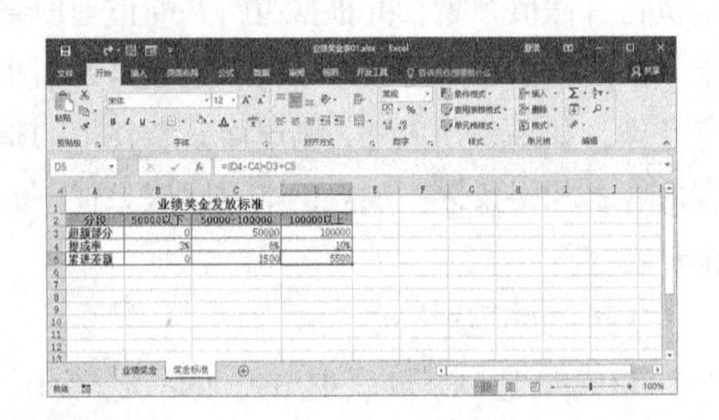

2 切换到工作表“业绩奖金”中，选中单元格G3并输入函数公式“=IF(AND(F3>0,F3<=50000),3%,IF(AND(F3>50000,F3<=100000),6%,10%))”，然后按【Enter】键。该公式表示“根据超额的多少返回提成率”，此处用到了IF函数的嵌套使用方法，然后使用单元格复制填充的方法计算出其他员工的提成比例。

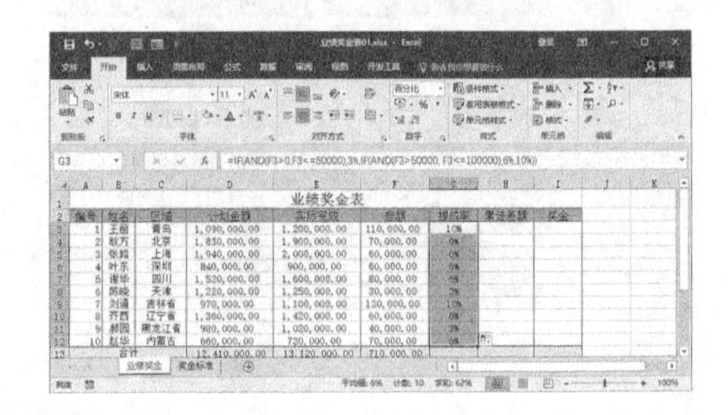

3 选中单元格H3并输入函数公式“=IF(AND(F3>0,F3<=50000),0,IF(AND(F3>50000,F3<=100000),1500,5500))”，然后按【Enter】键。该公式表示“根据超额的多少返回累进差额”。同样再使用单元格复制填充的方法计算出其他员工的累进差额。

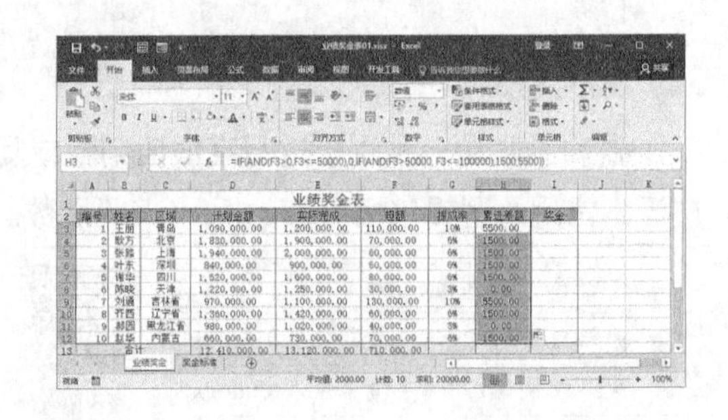

4 选中单元格I3，并输入函数公式“=F3*G3-H3”，再使用填充复制的其他员工的奖金。

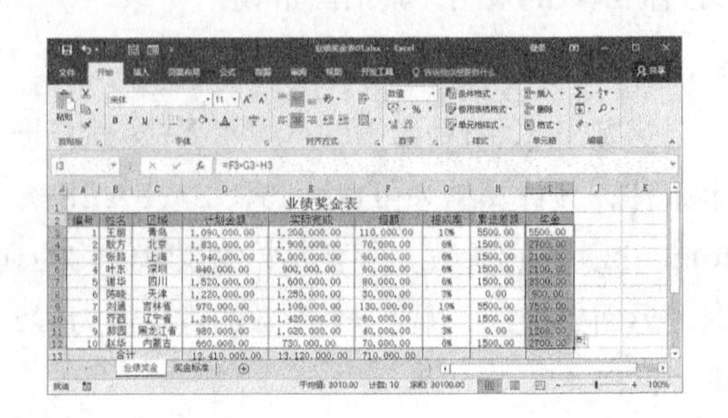

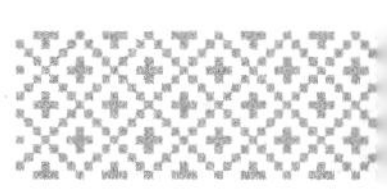

7.4.2 统计函数

统计函数用于对数据区域进行统计分析。常用的统计函数有AVERAGE、RANK等。

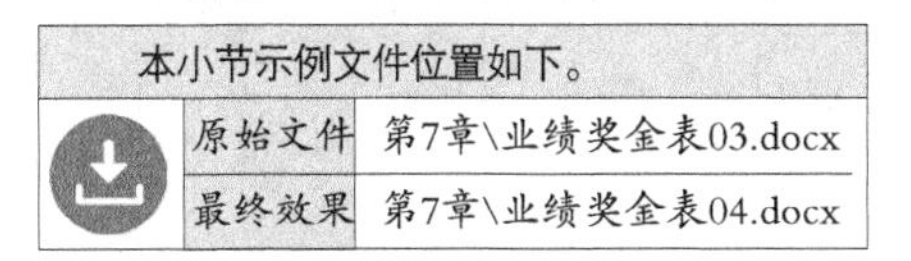

本小节示例文件位置如下。

原始文件	第7章\业绩奖金表03.docx
最终效果	第7章\业绩奖金表04.docx

统计函数

1. AVERAGE函数

AVERAGE函数的功能是返回所有参数的算术平均值，其语法格式：

AVERAGE(number1,number2,...)

参数number1、number2等是要计算平均值的1～30个参数。

2. RANK函数

RANK函数的功能是返回结果集分区内指定字段的值的排名，指定字段的值的排名是相关行之前的排名加1，其语法格式：

RANK(number,ref,order)

参数number是需要计算其排位的一个数字；ref是包含一组数字的数组或引用（其中的非数值型参数将被忽略）；order为一数字，指明排位的方式，如果order为0或省略，则按降序排列的数据清单进行排位，如果order不为0，ref当作按升序排列的数据清单进行排位。

注意：函数RANK对重复数值的排位相同，但重复数的存在将影响后续数值。

3. COUNTIF函数

COUNTIF函数的功能是计算区域中满足给定条件的单元格的个数，其语法格式：

COUNTIF(range,criteria)

参数range为需要计算其中满足条件的单元格数目的单元格区域；criteria为确定哪些单元格将被计算在内的条件，其形式可以为数字、表达式或文本。

接下来结合统计函数对员工的业绩奖金进行统计分析，并计算平均奖金、名次以及人数统计。具体操作步骤如下。

1 打开本实例的原始文件，在工作表“业绩奖金”中，选中单元格J17，并输入函数公式“=AVERAGE(J3:J12)”。

2 按下【Enter】键，在单元格J17中便可以看到计算结果。

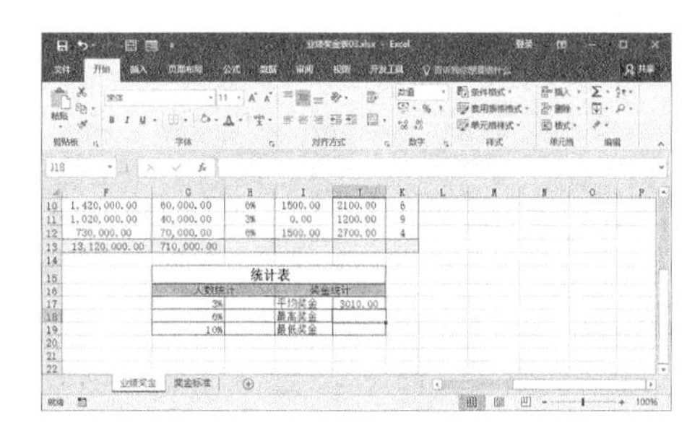

3 选中单元格J18，并输入函数公式“=MAX(J3:J12)”，计算出最高奖金。

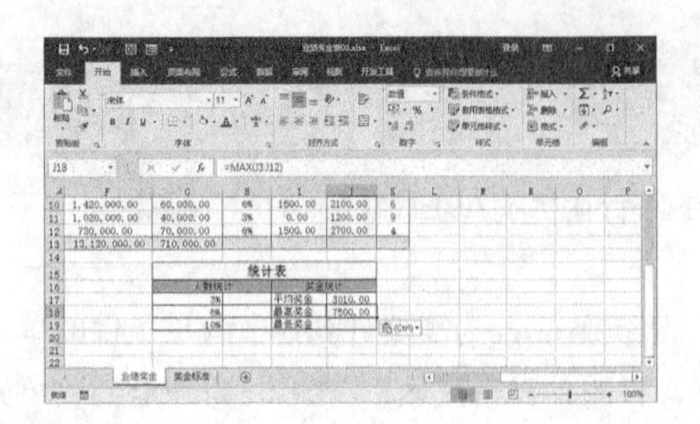

4 选中单元格J19，并输入函数公式“=MIN(J3:J12)”，计算出最低奖金是多少。

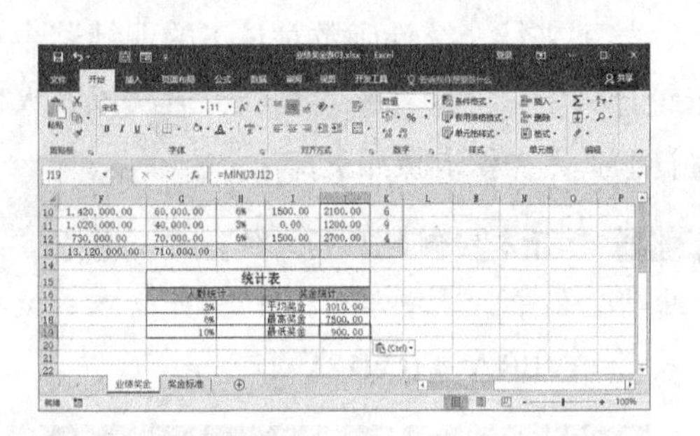

5 选中单元格H17，并输入函数公式“=COUNTIF(H3:H12,"3%")”，计算出业绩奖金提成率为“3%”的人数统计。

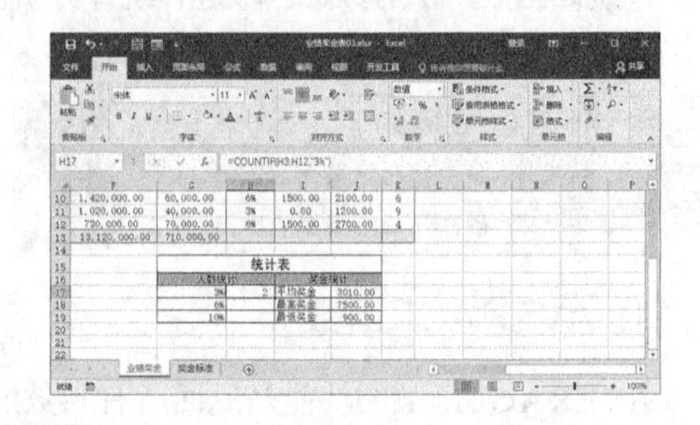

6 使用同样的方法，还可以计算出提成率分别为“6%”和“10%”的人数。

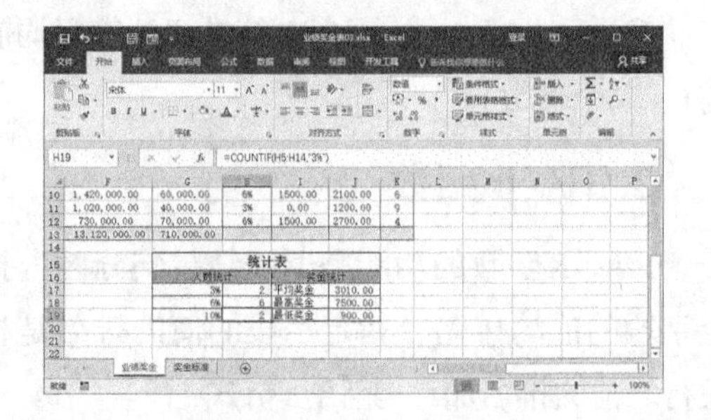

第8章

演示文稿制作大家——PowerPoint 2016

PowerPoint 2016 是现代日常办公中经常用到的一款制作演示文稿的软件，可以用于介绍新产品、企划方案，或者进行教学演讲、汇报工作等。本章主要介绍了如何创建和编辑演示文稿，以及如何插入新幻灯片和美化幻灯片等。

关于本章的知识，本书配套教学资源中有相关的多媒体教学视频，视频路径为【Office办公软件\演示文稿制作大家——PPT 2016】。

8.1 演示文稿的基本操作

PowerPoint 2016是用来制作演示文稿的工具，要制作出简明清晰、丰富详实的演示文稿，用户要了解 PowerPoint 的操作界面和视图方式等基础 知识。

8.1.1 新建和保存演示文稿

用户可以使用PowerPoint 2016方便快捷地新建多种类型的演示文稿，如空白演示文稿、基于模板的演示文稿等。

1. 创建演示文稿

○ 新建空白演示文稿

通常情况下，启动PowerPoint 2016之后，在PowerPoint开始界面（此界面为Office 2016新增界面）中单击【空白演示文稿】选项，即可创建一个名为“演示文稿1”的空白演示文稿。

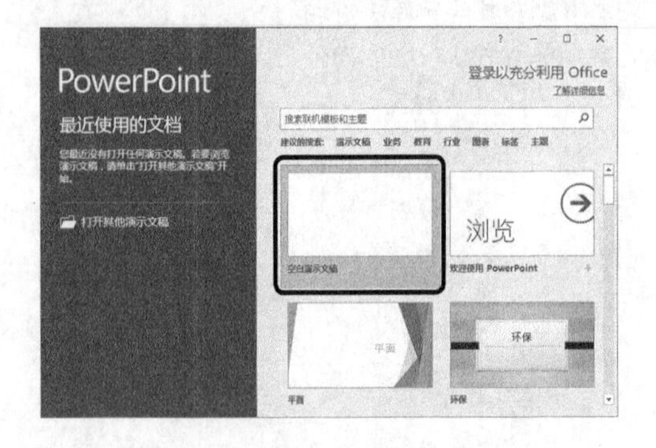

○ 根据模板创建演示文稿

用户还可以根据系统自带的模板创建演示文稿。具体的操作步骤如下。

1 在演示文稿窗口中，单击文件按钮，在弹出的界面中选择【新建】选项，会弹出【新建】界面，在其中的文本框中输入“会议”，然后单击文本框右侧的【开始搜索】按钮。

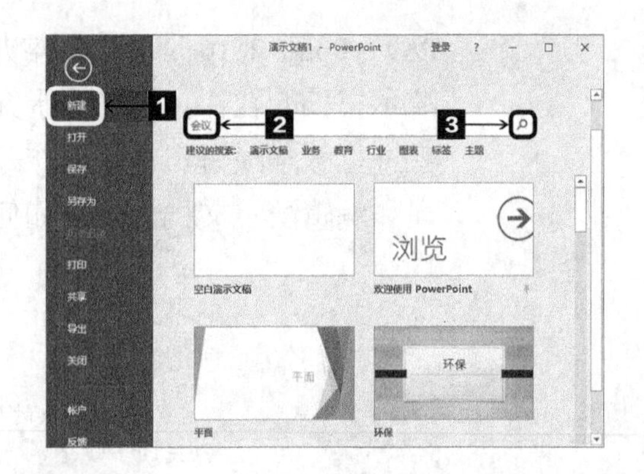

2 显示出搜索到的模板，选择一个合适的模板选项。

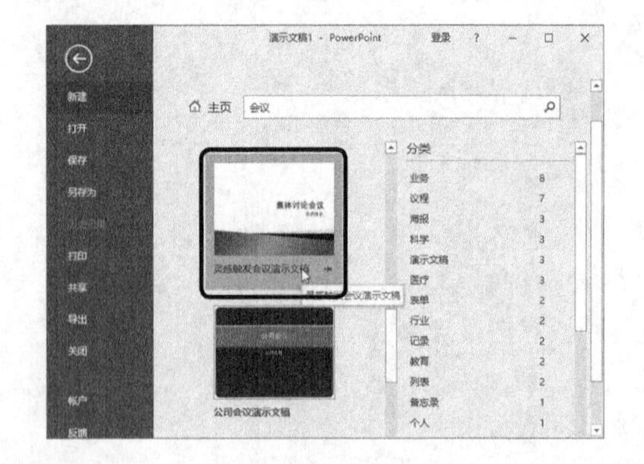

3 弹出界面显示该模板的相关信息，单击【创建】按钮。

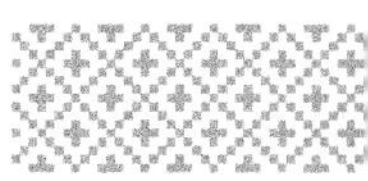

4 开始下载该模板，下载完毕后的模板效果如图所示。

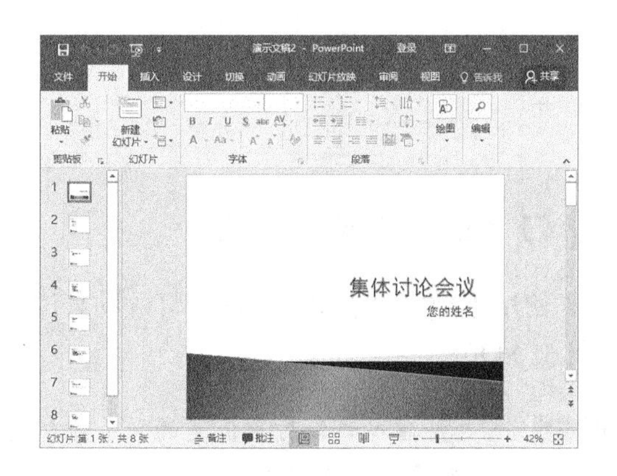

2. 保存演示文稿

演示文稿在制作的过程中应及时地进行保存，以免因停电或没有制作完成就误将演示文稿关闭而造成不必要的损失。保存演示文稿的具体操作步骤如下。

1 在演示文稿窗口中的快速访问工具栏中单击【保存】按钮。

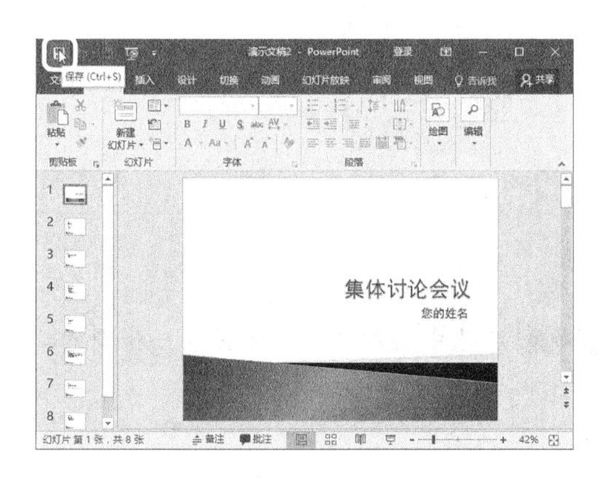

2 弹出【另存为】界面，选择【这台电脑】选项，然后单击【浏览】按钮。

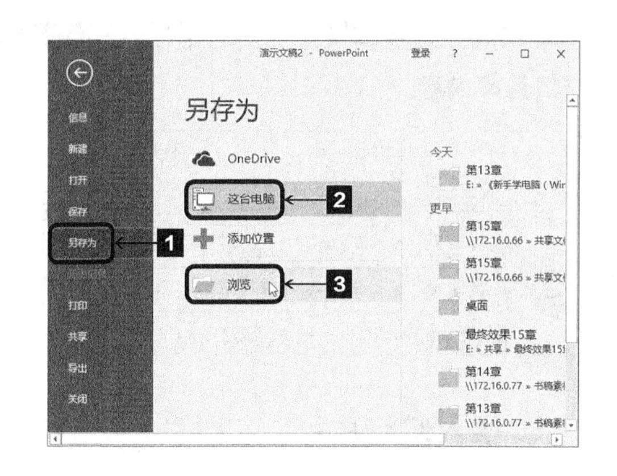

3 弹出【另存为】对话框，在保存范围列表框中选择合适的保存位置，然后在【文件名】文本框中输入文件名称，单击保存(S)按钮即可保存演示文稿。

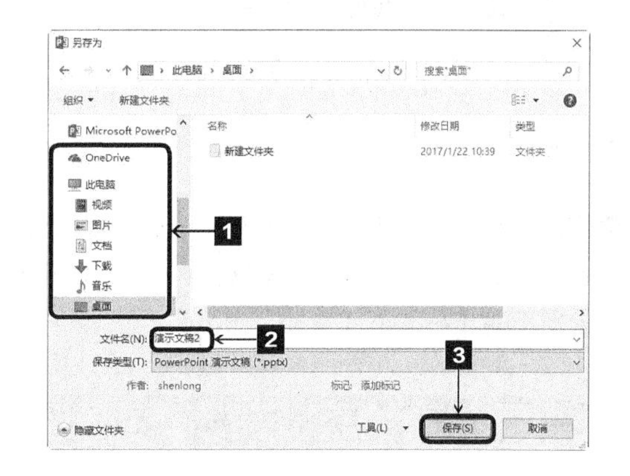

如果对已有的演示文稿进行了编辑操作，可以直接单击快速访问工具栏中的【保存】按钮保存文稿。

用户也可以单击文件按钮，从弹出的界面中选择【选项】选项，在弹出的【PowerPoint选项】对话框中，切换到【保存】选项卡，然后设置【保存自动恢复信息时间间隔】选项，这样每隔几分钟系统就会自动保存演示文稿。

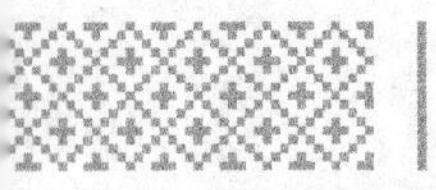

8.1.2 幻灯片的基本操作

幻灯片的基本操作主要包括插入和删除幻灯片、编辑幻灯片、移动和复制幻灯片以及隐藏幻灯片等内容。

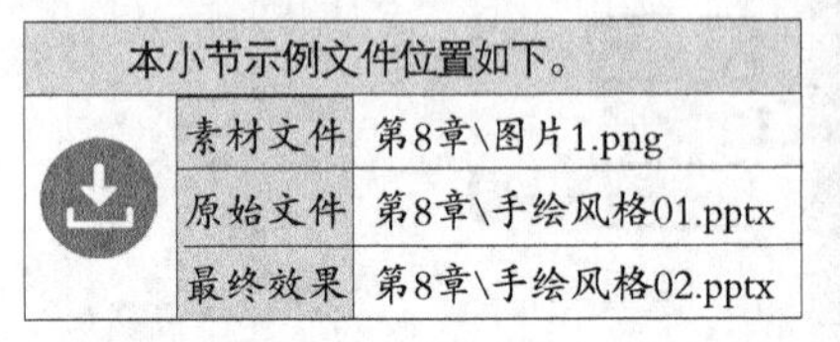

本小节示例文件位置如下。	
素材文件	第8章\图片1.png
原始文件	第8章\手绘风格01.pptx
最终效果	第8章\手绘风格02.pptx

幻灯片的基本操作

1. 插入幻灯片

插入新幻灯片的方法有两种，一种是通过右键快捷菜单，一种是通过【幻灯片】组插入。

使用右键快捷菜单

使用右键快捷菜单插入新的幻灯片的具体操作步骤如下。

1 打开本实例的原始文件，在演示文稿左侧一栏单击鼠标右键，从弹出的快捷菜单中选择【新建幻灯片】选项。

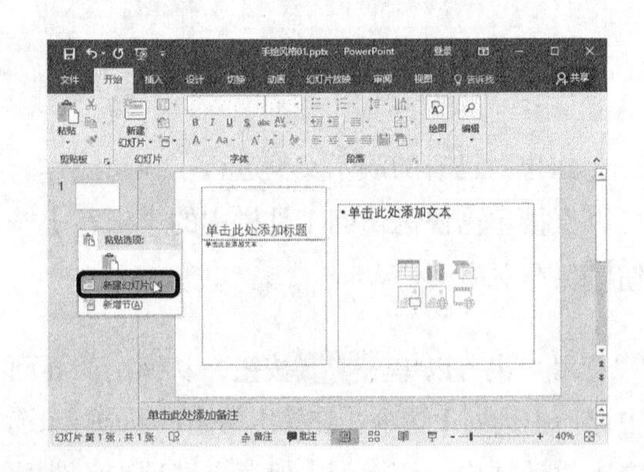

2 在选中幻灯片的下方插入一张新的幻灯片，并自动应用幻灯片版式。

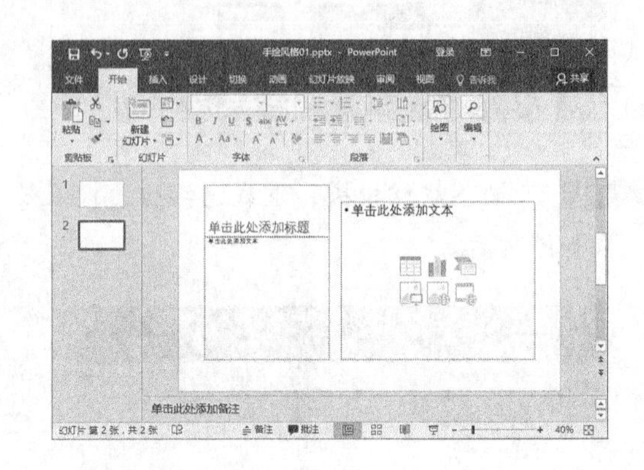

使用【幻灯片】组

使用【幻灯片】组插入新幻灯片的具体操作步骤如下。

1 选中要插入新幻灯片位置的前一张幻灯片，切换到【开始】选项卡，在【幻灯片】组中单击【新建幻灯片】按钮的下半部分，从弹出的下拉列表中选择【内容与标题】选项。

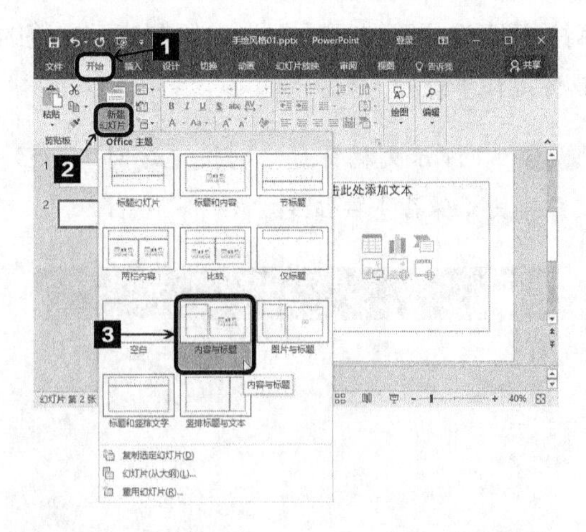

2 在选中幻灯片的下方插入一张新的幻灯片。

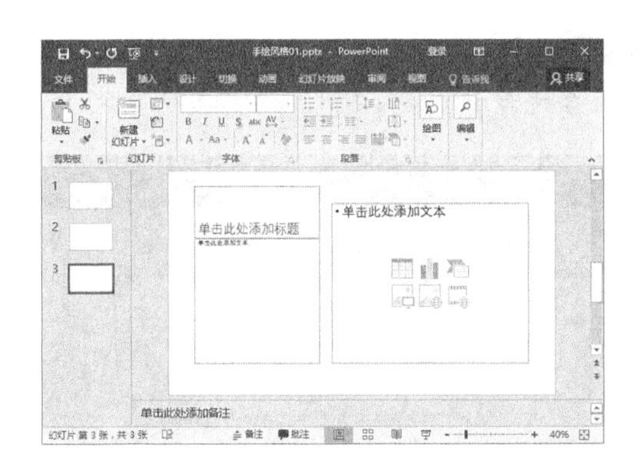

2. 删除幻灯片

如果演示文稿中有多余的幻灯片，用户可以将其删除。

在左侧幻灯片列表中选中要删除的幻灯片，如选中第3张幻灯片，单击鼠标右键，从弹出的快捷菜单中选择【删除幻灯片】选项，即可删除第3张幻灯片。

3. 编辑幻灯片

○ 编辑文本

在幻灯片中编辑文本的具体操作步骤如下。

1 在左侧的幻灯片列表中选择要编辑的第1张幻灯片，然后单击其中的标题占位符，此时占位符中出现闪烁的光标。

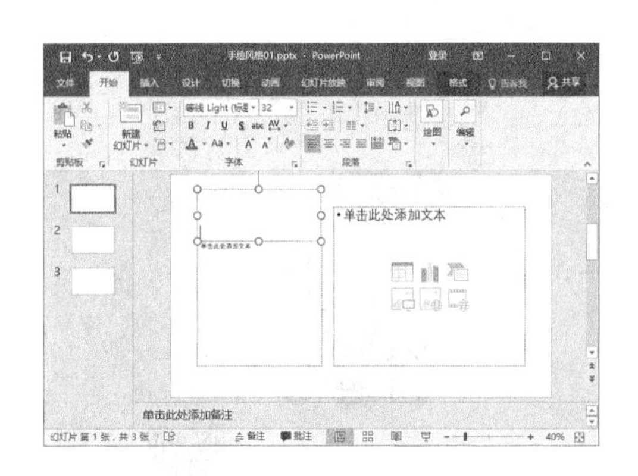

2 在占位符中输入标题“品牌就是神龙”。

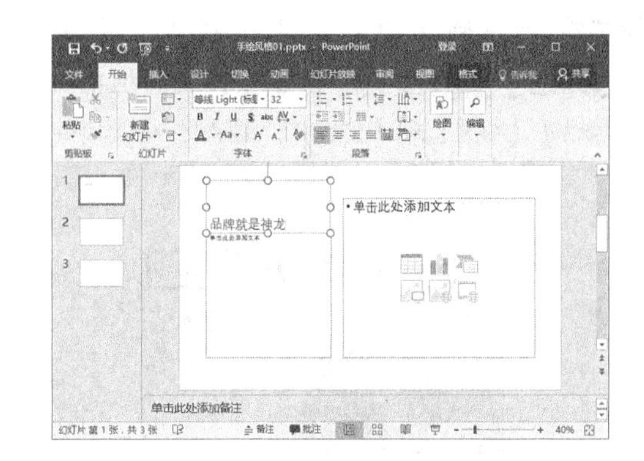

3 选中该文字，切换到【开始】选项卡，在【字体】组中单击【字体】选择框右侧的下三角按钮，从弹出的下拉列表中选择【微软雅黑】，在【字号】选择框中输入【60】，最后单击【加粗】按钮B。

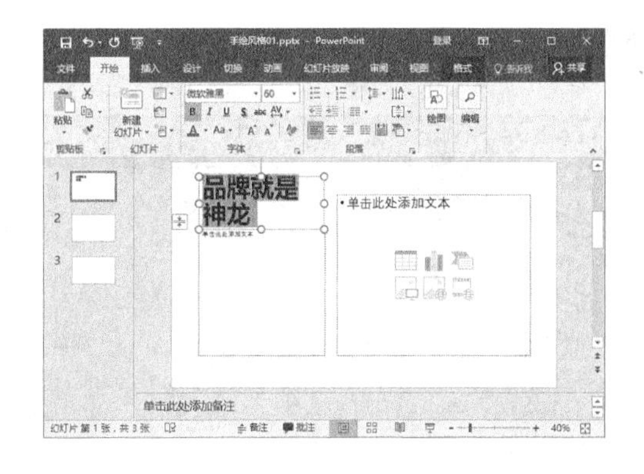

4 单击【字体颜色】按钮A右侧的下三角按钮，从弹出的下拉列表中选择【其他颜色】选项，弹出【颜色】对话框。

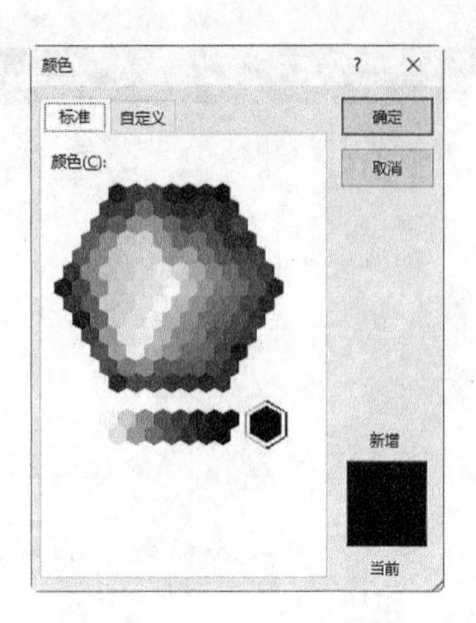

5 切换到【自定义】选项卡，分别在【红色】【绿色】和【蓝色】微调框中输入【83】【188】和【230】，单击确定按钮。

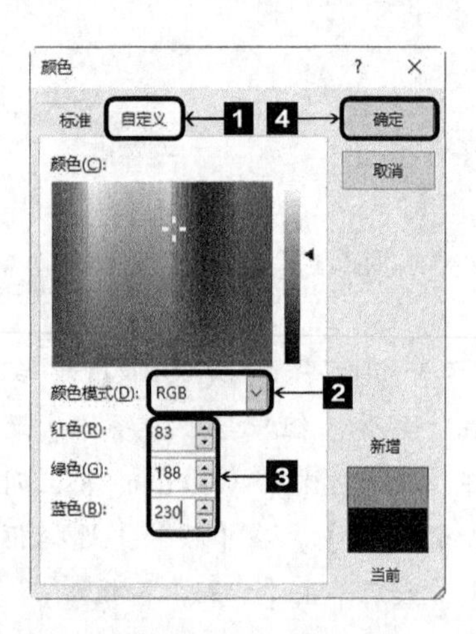

6 返回演示文稿，效果如图所示。

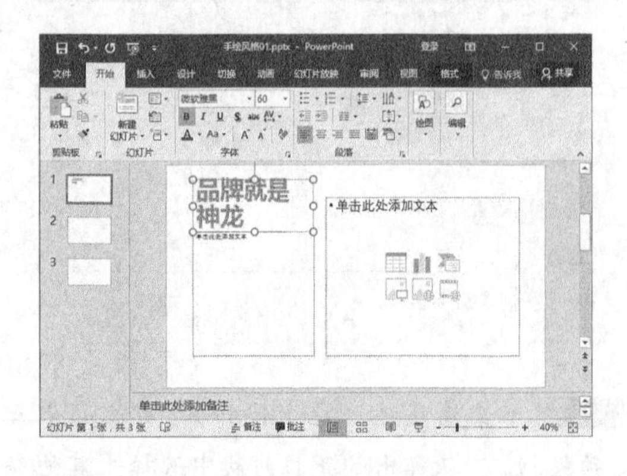

7 选中该文本框，利用文本框控制点调整至合适大小。

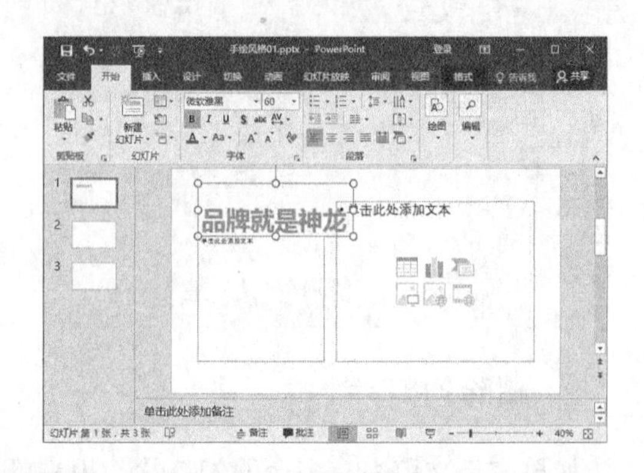

8 使用相同的方法在副标题占位符中输入文本并对其进行相应的格式设置。

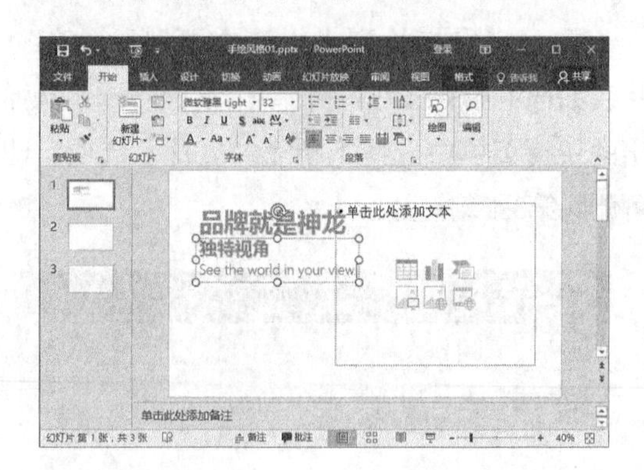

插入图片

在幻灯片中插入图片的具体操作步骤如下。

1 从左侧幻灯片列表中选择要插入图片的幻灯片，此处选择第1张。切换到【插入】选项卡，在【图像】组中单击【图片】按钮。

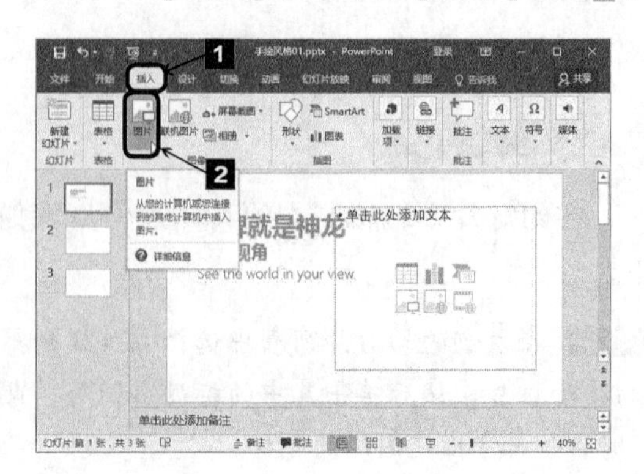

2 弹出【插入图片】对话框，在左侧选择图片的保存位置，从右侧选择素材文件“图片1.png”，单击 插入(S) 按钮。

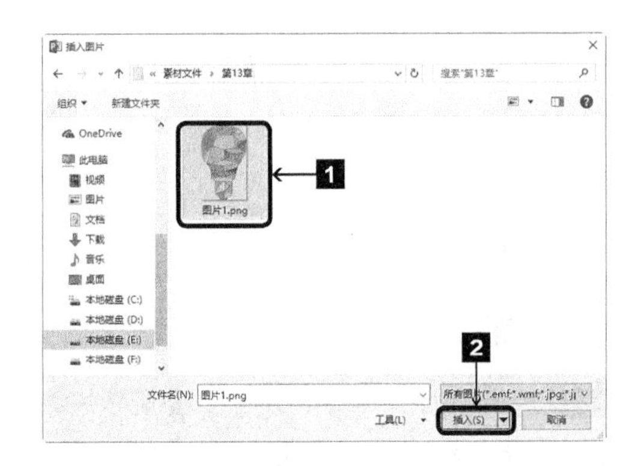

3 返回演示文稿，效果如图所示。

4 通过拖曳文本框和图片使其位置布局更加美观。

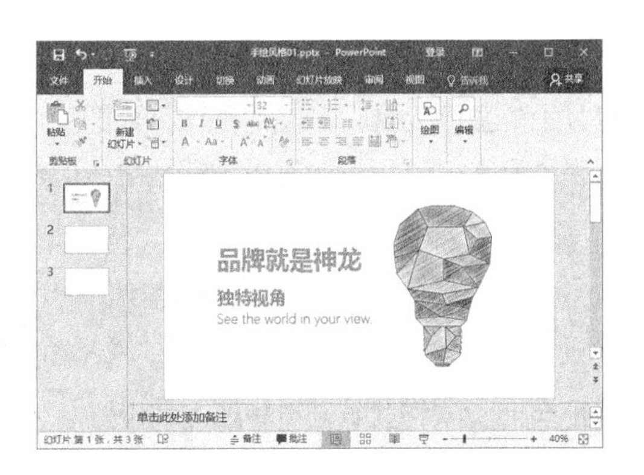

4. 移动与复制幻灯片

在演示文稿的编辑过程中，用户可以重新调整每一张幻灯片的播放次序，也可以将具有较好版式的幻灯片复制到其他的演示文稿中。

○ 移动幻灯片

移动幻灯片的方法很简单，只需在演示文稿左侧的幻灯片列表中选中要移动的幻灯片，按住鼠标左键不放，将其拖动到需要的位置后释放鼠标左键即可。

○ 复制幻灯片

1 在演示文稿左侧的幻灯片列表中选中要复制的幻灯片，单击鼠标右键，从弹出的快捷菜单中选择【复制幻灯片】选项。

2 在该幻灯片的后面复制出一张内容完全相同的幻灯片。

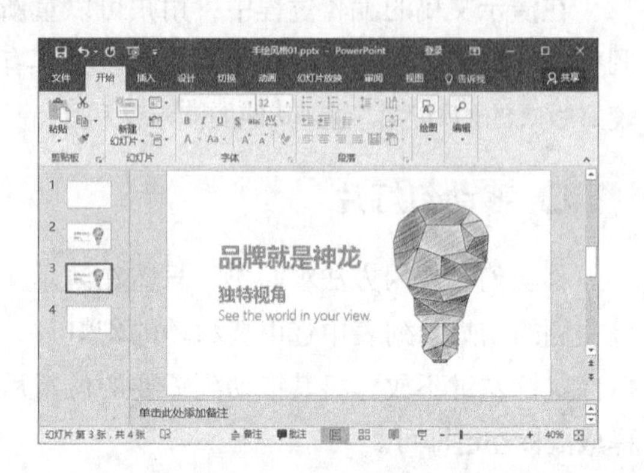

用户还可以使用【Ctrl】+【C】组合键复制幻灯片，使用【Ctrl】+【V】组合键在同一演示文稿中或不同演示文稿之间进行粘贴。

5. 隐藏幻灯片

当用户不想放映演示文稿中的某张幻灯片时，可以将其隐藏起来。隐藏幻灯片的具体操作步骤如下。

1 在演示文稿左侧的幻灯片列表中选中要隐藏的幻灯片，单击鼠标右键，从弹出的快捷菜单中选择【隐藏幻灯片】选项。

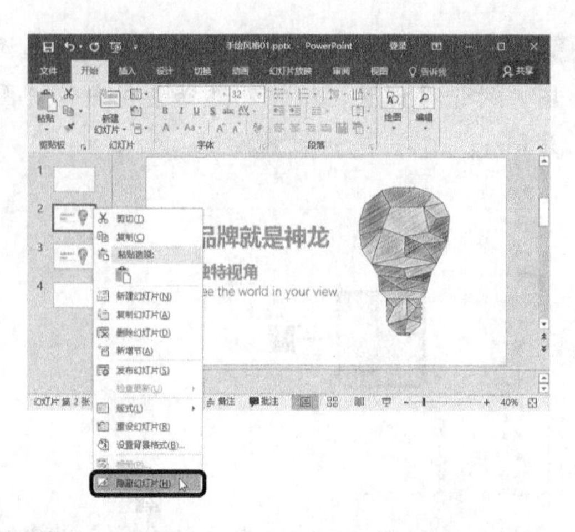

2 隐藏幻灯片的左侧序号上会显示一条斜线，表示该幻灯片已经被隐藏。

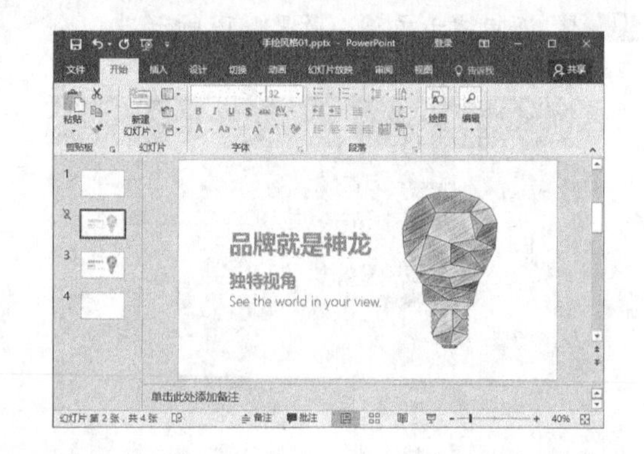

3 如需取消隐藏，重复上述操作即可。

8.2 设计幻灯片母版

母版中包含出现在每一张幻灯片上的显示元素，如文本占位符、图片、动作按钮，或者是在相应版式中出现的元素。使用母版可以方便地统一幻灯片的样式及风格。

8.2.1 PPT母版的特性与适用情形

一个完整且专业的演示文稿，它的内容、背景、配色和文字格式等都有着统一的设置。为了实现统一的设置就需要用到幻灯片母版。

1. PPT母版的特性

统一 ——使用母版可以使PPT的配色、版式、标题、字体和页面布局等统一。

限制 ——在母版中限定一些固定元素及其位置，这是实现统一的手段，限制个性发挥。

速配 ——排版时根据内容类别一键选定对应的版式。

2. PPT母版的适用情形

鉴于PPT母版的以上特性，如果你的PPT页面数量大、页面版式可以分为固定的若干类、需要批量制作的PPT课件、对生产速度有要求，那就给PPT定制一个母版吧。

8.2.2 PPT母版制作要领——结构和类型

进入PPT母版视图，可以看到PPT自带的一组默认母版，分别是以下几类。

Office主题页：在这一页中添加的内容会作为背景在下面所有版式中出现；

标题幻灯片：可用于幻灯片的封面封底，与主题页不同时需要勾选隐藏背景图形；

标题内容幻灯片：标题框架+内容框架；

后面还有节标题、比较、空白、仅标题、仅图片等不同的PPT版式布局可供选择。

以上PPT版式都可以根据设计需要重新调整。保留需要的版式，将多余的版式删除。

8.2.3 设计母版的总版式

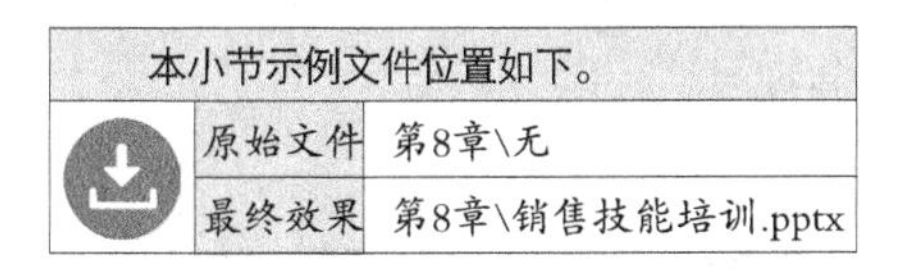

本小节示例文件位置如下。	
原始文件	第8章\无
最终效果	第8章\销售技能培训.pptx

设计母版的总版式

在办公应用中使用的PPT通常要求简洁、规范，所以在实际应用中，PPT通篇的背景颜色会选用同一种颜色。针对这种情况，可以将PPT背景颜色在总版式中设置。

总版式格式是指在各个版式的幻灯片中都显示的格式。设置总版式的具体操作步骤如下。

1 新建演示文稿“销售技能培训”，打开文件，此时演示文稿中还没有任何幻灯片。

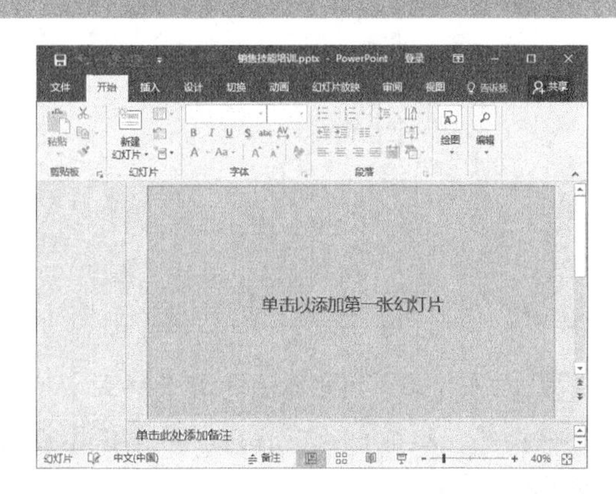

2 在演示文稿的编辑区单击鼠标左键即可为演示文稿添加一张幻灯片。

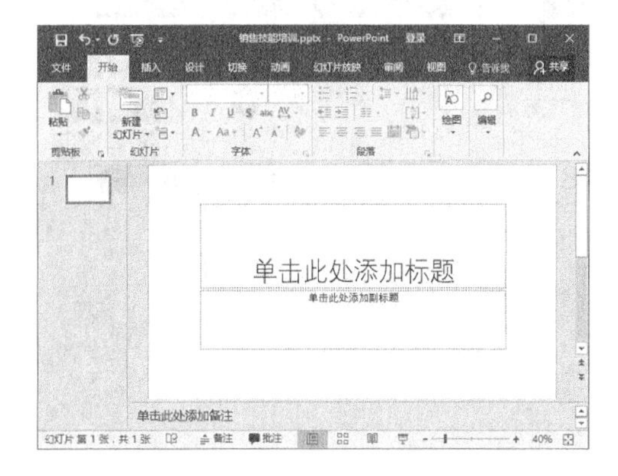

3 切换到【视图】选项卡，在【视图】组中单击【幻灯片母版】按钮 幻灯片母版 。

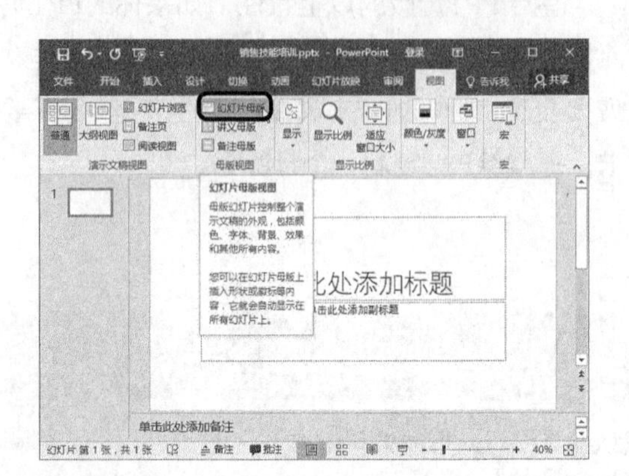

4 系统自动切换到幻灯片母版视图，并切换到【幻灯片母版】选项卡，在左侧的幻灯片导航窗格中选择【Office主题 备注：由幻灯片1使用】幻灯片选项。

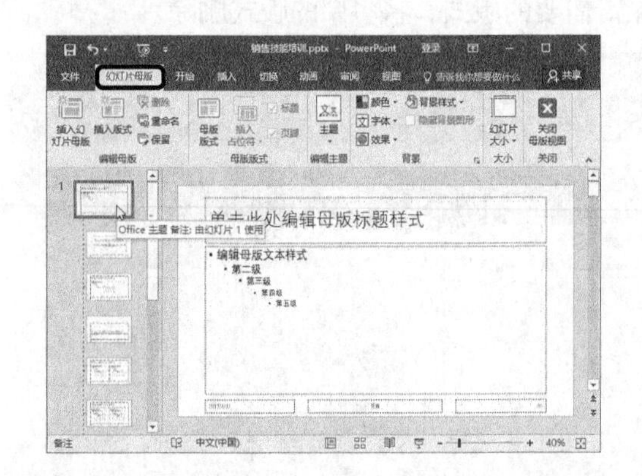

5 在【背景】组中单击【背景样式】按钮 背景样式 ，从弹出的下拉列表中选择【设置背景格式】选项。

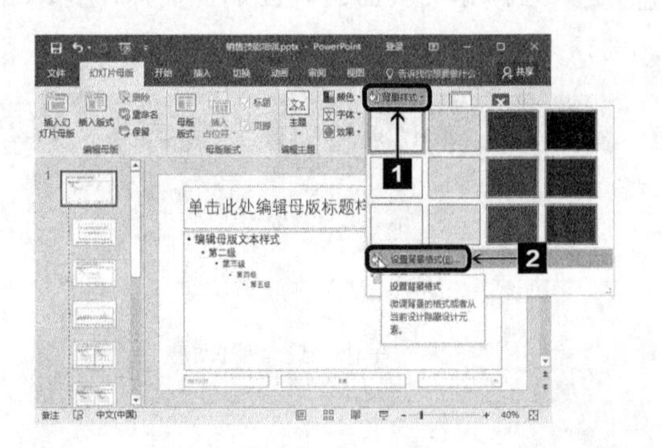

6 弹出【设置背景格式】任务窗格，在【填充】组中选中【纯色填充】单选钮，然后单击【填充颜色】按钮 ，从弹出的下拉列表中选择【其他颜色】选项。

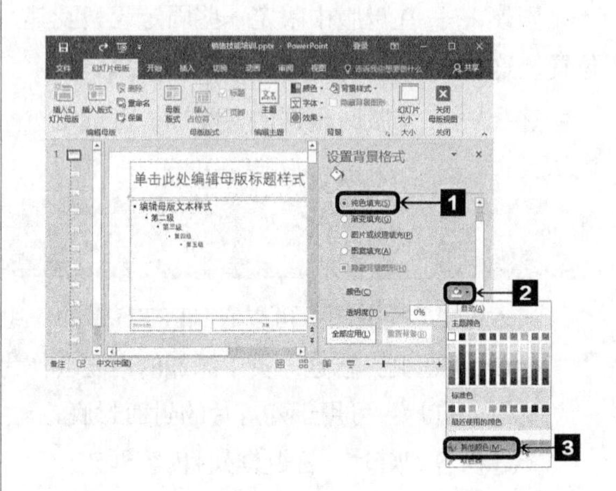

7 弹出【颜色】对话框，切换到【自定义】选项卡，在【颜色模式】下拉列表中选择【RGB】选项，然后在【红色】【绿色】和【蓝色】微调框中输入合适的数值，此处分别输入【255】【249】和【231】。单击 确定 按钮即可。

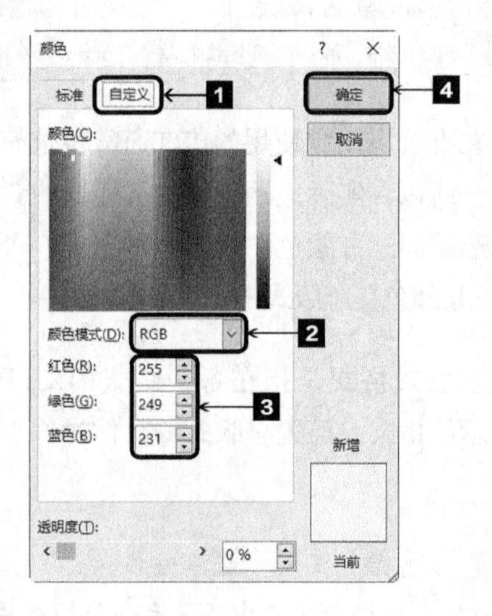

8 返回【设置背景格式】任务窗格，单击【关闭】按钮 。

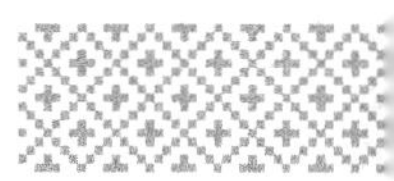

9 返回幻灯片中，效果如图所示。

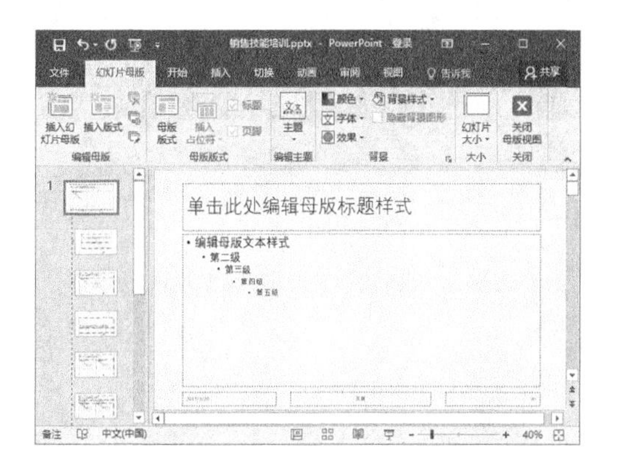

10 为了方便记忆幻灯片母版，我们可以对幻灯片母版的总版式重命名，在左侧导航窗格中的总版式上单击鼠标右键，在弹出的快捷菜单中选择【重命名母版】菜单项。

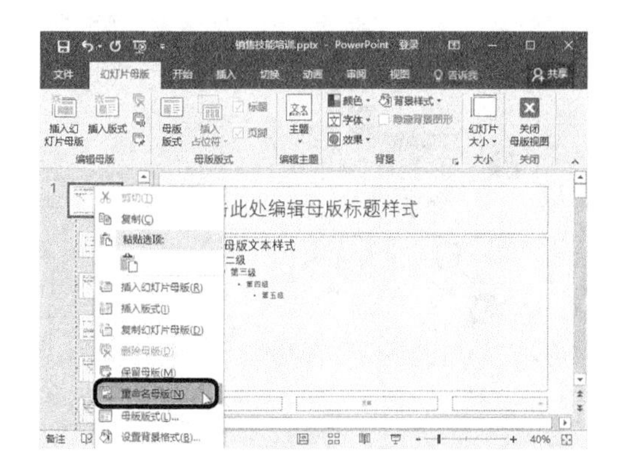

11 弹出【重命名版式】对话框，在【版式名称】文本框中输入新的版式名称“销售技能培训”，单击 重命名(R) 按钮。

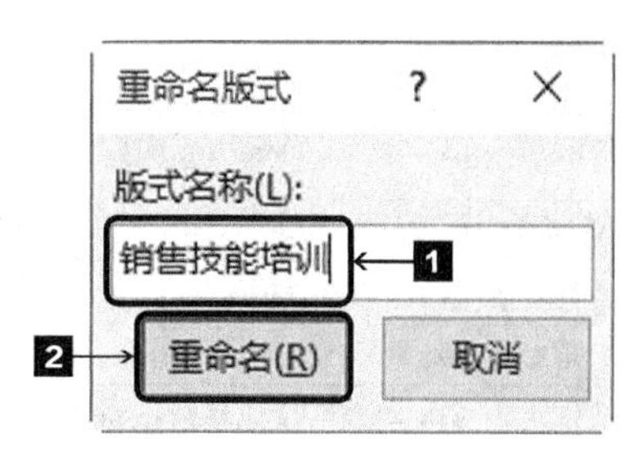

12 返回幻灯片母版，将鼠标光标移动到母版总版式上，即可看到总版式的名称已经更改为“销售技能培训”。

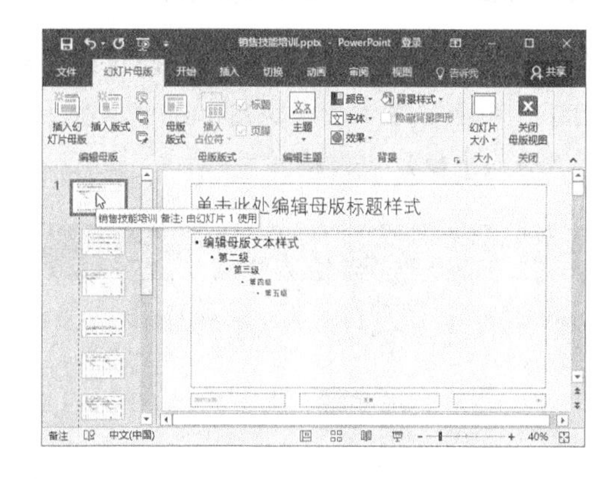

13 设置完成后，切换到【幻灯片母版】选项卡，在【关闭】组中单击【关闭母版视图】按钮，关闭母版视图，返回普通视图，即可看到演示文稿中的幻灯片已经应用我们设计的背景。

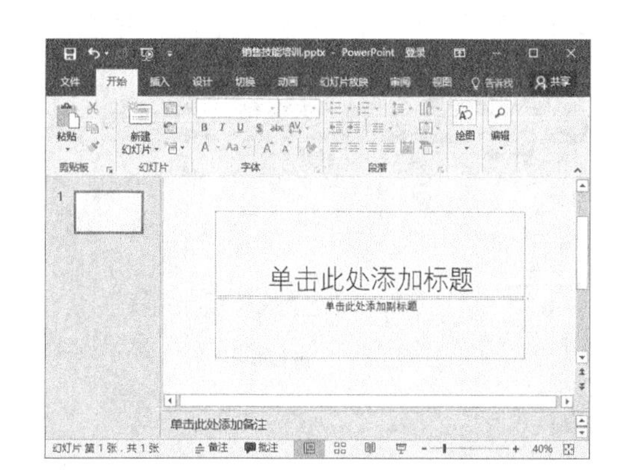

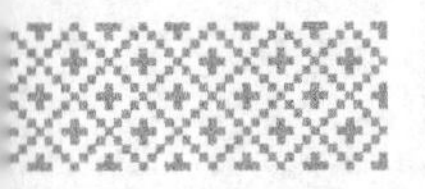

8.2.4 设计封面页版式

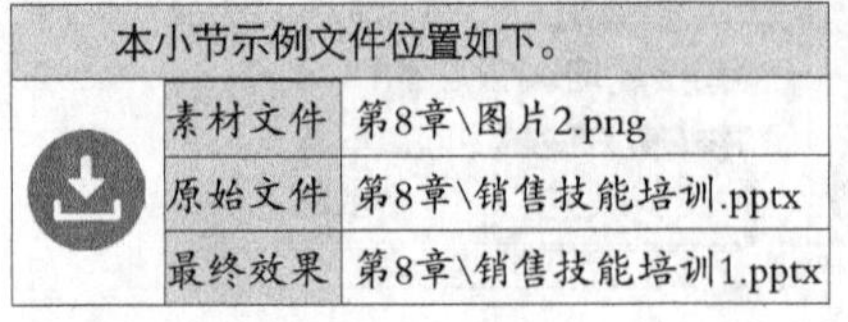

本小节示例文件位置如下。	
素材文件	第8章\图片2.png
原始文件	第8章\销售技能培训.pptx
最终效果	第8章\销售技能培训1.pptx

设计封面页版式

封面的基本设计也可以在母版中进行，设计好封面页版式后，用户就可以在母版的基础上设计封面了，极大提高工作效率。

1 打开本实例的原始文件，切换到【视图】选项卡，在【母版视图】组中单击【幻灯片母版】按钮 。

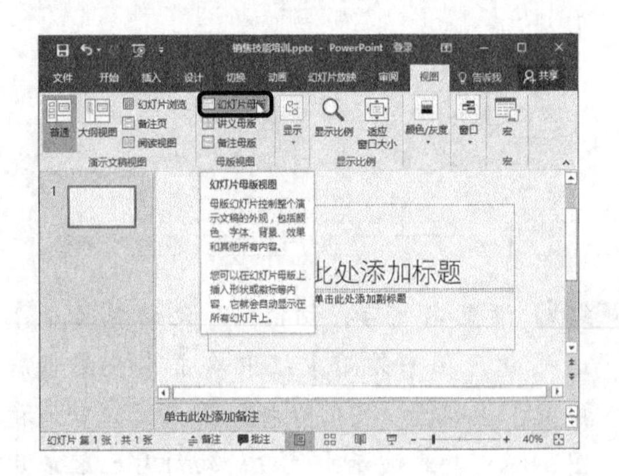

2 在左侧的幻灯片导航窗格中选择【标题幻灯片版式：由幻灯片1使用】幻灯片选项。

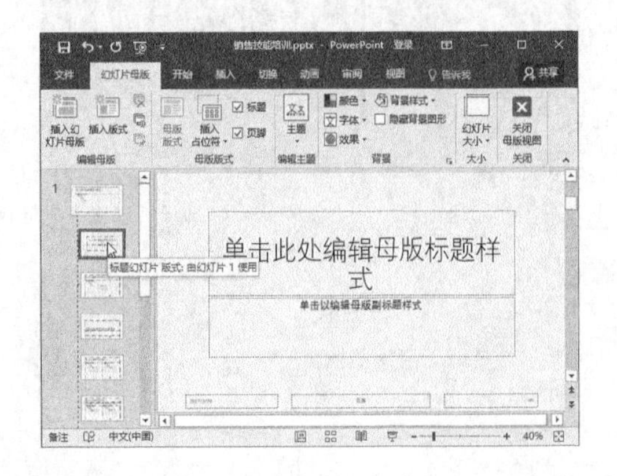

3 按住【Shift】键的同时，选中幻灯片中的两个占位符，然后按【Delete】键，即可将占位符删除。

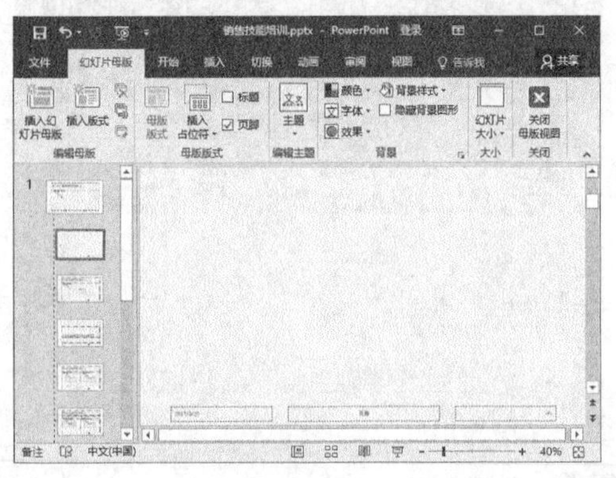

4 切换到【插入】选项卡，在【插图】组中，单击【形状】按钮，从弹出的下拉列表中选择【矩形】选项。

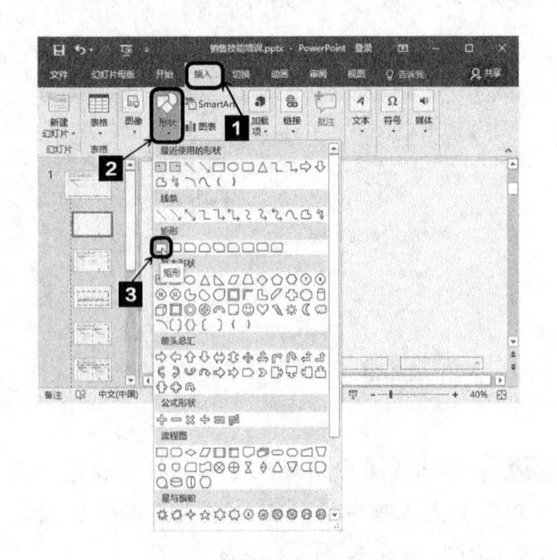

5 将鼠标指针移动到幻灯片中，此时鼠标指针呈“十”字形状，按住鼠标左键同时移动鼠标指针即可绘制一个矩形。

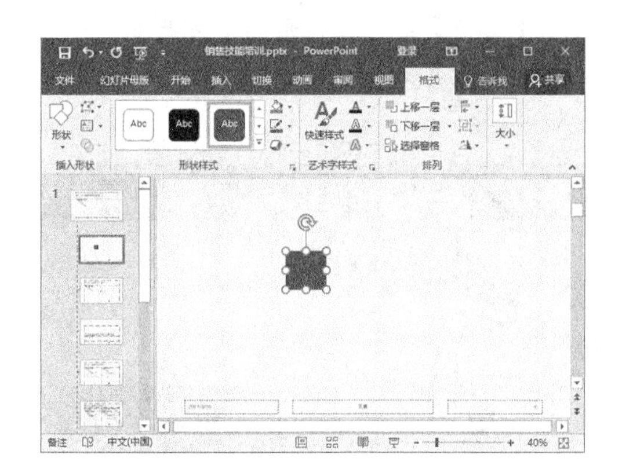

6 选中绘制的矩形，在矩形上单击鼠标右键，在弹出的快捷菜单中选择【设置形状格式】菜单项。

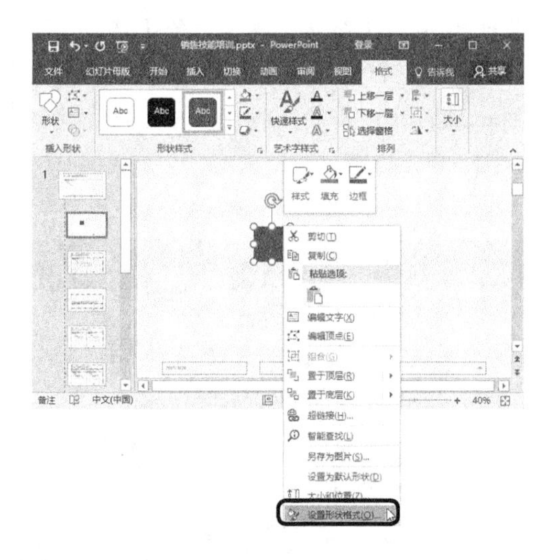

7 弹出【设置形状格式】任务窗格，单击【填充与线条】按钮，在【填充】组中选中【纯色填充】单选钮，然后单击【填充颜色】按钮，在弹出的下拉列表中选择【其他颜色】选项。

8 弹出【颜色】对话框，切换到【自定义】选项卡，在【颜色模式】下拉列表中选择【RGB】选项，然后在【红色】【绿色】和【蓝色】微调框中分别输入合适的数值，此处输入【31】【72】和【124】，然后单击 确定 按钮。

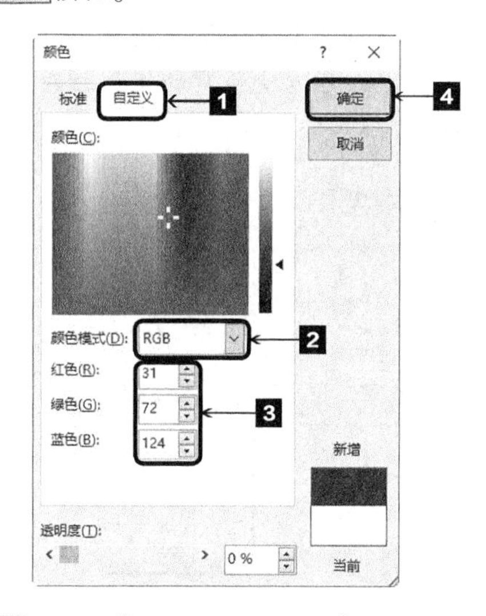

9 返回【设置形状格式】任务窗格，在【线条】组中选择【无线条】单选钮。

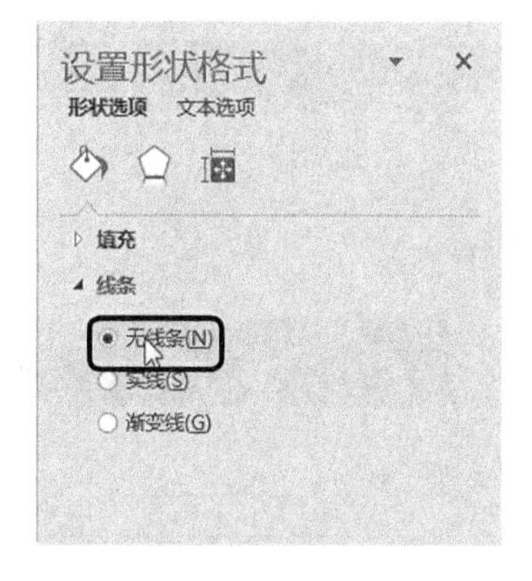

10 单击【大小与属性】按钮，在【大小】组中的【高度】和【宽度】微调框中分别输入【5.6厘米】和【33.87厘米】，使矩形的宽度和幻灯片的宽度一致。

11 在【位置】组中的【水平位置】和【垂直位置】微调框中分别输入【0厘米】和【6.4厘米】，在两个【从】下拉列表中选择【左上角】，这样可以使绘制的矩形相对于幻灯片左对齐。

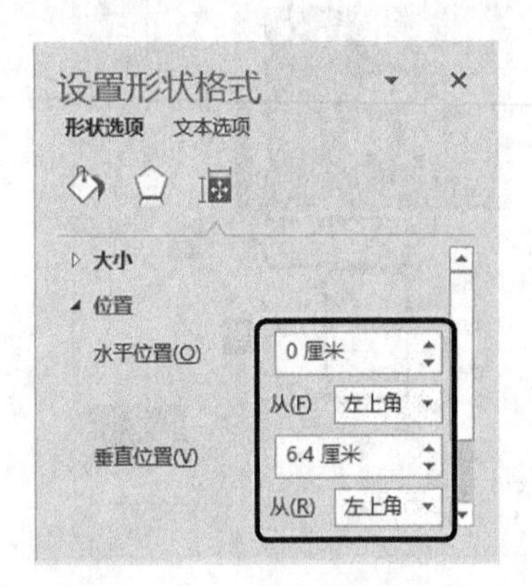

12 设置完毕，单击【关闭】按钮，返回幻灯片中，效果如图所示。

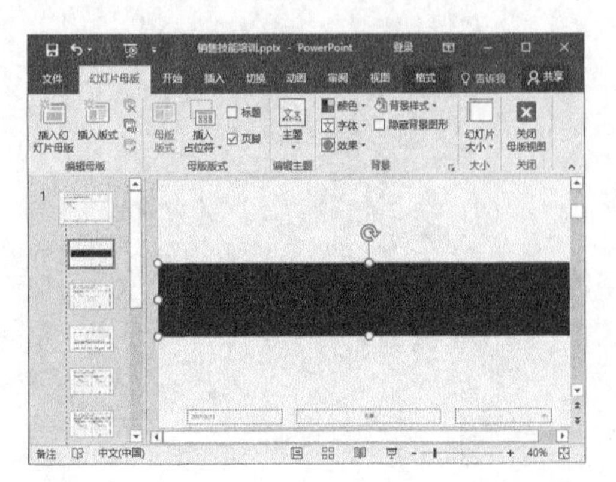

13 再次切换到【插入】选项卡，在【插图】组中单击【形状】按钮，从弹出的下拉列表中选择【线条】组中的【直线】选项，按住【Shift】键，在矩形的下方绘制一条长度与幻灯片宽度相等的直线。

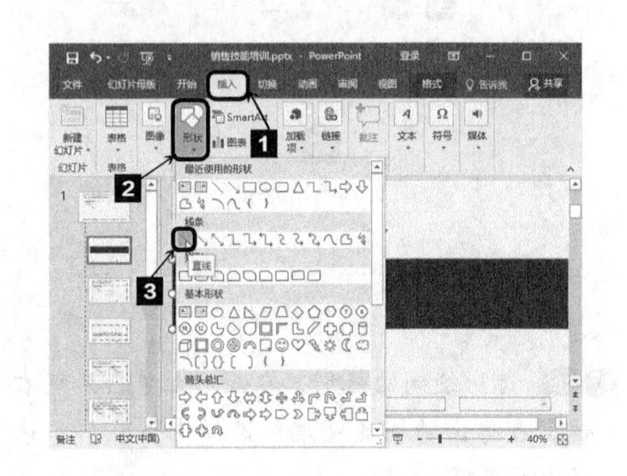

14 切换到【绘图工具】栏的【格式】选项卡，在【形状样式】组中单击【形状轮廓】按钮，在弹出的下拉列表中选择【粗细】➤【1.5磅】选项。

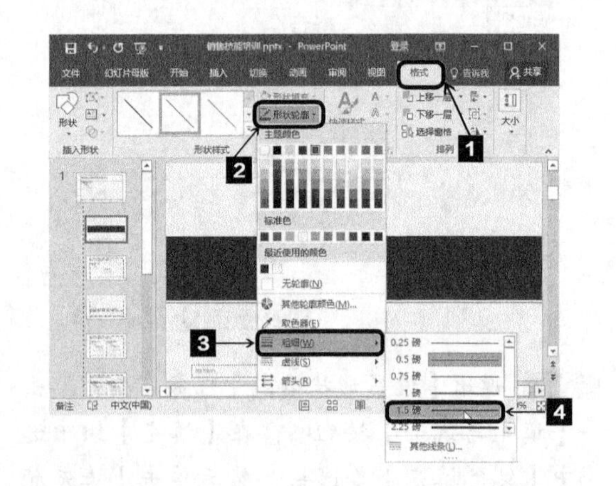

15 再次单击【形状轮廓】按钮，在弹出的下拉列表中选择【取色器】选项。

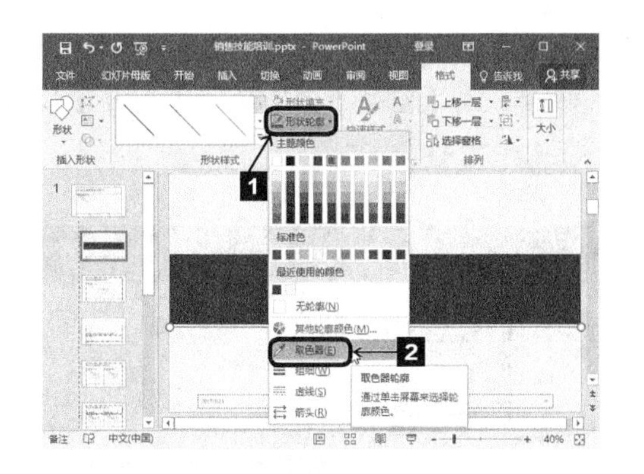

16 将鼠标指针移动到矩形上，即可看到鼠标指针呈吸管状，同时吸管右上方显示吸管所在位置的颜色参数。

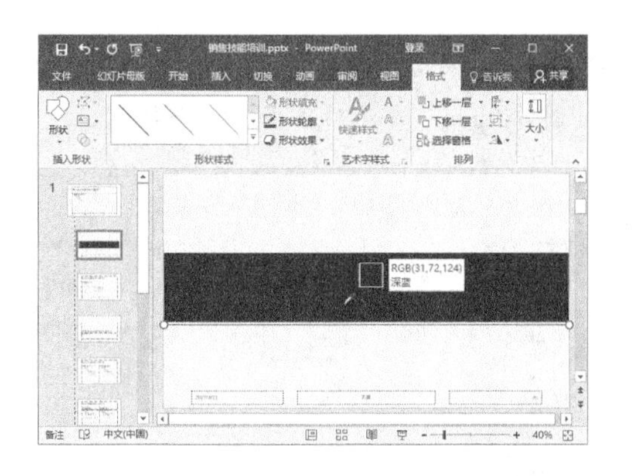

17 单击鼠标左键即可将直线颜色设置为与矩形相同的颜色，效果如图所示。

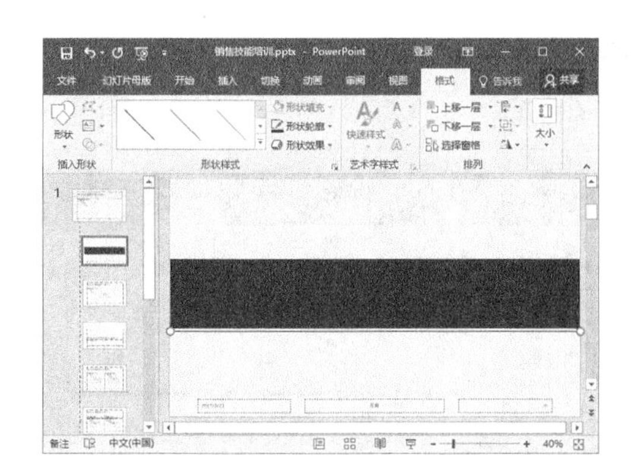

18 按照同样的方法，在幻灯片中再绘制1条长13厘米、深蓝色、0.25磅的直线，效果如图所示。

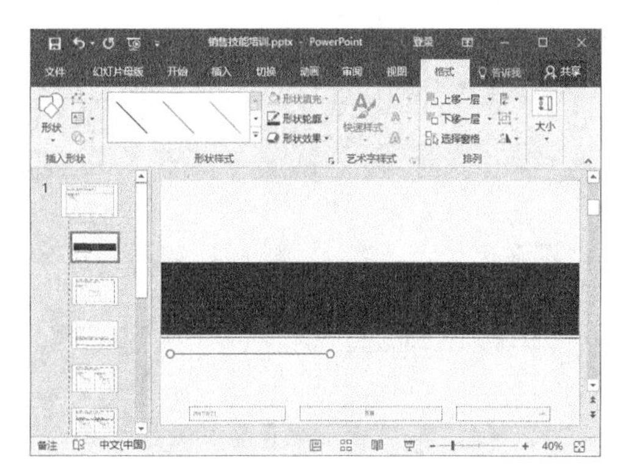

19 选中绘制的短直线，通过【Ctrl】+【C】和【Ctrl】+【V】组合键，在幻灯片中复制两条相同的直线。

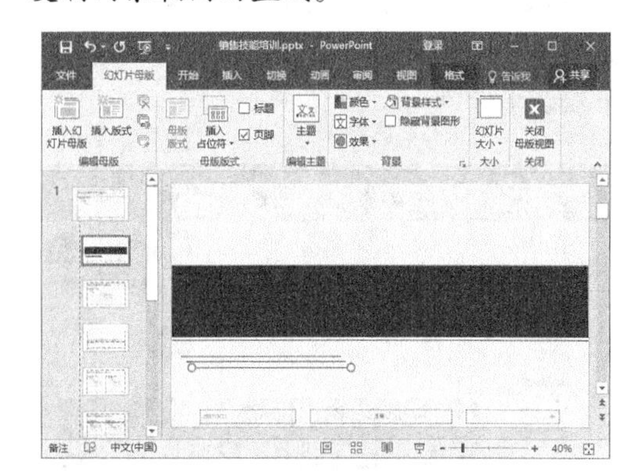

20 同时选中幻灯片中的3条短直线，切换到【绘图工具】栏的【格式】选项卡，在【排列】组中单击【对齐对象】按钮，从弹出的下拉列表中选择【对齐幻灯片】选项，使【对齐幻灯片】选项前面出现一个对勾。

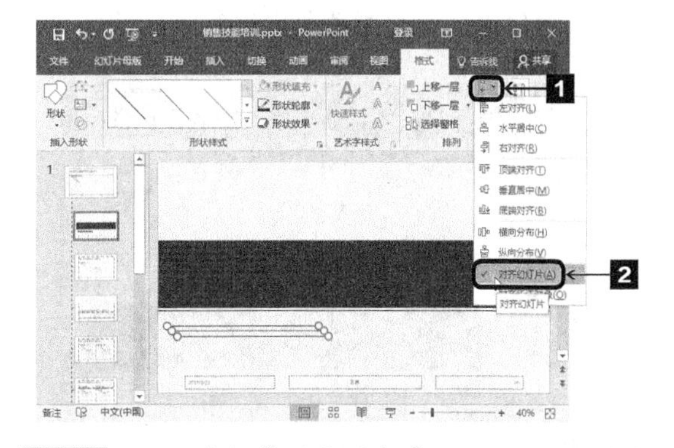

21 再次单击【对齐对象】按钮，从弹出的下拉列表中选择【左对齐】选项，即可使3条短直线相对于幻灯片左对齐。

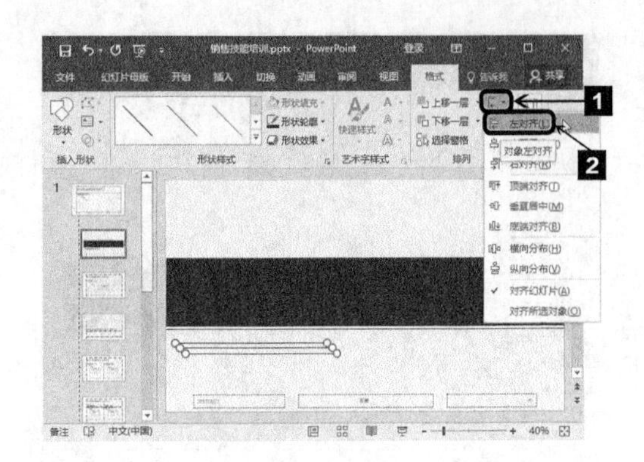

22 为了方便管理，可以将3条短直线组合为一个整体。再次切换到【绘图工具】栏的【格式】选项卡，在【排列】组中单击【组合对象】按钮，从弹出的下拉列表中选择【组合】选项。

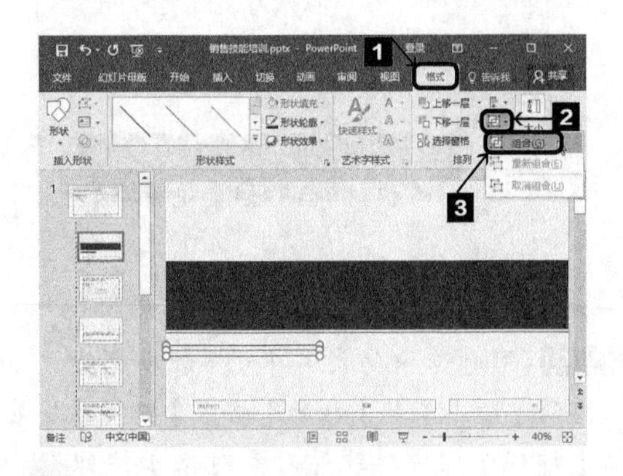

23 复制一组组合后的图形，将鼠标指针移动到组合图形的边框上，此时，鼠标指针呈十字形状，按下鼠标左键，拖动鼠标指针将复制后的组合图形移动到右侧对应位置。

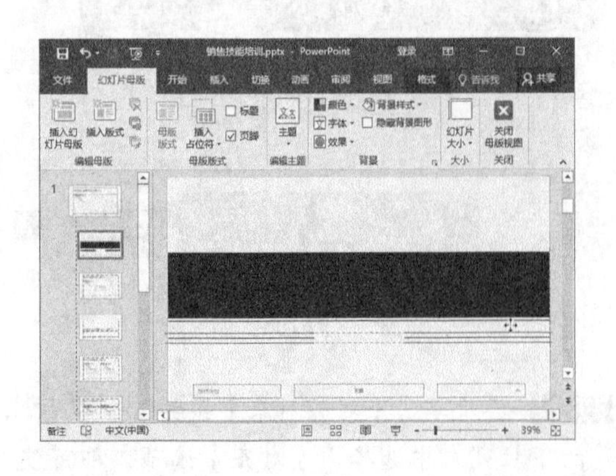

24 接下来插入封面底图。切换到【插入】选项卡，在【图像】组中单击【图片】按钮。

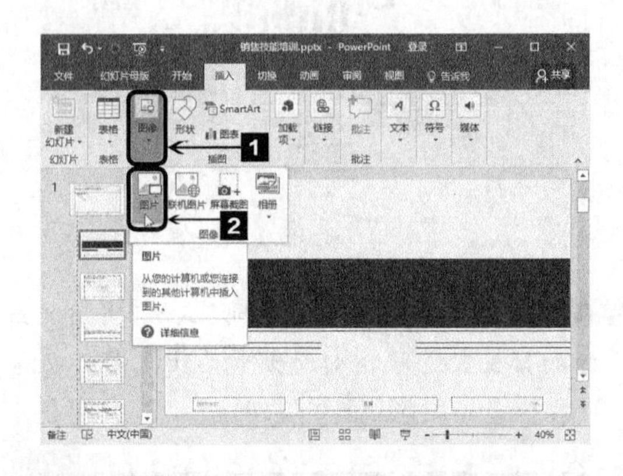

25 弹出【插入图片】对话框，选中图片"图片2.png"，然后单击 插入(S) 按钮。

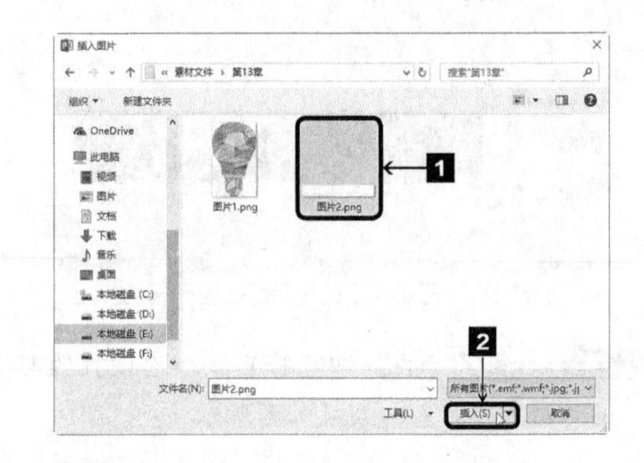

26 将选中图片插入到幻灯片中。

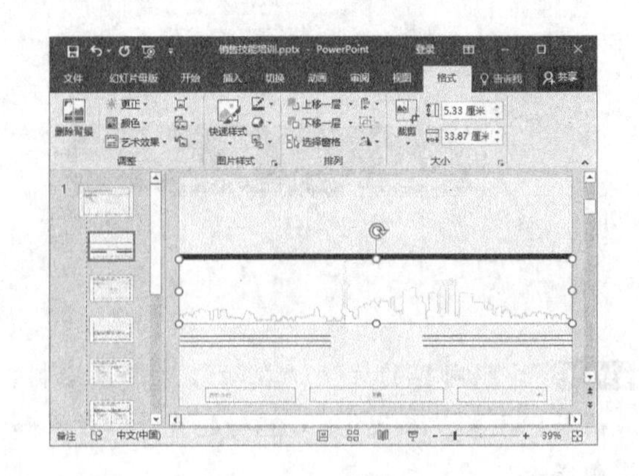

27 选中插入的图片，将其移动到合适的位置。

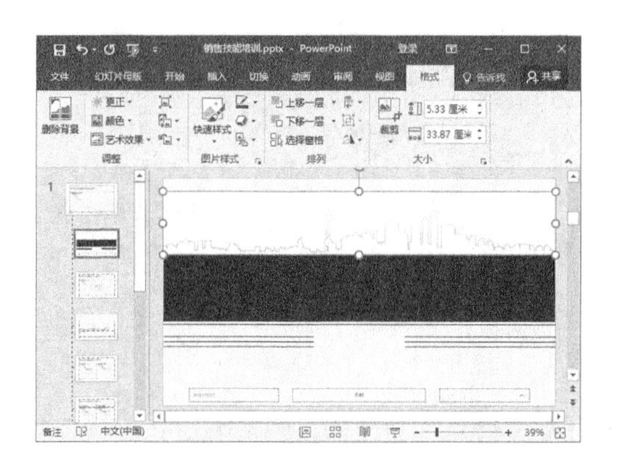

28 设置完成后，切换到【幻灯片母版】选项卡，在【关闭】组中单击【关闭母版视图】按钮，关闭母版视图即可。

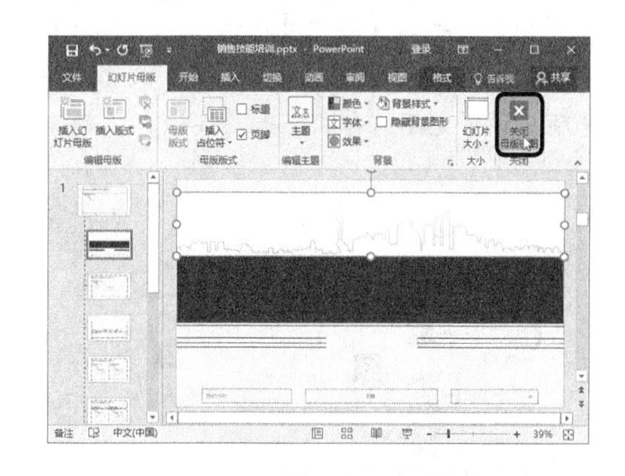

8.2.5 设计标题页版式

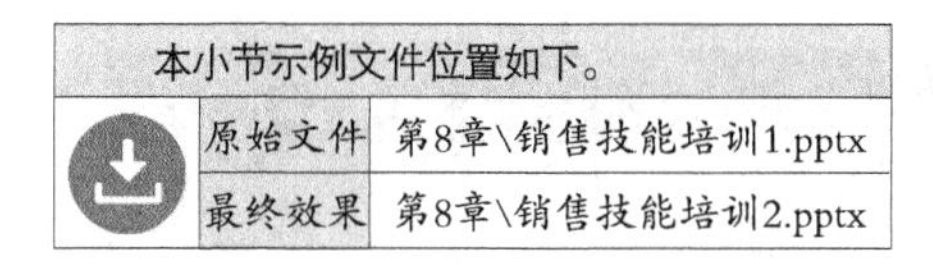

本小节示例文件位置如下。	
原始文件	第8章\销售技能培训1.pptx
最终效果	第8章\销售技能培训2.pptx

设计标题页版式

设计完封面版式后，接下来设置标题页的版式，具体操作步骤如下。

1 打开本实例的原始文件，切换到【视图】选项卡，在【母版视图】组中单击【幻灯片母版】按钮。

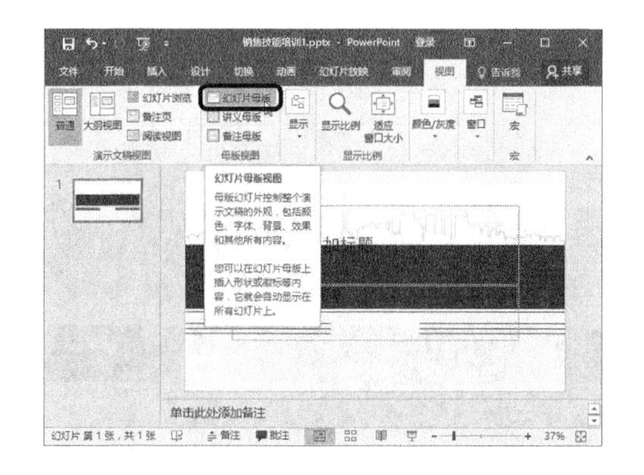

2 在左侧的幻灯片导航窗格中选中【仅标题 版式：任何幻灯片都不使用】幻灯片。

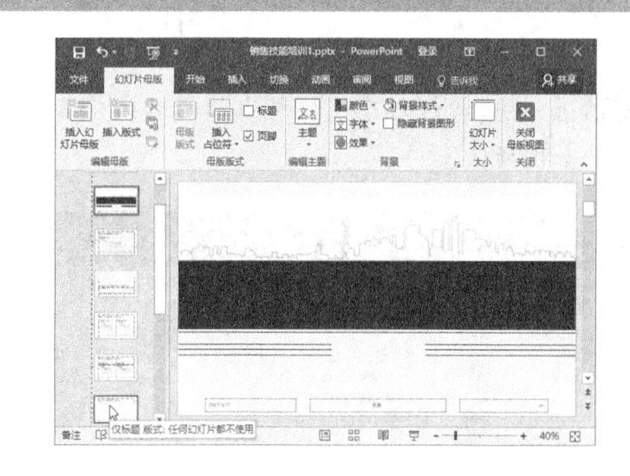

3 选中该幻灯片中的【标题占位符】，切换到【开始】选项卡，单击【字体】组右下角的【对话框启动器】按钮。

4 弹出【字体】对话框，切换到【字体】选项卡，在【中文字体】下拉列表中选择【微软雅黑】选项，在【大小】微调框中输入“24”，单击【颜色】按钮，从弹出的下拉列表中选择【黑色，文字1，淡色25%】选项，设置完毕，单击【确定】按钮。

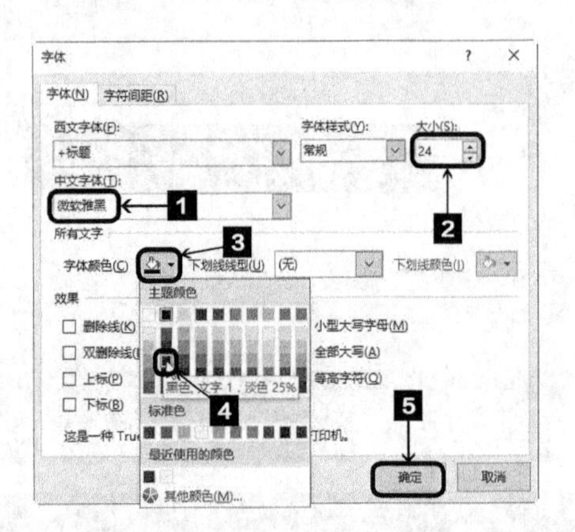

5 返回幻灯片中，调整占位符的大小，效果如图所示。

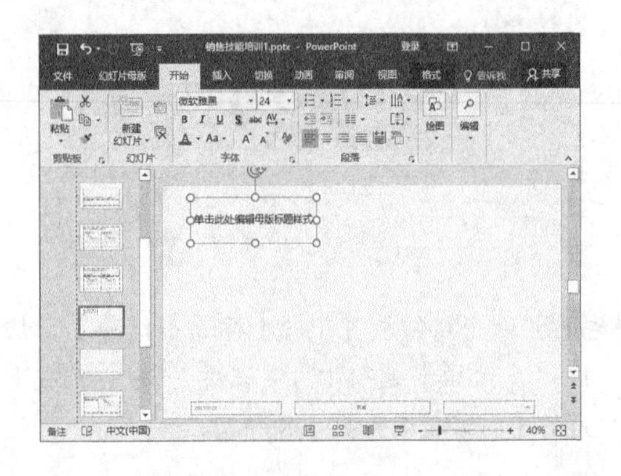

6 绘制4个矩形，设置其形状格式并调整矩形和占位符的位置，效果如图所示。

7 设置完成后，切换到【幻灯片母版】选项卡，在【关闭】组中单击【关闭母版视图】按钮，关闭母版视图即可。

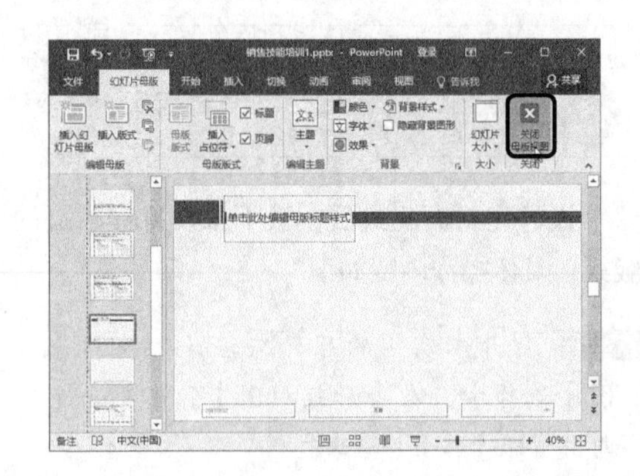

8.2.6 设计封底页版式

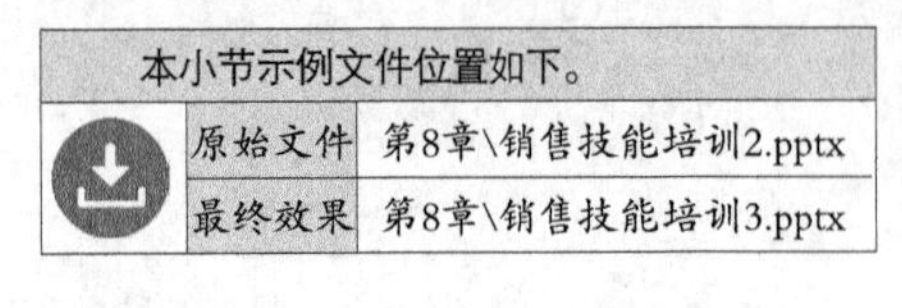

本小节示例文件位置如下。	
原始文件	第8章\销售技能培训2.pptx
最终效果	第8章\销售技能培训3.pptx

设计封底页版式

1 打开本实例的原始文件，切换到【视图】选项卡，在【母版视图】组中单击【幻灯片母版】按钮。

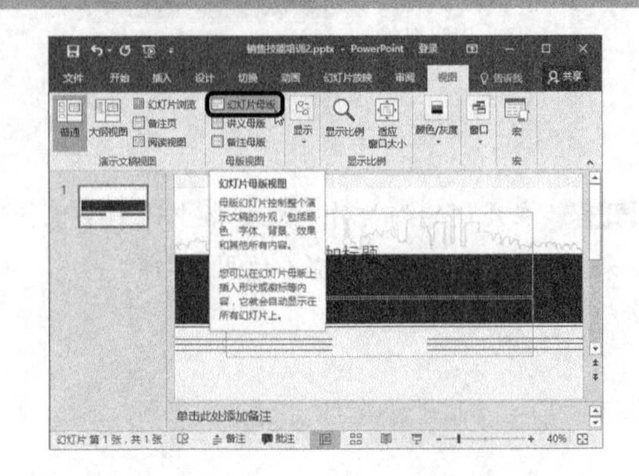

2 切换到【幻灯片母版】选项卡，在导航窗格中选中【空白 版式：任何幻灯片都不使用】幻灯片。

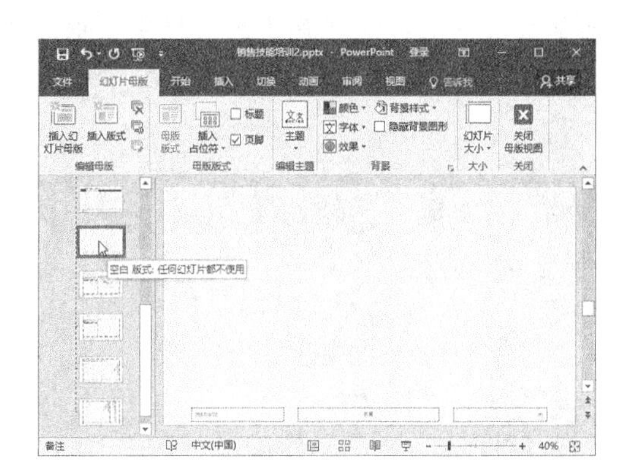

3 切换到【插入】选项卡，在【插图】组中单击【形状】按钮，从弹出的下拉列表中选择【基本形状】➤【直角三角形】选项，然后在幻灯片中绘制一个直角三角形，调整其位置，设置其【高度】为“3.25厘米”，宽度为“2.81厘米”，无轮廓，并设置一种合适的颜色，效果如图所示。

4 选中绘制的直角三角形，按【Ctrl】+【C】组合键进行复制，然后按【Ctrl】+【V】组合键进行粘贴，即可复制一个直角三角形。

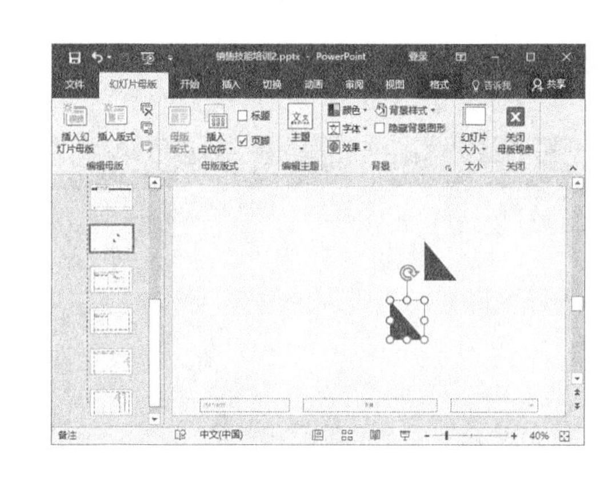

5 选中其中一个直角三角形，切换到【绘图工具】栏的【格式】选项卡，单击【形状样式】组右下角的【对话框启动器】按钮。

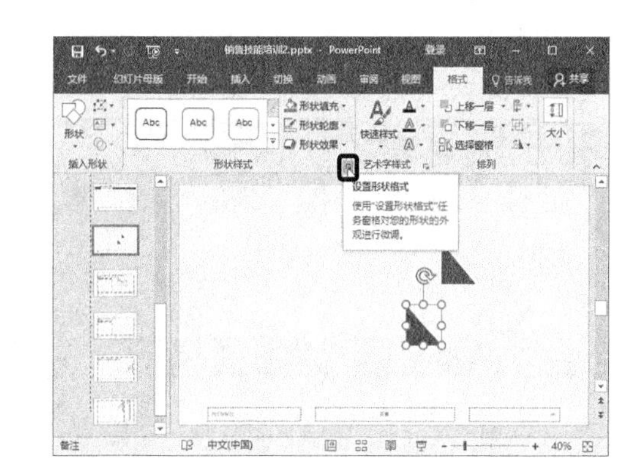

6 弹出【设置形状格式】任务窗格，单击【大小与属性】按钮，在【大小】组中的【旋转】微调框中输入“180°”，设置完毕，单击【关闭】按钮。

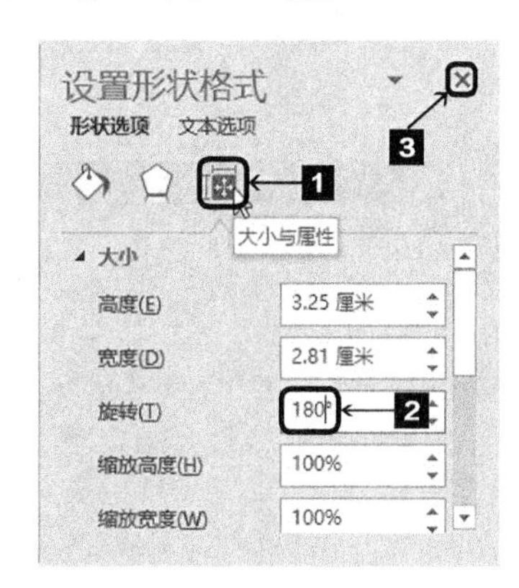

7 返回幻灯片中。

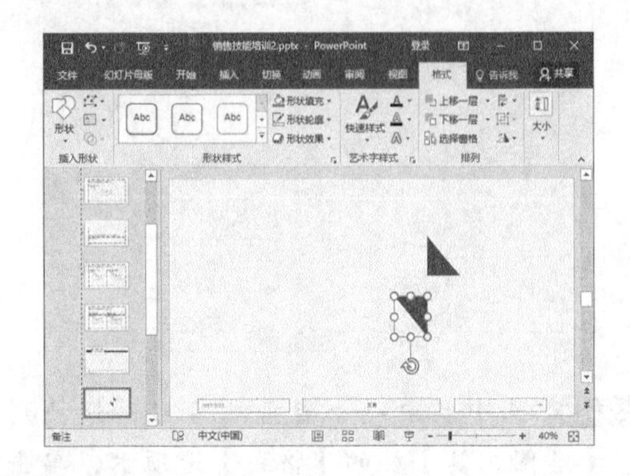

8 按照绘制形状的方法，绘制其他形状并设置其格式，最后将其组合为一个整体，效果如图所示。

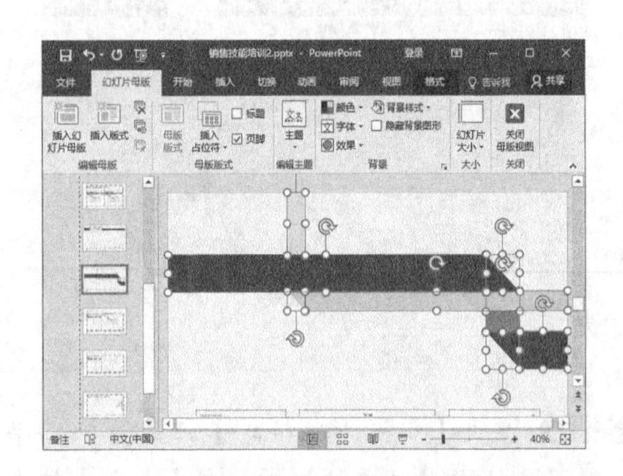

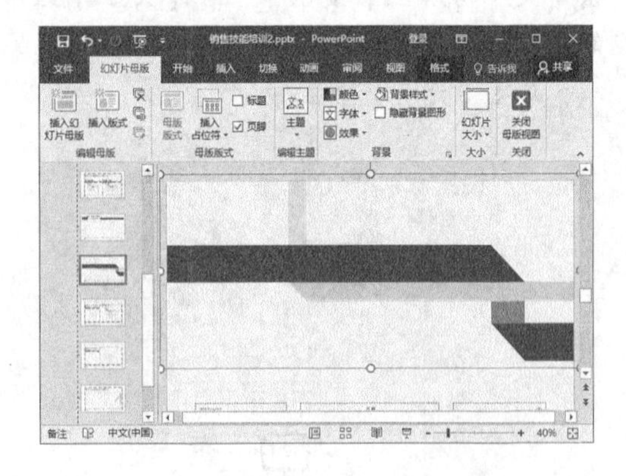

9 母版版式制作完成，接下来可以保留需要的版式，删除多余的版式。按住【Ctrl】键依次选中所有没有设置的母版版式，在版式上单击鼠标右键，在弹出的快捷菜单中选择【删除版式】菜单项。

10 将多余母版删除，导航窗格中只保留设置好的三个母版样式。然后切换到【幻灯片母版】选项卡，在【关闭】组中，单击【关闭母版视图】按钮，关闭母版视图即可。

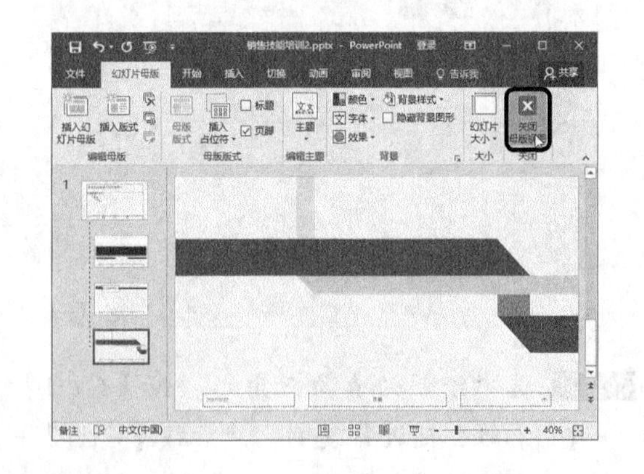

8.3 编辑幻灯片

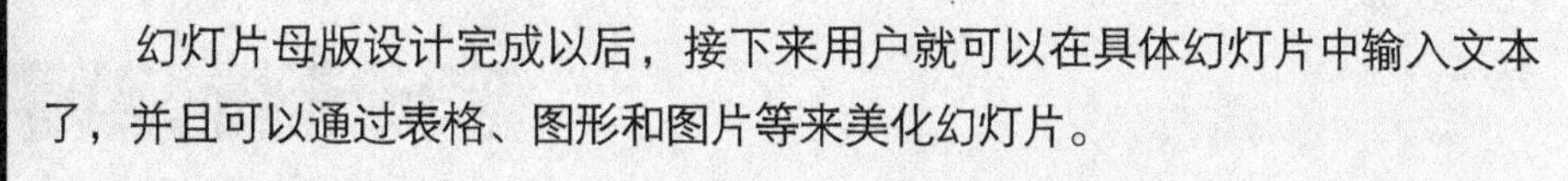

幻灯片母版设计完成以后，接下来用户就可以在具体幻灯片中输入文本了，并且可以通过表格、图形和图片等来美化幻灯片。

8.3.1 编辑封面页

封面页中往往要显示出公司LOGO、公司名称、演示文稿的主题以及其他美化图片、图形。演示文稿的标题有主标题和副标题，用户可以根据实际案例确定是否同时需要两个标题。

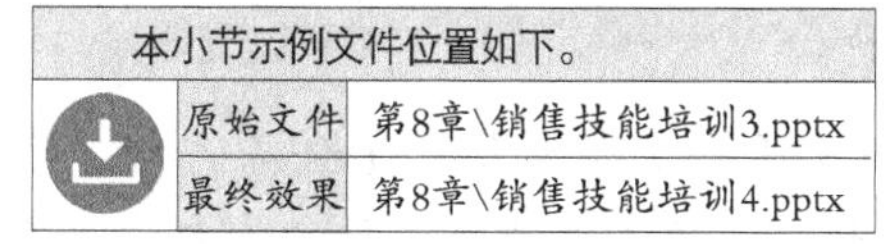

本小节示例文件位置如下。

原始文件	第8章\销售技能培训3.pptx
最终效果	第8章\销售技能培训4.pptx

编辑封面页

对于“销售技能培训”案例，封面页中的美化图形，已经在幻灯片母版中设计完毕，此时只要输入封面页的文本内容即可。

1 打开本实例的原始文件，将光标定位在标题占位符中，文本框处于可编辑状态，在文本框中输入文本“销售技能培训”。

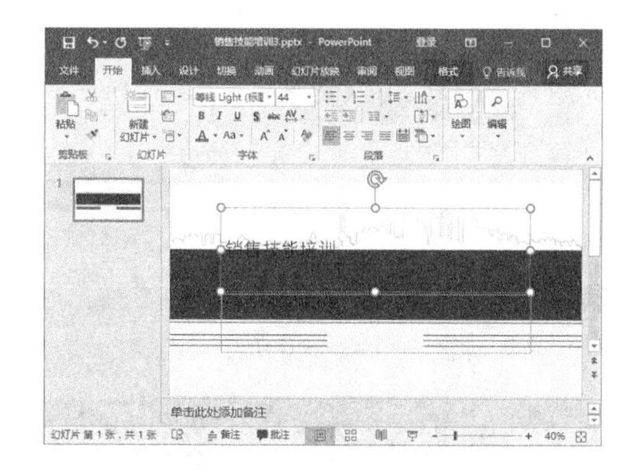

2 选中文本“销售技能培训”，切换到【开始】选项卡，单击【字体】组右下角的【对话框启动器】按钮。

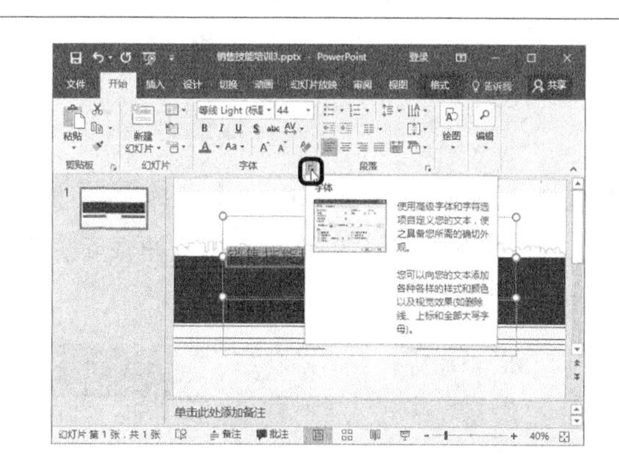

3 弹出【字体】对话框，切换到【字体】选项卡，在【中文字体】下拉列表中选择【微软雅黑】选项，在【字体样式】列表框中选择【加粗】选项，在【大小】微调框中输入“66”，然后单击【字体颜色】按钮，从弹出的下拉列表中选择【白色，背景1】选项。

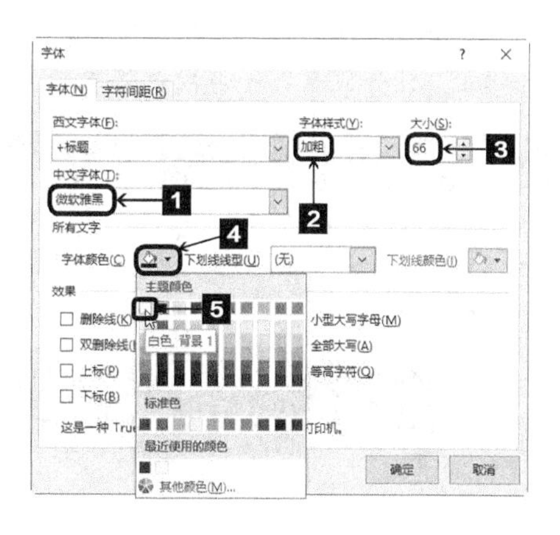

4 切换到【字符间距】选项卡，在【间距】下拉列表中选择【加宽】选项，然后在【度量值】微调框中输入“3”，单击确定按钮。

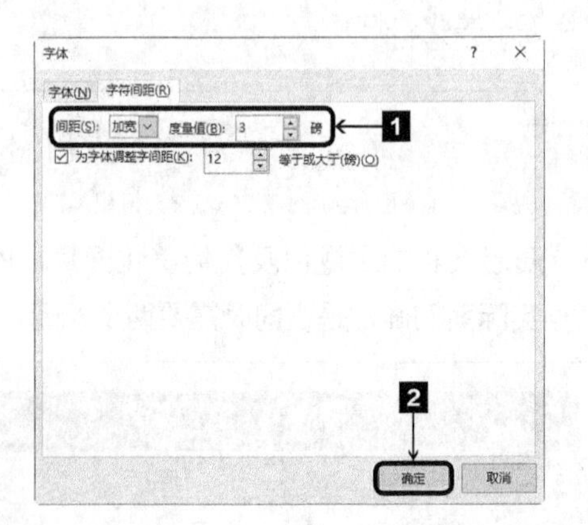

5 返回幻灯片中，选中【段落】组中的【居中】按钮，使标题文本居中显示，效果如图所示。

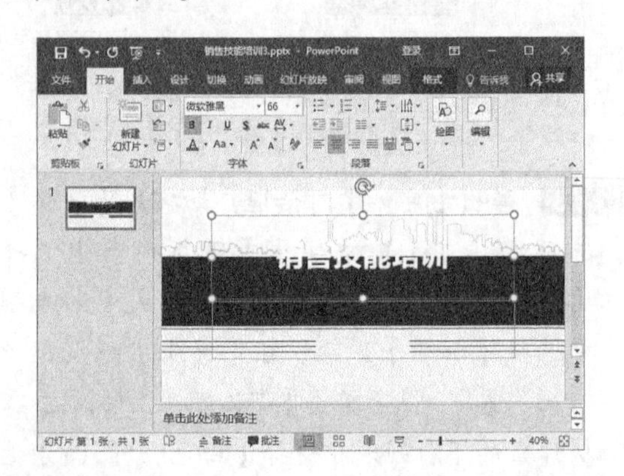

6 将光标定位在标题占位符中，文本框处于可编辑状态，在文本框中输入文本“新员工入职之”，并设置其字体段落格式。

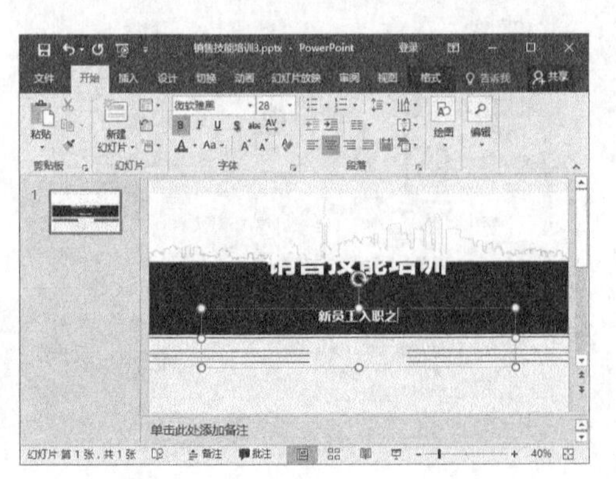

7 选中两个占位符文本框，单击鼠标右键，在弹出的快捷菜单中选择【设置对象格式】菜单项。

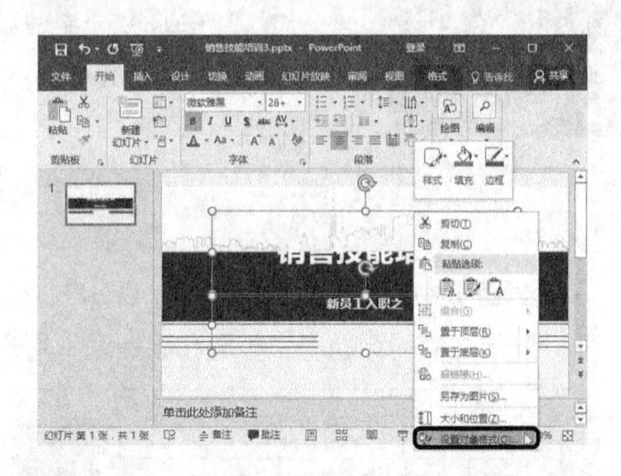

8 弹出【设置形状格式】任务窗格，切换到【形状选项】选项卡，单击【大小与属性】按钮，在【文本框】组中选中【根据文字调整形状大小】单选钮，设置完毕，单击【关闭】按钮。

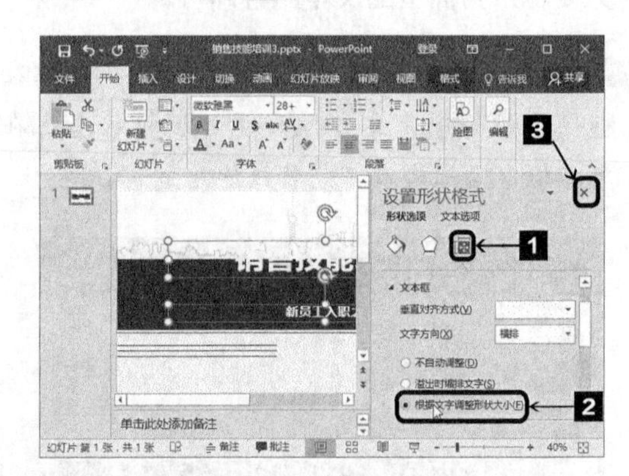

9 关闭【设置形状格式】任务窗格，返回幻灯片编辑区，效果如图所示。

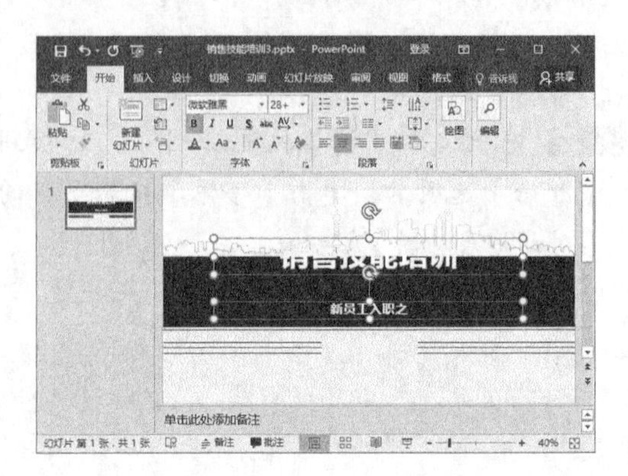

10 由于标题幻灯片中系统自带的文本框默认是水平居中的，所以此处我们只需利用键盘上的方向键，调整两个文本框在幻灯片中的纵向位置即可，调整后的效果如图所示。

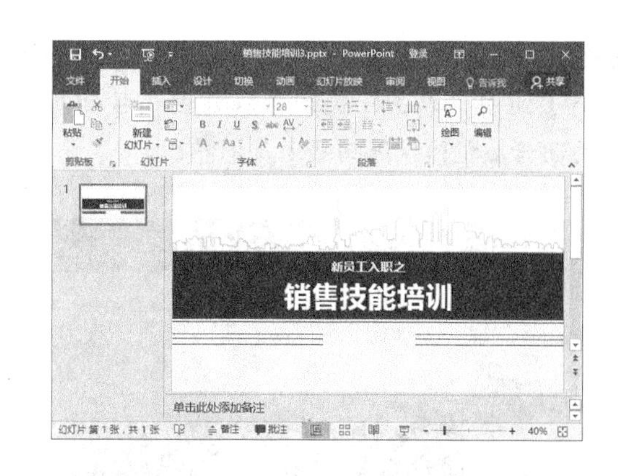

8.3.2 编辑目录页

目录页是观众从整体上了解演示文稿最简洁、快速的方法之一。目录页的表现形式既要新颖，同时又要能体现整个PPT的内容。

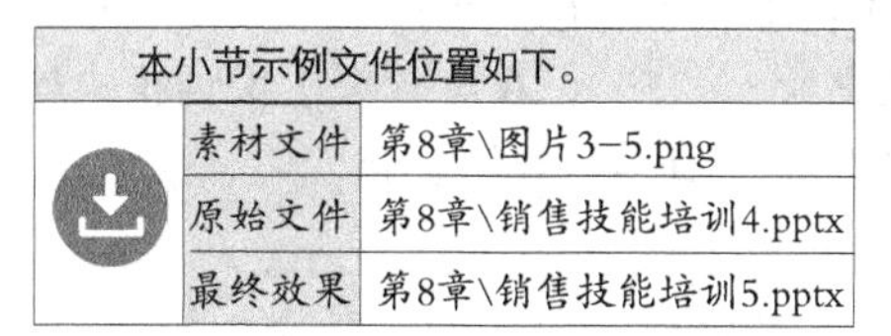

本小节示例文件位置如下。	
素材文件	第8章\图片3-5.png
原始文件	第8章\销售技能培训4.pptx
最终效果	第8章\销售技能培训5.pptx

编辑目录页

1 切换到【视图】选项卡，在【视图】组中单击【幻灯片母版】按钮。

2 在左侧的幻灯片导航窗格中的标题幻灯片上单击鼠标右键，在弹出的快捷菜单中选择【插入版式】菜单项。

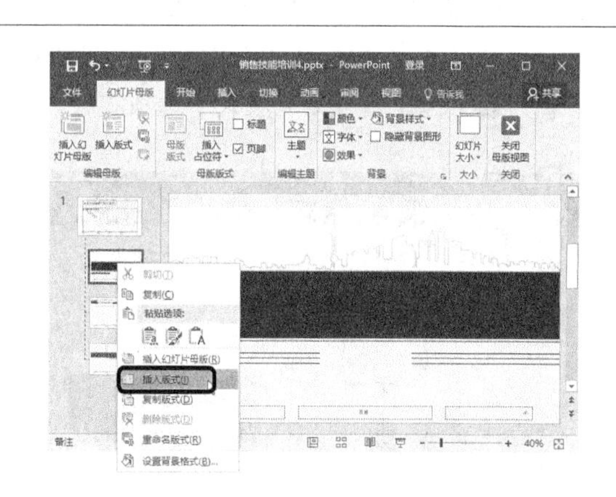

3 在标题幻灯片下面插入一个自定义版式。

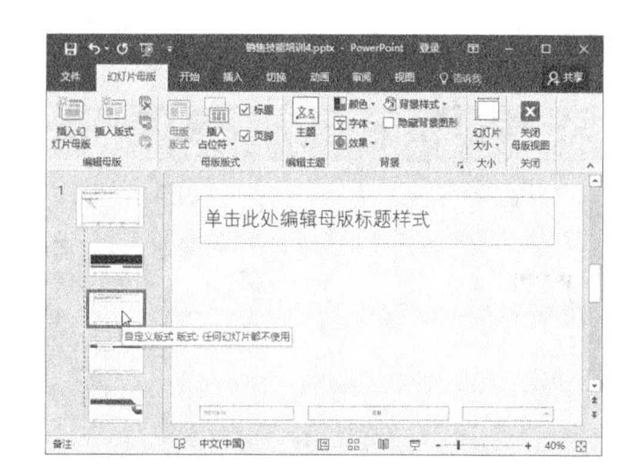

4 切换到【幻灯片母版】选项卡，在【关闭】组中，单击【关闭母版视图】按钮，关闭母版视图，返回普通视图界面。

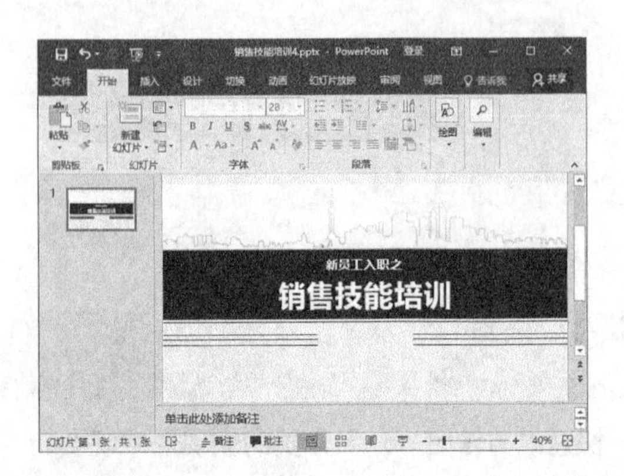

5 切换到【开始】选项卡，在【幻灯片】组中单击【新建幻灯片】按钮，从弹出的下拉列表中选择【自定义版式】选项。

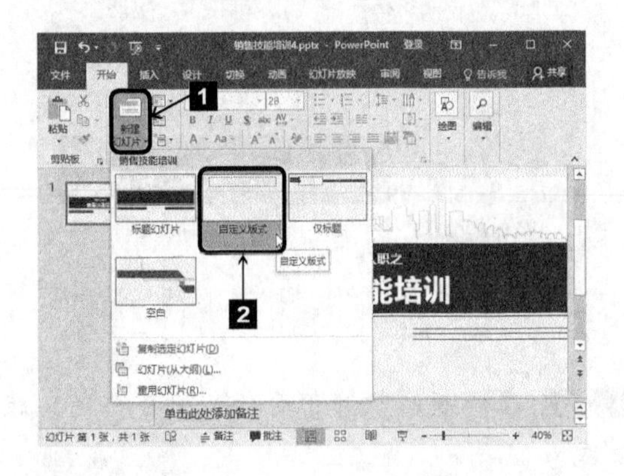

6 插入一张【自定义版式】的幻灯片。

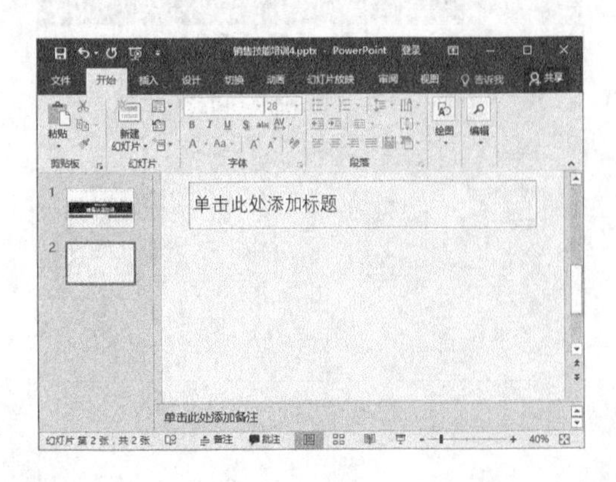

7 将【自定义版式】幻灯片中的占位符删除，然后切换到【插入】选项卡，在【表格】组中单击【表格】按钮，在弹出的下拉列表中选择【插入表格】选项。

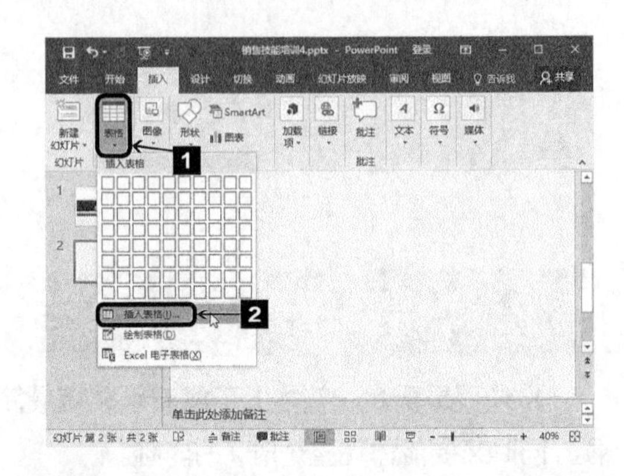

8 弹出【插入表格】对话框，在【列数】微调框中输入“7”，在【行数】微调框中输入“1”，然后单击确定按钮。

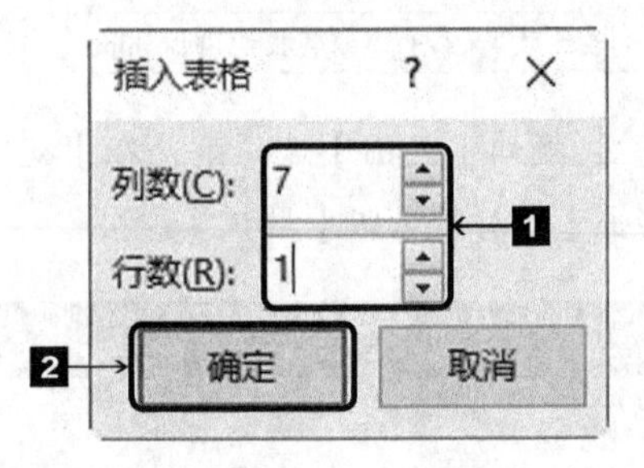

9 在幻灯片中插入一个1行7列的表格，效果如图所示。

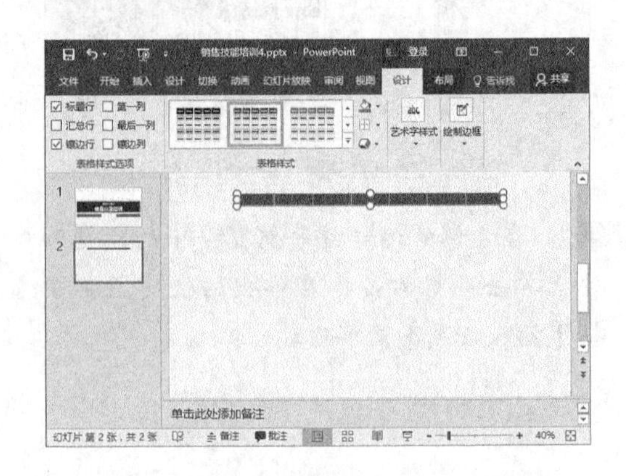

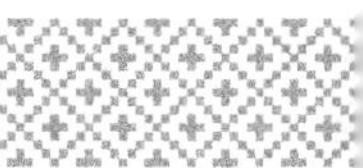

10 选中表格的前6列，切换到【表格工具】栏的【布局】选项卡，在【单元格大小】组中的【宽度】微调框中输入“4.4厘米”。

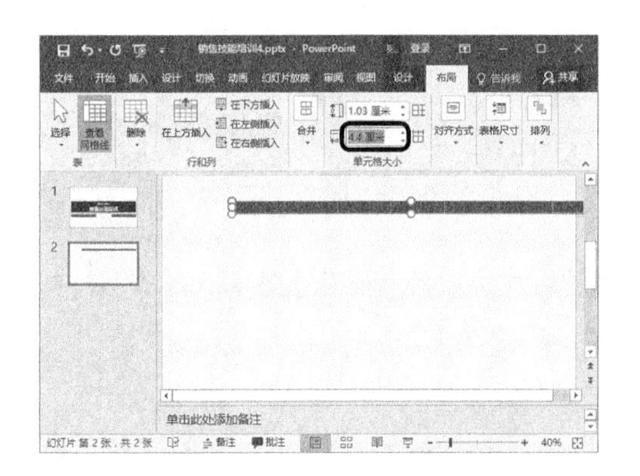

11 按照同样的方法，设置第7列单元格的宽度为“7.47厘米”，效果如图所示。

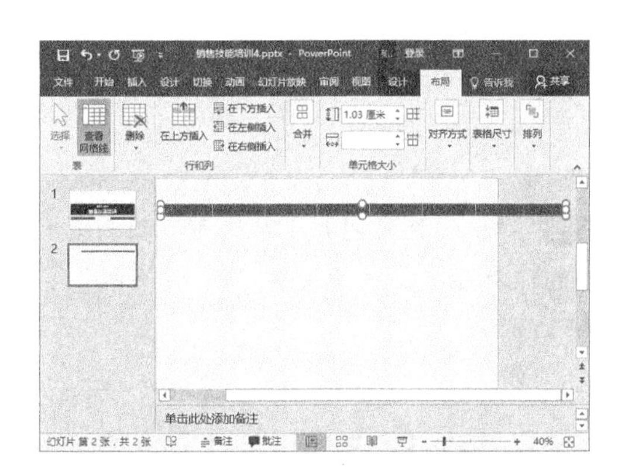

12 选中整个表格，切换到【表格工具】栏的【布局】选项卡，在【表格尺寸】组中的【高度】微调框中输入“2.9厘米”。

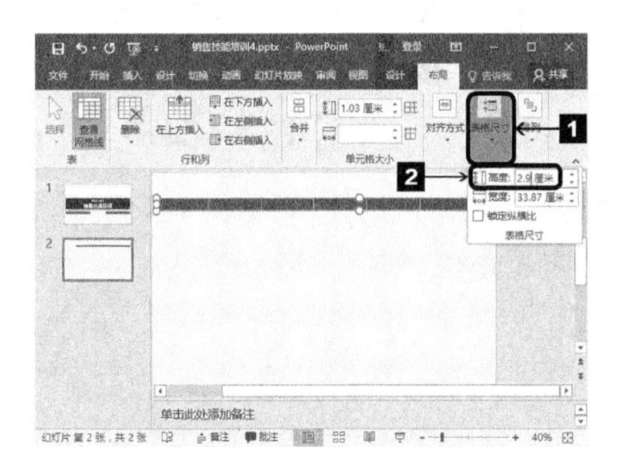

13 选中表格，切换到【表格工具】栏的【布局】选项卡，在【排列】组中，单击【对齐】按钮，从弹出的下拉列表中选择【左对齐】选项。

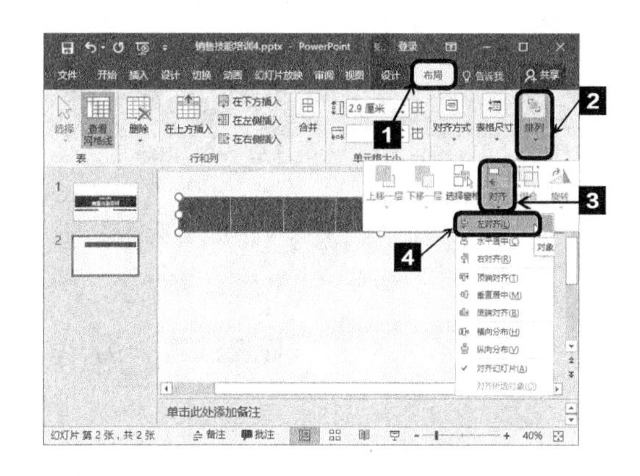

14 在【排列】组中，再次单击【对齐】按钮，从弹出的下拉列表中选择【顶端对齐】选项。

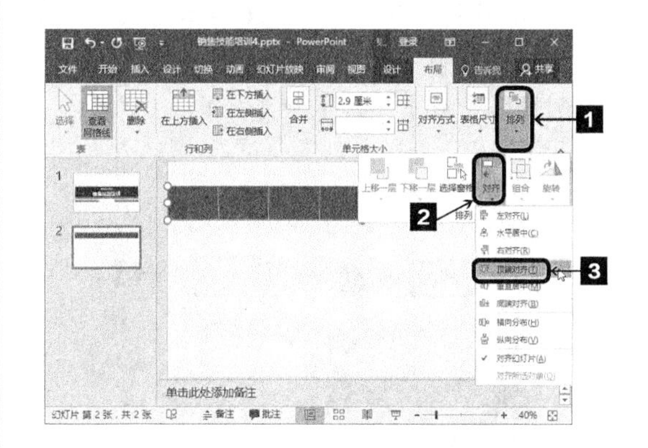

15 表格会相对于幻灯片左对齐和顶端对齐，效果如图所示。

16 选中整个表格，切换到【表格工具】栏的【设计】选项卡，在【表格样式】组中，单击【底纹】按钮右侧的下三角按钮，从弹出的下拉列表中选择【其他填充颜色】选项。

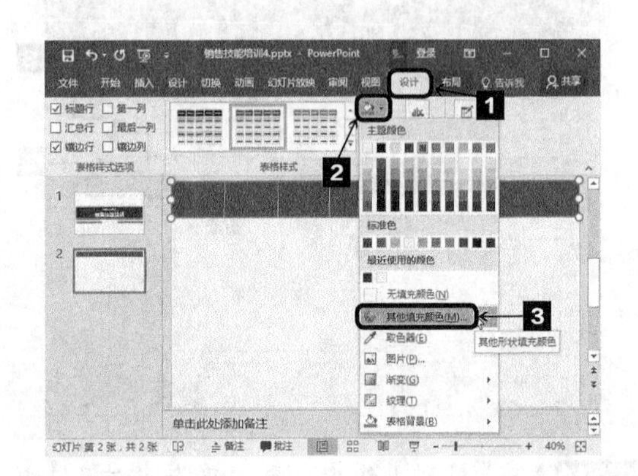

17 弹出【颜色】对话框，切换到【自定义】选项卡，在【颜色模式】下拉列表中选择【RGB】选项，然后在【红色】【绿色】和【蓝色】微调框中输入合适的数值，例如分别输入【31】【72】和【124】，然后单击确定按钮。

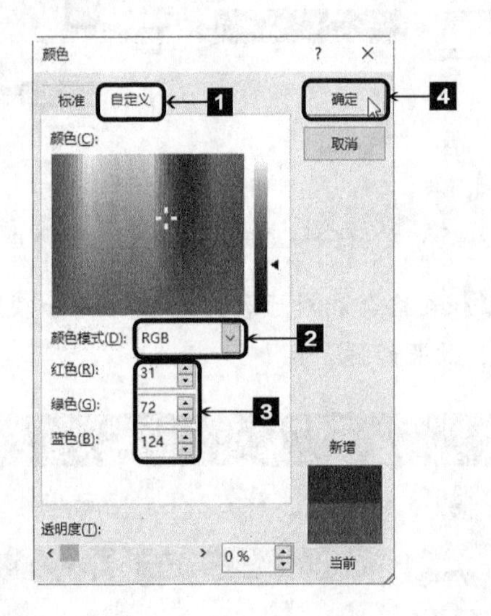

18 选中表格的第2个单元格，再次单击【底纹】按钮右侧的下三角按钮，从弹出的下拉列表中的【图片】选项。

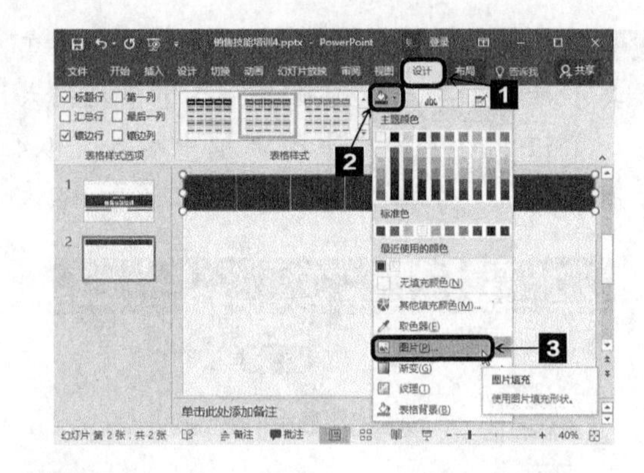

19 弹出【插入图片】界面，单击浏览(B)...按钮。

20 弹出【插入图片】对话框，找到素材文件的保存位置，选中文件“图片3.png”，单击插入(S)按钮。

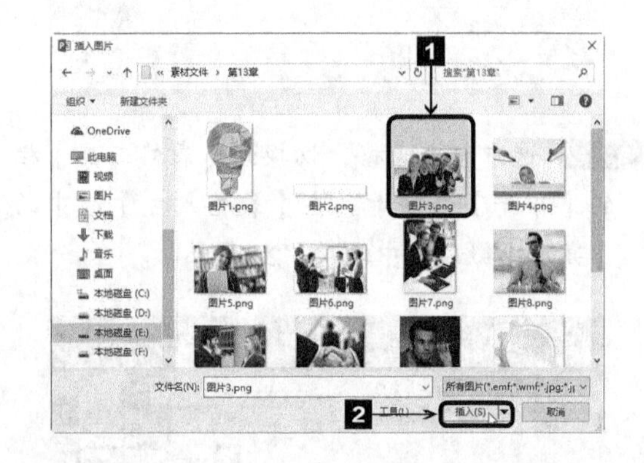

21 返回幻灯片中，即可设置第2个单元格的图片填充。

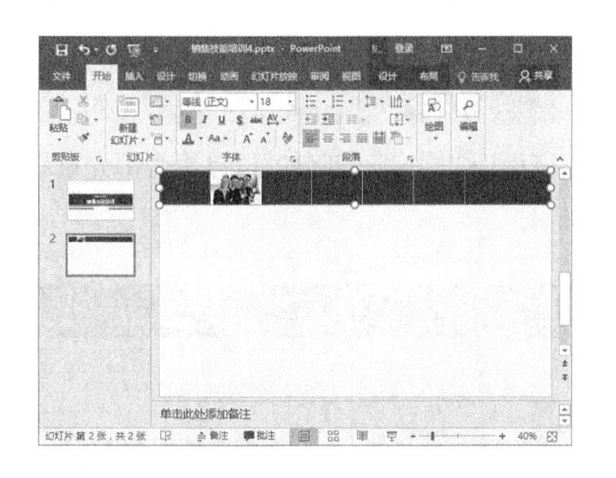

22 按照同样的方法，分别设置第4个单元格和 第6个单元格的图片填充效果。

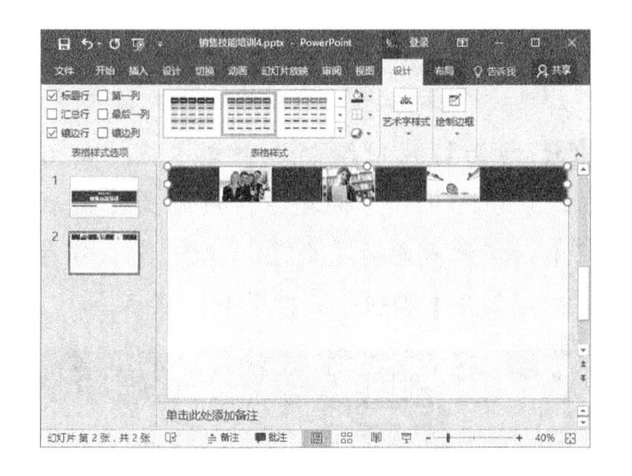

23 选中整个表格，切换到【表格工具】栏的【布局】选项卡，在【对齐方式】组中分别单击【居中】按钮和【垂直居中】按钮，使各单元格中的内容水平和垂直都居中对齐。

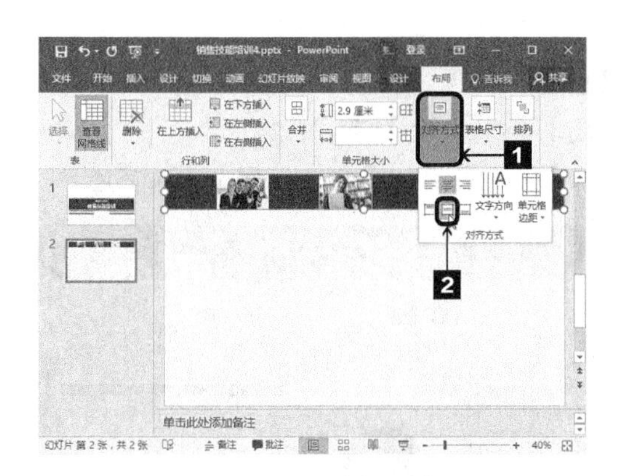

24 切换到【开始】选项卡，在【字体】组中的【字体】下拉列表中选择【微软雅黑】选项，在【字号】下拉列表中选择【28】，单击【字体颜色】按钮右侧的下三角按钮，从弹出的下拉列表中选择【主题颜色】➤【白色，背景1】选项。

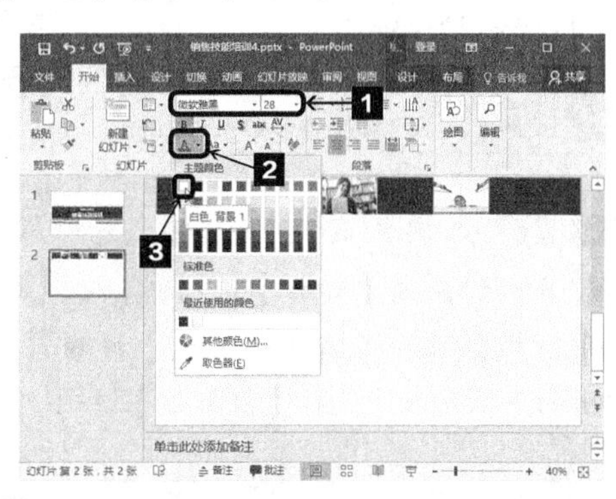

25 在第1个单元格、第3个单元格和第5个单元格中分别输入Part1、Part2、Part3。

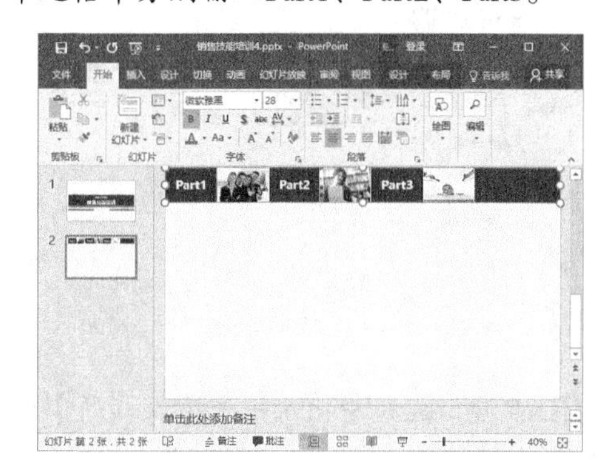

26 为了突出显示该演示文稿由3个部分组成，我们可以依次将Part后面的数字1、2、3的字号设置为36，然后在目录页中输入目录，并通过添加辅助形状来进行美化，最终效果如图所示。

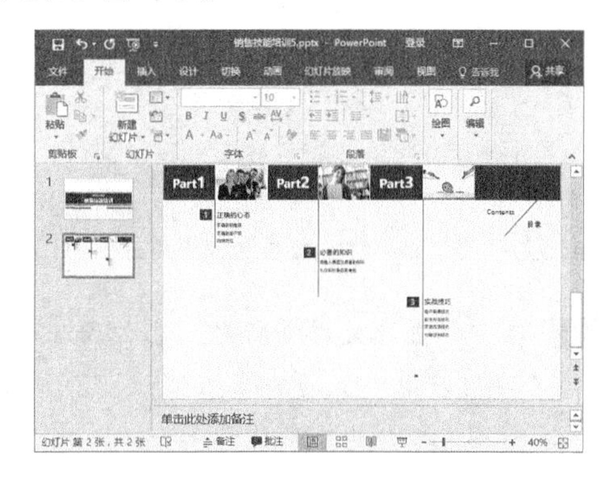

8.3.3 编辑过渡页

过渡页主要是以一种新颖的形式展示二级目录。下面以制作第一部分的过渡页为例介绍制作过渡页的具体操作步骤。

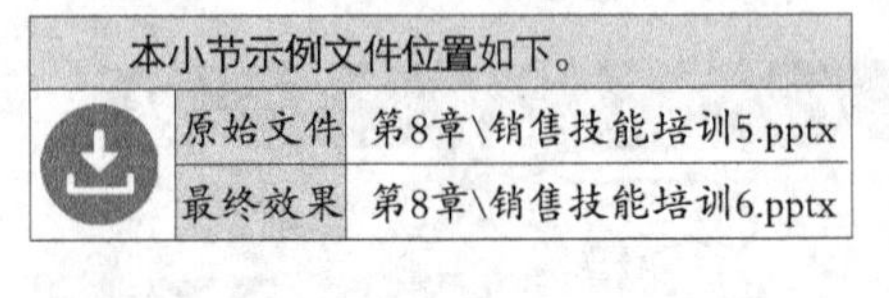

本小节示例文件位置如下。	
原始文件	第8章\销售技能培训5.pptx
最终效果	第8章\销售技能培训6.pptx

编辑过渡页

1 打开本实例的原始文件，选中第2张幻灯片，切换到【开始】选项卡，在【幻灯片】组中，单击【新建幻灯片】按钮，从弹出的下拉列表中选择【仅标题】选项。

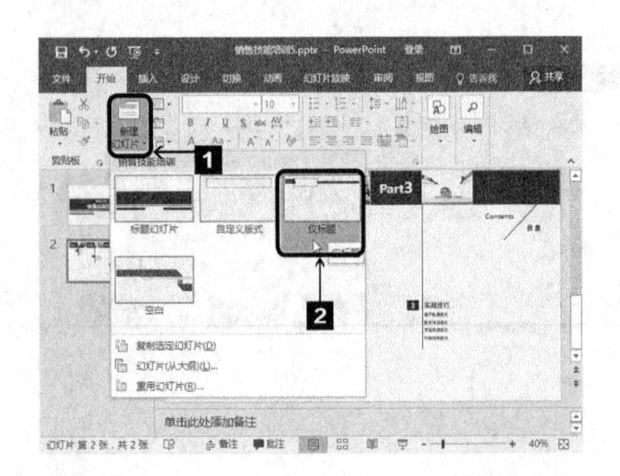

2 在演示文稿中插入一张【仅标题】版式的幻灯片。

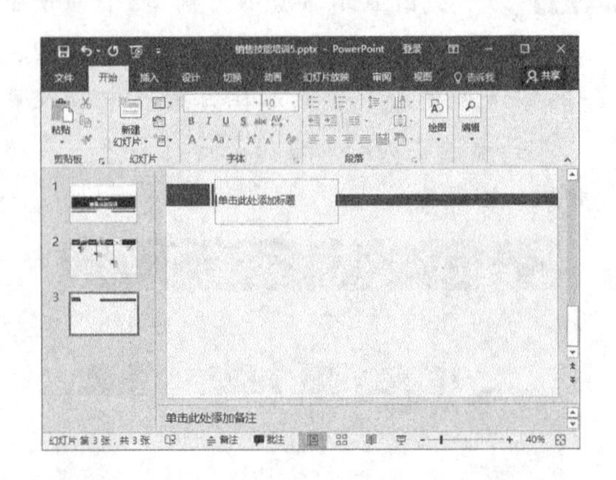

3 在“单击此处添加标题”占位符中输入第一个一级标题“正确的心态”。

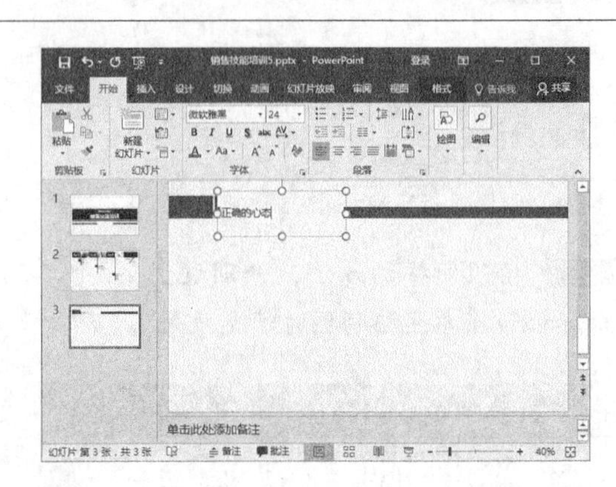

4 在幻灯片中绘制一个文本框，输入文本“PART1”，将其字体设置为【微软雅黑】，字体颜色为【白色，背景1】，字号为【28号】并【加粗】，效果如图所示。

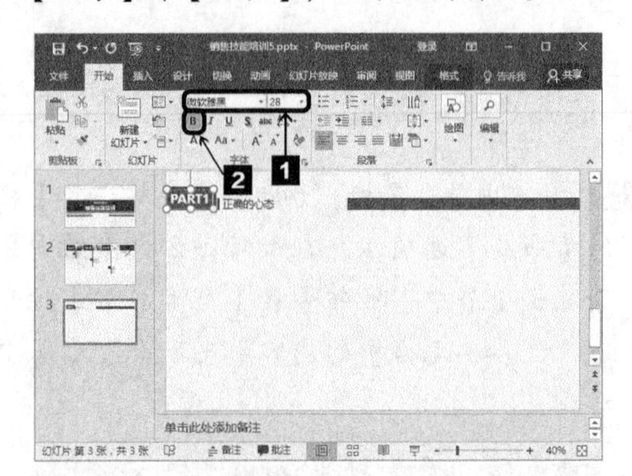

5 在幻灯片中绘制一个圆形，设置其【高度】和【宽度】为“7.24厘米”，【形状轮廓】为无轮廓，【形状填充】为深蓝色。

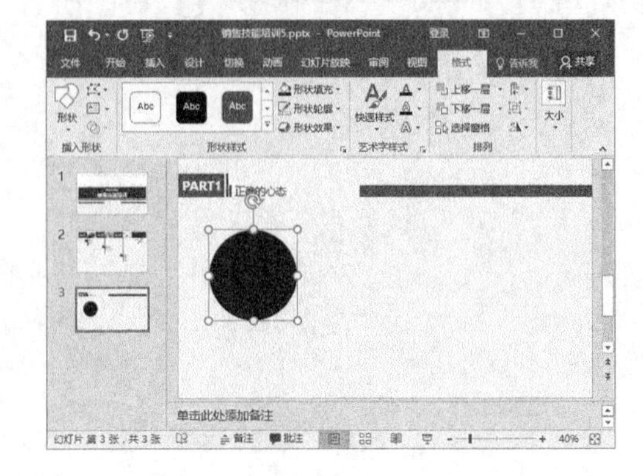

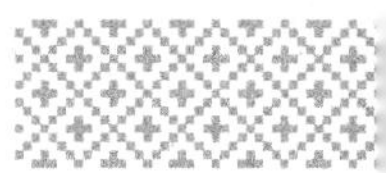

6 复制两个圆形，分别设置其大小和颜色，并调整其排列顺序，使黑色的圆置于蓝色的圆和白色的圆之间，效果如图所示。

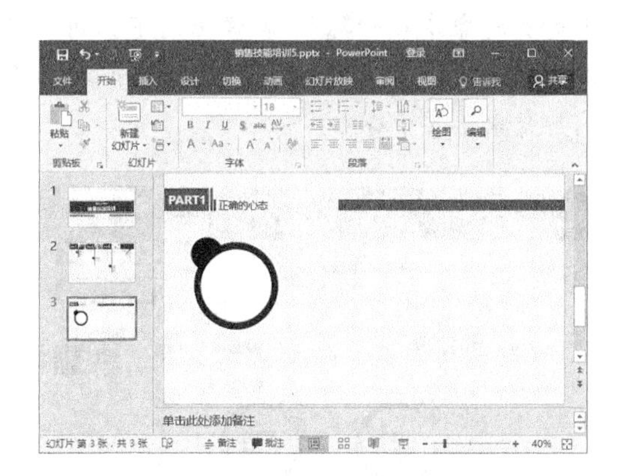

7 在黑色小圆中输入数字序号，在白色圆圈中输入对应文本。

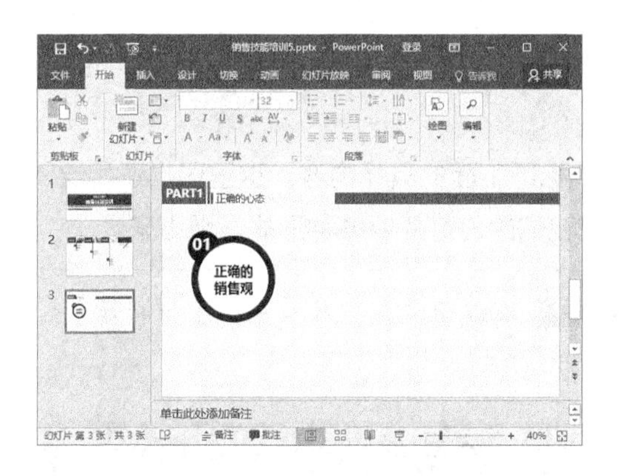

8 选中3个圆形，切换到【绘图工具】栏的【格式】选项卡，在【排列】组中单击【组合对象】按钮，在弹出的下拉列表中选择【组合】选项。

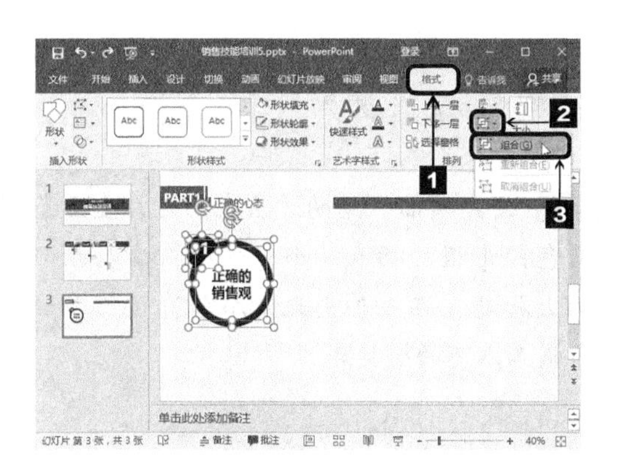

9 将3个圆形组合为一个整体，使用【Ctrl】+【C】组合键和【Ctrl】+【V】组合键复制粘贴2个组合图形，并调整3个组合图形的位置。

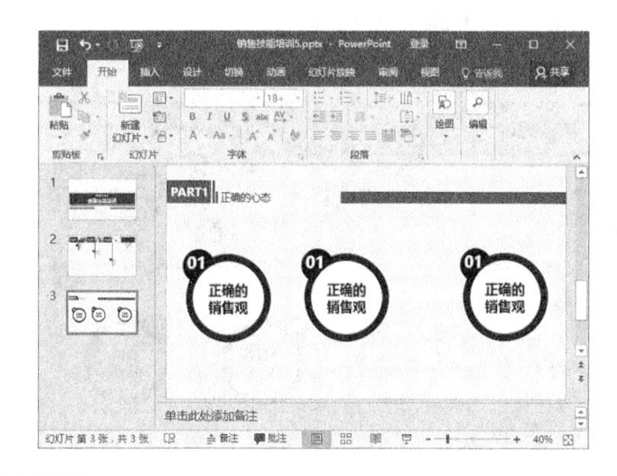

10 选中3个组合图形，切换到【绘图工具】栏的【格式】选项卡，在【排列】组中单击【对齐对象】按钮，在弹出的下拉列表中选择【横向分布】选项，即可使3个图形横向均匀分布。

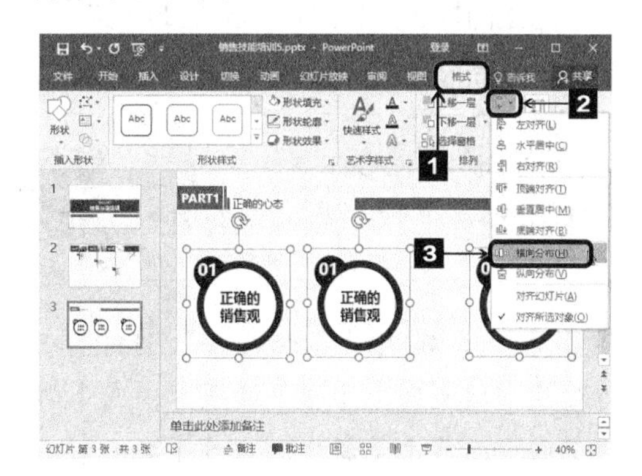

11 再次单击【对齐对象】按钮，在弹出的下拉列表中选择【垂直居中】选项，使3个图形垂直居中对齐。

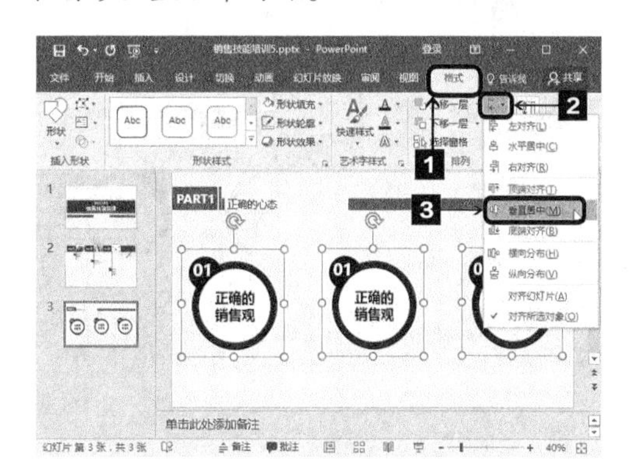

12 分别更改两个组合图形中的内容，更改完成后，选中3个组合图形，切换到【绘图工具】栏的【格式】选项卡，在【排列】组中单击【组合对象】按钮，在弹出的下拉列表中选择【组合】选项。

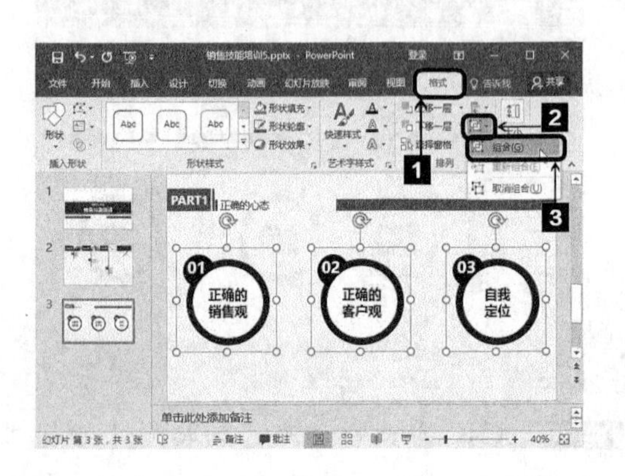

13 将3个组合图形组合为一个大的整体，选中组合后的图形，切换到【绘图工具】栏的【格式】选项卡，在【排列】组中单击【对齐对象】按钮，在弹出的下拉列表中选择【水平居中】选项，即可使图形相对于幻灯片水平居中分布。

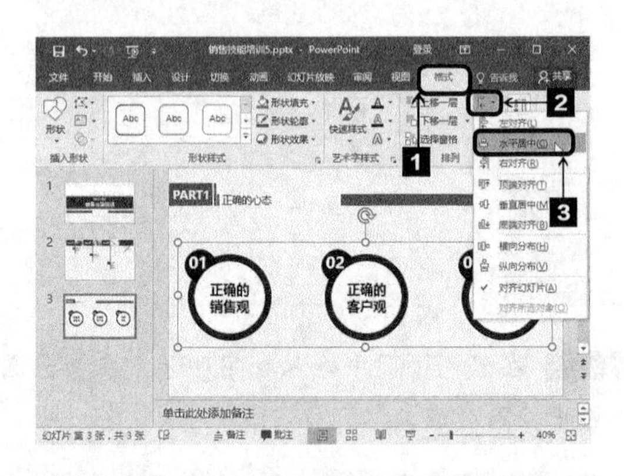

8.3.4 编辑标题页

这里的标题页也是演示文稿的正文页，即每个小标题下面的具体内容。这里同样适用绘制形状、组合、排列、插入图片、插入表格等方法，使我们的幻灯片以各种形式表现出来。

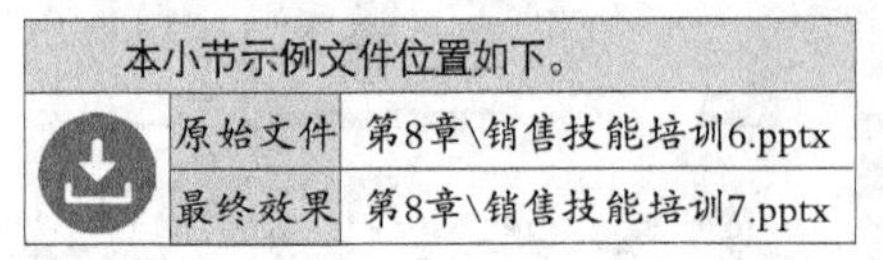

本小节示例文件位置如下。	
原始文件	第8章\销售技能培训6.pptx
最终效果	第8章\销售技能培训7.pptx

编辑标题页

1 打开本实例的原始文件，选中第3张幻灯片，切换到【开始】选项卡，在【幻灯片】组中，单击【新建幻灯片】按钮，从弹出的下拉列表中选择【仅标题】选项。

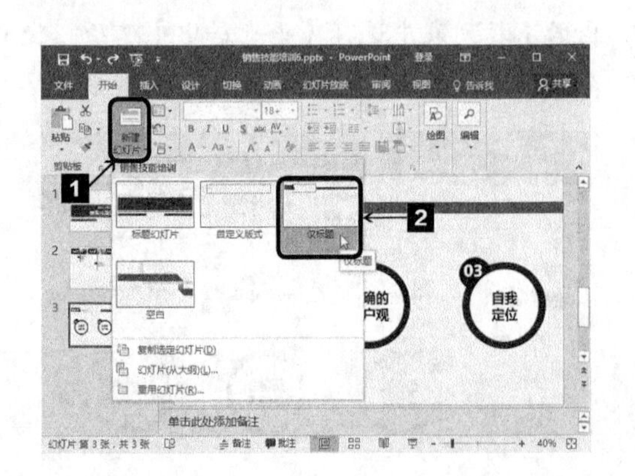

2 在演示文稿中插入一张【仅标题】版式的幻灯片。

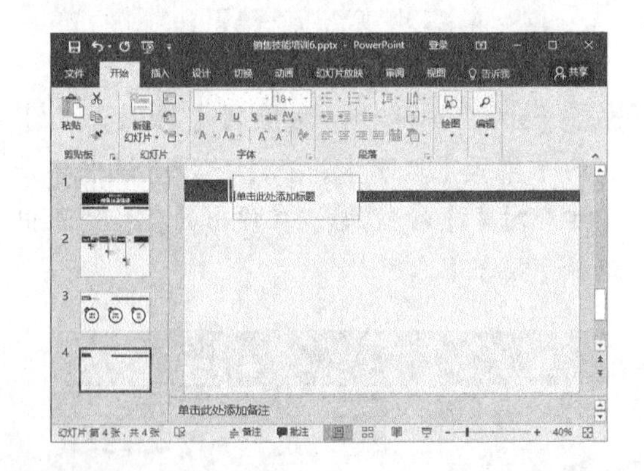

3 使用前面介绍的方法在幻灯片左上角深蓝色矩形框处插入一个文本框，输入此部分的大标题，在“单击此处添加标题”占位符中输入本节的小标题。

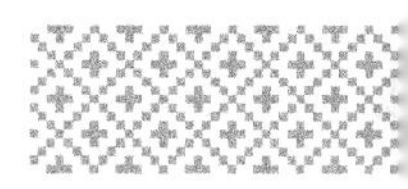

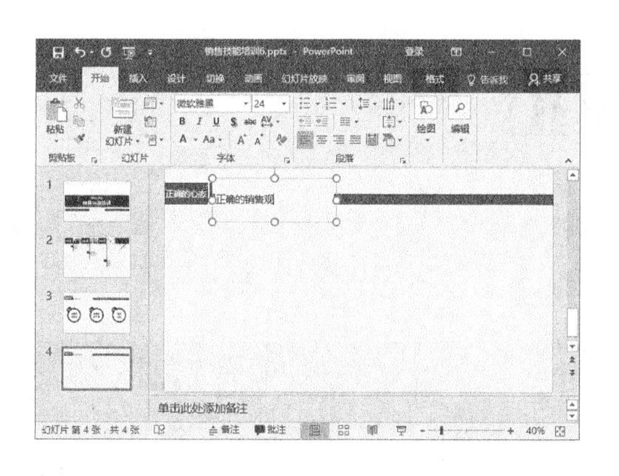

4 在该页幻灯片中根据实际需要编辑具体内容即可。效果如图所示。

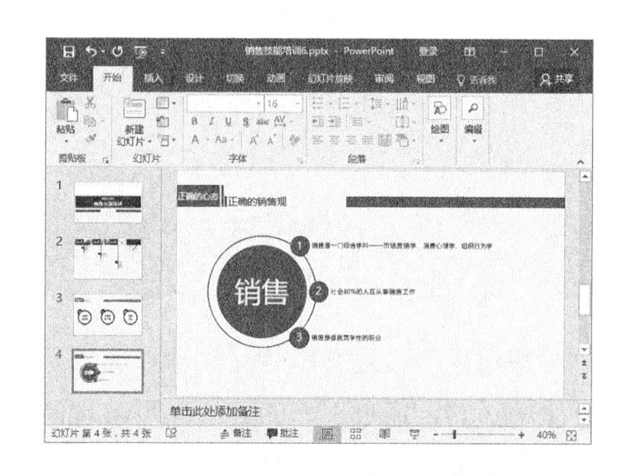

5 按照同样的方法编辑演示文稿中其他正文页。

8.3.5 编辑封底页

封底页主要是将结束语以特殊美观的方式展现给观众，辅助形状已经在制作母版时完成了，此时只需添加文本内容即可。

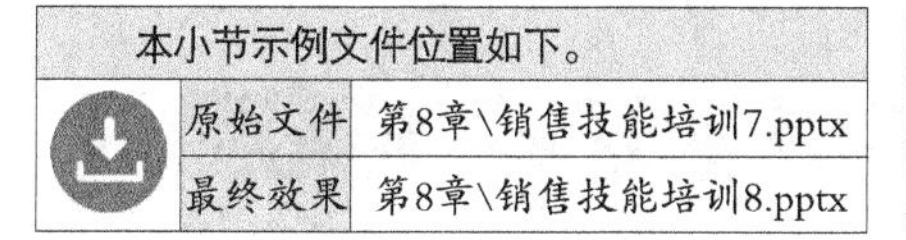

本小节示例文件位置如下。		
	原始文件	第8章\销售技能培训7.pptx
	最终效果	第8章\销售技能培训8.pptx

编辑封底页

1 打开本实例的原始文件，选中第14张幻灯片，切换到【开始】选项卡，在【幻灯片】组中，单击【新建幻灯片】按钮，从弹出的下拉列表中选择【空白】选项。

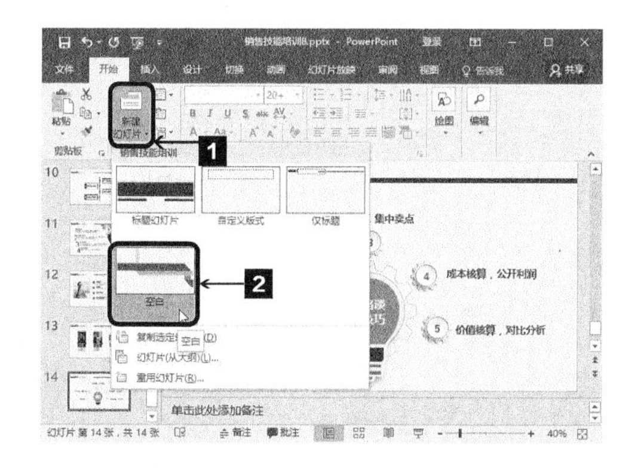

2 在演示文稿中插入一张【空白】版式的幻灯片。

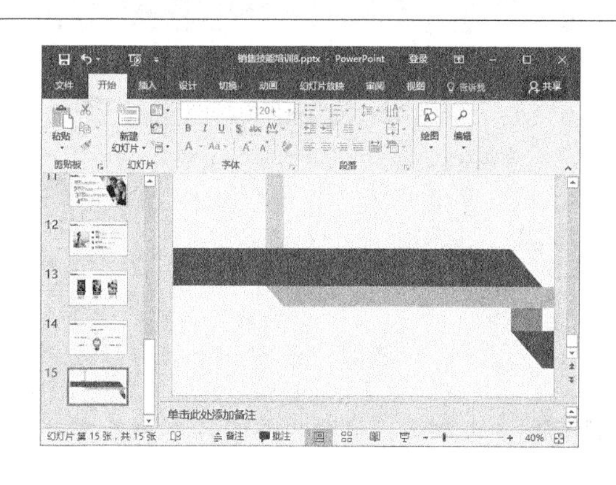

3 根据实际需要输入文本，最终效果如图所示。

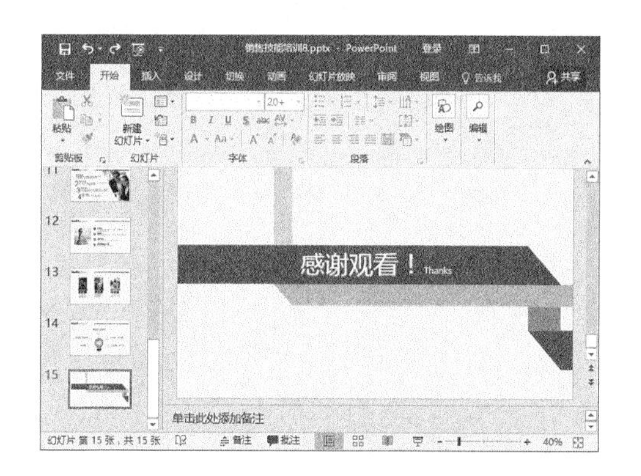

高手过招

多个对象同时运动

一般情况下，设置图片动画动作时都是一张一张地运动，通过下面的方法也可实现两幅图片同时运动。具体操作步骤如下。

1 打开本章的素材文件“企业宣传片.pptx”，在左侧的幻灯片列表中选中第12张幻灯片，在其中按住【Shift】键选中相应的文本框和图片，单击鼠标右键，从弹出的快捷菜单中选择【组合】➤【组合】命令。

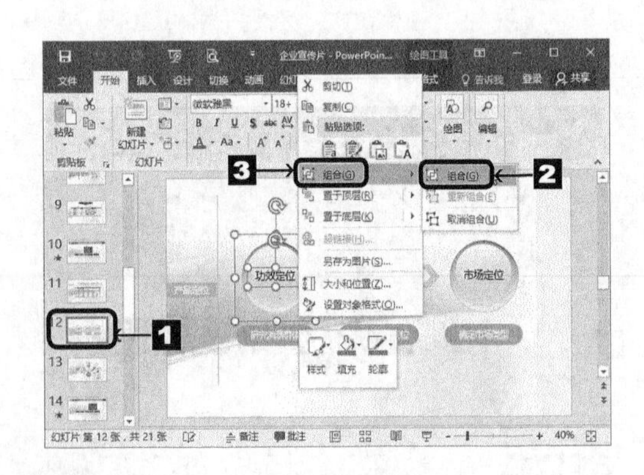

2 文本框和图片就组合成一个对象了。

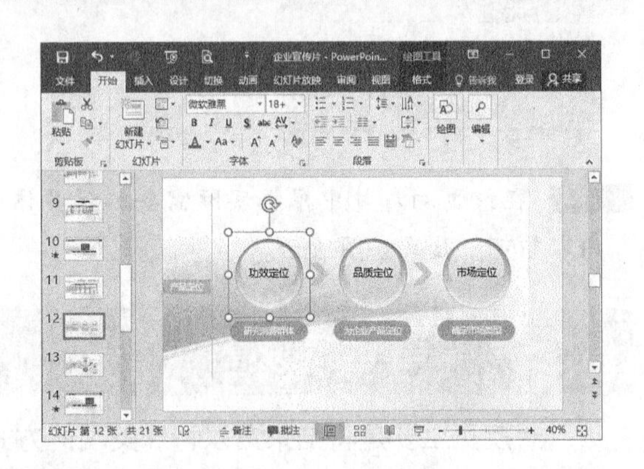

3 如果选中组合的对象，对其进行移动会发现文本随着图片一起移动。

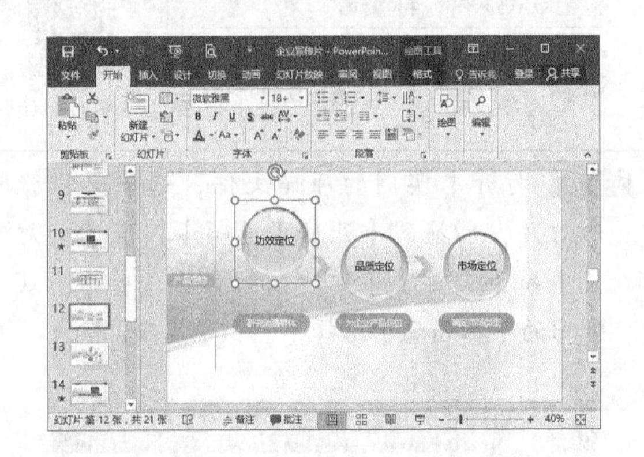

第9章

图片与表格的处理技巧

在 PPT 设计中，图片与表格的美化处理是十分重要的操作，本章主要介绍 PPT 中文字、图片和表格的处理技巧，以及动画设置、放映与打包。

关于本章的知识，本书配套教学资源中有相关的多媒体教学视频，视频路径为【Office办公软件\图片与表格的处理技巧】。

9.1 文字处理技巧

文字是演示文稿的重要组成部分，一个直观、明了的演示文稿少不了必要的文字说明。

9.1.1 安装新字体

PowerPoint所使用的字体是安装在Windows操作系统当中的，Windows操作系统中提供的字体可以满足用户的基本需求，如果用户想要制作更高标准的PPT，就需要安装一些新字体。

1. 下载新字体

安装新字体的前提是下载新字体，下载新字体的具体操作步骤如下。

1 在搜索引擎中输入要搜索的字体，如输入【方正卡通简体】，按【Enter】键后开始搜索。

方正卡通简体　搜一下

2 在众多的搜索结果中选择一个合适的网络链接。

方正卡通简体下载-方正字库下载-中文字体-字体下载大宝库 Font....
方正卡通简体字体下载,下载方正卡通简体字体,方正字库,中文字体,字体下载大宝库,中国最专业的字体站 您的位置 字体首页 中文字体 方正字库 方正卡通简体 更新时间:2006-6...

方正卡通简体_方正字体库下载_ps123
方正卡通简体,方正卡通简体,方正字体库,Ps下载中心,Ps123 ▸ Ps123 Ps下载中心 字体 中文字体 方正字体库 资源信息 方正卡通简体 运行环境: Ps5.x/6.x/7.x/CS-CS6 (载入中...

方正卡通简体_方正卡通简字体下载_飞翔下载
下载地址 1.43 MB - 简体中文
简介：详细介绍 是比较常用的方正卡通简体字体,喜欢方正字体的朋友一定会需要这个方正卡通体简体下载的。安装方法 1、首先选中...

方正卡通体|方正卡通简体字体下载_9号软件下载
简介：方正卡通体采用黑体的基本笔形,行书的笔意、形态,斜正相依,婉转有度,常被用做各种儿童读物的印刷字体。字体介绍方正卡通...

3 单击打开网络链接，用户可以选择任意一种下载方式，例如【联通极速下载】选项。

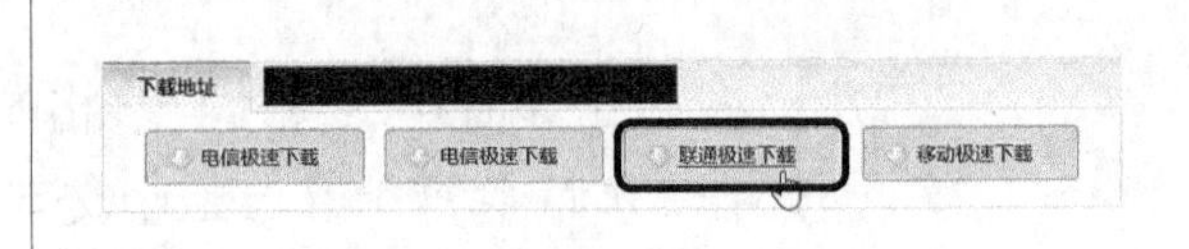

4 弹出【新建下载任务】对话框，单击【下载到】文本框右侧的下三角按钮▾。

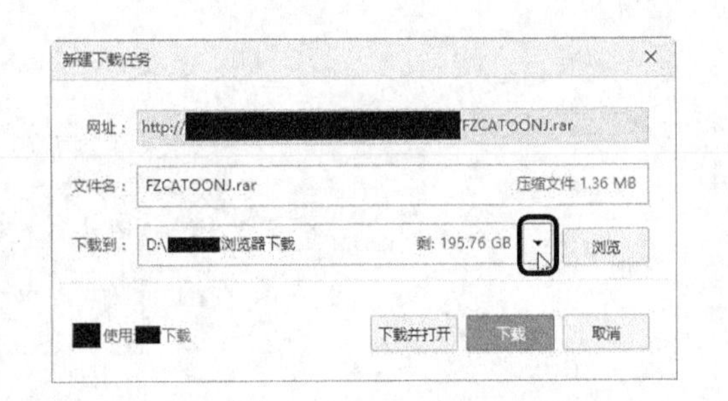

5 从弹出的下拉列表中选择【桌面】选项。

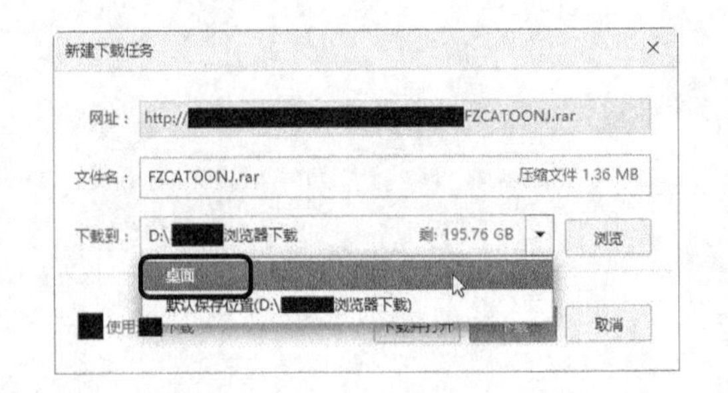

6 单击 下载 按钮即可开始下载。

7 下载完成后，返回桌面即可看到下载的方正卡通简体的压缩包。

2. 安装新字体

新字体下载完成后就可以安装了，安装新字体的具体操作步骤如下。

1 在下载好的方正卡通简体的压缩包上单击鼠标右键，在弹出的快捷菜单中选择【解压到当前文件夹】选项。

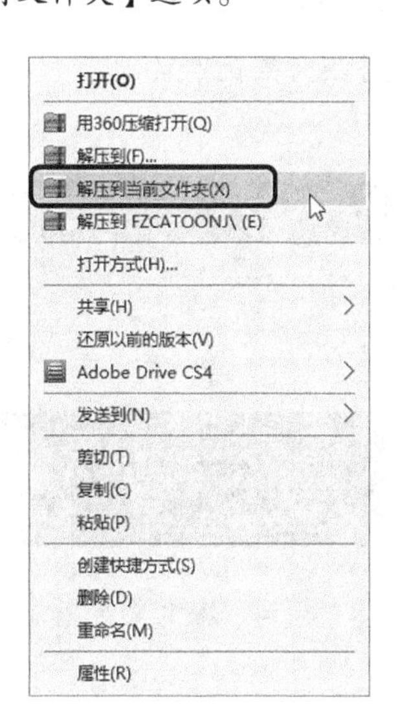

2 在解压后的【方正卡通简体.tff】文件上双击鼠标左键。

3 弹出【方正卡通简体】对话框，单击 安装(I) 按钮。

4 安装完毕，在演示文稿字体下拉列表中即可找到【方正卡通简体】选项。

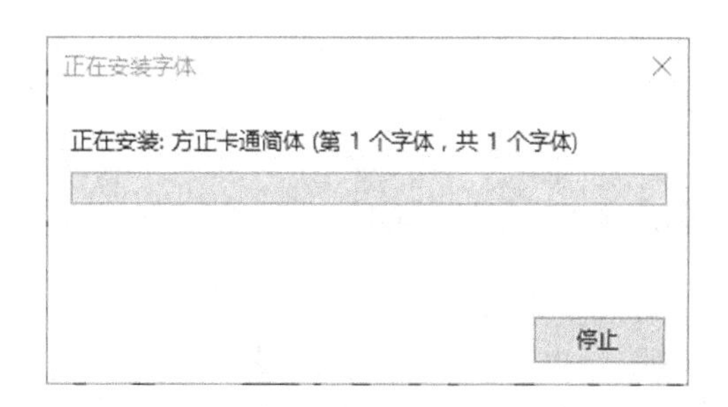

9.1.2 快速修改PPT字体

有时候辛辛苦苦做好的PPT演示文稿需要修改字体，如果一张一张地去修改，工作量很大。有没有快速修改字体的方法呢？用文字替换功能就能够轻松实现。

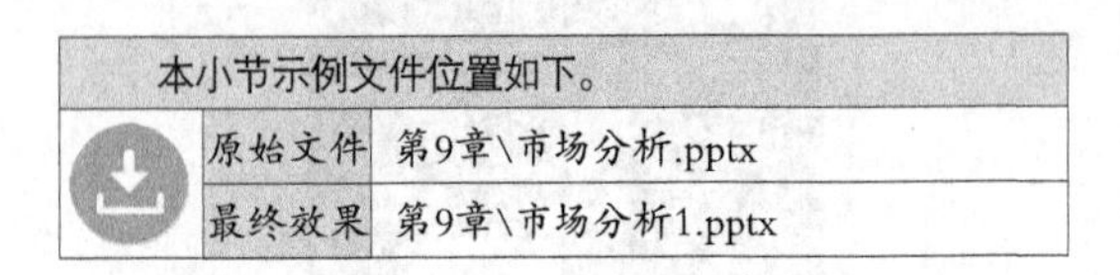

本小节示例文件位置如下。	
原始文件	第9章\市场分析.pptx
最终效果	第9章\市场分析1.pptx

本小节以将PPT中的宋体替换为微软雅黑为例，介绍如何快速修改PPT字体。

1 打开本实例的原始文件，将光标定位在第3页幻灯片中的正文文本中，切换到【开始】选项卡，在【字体】组【字体】文本框中显示文本当前的字体为【宋体】。

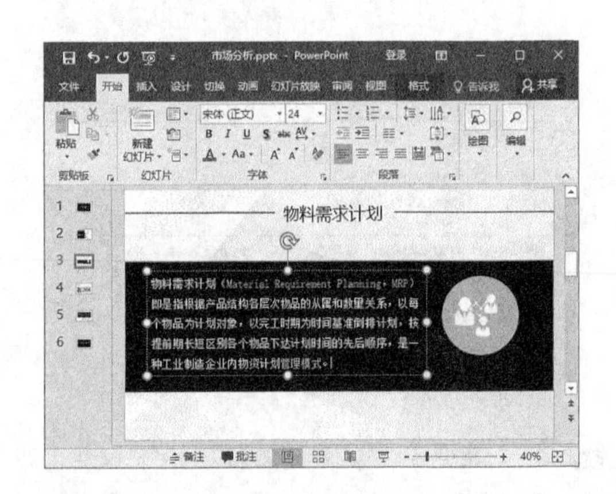

2 在【编辑】组中单击【替换】按钮替换(R)右侧的下三角按钮，在弹出的下拉列表中选择【替换字体】选项。

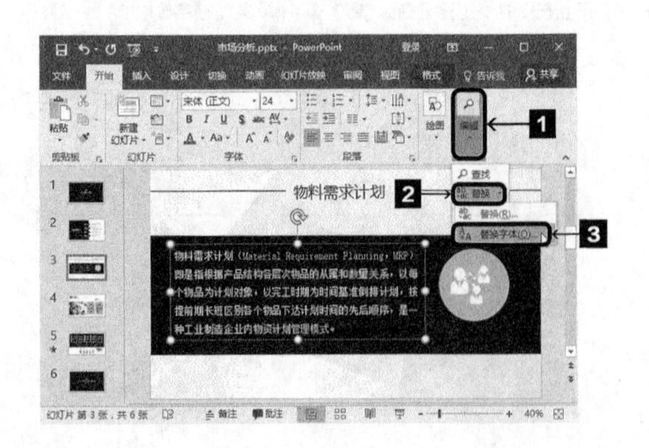

3 弹出【替换字体】对话框，在【替换】下拉列表中选择【宋体】选项，在【替换为】下拉列表中选择【微软雅黑】选项，单击【替换】按钮替换(R)。

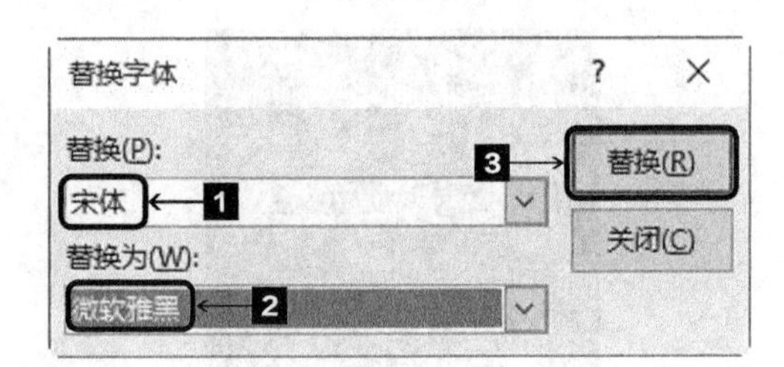

4 【替换字体】对话框中的【替换】文本框内的【宋体】替换为【微软雅黑】，同时【替换】按钮变为灰色，单击【关闭】按钮。

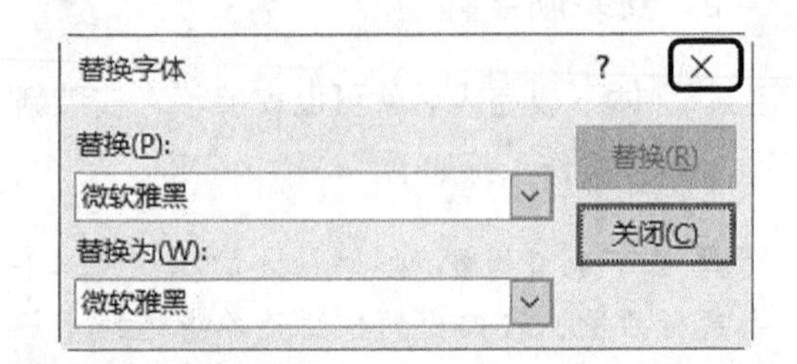

5 返回幻灯片，演示文稿所有幻灯片中的宋体均被替换为微软雅黑。

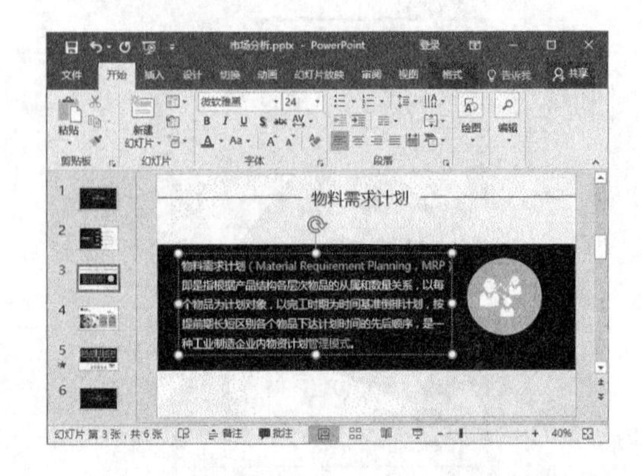

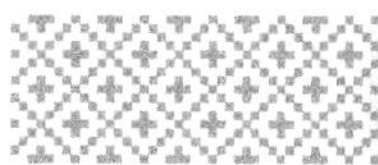

9.1.3 保存PPT时嵌入字体

如果幻灯片中使用了系统自带字体以外的特殊字体，把PPT文档保存之后发送到其他计算机上并浏览时，如果对方的计算机系统中没有安装这种特殊字体，那么这些文字将会失去原有的字体样式，并自动以系统中的默认字体样式来替代。如果用户希望幻灯片中所使用到的字体无论在哪里都能正常显示原有样式，可以使用嵌入字体的方式保存PPT文档。

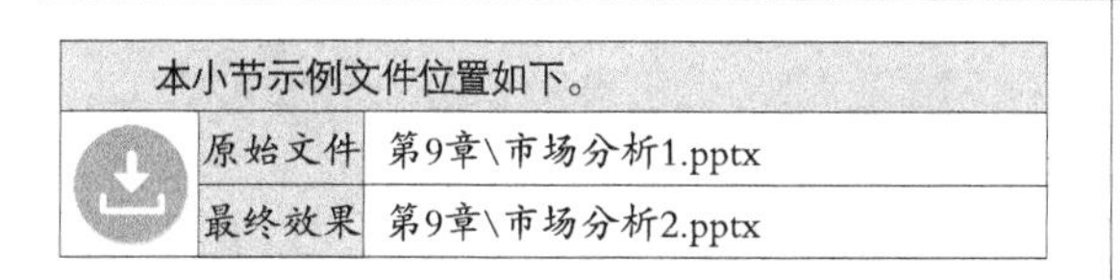

本小节示例文件位置如下。

原始文件	第9章\市场分析1.pptx
最终效果	第9章\市场分析2.pptx

1 打开本实例的原始文件，单击 文件 按钮。

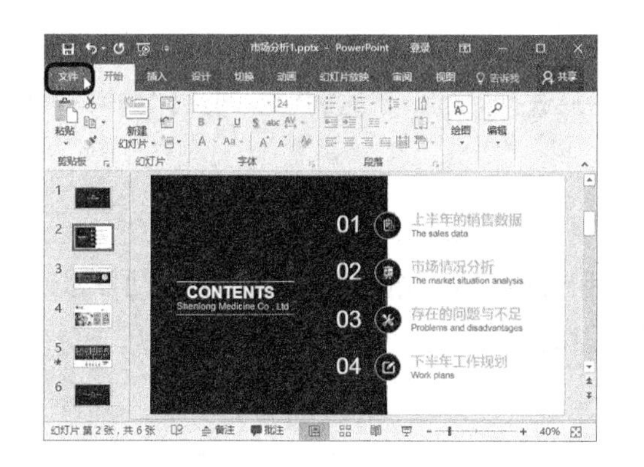

2 在弹出的界面中选择【另存为】选项。

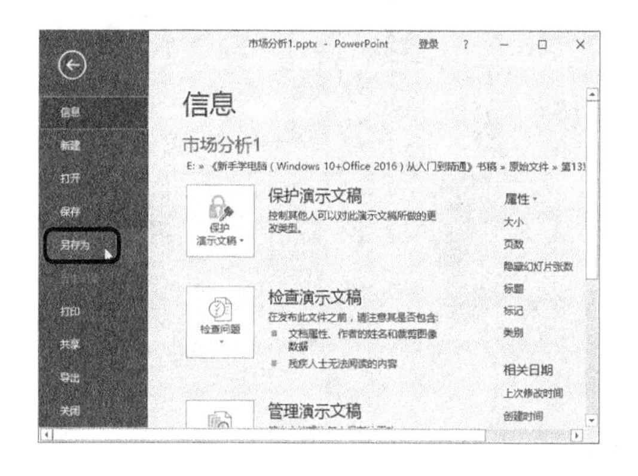

3 在弹出的【另存为】界面中单击 浏览(B)... 按钮。

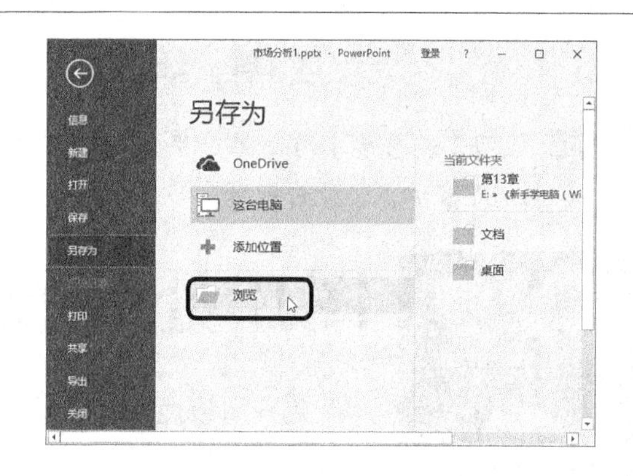

4 弹出【另存为】对话框，在【保存位置】下拉列表中选择合适的保存位置，然后单击 工具(L) 按钮，在弹出的下拉列表中选择【保存选项】选项。

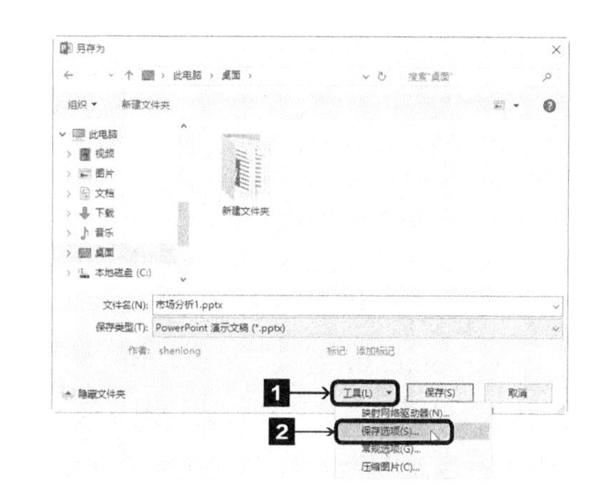

5 弹出【PowerPoint选项】对话框，系统自动切换到【保存】选项卡，在【共享此演示文稿时保存保真度】组中选中【将字体嵌入文件】复选框，单击 确定 按钮。

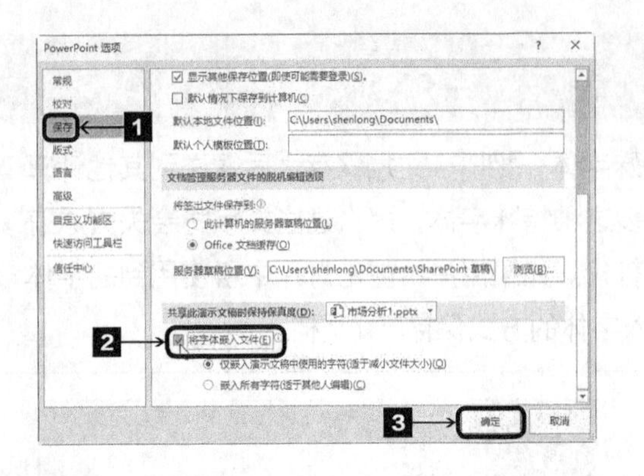

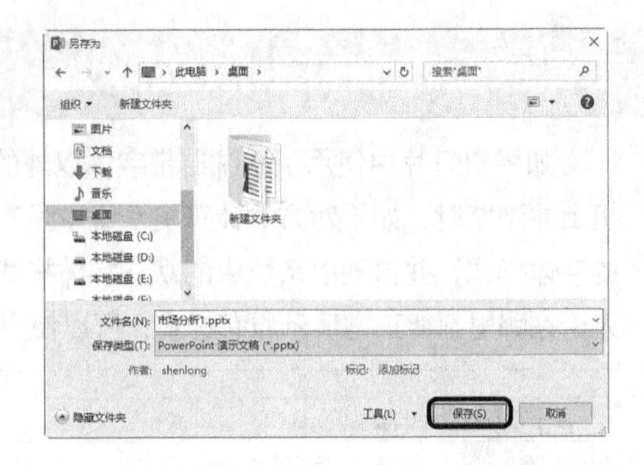

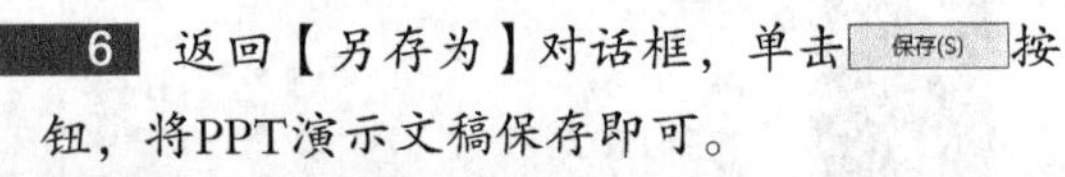

6 返回【另存为】对话框，单击 保存(S) 按钮，将PPT演示文稿保存即可。

9.2 图片处理技巧

用户可以通过对演示文稿的图片进行处理，来达到相应的美化效果，使幻灯片更加精美。

PowerPoint 2016提供了多种图片特效功能，用户既可以直接应用图片样式，也可以通过调整图片颜色、裁剪、排列等方式，使图片更加绚丽多彩，给人以耳目一新之感。

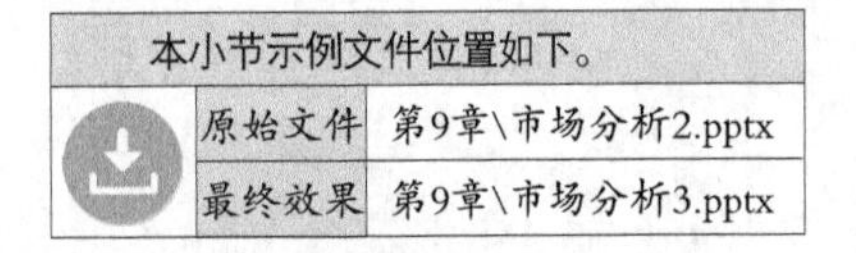

本小节示例文件位置如下。		
	原始文件	第9章\市场分析2.pptx
	最终效果	第9章\市场分析3.pptx

图片处理技巧

1. 使用图片样式

PowerPoint 2016提供了多种类型的图片样式，用户可以根据需要选择合适的图片样式。使用图片样式美化图片的具体操作步骤如下。

1 打开本实例的原始文件，在左侧的幻灯片列表中选中第4张幻灯片，选中该幻灯片中的图片，切换到【图片工具】栏中的【格式】选项卡，在【图片样式】组中单击【快速样式】按钮，从弹出的下拉列表中选择【柔化边缘矩形】选项。

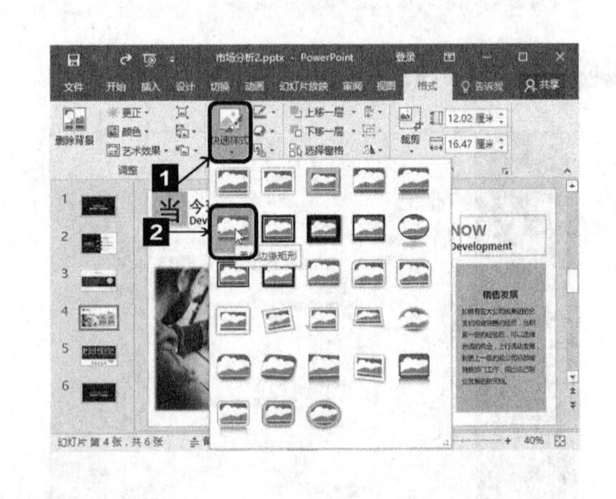

2 返回幻灯片，效果如图所示。

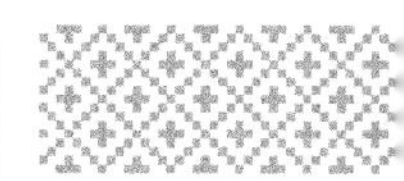

2. 调整图片效果

在PowerPoint 2016中，用户还可以对图片的颜色、亮度和对比度进行调整。

1 选中第4张幻灯片中的图片，切换到【图片工具】栏中的【格式】选项卡，在【调整】组中单击【颜色】按钮。

2 从弹出的下拉列表中选择【色温：5300K】选项。

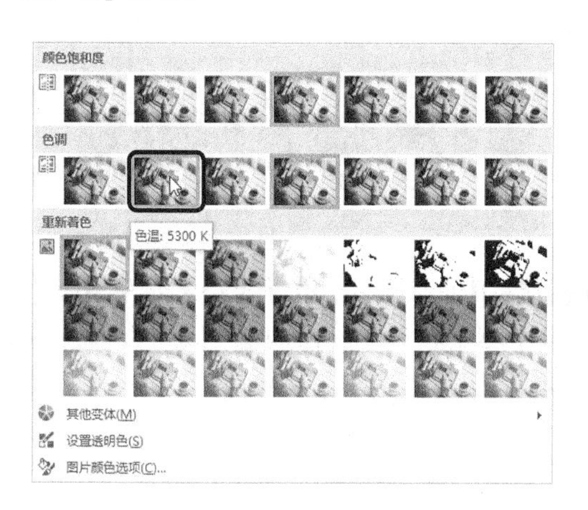

3 返回幻灯片，设置效果如图所示。

4 在【调整】组中单击 更正 按钮。

5 从弹出的下拉列表中选择【亮度：-20% 对比度：+40%】选项。

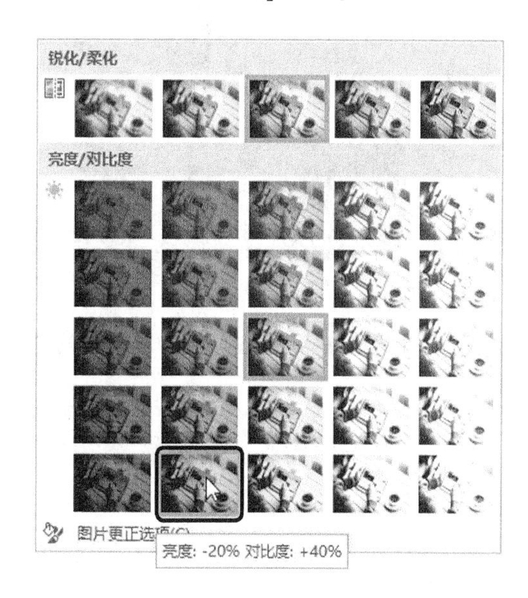

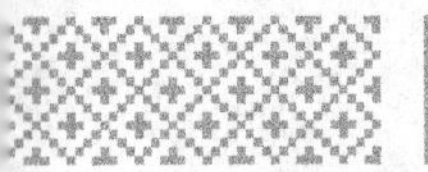

6 返回幻灯片，设置效果如图所示。

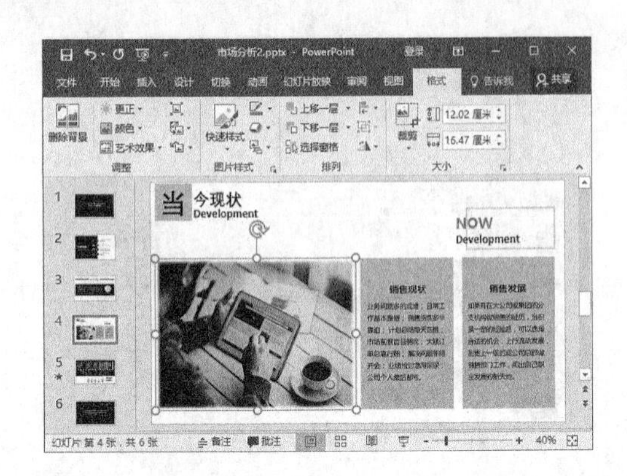

3. 裁剪图片

在编辑演示文稿时，用户可以根据需要将图片裁剪成各种形状。裁剪图片的具体操作步骤如下。

1 在左侧的幻灯片列表选中第4张幻灯片中的图片，切换到【图片工具】栏中的【格式】选项卡，在【大小】组中单击【裁剪】按钮，从弹出的下拉列表中选择【裁剪】选项。

2 图片进入裁剪状态，并出现8个裁剪边框。

3 选中任意一个裁剪边框，按住鼠标左键不放，上、下、左、右进行拖动即可对图片进行裁剪。

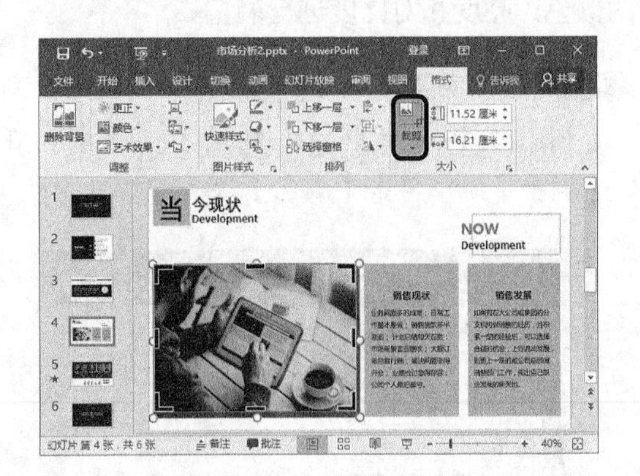

4 调整完毕，在【大小】组中单击【裁剪】按钮，即可完成裁剪。

5 选中该图片，在【大小】组中单击【裁剪】按钮，从弹出的下拉列表中选择【裁剪为形状】➢【椭圆】选项。

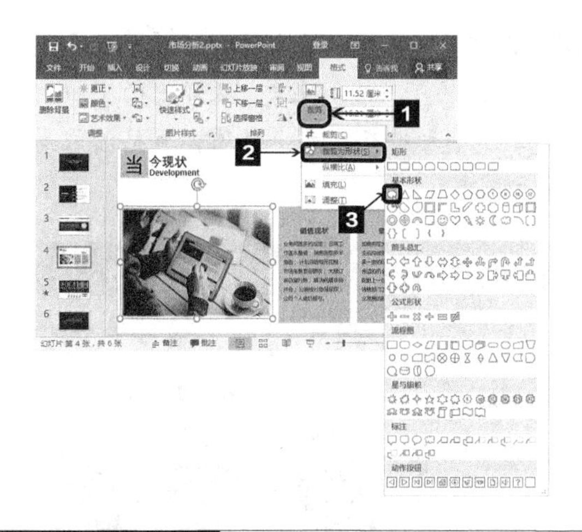

6 裁剪效果如图所示。

9.3 表格处理技巧

PowerPoint除了提供图片处理技巧之外，还为用户提供了相应的表格处理技巧。

9.3.1 美化表格

掌握好一定的表格处理技巧，可以减少幻灯片的枯燥与死板，达到美观、简洁的效果。

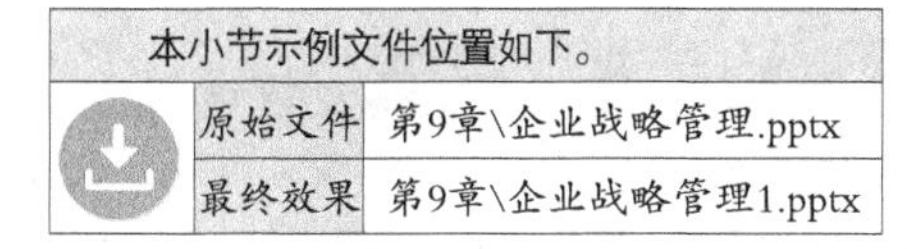

本小节示例文件位置如下。	
原始文件	第9章\企业战略管理.pptx
最终效果	第9章\企业战略管理1.pptx

美化表格

1 打开本实例的原始文件，选中第4张幻灯片，切换到【插入】选项卡，在【表格】组中单击【表格】按钮，从弹出的下拉列表中选择【4×4表格】选项。

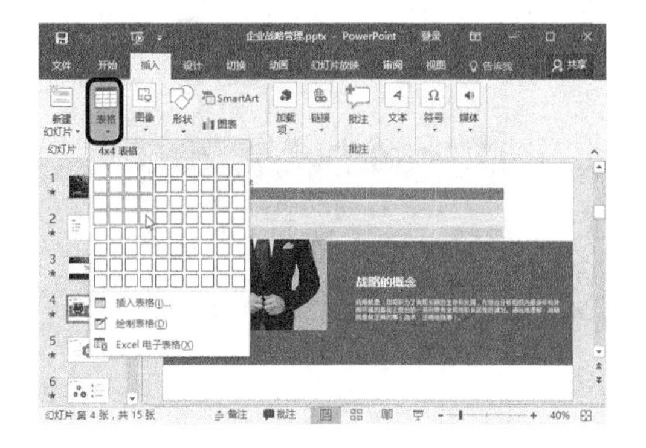

2 在第4张幻灯片中插入一个4行4列的表格，调整其大小和位置。

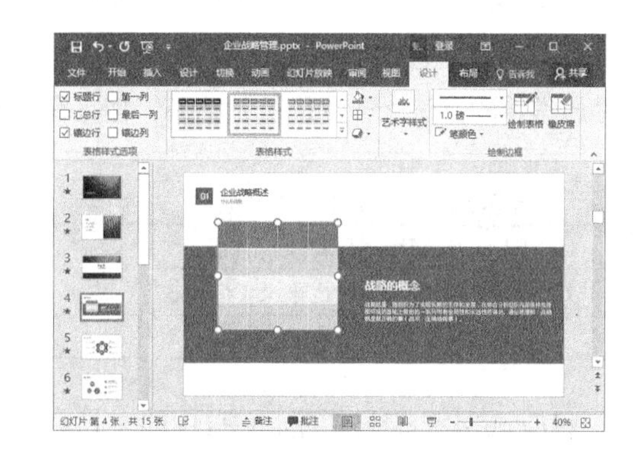

3 选中表格，切换到【表格工具】栏的【设计】选项卡，在【绘制边框】组中的【笔划粗细】下拉列表中选择【3.0磅】选项，在【笔颜色】下拉列表中选择【白色，背景1，深色15%】选项。

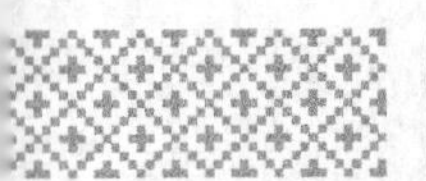

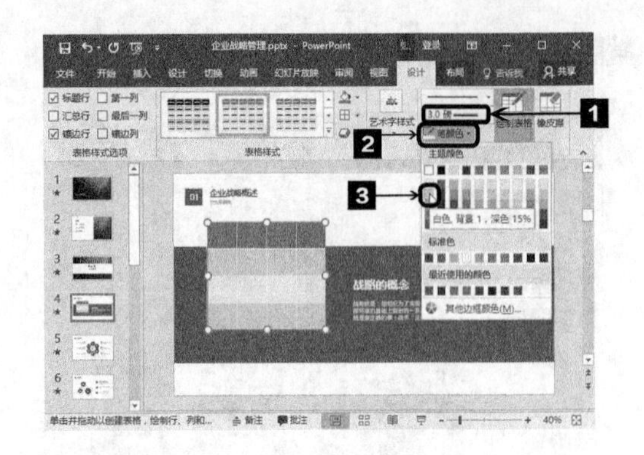

4 在【表格样式】组中单击【无框线】按钮右侧的下三角按钮，从弹出的下拉列表中选择【所有框线】选项。

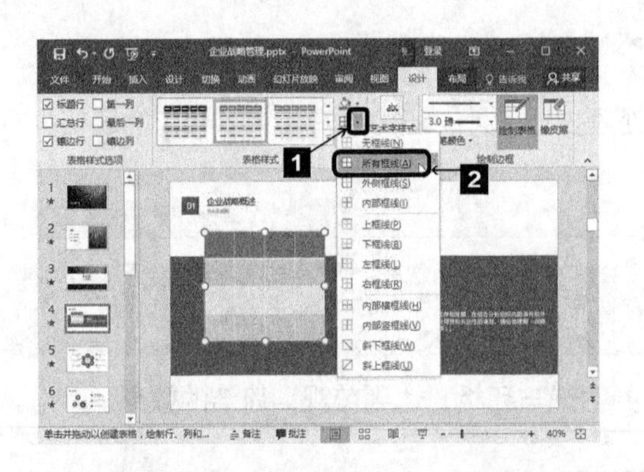

5 在【表格样式】组中单击【底纹】按钮右侧的下三角按钮，从弹出的下拉列表中选择【无填充颜色】选项，表格的设置效果如图所示。

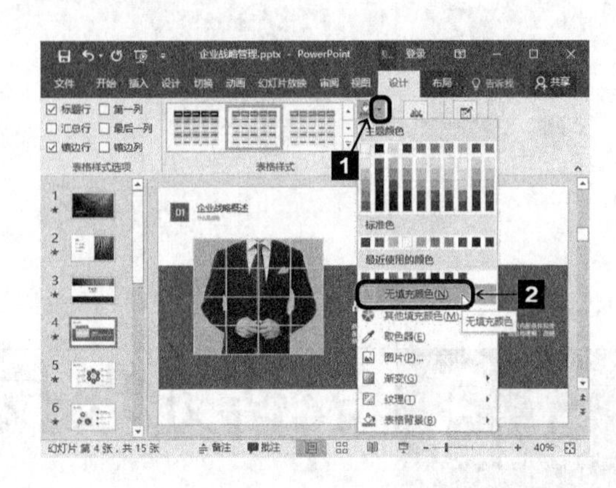

9.3.2 快速导入表格

有时需要在PPT中插入一些表格，以方便我们的陈述并使思路清晰。在PPT中导入Excel表格最常用的方法之一就是复制粘贴，但是在粘贴的过程中会有多种不同的粘贴方式。

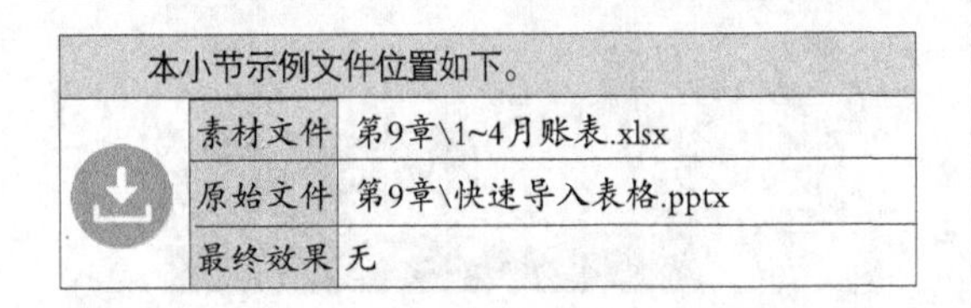

本小节示例文件位置如下。

素材文件	第9章\1~4月账表.xlsx
原始文件	第9章\快速导入表格.pptx
最终效果	无

将Excel中的表格粘贴到PPT中的方式主要有5中：①使用目标样式；②保留源格式；③嵌入；④图片；⑤只保留文本。

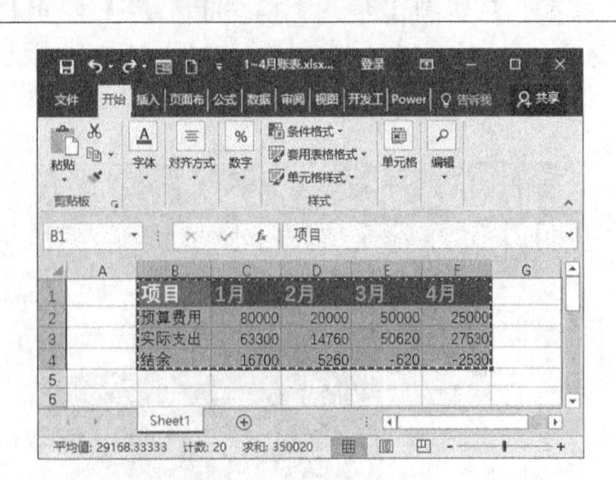

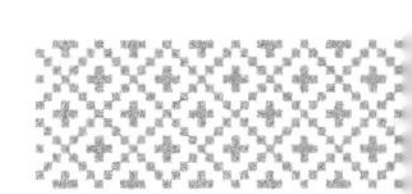

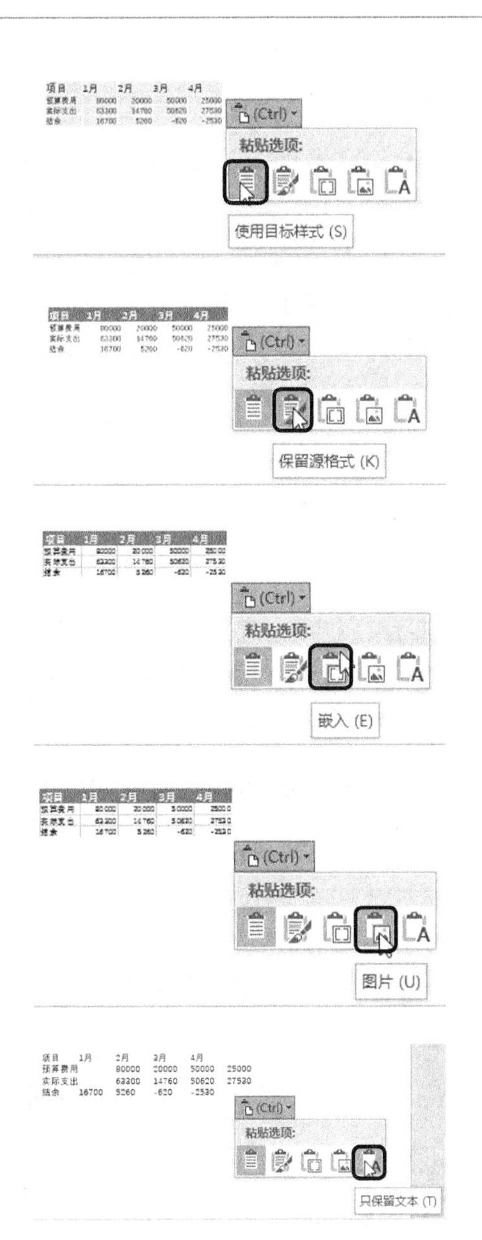

○ 使用目标样式

这种粘贴方式会把原始表格转换成PowerPoint中所使用的表格，并且自动套用幻灯片主题中的字体和颜色设置。这种粘贴方式是PowerPoint中默认的粘贴方式。

项目	1月	2月	3月	4月
预算费用	80000	20000	50000	25000
实际支出	63300	14760	50620	27530
结余	16700	5260	-620	-2530

(Ctrl)

○ 保留源格式

这种粘贴方式会把原始表格转换成PowerPoint中所使用的表格，同时会保留原始表格在Excel中所设置的字体、颜色、线条等格式。

项目	1月	2月	3月	4月
预算费用	80000	20000	50000	25000
实际支出	63300	14760	50620	27530
结余	16700	5260	-620	-2530

(Ctrl)

○ 嵌入

嵌入式的表格在外观上和保留源格式所粘贴的表格没有太大的区别，但是从对象类型上来说，嵌入式的表格完全不同于PowerPoint中的表格对象。最显著的区别之一就是双击嵌入式表格时，会进入到内置的Excel编辑环境中，可以像在Excel中编辑表格那样对表格进行操作，包括使用函数公式等。

项目	1月	2月	3月	4月
预算费用	80000	20000	50000	25000
实际支出	63300	14760	50620	27530
结余	16700	5260	-620	-2530

(Ctrl)

○ 图片

这种粘贴方式会在幻灯片中生成一张图片，图片所显示的内容与源文件中的表格外观完全一致，但是其中的文字内容无法再进行编辑和修改。如果不希望粘贴到幻灯片中的表格数据发生变更，可以采用这种方式。

项目	1月	2月	3月	4月
预算费用	80000	20000	50000	25000
实际支出	63300	14760	50620	27530
结余	16700	5260	-620	-2530

(Ctrl)

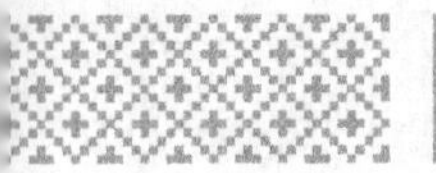

○ 只保留文本

这种粘贴方式会把原有的表格转换成PowerPoint中的段落文本框，不同列之间由占位符间隔，其中的文字格式自动套用幻灯片所使用的主题字体。

项目	1月	2月	3月	4月	
预算费用		80000	20000	50000	25000
实际支出		63300	14760	50620	27530
结余	16700	5260	-620	-2530	

提示

使用以上5种方式粘贴到幻灯片中的表格，都与原始的Excel文档不再存在数据上的关联，需要对数据进行修改和更新时（图片方式无法修改数据），都仅在PowerPoint环境下完成操作。

9.4 PPT中的动画设置

每一张普通的幻灯片通过我们的双手变得生动形象，但是当幻灯片放映时却又变得生硬刻板，所以接下来我们要对幻灯片进行放映前的最后设置。

PowerPoint 2016提供了包括进入、强调、退出、路径等多种形式的动画效果，为幻灯片添加这些动画特效，可以使PPT实现和Flash动画一样的动态效果。

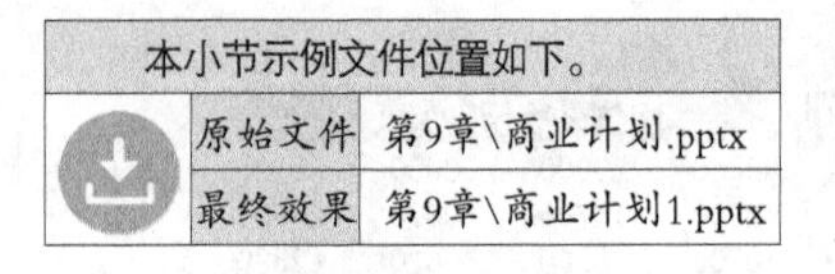

本小节示例文件位置如下。	
原始文件	第9章\商业计划.pptx
最终效果	第9章\商业计划1.pptx

PPT中的动画设置

1. 设置进入动画

进入动画是最基本的自定义动画效果之一，用户可以根据需要对PPT中的文本、图形、图片等多种对象实现从无到有、陆续展现的动画效果。设置进入动画的具体操作步骤如下。

1 打开本实例的原始文件，在第2张幻灯片中选择“目录”文本框，切换到【动画】选项卡，在【动画】组中单击【动画样式】按钮。

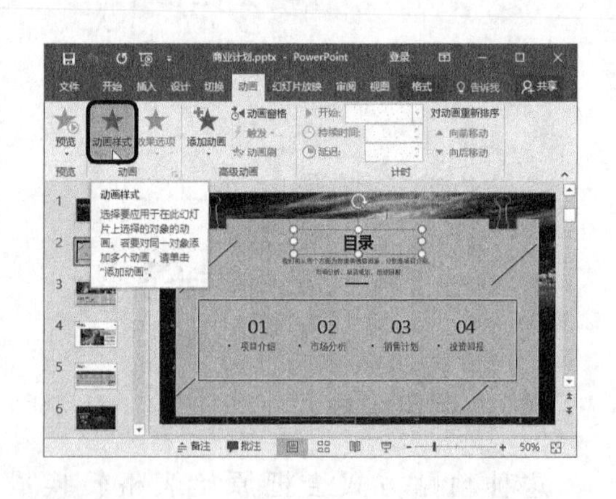

2 从弹出的下拉列表中选择【进入】▶【缩放】选项。

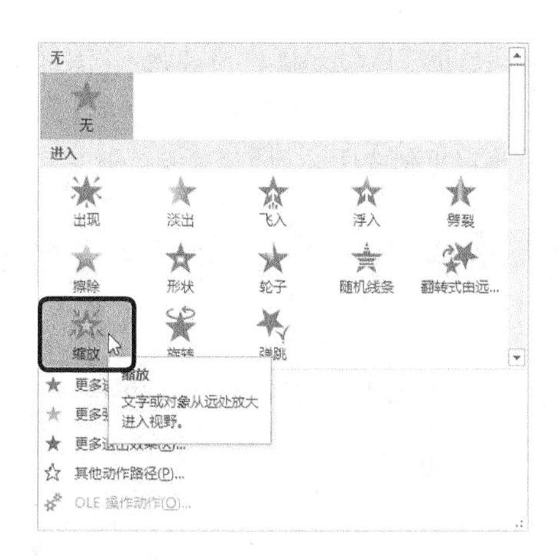

3 为“目录”文本框添加进入动画，然后在【高级动画】组中单击 动画窗格 按钮。

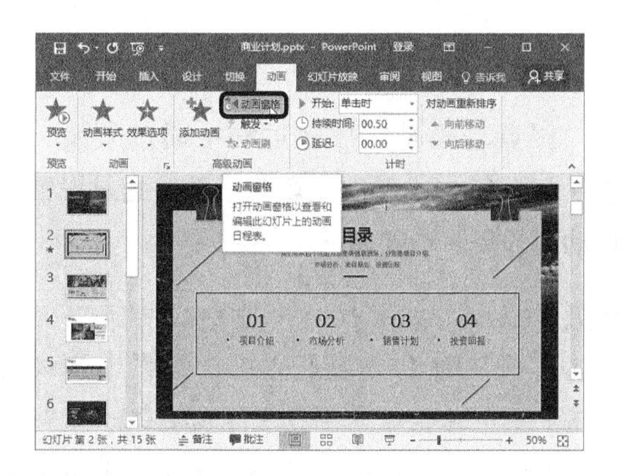

4 弹出【动画窗格】任务窗格，选中动画1，单击鼠标右键，从弹出的快捷菜单中选择【效果选项】命令。

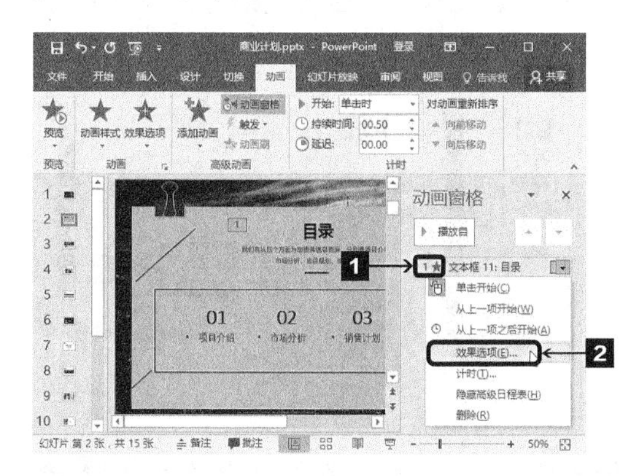

5 弹出【缩放】对话框，切换到【效果】选项卡，在【设置】栏中的【消失点】下拉列表中选择【幻灯片中心】选项。

6 切换到【计时】选项卡，在【期间】的下拉列表中选择【快速（1秒）】选项，单击 确定 按钮。

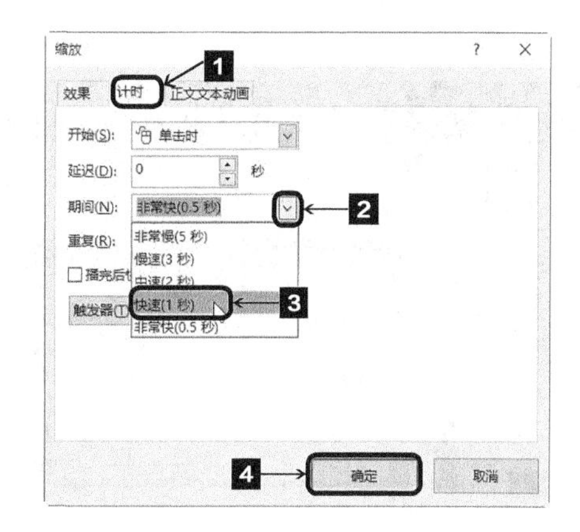

7 返回演示文稿，单击【动画窗格】任务窗格右上角的【关闭】按钮 ×，然后在【预览】组中单击【预览】按钮。

8 预览“目录”文本框的动画效果。

9 选中“01项目介绍”组合对象，切换到【动画】选项卡，单击【动画】组中的【动画样式】按钮。

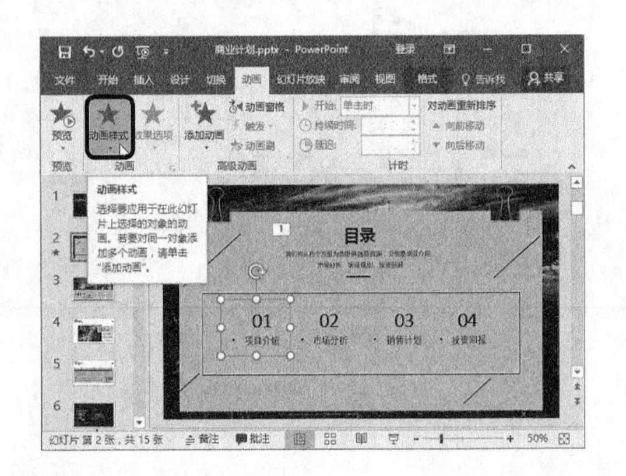

10 从弹出的下拉列表中选择【形状】选项。

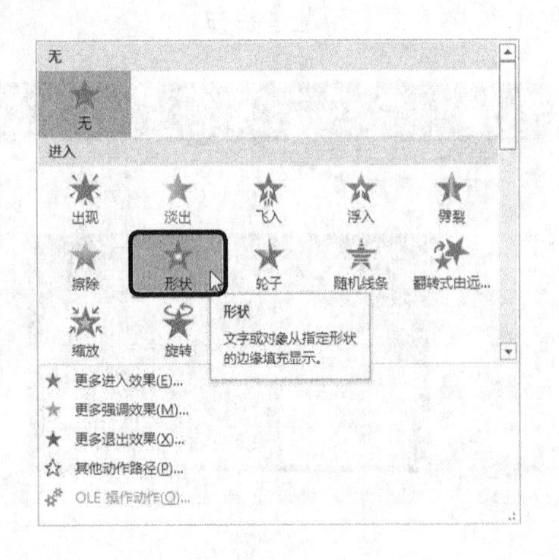

11 使用同样的方法，为其他4个目录条目依次添加“形状”动画效果，并在【预览】组中单击【预览】按钮预览动画效果。

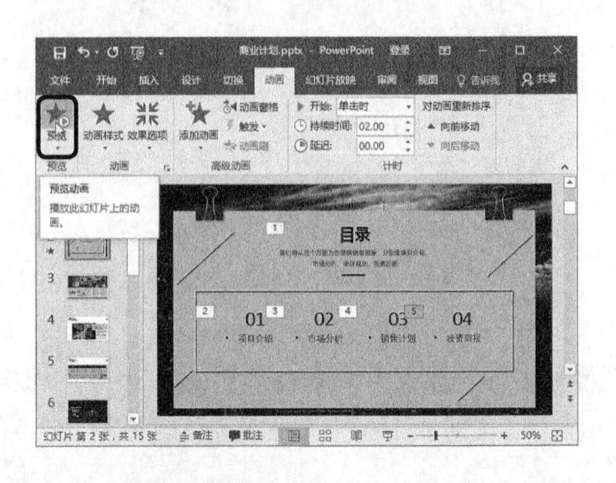

2. 设置强调动画

强调动画是在放映过程中通过放大、缩小、闪烁等方式引人注意的一种动画。设置强调动画的具体步骤如下。

1 在第2张幻灯片中选中“目录”文本框，切换到【动画】选项卡，在【高级动画】组中单击【添加动画】按钮，从弹出的下拉列表中选择【强调】➤【波浪形】选项。

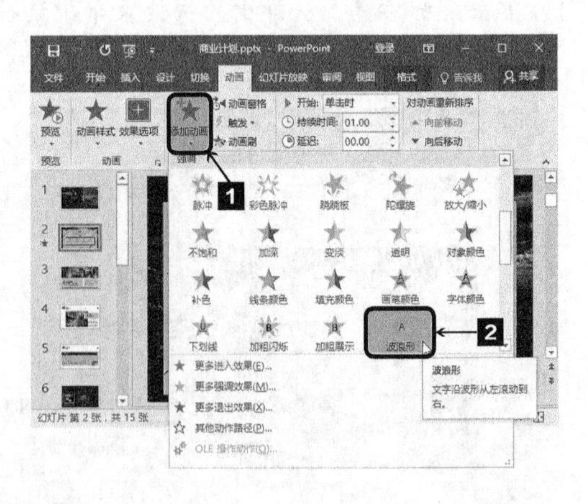

2 在【高级动画】组中单击 动画窗格 按钮，弹出【动画窗格】任务窗格，选中动画6，在【计时】组中单击 向前移动 按钮。

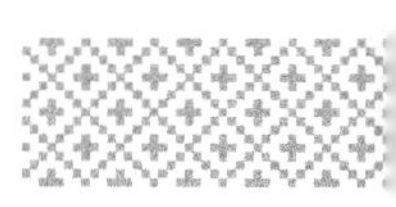

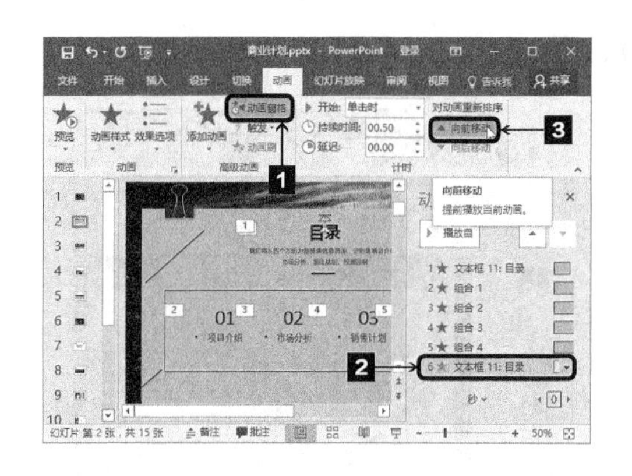

3 将其移动到合适的位置即可。

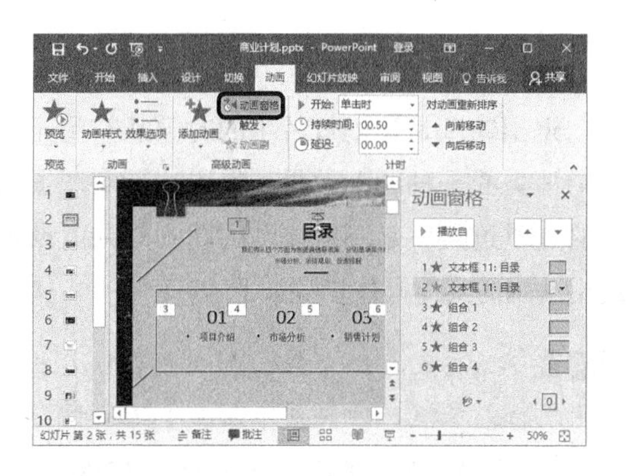

4 设置完毕关闭【动画窗格】任务窗格，在【动画】选项卡的【预览】组中单击【预览】按钮，即可预览“波浪形”的动画效果。

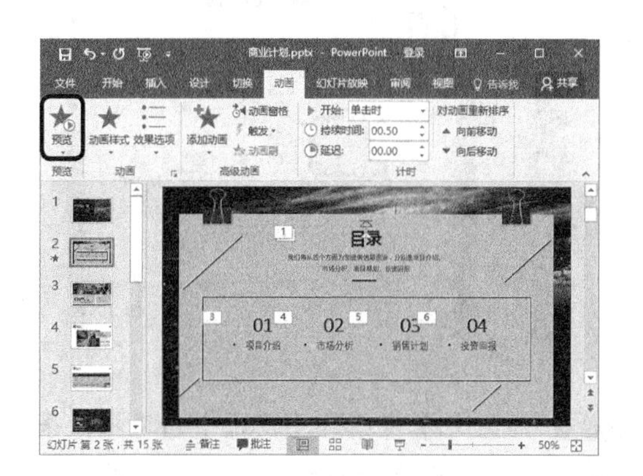

3. 设置路径动画

路径动画是让对象按照绘制路径运动的一种高级动画效果，可以实现PPT的千变万化。设置路径动画的具体操作步骤如下。

1 在第2张幻灯片中选中目录下第1个条目，切换到【动画】选项卡，在【高级动画】组中单击【添加动画】按钮。

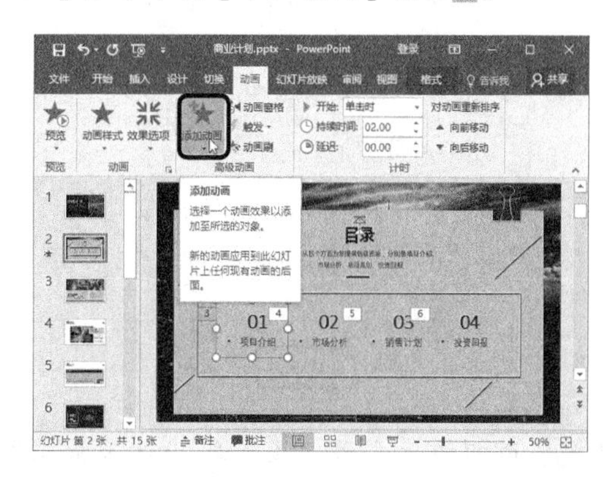

2 用户可以根据需要从弹出的下拉列表中选择合适的动作路径。

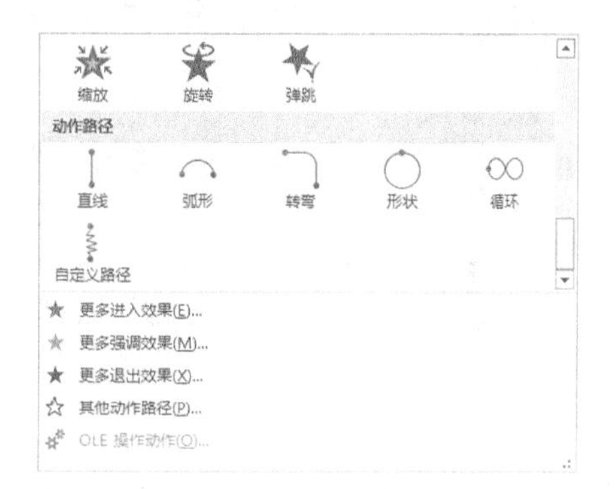

3 如果下拉列表中没有适合的动作路径，用户也可以从该下拉列表中选择【其他动作路径】选项。

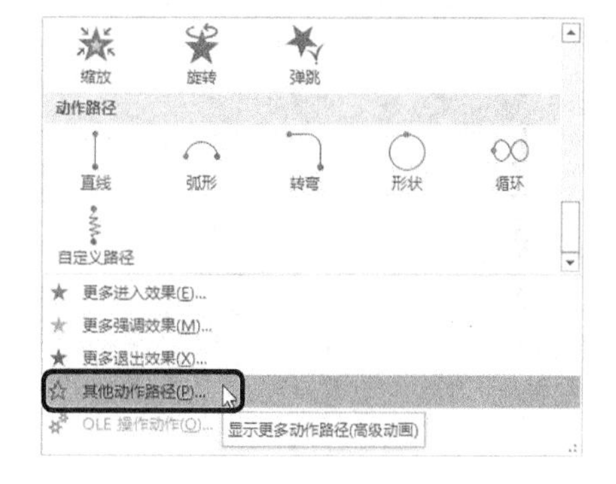

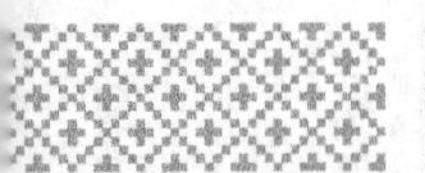

4 弹出【添加动作路径】对话框，然后在【基本】组合框中选择【橄榄球形】选项，单击 确定 按钮。

5 返回演示文稿，设置路径效果如图所示。

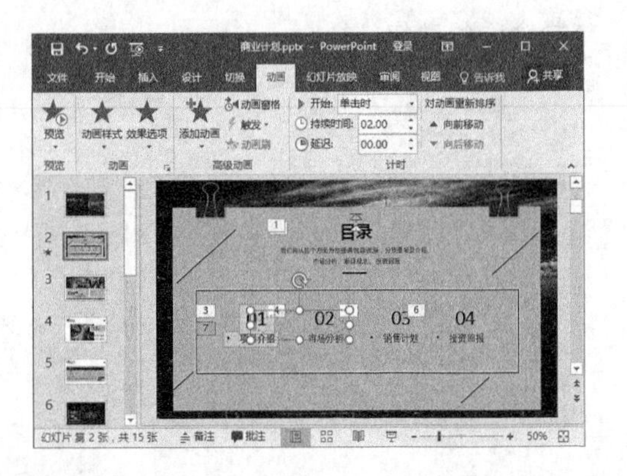

6 使用前面介绍的方法将该动画顺序设置为第4位。

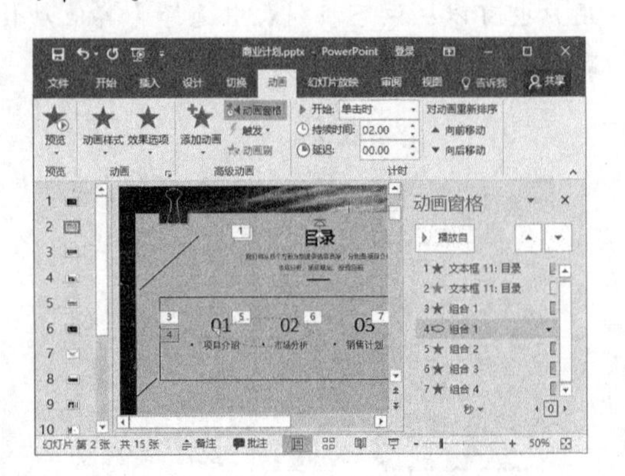

7 使用前面介绍的方法预览该动画效果。

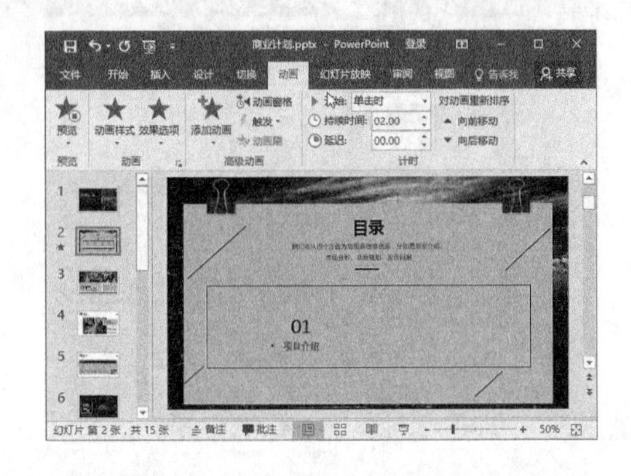

4. 设置退出动画

退出动画是让幻灯片中的对象从有到无、逐渐消失的一种动画效果。退出动画实现了画面的连贯过渡，是不可或缺的动画效果。设置退出动画的具体操作步骤如下。

1 在第2张幻灯片中选中“目录”文本框下方的文本框，切换到【动画】选项卡，在【高级动画】组中单击【添加动画】按钮，从弹出的下拉列表中选择【退出】➤【淡出】选项。

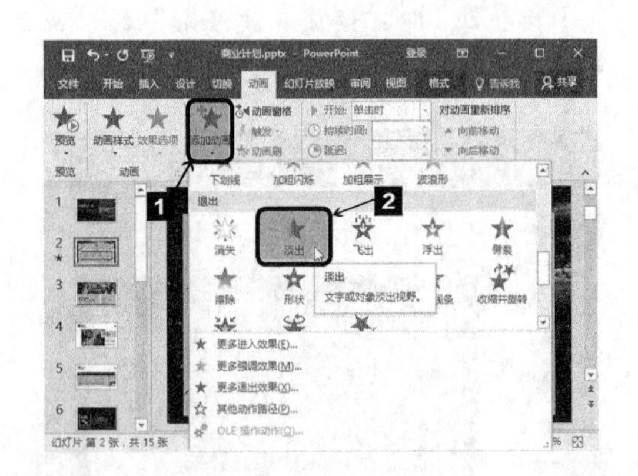

2 为该文本框添加【淡出】的退出效果。用户可以使用前面介绍的方法预览该动画效果。

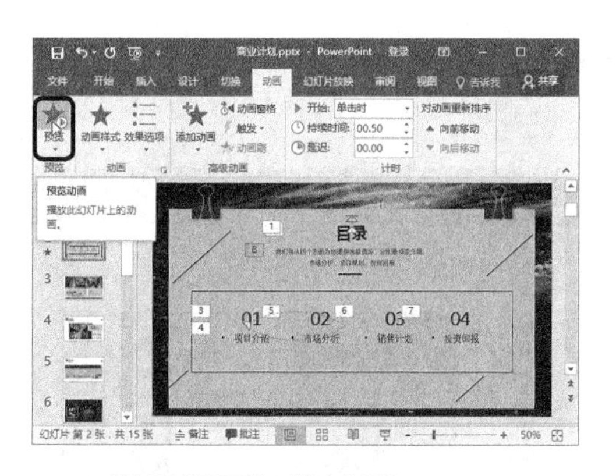

5. 设置页面切换动画

页面切换动画是幻灯片之间进行切换时的一种动画效果。添加页面切换动画不仅可以轻松实现页面之间的自然切换，还可以使PPT真正动起来。设置页面切换动画的具体操作步骤如下。

1 选中第3张幻灯片，切换到【切换】选项卡，在【切换到此幻灯片】组中单击【切换效果】按钮。

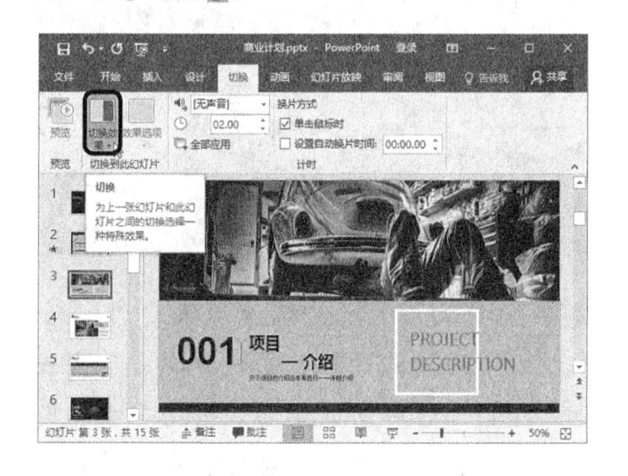

2 从弹出的下拉列表中选择【华丽型】组中的【百叶窗】选项。

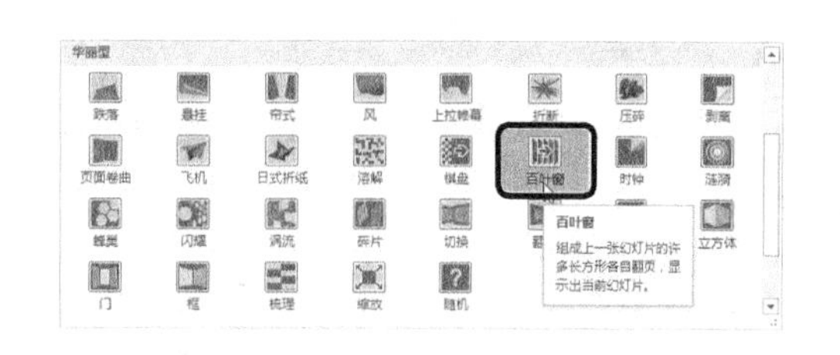

3 设置完毕，在【预览】组中单击【预览】按钮即可预览该动画效果。

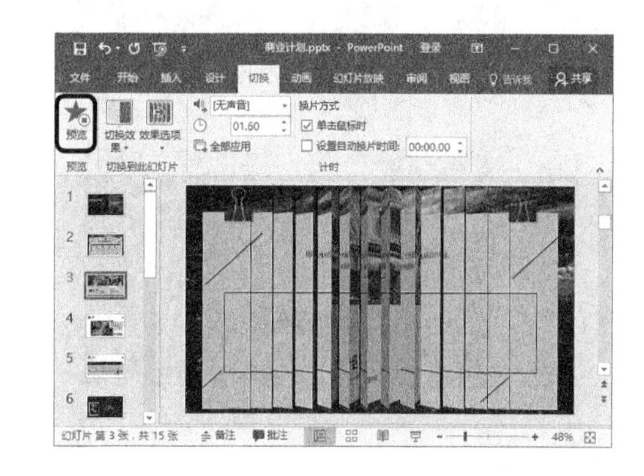

4 使用同样的方法对其他幻灯片进行设置。

9.5 演示文稿的放映与打包

演示文稿制作完成后，就要放映幻灯片了，用户还可以对放映的参数进行设置使幻灯片更加符合实际需要。

9.5.1 放映演示文稿

在放映幻灯片的过程中，放映者可能对幻灯片的放映方式和放映时间有不同的需求，为此，用户可以对其进行相应的设置。

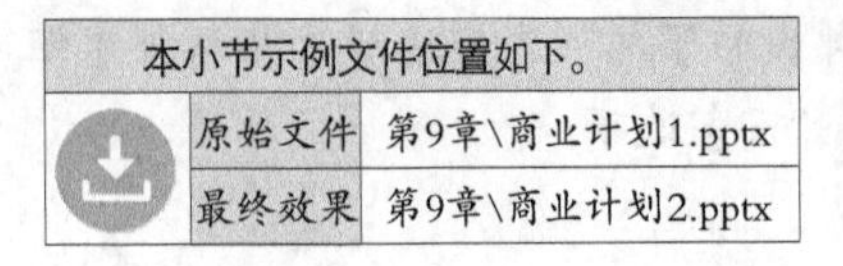

本小节示例文件位置如下。	
原始文件	第9章\商业计划1.pptx
最终效果	第9章\商业计划2.pptx

放映演示文稿

设置幻灯片放映方式和放映时间的具体操作步骤如下。

1 打开本实例的原始文件，切换到【幻灯片放映】选项卡，在【设置】组中单击【设置幻灯片放映】按钮。

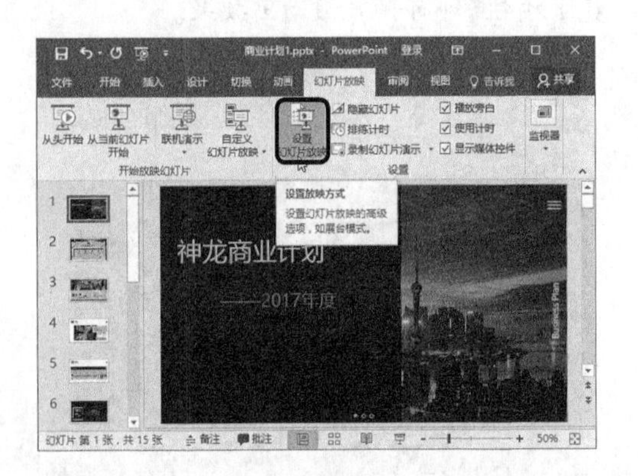

2 弹出【设置放映方式】对话框，在【放映类型】选项组中选中【演讲者放映（全屏幕）】单选钮，在【放映选项】选项组中选中【循环放映，按ESC键终止】复选框，在【放映幻灯片】选项组中选中【全部】单选钮，在【换片方式】选项组中选中【如果存在排练时间，则使用它】单选钮，设置完毕，单击 确定 按钮。

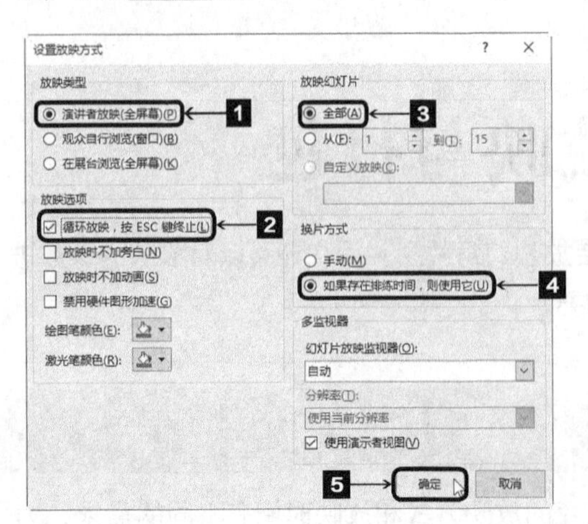

3 返回演示文稿后单击【设置】组中的 排练计时 按钮。

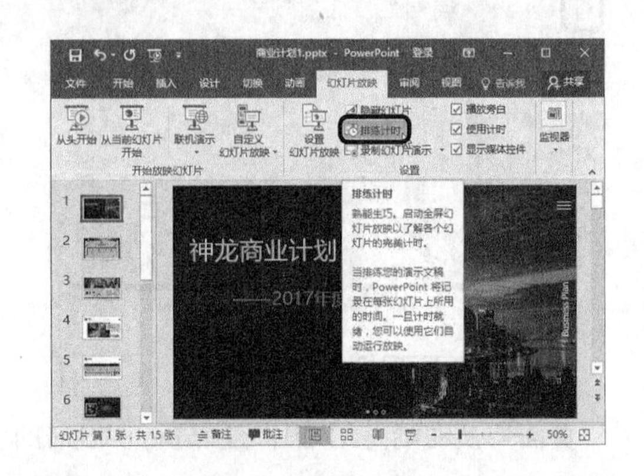

4 进入幻灯片放映状态，在【录制】工具栏的【幻灯片放映时间】文本框中显示了当前幻灯片的放映时间，单击【下一项】按钮或者单击鼠标左键，切换到下一张幻灯片中，开始下一张幻灯片的排练计时。

5 当前幻灯片的排练计时从“0”开始，而最右侧的排练计时的累积时间是从上一张幻灯片的计时时间开始的。若想重置排练计时，可单击【重复】按钮，这样【幻灯片放映时间】文本框中的时间就从“0”开始；若想暂停计时，可以单击【暂停录制】按钮，这样当前幻灯片的排练计时就会暂停，直到单击【下一项】按钮排练计时才会继续。按照同样的方法，为所有幻灯片设置其放映时间。

提示

如果用户知道每张幻灯片的放映时间，则可直接在【录制】工具栏中的【幻灯片放映时间】文本框中输入其放映时间，按【Enter】键切换到下一张幻灯片中继续上述操作，直到放映完所有的幻灯片为止。

6 单击【录制】工具栏中的【关闭】按钮 ，弹出【Microsoft PowerPoint】对话框，直接单击 是(Y) 按钮即可。

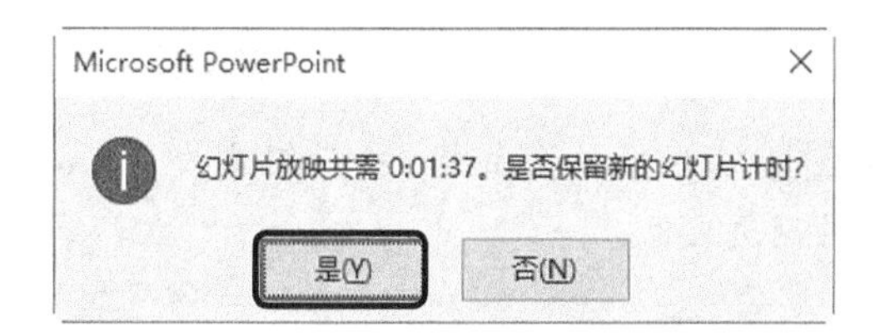

7 切换到【视图】选项卡中，单击【普通】按钮 ，再单击【演示文稿视图】组中的 幻灯片浏览 按钮。

8 系统会自动地转入幻灯片浏览视图中，可以看到在每张幻灯片缩略图的右下角都显示了幻灯片的放映时间。

9 切换到【幻灯片放映】选项卡，在【开始放映幻灯片】组中单击【从头开始】按钮 。

10 进入播放状态，根据排练的时间来放映幻灯片。

9.5.2 演示文稿的网上应用

PowerPoint 2016为用户提供了强大的网络功能，可以将演示文稿保存为网页，然后发布到网页上，使Internet上的用户能够欣赏到该演示文稿。

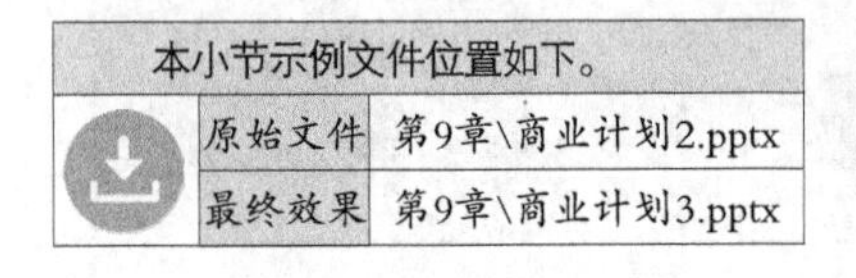

本小节示例文件位置如下。	
原始文件	第9章\商业计划2.pptx
最终效果	第9章\商业计划3.pptx

演示文稿的网上应用

1. 将演示文稿直接保存为网页

用户可以利用PowerPoint 2016提供的【发布为网页】功能直接将演示文稿保存为XML文件，并将其发布为网页文件。

1 打开本实例的原始文件，单击 文件 按钮，从弹出的界面中选择【另存为】选项，然后从弹出的【另存为】界面中选择【这台电脑】选项，单击【浏览】按钮 浏览 。

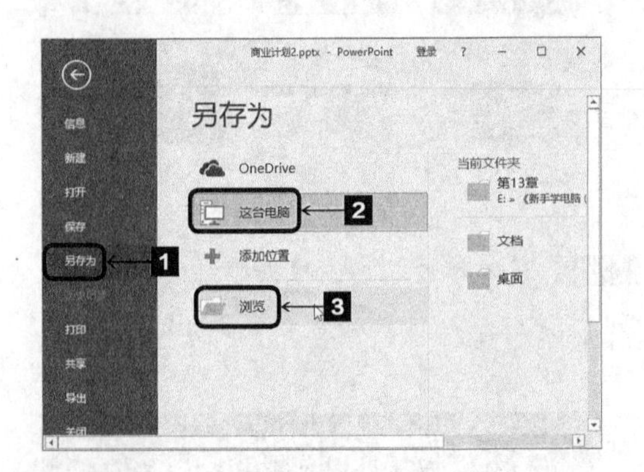

2 弹出【另存为】对话框，在其中设置文件的保存位置和保存名称，然后从【保存类型】下拉列表中选择【PowerPoint XML演示文稿（*xml）】选项，设置完毕，单击 保存(S) 按钮。

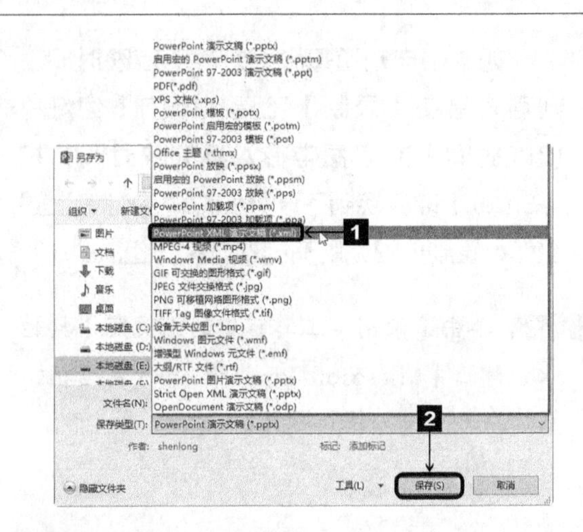

3 在保存位置生成一个后缀名为“.xml”的网页文件。

4 双击该文件即可将其打开。

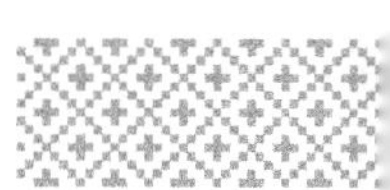

2. 发布幻灯片

用户除了可以将演示文稿保存为网页文件外，还可以采用发布为网页的方式将演示文稿转换为网页，从而发布演示文稿。具体操作步骤如下。

1 打开本实例的原始文件，单击 文件 按钮，从弹出的界面中选择【共享】选项，然后从弹出的【共享】界面中选择【发布幻灯片】选项，然后单击右侧的【发布幻灯片】按钮。

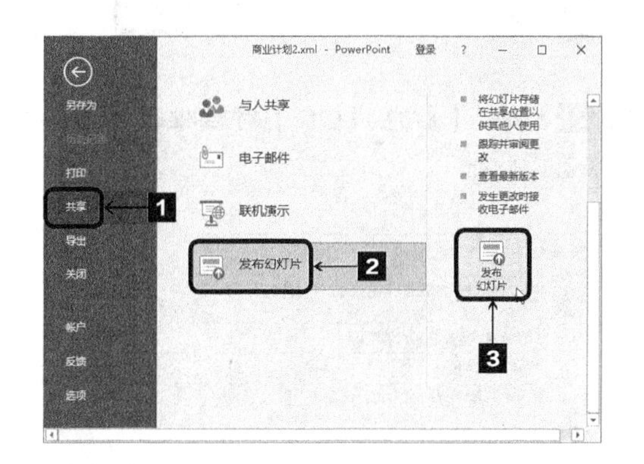

2 弹出【发布幻灯片】对话框，单击 全选(S) 按钮，即可选中所有的幻灯片复选框，然后单击 浏览(B)... 按钮。

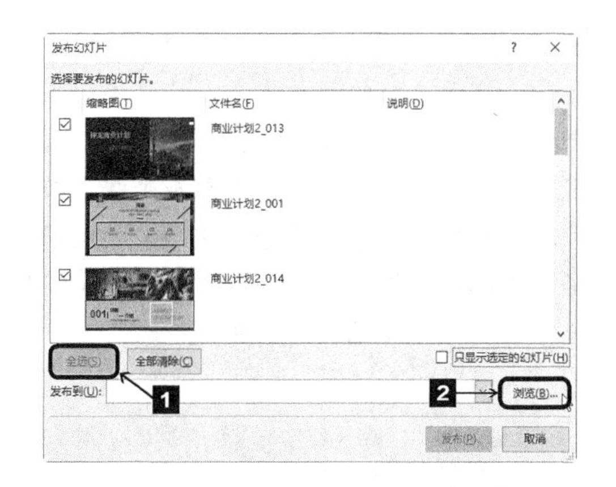

3 弹出【选择幻灯片库】对话框，在其中选择合适的保存位置，设置完毕单击 选择(E) 按钮。

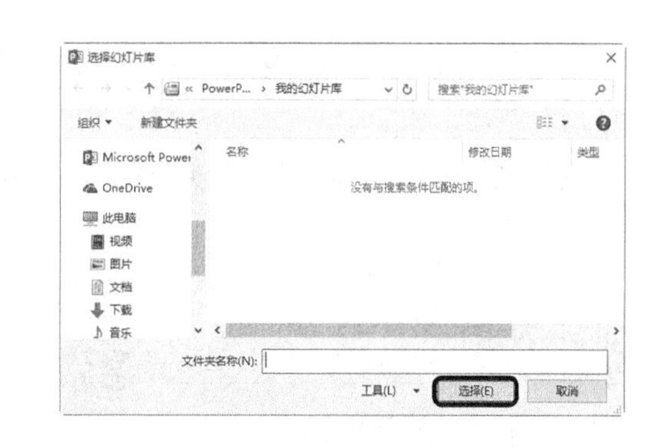

4 返回【发布幻灯片】对话框，单击 发布(P) 按钮。

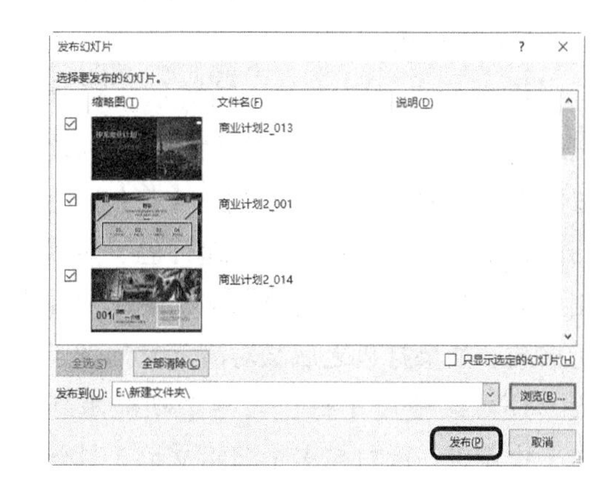

5 关闭此文件，然后打开幻灯片库，即可看到发布的幻灯片。

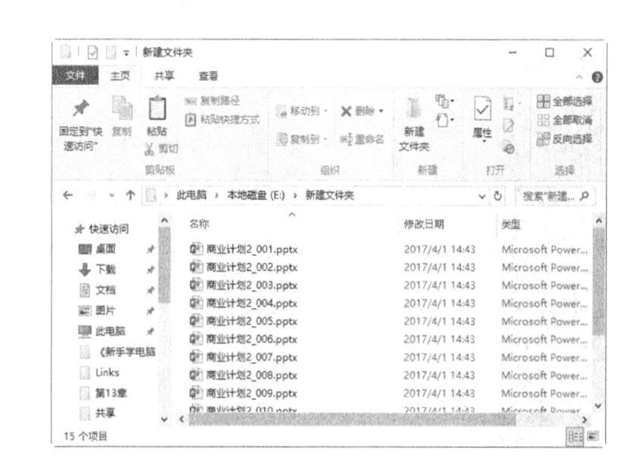

9.5.3 演示文稿打包和打印

接下来为用户介绍如何打包演示文稿，以及对幻灯片进行打印设置的具体操作方法。

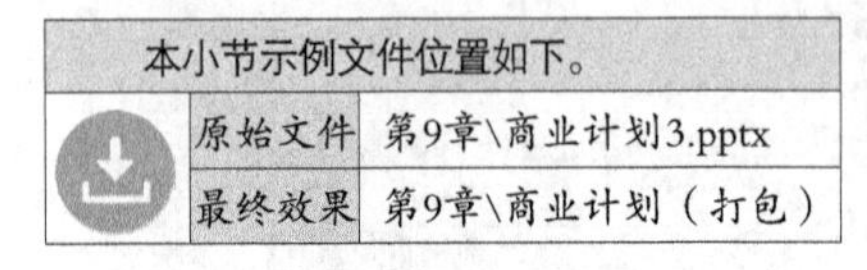

本小节示例文件位置如下。

原始文件	第9章\商业计划3.pptx
最终效果	第9章\商业计划（打包）

演示文稿打包和打印

1. 打包演示文稿

在实际工作中，用户可能需要将演示文稿拿到其他的电脑上去演示。如果演示文稿太大，不容易复制携带，此时最好的方法之一就是将演示文稿打包。

用户若使用压缩工具对演示文稿进行压缩，则可能会丢失一些链接信息，因此可以使用PowerPoint 2016提供的【打包向导】功能将演示文稿和播放器一起打包，然后复制到另一台电脑中，将演示文稿解压缩并进行播放。如果打包之后又对演示文稿做了修改，还可以使用【打包向导】功能重新打包，也可以一次打包多个演示文稿。具体的操作步骤如下。

1 打开本实例的原始文件，单击 文件 按钮，从弹出的界面中选择【导出】选项。

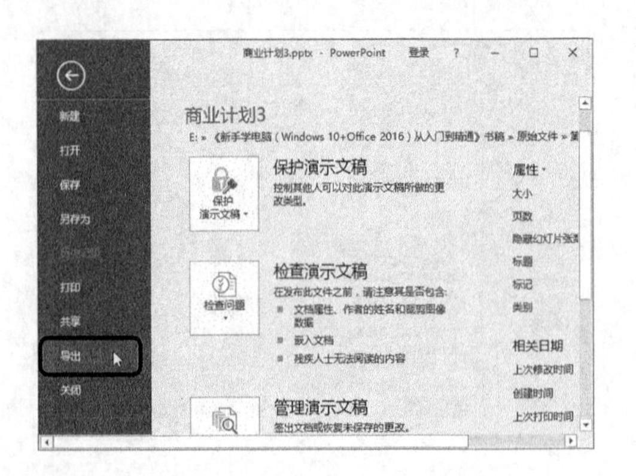

2 弹出【导出】界面，从中选择【将演示文稿打包成CD】选项，然后单击右侧的【打包成CD】按钮 。

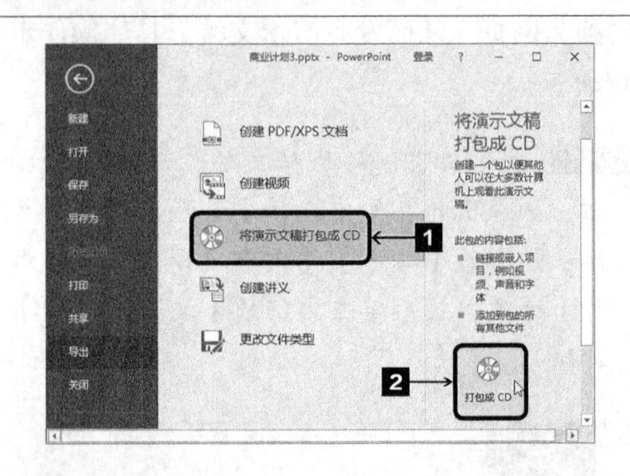

3 弹出【打包成CD】对话框，然后单击 选项(O)... 按钮。

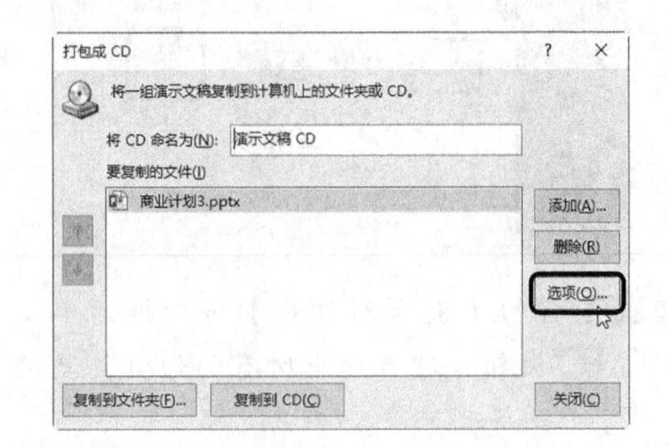

4 打开【选项】对话框，用户可以从中设置多个演示文稿的播放方式。这里选中【包含这些文件】选项组中的【嵌入的TrueType字体】复选框，然后在【打开每个演示文稿时所用密码】和【修改每个演示文稿所用密码】文本框中输入密码（本章涉及的密码均为“123”），单击 确定 按钮。

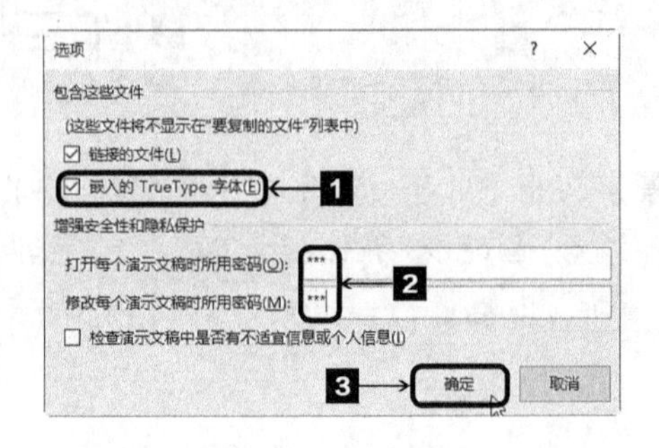

5 弹出【确认密码】对话框，在【重新输入打开权限密码】文本框中输入密码“123”，单击 确定 按钮。

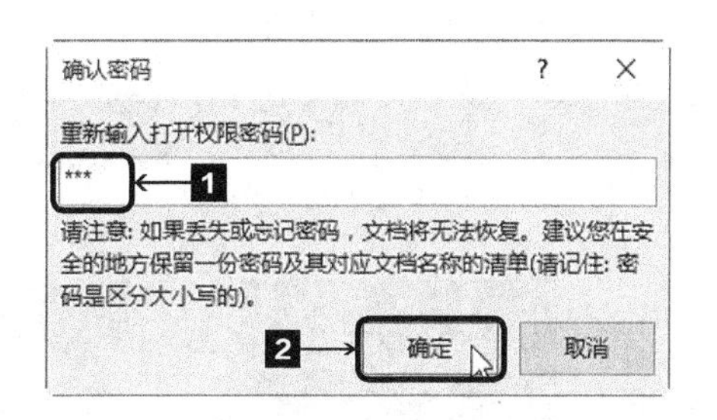

6 弹出【确认密码】对话框，在【重新输入修改权限密码】文本框中再次输入密码“123”，单击 确定 按钮。

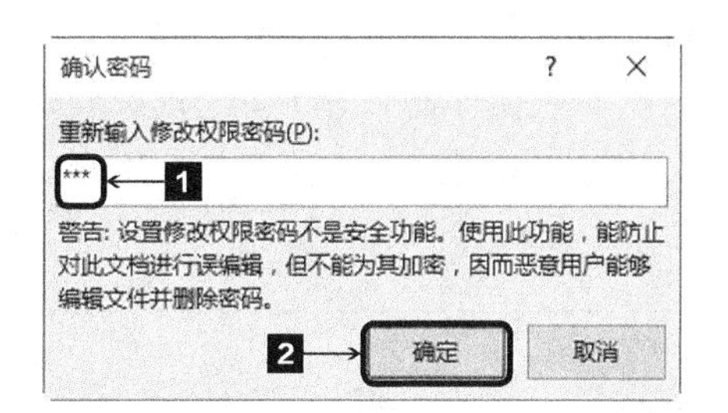

7 返回【打包成CD】对话框，单击 复制到文件夹(F)... 按钮。

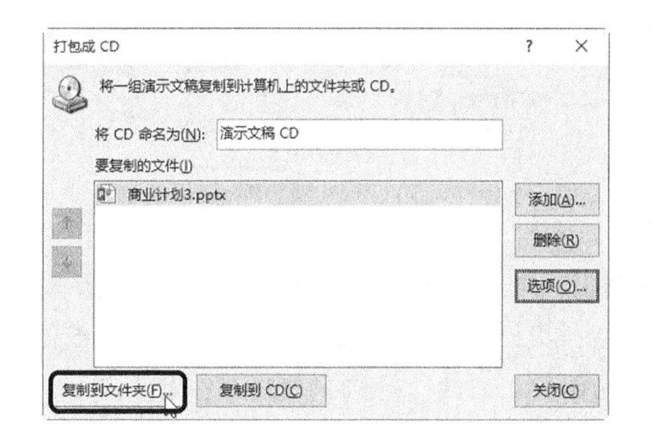

8 弹出【复制到文件夹】对话框，在【文件夹名称】文本框中输入复制的文件夹名称。输入“商业计划（打包）”，单击 浏览(B)... 按钮。

9 弹出【选择位置】对话框，选择文件需要保存的位置，单击 选择(E) 按钮即可。

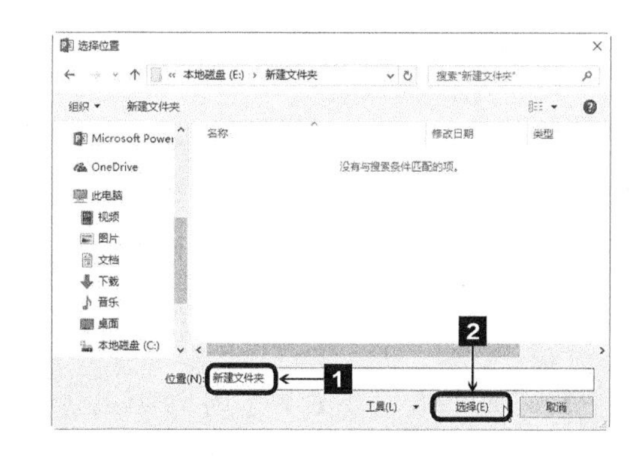

10 返回【复制到文件夹】对话框，单击 确定 按钮。

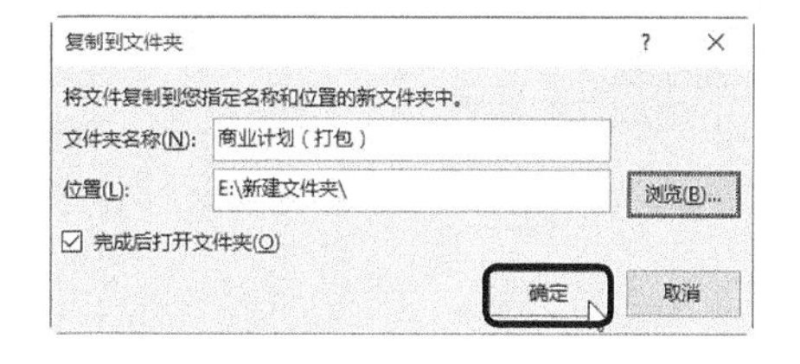

11 弹出【Microsoft PowerPoint】提示对话框，提示用户“是否要在包中包含链接文件？”，单击 是(Y) 按钮，表示链接的文件内容会同时被复制。

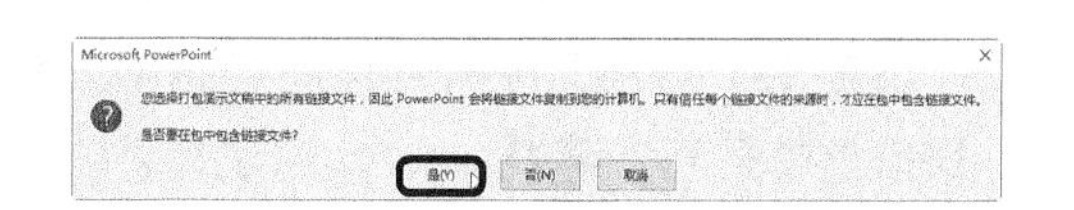

12 系统开始复制文件，并弹出【正在将文件复制到文件夹】对话框，提示用户正在复制文件到文件夹中。

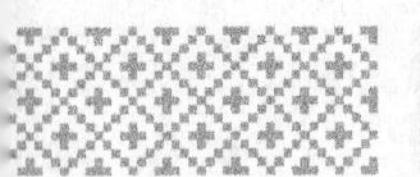

13 复制完成后，系统自动打开该打包文件的文件夹，可以看到打包后的相关内容。

14 返回【打包成CD】对话框，单击 关闭(C) 按钮即可。

打包成 CD
将一组演示文稿复制到计算机上的文件夹或 CD。
将 CD 命名为(N): 演示文稿 CD
要复制的文件(I)
商业计划3.pptx
添加(A)...
删除(R)
选项(O)...
复制到文件夹(F)...
复制到 CD(C)
关闭(C)

提示

打包文件夹中的文件，不可随意删除。

复制整个打包文件夹到其他电脑中，无论该电脑中是否安装PowerPoint或需要的字体，幻灯片均可正常播放。

2. 演示文稿的打印设置

演示文稿制作完成后，有时还需要将对其打印，做成讲义或者留作备份等，此时就需要使用PowerPoint 2016的打印设置来完成了。

1 打开本实例的原始文件，切换到【设计】选项卡，在【自定义】组中单击【幻灯片大小】按钮，从弹出的下拉列表中选择【自定义幻灯片大小】选项。

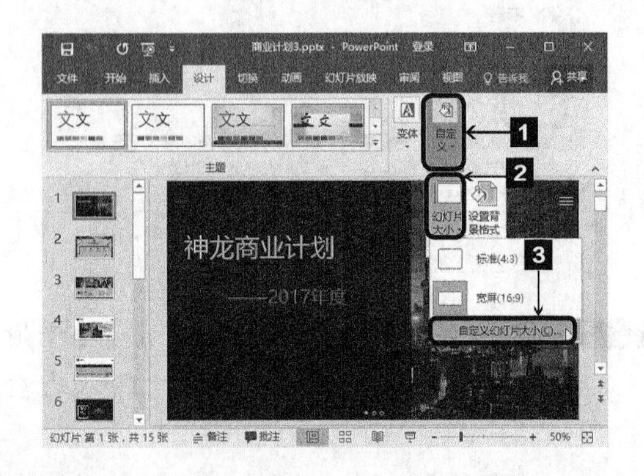

2 弹出【幻灯片大小】对话框，在【幻灯片大小】下拉列表中选择合适的纸张类型，在【方向】选项组中设置其幻灯片的方向，设置完毕后单击 确定 按钮。

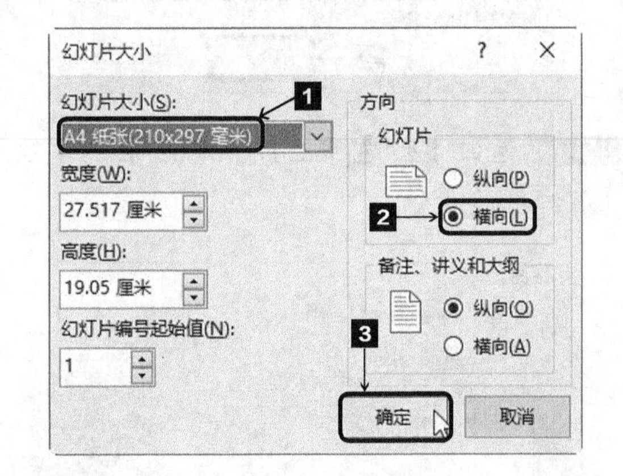

3 弹出【Microsoft PowerPoint】提示对话框，提示用户“是要最大化内容大小还是按比例缩小以确保适应新幻灯片？”。

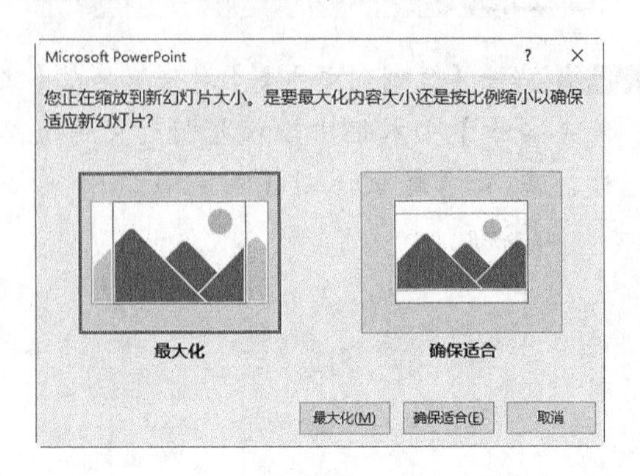

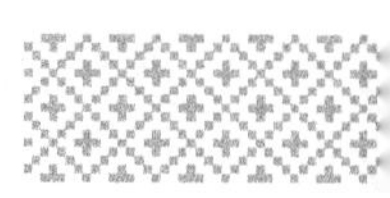

4 在上图中选择【确保适合】选项或者单击 确保适合(E) 按钮，即可将幻灯片缩放到合适大小。

5 单击 文件 按钮，从弹出的界面中选择【打印】选项，在弹出的【打印】界面中对打印份数、打印页数、颜色等选项进行设置即可。

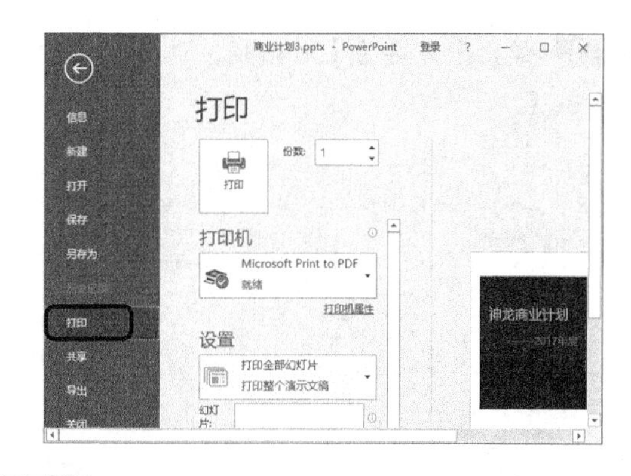

6 设置完毕，单击【打印】按钮。

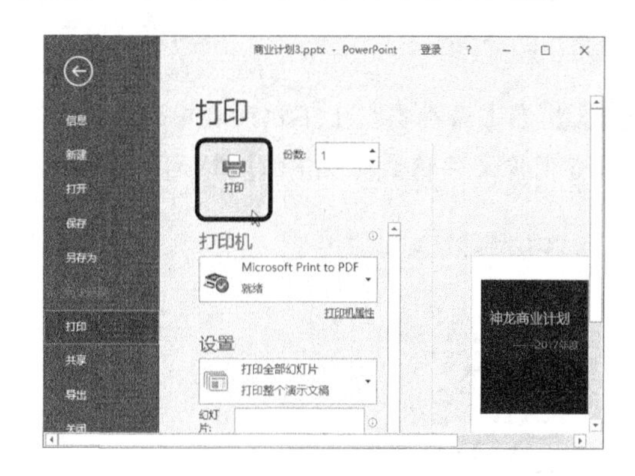

7 随即开始打印。

高手过招

巧把幻灯片变图片

将幻灯片转换为图片的具体操作步骤如下。

1 打开素材文件“销售技能培训8.pptx”，在演示文稿窗口中单击 文件 按钮。

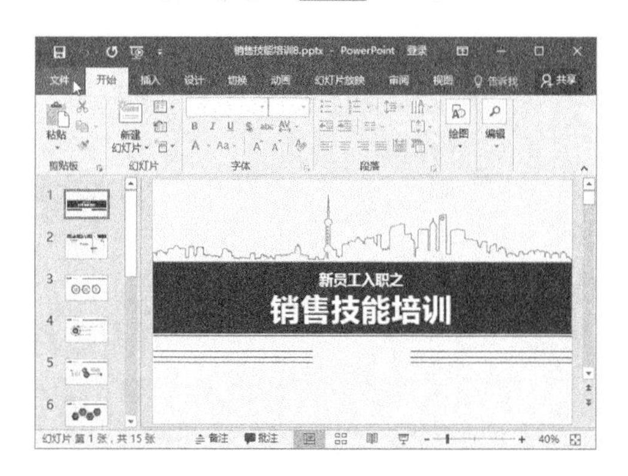

2 在弹出的界面中，选择【另存为】选项，弹出【另存为】界面，双击【这台电脑】选项。

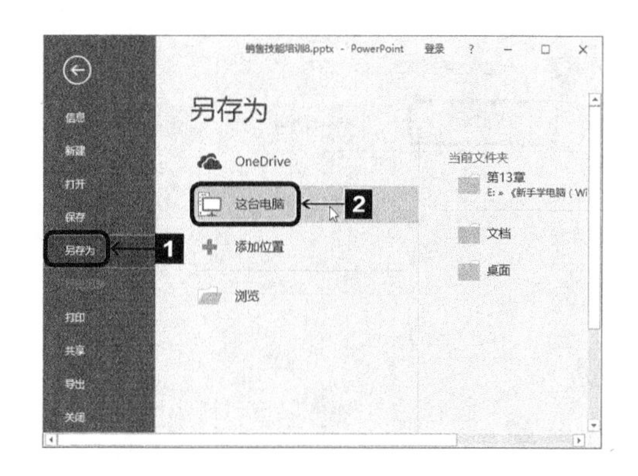

3 弹出【另存为】对话框，选择合适的保存位置。

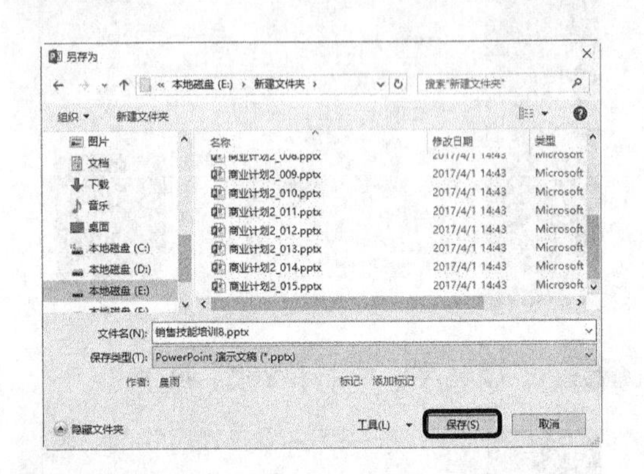

4 在【保存类型】下拉列表中选择【TIFF Tag 图像文件格式（*.tif）】选项。

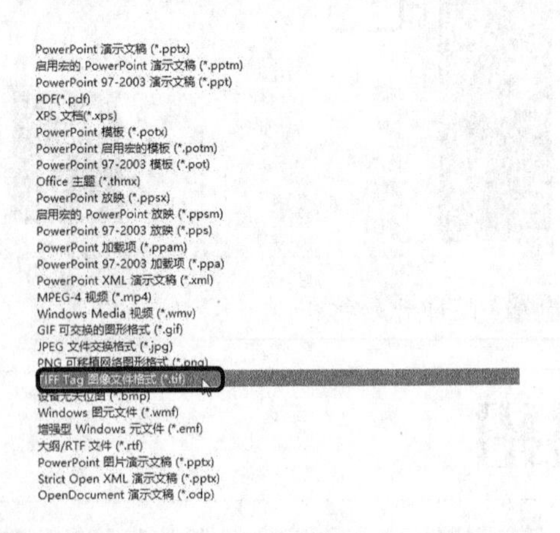

5 设置完毕，单击【另存为】对话框中的 保存(S) 按钮，弹出【Microsoft PowerPoint】对话框，询问用户"您希望导出哪些幻灯片？"，单击 所有幻灯片(A) 按钮。

6 弹出【Microsoft PowerPoint】提示对话框，提示用户转换后的图片保存位置，单击 确定 按钮即可。

7 找到转换后图片的保存位置，即可看到转换后的图片。

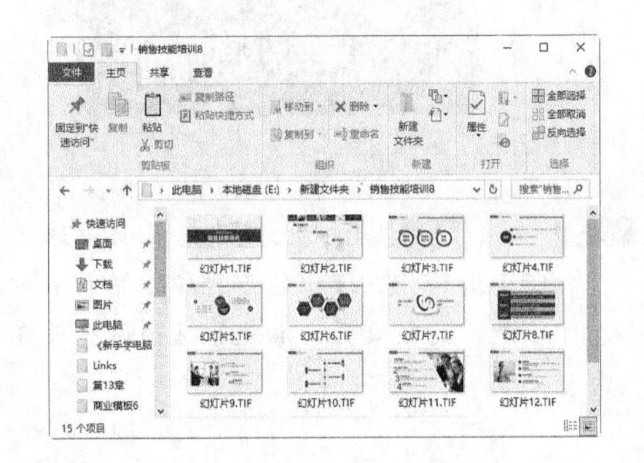

第3篇

全能办公

本篇主要介绍 Windows 10 操作系统快速入门、个性化设置 Windows 10 操作系统、网络上的生活服务、网上娱乐与社交、程序的安装与管理。

第10章

Windows 10操作系统快速入门

用户对电脑的大部分操作都是在操作系统下完成的，因此，只有掌握了操作系统的使用方法，才能够更好地操作电脑。本章主要介绍了 Windows 10 操作系统的各种基本操作，包括对 Windows 10 桌面图标、任务栏、【开始】菜单、窗口和对话框等操作。

10.1 操作Windows 10桌面系统

桌面上的图标能够帮助用户快速地打开窗口或运行程序，因此，用户可以根据需要添加各种各样的图标并对其进行管理。

10.1.1 添加常用的系统图标

在第一次运行Windows 10时，桌面上只默认显示【回收站】图标，此时，用户可以根据需要，通过设置添加【此电脑】【用户的文件】【控制面板】和【网络】等常用的系统图标。

具体操作步骤如下。

1 在桌面上的空白处单击鼠标右键，随即弹出快捷菜单，在弹出的快捷菜单中选择【个性化】菜单项。

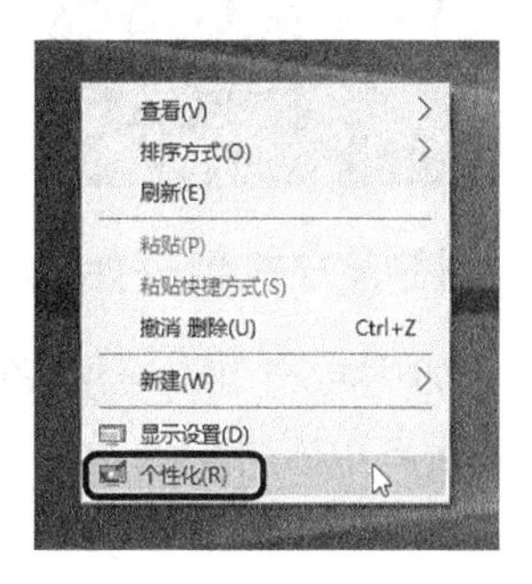

2 弹出【设置】对话框，在其中选择【主题】选项，单击右侧【主题】窗格中的【桌面图标设置】链接。

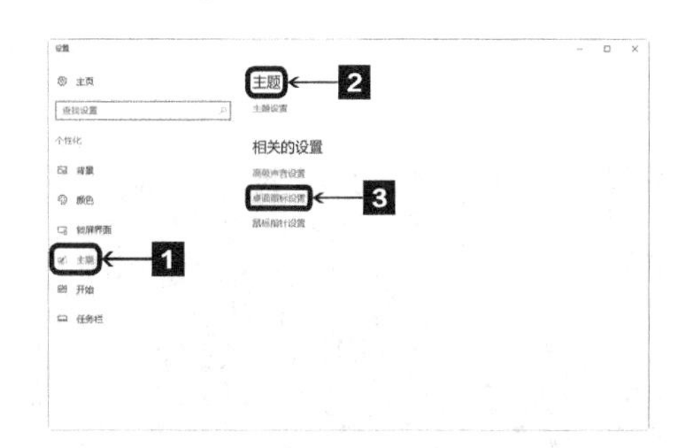

3 弹出【桌面图标设置】对话框，在其中选择需要添加的系统图标复选框，单击 确定 按钮。

4 返回桌面，即可将选中的图标添加到桌面上。

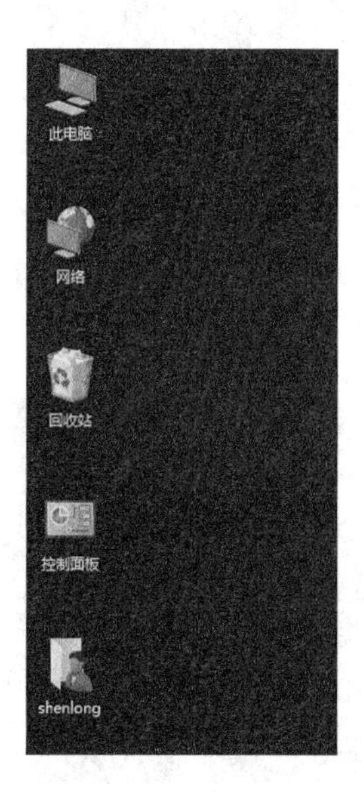

10.1.2 创建应用程序的快捷方式图标

电脑中已安装的某些常用应用程序并没有在桌面上创建快捷方式图标，但是，为了更加方便快捷地启动这些应用程序，用户可以从【开始】菜单中找到这些应用程序，并将其快捷方式添加到桌面上或添加到开始屏幕。

1. 添加桌面快捷方式

下面以添加【记事本】程序的快捷方式为例。在桌面添加【记事本】的具体操作步骤如下。

1 单击Windows 10桌面左下方的【开始】按钮，在弹出的【开始】菜单中选择【记事本】菜单项。

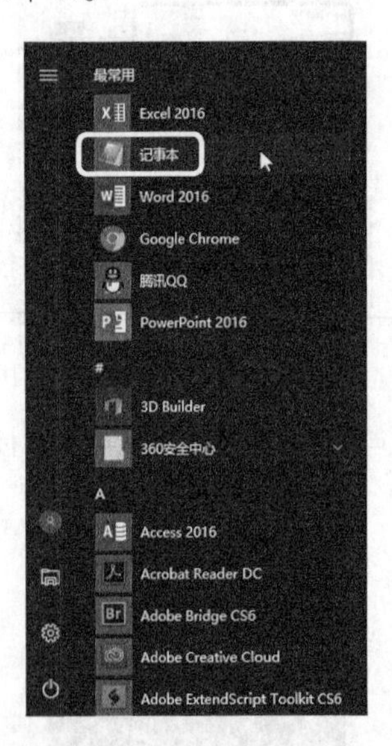

2 将鼠标指针移动至弹出的【记事本】命令上，按住鼠标左键不放，并拖动鼠标。

3 将【记事本】拖至桌面，如下图所示。

2. 添加快捷方式到开始屏幕

下面以添加“Word 2016”程序的快捷方式为例。在开始屏幕中添加Word 2016的具体操作步骤如下。

1 单击Windows 10桌面左下方的【开始】按钮，在弹出的【开始】菜单中选择【Word 2016】菜单项，单击鼠标右键，在弹出的快捷菜单中选择【固定到“开始”屏幕】菜单项。

2 设置完毕，返回“开始”屏幕，即可看到Word 2016图标已固定到“开始”屏幕。

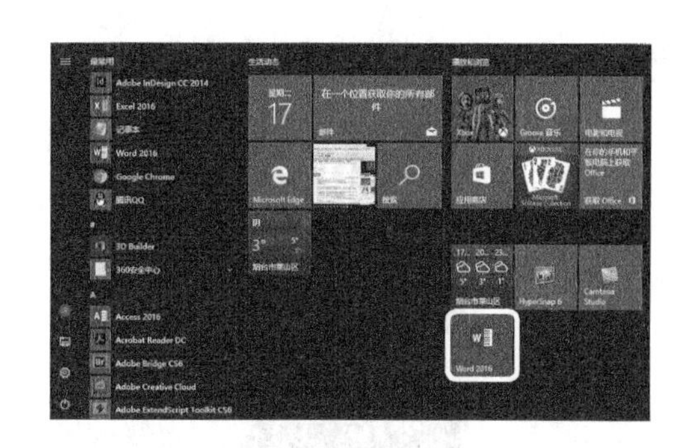

10.1.3 快速排列桌面图标

随着对电脑的使用，桌面上所添加的图标也会越来越多，并且显得杂乱无章，不便于查找。这时，用户可以按照名称、大小、项目类型或修改时间等顺序来排列桌面图标。

下面以【项目类型】为例进行介绍，将桌面图标按照【项目类型】的顺序排列，具体的操作步骤如下。

1 在桌面上的空白处单击鼠标右键，并在弹出的快捷菜单中选择【排序方式】➢【项目类型】菜单项。

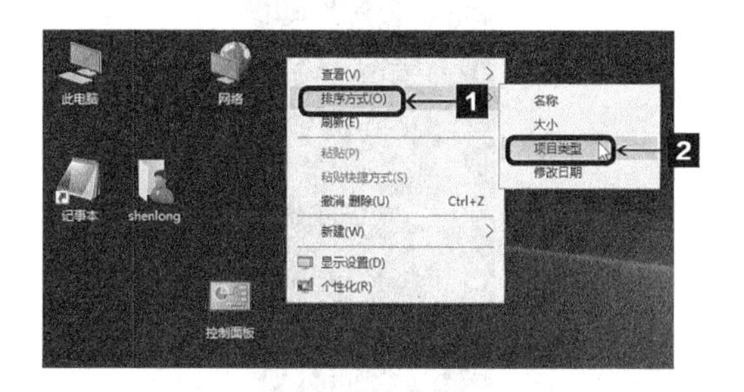

2 返回桌面，可以看到桌面图标都按照“项目类型”的顺序进行排列了。

10.1.4 删除桌面图标

为了使桌面看起来更加整洁美观和便于管理，用户可以将一些不常用到的应用程序图标删除。下面以删除桌面上的【记事本】快捷方式图标为例进行介绍。

1. 删除到【回收站】

通过右键快捷菜单删除

1 在桌面【记事本】快捷方式图标上单击鼠标右键，在弹出的快捷菜单中选择【删除】菜单项。

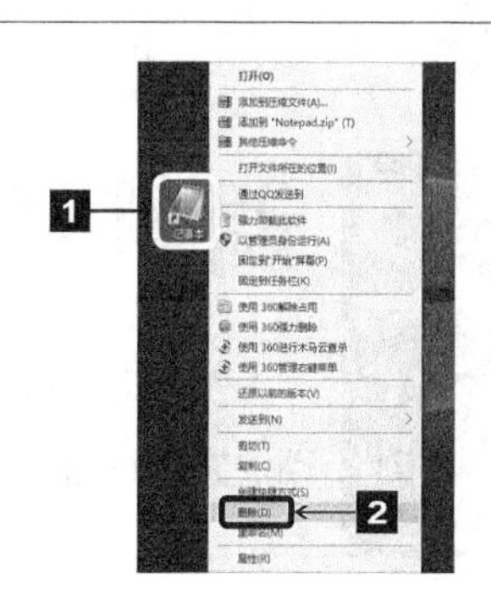

2 将【记事本】快捷方式图标删除。

2. 彻底删除

彻底删除桌面图标的方法与删除到【回收站】的方法类似，具体操作步骤如下。

1 在【记事本】图标上单击鼠标右键，在弹出的快捷菜单中选择【删除】菜单项，与此同时按【Shift】键（或者同时按下【Shift】键和【Delete】键）。

2 弹出【删除快捷方式】对话框，提示"你确定要永久删除此快捷方式吗？"，单击 是(Y) 按钮。

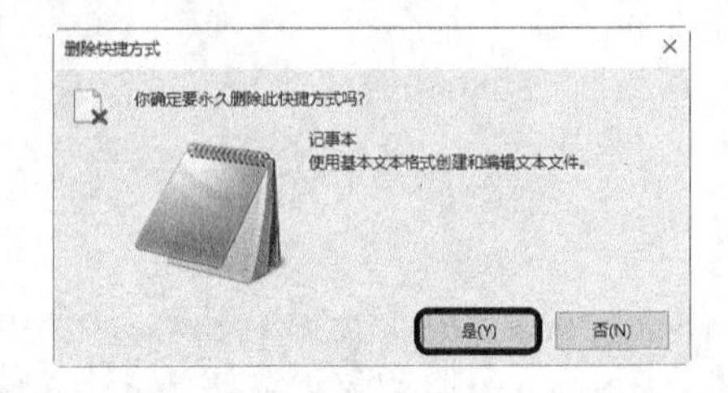

3 将桌面图标彻底删除。这里要注意一点：删除是将文件移至回收站里，想要恢复的时候可以在回收站里找回，彻底删除是直接删除而不经过回收站，如果想要找回文件，则需要使用相关的数据恢复软件进行找回。

10.2 调整任务栏

为了给任务栏中的程序按钮和工具栏提供更多的空间，用户可以通过手动的方式调整任务栏的大小和位置。

10.2.1 调整任务栏的大小

本小节的操作视频请从网盘下载

调整任务栏的大小

用户可以通过鼠标拖动的方法来调整任务栏的大小，具体的操作步骤如下。

1 在任务栏中的空白处单击鼠标右键，从弹出的快捷菜单中选择【锁定任务栏】菜单项，将其解除锁定。

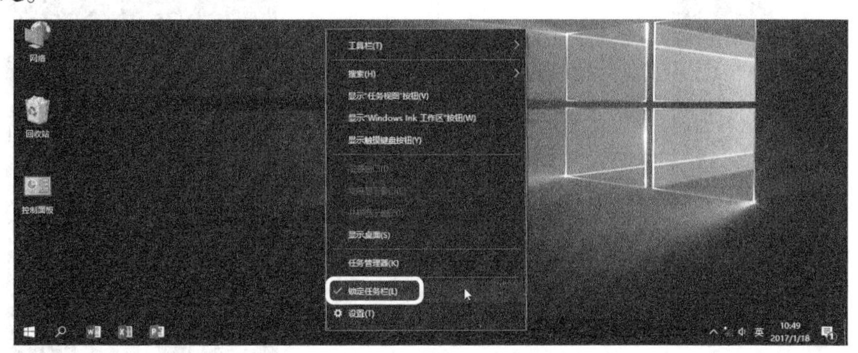

2 将鼠标指针移动到任务栏中空白区域的上方，此时，鼠标指针变成⇕形状，然后按住鼠标左键不放向上拖动，拖动至合适的位置释放鼠标左键即可。

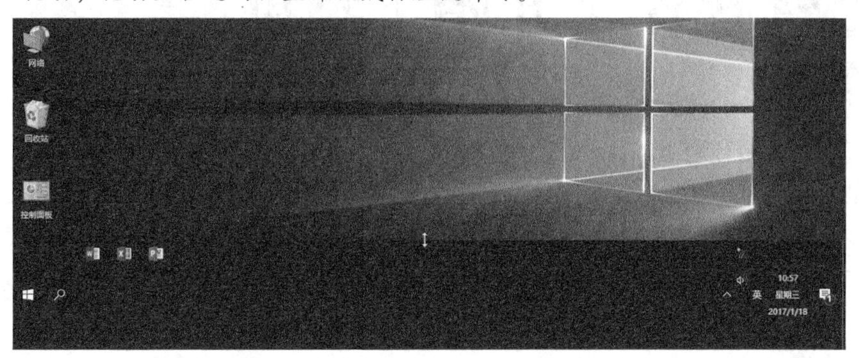

10.2.2 调整任务栏位置

本小节的操作视频请从网盘下载

调整任务栏位置

在调整任务栏的位置时，也需要先将任务栏解除锁定。调整任务栏位置的具体操作步骤如下。

1 首先按照前面所介绍的方法将任务栏解除锁定，然后将鼠标指针移动至任务栏中的空白区域，并按住鼠标左键不放进行拖动。

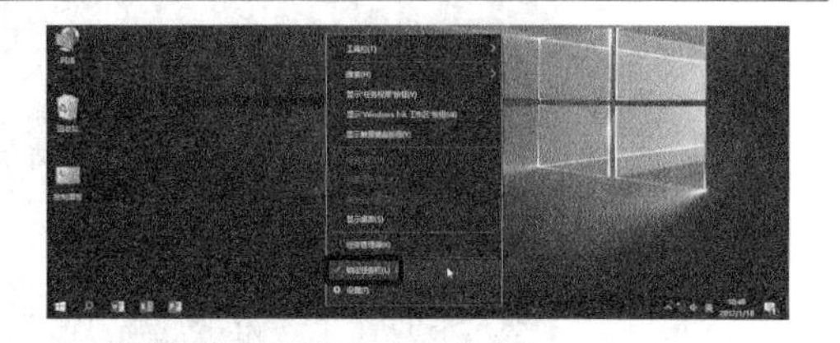

2 这里将任务栏拖动至桌面的左侧，然后释放鼠标左键。

3 再次在任务栏的空白处单击鼠标右键，并从弹出的快捷菜单中选择【锁定任务栏】菜单项，将其重新锁定即可。

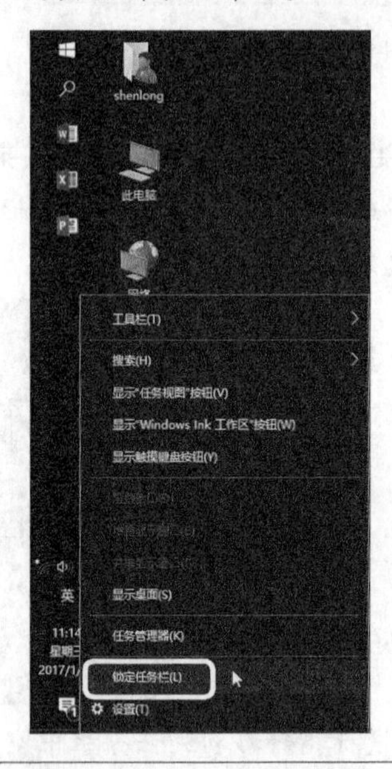

10.3 操作【开始】菜单

【开始】菜单是Windows 10系统中最常用的组件之一，也是启动程序的捷径通道。通过它，用户能够进行几乎所有的操作。

10.3.1 认识【开始】菜单的组成

打开【开始】菜单的方法非常简单，单击任务栏左侧的【开始】按钮即可。

Windows 10开始菜单是其重要的一项变化，它融合了Windows 7开始菜单以及Windows 8/Windows 8.1开始屏幕的特点。Windows 10开始菜单左侧为常用项目和最近添加项目显示区域，另外还用于显示所有应用列表；右侧是用来固定应用磁贴或图标的区域，方便快速打开应用。

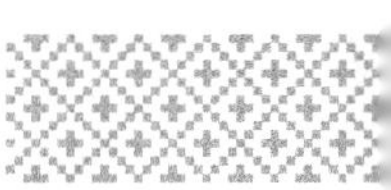

10.3.2 启动应用程序

通过【开始】菜单中的【最常用】列表和【所有应用】列表，用户可以启动电脑中已安装的应用程序。下面以启动安装的Word 2016为例进行介绍。

具体的操作步骤如下。

1 单击Windows 10桌面左下方的【开始】按钮，弹出所有的应用程序。所有的应用程序都按照字母进行排序，方便用户进行查找。

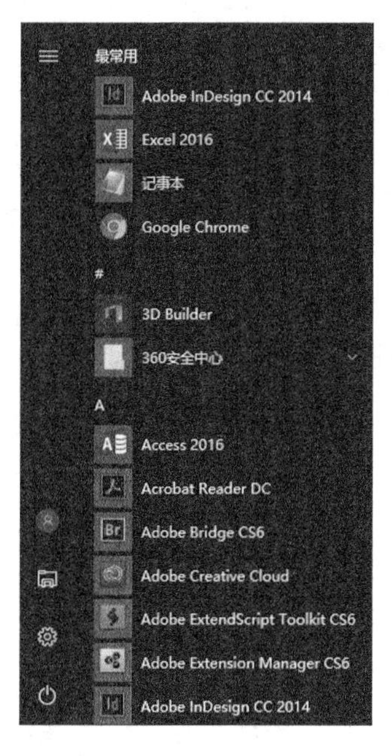

2 在应用程序列表中按照字母排序找到Word 2016，单击此应用程序。

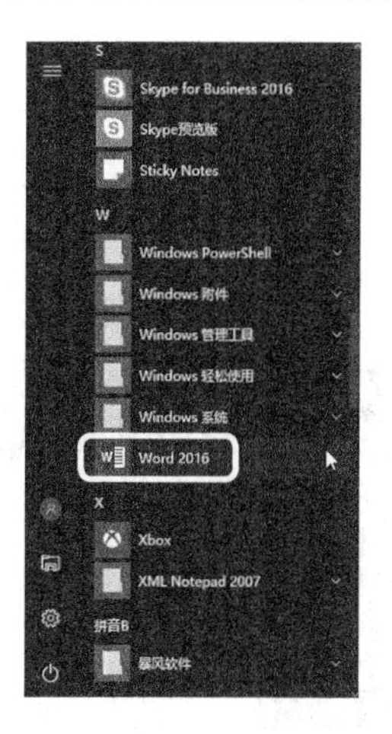

3 启动【Word 2016】程序，随即打开其操作界面，用户就可以使用Word 2016了。

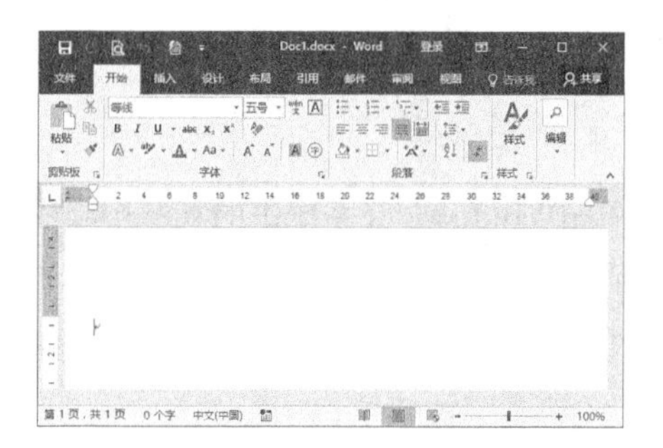

10.3.3 快捷的搜索功能

Windows 10系统比较直接的一大变化就是任务栏上的搜索框。用户可以快速地搜索并启动程序或打开文件。

我们以通过【搜索】框搜索并启动“Excel 2016”程序为例进行介绍。具体的操作步骤如下。

1 在搜索框中输入“Excel”，系统会自动切换到搜索界面，并在其上方列出搜索结果。

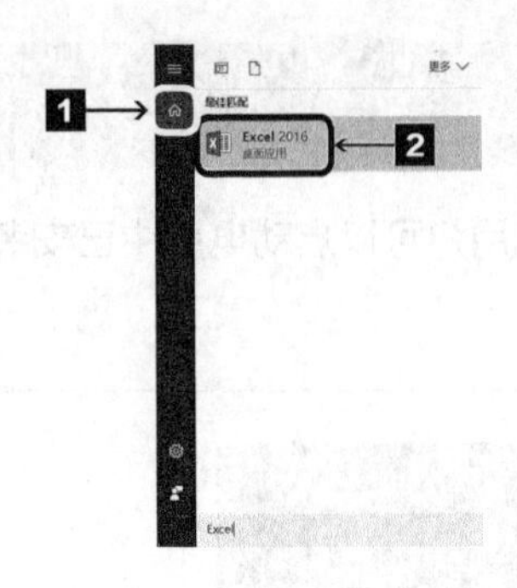

2 单击【最佳匹配】下方的【Excel 2016】选项，即可启动【Excel】程序，并打开其主界面。

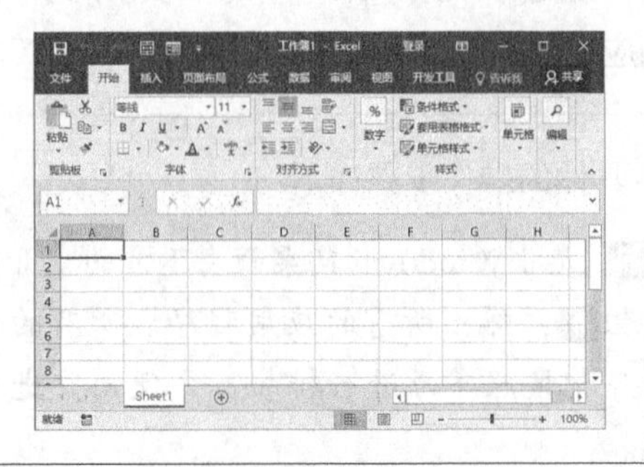

10.4 操作Windows 10菜单

Windows 10菜单中存放着各种操作命令，用户若要执行菜单上的命令，只需单击相应的菜单项即可。

在Windows 10操作系统中，菜单可以分为下拉菜单和右键快捷菜单两类。

○ 下拉菜单

单击Windows 10系统中的某些选项或按钮时，所弹出的菜单便是下拉菜单。例如，在打开的【此电脑】窗口中，单击【访问媒体】按钮，会弹出下拉菜单。

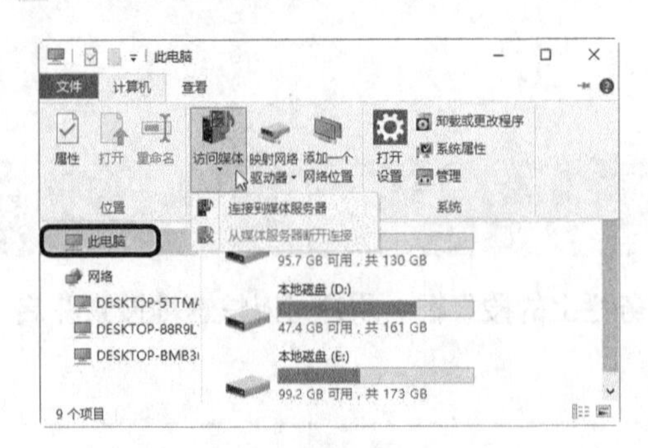

○ 右键快捷菜单

右键快捷菜单是指在某个位置或对象上单击鼠标右键时所弹出的菜单。例如，在桌面上空白处单击鼠标右键，或者在某个文件夹上单击鼠标右键，都会弹出右键快捷菜单。

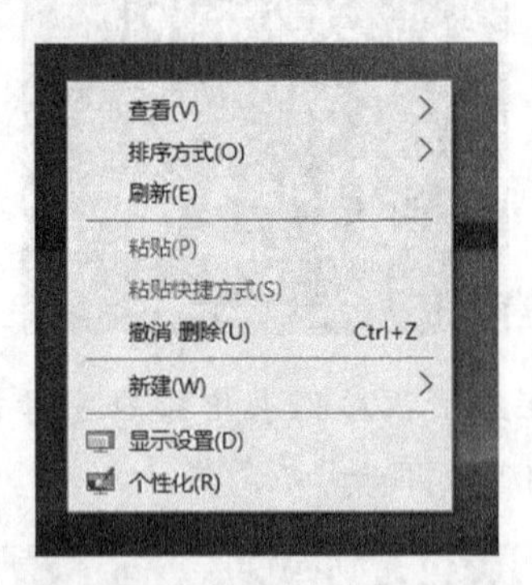

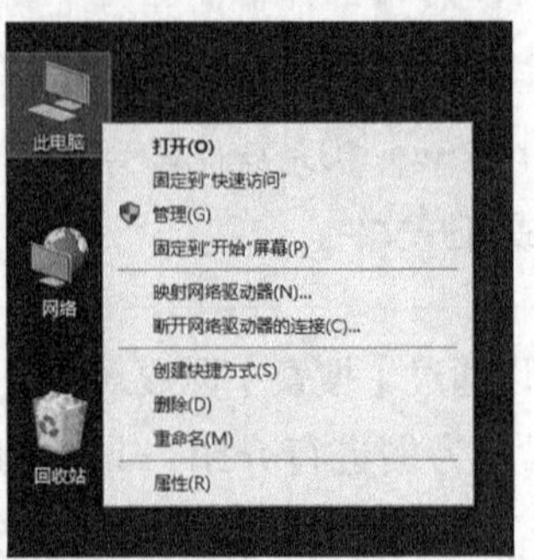

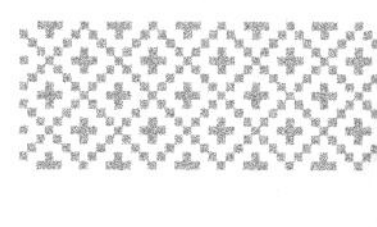

10.5 操作Windows 10对话框

Windows 10对话框与窗口类似，主要用来对命令或操作对象进行进一步的设置。与窗口不同的是，大多数的对话框是不能够调整其界面大小的。

10.5.1 Windows 10对话框的组成

尽管Windows 10对话框的形态与其他系统相比有些差异，但是，它所包含的元素是相似的。一般来说，对话框都是由标题栏、选项卡、组合框、列表框、复选框、单选钮、下拉列表、微调框、文本框、下拉列表文本框和命令按钮等几部分组成。

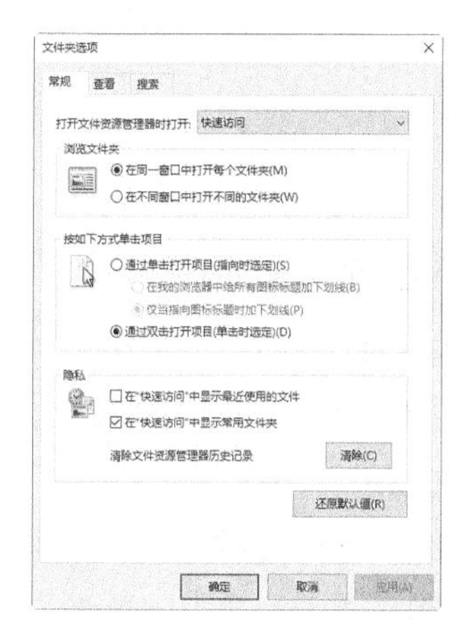

标题栏

标题栏位于对话框的最上方，它的左侧是该对话框的名称，右侧是【关闭】按钮 。

选项卡

选项卡显示在标题栏的下方。当对话框中的选项卡较多时，会依次排列在一起，选择选项卡的名称即可进行界面切换。

组合框

在选项卡界面中通常会有一个或多个不同的组合框，用户根据这些组合框来完成需要的操作 。

列表框

在列表框中，所有供用户选择的选项均以列表的形式显示出来。如果可供选择的选项超过了列表框的显示大小，列表框中就会出现滚动条，用户拖动滚动条就可以浏览未显示出来的内容 。

复选框

复选框的标识是一个小的方框，单击该方框，此时，该方框会变成一个含有对勾的方框，表示已经选中该复选框。在同一个组合框或列表框中，用户可以根据需要选中多个复选框 。

单选钮

单选钮的标识为一个小圆圈 。通常一个组合框或列表框中会有多个单选钮，与复选框不同的是，用户只能够选中其中某一个，而被选中的单选钮中间会出现一个实心的小圆点 ，表示已选中。

下拉列表

下拉列表除了显示当前的选项外，其他选项通常是被隐藏的，用户只有单击了当前选项所在的按钮，才能够弹出一个包含选项的下拉列表。例如，单击【屏幕保护程序设置】对话框中的 (无) 按钮，随即弹出一个包含有各种屏幕保护程序选项的下拉列表。

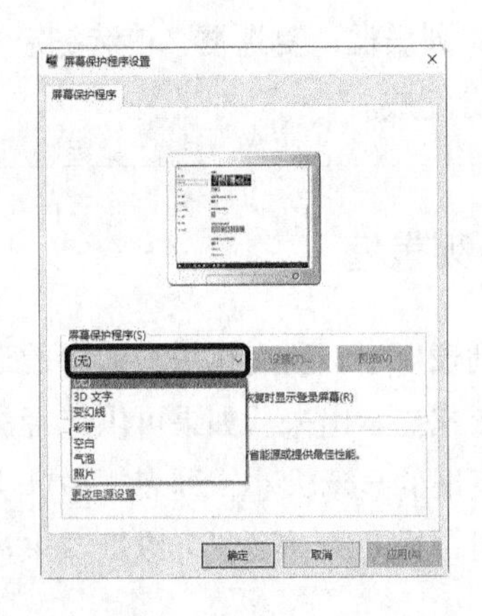

微调框

微调框是由一个用来输入数字的文本框和微调按钮结合组成的。用户既可以直接输入数字，也可以通过单击微调按钮来改变数值。

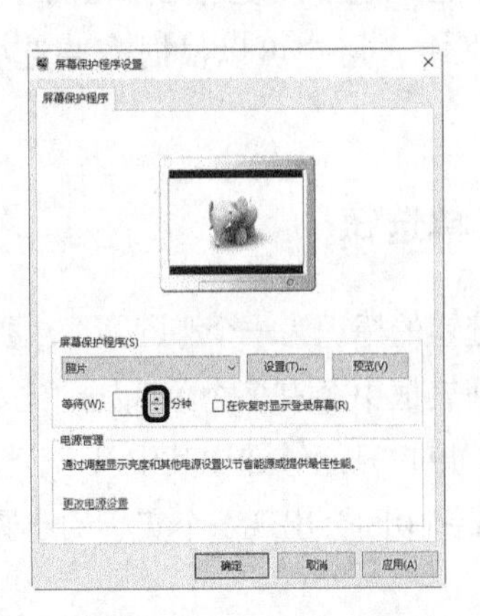

文本框

文本框是用来输入一些内容的空白区域。在文本框中，用户既可以输入新的信息，也可以对原有的信息进行修改或删除。例如，在下图中的【计算机描述】文本框中输入一些信息。

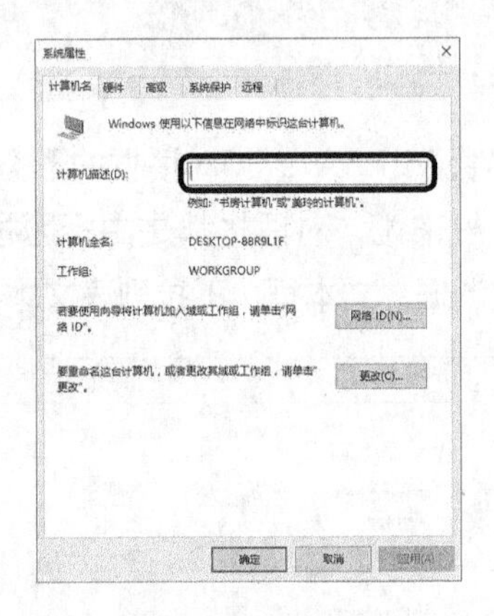

下拉列表文本框

下拉列表文本框具有下拉列表和文本框的双重功能，而且用户所输入的信息会在下拉列表中作为选项进行保存。因此，在下拉列表文本框中，用户既可以输入信息，也可以从弹出的下拉列表中选择自己需要的选项。

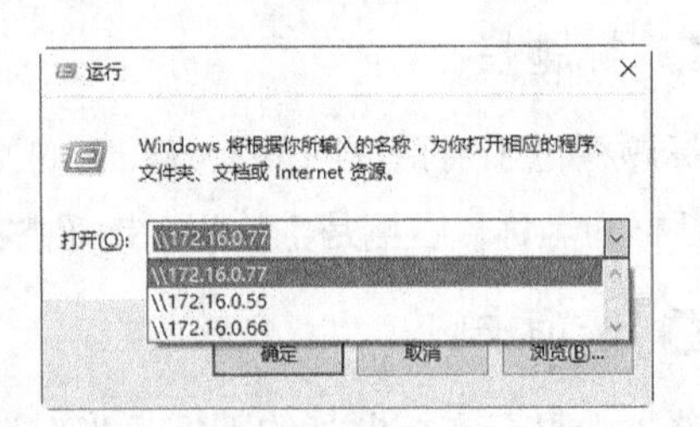

命令按钮

在Windows 10操作系统中，命令按钮一般都出现在对话框中。它是带有文字的突出的矩形区域。常见的命令按钮有 确定 、 取消 和 应用 按钮等，单击命令按钮就表示立即执行相应的操作。

10.5.2 Windows 10对话框的基本操作

Windows 10对话框的基本操作包括对话框的移动和关闭。

1. 移动对话框

用户可以通过手动拖动、利用右键快捷菜单和【控制】图标菜单3种方法来移动对话框。

○ 手动拖动对话框

手动拖动对话框的具体操作步骤如下。

1 将鼠标指针移动到对话框的标题栏上，然后按住鼠标左键不放。

2 将对话框拖动到指定位置后，释放鼠标左键即可。

○ 利用右键快捷菜单

用户还可以利用右键快捷菜单来移动对话框，具体的操作步骤如下。

1 在对话框的标题栏上单击鼠标右键，并在弹出的快捷菜单中选择【移动】菜单项。

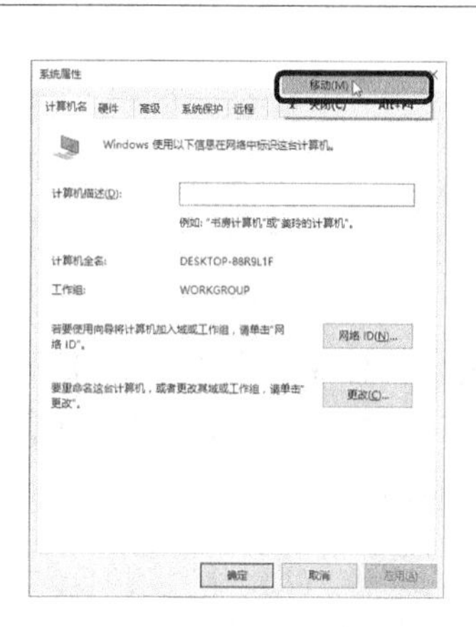

2 鼠标指针变成✥形状，用户可以使用按住鼠标左键不放拖动或按下键盘上【方向】键的方法来调整位置。

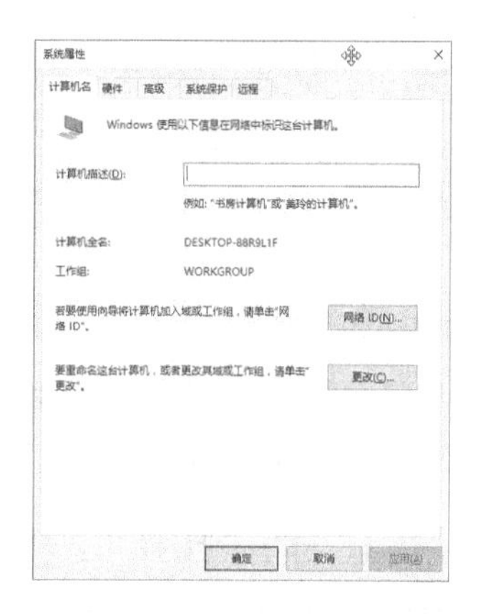

○ 利用【控制】图标菜单

用户还可以利用【控制】图标菜单移动对话框。这里以移动【桌面图标设置】对话框为例进行介绍。

1 单击【桌面图标设置】对话框标题栏左侧的【控制】图标，然后从弹出的快捷菜单中选择【移动】菜单项。

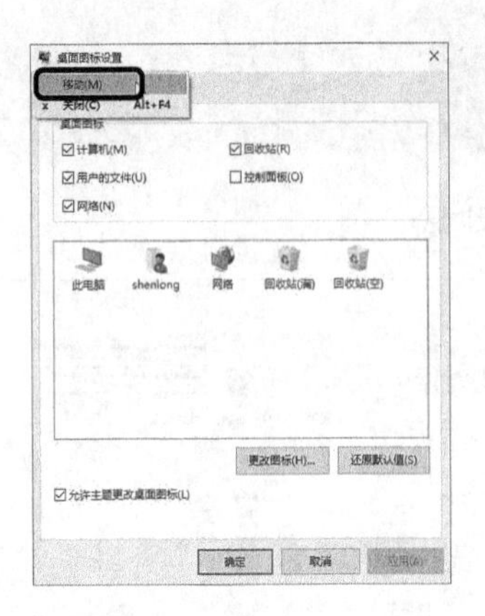

2 鼠标指针变成形状，用户可以使用按住鼠标左键不放拖动或按下键盘中的【方向】键来调整对话框的位置。

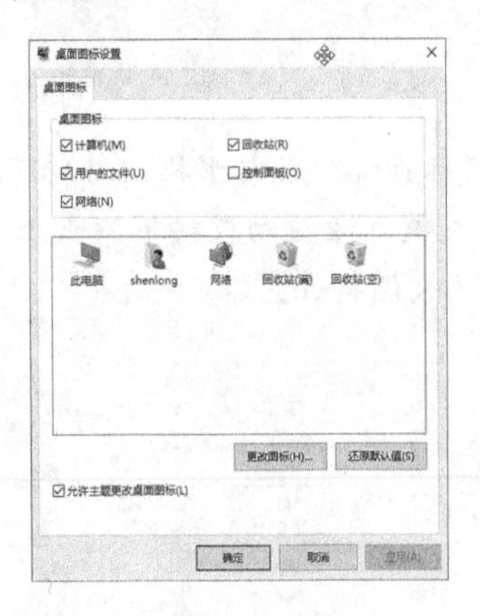

2. 关闭对话框

关闭对话框的方法与关闭窗口相似，用户可以通过以下4种方法来实现。

○ 利用【关闭】按钮

单击对话框中标题栏右侧的【关闭】按钮，即可将对话框关闭。

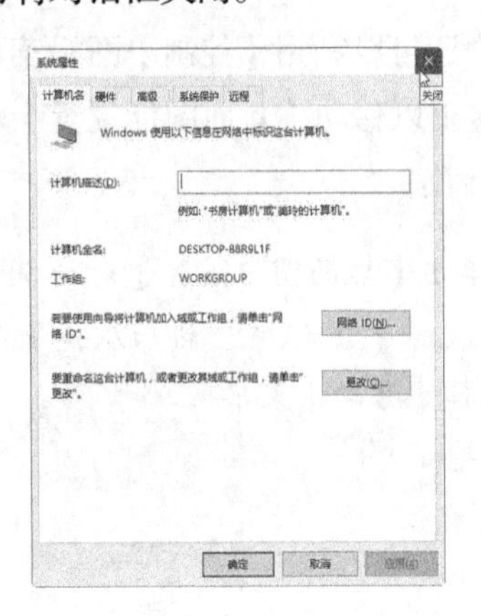

○ 利用右键快捷菜单

在对话框的标题栏上单击鼠标右键，在弹出的快捷菜单中选择【关闭】菜单项即可。

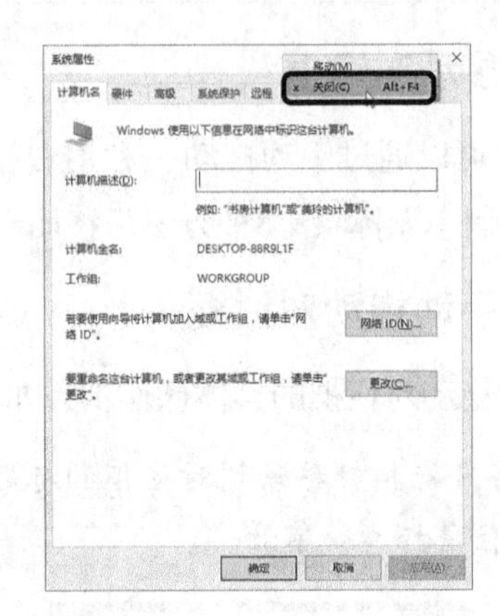

○ 利用【控制】图标菜单

单击【桌面图标设置】对话框标题栏左侧的【控制】图标，从弹出的快捷菜单中选择【关闭】菜单项即可。

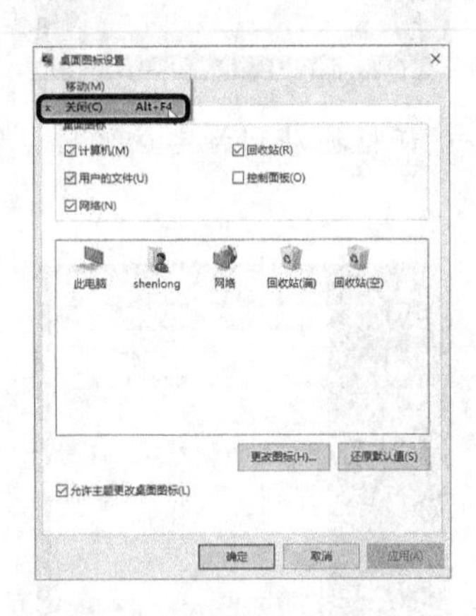

○ 利用组合键

用户还可以使用组合键关闭窗口，这里选中要关闭的窗口，然后按下【Alt】+【F4】组合键，即可关闭所选的窗口。注意：按下【Alt】+【F4】组合键后，通常应用程序会提示用户是否保存当前已变更的操作；如无提示，通常退出后修改不被保存。

第11章

个性化设置 Windows 10操作系统

作为 Windows 新一代的操作系统，Windows 10 进行了多方面的变革，不仅延续了 Windows 家族的传统，而且带来了更多的新体验。本章主要讲述了电脑的显示设置、系统桌面的个性化设置、用户账户的设置。

关于本章的知识，本书配套教学资源中有相关的多媒体教学视频，视频路径为【Windows 10系统的设置】。

11.1 电脑的显示设置

对于电脑的显示效果，用户可以进行个性化操作，如设置电脑屏幕的分辨率、添加或删除任务栏上显示的图标、启动或关闭操作系统等。

11.1.1 设置合适的屏幕分辨率

屏幕分辨率是指屏幕上显示的文本和图像清晰度。分辨率越高，项目越清楚，屏幕上的项目越小，因此屏幕可以容纳越多的项目。分辨率越低，在屏幕上显示的项目越少，但尺寸越大。

本小节的操作视频请从网盘下载

设置合适的屏幕分辨率

设置合适的分辨率，有助于提高屏幕上图像的清晰度，具体的操作步骤如下。

1 在桌面上的空白处单击鼠标右键，在弹出的快捷菜单中选择【显示设置】菜单项。

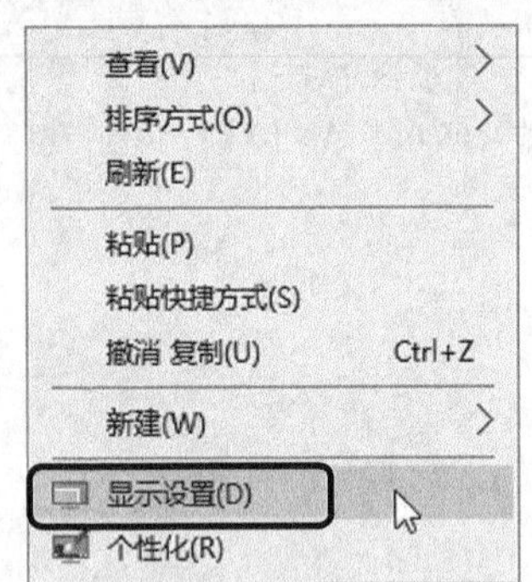

2 弹出【设置】窗口，在左侧列表中选择【显示】选项，进入显示设置界面，单击【高级显示设置】超链接。

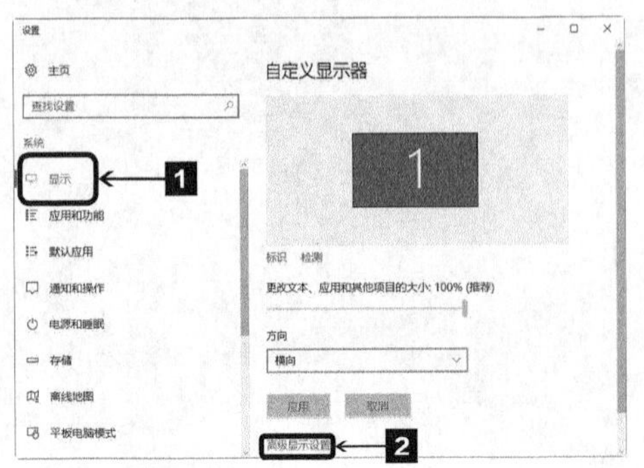

3 弹出【高级显示设置】窗口，用户可以看到系统默认设置的分辨率，单击【分辨率】右侧的下拉按钮。

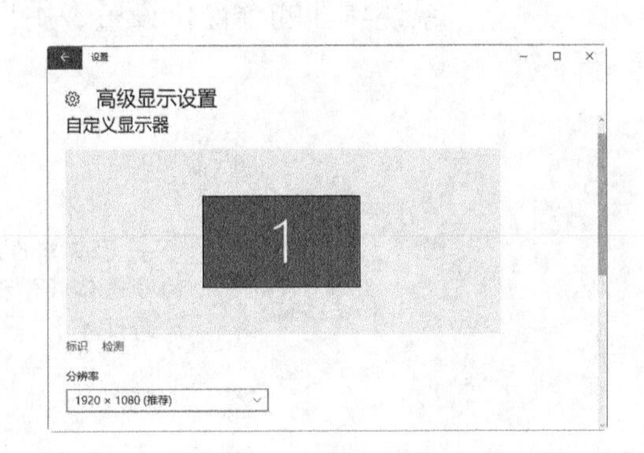

4 在弹出的列表中选择需要设置的分辨率即可。

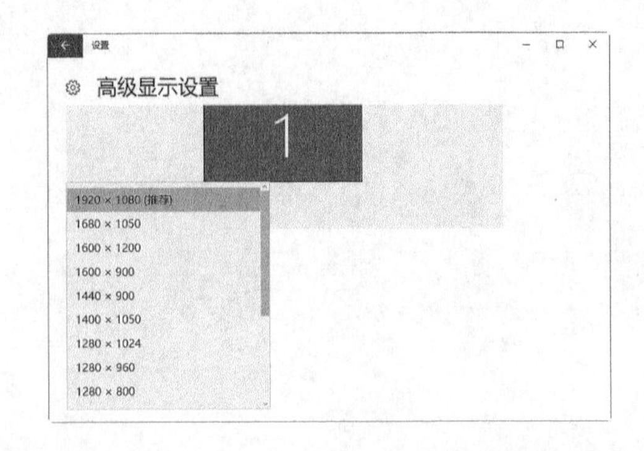

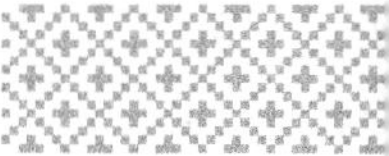

11.1.2 设置任务栏上显示的图标

在任务栏上显示的图标，用户可以根据自己的需要对其进行显示或隐藏操作。

在任务栏上显示图标的具体操作步骤如下。

1 在任务栏上单击鼠标右键，在弹出的快捷菜单中单击【设置】菜单项。

2 弹出【设置】对话框，在对话框中单击【选择哪些图标显示在任务栏上】超链接。

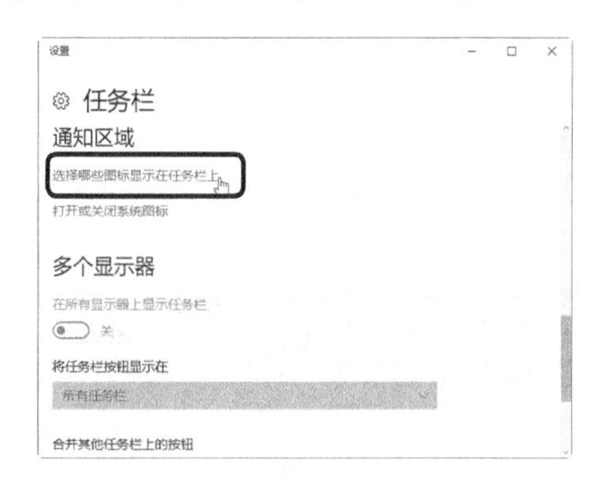

3 弹出【选择哪些图标显示在任务栏上】对话框。

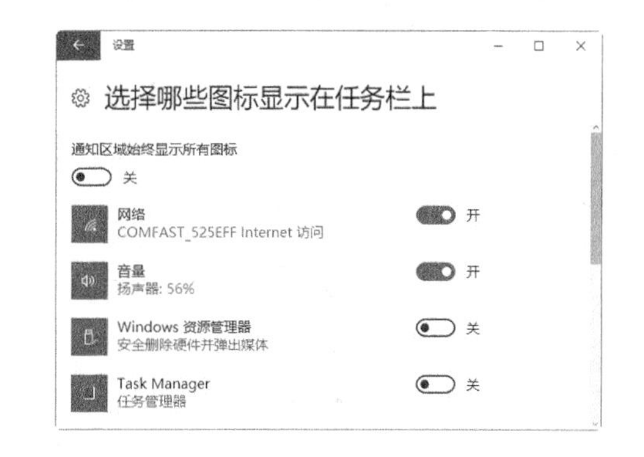

4 单击要显示的图标右侧的【开/关】按钮 开，即可将该图标显示/隐藏在任务栏中，如这里单击【Windows 资源管理器】右侧的【开/关】按钮 开，将其设置为【开】状态。

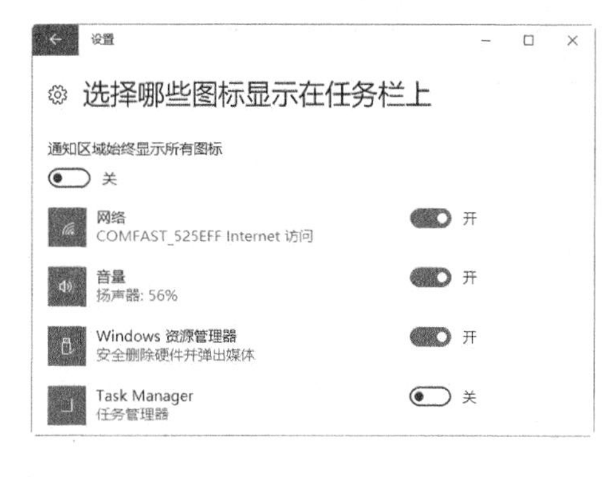

5 返回系统桌面中，可以看到任务栏中出现了【Windows 资源管理器】的图标。

11.1.3 启动或关闭系统图标

用户可以根据自己的需要启动或者关闭任务栏中显示的系统图标。

本小节的操作视频请从网盘下载

启动或关闭系统图标

启动或关闭系统图标具体的操作步骤如下。

1 使用上述的方法打开【设置】对话框，在对话框中单击【打开或关闭系统图标】超链接。

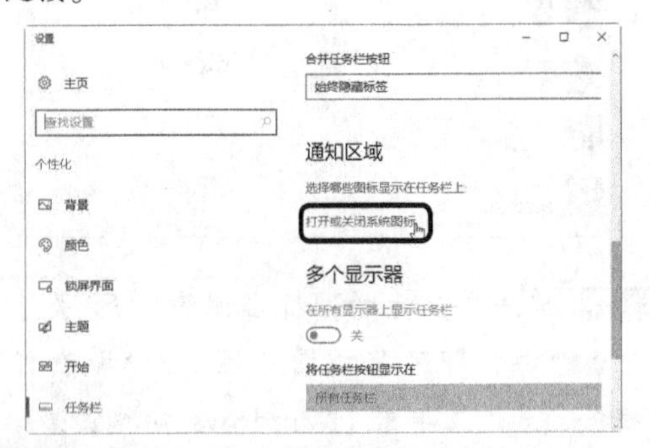

2 弹出【打开或关闭系统图标】对话框。

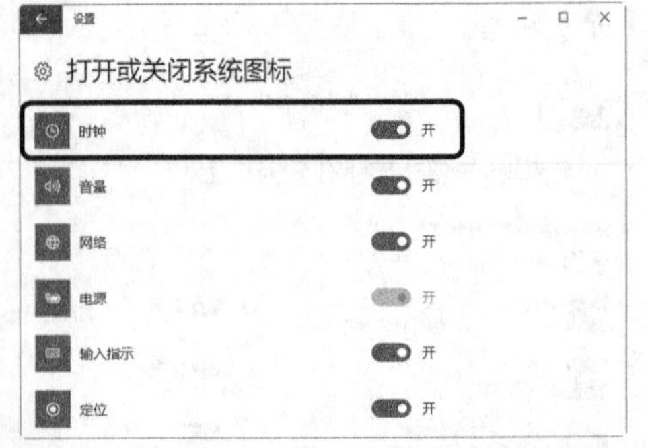

3 如果想要关闭某个系统图标，需要将其状态设置为【关】，如单击【时钟】右侧的【开/关】按钮 开，将其状态设置为【关】。

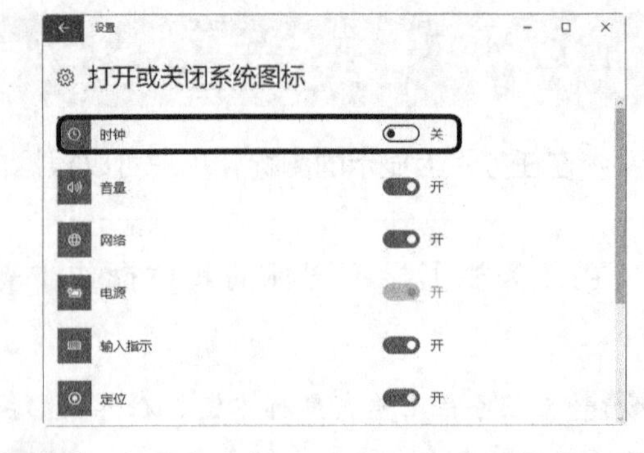

4 返回系统桌面，可以看到时钟系统图标在通知区域中不显示了。

5 如果想要启动某个系统图标，则可以将其状态设置为【开】，如单击【触摸键盘】图标右侧的【开/关】按钮 开，将其状态设置为【开】。

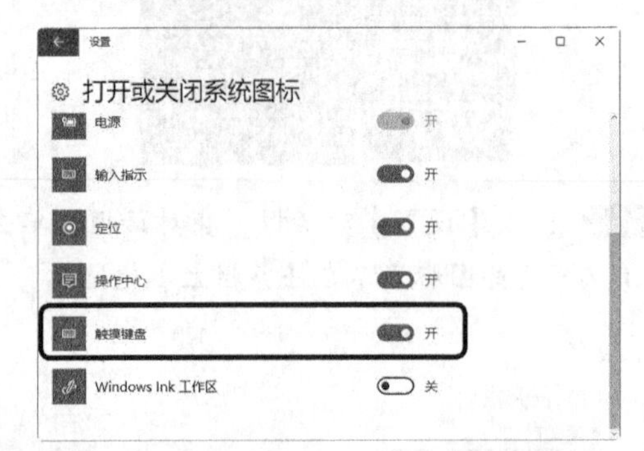

6 返回系统桌面，可以看到通知区域显示出了输入指示图标。

11.1.4 设置显示的应用通知

Windows 10的显示应用通知功能主要用于显示应用的通知信息，若关闭就不会显示任何应用的通知。

显示应用通知具体的操作步骤如下。

1 在桌面的空白处单击鼠标右键，在弹出的快捷菜单中单击【显示设置】菜单项。

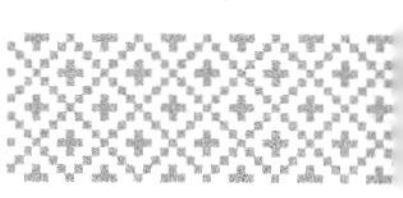

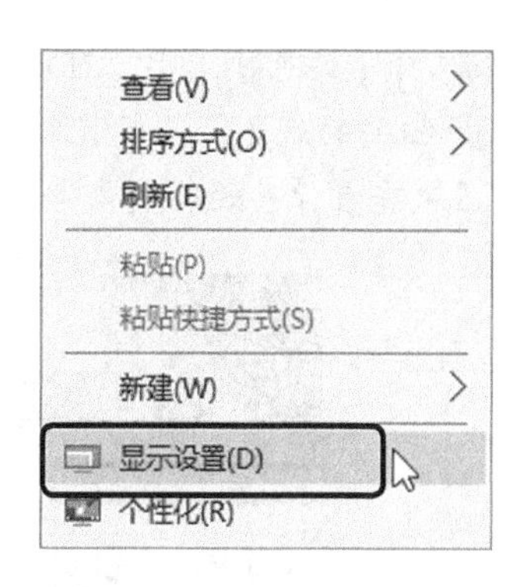

2 弹出【设置】对话框，在对话框中单击【通知和操作】菜单项，即可看到和通知有关的所有菜单项。

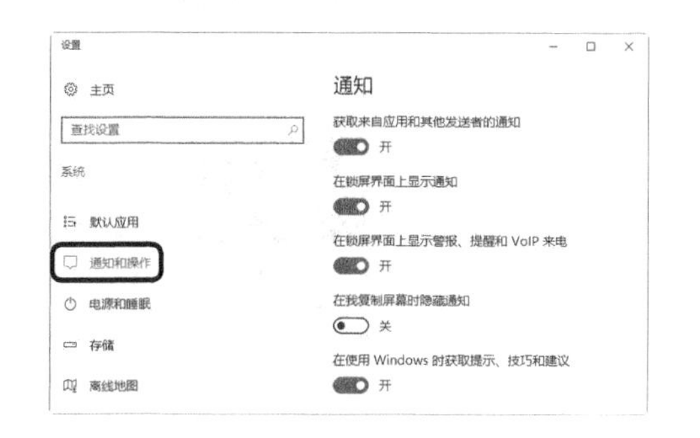

3 默认情况下，显示应用通知的功能是处于【开】状态，单击系统桌面通知区域中的【应用通知】图标，可以打开【操作中心】界面，在其中可以查看相关的通知。

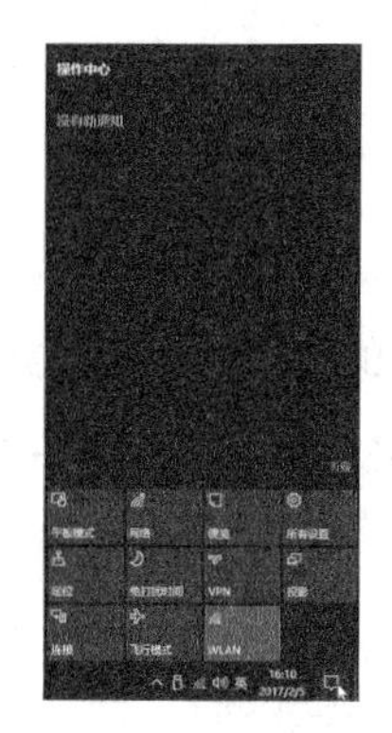

4 如果想要关闭【显示应用通知功能】，只需单击【获取来自应用和其他发送者的通知】选项下方的【开/关】按钮 关，将其状态设置为【关】即可。

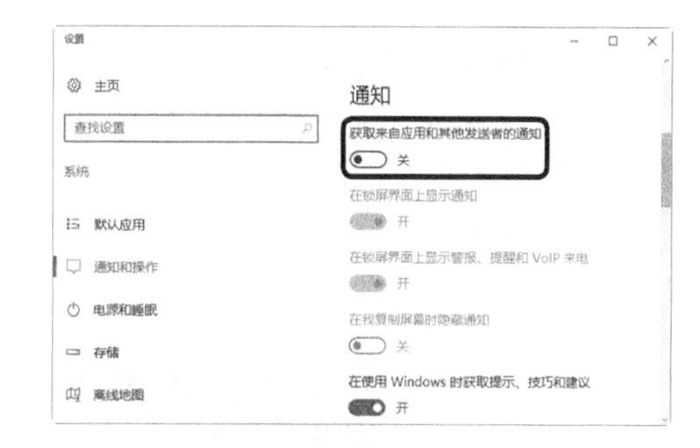

5 返回系统桌面，将鼠标指针放置到【应用通知】图标上，可以看到【显示应用通知】功能已被关闭。

11.2 个性化设置操作系统

Windows 10 操作系统的个性化设置主要包括桌面、背景主题色、锁屏界面、电脑主题等内容的设置。

11.2.1 设置桌面背景

桌面背景可以是个人收集的数字图片、Windows提供的图片、纯色、带有颜色框架的图片，也可以显示幻灯片图片。

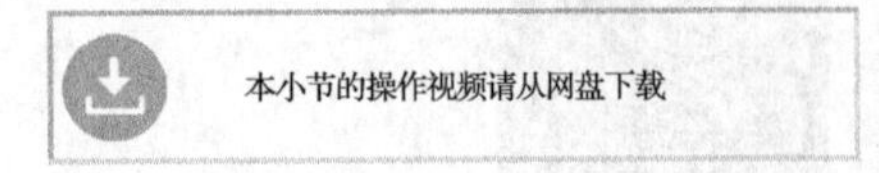
本小节的操作视频请从网盘下载

设置桌面背景

设置桌面背景的具体操作步骤如下。

1 在桌面的空白处单击鼠标右键，在弹出的快捷菜单中选择【个性化】菜单项。

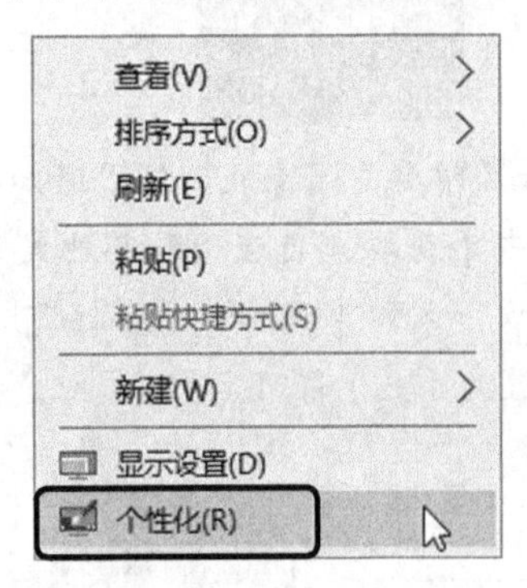

2 打开【设置】对话框，在对话框中单击【背景】菜单项。

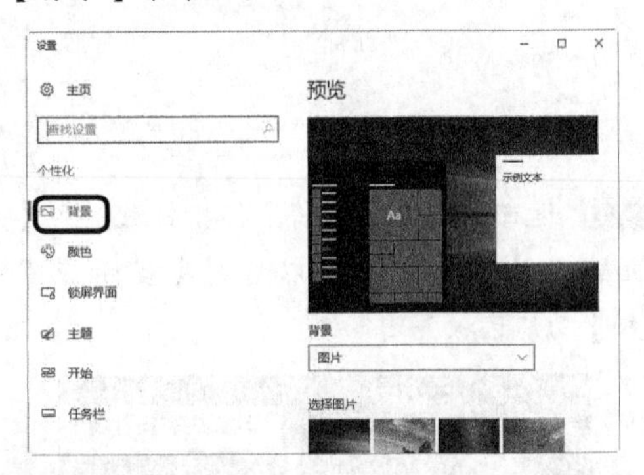

3 单击【背景】下方右侧的下三角按钮，在弹出的下拉列表中可以对背景的样式进行设置，可设置为图片、纯色和幻灯片放映。

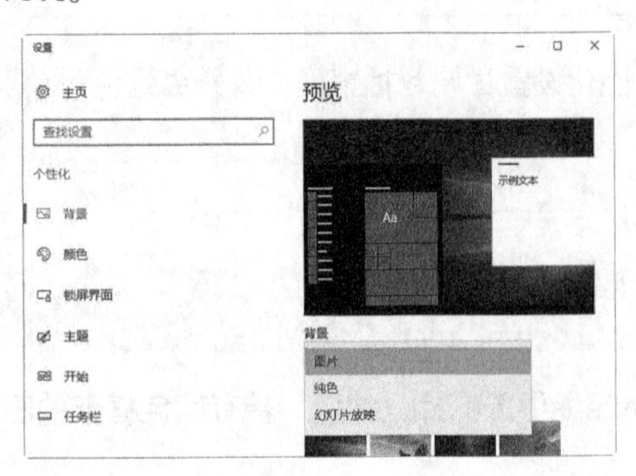

4 如果选择【纯色】选项，可以在下方的界面中选择相关的颜色，选择完毕后可以在【预览】区域查看背景效果。

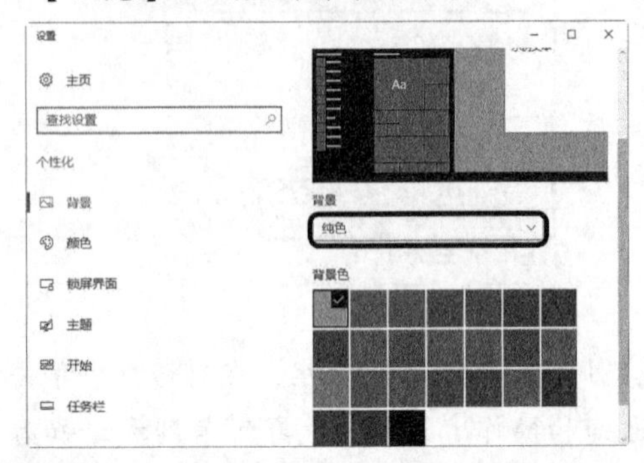

5 如果选择【幻灯片放映】选项，则可以在下方的界面中设置幻灯片图片的播放频率、播放顺序等。

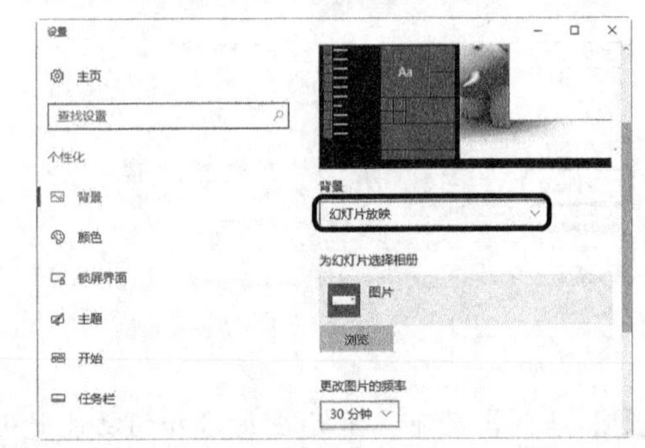

6 如果选择【图片】选项，则可以单击下方界面中的【选择契合度】右侧的下拉按钮，在弹出的下拉列表中选择图片契合度。

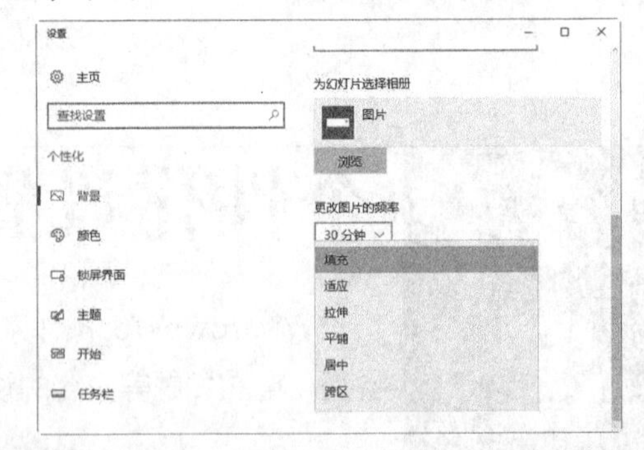

7 单击【选择图片】下方的【浏览】按钮 浏览(B)...，弹出【打开】对话框，在其中选项想要设置为背景的图片，单击【选择图片】按钮 选择图片。

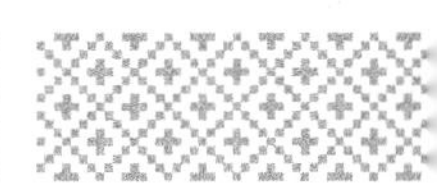

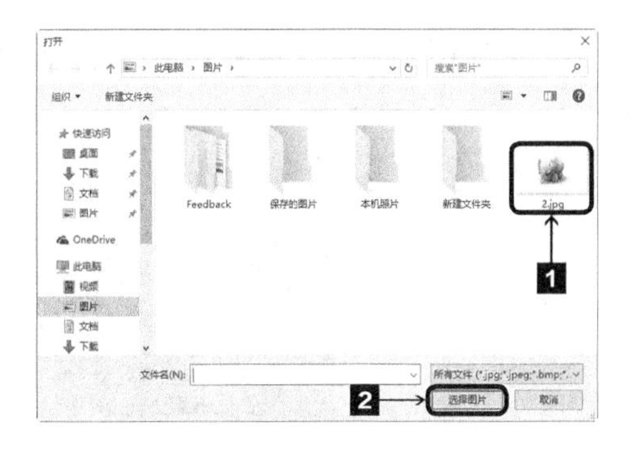

8 返回【设置】对话框中，可以在【预览】区域中查看预览效果。

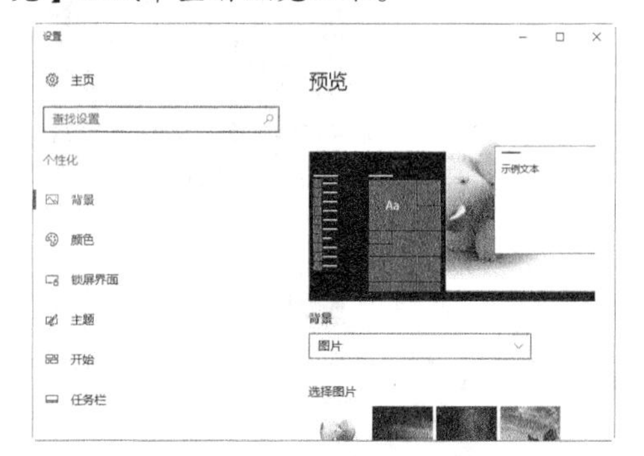

11.2.2 设置背景主题色

Windows 10默认的背景主题色为蓝色，用户可以对其进行修改。

本小节的操作视频请从网盘下载

设置背景主题色

设置背景主题色的具体操作步骤如下。

1 使用上述的方法打开【设置】对话框，在对话框中单击【颜色】菜单项。

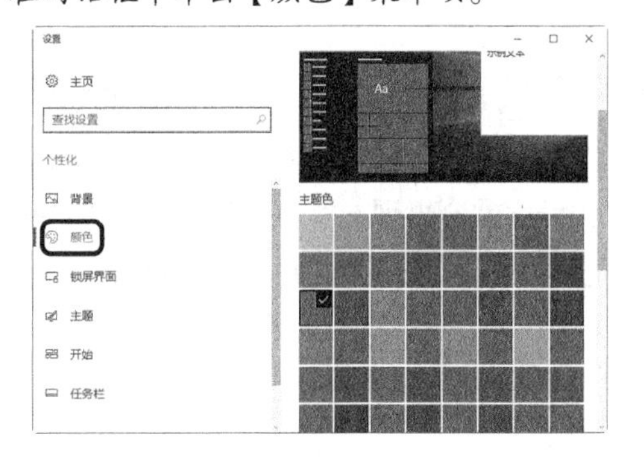

2 在【主题色】面板中选择一种颜色，如选择【红色】选项，系统会应用所选的颜色，用户可以在【预览】框中看到设置后的效果。

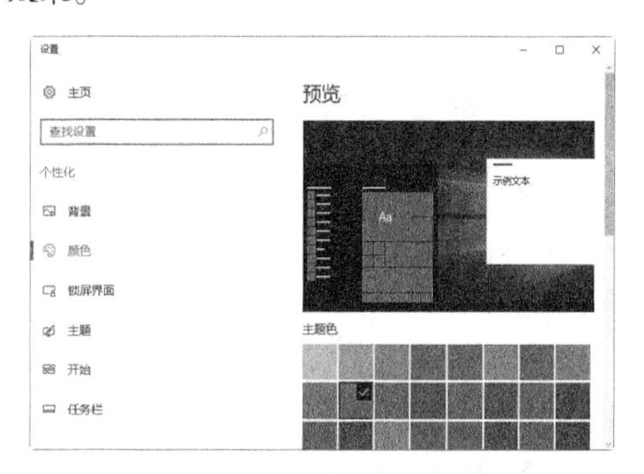

11.2.3 设置锁屏界面

Windows 10操作系统的锁屏功能主要用于保护电脑的隐私安全，而且在节省电量的情况下还可以实现计算机的快速启动，其锁屏所用的图片被称为锁屏界面。

本小节的操作视频请从网盘下载

设置锁屏界面

设置锁屏界面的具体操作步骤如下。

1 在桌面上的空白处单击鼠标右键，在弹出的快捷菜单中选择【个性化】菜单项，弹出【设置】对话框，在其中选择【锁屏界面】菜单项。

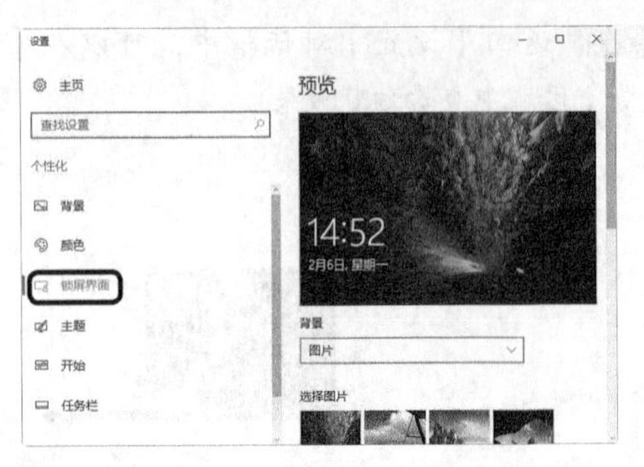

2 单击【背景】下方右侧的下三角按钮▾，在弹出的下拉列表中可以设置用于锁屏的背景，可设置为图片、Windows聚焦和幻灯片三种类型。

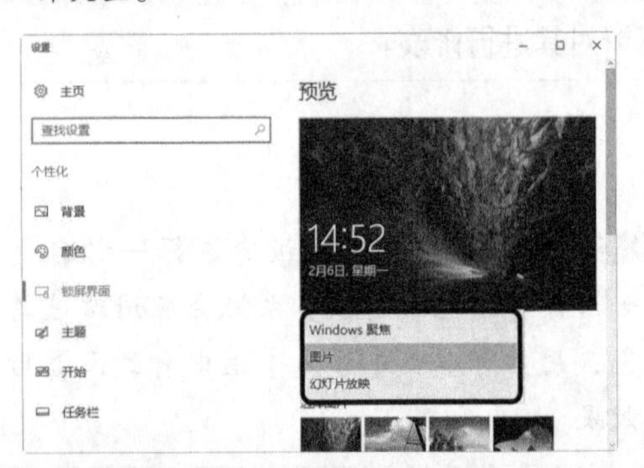

3 选择【Windows聚焦】选项，可以在【预览】区域查看设置的锁屏图片样式。

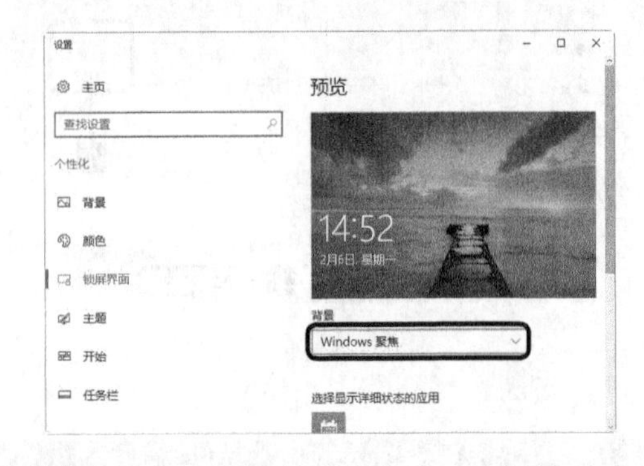

4 效果如图所示。

11.2.4 设置屏幕保护程序

当在一段时间内没有使用鼠标或键盘后，屏幕保护程序就会出现在计算机的屏幕上，此程序为移动的图片或图案，屏幕保护程序的作用是保护显示器免遭损坏，用户也可以对其进行个性化设置。

本小节的操作视频请从网盘下载

设置屏幕保护程序

设置屏幕保护程序的具体操作步骤如下。

1 在桌面的空白处单击鼠标右键，在弹出的快捷菜单中选择【个性化】菜单项，弹出【设置】对话框，在其中选择【锁屏界面】菜单项，在右侧单击【屏幕保护程序】超链接。

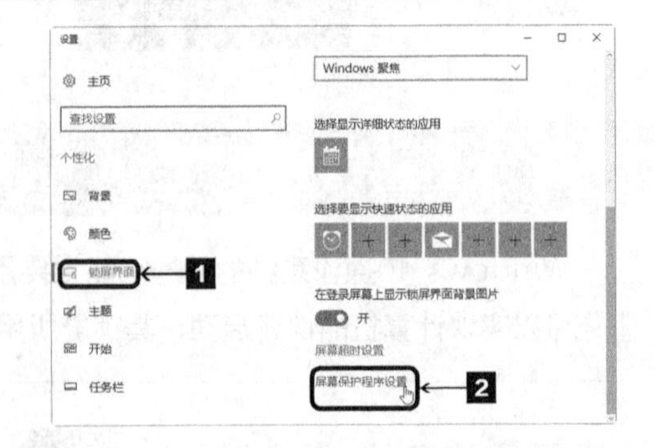

2 弹出【屏幕保护程序设置】对话框，选中【在恢复时显示登录屏幕】复选框。

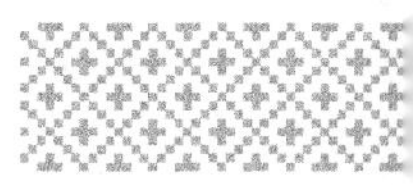

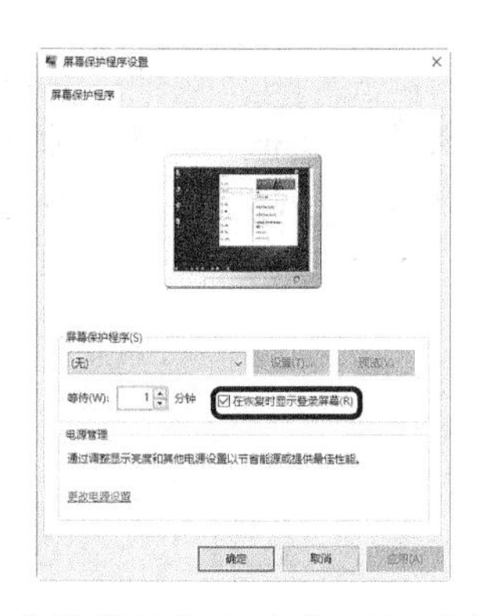

3 在【屏幕保护程序】下拉列表中选择屏幕保护程序，如选择【彩带】菜单项，此时在上方的预览框中可以看到设置后的效果。

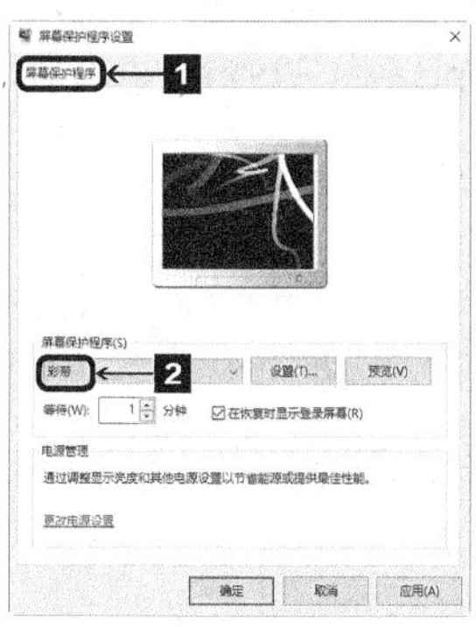

4 在【等待】微调框中设置等待的时间，如设置为“5”分钟，设置完成后，单击 确定 按钮。如果用户在5分钟内对电脑没有进行任何操作，系统会自动启动屏幕保护程序。

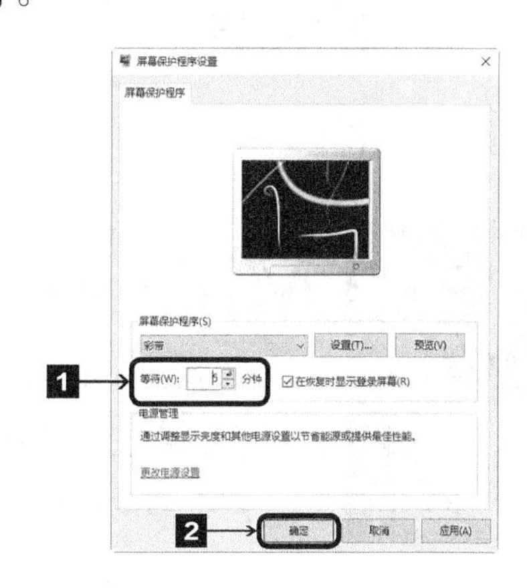

11.2.5 设置电脑主题

主题是桌面背景图片、窗口颜色和声音的组合，用户可以对主题进行设置。

设置电脑主题的具体操作步骤如下。

1 在桌面的空白处单击鼠标右键，在弹出的快捷菜单中选择【个性化】菜单项，弹出【设置】对话框，在其中选择【主题】菜单项，单击【主题设置】超链接。

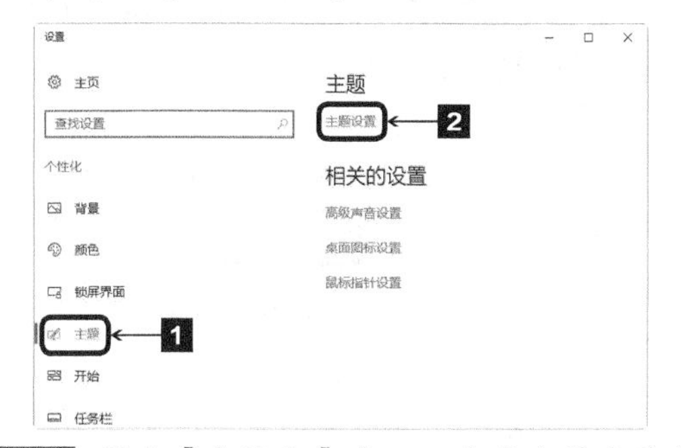

2 弹出【个性化】窗口，在其中单击某个主题可一次性同时更改桌面背景、颜色、声音和屏幕保护程序。

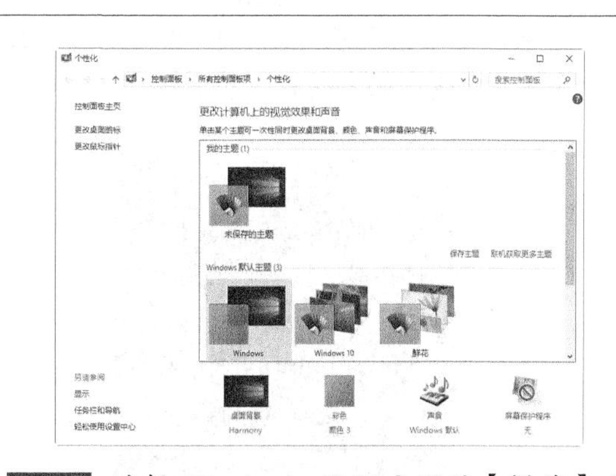

3 选择Windows 默认主题的【鲜花】主题，在窗口的下方将显示出该主题的桌面背景、颜色、声音和屏幕保护程序。

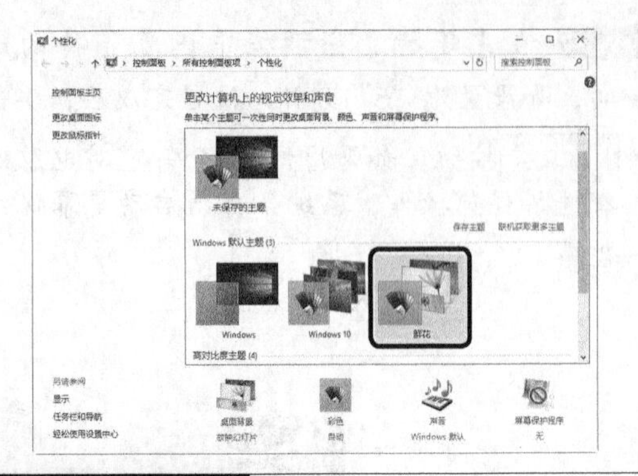

4 单击【保存主题】超链接，弹出【将主题另存为】对话框，在其中输入主题的名称，单击【保存】按钮，即可将主题保存到此电脑中，方便日后使用。

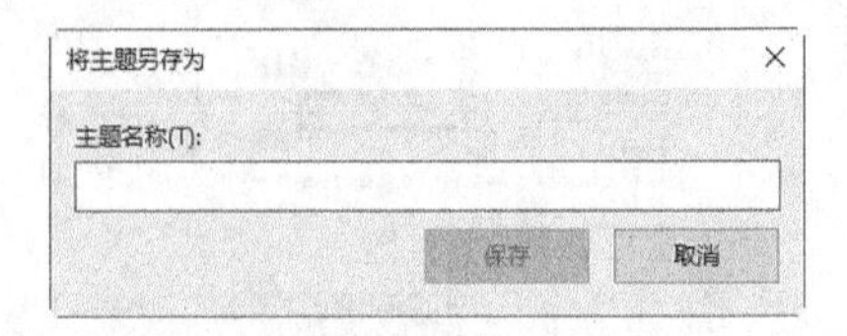

11.3 Microsoft账户的设置与应用

“Microsoft帐户”是以前的“Windows Live ID”的新名称。Microsoft账户可以用于登录Hotmail、OneDrive、Windows Phone 或Xbox LIVE等服务，本节就来介绍Microsoft账户的设置与应用。

11.3.1 注册Microsoft账户

如果用户想要使用Microsoft账户管理此设备，首先需要做的就是在此设备上注册和登录Microsoft 账户。

注册Microsoft账户的具体操作步骤如下。

1 单击【开始】按钮，在弹出的【开始】菜单中单击登录用户，在弹出的快捷菜单中单击【更改账户设置】菜单项。

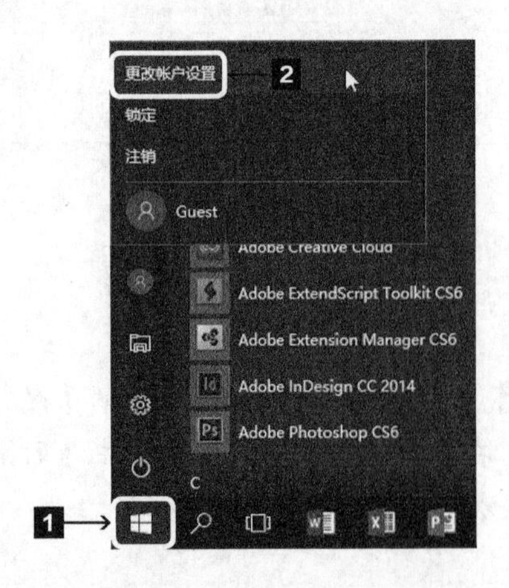

2 弹出【设置】对话框，在其中单击【电子邮件和应用账户】菜单项。

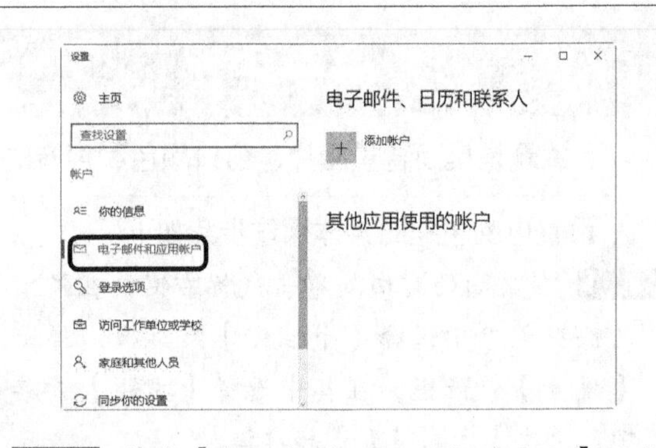

3 单击【电子邮件、日历和联系人】下方的【添加账户】选项。

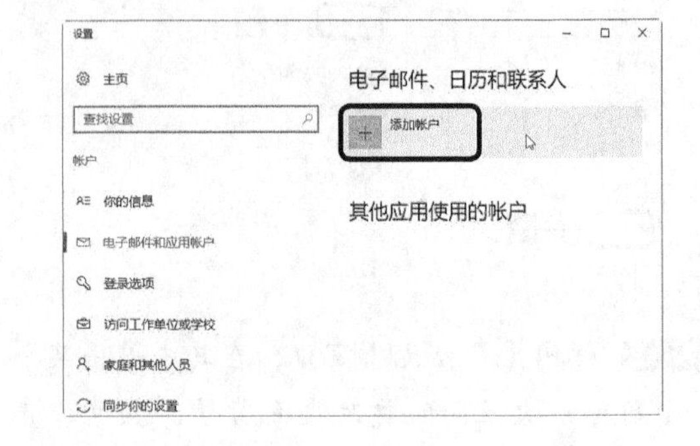

4 弹出【选择账户】对话框，这里选择【Outlook.com】选项。

5 弹出【添加你的Microsoft 账户】对话框，在其中可以输入Microsoft 账户的账号和密码。

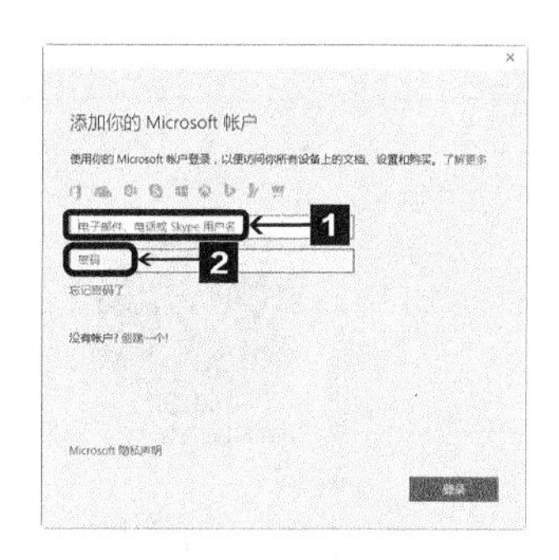

6 如果没有Microsoft 账户，则需要单击【创建一个】超链接，弹出【让我们来创建你的账户】对话框，在其中输入账户信息，单击【下一步】按钮下一步(N) >。

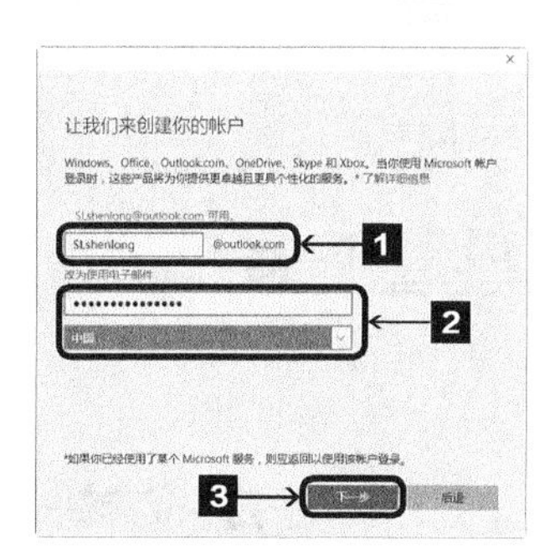

7 弹出【添加安全信息】对话框，在其中输入手机号码，单击【下一步】按钮下一步(N) >。

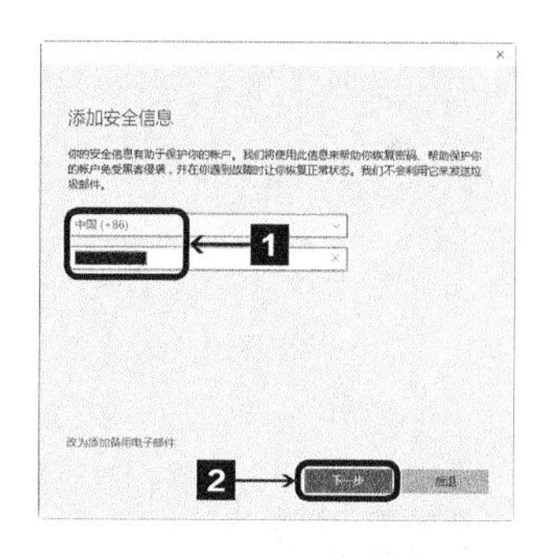

8 弹出【查看与你相关度最高的内容】对话框，在其中查看相关说明信息，单击【下一步】按钮下一步(N) >。

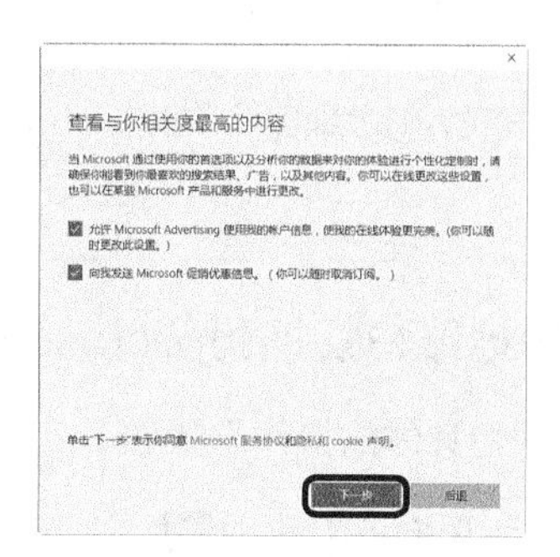

9 弹出【是否使用Microsoft 账户登录此设备？】对话框，在其中输入你的Windows密码，单击【下一步】按钮下一步(N) >。

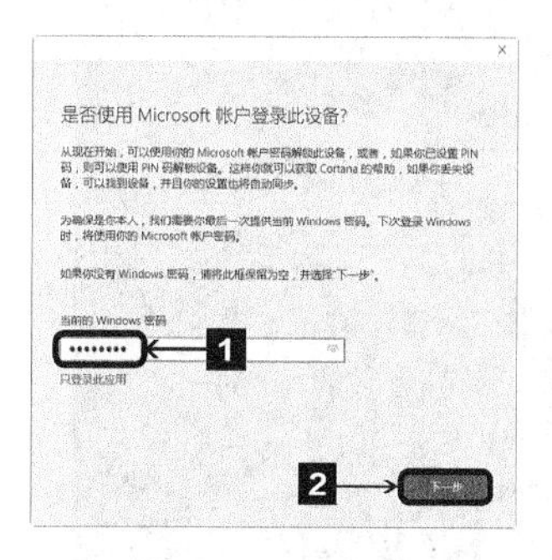

10 弹出【全部完成】对话框，提示用户，你的账户已经成功设置，单击【完成】按钮完成(F)。

11 Microsoft 账户已登录到此电脑上。

11.3.2 本地账户和Microsoft 账户的切换

用户可以在本地账户和Microsoft 账户之间来回切换，切换到不同的账户可以实现不同的功能。

1. 本地账户切换到Microsoft 账户

切换账户具体的操作步骤如下。

1 单击【开始】按钮，在弹出的【开始】菜单中单击登录用户，在弹出的快捷菜单中单击【更改账户设置】菜单项。

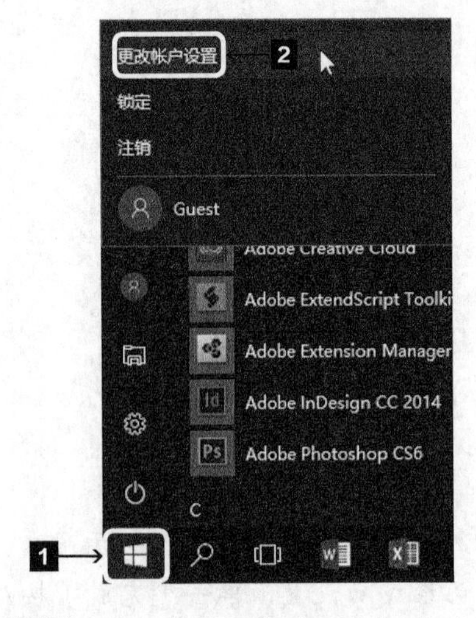

2 弹出【设置】对话框，在对话框中单击【改用Microsoft 账户登录】菜单项。

3 弹出【个性化设置】对话框，在其中输入Microsoft 账户的账号和密码，单击【登录】按钮。

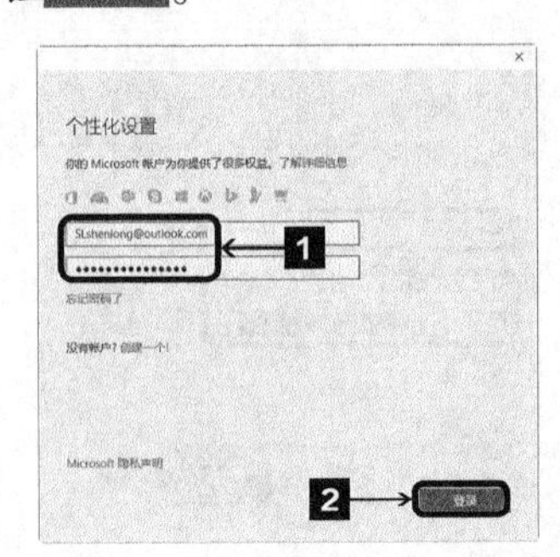

4 弹出【使用你的Microsoft 账户登录此设备】对话框，在其中输入Windows账户密码。

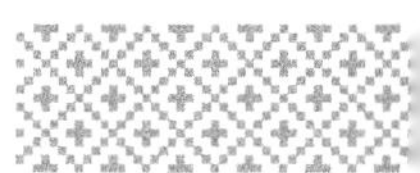

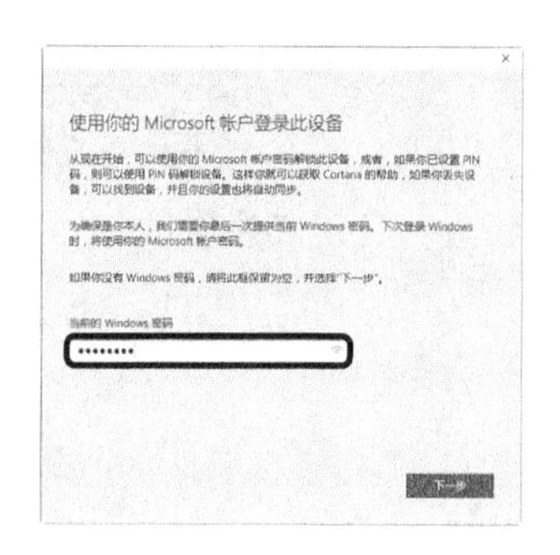

5 单击【下一步】按钮下一步(N) >，即可看到切换Microsoft账户登录成功。

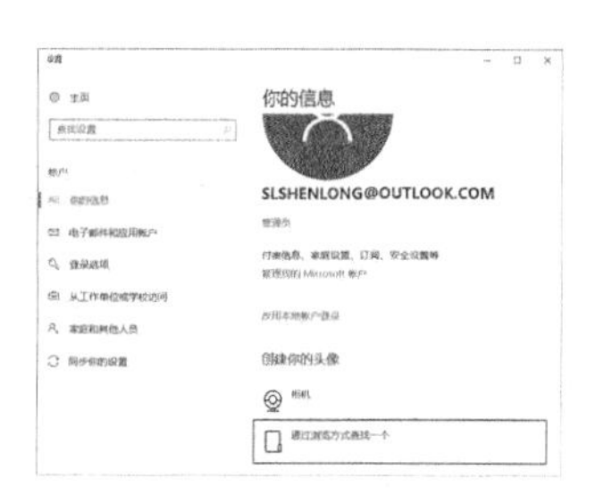

2. Microsoft 账户切换到本地账户

1 使用上述方法打开【设置】对话框，在对话框中单击【改用本地账户登录】超链接。

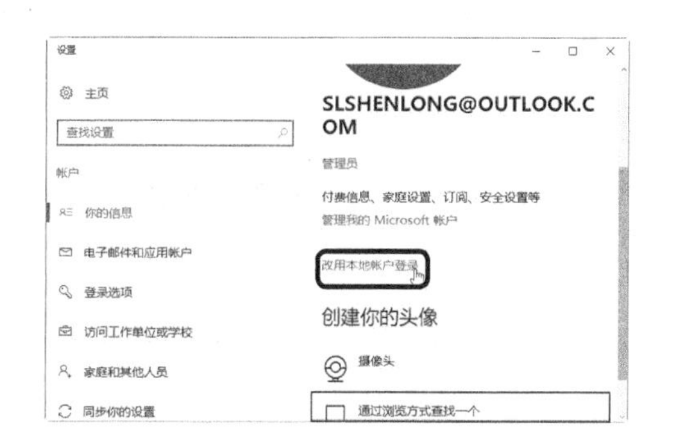

2 弹出【切换到本地账户】对话框，在对话框中输入当前账户的密码，单击【下一步】按钮下一步(N) >。

3 弹出【切换到本地账户】对话框，在其中输入本地账户的用户名、密码和密码提示等信息，单击【下一步】按钮下一步(N) >。

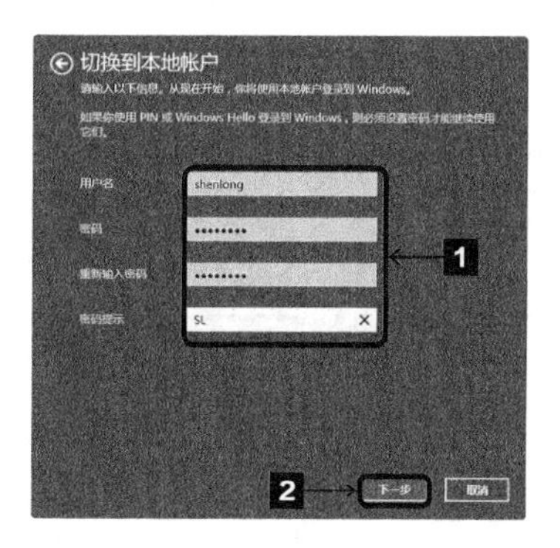

4 弹出【切换到本地账户】对话框，提示用户所有操作即将完成，单击【注销并完成】按钮，即可将Microsoft 切换到本地账户中。

11.3.3 设置账户头像

不管是Microsoft 账户还是本地账户，用户都可以对头像进行自定义设置。

设置账户头像具体的操作步骤如下。

1 使用上述方法打开【设置】对话框，单击【你的信息】菜单项，在右侧选择创建头像的方式，这里选择【通过浏览方式查找一个】。

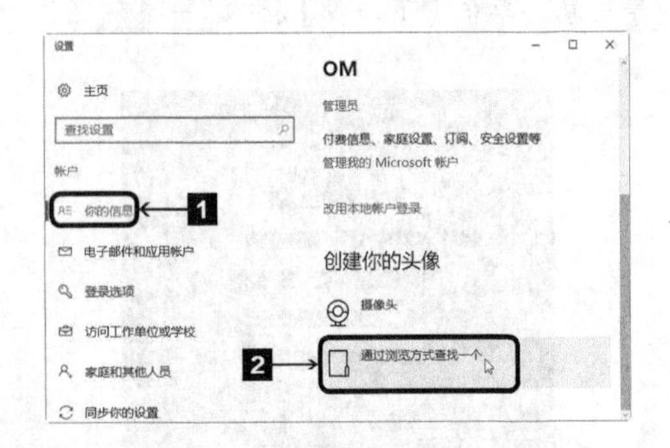

2 弹出【打开】对话框，在其中选择想要作为头像的图片，单击【选择图片】按钮 选择图片 。

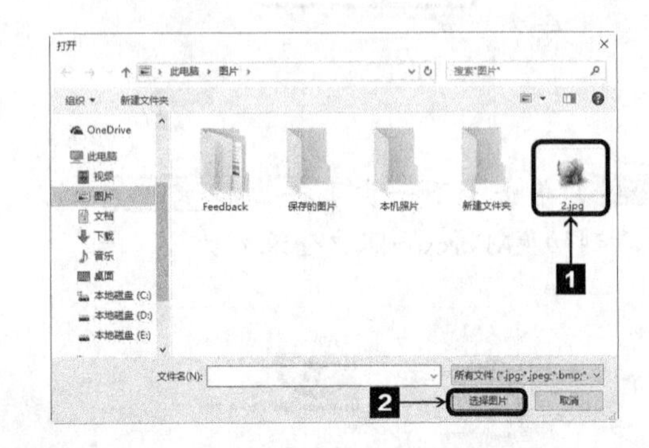

3 返回【设置】对话框中，用户可以看到设置后的效果。

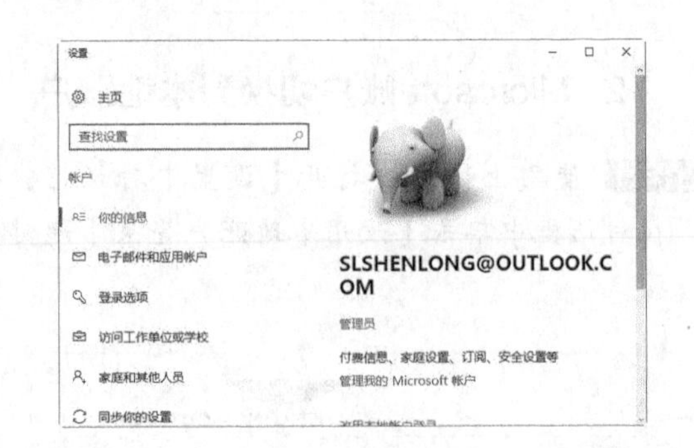

4 用户也可以使用摄像头拍摄来设置头像，但需要连接摄像头才能使用此功能。

第12章

网络上的生活服务

网络不仅可以为人们提供娱乐活动、资料查询、下载，也可以帮助人们进行生活信息的查询，常见的有查询天气、日历、车票等。另外，在网上进行购物也是一个不错的选择。本章就对网络上的生活服务进行介绍。

12.1 生活信息查询

随着网络的普及，人们生活节奏加快，很多信息都可以足不出户地在网上查询到，下面就来介绍如何在网上获取生活信息。

12.1.1 在网上查看日历

日历是一种日常使用的出版物，用于记载日期等相关信息。在网络不太普及之前，挂历是查看日期的主要方式。现如今想要查询日历，则可以在网上进行查询。

在网上查看日历的具体操作步骤如下。

1 打开360安全浏览器，在搜索栏中输入“日历”，可以看到搜索栏中会弹出和“日历”相关的搜索信息。

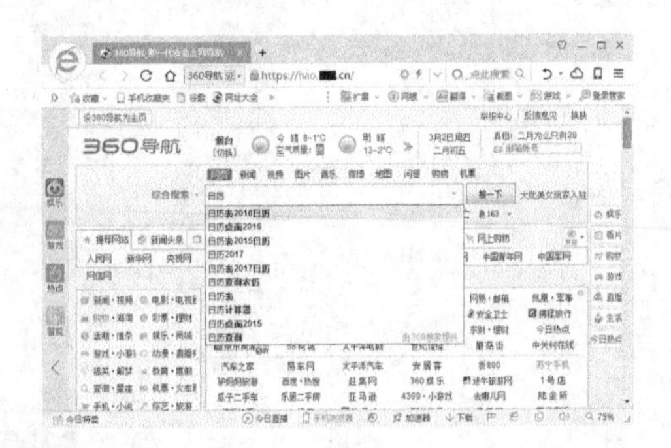

2 按下【Enter】键，浏览器将显示“日历”的搜索信息，并显示出当前日期。

3 单击日历中年份后的下拉按钮，可以在弹出的下拉列表中选择日历的年份。

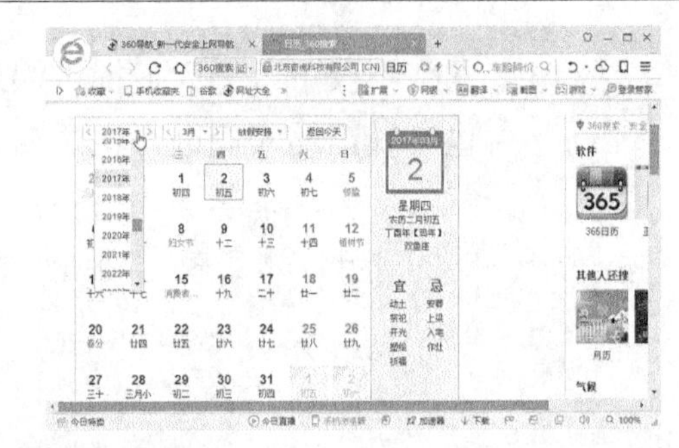

4 单击日历中月份后的下拉按钮，可以在弹出的下拉列表中选择日历的月份。

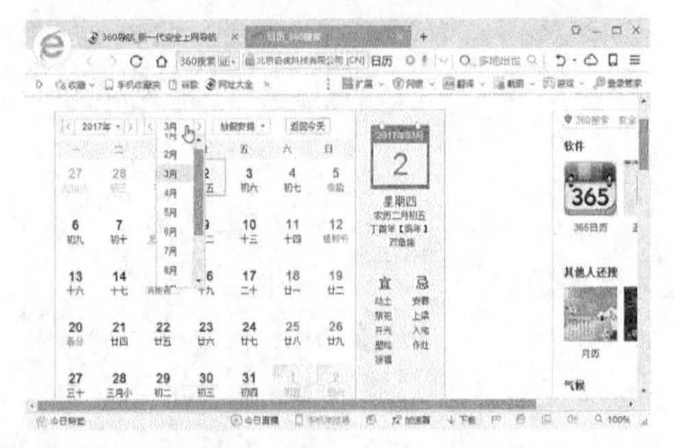

5 单击【放假安排】右侧的下拉按钮，可以在弹出的下拉列表中查看本年份的假期安排信息。

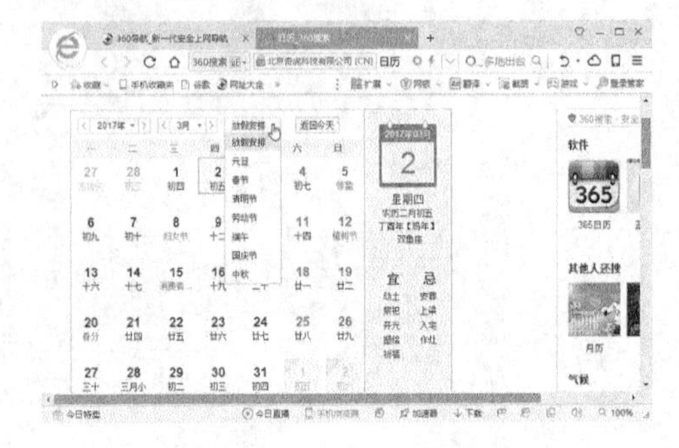

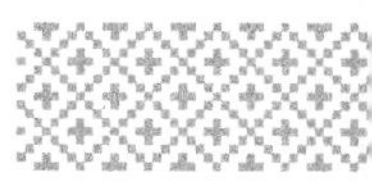

12.1.2 在网上查看天气预报

天气与人们的生活息息相关，尤其是在外出旅游或出差的时候，一定要了解当地的天气如何，这样才能合理地安排出行。

在网上查询天气预报的具体操作步骤如下。

1 打开360安全浏览器，在搜索栏中输入想要查询天气的城市名称，如这里输入“北京天气预报”。

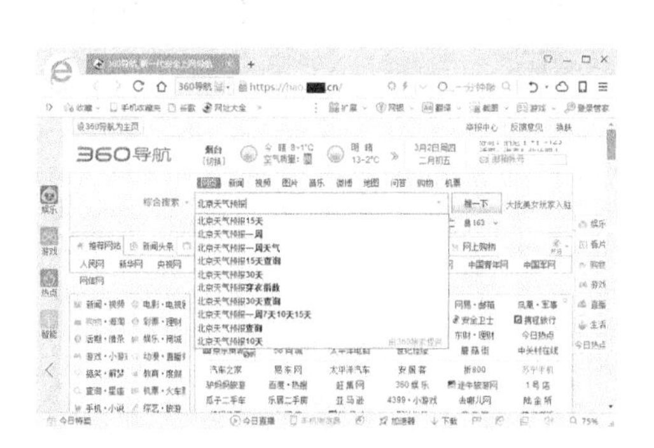

2 按下【Enter】键，浏览器将显示出近几日北京的天气、降水量、温度等相关信息。

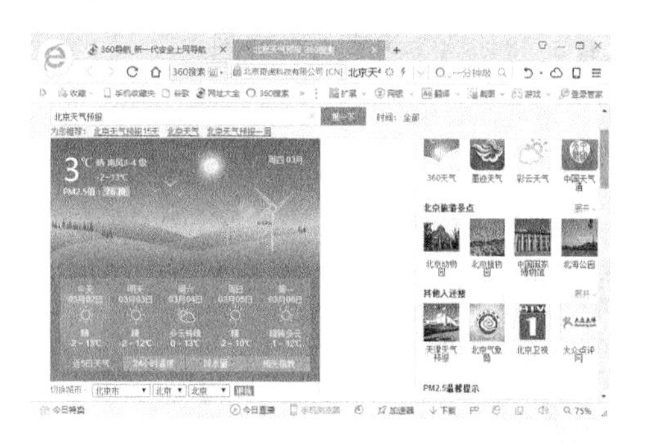

12.2 网上购物

网上购物就是通过互联网检索商品信息，并通过电子订购单发出购物请求，然后进行网上支付，商家通过邮寄的方式发货，下面就来讲解如何在网上进行购物。

12.2.1 在淘宝网上购物

要在淘宝网上购买商品，首先要注册一个账号，才可以以淘宝会员的身份在其网站上进行购物。

在淘宝网上注册会员并购买物品的具体操作步骤如下。

1. 注册淘宝账户

1 打开Chrome浏览器，在搜索栏中输入“淘宝网”，按下【Enter】键，可以看到浏览器会显示出“淘宝网”相关的信息。

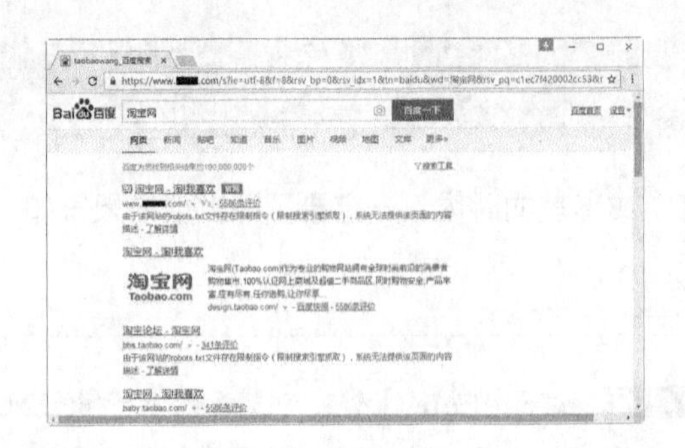

2 单击网页中后缀带有“官网”标识的超链接，即可进入淘宝网的官网。

3 单击网页左上角的【免费注册】超链接，进入账户注册页面，弹出【注册协议】对话框，单击 同意协议 按钮。

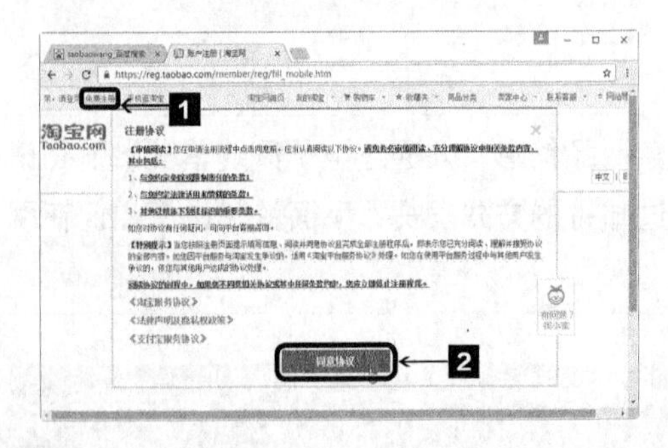

4 在手机号文本框中输入手机号码，拖动下方的滑块移动到最右边。

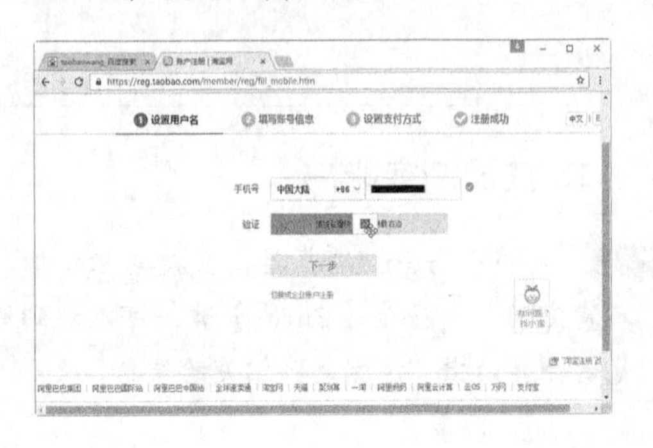

5 网页会弹出一个验证框，用户根据提示单击图中的验证文字即可。

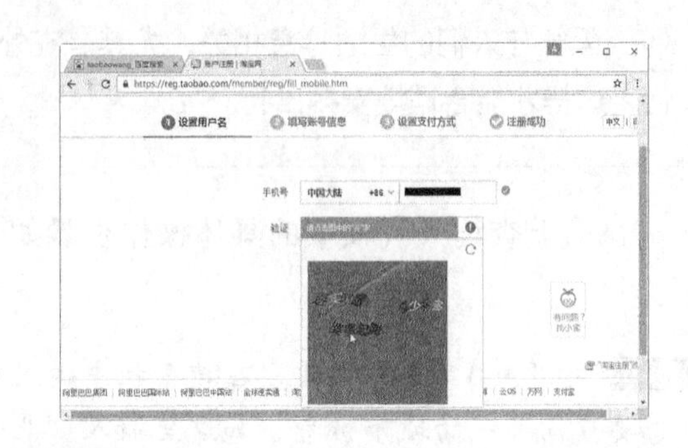

6 完成验证后，单击【下一步】按钮 下一步(N) >。

7 系统会发送一条验证码至用户的手机上，收到验证码后输入验证码文本框中，单击 确认 按钮即可。

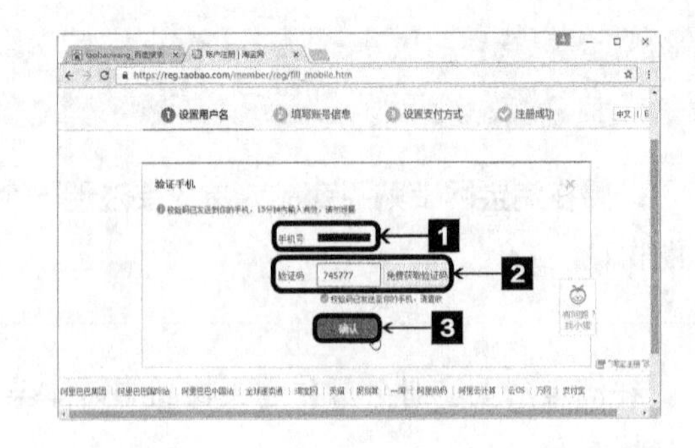

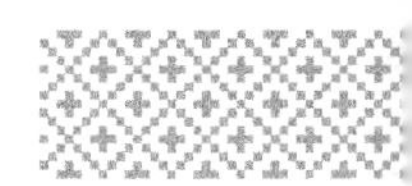

8 进入填写账号信息界面，然后根据提示输入密码和用户名。单击【提交】按钮即可。

9 进入设置支付方式页面，然后根据提示输入银行卡号、持卡人姓名、身份证号和手机号码。输入完毕，单击【同意协议并确定】按钮即可。

10 系统会再次发送一条验证码至用户的手机上，在“校验码”文本框中输入收到的验证码，单击【同意协议并确定】按钮，进入登录界面。

11 系统会发送验证码至用户的手机上，输入验证码，单击 确定 按钮即可。

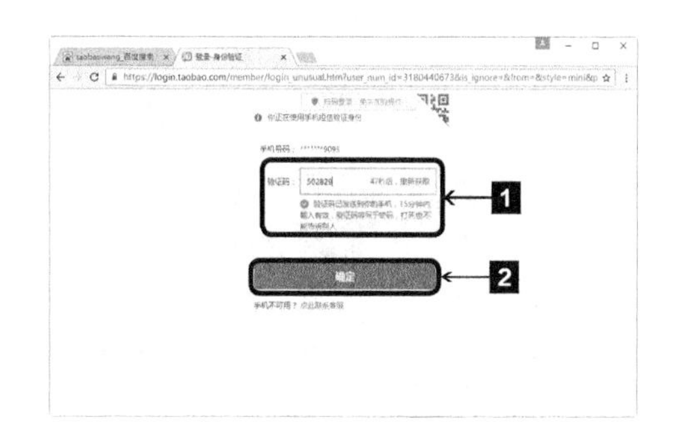

12 淘宝会员账户注册完成，用户可以使用此账户在淘宝网上购买商品。

2. 在淘宝上购买商品

1 使用注册的账户登录淘宝网，在搜索框中输入想要购买的商品，如这里想要购买一个键盘，即可以在搜索框中输入“键盘”。

2 按下【Enter】键，即可显示出所有和“键盘”有关的搜索结果。

3 用户可以在网页的上方选择键盘的品牌、价格、接口类型等。

4 在下方的排序栏中可以选择根据何种方式排列商品的顺序。

5 单击想要购买的商品图片，即可进入商品详情页。在此页面中可以选择想要购买商品的具体样式，选择完成后，单击【立即购买】按钮。

6 进入发货详情页面，在此页面中设置收货人的详细信息和运送方式，设置完毕，单击【提交订单】按钮。

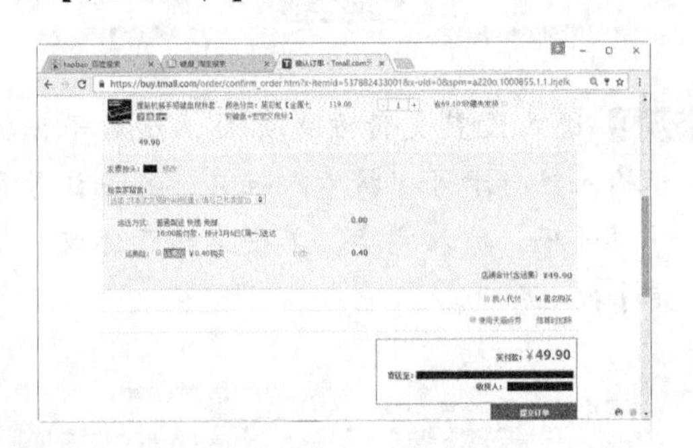

7 进入支付页面，在其中输入支付密码，然后单击【确认付款】按钮。

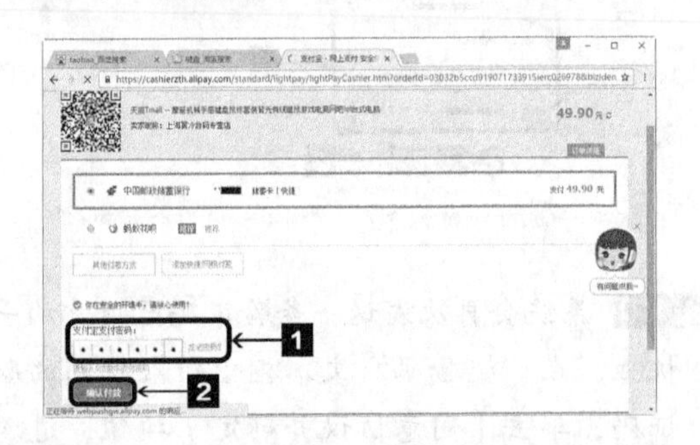

8 商品购买完成，页面将显示出付款成功的相关信息。用户只需等待快递送达即可。

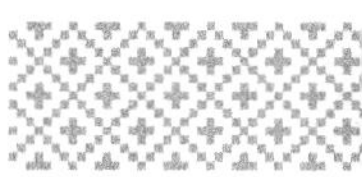

12.2.2 在京东购物

京东商城主要是经营电子类的商品，而且京东自营的商品具有“次日达”服务，相比普通快递更节省时间。

具体操作步骤如下。

1 启动Chrome浏览器，在搜索框中输入“京东”，按下【Enter】键，单击网页中后缀带有“官网”标识的超链接，即可进入京东的官网。

2 京东搜索商品的方法与淘宝类似，直接在搜索框中输入商品的名称，这里在文本框输入“鼠标”，按下【Enter】键。

3 显示出所有和鼠标有关的商品，在页面上方可以选择商品的品牌、价格等。

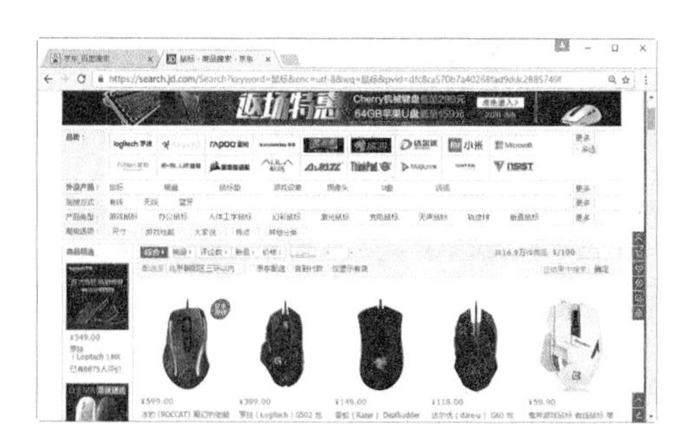

4 在下方的排序栏中可以选择商品的排列顺序。

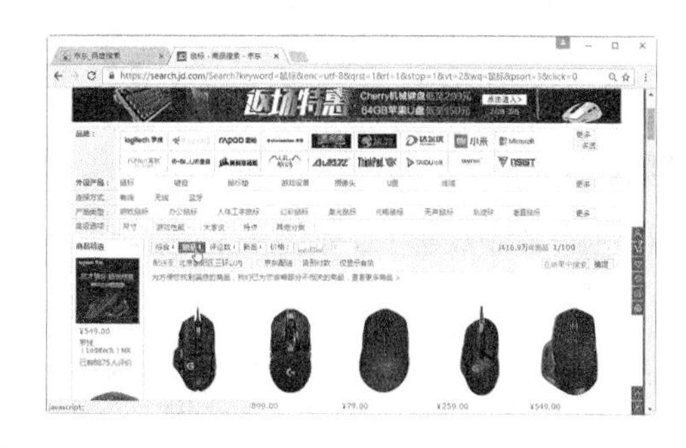

5 单击想要购买的商品图片，即可进入商品详情页。在此页面中可以选择想要购买商品的具体样式，选择完后，单击【加入购物车】按钮。

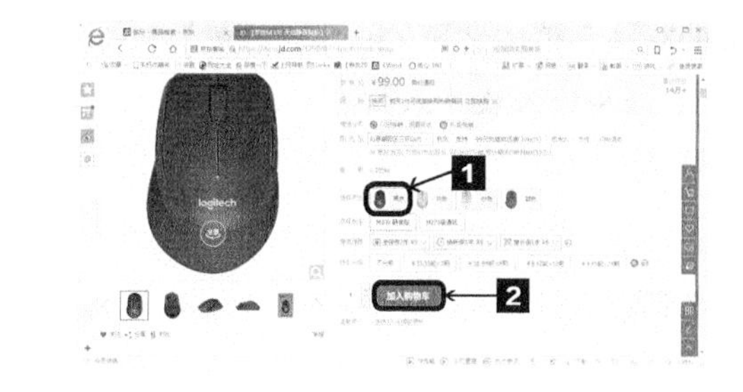

6 进入提示页面，提示“商品已经成功加入购物车！”，单击 去购物车结算 按钮。

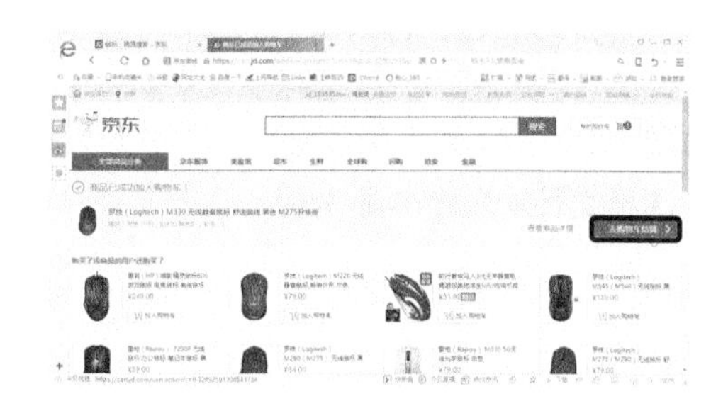

7 进入【购物车】界面，在“购物车”中可以看到添加但还未付款的商品。单击 去结算 按钮。

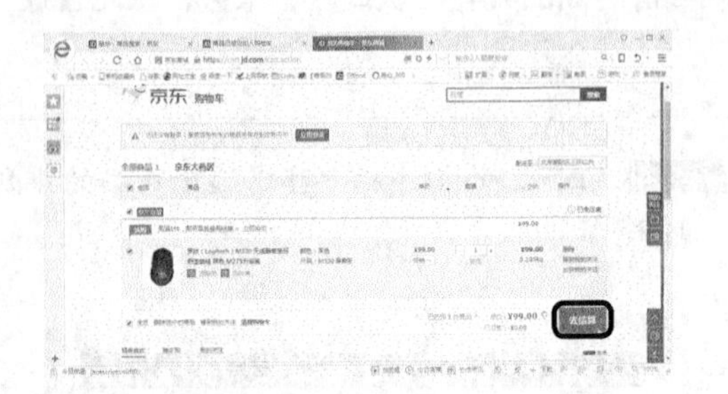

8 弹出登录对话框，选择一种登录方式。

9 进入【填写并核对订单信息】页面，在此页面中输入收货人信息。填写完毕，单击 保存收货人信息 按钮。

10 收货人信息保存完成后，在该页面的下方选择支付方式和配送方式。

11 选择完毕后，单击页面最下方的 提交订单 按钮即可。

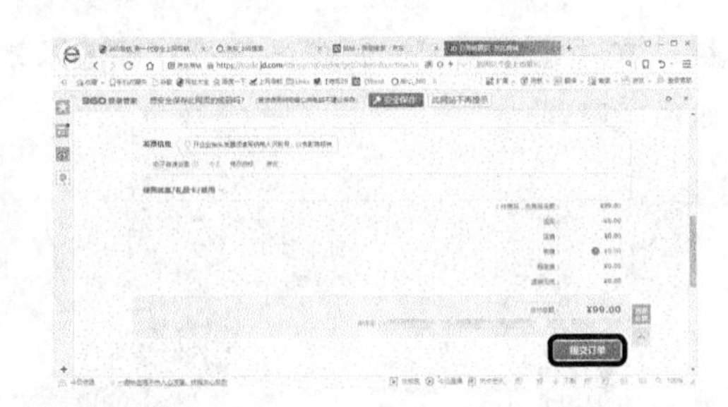

12 显示“订单提交成功，请尽快付款！”界面。

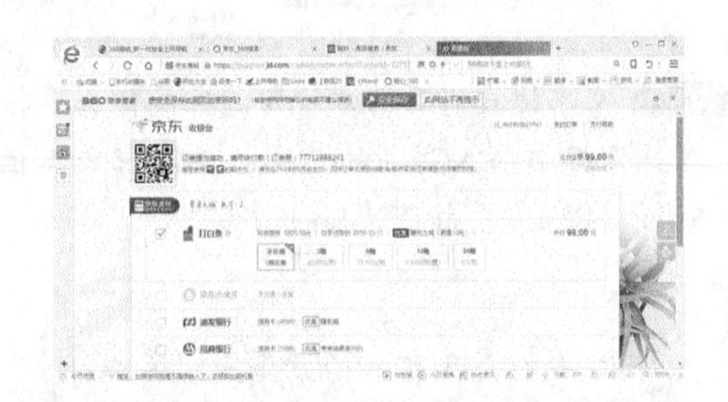

13 在界面中选择一种付款方式后，输入6位支付密码，单击【立即支付】按钮即可。

第13章

网上娱乐与社交

网络将人们带进一个更为广阔的世界，人们的视野较以往也大为开阔。在网络中不仅可以获取到免费的资源，还可以结识到天南海北的朋友。

13.1 用QQ

腾讯QQ支持在线聊天、视频通话、文件传输、QQ邮箱等多种功能。对于这些读者已经很熟悉的功能我们不再介绍，本节我们来学习几个实用的功能。

13.1.1 用QQ拨打电话

现在WiFi覆盖范围越来越广，无论是在家中还是外出，几乎处处皆有WiFi。QQ 4.6.0以上的版本已经支持在WiFi条件下免费拨打电话，这样可以节省手机的通话费用。使用QQ拨打电话的具体操作步骤如下。

1 在手机上启动QQ客户端，输入账号和密码，登录到QQ主界面，单击【联系人】。

2 切换到【联系人】界面，在界面中单击【通讯录】选项，单击【未启用】。

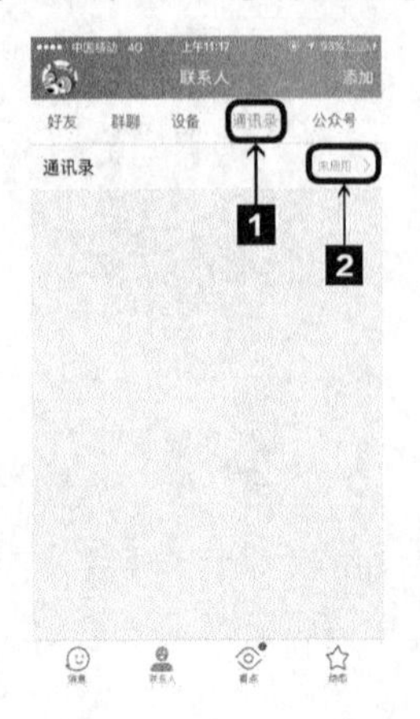

3 进入【验证手机号码】界面，在界面中输入手机号码，单击【下一步】按钮。

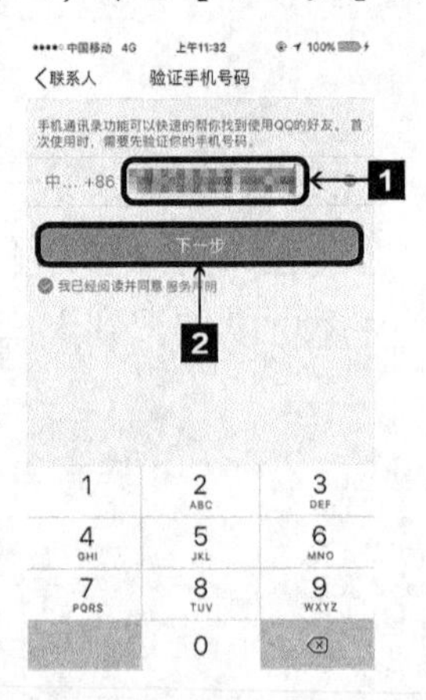

4 弹出要求输入【短信验证码】界面，稍等一会，手机会收到一条短信，内容里有4位验证码，输入验证码，然后单击【完成】按钮。

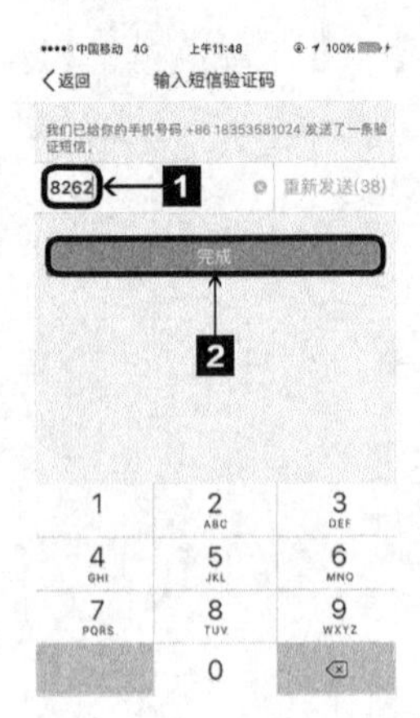

5 即可看到在【通讯录】下方显示的所有联系人，并从中选择想要拨打电话的用户的QQ。

6 在【通讯录】中选定联系人，单击进入联系人呼叫界面，在界面中单击【QQ电话】按钮 QQ电话 。

加好友 QQ电话 发消息

7 即可进入呼叫界面，等待用户的接听。

注意

免费电话是指收取的费用不是话费，而是流量哦！建议WiFi下使用！

13.1.2 在腾讯课堂学习课程

腾讯课堂是腾讯推出的专业的在线教育平台，拥有大量收费或免费的精品课程。

本小节的操作视频请从网盘下载

在腾讯课堂学习课程

多数读者在使用QQ时，可能不知道有腾讯课堂。腾讯课堂从哪里进入，怎么用，是要收费还是免费?

在腾讯课堂中学习课程的具体操作步骤如下。

1 打开QQ主界面，在主面板的右下角可以找到一个4格方块，即“应用管理器” ，单击它。

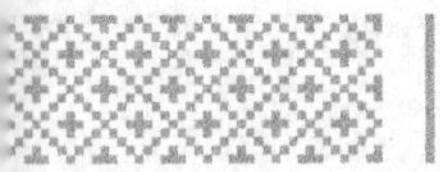

2 弹出【应用管理器】对话框，在【休闲娱乐类】列表框下方单击【腾讯课堂】选项。

3 单击后即可在浏览器中打开腾讯课堂首页。

4 进入课堂网页后，用户就可以在左侧课程分类里选择自己想要学习的课堂，这里我们选择【平面设计】课程。

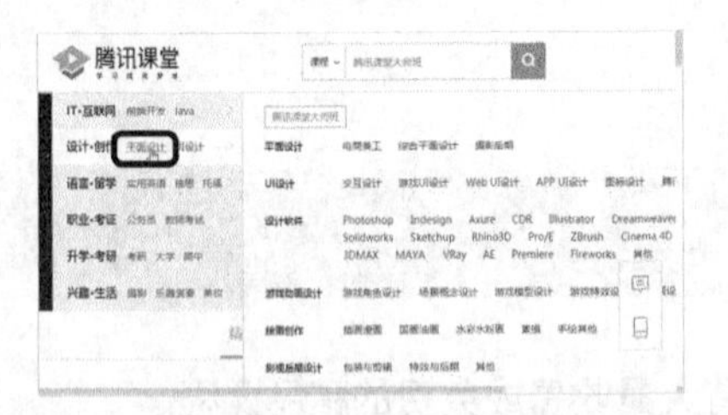

5 进入课程列表，选择想听的课程，选择【免费】课程，进入课程后单击【立即报名】按钮 立即报名 。

6 弹出【报名成功】对话框，可以关注公众号获取上课提醒，然后单击【立即学习】按钮 立即学习 。

7 单击之后，可以进入课堂直接学习了。

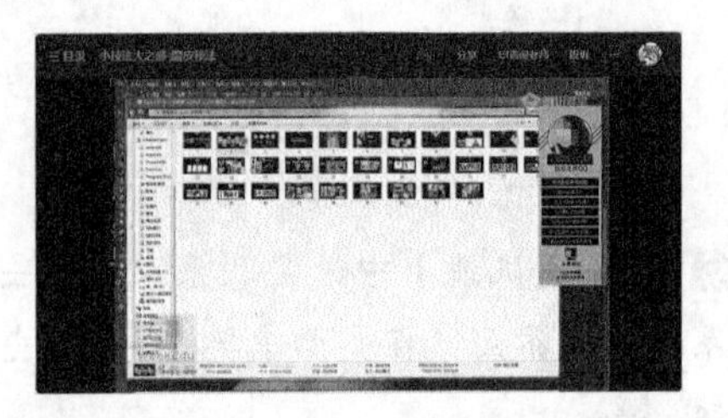

如果想要快速进入腾讯课堂，可以将其添加到QQ主界面，具体操作步骤如下。

1 在【应用管理器】对话框中，将鼠标指针悬停在【腾讯课堂】上方，即可出现【添加】按钮，单击【添加】按钮 添加 ，将【腾讯课堂】添加到QQ主界面。

2 在QQ主界面中看到【腾讯课堂】已经被添加到到主界面中了，在主界面中双击【腾讯课堂】进入即可。

13.1.3 使用微云传送文件

微云是腾讯公司为用户精心打造的一项智能云服务，用户可以通过微云方便地在手机和电脑之间同步文件。

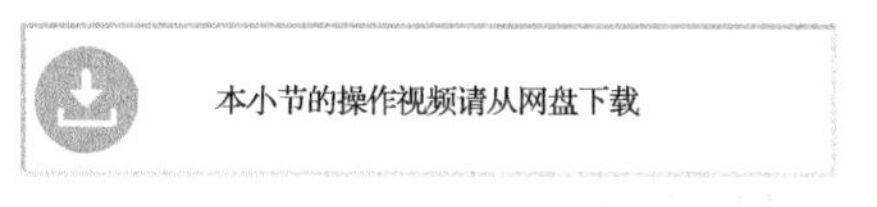

使用微云传送文件

使用微云传送文件的具体操作步骤如下。

1 打开QQ主界面，在主界面中单击【应用管理器】按钮 。

2 弹出【应用管理器】对话框，在【个人工具类】列表框下方单击【微云】选项。

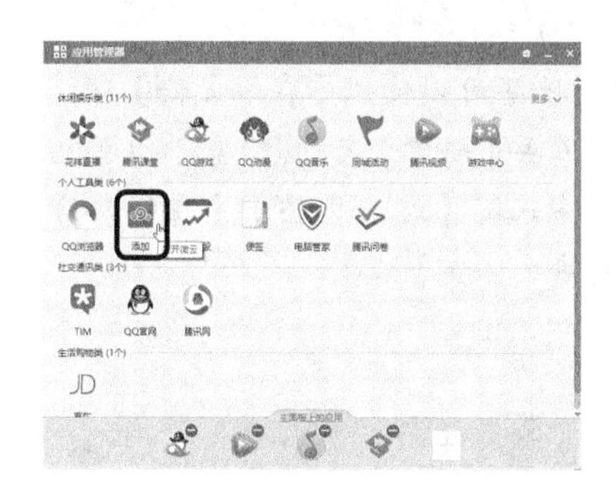

3 弹出【微云】对话框，在对话框中单击【上传】按钮，从弹出的下拉列表中选择【文件】选项。

4 弹出【打开】对话框，在对话框中选中文件，然后单击【打开】按钮。

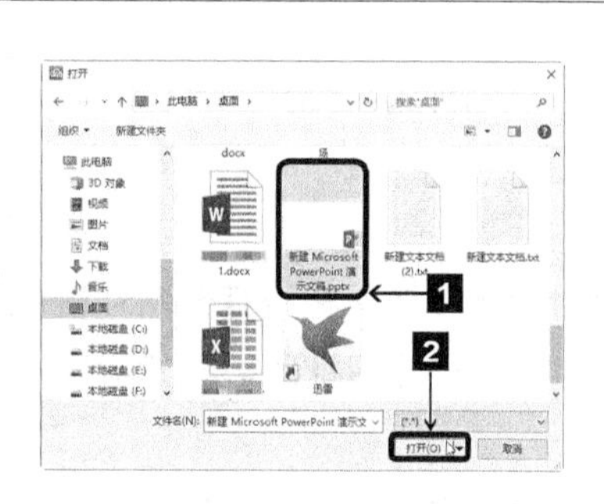

5 弹出【上传文件】对话框，单击【开始上传】按钮，即可将文件上传到微云。

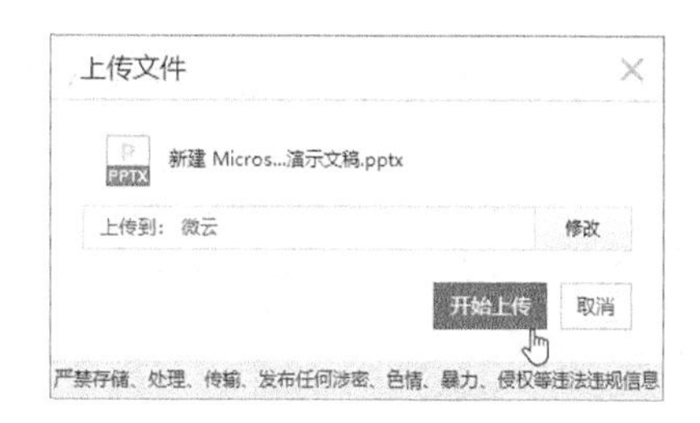

6 返回【微云】对话框，可以看到上传的文件已经存在于对话框中。

7 上传到【微云】的文件，用户可以对其进行不同的设置，如可以下载文件、分享文件、移动文件、重命名文件以及删除文件等。

13.1.4 使用腾讯文档协同办公

腾讯文档是一款可多人协作的在线文档，目前仅支持Word和Excel类型的文档。打开网页就能轻松查看和编辑文档，并能在云端实时保存。

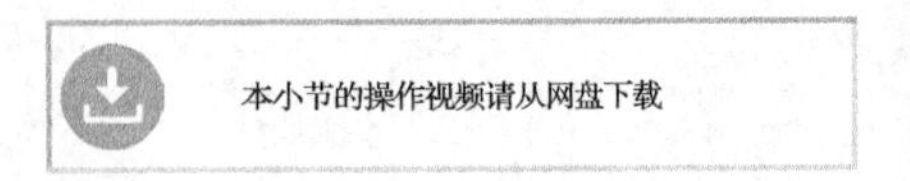

使用腾讯文档协同办公

使用腾讯文档，在线打开网页就能写，无需下载安装，打开网址即可开始编辑，随时随地使用。

系统会对用户的编辑做自动保存，不用担心断网断电导致编辑的内容丢失，重新联网后文档内容自动恢复。

使用腾讯文档协同办公的具体操作步骤如下。

1 打开QQ主界面，在主界面中单击【腾讯文档】按钮。

2 在浏览器中打开【腾讯文档】，在网页中选择【欢迎使用在线文档】选项。

3 进入【在线文档】主页后，用户可以根据需要对文档进行编辑。

4 除了可以使用【在线文档】外，用户还可以单击【新建】按钮新建，从弹出的下拉列表中选择【在线文档】【在线表格】或者【新建文件夹】选项。

13.2 刷微博

微博是一个基于用户关系信息分享、传播以及获取的平台。用户可以以140字的文字更新信息，并实现即时分享。微博的关注机制分为可单向、可双向两种。

13.2.1 登录微博账号

想要在微博上与其他用户进行互动，就需要登录微博账户，用户可以使用手机号进行注册，也可以使用QQ号直接登录。

登录微博账号的具体操作步骤如下。

1 启动浏览器，在浏览器中输入关键字“微博”，单击带有“官网”标识的超链接。

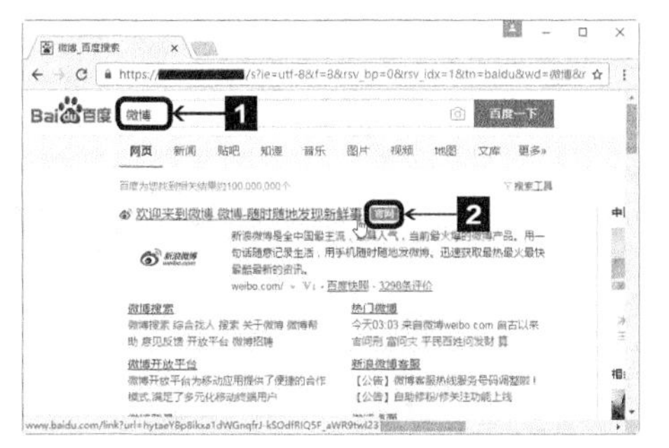

2 进入微博的主页，在其中可以看到每天更新的资讯、热点等。在页面右侧可以选择登录的方式，这里选择使用手机号登录。单击 立即注册! 按钮。

3 弹出【微博注册】窗口，在此窗口中填写手机号和激活码，单击 立即注册 按钮，即可注册一个以手机号为账号的微博。

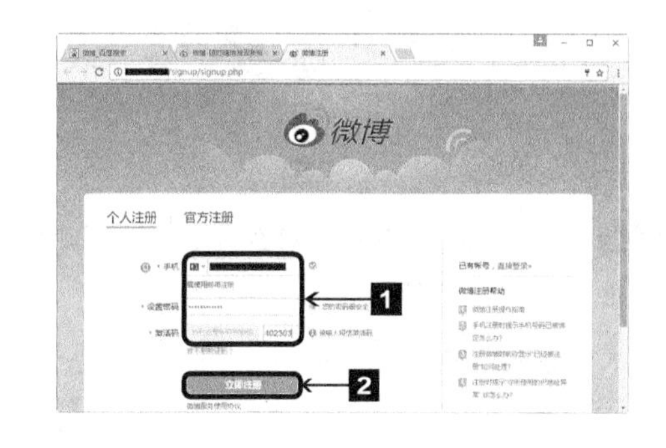

4 注册完成后，返回微博主界面，使用账号密码登录即可。

13.2.2 关注和粉丝

在新浪微博中，“关注”是指用户关注的人，最多只能关注2000人。而“粉丝”则是指关注用户的人，无上限；只显示最新1000人。

1 登录微博主界面，在页面右上角的个人信息区域中可以看到关注和粉丝的数量。

2 单击【关注】选项，即可看到所有关注的微博用户。

3 如果想要取消关注用户，只需要将鼠标指针移至关注的用户下的【设置】按钮 ，在弹出的下拉列表中单击 取消关注 按钮，即可取消关注该用户。

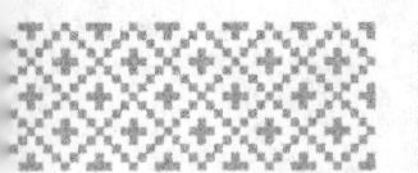

4 单击页面左侧的【粉丝】选项，即可显示出关注用户的粉丝。

5 如果想要移除粉丝，只需将鼠标指针移至粉丝信息右侧的 更多 按钮上，在弹出的快捷菜单中单击【移除粉丝】按钮，即可移除该粉丝。

13.2.3 发布微博

在新浪微博中，用户可以发布多种类型的微博，如文字、图片、视频等。

发布微博的具体操作步骤如下。

1 登录微博主页，在页面上方的文本框中可以输入想要发送的文本。例如这里输入“今天天气很好。”

2 单击 发布 按钮左侧的【公开】选项，在弹出的下拉列表中选择发布的范围。

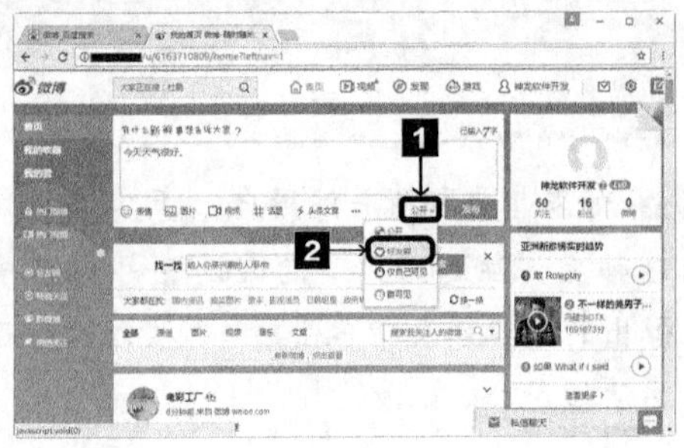

3 单击 发布 按钮，即可将写好的微博发布出去。

4 如果想要发送图片类型的微博，则需要单击文本框下方的 图片 按钮，在弹出的下拉菜单中选择发布图片的类型。

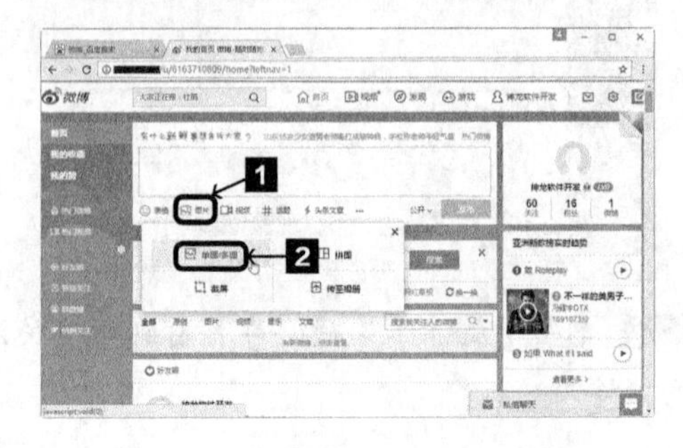

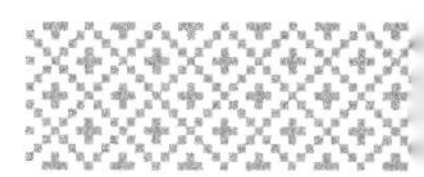

5 弹出【打开】对话框，在对话框中选择想要发布的图片，单击 打开(O) 按钮。

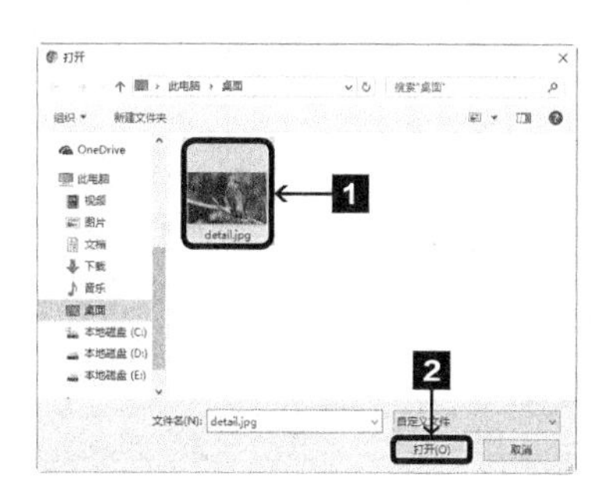

6 将图片添加到页面中。单击 +标签 按钮，可以为图片添加标签说明。

7 例如这里输入“一只小鸟”。

8 设置完毕后，单击 发布 按钮，即可将添加的图片发布出去。

9 用户还可以在微博上发布视频，方法也很简单，只需单击文本框下方的【视频】按钮，弹出【打开】对话框，在其中选择想要上传的视频，单击 打开(O) 按钮。

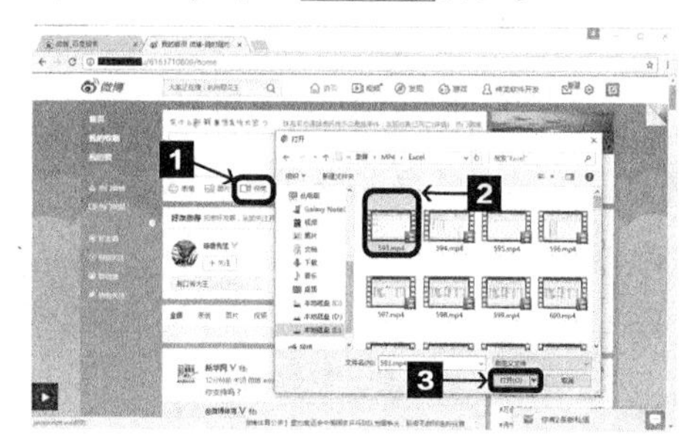

10 即可将视频上传到页面中。上传完成后，输入视频的标题、分类和标签等。输入完毕，单击 完成 按钮。

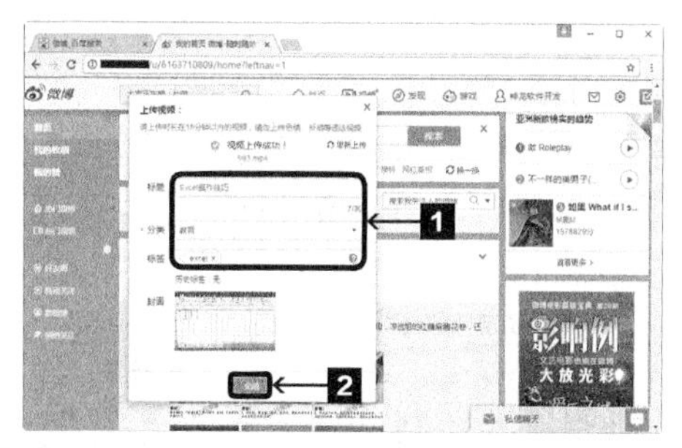

11 文本框中将自动显示视频的名称，单击 发布 按钮。

12 页面中将弹出提示，提示用户“视频将在转码完成后自动发出”。

13.2.4 转发微博

在微博上往往会遇见许多新奇有趣的新闻、视频、动态图等，用户可以将这些微博转发到自己的微博中。

转发微博具体的操作步骤如下。

1 如果想要转发某条微博，只要单击该条微博下方的 转发 按钮。

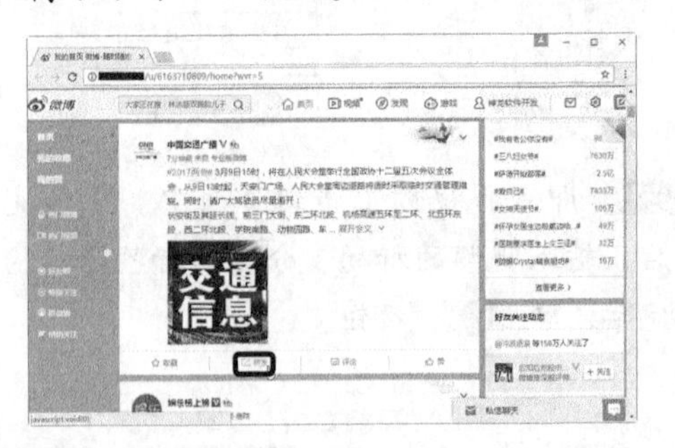

2 在弹出的文本框中输入转发的内容，然后单击文本框下的 转发 按钮即可。

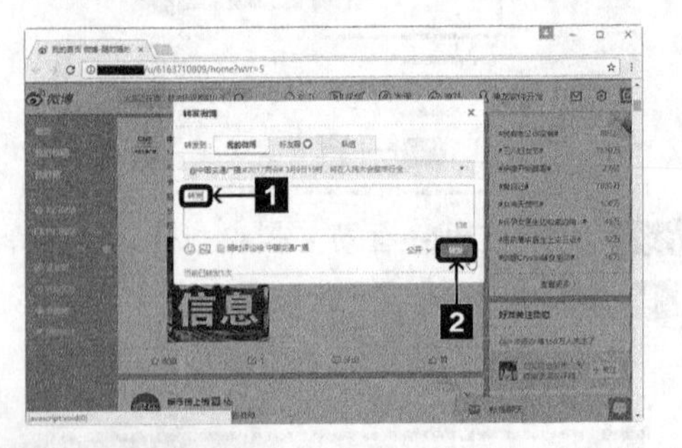

3 转发完毕后，回到页面顶部，单击个人信息中的【微博】选项。

4 进入【我的主页】页面，即可看到转发的微博。

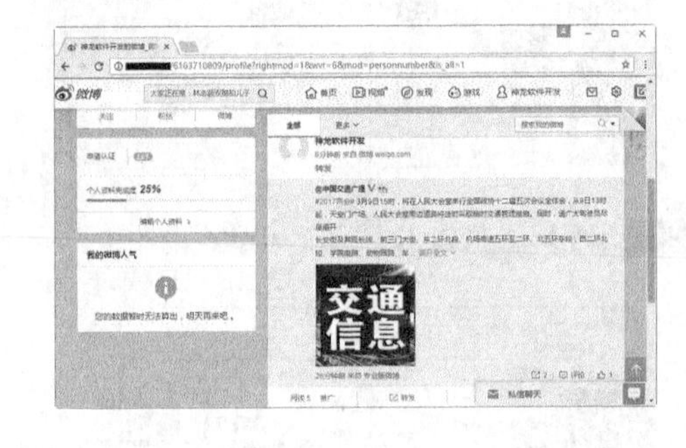

13.3 聊微信

微信是腾讯公司推出的一个为智能终端提供即时通讯服务的免费应用程序，微信不仅可以在手机上使用，还可以在电脑上、网页上使用。

13.3.1 使用电脑版微信

如果用户不方便使用手机版微信，也可以在电脑上安装微信，其主要功能与手机版微信大致相同。

电脑版微信使用的具体操作步骤如下。

1 打开浏览器，在搜索框中输入关键字“微信电脑版”，按下【Enter】键。单击网页中的 立即下载 按钮。

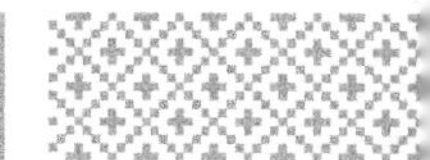

2 网页将会自动开始下载软件安装包。下载完成后，单击浏览器下方的下载内容。

3 打开微信的安装窗口，安装微信。

4 安装完成后打开微信电脑版，提示用户“请使用微信扫一扫以登录”。

5 使用手机微信中的扫一扫功能扫描电脑上的二维码，弹出确认登录对话框，提示用户在手机上确认登录。

6 登录完成后，即可显示出在手机上的聊天记录。

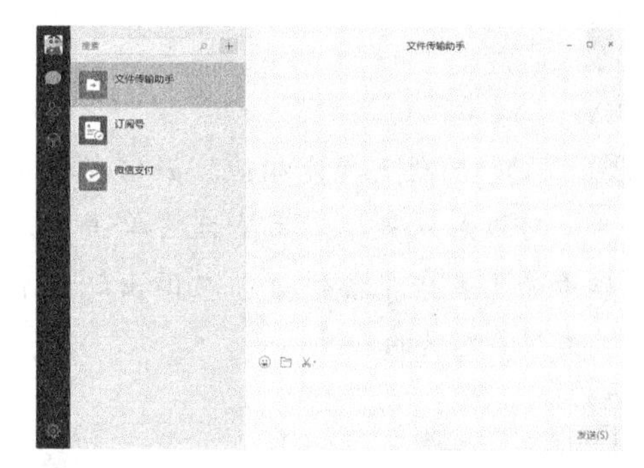

7 单击【通讯录】按钮，即可看到好友列表。

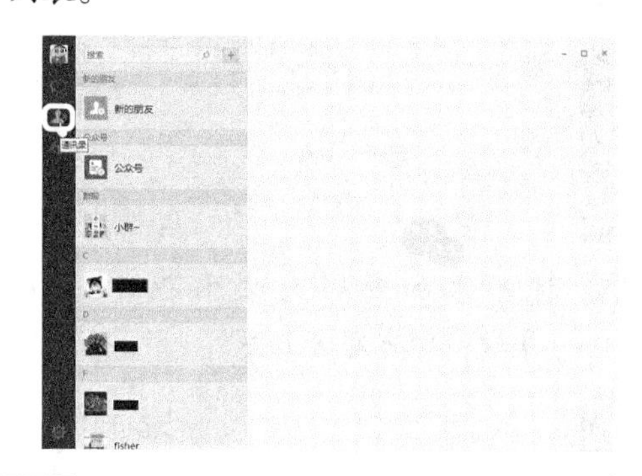

8 如果想要向某个好友发送消息，则需要单击好友的头像，在右侧弹出好友的信息。单击好友信息下方的 发消息 按钮。

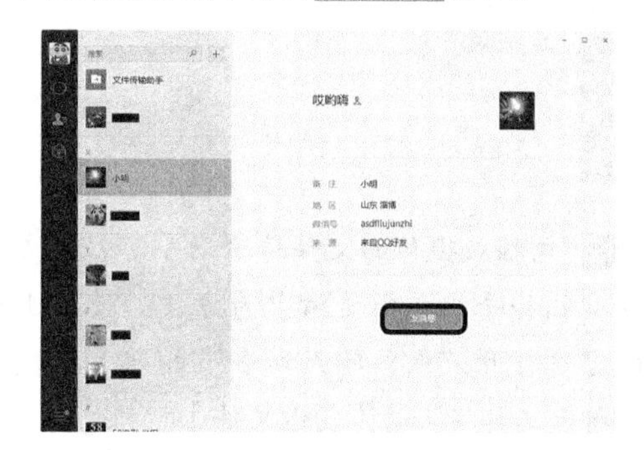

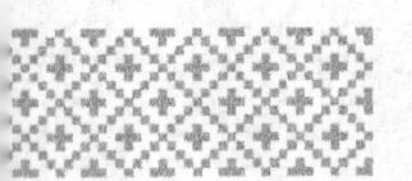

9 进入聊天窗口，在聊天文本框中输入想要发送的信息，按下【Enter】键即可发送出去。

10 与QQ的聊天功能相似，微信在聊天过程中也可以加入表情。用户只需单击聊天工具栏中的【表情】按钮，在弹出的表情库中单击想要发送的表情。

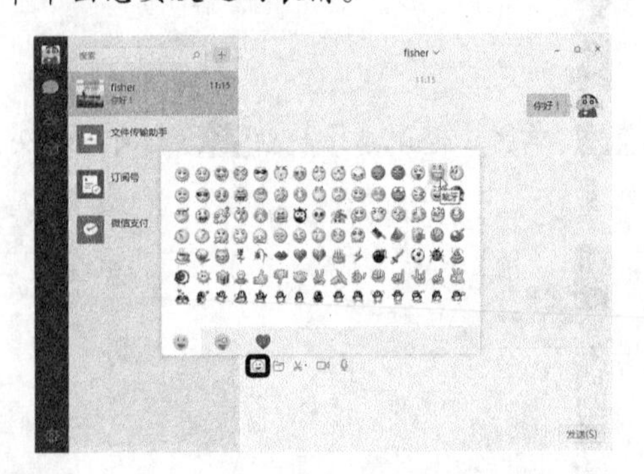

11 将其添加到聊天文本框中。按下【Enter】键，即可发送出去。

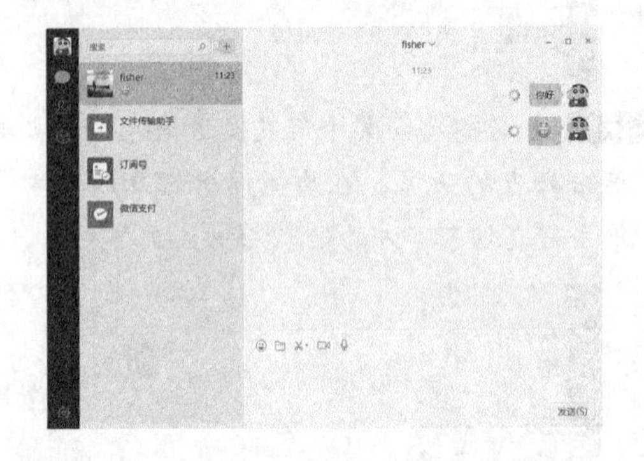

12 电脑版微信的文件传输助手可以使文件在电脑和手机之间传输更为方便。使用上述的方法打开“微信聊天助手”的聊天框，单击聊天工具栏上的【发送文件】按钮。

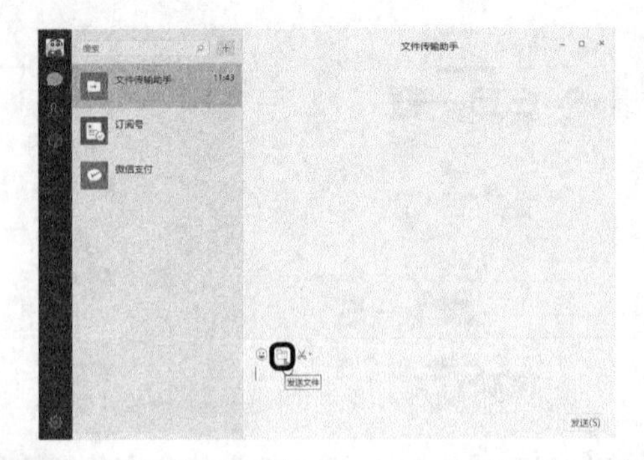

13 弹出【打开】对话框，在对话框中选择想要发送的文件，单击 打开(O) 按钮。

14 将选中的图片添加到聊天框中，按下【Enter】键，即可发送到手机上。

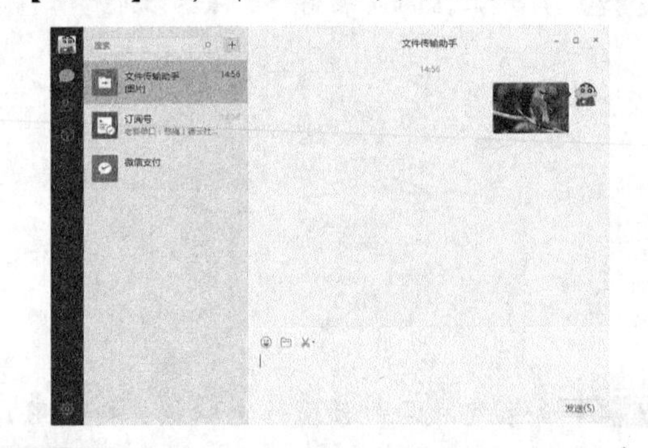

15 如果在聊天时需要加入截图，则可单击聊天工具栏上的【截图】按钮。进入截图区域选取状态，绘制想要截取的区域。绘制完毕，单击绘图框右下角的【完成截屏】按钮。

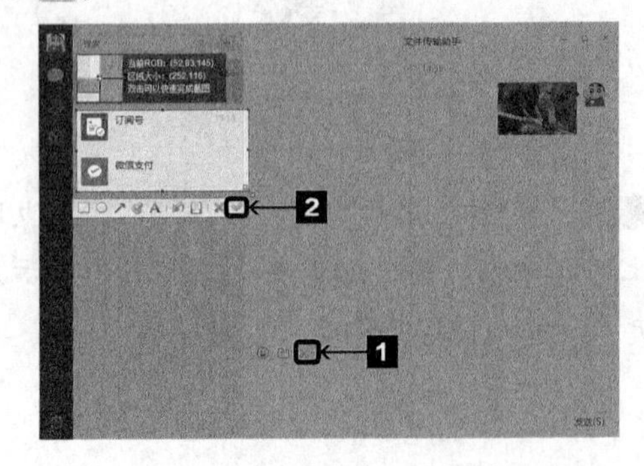

16 将截取的图片添加到文本框中，按下【Enter】键，即可发送出去。

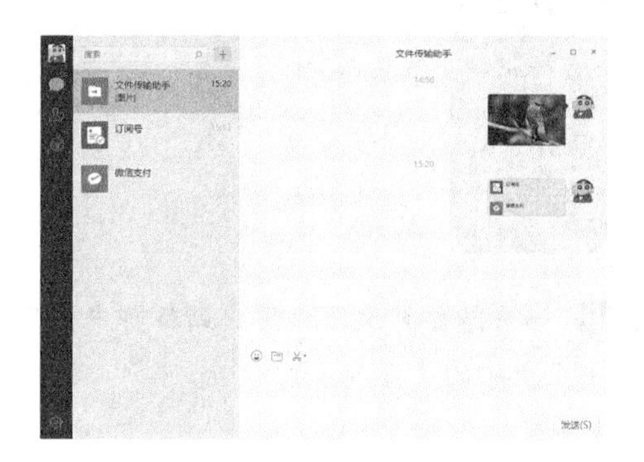

17 电脑版微信同样具有视频语音聊天功能，用户只需单击聊天工具栏上的【视频聊天】按钮，即可启动视频聊天。

18 如果想要启动语音聊天，只需单击聊天工具栏上的【语音聊天】按钮，即可启动语音聊天。

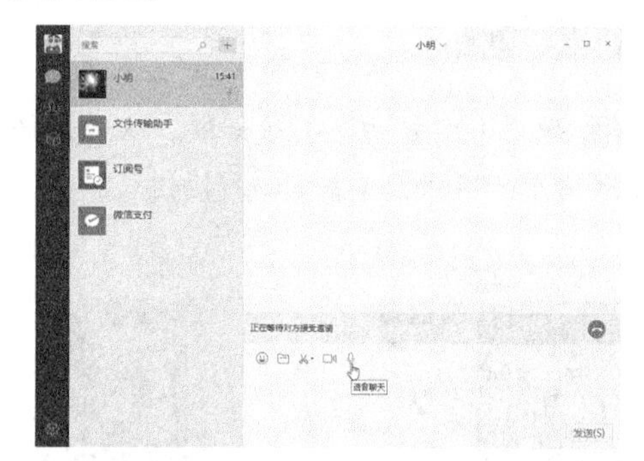

13.3.2 使用微信网页版

如果电脑上没有安装微信，用户可以使用网页版微信来实现PC端登录。

使用微信网页版的具体操作步骤如下。

1 打开浏览器，在搜索框中输入关键字“微信网页版”，按下【Enter】键。单击网页中带有“官网”标识的链接。

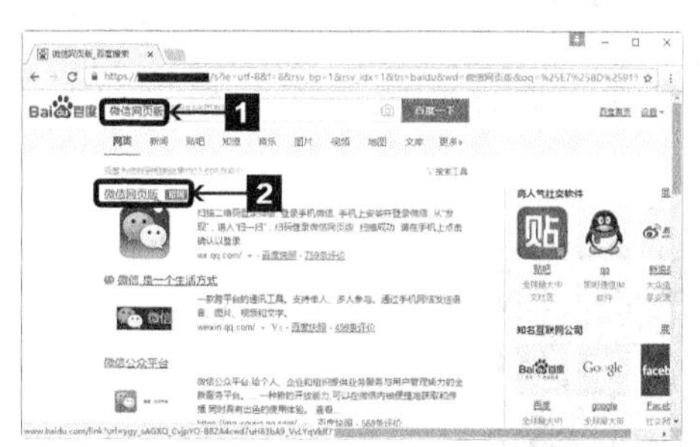

2 进入微信网页版的官网，提示用户“使用手机微信扫码登录”。

3 使用手机微信中的扫一扫功能扫描浏览器中的二维码，弹出确认登录对话框，提示用户在手机上确认登录即可。

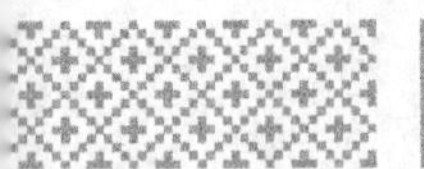

4 如果用户想要一次对多个用户发送消息，可以使用【发起聊天】功能来实现。用户只需单击头像右侧的【菜单】按钮，在弹出的下拉菜单中单击【发起聊天】按钮 发起聊天。

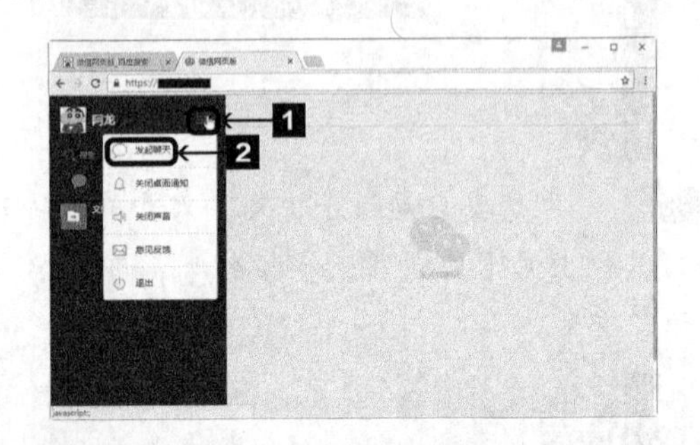

5 弹出【发起聊天】对话框。从中选择要发送消息的用户，单击 确定 按钮。

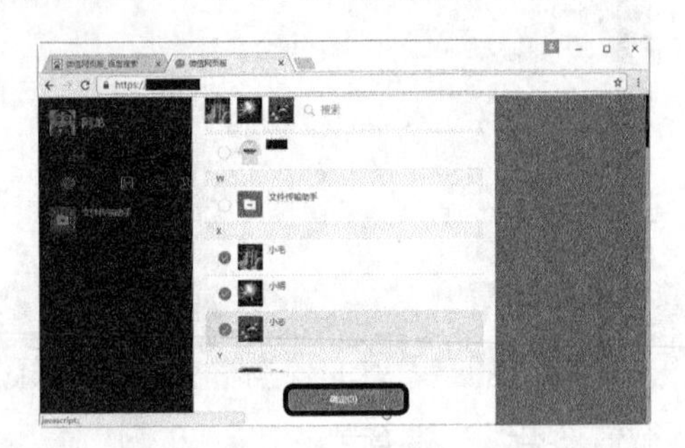

6 如果想要将某位好友从群聊中移除，则需要单击群聊成员名称后面的下箭头按钮，在弹出的下拉菜单中单击【减少】按钮。

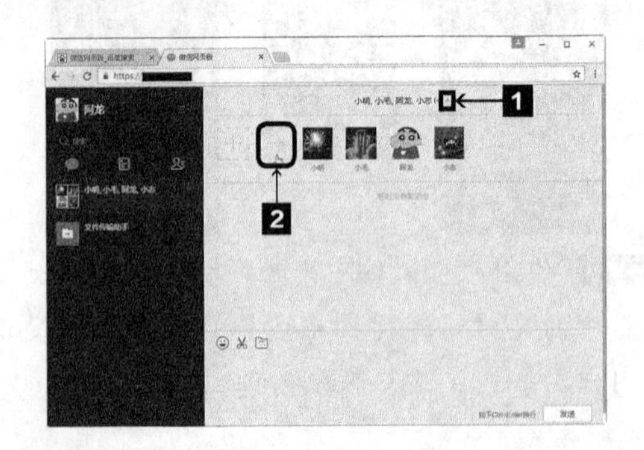

7 此时好友头像的右上角会出现一个【减号】按钮，单击此按钮，即可将好友移除群聊。

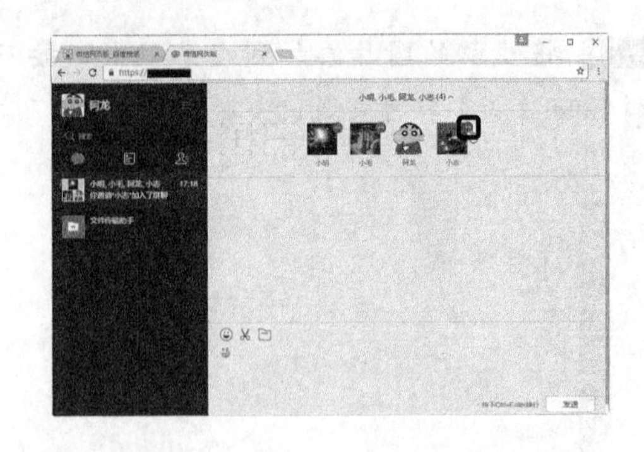

8 如果想要再次添加用户到群聊中，只需单击菜单中的【增加】按钮。

9 在弹出的下拉菜单中选择想要添加到群聊中的好友，单击 确定(1) 按钮。

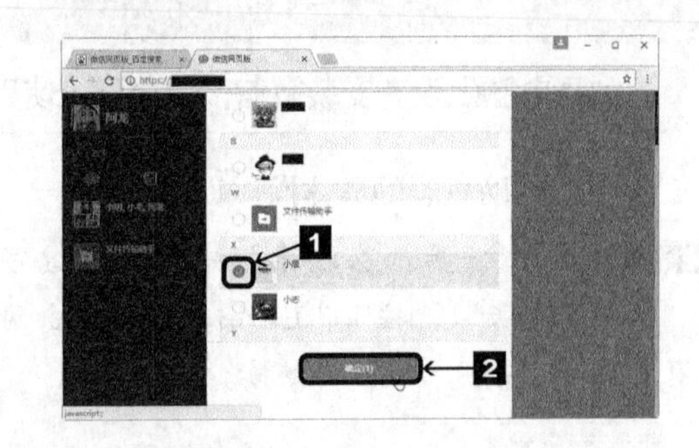

10 即可将好友添加到群聊中。

第14章

程序的安装与管理

一台完整的电脑包括硬件和软件，软件是用户与硬件之间的接口界面。用户主要是通过软件与计算机进行交流。软件是计算机系统设计的重要依据。本章主要介绍软件的安装、升级、卸载和管理等基本操作。

14.1 认识常用的软件

电脑的硬件设置配置完成之后，还需要在电脑上安装软件，用户才能更好地使用电脑。常用的软件包括浏览器软件、聊天工具软件、影音娱乐软件、办公软件、图像处理软件等。

14.1.1 浏览器软件

浏览器是指可以显示网页服务器或者文件系统的HTML文件内容，并让用户与这些文件交互的一种软件。一台电脑只有安装了浏览器软件，才能与网络进行互动。

IE浏览器是Windows系统默认的浏览器，它是组成Windows操作系统的一部分。

Google Chrome，是由Google公司开发的网页浏览器。该浏览器是基于其他开源软件所撰写，目标是提升稳定性、速度和安全性，并创造出简单且有效率的使用者界面。

360安全浏览器是360安全中心推出的一款基于IE和Chrome双内核的浏览器，该浏览器具有自动拦截恶意网站、自动扫描下载文件等功能，是一款适合电脑初学者的浏览器。

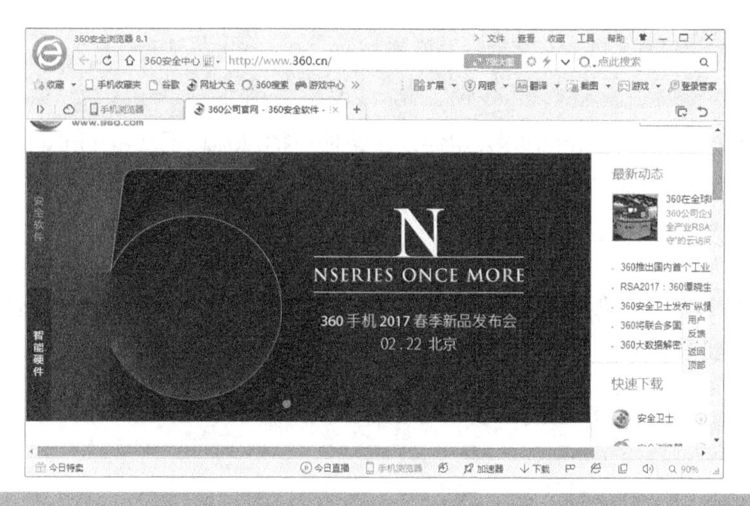

14.1.2 影音娱乐软件

影音娱乐软件的主要功能是为用户提供在线视频观看，常见的影音娱乐软件有暴风影音、爱奇艺视频、优酷视频、腾讯视频等。

暴风影音是北京暴风科技有限公司推出的一款视频播放器，该播放器兼容大多数的视频和音频格式。同时该软件具有视频转换、视频压缩、片段截取、左眼键等功能。

爱奇艺视频是爱奇艺旗下一款专注于视频播放的客户端软件。爱奇艺视频包含爱奇艺所有的电影、电视剧、综艺、动漫、音乐、纪录片等超清视频内容。

14.1.3 办公软件

目前常用的办公软件为Office办公组件，该组件包括Word、Excel、PowerPoint和Outlook等，通过Office办公软件，可以实现文档的编辑和排版，表格的设计、排序和计算，演示文稿的设计和制作，以及收发邮件等功能。

Word 2016是目前最新版本的文字处理软件。它为用户提供了用于创建专业而优雅的文档工具，帮助用户节省时间，并得到优雅美观的结果。

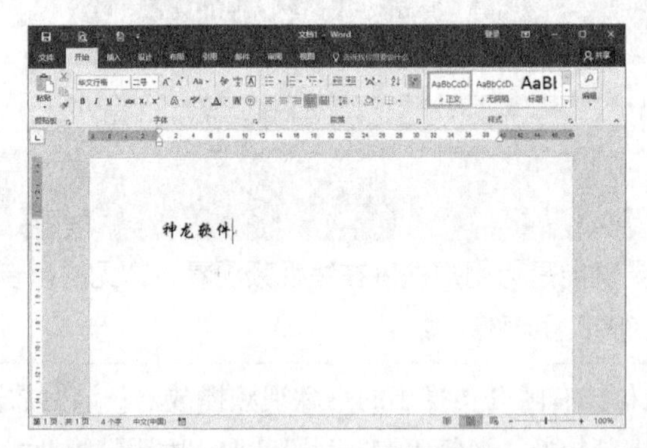

Excel 是微软办公套装软件的一个重要组成部分，它可以进行各种数据的处理、统计分析和辅助决策操作，广泛地应用于管理、统计财经、金融等众多领域。

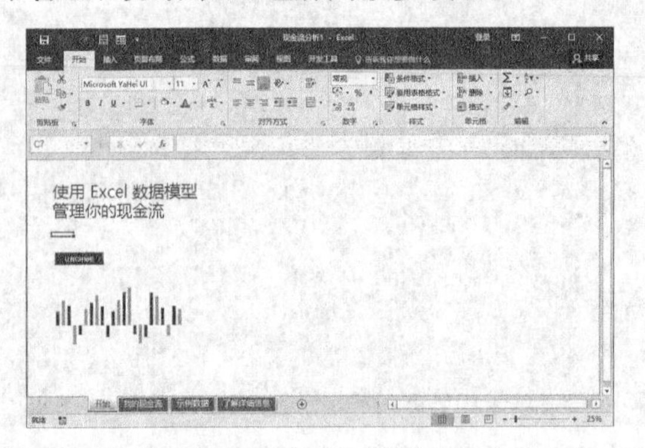

Microsoft Office PowerPoint是微软公司的演示文稿软件。用户可以在投影仪或者计算机上进行演示，也可以将演示文稿打印出来，制作成胶片，以便应用到更广泛的领域中。

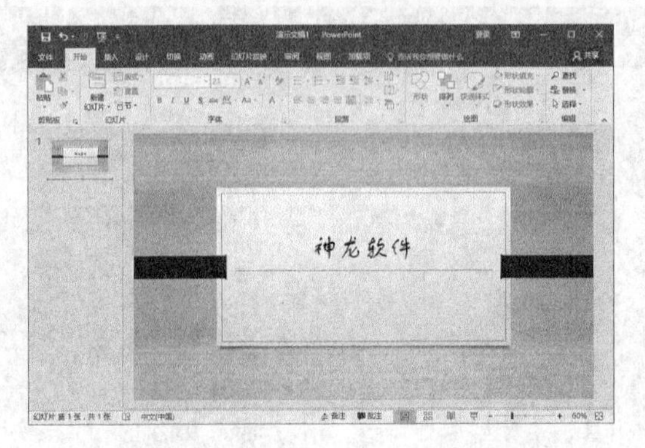

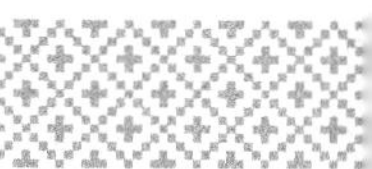

14.1.4 图像处理软件

图像处理软件是用于处理图像信息的各种应用软件的总称，专业的图像处理软件有Adobe的Photoshop系列和基于应用的处理管理、处理软件picasa等，还有国内很实用的大众型软件彩影，简单实用的软件有美图秀秀，动态图片处理软件有Ulead GIF Animator，gif movie gear等。

Photoshop主要处理以像素所构成的数字图像。使用其众多的编修与绘图工具，可以有效地进行图片编辑工作。PS有很多功能，在图像、图形、文字、视频、出版等各方面都有涉及。

14.2 获取软件安装包

获取软件安装包的方法主要有三种，分别为从软件的官网下载、使用Windows应用商店下载、从360软件管家中下载，下面分别进行介绍。

14.2.1 通过官网下载

官网是公开团体主办者体现其意志想法，团体信息公开，并带有专用、权威、公开性质的一种网站。一般在官网上不仅可以获取最新版的软件下载，还可以了解到更多关于软件的信息。

从官网上下载软件安装包的具体操作步骤如下。

1 打开IE浏览器，在地址栏中输入软件的官网地址，这里以下载暴风影音软件安装包为例，在浏览器中搜索“暴风影音”，打开暴风影音的官网。

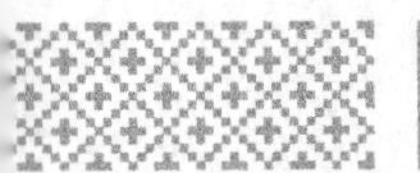

2 单击【暴风影音下载】按钮，浏览器会弹出提示，提示是否要保存或运行此文件。

3 单击【保存】右侧的下三角按钮，在弹出的快捷菜单中单击【另存为】菜单项。

4 弹出【另存为】对话框，在此对话框中选择要保存的位置，单击【保存】按钮 保存(S) 。

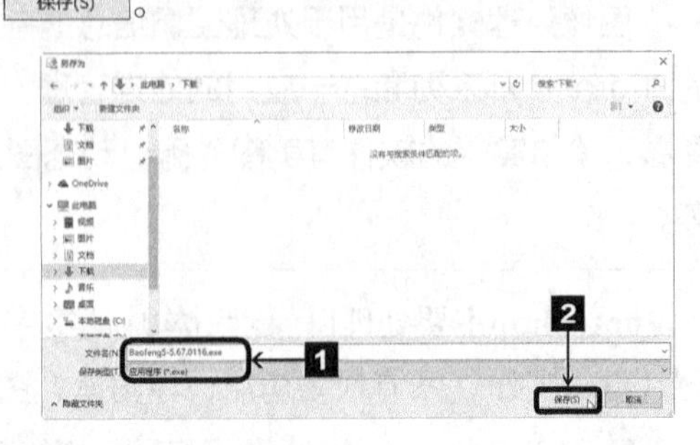

5 返回浏览器中，浏览器会自动开始下载，下载完成后用户可以选择直接运行或打开文件夹查看。

14.2.2 通过Windows应用商店下载

Windows 应用商店是Windows 10系统的重要功能，使用Windows 应用商店可以使用社交和联络、共享和查看文档、整理照片、收听音乐以及观看影片等内置应用，而且用户还可以在Windows 应用商店中找到更多应用。

通过应用商店下载程序的具体操作步骤如下。

1 单击【开始】菜单，在弹出的【开始屏幕】中单击【应用商店】图标。

2 弹出【应用商店】对话框，在搜索框中搜索想要下载的软件，如这里搜索“QQ”。

3 单击搜索提示框中的“QQ”应用，即可进入下载页面。在此页面中可以看到软件的相关信息，单击【获取】按钮 获取 。

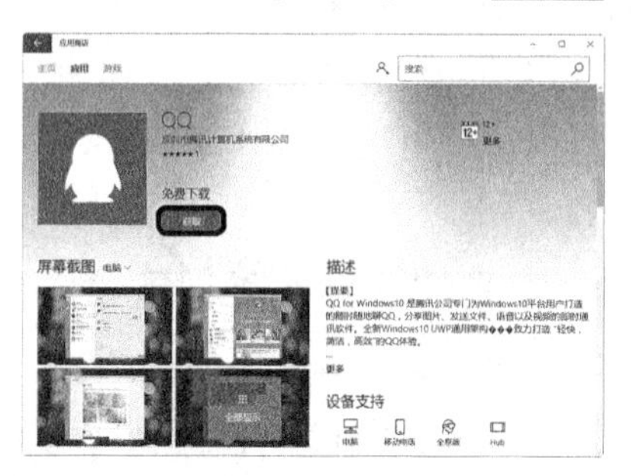

4 应用商店即可自动下载并安装应用程序。

14.2.3 通过360软件管家下载

360软件管家是360安全卫士中提供的一个集软件下载、更新、卸载、优化于一体的工具。它具有软件自动升级、强力卸载等功能。

这里以从软件管家中下载搜狗输入法为例来进行介绍。

1 打开360软件管家，在其搜索框中输入“搜狗输入法”，按下【Enter】键，在窗口中会出现所有与搜狗输入法有关的软件。

2 在其中选择想要安装的软件，单击【一键安装】按钮 一键安装 ，软件管家会自动下载并安装软件。

14.3 安装软件

一般情况下，软件的安装过程大致分为运行软件的主程序、接受许可协议、选择安装路径和进行安装等几个步骤。

14.3.1 注意事项

在安装软件的过程中，有一些事项需要注意，如软件的安全性、安装位置等。下面分别进行介绍。

○ 软件的安装位置

一般情况下，软件的默认位置选在C盘，但C盘是电脑的系统盘，如果大量的软件都安装在C盘，那么不仅导致系统文件和软件文件不易区分，还会使电脑的运行速度变慢。所以，用户应当尽量将软件安装在非系统盘。

○ 不要安装过多相同类型的软件

在选择软件时，尽量挑选一款市面上评分较高、口碑较好的软件，避免安装多个相同类型的软件，如果安装过多的相同类型的软件，不仅会降低电脑的运行速度，软件之间还可能会相互冲突，导致无法运行。

○ 软件是否带有捆绑软件

捆绑软件是指用户安装一个软件时，该软件会自动安装单个或多个软件。用户可以在安装过程中取消勾选复选框来取消捆绑软件的安装，也可以使用360安全卫士来强制阻止捆绑软件的安装。

○ 安装的软件要确保安全

安全软件可以扫描软件是否安全，是否携带病毒，所以，在安装软件之前最好使用安全软件扫描一遍，如果安全软件发出警告，那么用户尽量不要使用该软件，或者到安全的网站重新下载之后再安装。

14.3.2 使用安装包安装软件

如果用户选择使用安装包来手动安装软件，那么就需要注意上文所说的几种注意事项，这里以安装爱奇艺视频为例来进行介绍。

本小节的操作视频请从网盘下载

使用安装包安装软件

1 双击下载的爱奇艺视频软件安装包，打开【爱奇艺视频 安装向导】对话框，单击【自定义安装】按钮。

2 打开【安装目录】对话框，在此对话框中可以看到默认的安装路径为C盘，单击【更改目录】按钮 更改目录 。

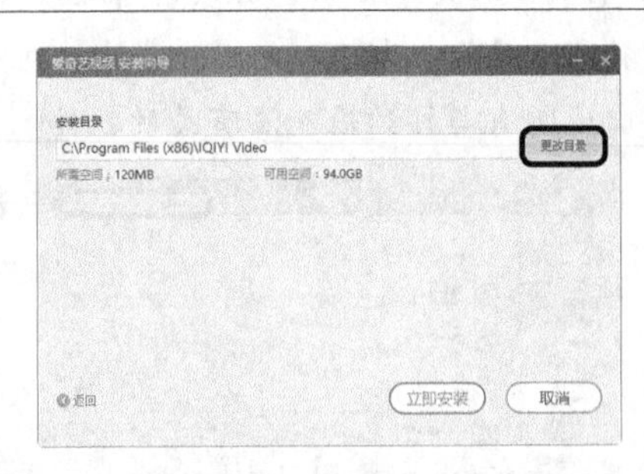

3 弹出【浏览文件夹】对话框，在此对话框中选择想要安装的位置，单击 确定 按钮。

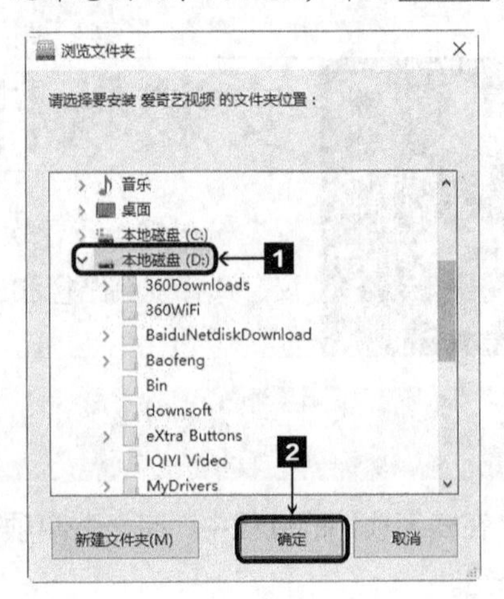

4 返回【爱奇艺视频 安装向导】对话框，可以看到安装位置已经变为D盘，单击【立即安装】按钮立即安装。

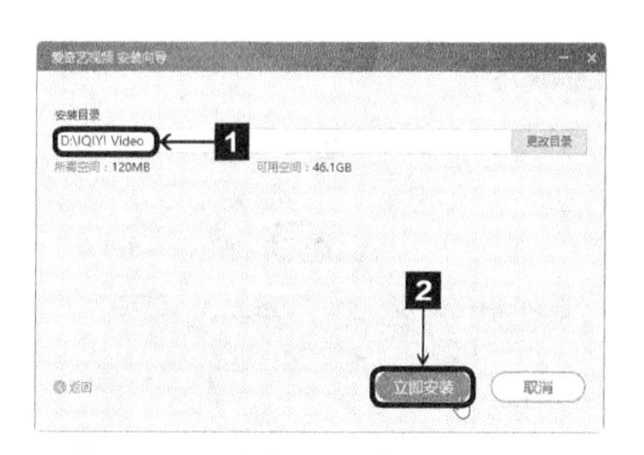

5 开始安装爱奇艺视频，并显示出安装的进度。

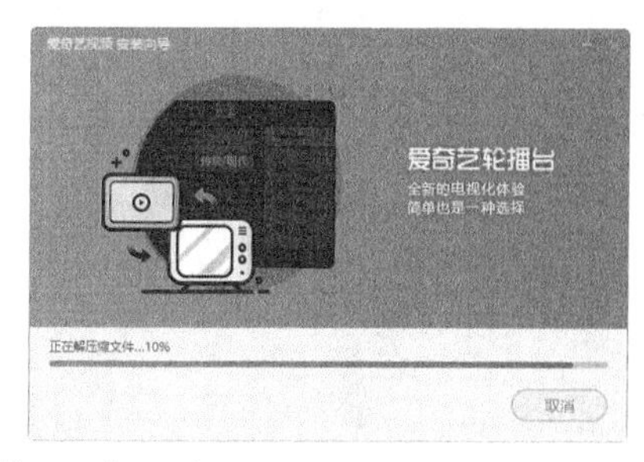

6 安装完毕后，弹出提示对话框，提示用户安装完成，并在此窗口中可以看到上文所说的捆绑软件，如果用户不希望安装这些软件，取消勾选软件之前的复选框即可。

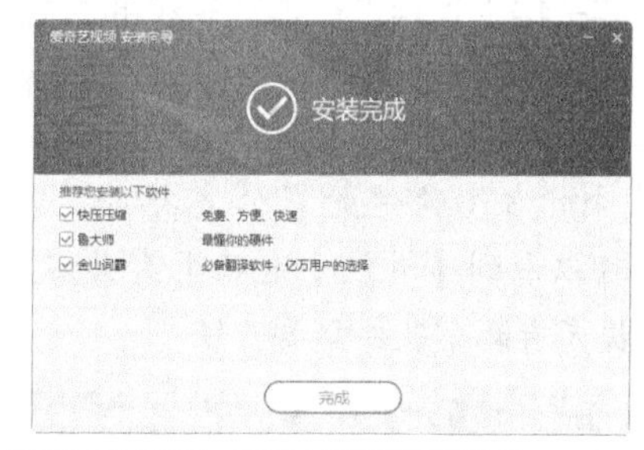

14.4 软件的升级与更新

软件的版本每隔一段时间就会更新，如果用户想要使用最新版本的软件，就需要对软件进行升级与更新。

14.4.1 软件自动更新

如果电脑上的软件很多，而用户想要使所有的软件一直处于最新状态，可以在软件中设置自动更新。这里以设置暴风影音的自动更新为例来进行介绍。

1 打开暴风影音主程序，单击窗口左上角的主菜单按钮，在弹出的下拉菜单中单击【高级选项】选项。

2 弹出【高级选项】对话框，在【常规设置】组中单击【升级与更新】菜单项。

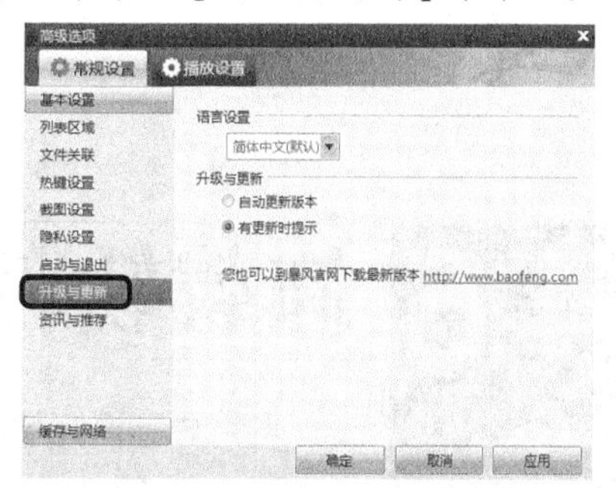

3 在窗口右侧选中【自动更新版本】单选钮，单击确定按钮，即可开启自动更新功能。

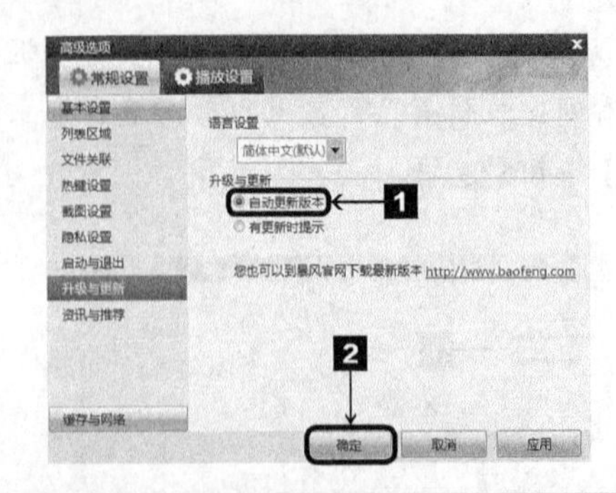

14.4.2 使用软件管家更新

鉴于每个软件设置自动升级的方式不同，用户可以使用更加简便的方式来升级软件，即使用软件管家进行升级。这里以使用360软件管家升级软件为例来进行介绍。

1 打开360软件管家的主界面，在此界面中可以看到【升级】选项卡有升级数量提示，提示有两个软件需要升级。

2 切换到【升级】选项卡，可以看到暴风影音和手心输入法需要更新。

3 用户可以通过单击软件之后的【去插件升级】按钮去插件升级来升级单个软件。

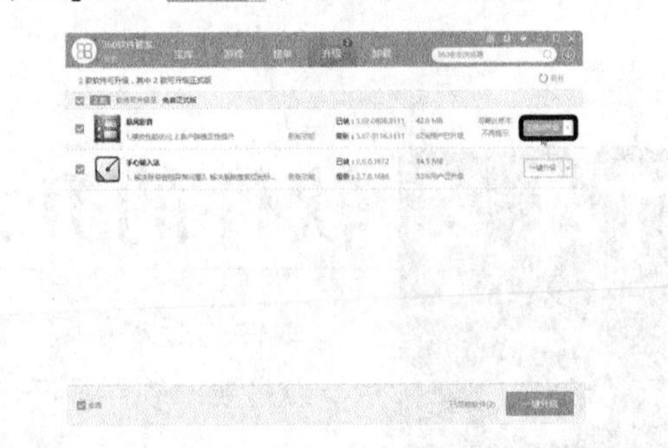

4 也可以通过单击窗口右下角的【一键升级】按钮一键升级来升级所有需要升级的软件。

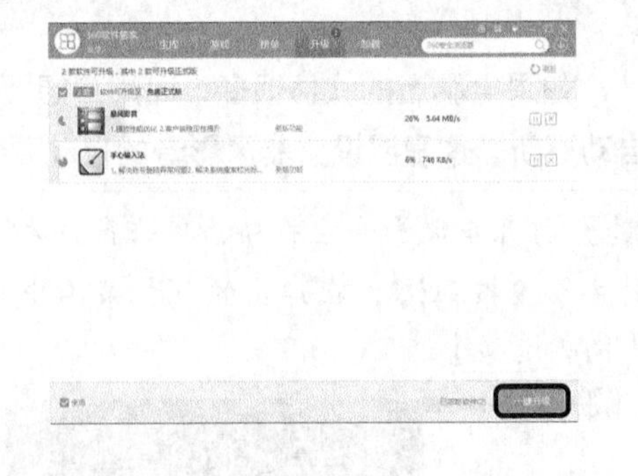

14.5 卸载软件

当用户不再需要某种软件时，可以将其卸载以腾出更多硬盘空间，用户可以通过在开始菜单和软件管家中卸载软件。

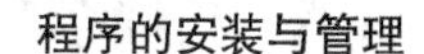

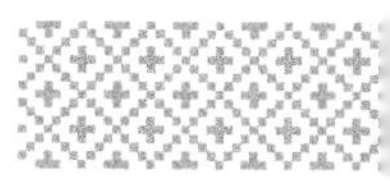

14.5.1 在开始菜单中卸载

Windows 10的开始菜单与以往版本不同，且功能更强大。用户可以在开始菜单中卸载不需要的应用。

在开始菜单中卸载应用的具体操作步骤如下。

1 单击【开始】按钮，在开始菜单中找到想要卸载的应用，将鼠标光标放在此应用上。如这里将鼠标放在“爱奇艺视频”上。

2 单击鼠标右键，在弹出的快捷菜单中单击【卸载】菜单项。

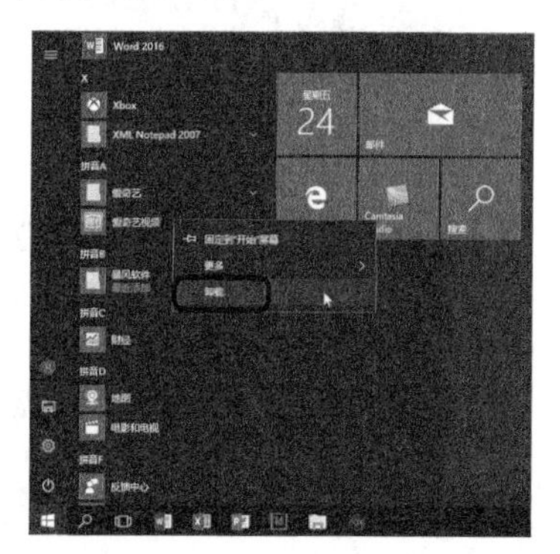

3 弹出【程序和功能】窗口，在此窗口中选中“爱奇艺视频”，单击鼠标右键，在弹出的快捷菜单中单击【卸载】选项。

4 弹出【卸载 爱奇艺视频】对话框，选中【将爱奇艺视频从电脑中卸载】复选框，单击【继续卸载】按钮。

5 弹出【意见反馈】对话框，用户可以勾选卸载的原因，单击【继续卸载】按钮。

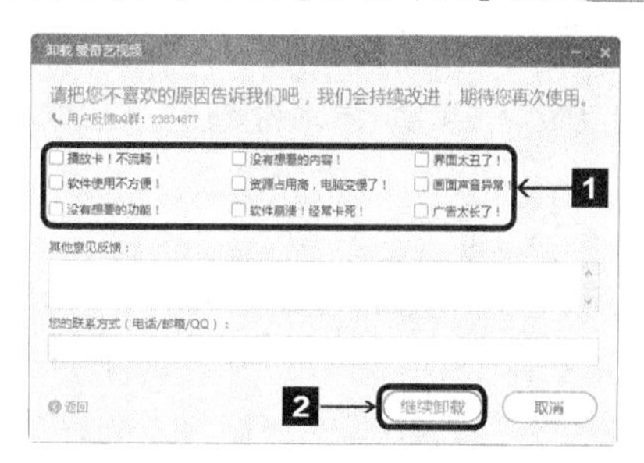

6 弹出【正在卸载】对话框，并显示卸载的进度。

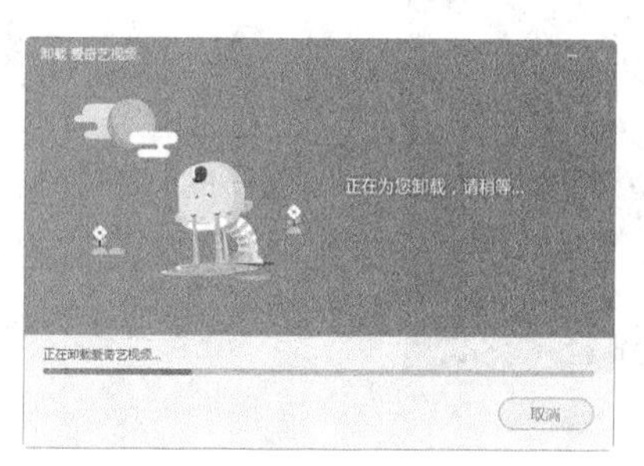

7 卸载完成，弹出提示对话框，提示用户已经卸载完成，单击 完成 按钮即可。

14.5.2 在360软件管家中卸载

在360软件管家中不仅可以安装软件，还可以一键卸载软件，省去了许多不必要的麻烦，下面以使用360软件管家卸载暴风影音为例来进行介绍。

1 打开360软件管家，切换到【卸载】选项卡。

2 可以看到暴风影音之后的按钮为【一键卸载】，这表示单击此按钮之后用户无需采取其他操作，软件将会自动卸载。

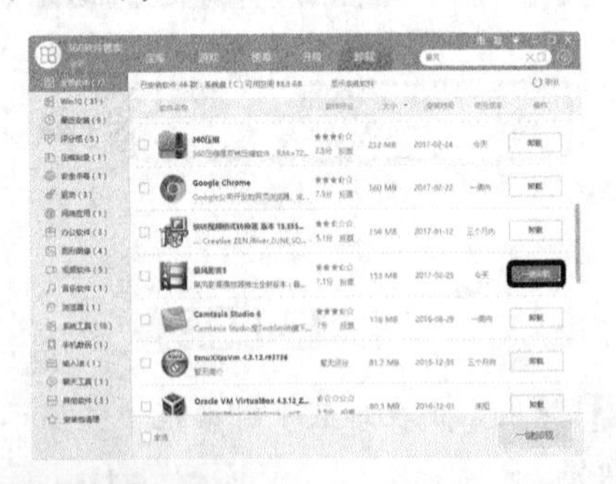

3 单击此按钮，可以看到软件提示“正在一键卸载中”。

4 卸载完成，软件将会提示“卸载完成，节省磁盘空间153MB”。

14.6 设置默认程序

现在的软件种类繁多，一台电脑上有可能安装多个功能相同的软件，如果用户想要使用特定的软件，可以设置其为默认程序。用户可以使用控制面板和360安全卫士两种方法来进行设置。

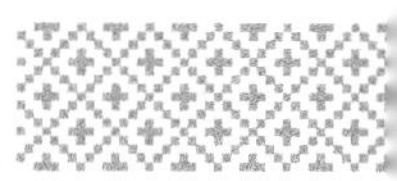

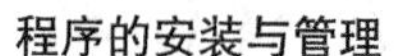

14.6.1 使用控制面板进行设置

控制面板是Windows图形用户界面一部分，它允许用户查看并操作基本的系统设置。下面以使用控制面板设置Chrome浏览器为默认浏览器为例来进行介绍。

具体的操作步骤如下。

1 在【开始】按钮 上单击鼠标右键，在弹出的快捷菜单中单击【控制面板】菜单项。

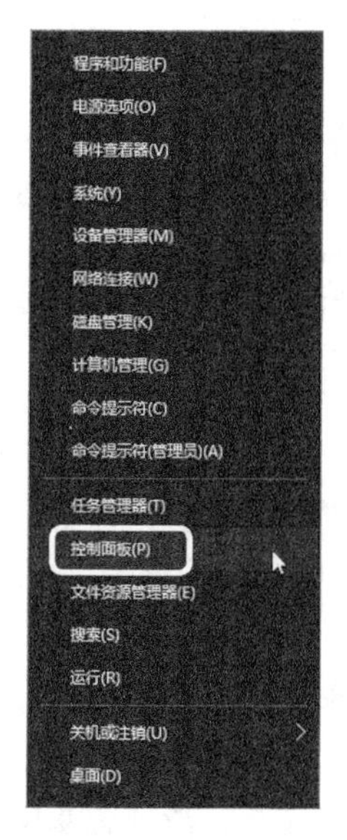

2 弹出【控制面板】窗口，单击“查看方式”右侧的【类别】按钮 类别 ，在弹出的快捷菜单中单击【大图标】菜单项。

3 控制面板中的图标将以大图标形式显示，且显示的内容更为详细，在其中单击【默认程序】选项。

4 弹出【默认程序】窗口，单击【设置默认程序】选项。

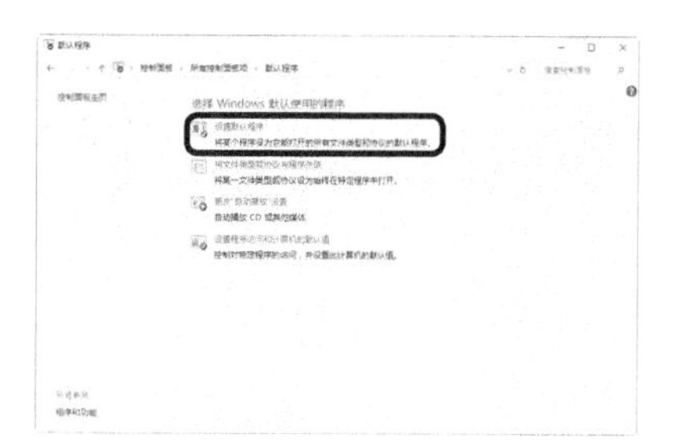

5 弹出【设置默认程序】窗口。

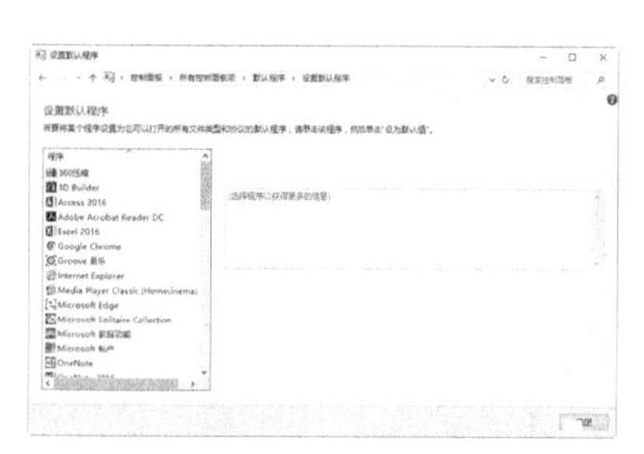

6 在程序窗口中选中“Google Chrome”软件，单击右侧的【将此程序设置为默认值】选项。

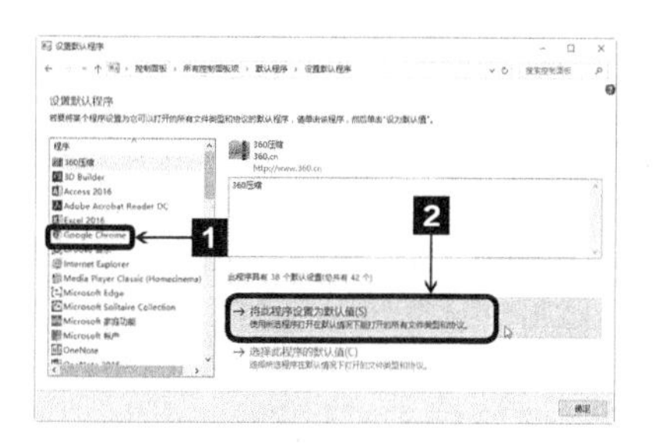

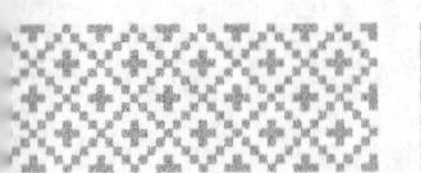

7 设置完毕，弹出“此程序具有其所有默认值”提示，单击 确定 按钮，即可完成设置默认程序的操作。

14.6.2 使用360安全卫士进行设置

360安全卫士不仅能够为电脑提供安全保护，还具有许多实用的工具，用户可以使用360安全卫士中的【默认软件】工具设置默认程序。

具体的操作步骤如下。

1 打开360安全卫士主界面，单击右下角的【更多】按钮。

2 切换到【功能大全】选项卡，在【我的工具】选项组中单击【默认软件】选项。

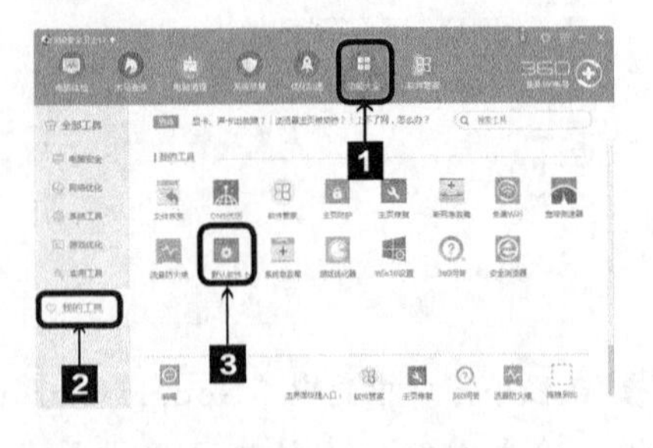

3 弹出【默认软件设置】对话框。可以看到，程序根据功能被分成了几类。

4 用户只需在想要设置为默认程序的图标下单击 设为默认 按钮，这里单击【暴风影音】图标下的 设为默认 按钮，即可将暴风影音设为默认播放程序。